マルチボディダイナミクスの基礎

3次元運動方程式の立て方

Fundamentals of Multibody Dynamics

田島 洋

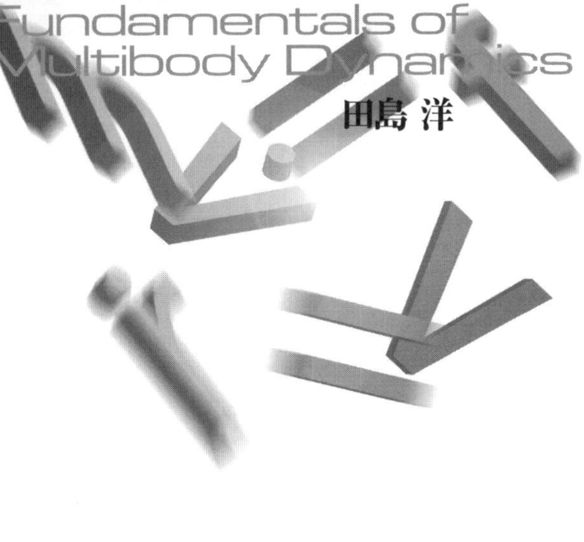

TDU 東京電機大学出版局

まえがき

マルチボディダイナミクスは，力学の一分野として認められるまでに成長してきた。ボディとは剛体や弾性体など質量のある要素で，車両やロボットなど多くの機械は，そのような要素が複数集まり，ピンジョイントやバネなどの結合要素によって結ばれたマルチボディシステムである。マルチボディダイナミクスの研究は 1960 年代の後半から発達し始めたといわれているが，研究活動は今日ますます盛んで，実用化も急速に進んでいる。

これまでの研究活動が生み出した大きな成果の一つは，汎用性の高いマルチボディダイナミクスの計算ソフトで，有限要素法の計算ソフトに次いで機械のＲ＆Ｄに用いられるようになってきた。ただし，市販の汎用ソフトを買ってきて単純に使うだけで，機械のＲ＆Ｄがうまくゆくわけではない。信号伝達の仕組みを知らなくても使える電話とは違って，基礎になっている力学を理解した上で目的に応じた技術の使い分けが重要である。

一方，マルチボディダイナミクスの発展とともに進歩し，認識が高まってきた力学の技術は，マルチボディダイナミクスを意識しなくても基本的である。マルチボディダイナミクスの基礎は機械力学の基礎と重なっている。本書の目的は，機械力学の最も基本的といえる部分を分かりやすく解説することである。

本書には二つのキャッチフレーズがある。まず，第一は「はじめから３次元」である。高度に技術が発達した今日，ロボットや車両の３次元運動を表現し，解析できることは当然のことと考えたい。コマの興味深い現象は２次元では考えられないし，二輪車の安定性の問題も２次元では調べることができない。２次元は３次元の基礎と思いがちだが，３次元は２次元の単純な延長ではない。そして，まず２次元からと考えていては，３次元を学ぶタイミングを逃してしまう。逆に，３次元が理解できれば，２次元は簡単であり，２次元だけのために時間を掛けるのはもったいない。

第二のキャッチフレーズは「さまざまな運動方程式の立て方」である。運動方程式には様々な立て方と様々な形がある。それらを学ぶことは，力学の理解を深めることに繋がり，幅広い応用力を習得することになる。伝統的な解析力学は抽象的で難解な印象が強いが，本書の説明は具体的であり，十分整理されている。また，マルチボディダイナミクスの発達とともに重要視されるようになってきたニューフェース的な力学原理も解説し，運動方程式に関わる高度な技術の説明もある。本書の主要な目的は運動方程式の立て方である。

マルチボディダイナミクスの発達がもたらした技術には力学の側面と数値計算技術の側面があると考えられるが，本書は力学の側面を主対象としたものである。しかし，運動方程式が立てられるようになれば，それを用いて計算機シミュレーションを試したくなる。そこで本書では，MATLABを用いた順動力学の数値シミュレーションプログラムの事例を準備した。MATLABは，少ないプログラミング負荷で本書の技術を試すことのできる便利な環境を提供している。常微分方程式求解用の組み込み関数を利用し，運動方程式の情報などをプログラミングすれば，容易にシミュレーションを実行できる。本書で取り上げた事例は，順動力学シミュレーションの入門用から最近の高度な技術まで幅広い内容を含んでいて，幅広い読者に役立つように配慮してある。初学者も自作の課題をシミュレーションできるようになるので，本書を学ぶ楽しみは大きいはずである。

筆者は，機械メーカーの研究部門で，マルチボディダイナミクスの汎用プログラムを開発し，社内に普及させた経験がある。また，大学で本書の内容を講義し，豊富な内容のため厳しい授業ながら，分かりやすさを追及して教育効果を挙げている。研究活動においても，実際問題に必要な新しい技術の開発を進めている。本書は，それらの活動から得られた様々な技術と経験をもとにしている。

一方，本書は時代に即した新しい力学教育への改革を目指した試みでもある。マルチボディダイナミクスは特殊な専門分野ではなく，機械力学の現代版であるとともに，基礎的な学術である。本書の内容は，半年2単位の講義には多すぎるし，難易度も低くはないかもしれない。しかし，筆者は，内容の取捨選択と講義の進め方を工夫しながら，本書のような内容を学部の2，3年生から教えることが，他の科目の学習にもよい影響を与えると感じている。内容的に重複のある他の科目との調整を行い，全体で一年間，あるいは，それ以上の期間にわたる講義体系を考えることも意義が大きいと思われる。

2006年9月　田島　洋

目　次

付録 CD-ROM の収録内容

MATLAB プログラム

シミュレーション動画

Quiz の解答は東京電機大学出版局ホームページ
http://www.tdupress.jp/ からダウンロードできます。

本書の構成と学び方

本書の内容は，もともと学部と大学院で用いた半年二単位の講義用テキストであるが，日本機械学会の講習会「運動方程式の立て方七変化」(2005年）のテキストとして，2日間用に圧縮したもの作り，それをベースに，教育上，および，技術上の重要事項などを補充した。そのような経緯を反映して，順動力学を能率よく学べるようになっている反面，すべてを順序どおり学べばよいような教科書的な構成から外れている面がある。さらに，本書は教科書だけを念頭に置いたものではなく，多少高度な知識と技術でも，重要と思われるものを追加し，幅広い研究者や技術者にも役立つものを目指した。そのため，ところどころ難しい事柄が出てきて読みにくく感じることもあるだろう。そこで，少しでも読者がそれぞれのニーズに合わせた学び方を見つけやすくするため，本書の学び方を書いてみることにした。

本書は四つの部からなる。それぞれの主要な役割は次のとおりである。

本書の構成

	各部の主要な役割	章番号
第Ⅰ部	数学の復習	第1章～第3章
第Ⅱ部	運動学の基本	第4章～第11章
第Ⅲ部	動力学の基本	第12章～第14章
第Ⅳ部	運動方程式の立て方	第15章～第24章

● 第Ⅰ部の学び方

第Ⅰ部は数学の復習である。数学に自信がある読者は，節の項目を見て必要なところだけを拾い読みし，3.3節の右手座標系あたりから始めて第Ⅱ部に進めばよい。

講義では，受講者のレベルや講義時間によって，第Ⅰ部を予習事項とする方法もある。その場合でも，講義に含める場合でも，第 1 章は，1.1 節〜1.6 節までを最初の学習（復習）の範囲とし，1.7 節と 1.8 節は，先へ進みながら途中で学ぶ（復習する）ことにしてもよい。あるいは，必要になったときに戻ってくるような進め方もある。

2.1 節〜2.3 節は比較的重要であり，しっかり確認したい。2.4 節〜2.7 節も先へ進みながら途中で学ぶことにしてもよく，あるいは，必要になったときに戻ってくるのでもよい。

3.1 節〜3.3 節はこの順に学べばよい。

● 第Ⅱ部の学び方

特に 3 次元問題では，運動学を基本から抑えておかないと，後で混乱が生じる可能性があり，第Ⅱ部は重要である。3 次元の運動学にある程度の慣れがあれば，本文だけで十分学べるが，混乱を起こさないためには付録 A とともに学ぶほうがよい。

第 4 章〜第 10 章までは順番に学ぶことが標準的である。ただし，4.5 節と 9.4 節〜9.6 節は，読者の目的に応じて取捨選択してよい。これらは，順動力学の事例と MATLAB プログラムに関わる説明になっている。特に 4.5 節には，他の事例の計算プログラムに関わる基本的な説明が含まれている。しかし，計算プログラムに関心がないか，あるいは，そのあたりの技術は十分持っている場合は，読み飛ばしてもよく，事例の運動方程式の説明だけを読むことにしてもよい。講義でも，プログラミングを含めないことが多いと思われる。そのような場合は，同様に取捨選択していただきたい。

第 11 章は，Quiz を通して運動学を深める狙いを持っていて，11.1 節までは，それ以前に学んだ運動学の復習である。また，この章に出てくる剛体振子〜3 次元三重剛体振子は，第Ⅳ部の説明にも使われているので，Quiz を飛ばしても一通りは読んでおいたほうが良い。ただし，11.2 節は角速度の性質を考える興味深い話題であるが，読み飛ばしても後に大きな影響が残ることはない。また，11.3 節の最後の Quiz は第 13 章の拘束を学んでから考えるほうが理解しやすい。さらに，この Quiz で説明しようとしている運動学の方法は，微分代数型運動方程式などに関連して動力学で役立つ可能性があるとはいえても，運動方程式との関連で見れば限定的な事柄であり，必要を感じてから戻ってくるほうが能率的かもしれない。そこで，運動学への寄り道を避けて先を急ぎたい場合は，11.2 節や 11.3 節の Quiz は飛ばしても構わない。

付録 A の A1.1 項と A1.2 項と A2.2 項は，第 5 章の後，読むことができる。A1.3 項と A1.4 項は，第 6 章の後，読むことができる。A2.1 項と A2.3 項は，第 9 章の後が適当である。

付録 B は，総じて難しいことが多いが，第 7 章の後に B1 節を読むことができる。また，第 8 章の後に B8 節を読むことができる。それ以外の部分は，少し難度が高いので，後で学ぶことにしてもよい。学ぶ場合，B2 節と B3 節は第 7 章の後，B4 節～B7 節は第 8 章の後に読むことができる。B9 節と B10 節は第 9 章の後に，B11 節は B9 節の後に読める。難度の高いものは，急ぐ必要はない。

付録 C は，9.6 節に関わる事柄である。

● 第Ⅲ部の学び方

第 12 章，第 13 章は，動力学の基礎として重要なことが書かれている。順にすべてを学べばよい。第 14 章にも力学の重要な物理量である運動量と運動エネルギーなどが説明されているが，これらは第Ⅳ部を学ぶために，鍵になるものではない。ここで学ばなくても，第Ⅳ部は大体読むことができる。講義などでも，時間の節約のために飛ばし，第Ⅳ部の必要なところで簡単に補足する方法もある。また，第 14 章の運動量の説明は，モーメント中心に関して厳密な扱いをする狙いがあって，複雑になっているうえ，本書の他の部分で用いない記号が出てくるため，少々面倒である。運動量原理や運動量保存の法則は重要であるから，下線の引かれた結論だけ学ぶのでもよく，また，運動エネルギーなどについては，記号上のわずらわしさなどはないので，14.6 節と 14.7 節だけを読むことも可能である。図で運動補エネルギーの概念を掴むだけでも良いであろう。

● 第Ⅳ部の学び方

マルチボディダイナミクスの実用的な方法を知るだけならば，第 19 章，第 20 章，少々難解な第 21 章を読めばよい。ただし，第 21 章の方法は難度が高い方法なので，基本的な面だけの説明になっている。以上を読んで納得できないことがあったり，以上の方法が，力学原理からどのように導かれるのか，あるいは，力学原理そのものを理解したいならば，第 15 章から順に読むことになる。

第 15 章は，最初に事例が説明されている。一般論より，事例で納得しやすいと考えたからである。プログラムに関わる部分は，学習の目的に応じて取捨選択すればよいが，大体，順に全体を読めばよい。

第 16 章は，16.1 節と 16.2 節の後，16.5 節〜16.9 節を読んで，次の章に移る方法がある。飛ばした 16.3 節と 16.4 節は，第 17 章の後のほうが分かりやすく，あるいは，力学の理解や練習が進んで慣れてからにしてもよい。

第 17 章は，順番に全体を読めばよいが，17.4 節を後回しにしても良い。

第 18 章は，18.5 節まで，順に読み，18.6 節は，分かり難ければ飛ばして，18.7 節へ向かってもよい。

第 19 章は，初めから順に，19.3 節の事例，あるいは，19.4 節の事例まで読み進めればよい。19.4 節の事例は，少し進んだ運動方程式を利用しているので後回しにしてもよい。

第 20 章は，初めから順に，20.5 節の事例，あるいは，20.6 節の事例まで読み進めればよい。

第 21 章の方法は，かなり難しい方法である。特に，動力学漸化式の導出は難解であり，その説明は付録 D に譲り，本文では導出された式の利用方法を説明した。ただし，この章を学ぶこと自体を後にまわしても良い。この章の説明が後に影響することはない。この章を学ぶ場合は，順番に読んでゆけばよい。21.5 節の事例は，この難しい方法を具体的で分かりやすく説明している。ただし，この事例を学ぶ場合は，その前に 19.4 節の同じ事例の通常の解法を読んでおくとよい。事例を学んだ後に，付録 D を読めばよいが，この付録はしっかりと時間をかける必要がある。

第 22 章〜第 24 章は，古くからの方法であり，他の力学の書籍でも学べるものである。その意味で，割愛することもある。第22章を学ぶ場合は，まず，22.3節までが最初の段階で，22.4節は少し高度になるので後まわしにしても良い。

第23章は，すべてを順番に読めばよい。

第24章は，全体に少し抽象度が高いので，後で時間をかけて学ぶことにしても良い。最初の24.1節だけ，あるいは，24.3節を読んでどんなものかを知るだけという考え方もある。全部を読めれば，さらに他の書籍を読みたくなるかもしれない。しっかりした理解を得るには，多くの文献を読むことが重要である。

● 付録の学び方

付録A，B，Cについては，第Ⅱ部の学び方で述べた。付録Dは，第Ⅳ部の第21章のところで触れた。

付録Eは，第Ⅱ部で本書の記号に慣れた後ならいつ読んでもよい。付録Fは，第19章，あるいは，第20章の後に，必要に応じて読めばよい。

付録Gは，本書全体の重要事項を復習する目的で用いることができる。第Ⅱ部以降を学びながら，学習事項を確認する意味で用いてもよい。また，基本的な記号や関係式などを整理して記憶し，あるいは，思い出すために有効に生かせる。

● 講義などの組み立て方に関する参考

筆者は，本書の内容を半年2単位の講義として，大学院，および，学部で教えた経験がある。3.3節，4.7節，4.10節は省略し，それ以外の部分も難しい事柄や細かい点は省略しているが，それでも，かなり内容の多い，厳しい授業である。学生にテキストの「読習（独習）」を求め，練習問題などを準備し，教える側も教えられる側もかなり頑張らないと中途半端になる恐れがある。

MATLABに関しては，大学院の授業で事例のプログラムを配り，自主課題の提出を求める程度のやりかたを試してみた。丁寧にプログラミングを教えることはせず，学生同士での自習と多少の質問に答える程度で，シミュレーションを動かせるようになる。うまくいけば，MATLABで動かした経験と，基礎的な力学の理解の両方に進歩が得られるが，どちらか一方の負担を大きく感じすぎてしまうと中途半端になる。

2日間の講習会の場合は，さらに中核的なことだけに絞り，パワーポイントを用いた進行速度の速い講義を行なった。経験のある技術者や研究者と教育関係者などは，短時間にまとまった知識が得られるため満足度は高いようだが，初学者は面白みを感じながらも，相当の復習が必要な状態を残してしまうのが実情である。内容の取捨選択，話し方に，かなりの工夫が必要で，復習しやすいように，考え方をしっかり伝える努力が重要である。時間の少ない講習会で運動方程式の立て方を一通り話すところまでを目指す場合，時間の制約を予習などの形で補う必要がある。

一方，予備知識として必要な数学は，行列と偏微分などで，1.2 節の説明は必要だが，学部2年後半程度の学生を対象とした講義も可能である。本書の内容は，機械力学の基礎としての重要さ，数学や計算機の活用の促進，他の教科への発展性などを考えると，低学年のうちに学ぶことによる効果は大きいと思われる。学生の意欲が高ければ，上記の半年のコースも可能であり，筆者も学部2年生への講義を体験している。

1年間4単位程度の講義をつくることも意義があると思われる。大雑把な時間配分として，最初の半年は本書の第Ⅲ部まで，後の半年で第Ⅳ部を学ぶ方法が考えられる。前半は運動学を中心とし，基礎を丁寧に学ぶことができる。事例，練習問題，計算機の利用技術など，内容を拡充する方向はたくさんある。ロボット工学の関連技術などを含めることもできるであろう。運動学は設計工学的な応用を考えてゆけば，発展性のある学問である。最適設計などの方法と合わせた課題も興味深い。後半は動力学が中心である。動力学の基本的側面への掘り下げ，マルチボディダイナミックスとしての発展，制御技術との接点など，こちらの発展方向も多様である。なお，内容を拡充する方向は多様だが，既存の別の講義との調整などが重要になってくるであろう。

本書の多くの節に Quiz があるが，学生の訓練用に十分な量ではないかもしれない。注意を喚起したい事項，技術的な発展事項，説明の補足事項，教育上の補足事項などが中心であり，各章や各節にバランスよく出題されているわけでもない。学生の訓練用には，教師の立場にある方々が適切な補足をしていただけることを期待している。本文中にも，また，Quiz 自体にも，訓練用の課題を作るヒントは，十分，含まれている。自習される方々には，自ら適切な問題を選んだり作り出す努力を期待したい。実際にやってみることの必要性と効果は，本書の技術については特に大きいと思う。

記号などのルール

マルチボディダイナミクスでは，多数の記号が必要で複雑な上に，既刊の本や論文などに用いられている記号も著作者によってかなり異なっている。本書も独特な視点から書かれていて独特な記号使いが含まれているため，以下に，本書で用いている記号の原則的なルールを説明する。ただし，このルールを事前に読まなくても，本文の中には記号の説明があり，読み進むに従って自然に記号のルールを理解できるように書かれている。さらに，ここに書いたルールは原則的なものであり，例外的なものについては本文中の該当部分で説明している。

① 行列，列行列，行行列には，太文字を用いる。変数の持つ意味に応じて立体の太文字と斜体の太文字がある。なお，行列と列行列などを大文字と小文字で区別するようなことはしていない。大文字と小文字の使い分けは別の目的に用いられている。

② 立体の太文字は，速度と角速度を別々の行列として扱った変数に用いる。斜体の太文字は，速度と角速度を一つにまとめた行列変数などに用いる。この区別に無関係な行列変数は，立体の太文字を用いる。

表 1　太文字変数の立体と斜体

立体の太文字	速度と角速度を別々の行列として扱った式に現われる変数体系 および，下記以外
斜体の太文字	速度と角速度を一つにまとめた行列変数の体系

③ 幾何ベクトルには，斜体で標準太さの文字(以下，太文字に対して細文字と書く)を用い，記号の上に矢印を付ける。なお，幾何ベクトルを要素に持つ行列には，矢印は付けず，行列であるから太文字とする。

④ スカラー変数には，斜体の細文字を用いる。

⑤ なお，$\cos\theta_1$，$\sin\theta_1$ を，c_1，s_1 などと略記することがあり，これらはス

カラーであるが，立体で表現している。このような特例については，読めば自然に理解できるように配慮されている。

⑥　剛体や点の名前には，大文字で細文字立体のアルファベット，数字，または，数字を意味する小文字で細文字斜体のアルファベットが用いられる。

⑦　二つの変数の積には，積の演算記号が用いられることがある。幾何ベクトル同士の積の場合，内積には・が，外積には × が用いられる。これ以外の積には，原則として，積の演算記号を用いずに，単に二つの変数などを並べるだけである。

表２　積の記号

·	幾何ベクトルの内積
×	幾何ベクトルの外積
記号なし	上記以外（実数と幾何ベクトル，実数と実数）

⑧　時間変数 t による常微分の記号には，d と dt を分子と分母に並べた通常の微分記号が用いられ，これらには細文字の斜体が使われる。また，d の左肩に添え字を付けた微分記号が用いられることがあり，これは，幾何ベクトルを対象とした時間微分の記号で，左肩の添え字は幾何ベクトルを時間微分する場合のオブザーバーである（オブザーバーについては本文参照）。

幾何ベクトル以外の時間微分の場合，文字の上にドット ˙ をつけて時間微分を表すことがあり，これは d/dt による時間微分と同じ意味だが，両者を混在させて用いることもある。

⑨　∂ は偏微分を示す記号として用いられる。これは，斜体の細文字で表す。なお，関数 x に変数 y を右下の添え字の位置に書いて，$\mathrm{x_y}$ で x の y による偏微分係数を表すこともある。このとき，x と y が添え字や上付き記号やダッシュを含んでいることがあり，x が複雑な場合には $\mathrm{(x)_y}$ とすることもある。また，y が x のすべての独立変数を含んでいる場合，$\mathrm{x_{\bar{y}}}$ で，y で偏微分した残りの項を示す。

⑩　偏微分を添え字を用いて $\mathrm{x_y}$ と表す場合，変数 y が列行列のときは太文字

を用いて表すことが自然であるが，太文字を用いないことがある。これは，小さな文字を太文字にすると見難くなるためである。x と y が別の意味で添え字などの複雑な構造を持っている場合，この見難さの軽減は特に必要になる。しかし，このルールにより，x がスカラーの場合，y が列行列でも x_y に現われる文字はすべて細文字になり，x_y が行行列になっていることを見逃してしまいがちになる。細文字でも y は列行列の可能性があることを忘れてはならない。このルールは第Ⅲ部以降に適用されているが，添え字による偏微分の表現は使い方にパターンがあるので，混乱する恐れはないと考えている。

⑪ δ はダランベールの原理において仮想変位を作るオペレータであり，ハミルトンの原理において変分を作るオペレータである。Δ は微小量を示す。あるいは，関数の微小量を変数の微小量で表すためのオペレータでもある。δ は斜体，Δ は立体で，細文字が使われる。

表３　演算記号

$\dfrac{d}{dt}$	時間微分
$\dfrac{{}^{\mathrm{A}}d}{dt}$	A をオブザーバーとする幾何ベクトルの時間微分
∂	偏微分に用いる
δ	ダランベールの原理の仮想変位，ハミルトンの原理の変分
Δ	微少量

⑫ 変数記号は，中核となる文字，ダッシュ（プライム），文字の上の記号，右下添え字，右上添え字，左上添え字からなる。ダッシュ，文字の上の記号，添え字は，変数の持つ意味に関わるため，すべての変数に共通な使い方になるとは限らない。

⑬ 中核文字は，英語かギリシャ語のアルファベット一文字を用いる。大文字と小文字，立体と斜体，太文字と細文字がある。

⑭ 文字の上に付ける記号としては，時間微分の $\dot{}$ 以外に，矢印 $\vec{}$，ティルダ $\tilde{}$，バー $\bar{}$，ハット $\hat{}$，が用いられる。矢印 $\vec{}$ は幾何ベクトルであるこ

とを示す。ティルダ ~ は，3×1 列行列から 3×3 交代行列を作るオペレータ，および，その拡張機能を持つオペレータである。バー ¯，は二つの異なった意味で用いられている。一つは，中核文字の上に付けて拘束力を示すためであり，もう一つは，偏微分後の残りの項を示す添え字に付けられる。ハット ^ は，仮想速度を表す記号である。

表 4　文字の上の記号

記号	意味
ドット　˙	時間微分
矢印　→	幾何ベクトル
ティルダ　~	3×3 交代行列を作るオペレータ，その拡大解釈
バー　¯	（1）拘束力　（2）偏微分後の残りの項の添え字
ハット　^	仮想速度を作るオペレータ

⑮　添え字には，右下添え字（最大 3 文字），右上添え字，左上添え字がある。

表 5　添え字（原則）

記号	意味
右下添え字 （最大 3 文字）	［第 1］運動学的物理量のオブザーバー，代数ベクトルを作る座標系 ［第 2］対象の点または剛体，代数ベクトルを作る座標系 ［第 3］座標成分
右上添え字	行列の転置 ^{T}，逆行列 $^{-1}$，転置と逆行列を合わせた操作 $^{-T}$， 加速度レベル拘束で，加速度レベルの変数を含まない残りの項を示す ^{R}， 運動補エネルギー *，また，複素数の共役転置 * 拘束追加前と拘束追加後を表す ^{H} と ^{S} など
左上添え字	（1）モーメント中心　（2）スカラー行列のサイズ

⑯　ダッシュ（プライム）には，単一ダッシュ，二重ダッシュ，たまに，三重ダッシュもある。ダッシュの重要な役割として，その変数がどの座標系で表されたものかを示していることがある。右下添え字中の左から一番目のものと関連する座標系で表された変数にはダッシュを付けない。右下添え字中の左から二番目のものと関連する座標系で表された変数にはダッシュ

を付ける。そのほか，単一ダッシュ，二重ダッシュ，三重ダッシュは，単にダッシュの付いていない変数と区別するためなどに用いることもある。

表６　単一ダッシュの主要な意味

ダッシュなし	右下添え字の中の左から一番目のものと関連する座標系で表された変数
ダッシュあり	右下添え字の中の左から二番目のものと関連する座標系で表された変数

⑰　太文字で斜体の変数は，速度と角速度をまとめた変数などに用いられる。このとき，速度と角速度の両方にダッシュ(プライム)の付く変数が用いられているとき，両者をまとめた斜体変数には二重ダッシュ(ダブルプライム)を付ける。角速度だけにダッシュが付いている場合は，両者をまとめた斜体変数には単一のダッシュを付ける。

表７　斜体太文字の単一ダッシュと二重ダッシュ

単一ダッシュ	ダッシュのない速度変数とダッシュのある角速度変数との組み合わせ
二重ダッシュ	ダッシュのある速度変数とダッシュのある角速度変数との組み合わせ

⑱　剛体に関わる変数記号には，原則として大文字を用いる。点に関わる変数記号には小文字を用いる。

表８　剛体に関わる変数，点に関わる変数，それ以外

剛体に関わる変数	重心位置，重心速度，角速度，回転姿勢，剛体の質量，慣性行列，重心に等価換算して合計した力とトルク
点に関わる変数	剛体上各点の位置と速度，各点に働く力とトルク，剛体上各点のものと見なした角速度，質点の位置と速度，作用力
剛体や点に関わらない量	一般化座標，一般化速度，その他

⑲　中核になる文字には，以下のような意味がある。

表９　中核文字の意味

位置	R，r	速度	V，v
角速度	Ω，ω (注2)	Simple Rotation	λ，ϕ
オイラーパラメータ，および，その関連		E，ε，S (注1)，G	
回転行列	C	オイラー角	Θ，θ (注2)
力	F，f	トルク	N，n
質量	M，m	座標系の基底	e
慣性行列，慣性モーメント	J	重力の加速度	g
一般化座標	Q	一般化速度	H，S (注1)
拘束	Ψ，Φ	未定乗数	Λ
運動量	P	角運動量	Π
運動エネルギーなど	T	ポテンシャル関数	U
時間	t	ラグランジアン	L
ハミルトニアン	H	正準変換の母関数	W
速度漸化式関係	L，D，U	加速度漸化式関係	Σ
動力学的漸化式関係	W，Z	瞬間回転中心軸	μ
擬座標	Ξ	拘束安定化の係数	α，β，τ
速度と角速度を一つにまとめた変数の体系		R，V，M，F，$\tilde{\Omega}$，Γ	
随伴関係式の係数など	A，B	特定な定数	D，d，I，χ，η
座標軸	X，Y，Z	その他	ρ，b，w

(注 1)　S はオイラーパラメータ関係と一般化速度の両方に用いられる。
(注 2)　θ と ω は，一軸まわりの（スカラーの）角度と角速度を表すこともある。

⑳　筆者は，大学での講義用テキスト，講習会用テキスト，本書の原稿の作成には，word と mathtype を用いたが，数式に用いた記号に太文字と細文字の両方を使い分けることは手間がかかるため，行わなかった。そのため本書に用いた記号は，太文字と細文字の区別を必要としない。このことは，黒板を用いた講義で数式などを書くときに都合がよい。さらに，本書ではスカラーを斜体で表すなど，文字の立体と斜体の区別も行っている

が，並進を表す変数と回転を表す列行列をまとめて表現するような場合を除いて，立体と斜体の区別を行わなくても変数が重なることはない。ノートに書き写すときに楽な変数の体系になっている。

独自色の強い事項について

筆者は，記号と用語の使い方などに，独自の工夫をしている。以下に，筆者の独自色の強い事項について説明する。これは，読者が論文発表やその他のプレゼンテーション時などに配慮できるようにするためである。なお，どこまでを独自というべきか区別し難い事柄もあり，不完全な説明になっていることをお断りしておく。

① 本書には，物理量を表す記号に**二つの添え字**を付けたものが出てくる（右下添え字)。このような記号は，3次元問題を考えるときに生じがちな誤解と混乱を防ぐために役立ち，実用上および教育上，大きなメリットを持っていて，筆者は長年使い続けている。しかし，多くのマルチボディダイナミクスの書物はもう少し簡略で，本書の記号使いは少々独特であり，わずらわしいと思われがちである。それでも，筆者はこの記号の使い方を，むしろ，本書のセールスポイントと考えている。

② 二つの添え字を持つ記号に**ダッシュ（prime）**のあるものとないものがある。このようなダッシュは，同様な意味で代表的なマルチボディダイナミクスの書物にも使われている。本書では二つの添え字とともにダッシュを用いることで，記号の意味を明確なものにしている。本書ではさらに，**斜体文字**と組み合わせて**ダブルダッシュ**などを用いることがある。この場合の斜体文字は並進運動と回転運動を一つにまとめたもので，筆者の選んだ記号は，他の記号との関連で分かりやすいと考えているが，この記号の良否をどのように感じるかは，個々人の違いがありそうである。いずれにしても，マルチボディダイナミクスは多数の記号を必要とするため，著作者によってかなり異なった記号使いが現れる。今のところ，それはやむを得ないと考えている。

③ 一部の変数に関して，**大文字**を剛体に関わる量，または，剛体を代表する量に用い，**小文字**を点に関わる量に用いているのは筆者独自の工夫である。

④ 文字の上の**ティルダ**を，3×1列行列から3×3交代行列を作るオペレータとして用いる方法は古くから行われている方法である。このティルダを筆者は**外**

積オペレータと呼んでいるが，この呼び名は筆者独自のものである。また，この外積オペレータを 3n×1 列行列にも適用する**拡大解釈**も筆者独自の工夫である。

⑤ **運動補エネルギー**という言葉が用いられているが，kinetic co-energy の訳として用いた。

⑥ **瞬間接触点**という概念と呼び名も筆者が考えたものである。

⑦ **拘束条件追加法**は，Velocity Transformation と呼ばれている方法と同じだとする考え方がある。Velocity Transformation は，筆者が拘束条件追加法を思いついた時期より，早くから知られていたものであり，「速度変換法」という呼び名も併記することにした。ただし，拘束条件追加法の名前に込められたこの方法の位置付けと速度変換法の位置付けとの比較は，まだ，筆者にとって十分明確になっているとはいえない（18.6 節，19.2 節参照）。

⑧ **ケイン型運動方程式**は，筆者固有の呼び名である（18.4 節参照）。

⑨ **運動方程式の標準形**も，筆者固有の呼び方である。

⑩ **拘束力消去法**も，筆者固有の呼び名である。

⑪ 9.6 節，および，付録 C に説明されている**オイラーパラメータの安定化法**は筆者等の作り出した方法であるが，これまでに同様なものがないかどうかまだ不明である。

⑫ 筆者は**一般化座標**に大文字の **Q** を用いている。多くの力学書では，伝統的に小文字の **q** を用いていて，大文字の **Q** は**一般化力**を意味することが多い。筆者は一般化力には特別の記号を準備せず，作用力にヤコビ行列を左から乗じたような形のままで表している。あるいは，標準型の運動方程式などで用いる $\mathbf{f}^{H}$ のように，力の記号をそのまま延長して用いている。

⑬ 幾何ベクトルの時間微分に必要な**時間微分のオブザーバー**の表記方法も筆者独自かも知れない。幾何ベクトルの時間微分に時間微分のオブザーバーが必要なこと自体，明白に書いてある文献が少ない。

⑭ **Simple Rotation** に対応する適当な訳語が見当たらず，括弧付きで「(**単純回転**)」とは書いたが，Simple Rotation をそのまま用いた。

⑮ 「**三者の関係**」という言葉で，位置，回転姿勢（回転行列，オイラーパラメータ），速度，角速度の重要な関係をまとめた。「**時間微分の関係**」とともに，運動学の基本的関係を二つの言葉で整理したが，このような言葉遣いは筆者の工

夫である。

⑯　筆者は，位置レベル拘束を$\mathbf{\Psi}=\mathbf{0}$，速度レベル拘束を$\mathbf{\Phi}=\mathbf{0}$で表した。多くの文献では，位置レベル拘束に$\mathbf{\Phi}=\mathbf{0}$が用いられ，速度レベル拘束は，$\dot{\mathbf{\Phi}}=\mathbf{0}$としているが，シンプルノンホロノミック拘束を含む速度レベル拘束を考える場合には，異なった記号を準備しておけば，拘束の数の変化に対応しやすい。また，標準的な回転姿勢は，$\mathbf{\Theta}$や$\mathbf{E}$など複数あり，それらによる位置レベル拘束を，$\mathbf{\Psi}^{\Theta}=\mathbf{0}$や$\mathbf{\Psi}^{\mathrm{E}}=\mathbf{0}$のように区別するほうが分かりやすいことがあるが，速度レベル拘束では，角速度$\mathbf{\Omega}'$を標準的としてよく，$\mathbf{\Phi}=\mathbf{\Phi}^{\Omega'}=\mathbf{0}$に絞った説明で済む場合が多い。$\mathbf{\Psi}=\mathbf{0}$と$\mathbf{\Phi}=\mathbf{0}$に分けておくことは，何かと便利である。

序章　マルチボディダイナミクスとは

マルチボディダイナミクスの応用分野は多岐にわたっている。ロボット，自動車，鉄道車両，建設機械，産業機械，家電機械，宇宙機械，舶用機械，医療・福祉機械，などである。要するに，可動部分のある機械はすべてが対象であり，さらに，スポーツ工学や医療分野における人体のモデルなどにも適用されている。

上記の機械は，いずれも，剛体や弾性体をジョイントや力要素で組み立てたものと見なせる。ジョイントには，ピンジョイント，ボールジョイント，テレスコピックジョイントなどがある。力要素にはバネやダンパ，電気のモータ，油圧のアクチュエータ，あるいは，内燃機関などがある。モデル化の考え方しだいで，内燃機関もマルチボディシステムである。剛体や弾性体のほかに，塑性変形を起こす部品を含むモデルやロープや紐のような可撓性を示すもの，あるいは流体や流動性のあるものなどを含めたモデル化も研究対象に広がってきている。

以上のようなマルチボディシステムの動力学がマルチボディダイナミクスである。特に，汎用性の高いマルチボディシステムの解析ソフトがCAE（Computer Aided Engineering）の道具として開発され，その実用性が明らかになるにつれて，マルチボディダイナミクスは注目されるようになってきた。汎用ソフトは，汎用的なモデルの捉え方と，それを計算処理する汎用的な仕組みに支えられている。ジョイントやバネなどの結合要素や力要素をライブラリ化し，機械の多様性に対処できるようになっている。

マルチボディシステムの解析としては，順動力学解析，逆動力学解析，運動学解析を代表として，その他，CAEとして便利なさまざまな方法が含まれる。

順動力学解析は，力やトルクを与えたときにどのような運動するかを求めるものであり，生じた運動，または，生じさせたい運動から，そのための力やトルクを求める逆動力学解析と対をなすものである。ロボットで考えると分かりやすい。関節のモータにトルクを加えたとき，ロボットがどのように動くかが順動力学解析であり，ロボットに特定の動きをさせたいとき，関節のモータにどのようなトルクが必要かを考えるのが逆動力学解析である。順動力学解析と逆動力学解析には運動方程式が必要である。

運動学解析は，産業用ロボットの関節角を定めたとき，手先の位置と姿勢がどのようになるか，あるいは，手先の位置と姿勢を与えたとき，各関節角がどのようになるか，というような解析である。位置と回転姿勢，および，それらの時間微分で表される量を運動学的物理量と呼び，運動学解析はこれら運動学的物理量の間の関係を解析するものである。なお，運動学的物理量およびそれらの間の基本的関係は，運動方程式を立てるためにも，当然，必要である。

マルチボディダイナミクスは，機械の研究開発の道具である。機械の動かし方を決めたとき，必要なモータの大きさを計算することができる。これは逆動力学解析を設計に用いる事例である。逆に，選択したモータなどで動かしたとき，機械がどのように動くかを調べることができる。これが，順動力学解析であり，性能確認作業である。その解析を通して，機械を動かしたときに各部に生じる負荷力を計算することもできる。異常な負荷力が生じないかどうか，異常な挙動が生じないかどうか，を予想することができる。これらはモデルの範囲内の計算であるから，適切なモデルと適切なシミュレーション条件，適切な判断基準を必要とする。その部分に技術者の判断力が必要であるが，それでも，試作機を作らずに性能などの評価ができるようになれば，あるいは，試作機の数を減らすことができれば，研究開発費用の削減と期間の短縮につながる。あるいは，商品を市場に出してから発覚する不具合を未然に予防できる。

マルチボディダイナミクスは，制御系設計にも役に立つ。動的モデルは様々な形で制御系の設計に用いられ，正確なモデルの重要性が増大する傾向にあるが，マルチボディダイナミクスの発展によって複雑な系の運動方程式が求めやすくなった。また，平衡状態を求め，線形化して固有値解析するような機能は制御系の設計の基本である。一方，運動を伴う系の振動問題や，ローターダイナミクスの問題なども，大局的にはマルチボディダイナミクスの枠組みの中で調べることができる。現在，マルチボディダイナミクスの分野で，弾性体やそのほかの柔軟体，あるいは，塑性を伴う問題などの技術が盛んに研究されている。従来の有限要素法にも影響を与えそうである。流体との連立問題などが動力学としての今後の課題であろう。

図1は，ブルドーザーと呼ばれる建設機械である。60トン程もある大型の車両が突起を乗り越えて落下したときに足まわり各部に生じる負荷力を求めようとした。この図は，その順動力学解析の結果からアニメーションを作ったときの一つの場面である。図2は，パワーショベルと呼ばれる建設機械である。この図は機械を外から見ただけのものであるが，計算モデルは，エンジンから油圧ポンプ，油圧バルブ，油圧シリンダなどを含み，作業者の操作パターンも入力されている。掘削，旋回，廃土の作業を繰り返すとして，その作業サイクル中にエンジン出力がどのように変化するか，そのパワーが油圧ポンプ，油圧バルブ，油圧の配管を通って油圧シリンダにどのように伝わり，どこでどんなパワーロスを生じるか，作業機が行う仕事にどれほどが結びつくかを解析した。図3は，ホイールローダと呼ばれる建設機械である。この計算モデルもエンジン，油圧系，そして駆動系を含んでいて，やはり前進，掘削，後退，方向を変えて前進，ダンプカーへの廃土，後退を繰り返す作業サイクルについて，パワーショベルと同様の解析を行った。以上の三つは筆者らが開発した汎用ソフトDSSを利用して計算したものである。本書に添付されたCD-ROMに計算結果の動画が収録されている(DSSは（株）小松製作所の社内ソフト)。

図4は，逆立ちゴマである。これは，運動する剛体はひとつであるが，接触問題の一例として解析したものである。計算の開始時はコマの球状の部分が水平面と接触しているが，接触点は次第に移動し，傾いてゆく。このとき，球の中心から少し外れた位置にある重心は，徐々に高くなる。そして，細い円筒状の棒の端部が水平面と接触するようになって，急に球状の部分は水平面から離れ，逆立ちする。この接触の状況を合理的にモデル化することは案外厄介な問題である。

図5は，達磨落しのシミュレーションで，これも接触問題の難しさがある。逆立ちゴマの場合は，円筒の端部と平面の接触であったが，達磨落しの場合は，円筒（図には八角柱に描かれている）の端部同士の接触であり，接触状況が多様で一層複雑である。以上の二つもDSSを用いて計算した。これらもCD-ROMに動画がある。

図6～10は，マルチボディダイナミクスの応用研究である。図6は，地雷除去の機械化を図り，国際貢献を目指した壮大で意義深い研究の一環である。図7

は，自動二輪車の安定性を向上させる制御技術を目指した研究であり，新しい制御技術を考える上でも興味深いテーマである。図8は，弾性車両のモデルで，弾性構造物の振動制御技術の適応性を広げつつある一連の研究の一環である。図9は，車両の運転者，および，乗客の感性も含めてダイナミクスを考え，環境も含めて良好な性能の実現を目指した一連の研究に用いられているドライビングシミュレータである。図10は，鉄道車両の安全性を一段と高めつつある輪荷重制御の研究モデルである。CD-ROMに，図7と異なったモデル図を用いているが，自動二輪車の動画がある。これらは筆者の周辺にあるものを列挙しただけであるが，マルチボディダイナミクスの対象になる課題は無数に存在する。

図11～13は，学生の自主課題から生まれたものである。図11は弾性車体を持つ車両，図12は歩く自動販売機，図13はジャイロ椅子と呼ばれる装置を体験している様子のシミュレーションである。これらは，MATLABを用いて計算されたもので，動画がCD-ROMに収録されている。

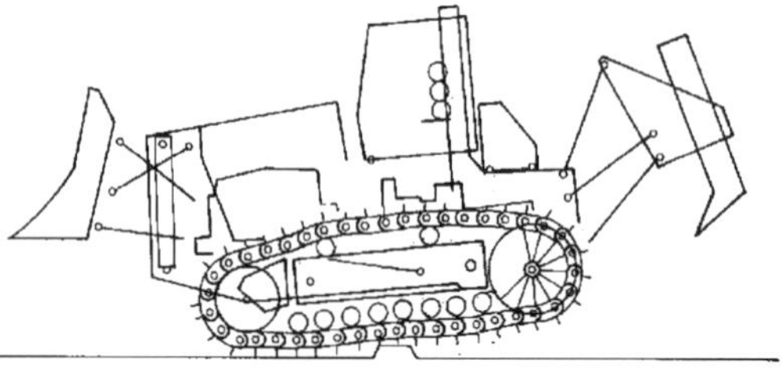

図1　大型ブルドーザーの突起乗り越え時に生じる足回り負荷力の解析
［提供：小松製作所（小松技法 1987 ④　Vol.33　No.120）］

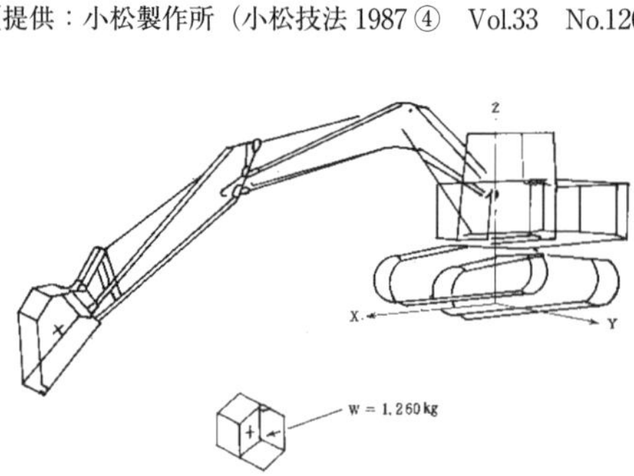

図2　中型パワーショベルの作業サイクルシミュレーション
［提供：小松製作所（小松技法 1987 ④　Vol.33　No.120）］

図３　ホイールローダの作業サイクルシミュレーション
［提供：小松製作所（小松技法 1987 ④　Vol.33　No.120）］

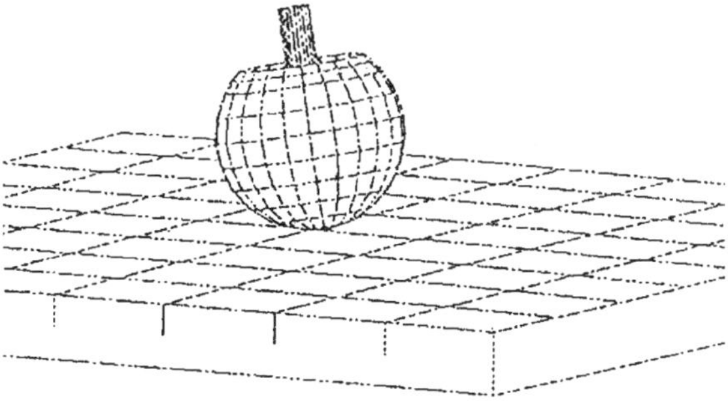

図４　逆立ちゴマのシミュレーション（接触問題）

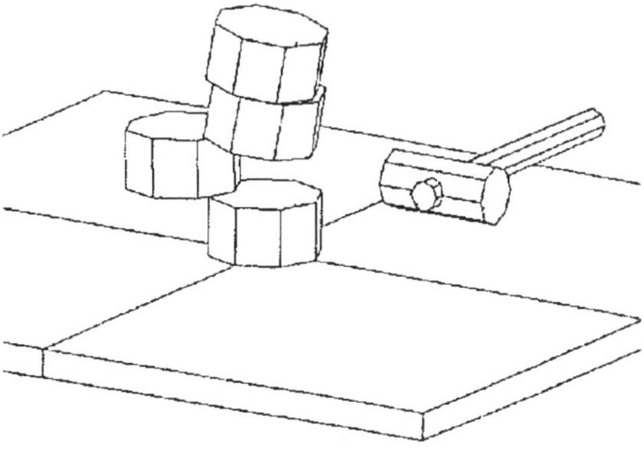

図５　達磨落としシミュレーション（接触問題）

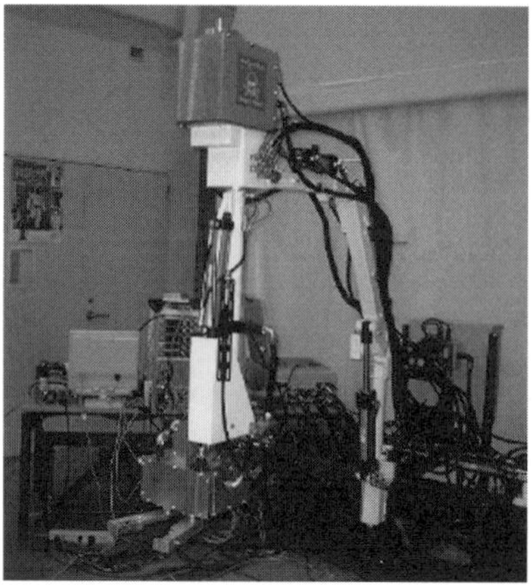

図６　地雷除去支援用多機能アーム　［提供：千葉大学野波研究室］

図７　自動二輪車　［提供：千葉大学西村研究室］

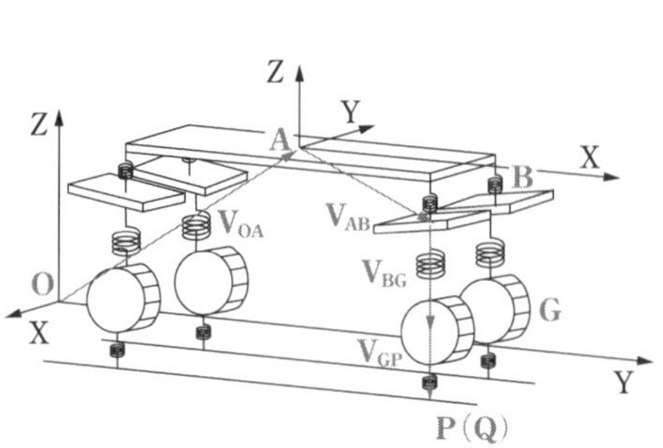

図８　弾性車体を持つ車両　［提供：日本大学背戸渡辺研究室］

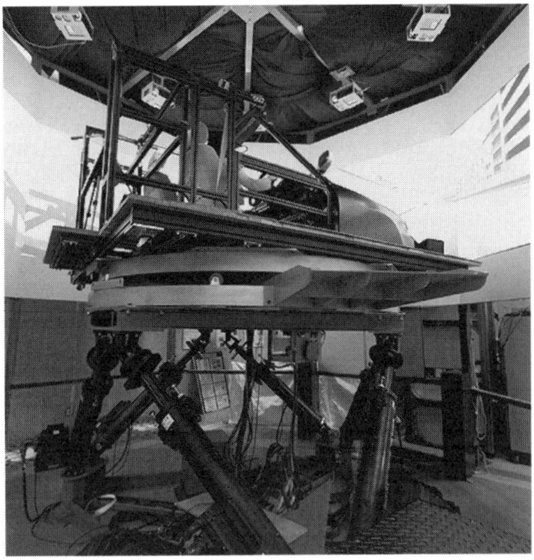

図9　ユニバーサルドライビングシミュレータ
［提供：東京大学生産技術研究所須田研究室］

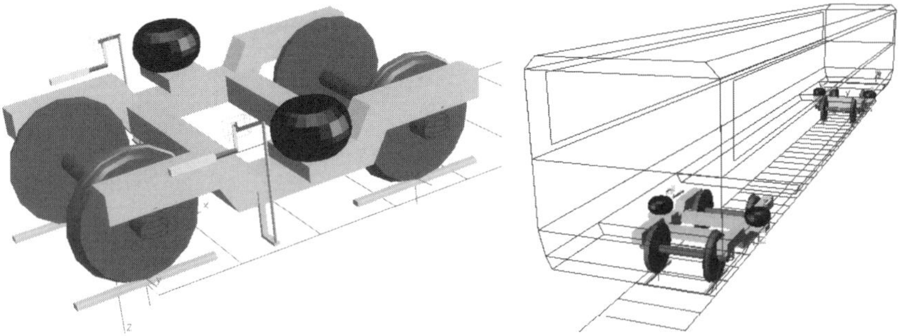

(a)　(b)

図10　空気バネによる左右車輪の荷重制御
［提供：東京大学生産技術研究所須田研究室］

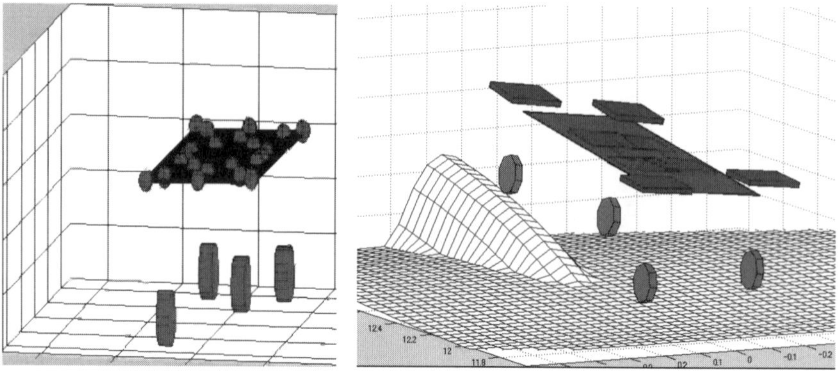

(a)　　　　(b)

図 11　弾性車両

［学生の自主課題］

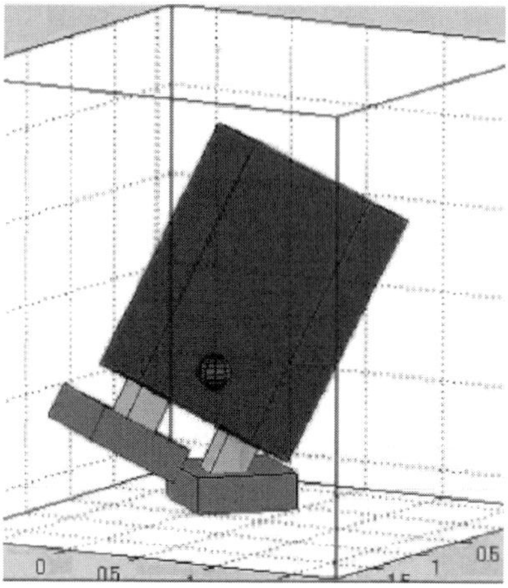

図 12　歩く自動販売機

［学生の自主課題］

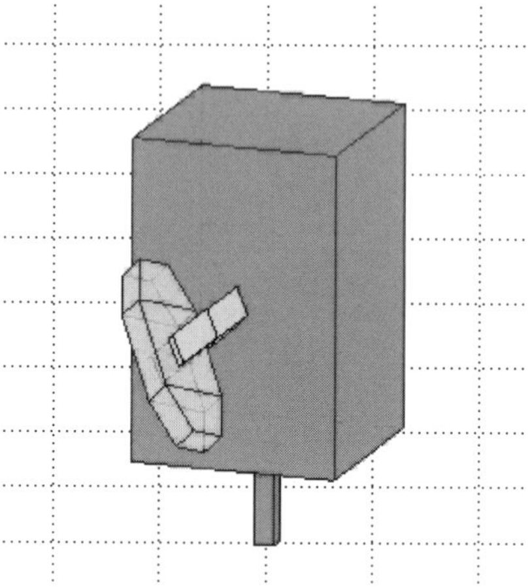

図 13　ジャイロ椅子

［学生の自主課題］

第 I 部

数学の準備

本書を学ぶために必要となる数学は初歩的なものばかりである。行列，ベクトル解析，微積分学の基礎的事項を知っていればよく，いずれも大学初年度で学ぶ程度のものである。しかし，複数の多変数関数を簡潔に扱うために行列を利用すると便利であり，**列行列**(注)で列行列を偏微分するような操作が必要になる。これらは工学ではよく用いられるが，数学として学んだり，練習を積む機会は少なく，このような方法に不慣れな読者も多いと思われる。

3 次元空間に描かれた矢印を本書では**幾何ベクトル**と呼ぶ。ベクトル解析では幾何ベクトルという言葉は用いないと思うが，その内積や外積などが出てくる。これらの概念は力学でも重要である。一方，数値計算に持ち込むためには座標系が必要になる。その座標系は 3 次元の場合，3 本の幾何ベクトルでできていると考えるのが妥当である。

第 I 部の第 1 章は，行列の復習である。第 2 章は，列行列による微分について書かれているが，本書の内容に沿った形の説明になっている。第 3 章はベクトル解析の初歩と座標系についての説明がある。第 I 部は本書で使用する数学を概説したものだが，第 2 章の最後の節には**ニュートン・ラフソン法**が出てくる。これは運動学などでよく用いられる数値解法であり，第 3 章の座標系とともに，運動力学に直接関わる事項である。

(注) $n\times 1$ 行列を本書では**列行列**と呼ぶことにする。普通，列ベクトルなどと呼ばれるが，本書ではベクトルという言葉を第 3 章，第 4 章などで説明する**幾何ベクトル**と**代数ベクトル**に限定して使用している。この両者の明確な認識を重視しているためである。

第1章 行列の復習

実数，複素数，その他数学の対象となる要素を長方形状に並べたものを**行列**と呼ぶ。行列はマルチボディダイナミクスを扱うための重要な道具であり，本書を学ぶ上で必須である。

本章は，行列の基本的事項の復習である。ほとんど，大学の初年度に学ぶ程度の事柄であり，各節のタイトルだけを確認する程度の読み方で十分な読者も多いはずである。しかし，ブロック行列の考え方を初めて知る読者がいるかもしれない。これは難しいことではないが，当然のことのように使われるので迷いのないように把握しておいて頂きたい。また，スカラー行列や，交代行列（または歪対称行列）という言葉を初めて知る読者もいるかもしれないが，その部分の拾い読みだけでもよいであろう。固有値解析，対角変換，トレースに関する説明は必要が生じたときに読むことにしてもよい。

この章で扱う行列は原則として実数を要素としている。一方，第3章や付録Aには幾何ベクトルを要素とする行列が出てくる。ただし，これは，単に行列の形式と演算規則を利用しているだけであり，その場で理解でき，使いながら慣れてゆけるはずである。また，付録Bには複素数を要素とする行列が出てくるが，これもその場の説明だけで十分だと考えている。

1.1 行，列，行列のサイズ（大きさ），列行列，行行列

$n\times m$ 行列 $\mathbf{A}$ は $n\times m$ 個の要素を次のように並べたものである。

$$\mathbf{A}=\begin{bmatrix} a_{11} & a_{12} & \cdots & a_{1m} \\ a_{21} & a_{22} & \cdots & a_{2m} \\ \vdots & \vdots & \ddots & \vdots \\ a_{n1} & a_{n2} & \cdots & a_{nm} \end{bmatrix} \tag{1.1}$$

横の並びを**行**，縦の並びを**列**と呼び，この行列は n 個の行と m 個の列で構成されている。また，この行列の**サイズ**，または，**大きさ**を $n\times m$ と表現する。$\mathbf{A}$ の (i,j) 要素とは a_{ij} のことで，置かれている位置の行と列の番号が添え字になっている。

$n\times 1$ 行列は要素が縦に並んだ行列で，本書では**列行列**と呼ぶことにする。

$$\mathbf{b}=\begin{bmatrix} b_1 \\ b_2 \\ \vdots \\ b_n \end{bmatrix} \tag{1.2}$$

$1\times n$ 行列は要素が横に並んだ行列で，**行行列**である。

$$\mathbf{c}=[c_1 \quad c_2 \quad \cdots \quad c_n] \tag{1.3}$$

1×1 行列は**単独の要素**と同一である。

1.2　ゼロ行列，正方行列，長方行列，対角行列，単位行列，スカラー行列，上（下）三角行列

ゼロ行列とはすべての要素がゼロの行列である。大きさが $n\times m$ のゼロ行列を $\mathbf{0}_{n\times m}$ と書くこともあるが，本書では，単に $\mathbf{0}$ と書いて大きさを明示しない。式の中や文脈で判断できると考えてのことであるが，不慣れなうちは注意を要する。

行と列の数が同じ行列を**正方行列**と呼ぶ。

$$\mathbf{D}=\begin{bmatrix} d_{11} & d_{12} & \cdots & d_{1n} \\ d_{21} & d_{22} & \cdots & d_{2n} \\ \vdots & \vdots & \ddots & \vdots \\ d_{n1} & d_{n2} & \cdots & d_{nn} \end{bmatrix} \tag{1.4}$$

なお，一般の行列，あるいは，特に正方行列以外の行列を**長方行列**と呼ぶことがある。

正方行列の左上の角から右下の角に向かう対角線上の要素を**対角要素**と呼ぶ。式(1.4)右辺の中の添え字が d_{jj} となるような要素のことで，$n\times n$ 行列には n 個の対角要素がある。そして，対角要素以外の要素がすべて 0 の場合，そのような行列を**対角行列**と呼ぶ。対角要素が f_1，f_2，…，f_n の対角行列 $\mathbf{F}$ は $\mathrm{diag}(f_1, f_2,$

$\cdots, f_n)$ と表すこともある。

$$\mathbf{F}=\begin{bmatrix} f_1 & 0 & \cdots & 0 \\ 0 & f_2 & \cdots & 0 \\ \vdots & \vdots & \ddots & \vdots \\ 0 & 0 & \cdots & f_n \end{bmatrix}=\mathrm{diag}(f_1, f_2, \cdots, f_n) \tag{1.5}$$

なお，この対角要素のように，添え字の付け方は融通をきかせた考え方をすればよい。

すべての対角要素が1の対角行列を**単位行列**と呼ぶ。本書では単位行列を $\mathbf{I}_n$ と表し，サイズが $n\times n$ であることを明示することが多い。たとえば，$\mathbf{I}_3$ は 3×3 の単位行列で，本書には頻繁に現れる。単位行列のサイズを明示せずに，$\mathbf{I}$ と表す場合もあるが，いずれにしても，$\mathbf{I}$ は単位行列を意味する予約文字（専用に約束された文字）とする。

$$\mathbf{I}=\mathrm{diag}(1, 1, \cdots, 1) \tag{1.6}$$

$\mathbf{I}_1$ はスカラーの1と同じであるが，2×2 以上の場合，本書では単位行列を1と表すことはない。たまに，単位行列を1と表記している文献もあるが，慣れないうちは混乱の原因になるので記号を区別するほうがよいと考えている。

対角行列の対角要素がすべて等しい場合，そのような行列を**スカラー行列**と呼ぶ。

$$\mathbf{S}=\mathrm{diag}(s, s, \cdots, s)=\begin{bmatrix} s & 0 & \cdots & 0 \\ 0 & s & \cdots & 0 \\ \vdots & \vdots & \ddots & \vdots \\ 0 & 0 & \cdots & s \end{bmatrix} \tag{1.7}$$

単位行列はスカラー行列で，そのスカラーの値が1の場合である。

正方行列を対角要素とその右上方の要素，左下方の要素の三つに分け，左下方の全要素がゼロの場合を**上三角行列**と呼ぶ。同様に，右上方の全要素がゼロの場合は**下三角行列**である（ブロック上（下）三角行列の式(1.11)，(1.12)参照)。なお，上下の三角行列は，**LU 分解**，**QR 分解**，**コレスキー分解**と呼ばれる数値計算の方法に出てくる。これらの方法は運動方程式や拘束式の数値解法に密接に関係しているので，他の文献などで学んでおくと，本書の知識を発展させるときに役立つであろう。

1.3 ブロック行列，対角ブロック，ブロック対角行列，ブロック上（下）三角行列

行列を適当に縦，横に分割し，いくつかの小さな行列が長方形状に並んでいると考えると便利な場合がある。そのような小さな行列を**ブロック**と呼ぶことにすると，ブロックを要素とした行列を考えていることになる。

$$\mathbf{A}=\begin{bmatrix}\mathbf{A}_{11} & \mathbf{A}_{12} & \cdots & \mathbf{A}_{1q}\\ \mathbf{A}_{21} & \mathbf{A}_{22} & \cdots & \mathbf{A}_{2q}\\ \vdots & \vdots & \ddots & \vdots\\ \mathbf{A}_{p1} & \mathbf{A}_{p2} & \cdots & \mathbf{A}_{pq}\end{bmatrix} \tag{1.8}$$

ブロックを要素とした行と列の数は，当然，単独要素レベルで見た行と列の数より小さいか等しい。全体の行列は縦と横のまっすぐな線で分割するので，一つの行に含まれるブロックの行の数は等しく，一つの列に含まれるブロックの列の数も等しい。ただし，分割が等分割とは限らないので，ブロックの大きさは様々になる。このようにブロックを明示した行列表現を**ブロック表現**，そのように把握された行列を**ブロック行列**と呼ぶ。ブロック行列とは特定な行列の名称ではなく，行列の捉え方である。また，$p\times q$ ブロック行列といえば，ブロック単位で数えた行数が p，列数が q と解釈することにする。

$p\times p$ ブロック行列 $\mathbf{A}$ はブロック単位の行数と列数が等しいので，**正方的ブロック行列**と呼ぶ。そして，そのような場合，$\mathbf{A}_{ii}$ のように二つの添え字が等しくなるような位置にあるブロックが**対角ブロック**である。本書では対角ブロックが正方行列でない場合も含めて考えている。すなわち，行列全体が正方行列でない場合でもブロック単位では正方的と見なして対角ブロックを考えることがある。なお，対角ブロックを正方行列に限定している文献もあるので注意が必要である。

対角ブロック以外のブロックがゼロ行列の場合，そのような正方的ブロック行列を**ブロック対角行列**と呼ぶ。対角ブロックが $\mathbf{D}_1$，$\mathbf{D}_2$，$\cdots$，$\mathbf{D}_p$ のとき，ブロック対角行列を次のように表すことがある。

$$\mathbf{D}=\mathrm{diag}(\mathbf{D}_1, \mathbf{D}_2, \cdots, \mathbf{D}_p) \tag{1.9}$$

これは一般の対角行列と同じ表現であるので，区別して，次のように表現するこ

ともある。

$$\mathbf{D}=\text{block\_diag}(\mathbf{D}_1, \mathbf{D}_2, \cdots, \mathbf{D}_p) \tag{1.10}$$

前述したことだが，この場合も本書では $\mathbf{D}_i$ を正方行列に限定していない。

正方的ブロック行列も対角ブロックとその右上方のブロック，左下方のブロックに分けて考えることができ，左下方のブロックがすべてゼロの場合を**ブロック上三角行列**，右上方のブロックがすべてゼロの場合を**ブロック下三角行列**と呼ぶ。

$$\mathbf{U}=\begin{bmatrix} \mathbf{U}_{11} & \mathbf{U}_{12} & \cdots & \mathbf{U}_{1\,p-1} & \mathbf{U}_{1p} \\ \mathbf{0} & \mathbf{U}_{22} & \cdots & \mathbf{U}_{2\,p-1} & \mathbf{U}_{2p} \\ \vdots & \vdots & \ddots & \vdots & \vdots \\ \mathbf{0} & \mathbf{0} & \cdots & \mathbf{U}_{p-1\,p-1} & \mathbf{U}_{p-1\,p} \\ \mathbf{0} & \mathbf{0} & \cdots & \mathbf{0} & \mathbf{U}_{pp} \end{bmatrix} \tag{1.11}$$

$$\mathbf{L}=\begin{bmatrix} \mathbf{L}_{11} & \mathbf{0} & \cdots & \mathbf{0} & \mathbf{0} \\ \mathbf{L}_{21} & \mathbf{L}_{22} & \cdots & \mathbf{0} & \mathbf{0} \\ \vdots & \vdots & \ddots & \vdots & \vdots \\ \mathbf{L}_{p-1\,1} & \mathbf{L}_{p-1\,2} & \cdots & \mathbf{L}_{p-1\,p-1} & \mathbf{0} \\ \mathbf{L}_{p1} & \mathbf{L}_{p2} & \cdots & \mathbf{L}_{p\,p-1} & \mathbf{L}_{pp} \end{bmatrix} \tag{1.12}$$

なお，第21章の漸化式にブロック下三角行列やブロック対角行列が出てくる。

1.4 行列の等値性，行列の和と積，ブロック行列の和と積，行列のスカラー積

行列 $\mathbf{A}$ と $\mathbf{B}$ のサイズが等しく，対応する位置にあるすべての要素が等しいとき二つの行列は**等しい**という。行列 $\mathbf{A}$ と $\mathbf{B}$ の**和**も，サイズが等しい場合にだけ考えることができる。和も同じサイズの行列になり，それを $\mathbf{C}$ とすると，$\mathbf{C}$ の各要素 c_{ij} は $\mathbf{A}$ と $\mathbf{B}$ の対応する位置にある要素 a_{ij} と b_{ij} の和である。

行列 $\mathbf{A}$ のサイズを $m\times k$，$\mathbf{B}$ のサイズを $k\times n$ とすると，二つの行列の**積** $\mathbf{AB}$ を考えることができる。その結果の行列を $\mathbf{C}$ とすると，そのサイズは $m\times n$ で，(i, j) 要素 c_{ij} は $\mathbf{A}$ の第 i 行と $\mathbf{B}$ の第 j 列を用いて次のように計算される。

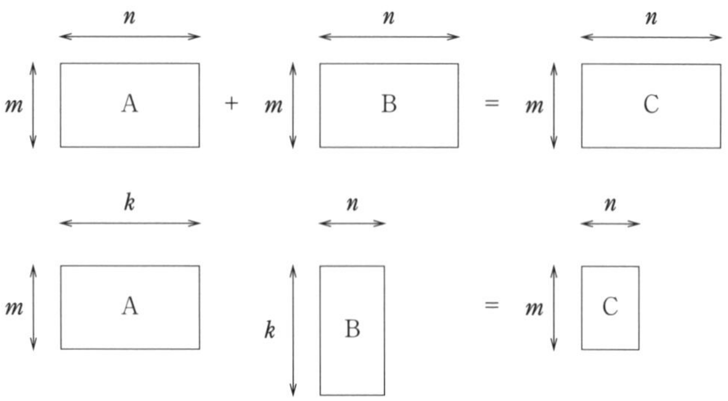

図 1.1　行列の和と積

$$c_{ij}=\sum_{s=1}^{k}a_{is}b_{sj}=[a_{i1}\quad a_{i2}\quad \cdots \quad a_{ik}]\begin{bmatrix} b_{1j} \\ b_{2j} \\ \vdots \\ b_{kj} \end{bmatrix} \tag{1.13}$$

行列 **A** と **B** の積 **AB** は，**A** の列の数と **B** の行の数が等しいとき存在する。積の場合は順序が重要で，**AB** が存在しても **BA** が存在するとは限らない。また，両者が存在する場合，**AB** と **BA** は正方行列になるが，両者のサイズは等しいとは限らず，サイズが等しい場合も両者が等しいとは限らない。**AB** と **BA** が等しい場合，行列 **A** と **B** は**交換可能**，あるいは，**可換**であるという。

ブロック行列 **A** と **B** の**和**は両者のブロック行数とブロック列数が等しく，対応しているすべてのブロック同士のサイズが等しい場合に限って考えることができ，同型のブロック行列になる。これを **C** とすると，すべてのブロックについて次の関係が成立する。

$$\mathbf{C}_{ij}=\mathbf{A}_{ij}+\mathbf{B}_{ij} \tag{1.14}$$

$p\times k$ のブロック行列 **A** と $k\times q$ のブロック行列 **B** に関して，すべての i と j と s に対して積 $\mathbf{A}_{is}\mathbf{B}_{sj}$ が存在するときに限って，二つのブロック行列の**積 AB** を考えることができる。その結果を **C** とすると，そのブロック行列サイズは $p\times q$ で，(i, j) ブロック $\mathbf{C}_{ij}$ は **A** の i 番目のブロック行と **B** の j 番目のブロック列を用いて次のように計算される。

$$\mathbf{C}_{ij}=\sum_{s=1}^{k}\mathbf{A}_{is}\mathbf{B}_{sj}=[\mathbf{A}_{i1}\quad\mathbf{A}_{i2}\quad\cdots\quad\mathbf{A}_{ik}]\begin{bmatrix}\mathbf{B}_{1j}\\\mathbf{B}_{2j}\\\vdots\\\mathbf{B}_{kj}\end{bmatrix}\tag{1.15}$$

ブロック行列の和と積は形式的には実数要素の行列の和と積と同じであるが，要素が行列であるから，要素同士の和と積が成立することも必要条件である。たとえば，次の積が成立するためにはどんな条件が必要だろうか。

$$[\mathbf{A}\quad\mathbf{B}]\begin{bmatrix}\mathbf{F}\\\mathbf{G}\end{bmatrix}\tag{1.16}$$

まず，全体の積が成立するようなサイズになっていなければならないが，その他に，積 **AF**，あるいは，**BG** が成立することが必要である。あるいは，全体の積に関するサイズの整合性を求めずに，**AF** と **BG** が成立することが必要としてもよい。ただし，ブロックの考え方自体は適宜変更して考えることができるので，無意味に形式にこだわることが求められているわけではなく，合理的で矛盾のないブロックの見方が保たれていればよい。なお，慣れないうちは，常時，サイズに矛盾が生じていないかどうかを確認する努力が望ましく，これは単純ミスの防止に繋がる。

行列の**スカラー積**とは，行列のすべての要素にそのスカラーを乗じることである。式(1.1)の **A** にスカラー s を掛けると次のようになる。

$$s\mathbf{A}=\begin{bmatrix}sa_{11}&sa_{12}&\cdots&sa_{1m}\\sa_{21}&sa_{22}&\cdots&sa_{2m}\\\vdots&\vdots&&\vdots\\sa_{n1}&sa_{n2}&\cdots&sa_{nm}\end{bmatrix}\tag{1.17}$$

スカラーとは，ここでは，実数のことだが，幾何ベクトルなどの単独要素を掛ける場合でも同様の積のルールが成立すると考えてよい。

実数を要素とする 1×1 行列は実数そのものと同等と見ることができる。m と n が 2 以上の場合，サイズが $m\times n$ の行列と 1×1 の行列の積は通常の行列の積では定義されていない。その意味で，行列のスカラー積は行列の積に関する特別なルールである。行列の積は一般に可換ではないが，行列 **A** にスカラー s を掛けるときは，$s\mathbf{A}$ と書いても $\mathbf{A}s$ と書いてもよい。もちろんこれは，**A** の要素と s

が積に関して可換であることが前提である。行列 $\mathbf{A}$，$\mathbf{B}$ の積 $\mathbf{AB}$ にスカラー s を掛ける場合も，$s\mathbf{AB}$，$\mathbf{A}s\mathbf{B}$，$\mathbf{AB}s$ のいずれでもよい。

ただし，スカラー積では次のことに注意が必要である。いま，行列 $\mathbf{B}$ のスカラー積 $\mathbf{B}s$，または，$s\mathbf{B}$ を考え，スカラー s が式(1.2)の $\mathbf{b}$ と式(1.3)の $\mathbf{c}$ により $s=\mathbf{cb}$ と表されているとしよう。これを $\mathbf{B}s$，および，$s\mathbf{B}$ に代入することを考えると，一般に積の結合法則が成り立たなくなる。通常の行列の積ではこのようなことが生じることはなく，スカラー積が特別ルールであることが原因である。なお，行列の**積の結合法則**とは，一般に，次の式が成立することをいう。

$$(\mathbf{AB})\mathbf{C}=\mathbf{A}(\mathbf{BC}) \tag{1.18}$$

1.5　行列式，小行列式，逆行列

実数を要素とする正方行列 $\mathbf{A}$ に対して，**行列式** $|\mathbf{A}|$ と呼ばれる実数を対応させることができる。行列式は行列の要素を用いて計算することができるが，行列のサイズが 2×2 と 3×3 の場合は次のようになる。

$$|\mathbf{A}|=\begin{vmatrix} a_{11} & a_{12} \\ a_{21} & a_{22} \end{vmatrix}=a_{11}a_{22}-a_{12}a_{21} \tag{1.19}$$

$$\begin{aligned}|\mathbf{B}|&=\begin{vmatrix} b_{11} & b_{12} & b_{13} \\ b_{21} & b_{22} & b_{23} \\ b_{31} & b_{32} & b_{33} \end{vmatrix}\\ &=b_{11}b_{22}b_{33}+b_{12}b_{23}b_{31}+b_{13}b_{21}b_{32}-b_{11}b_{23}b_{32}-b_{12}b_{21}b_{33}-b_{13}b_{22}b_{31}\end{aligned} \tag{1.20}$$

大きさ $n\times n$ の行列の行列式について，ここでは，**行展開**の方法を示しておく。$\mathbf{A}$ の i 番目の行について展開するとして，次の漸化的な関係が成立する。

$$|\mathbf{A}|=\sum_{j=1}^{n}(-1)^{i+j}a_{ij}M_{ij} \tag{1.21}$$

i 番目の行としてはどの行を選んでもよい。M_{ij} は $\mathbf{A}$ の第 i 行と第 j 列を除いた $(n-1)\times(n-1)$ 行列の行列式で，**小行列式**と呼ばれる。**列展開**の方法もあり，同様であるが，いずれにしても n 個の小行列式が決まれば $|\mathbf{A}|$ を求めることができる。各小行列式の計算も同様に，一回りサイズの小さい行列の行列式から求め

ることにし，これを繰り返せば，2×2 行列などの行列式計算に帰着できる。

次に，行列式の性質について考える。まず，もとの行列の二つの行（または列）が等しいとき，行列式はゼロになる。行列の2つの行（または列）を入れ換えると行列式は符号が反転する。行列のある行（または列）に別の行（または列）の定数倍を加えても行列式は変わらない。$|\mathbf{AB}|$，$|\mathbf{A}|$，$|\mathbf{B}|$ が存在するとき，次の関係が成り立つ。

$$|\mathbf{AB}|=|\mathbf{A}||\mathbf{B}| \tag{1.22}$$

$n\times n$ の大きさの行列 $\mathbf{A}$ において，ある行（または列）を a 倍すると行列式は a 倍になる。$n\times n$ 行列 $\mathbf{A}$ のスカラー積（a 倍）を作ったとき，その行列式は次のようになる。

$$|a\mathbf{A}|=a^n|\mathbf{A}| \tag{1.23}$$

正方行列 $\mathbf{A}$ の行列式 $|\mathbf{A}|$ がゼロでない場合，$\mathbf{A}$ の**逆行列**と呼ばれる行列 $\mathbf{A}^{-1}$ を求めることができ，$\mathbf{A}$ と $\mathbf{A}^{-1}$ とは次のような関係になっている。

$$\mathbf{AA}^{-1}=\mathbf{A}^{-1}\mathbf{A}=\mathbf{I} \tag{1.24}$$

右肩の $^{-1}$ が逆行列を表す記号であり，また，$\mathbf{A}$ と $\mathbf{A}^{-1}$ は可換である。次に，正方行列 $\mathbf{A}$ を係数行列とし，列行列 $\mathbf{x}$ を未知数とする次のような連立一次方程式を考える。

$$\mathbf{Ax}=\mathbf{b} \tag{1.25}$$

この式の解は A^{-1} が存在するとき，これを用いて次のように求まる。

$$\mathbf{x}=\mathbf{A}^{-1}\mathbf{b} \tag{1.26}$$

ただし，連立一次方程式の数値解を求める実際の計算では，逆行列 $\mathbf{A}^{-1}$ を求めた後に $\mathbf{b}$ との積を作るような手順は計算時間的に不利であり，直接，連立一次方程式を解く方法（ガウスの消去法など）を用いることが多い。その意味では式(1.26)は理論上の式である。

逆行列は次の式で求めることができる。

$$\mathbf{A}^{-1}=\frac{1}{|\mathbf{A}|}\mathrm{adj}(\mathbf{A}) \tag{1.27}$$

$\mathrm{adj}(\mathbf{A})$ は**余因子行列**と呼ばれ，その (i,j) 要素は $(-1)^{i+j}M_{ji}$ である。M_{ji} は式(1.21)に出てきた小行列式であるが，添え字の順序が入れ替わっている点に注意が必要である。2×2 行列の余因子行列は次のようになる。

$$\mathrm{adj}\left(\begin{bmatrix} a_{11} & a_{12} \\ a_{21} & a_{22} \end{bmatrix}\right)=\begin{bmatrix} a_{22} & -a_{12} \\ -a_{21} & a_{11} \end{bmatrix} \tag{1.28}$$

したがって，逆行列は次のように求まる。

$$\begin{bmatrix} a_{11} & a_{12} \\ a_{21} & a_{22} \end{bmatrix}^{-1}=\frac{1}{a_{11}a_{22}-a_{12}a_{21}}\begin{bmatrix} a_{22} & -a_{12} \\ -a_{21} & a_{11} \end{bmatrix} \tag{1.29}$$

$\mathbf{AB}$ と $\mathbf{A}^{-1}$，$\mathbf{B}^{-1}$ が存在するとき，次の関係が成り立つ。

$$(\mathbf{AB})^{-1}=\mathbf{B}^{-1}\mathbf{A}^{-1} \tag{1.30}$$

a をゼロでないスカラーとして，$\mathbf{A}^{-1}$ が存在するとき，次の式が成り立つ。

$$(a\mathbf{A})^{-1}=\frac{1}{a}\mathbf{A}^{-1} \tag{1.31}$$

$\mathbf{A}^{-1}$ が存在するとき，次の関係が成り立つ。

$$|\mathbf{A}^{-1}|=\frac{1}{|\mathbf{A}|} \tag{1.32}$$

1.6　転置行列，対称行列，交代行列（歪対称行列）

サイズ $n\times m$ の行列 $\mathbf{A}$ の (i, j) 要素を a_{ij} とする。このとき，a_{ij} を (j, i) 要素とし，他のすべての要素についても行と列の番号を入れ換えた位置に配列しなおした行列を考えることができる。そのような行列を $\mathbf{A}$ の**転置行列**と呼び，$\mathbf{A}^T$ と書く。右肩の ^{T} が転置を表す記号で，$\mathbf{A}^T$ のサイズは $m\times n$ になる。また，列行列の転置は行行列になり，行行列の転置は列行列になる。スカラー，あるいは，1×1 行列を転置しても，転置前のものと同一である。

次に，ブロック行列の転置を考える。たとえば，

$$[\mathbf{A}\quad \mathbf{B}]^T=\begin{bmatrix} \mathbf{A}^T \\ \mathbf{B}^T \end{bmatrix} \tag{1.33}$$

この場合，$\mathbf{A}$ と $\mathbf{B}$ を，単に，縦に並べ直すだけではなく，$\mathbf{A}$ と $\mathbf{B}$ 自体も転置が必要であるが，うっかりしやすいので注意を促しておく。

正方行列 $\mathbf{A}$ の (i, j) 要素と (j, i) 要素がすべての i と j について等しいとき，これを**対称行列**と呼ぶ。次の式は対称行列の必要十分条件である。

$$\mathbf{A}^T=\mathbf{A} \tag{1.34}$$

対称行列は，対角要素に関して対称的な位置にある要素が等しい値を持っている。

正方行列 $\mathbf{A}$ のすべての対角要素がゼロで，この対角要素に関して対称な位置にある二つの要素の和$(a_{ij}+a_{ji})$が，すべての i，j に対してゼロのとき，この行列を，**交代行列**，あるいは，**歪対称行列**と呼ぶ。次の式は交代行列の必要十分条件である。

$$\mathbf{A}^T=-\mathbf{A} \tag{1.35}$$

交代行列は，対角要素に関して対称的な位置にある要素の絶対値が等しく，符号が反対になっている。

一般に，正方行列は対称行列と交代行列の和に分解できる。このことは次の式から明らかである。

$$\mathbf{A}=\frac{\mathbf{A}+\mathbf{A}^T}{2}+\frac{\mathbf{A}-\mathbf{A}^T}{2} \tag{1.36}$$

積 $\mathbf{AB}$ の転置は，$\mathbf{B}$ の転置と $\mathbf{A}$ の転置をこの順に掛けたものに等しい。

$$(\mathbf{AB})^T=\mathbf{B}^T\mathbf{A}^T \tag{1.37}$$

$|\mathbf{A}|$ が存在するとき，この値と $\mathbf{A}^T$ の行列式は等しい。

$$|\mathbf{A}^T|=|\mathbf{A}| \tag{1.38}$$

$\mathbf{A}^{-1}$ が存在するとき，その転置は $\mathbf{A}^T$ の逆行列に等しい。本書では，これを $\mathbf{A}^{-T}$ と書くことがある。

$$(\mathbf{A}^T)^{-1}=(\mathbf{A}^{-1})^T\equiv\mathbf{A}^{-T} \tag{1.39}$$

1.7 固有値，固有列行列，対角変換

実数を要素とする $n\times n$ 正方行列 $\mathbf{A}$ に関して，固有値と固有列行列を考えることができる。まず，次の式を $\mathbf{A}$ の**特性方程式**と呼ぶ。

$$|s\mathbf{I}_n-\mathbf{A}|=0 \tag{1.40}$$

s は未知のスカラー変数，$\mathbf{I}_n$ は $n\times n$ 単位行列である。この方程式は s に関する n 次方程式で，その n 個の根 $\lambda_1, \lambda_2, \cdots, \lambda_n$ が $\mathbf{A}$ の**固有値**である。また，次の式を満たすゼロでない $n\times 1$ 列行列 $\mathbf{v}_i$ は，λ_i に対応する**固有列行列**である。

$$\mathbf{A}\mathbf{v}_i=\mathbf{v}_i\lambda_i \tag{1.41}$$

固有列行列は，通常，固有ベクトルと呼ばれているが，本書では，第I部の冒頭

の脚注に記した方針に従ってこのように呼ぶことにする。固有値，および，固有列行列の要素は複素数になることがある。

式(1.41) の意味は，固有列行列 $\mathbf{v}_i$ に $\mathbf{A}$ を左から掛けてできる列行列が $\mathbf{v}_i$ の λ_i 倍になるということである。λ_i と $\mathbf{v}_i$ の要素が実数の場合は，$\mathbf{v}_i$ に $\mathbf{A}$ を左から掛けても n 次元空間における $\mathbf{v}_i$ の方向が変化しないことになる。一般には，$n\times 1$ 列行列に $\mathbf{A}$ を左から掛けた結果はもとの列行列のスカラー倍にはならず，n 次元空間における方向が変化するが，このことと対比して考えると固有列行列と固有値のイメージがはっきりするであろう。特に，2 次元か 3 次元で試してみればわかりやすい。

$\mathbf{v}_i$ が λ_i に対応する固有列行列のとき，$\mathbf{v}_i$ の定数倍も λ_i に対応する固有列行列である。すなわち，固有列行列は常に定数倍の自由度がある。また，$n\times n$ 行列 $\mathbf{A}$ の固有値は重根も含めると，必ず，n 個ある。$\mathbf{A}$ の要素が実数の場合，複素数の固有値があればその共役複素数も固有値になっていて，対応する固有列行列も共役の関係にある。

すべての固有値が異なった値のとき，λ_i に対応する $\mathbf{v}_i$ は定数倍の自由度を除いて定まる。そのとき，$i=1\sim n$ の $\mathbf{v}_i$ を順に並べて，次のような正方行列 $\mathbf{T}$ を考える。

$$\mathbf{T}=[\mathbf{v}_1 \quad \mathbf{v}_2 \quad \cdots \quad \mathbf{v}_n] \tag{1.42}$$

このとき，$\mathbf{T}^{-1}$ は必ず存在し，$\mathbf{T}^{-1}\mathbf{AT}$ は $i=1\sim n$ の λ_i を順に並べた対角行列になる。

$$\mathbf{T}^{-1}\mathbf{AT}=\mathbf{\Lambda} \tag{1.43}$$

$$\mathbf{\Lambda}=\begin{bmatrix} \lambda_1 & 0 & \cdots & 0 \\ 0 & \lambda_2 & \cdots & 0 \\ \vdots & \vdots & \ddots & \vdots \\ 0 & 0 & \cdots & \lambda_n \end{bmatrix} \tag{1.44}$$

このような $\mathbf{\Lambda}$ への変換を**対角変換**と呼び，$\mathbf{T}$ は**対角変換行列**である。

式(1.42)の正方行列 $\mathbf{T}$ の逆行列が存在するとき，n 個の固有列行列 $\mathbf{v}_i(i=1\sim n)$ は，**一次独立**であるという。逆に，n 個の固有列行列 $\mathbf{v}_i(i=1\sim n)$ が一次独立なら，正方行列 $\mathbf{T}$ は逆行列が存在する。なお，任意の $n\times 1$ 列行列は n 個の一次独立な固有列行列 $\mathbf{v}_i$ の**線形結合**で表すことができる。線形結合とは，スカラーを掛けて和をとる操作である。また，一次独立でない場合は，**一次従属**であるという。

実数を要素とする対称行列を**実対称行列**と呼ぶが，行列 $\mathbf{A}$ が実対称行列の場合，固有値は実数になる。そして，二つの固有値 λ_i と λ_j が異なる値を持つならば，$\mathbf{v}_i^T\mathbf{v}_j$ はゼロになる。$\mathbf{v}_i^T\mathbf{v}_j$ を二つの列行列 $\mathbf{v}_i$ と $\mathbf{v}_j$ の**内積**と呼ぶことがあり，また，この内積がゼロになっていることを $\mathbf{v}_i$ と $\mathbf{v}_j$ が**直交**していると表現することがある。すなわち，実対称行列の異なる固有値に対応する固有列行列は直交している。

実対称行列 $\mathbf{A}$ の固有値に重根が含まれている場合，対応する固有列行列は定数倍以外にも自由な選び方ができるが，その場合でも，実対称行列 $\mathbf{A}$ の固有列行列のすべてを，相互に直交するように選ぶことができる。

$\mathbf{v}_i$ を $\mathbf{v}_i^T\mathbf{v}_i$ が1になるように選ぶことを固有列行列 $\mathbf{v}_i$ の**正規化**と呼ぶ。実対称行列 $\mathbf{A}$ の固有列行列が相互に直交していて，かつ，正規化されているとき，対角変換行列 $\mathbf{T}$ は**正規直交行列**になる。

$$\mathbf{T}^T=\mathbf{T}^{-1} \tag{1.45}$$

このとき，対角変換は次のように書くことができる。

$$\mathbf{T}^T\mathbf{A}\mathbf{T}=\mathbf{\Lambda} \tag{1.46}$$

正規直交行列は，**QR 分解**や**特異値分解**と呼ばれる数値解法に出てくる。特異値分解も本書の方法で求めた関係式を数値的に解く場合に役立つことがある。6.2節の座標変換行列（7.2節の回転行列）は正規直交行列である。また，12.3節に記した慣性主軸を求めるために，慣性行列（実対称行列）を固有値解析し，正規直交行列（座標変換行列）を作って対角変換を行う方法がある。

1.8 行列のトレース

$n\times n$ 正方行列 $\mathbf{A}$ の**トレース**は，対角要素の和である。

$$\mathrm{trace}(\mathbf{A})=a_{11}+a_{22}+\cdots+a_{nn} \tag{1.47}$$

転置してもトレースは変わらない。

$$\mathrm{trace}(\mathbf{A}^T)=\mathrm{trace}(\mathbf{A}) \tag{1.48}$$

スカラー s に対して，次の式が成り立つ。

$$\mathrm{trace}(s\mathbf{A}) = s(\mathrm{trace}(\mathbf{A})) \tag{1.49}$$

B も同じサイズの正方行列として，次の式が成り立つ。

$$\mathrm{trace}(\mathbf{A}+\mathbf{B}) = \mathrm{trace}(\mathbf{A}) + \mathrm{trace}(\mathbf{B}) \tag{1.50}$$

トレースは全固有値の和に等しい。

$$\mathrm{trace}(\mathbf{A}) = \lambda_1 + \lambda_2 + \cdots + \lambda_n \tag{1.51}$$

二つの $n \times m$ 行列 **B** と **C** について次ぎの関係が成立する。

$$\mathrm{trace}(\mathbf{B}^T\mathbf{C}) = \mathrm{trace}(\mathbf{B}\mathbf{C}^T) \tag{1.52}$$

この式を，二つの $n \times 1$ 列行列 **b** と **c** に適用すると，次のようになる。

$$\mathbf{b}^T\mathbf{c} = \mathrm{trace}(\mathbf{b}\mathbf{c}^T) \tag{1.53}$$

最後の式は，付録 B7.2 項で役に立つ。

第2章　列行列を変数とする関数の微分

本章は行列の微分に関する事柄の説明である。その内容は多変数の微分学と行列の組み合わせであり，いずれも大学の初年度に学ぶ事柄であるが，多変数の微分学が十分実用的なレベルに達しているか否かという不安と，行列との組み合わせによる混乱の不安がある。そこで，本書を読むために必要な数学的操作をまとめてみた。数学としてこのような内容を学び，練習する機会は少ないと思われるので，時間をかけて，曖昧さを取り除いてほしい。式の変形操作の制限やスカラーと列行列の違いによる差異を理解し，形式的な類似による誤りに陥らないように注意を払って頂きたい。第Ⅱ部以降を学ぶうちに疑問が湧いてくることもあろう。そのようなときには再度，この章を復習して，数学的な操作とその意味を正しく把握し直すような努力を期待したい。行列を利用した関数操作は慣れてしまうと便利な道具であり，広く工学一般で役立つものである。

本章の中で，2.1 節～2.3 節が基本的な内容であり，2.4 節～2.7 節はその応用と位置づけることもできるので，後者は基本事項の練習問題と考えてもよい。2.4 節の 2 階時間微分は，位置に対する加速度と考えることができる。2.5 節の積分可能条件は，第 13 章で学ぶホロノミック，ノンホロノミックと呼ばれる事柄に関係している。2.6 節のヤコビ行列の時間微分では，第 22 章のラグランジュの運動方程式導出過程で必要になる関係式を求めている。2.7 節のニュートン・ラフソン法は運動学で必要になる道具であり，動力学でも役立つ数値解法である。2.4 節以降は必要になったときに読み直すようなやり方で，本書を読み進めてもよい。

本章の中では，s と t をスカラー，$\mathbf{f}$ と $\mathbf{v}$ と $\mathbf{d}$ を列行列，$\mathbf{A}$ と $\mathbf{B}$ を行列とし，そのサイズは $\mathbf{f}$ が $N\times 1$，$\mathbf{v}$ が $M\times 1$，$\mathbf{A}$ が $N\times M$，$\mathbf{B}$ が $M\times M$ である。列行列 $\mathbf{d}$ のサイズは特に定めない。また，本章に出てくる s，$\mathbf{f}$ などの各関数は，C^2 級の関数であることを前提とする。C^2 級の関数とは，二回偏微分可能で，その結

果が連続になるような量であり，位置や速度など本書で扱う物理量は，通常，C^2 級として差し支えない。

2.1　行列がスカラー t（時間）の関数になっている場合

スカラー t は時間を表す変数とし，スカラー s，列行列 $\mathbf{v}$，行列 $\mathbf{A}$ はこの時間を変数とする関数とする。

$$s=s(t) \tag{2.1}$$

$$\mathbf{v}=\mathbf{v}(t) \tag{2.2}$$

$$\mathbf{A}=\mathbf{A}(t) \tag{2.3}$$

列行列と行列の場合，このような表現はその行列を構成しているすべての要素が時間の関数になっていることを意味している。

$$\mathbf{v}(t)=\begin{bmatrix} v_1(t) \\ v_2(t) \\ \vdots \\ v_M(t) \end{bmatrix} \tag{2.4}$$

$$\mathbf{A}(t)=\begin{bmatrix} A_{11}(t) & A_{12}(t) & \cdots & A_{1M}(t) \\ A_{21}(t) & A_{22}(t) & \cdots & A_{2M}(t) \\ \vdots & \vdots & \ddots & \vdots \\ A_{N1}(t) & A_{N2}(t) & \cdots & A_{NM}(t) \end{bmatrix} \tag{2.5}$$

ただし，時間の関数といっても一般論であり，定数の場合も含まれている。

さて，これらの関数を時間で微分することを考えてみよう。記号の上の・（ドット）によっても時間微分を表すことにして，次のように書くことができる。

$$\frac{ds(t)}{dt}=\dot{s}(t)=\dot{s} \tag{2.6}$$

$$\frac{d\mathbf{v}(t)}{dt}=\dot{\mathbf{v}}(t)=\dot{\mathbf{v}}=\begin{bmatrix} \dot{v}_1(t) \\ \dot{v}_2(t) \\ \vdots \\ \dot{v}_M(t) \end{bmatrix} \tag{2.7}$$

$$\frac{d\mathbf{A}(t)}{dt}=\dot{\mathbf{A}}(t)=\dot{\mathbf{A}}=\begin{bmatrix}\dot{A}_{11}(t) & \dot{A}_{12}(t) & \cdots & \dot{A}_{1M}(t)\\ \dot{A}_{21}(t) & \dot{A}_{22}(t) & \cdots & \dot{A}_{2M}(t)\\ \vdots & \vdots & \ddots & \vdots\\ \dot{A}_{N1}(t) & \dot{A}_{N2}(t) & \cdots & \dot{A}_{NM}(t)\end{bmatrix} \tag{2.8}$$

行列の時間微分はこのように行列の全要素の時間微分を意味している。

2.2 スカラー s が列行列 $\mathbf{v}$ の関数になっている場合

次に，スカラー s が列行列 $\mathbf{v}$ の関数になっているとする。$\mathbf{v}$ の関数になっているということは $\mathbf{v}$ の要素の関数になっているということである。

$$s=s(\mathbf{v})=s(v_1, v_2, \cdots, v_M) \tag{2.9}$$

このとき，s を $\mathbf{v}$ で偏微分するとは，s を $\mathbf{v}$ の要素 $v_1, v_2, \cdots, v_M$ で偏微分したものを順に横方向に並べて行行列を作ることと約束する。

$$\frac{\partial s}{\partial \mathbf{v}}\equiv s_{\mathbf{v}}=\begin{bmatrix}\dfrac{\partial s}{\partial v_1} & \dfrac{\partial s}{\partial v_2} & \cdots & \dfrac{\partial s}{\partial v_M}\end{bmatrix} \tag{2.10}$$

$s_{\mathbf{v}}$(注) でこの偏微分を表しているが，添え字の $\mathbf{v}$ は要素が縦に並んだ列行列であり，s を $\mathbf{v}^T$ で偏微分しているわけではない。本書では行行列による偏微分は考えていない。ただし，行行列で偏微分するものと定めたり，要素で偏微分したものを縦に並べるようにしている文献もあり，注意を要する。

今度は，スカラー s が列行列 $\mathbf{v}$ とスカラー t の関数で，$\mathbf{v}$ も t の関数になっているとする。

$$s=s(\mathbf{v}(t), t) \tag{2.11}$$

このとき，s を t の関数と見なして時間微分することができ，次のようになる。

$$\frac{ds}{dt}=\frac{\partial s}{\partial \mathbf{v}}\frac{d\mathbf{v}}{dt}+\frac{\partial s}{\partial t} \tag{2.12}$$

(注) 偏微分を添え字を用いて表す場合，添え字に書かれる変数が列行列であれば，その添え字は太文字で表すのが自然である。本章ではそのようにしてあるが，第Ⅲ部以降では，添え字に太文字を用いないことを原則とする。偏微分の対象になっている関数も含めて，変数記号自体が別の意味の添え字を持つなど，複雑になってくると小さい文字は見難くなってくる。そのための止むを得ない処置である。

この式の左辺と右辺第二項はスカラーであり，右辺第一項は二つの行列の積になっていて，その結果がスカラーである。第一項左側の行列はサイズ $1\times M$ であり，右側の行列はサイズ $M\times 1$ である。行列の式は常に和や積の演算が矛盾なく行われるようなサイズ構成になっているはずで，この性質は式の変形などによって崩れることはなく，崩れたときは何らかの誤りがあったと考えてよい（ただし，スカラー積は特別な演算規則であり，そのスカラーに行行列と列行列の積を代入すると積の結合法則が成立しなくなることがある。この場合は単なる誤りとは区別して考えなければならない）。

さて，式(2.12)は次のように簡略に表すこともできる。

$$\dot{s}=s_{\mathbf{v}}\dot{\mathbf{v}}+s_t \tag{2.13}$$

左辺の $\dot{s}$ は s を時間だけの関数と見たものであるが，右辺の $s_{\mathbf{v}}$ と s_t は，s を $\mathbf{v}$ と t の関数と見たものである。そして，$s_{\mathbf{v}}$ と s_t も $\mathbf{v}$ と t の関数であるから，$\dot{s}$ は $\mathbf{v}$ と $\dot{\mathbf{v}}$ と t の関数になっていると見なすことができる。この式から，$\dot{s}$ を $\dot{\mathbf{v}}$ で偏微分して，次の関係が得られる。

$$\dot{s}_{\dot{\mathbf{v}}}=\frac{\partial\dot{s}}{\partial\dot{\mathbf{v}}}=s_{\mathbf{v}}=\frac{\partial s}{\partial\mathbf{v}} \tag{2.14}$$

2.3　列行列 f が列行列 v の関数になっている場合

列行列 $\mathbf{f}$ が列行列 $\mathbf{v}$ の関数になっているということは，$\mathbf{f}$ の要素が $\mathbf{v}$ の関数になっているということであり，さらに詳しくいえば，$\mathbf{f}$ の要素が $\mathbf{v}$ の要素の関数になっているということである。

$$\mathbf{f}=\mathbf{f}(\mathbf{v})=\begin{bmatrix} f_1(\mathbf{v}) \\ f_2(\mathbf{v}) \\ \vdots \\ f_N(\mathbf{v}) \end{bmatrix}=\begin{bmatrix} f_1(v_1,\ v_2,\ \cdots,\ v_M) \\ f_2(v_1,\ v_2,\ \cdots,\ v_M) \\ \vdots \\ f_N(v_1,\ v_2,\ \cdots,\ v_M) \end{bmatrix} \tag{2.15}$$

このとき $\mathbf{f}$ を $\mathbf{v}$ で偏微分すると次のようになる。

$$\frac{\partial \mathbf{f}}{\partial \mathbf{v}} \equiv \mathbf{f}_{\mathrm{v}} = \begin{bmatrix} \dfrac{\partial f_1}{\partial \mathbf{v}} \\ \dfrac{\partial f_2}{\partial \mathbf{v}} \\ \vdots \\ \dfrac{\partial f_N}{\partial \mathbf{v}} \end{bmatrix} = \begin{bmatrix} \dfrac{\partial f_1}{\partial v_1} & \dfrac{\partial f_1}{\partial v_2} & \cdots & \dfrac{\partial f_1}{\partial v_M} \\ \dfrac{\partial f_2}{\partial v_1} & \dfrac{\partial f_2}{\partial v_2} & \cdots & \dfrac{\partial f_2}{\partial v_M} \\ \vdots & \vdots & \ddots & \vdots \\ \dfrac{\partial f_N}{\partial v_1} & \dfrac{\partial f_N}{\partial v_2} & \cdots & \dfrac{\partial f_N}{\partial v_M} \end{bmatrix} \tag{2.16}$$

この場合も，式(2.10)の場合と同様に，列行列による偏微分を横方向へ並べて，列を増やす操作としている。

列行列による偏微分を以上のように定めると，その結果を行列の範囲に収めるためには，スカラーと列行列までがその対象であり，行行列や一般の行列を列行列で偏微分することはできない。これは行列の範囲に収めるための制約であるが，実用上重要であり，しっかり認識しておく必要がある。なお，$\mathbf{f}_{\mathrm{v}}$ のような列行列の列行列による偏微分は，**ヤコビ行列**と呼ばれている。正方ヤコビ行列の行列式は**ヤコビヤン**と呼ばれているが，ヤコビ行列のことをヤコビヤンと呼んでいる場合もあり，多少，言葉づかいが乱れているような気がしている。

次に，$\mathbf{f}$ が $\mathbf{v}$ の関数になっているだけでなく，その $\mathbf{v}$ も列行列 $\mathbf{d}$ の関数になっている場合を考える。

$$\mathbf{f} = \mathbf{f}(\mathbf{v}(\mathbf{d})) \tag{2.17}$$

この場合，$\mathbf{f}$ は $\mathbf{d}$ の関数と見なすことができるので，$\mathbf{f}$ の $\mathbf{d}$ による偏微分 $\mathbf{f}_{\mathrm{d}}$ が存在し，それは $\mathbf{f}_{\mathrm{v}}$ と $\mathbf{v}_{\mathrm{d}}$ の積になる。

$$\mathbf{f}_{\mathrm{d}} = \frac{\partial \mathbf{f}}{\partial \mathbf{d}} = \frac{\partial \mathbf{f}}{\partial \mathbf{v}} \frac{\partial \mathbf{v}}{\partial \mathbf{d}} = \mathbf{f}_{\mathrm{v}} \mathbf{v}_{\mathrm{d}} \tag{2.18}$$

この積は，当然，順序を入れ換えられない。

$\mathbf{f}$ が $\mathbf{v}$ と t の関数で，$\mathbf{v}$ も t の関数になっている場合を考えよう。

$$\mathbf{f} = \mathbf{f}(\mathbf{v}(t), t) \tag{2.19}$$

この式を時間微分すると，式(2.13)と同様の式が得られる。

$$\dot{\mathbf{f}} = \mathbf{f}_{\mathrm{v}} \dot{\mathbf{v}} + \mathbf{f}_t \tag{2.20}$$

$\mathbf{f}_{\mathrm{v}}$ と $\mathbf{f}_t$ は $\mathbf{v}$ と t の関数であるから，$\dot{\mathbf{f}}$ は $\mathbf{v}$ と $\dot{\mathbf{v}}$ と t の関数である。そこで，$\dot{\mathbf{f}}$ を $\dot{\mathbf{v}}$ で偏微分することができ，それは $\mathbf{f}_{\mathrm{v}}$ になる。

$$\dot{\mathbf{f}}_{\dot{\mathbf{v}}}=\frac{\partial\dot{\mathbf{f}}}{\partial\dot{\mathbf{v}}}=\mathbf{f}_{\mathbf{v}}=\frac{\partial\mathbf{f}}{\partial\mathbf{v}} \tag{2.21}$$

このような関係は，2.6節の式(2.55)と共に，第22章でラグランジュの運動方程式の導出時に利用される。

以上の応用として，次のような式変形が成り立つことを確認しておきたい。ここでは，**A**と**B**は**v**の関数ではなく，**f**だけが**v**の関数になっているとする。

$$\frac{\partial}{\partial\mathbf{v}}(\mathbf{A}^T\mathbf{f})=\mathbf{A}^T\frac{\partial\mathbf{f}}{\partial\mathbf{v}}\equiv\mathbf{A}^T\mathbf{f}_{\mathbf{v}} \tag{2.22}$$

$$\frac{\partial}{\partial\mathbf{v}}(\mathbf{A}\mathbf{v})=\mathbf{A} \tag{2.23}$$

$$\frac{\partial}{\partial\mathbf{v}}(\mathbf{f}^T\mathbf{A}\mathbf{v})=\mathbf{v}^T\mathbf{A}^T\frac{\partial\mathbf{f}}{\partial\mathbf{v}}+\mathbf{f}^T\mathbf{A}\equiv\mathbf{v}^T\mathbf{A}^T\mathbf{f}_{\mathbf{v}}+\mathbf{f}^T\mathbf{A} \tag{2.24}$$

$$\frac{\partial}{\partial\mathbf{v}}(\mathbf{v}^T\mathbf{v})=2\mathbf{v}^T \tag{2.25}$$

$$\frac{\partial}{\partial\mathbf{v}}(\mathbf{v}^T\mathbf{B}\mathbf{v})=\mathbf{v}^T(\mathbf{B}+\mathbf{B}^T) \tag{2.26}$$

式(2.22)と(2.23)は基本的であるが，行列を扱っていることを念頭において確認されたい。式(2.24)～(2.26)の左辺のカッコ内には**v**に依存する因子が二つ含まれている。その場合，一方を定数とした偏微分と他方を定数とした偏微分の和を作る必要があり，また，因子の積がスカラーの場合，その積全体の転置が利用できる。

Quiz 2.1　式(2.22)～式(2.26)は納得できるか。確認せよ。

2.4　2階時間微分

式(2.11)のsに関して，式(2.13)をもう一度時間微分すると，まず，次のように書ける。

$$\ddot{s}=s_{\mathbf{v}}\ddot{\mathbf{v}}+\frac{ds_{\mathbf{v}}}{dt}\dot{\mathbf{v}}+\frac{ds_t}{dt} \tag{2.27}$$

この式では二通りの時間微分の表し方を混在させているが，両者は同じ時間微分であり，単に，簡略な記号だけでは生じる恐れのある混乱を防ぐために，このように表現している。この式の右辺第一項と第二項はいずれも行行列と列行列の積になっていて，結果はスカラーであるから転置して因子の順序を入れ替えることができる。たとえば，$s_{\mathrm{v}}\ddot{\mathbf{v}}$ は $\ddot{\mathbf{v}}^T s_{\mathrm{v}}^T$ と書いてもよい。ところで，s_{v}^T は列行列であり，また，$\mathbf{v}$ と t の関数であるから，次の式が成立する。

$$\frac{ds_{\mathrm{v}}^T}{dt}=\frac{\partial s_{\mathrm{v}}^T}{\partial \mathbf{v}}\dot{\mathbf{v}}+\frac{\partial s_{\mathrm{v}}^T}{\partial t}=(s_{\mathrm{v}}^T)_{\mathrm{v}}\dot{\mathbf{v}}+(s_{\mathrm{v}}^T)_t=(s_{\mathrm{v}}^T)_{\mathrm{v}}\dot{\mathbf{v}}+s_{\mathrm{v}t}^T \tag{2.28}$$

s_t も $\mathbf{v}$ と t の関数であるが，スカラーであるから，もっと簡単である。

$$\frac{ds_t}{dt}=\frac{\partial s_t}{\partial \mathbf{v}}\dot{\mathbf{v}}+\frac{\partial s_t}{\partial t}=(s_t)_{\mathrm{v}}\dot{\mathbf{v}}+(s_t)_t=s_{\mathrm{v}t}\dot{\mathbf{v}}+s_{tt} \tag{2.29}$$

ここで，$\mathbf{v}$ と t による偏微分は順序を入れ替えても変わらない性質を利用している。以上から式(2.27)は次のように書ける。

$$\ddot{s}=s_{\mathrm{v}}\ddot{\mathbf{v}}+\dot{\mathbf{v}}^T(s_{\mathrm{v}}^T)_{\mathrm{v}}\dot{\mathbf{v}}+2s_{\mathrm{v}t}\dot{\mathbf{v}}+s_{tt} \tag{2.30}$$

式(2.19)の $\mathbf{f}$ に関する式(2.20)の時間微分も，式(2.27)と同様に，次のように書くことができる。

$$\ddot{\mathbf{f}}=\mathbf{f}_{\mathrm{v}}\ddot{\mathbf{v}}+\frac{d\mathbf{f}_{\mathrm{v}}}{dt}\dot{\mathbf{v}}+\frac{d\mathbf{f}_t}{dt} \tag{2.31}$$

しかし，今度は式(2.28)に対応する式を作れない。$\mathbf{f}_{\mathrm{v}}$ は $\mathbf{v}$ と t の関数だが，$N\times M$ 行列は $\mathbf{v}$ で偏微分できないからである。そこで，次のようにする。

$$\frac{d\mathbf{f}_{\mathrm{v}}}{dt}\dot{\mathbf{v}}=\frac{\partial \mathbf{f}_{\mathrm{v}}\dot{\mathbf{v}}}{\partial \mathbf{v}}\dot{\mathbf{v}}+\frac{\partial \mathbf{f}_{\mathrm{v}}}{\partial t}\dot{\mathbf{v}}=(\mathbf{f}_{\mathrm{v}}\dot{\mathbf{v}})_{\mathrm{v}}\dot{\mathbf{v}}+\mathbf{f}_{\mathrm{v}t}\dot{\mathbf{v}} \tag{2.32}$$

$\mathbf{v}$ で偏微分する場合，$\dot{\mathbf{v}}$ は定数と考えればよいので，偏微分の対象の中に含めることができる。一方，式(2.29)に対応する式は成立する。

$$\frac{d\mathbf{f}_t}{dt}=\frac{\partial \mathbf{f}_t}{\partial \mathbf{v}}\dot{\mathbf{v}}+\frac{\partial \mathbf{f}_t}{\partial t}=(\mathbf{f}_t)_{\mathrm{v}}\dot{\mathbf{v}}+(\mathbf{f}_t)_t=\mathbf{f}_{\mathrm{v}t}\dot{\mathbf{v}}+\mathbf{f}_{tt} \tag{2.33}$$

以上から，式(2.31)は次のようになる。

$$\ddot{\mathbf{f}}=\mathbf{f}_{\mathrm{v}}\ddot{\mathbf{v}}+(\mathbf{f}_{\mathrm{v}}\dot{\mathbf{v}})_{\mathrm{v}}\dot{\mathbf{v}}+2\mathbf{f}_{\mathrm{v}t}\dot{\mathbf{v}}+\mathbf{f}_{tt} \tag{2.34}$$

s の場合にもこの式と同じように書くことはできるが，式(2.30)の方が式の変形処理が具体的に進められたものになっている。スカラー関数と列行列関数の差異である。

Quiz 2.2　式(2.30)と式(2.34)の違いを納得できるか。確認せよ。

2.5　積分可能条件

一旦，行列から離れ，スカラー変数 x と y によって表されるスカラー関数 z を考える。

$$z=z(x, y) \tag{2.35}$$

x と y が時間 t の関数になっているとすると，z も時間の関数で，$\dot{z}$ は，次のように $\dot{x}$ と $\dot{y}$ の線形な関係になる。

$$\dot{z}=\frac{\partial z(x, y)}{\partial x}\dot{x}+\frac{\partial z(x, y)}{\partial y}\dot{y}=z_x\dot{x}+z_y\dot{y} \tag{2.36}$$

この式の一例として，次の具体例を考えてみよう。

$$\dot{z}=(2x+3y^2)\dot{x}+(6xy)\dot{y} \tag{2.37}$$

この式は，果たして式(2.35)の形の式を時間微分すれば得られるものであろうか。元の式は具体的にどんな式であろうか。答えは次の式である。

$$z=x^2+3xy^2 \tag{2.38}$$

この式を時間微分すると，確かに式(2.37)になる。逆の言い方をすれば，式(2.37)は積分することができて，式(2.38)が得られる。ただし，積分定数は適当に付け加えればよい。

それでは，式(2.37)の代わりに次の式ではどうであろうか。

$$\dot{z}=(2x+4y^2)\dot{x}+(6xy)\dot{y} \tag{2.39}$$

今度は式(2.35)の形の式は得られない。すなわち，式(2.39)は積分できない。

式(2.37)と式(2.39)の違いは何であろうか。式(2.37)の場合，式(2.36)との対比で次の関係が得られる。

$$z_x=2x+3y^2 \tag{2.40}$$

$$z_y=6xy \tag{2.41}$$

積分できるかどうかの判定基準は次の式である。

$$\frac{\partial z_x}{\partial y}=\frac{\partial z_y}{\partial x} \tag{2.42}$$

z が存在するとして，z_x と z_y に相当する部分がこの式を満たせば，積分できる。

式(2.40)と式(2.41)がこの式を満たすことは直ちに確認できる。一方，式(2.39)の場合は式(2.42)の判定基準を満たしていない。

3変数以上の場合や，時間 t を陽に含む場合も同様のことが成り立つが，それについて，以下のように行列を用いた表現で説明する。

式(2.13)から式(2.30)を求める過程で，$s_{\mathrm{v}t}$ と $s_{t\mathrm{v}}$ は等しいとした。

$$s_{\mathrm{v}t}=s_{t\mathrm{v}} \tag{2.43}$$

これは，$\mathbf{v}$ の要素と t による偏微分を順次行うとき，その順序は問わないことを意味している。s は $\mathbf{v}$ と t の関数であるから，$\mathbf{v}$ の要素 v_i と v_j による偏微分を順次行う場合についても同様のことが成立するはずで，それは $(s_{\mathrm{v}}^T)_{\mathrm{v}}$ が対称行列になっていることと同等である。

$$(s_{\mathrm{v}}^T)_{\mathrm{v}}=(s_{\mathrm{v}}^T)_{\mathrm{v}}^T \tag{2.44}$$

以上の二つの式をまとめて，次のように表すこともできる。

$$\begin{bmatrix} (s_{\mathrm{v}}^T)_{\mathrm{v}} & s_{\mathrm{v}t}^T \\ s_{t\mathrm{v}} & s_{tt} \end{bmatrix}=\begin{bmatrix} (s_{\mathrm{v}}^T)_{\mathrm{v}} & s_{\mathrm{v}t}^T \\ s_{t\mathrm{v}} & s_{tt} \end{bmatrix}^T=\begin{bmatrix} (s_{\mathrm{v}}^T)_{\mathrm{v}}^T & s_{t\mathrm{v}}^T \\ s_{\mathrm{v}t} & s_{tt} \end{bmatrix} \tag{2.45}$$

この式の左辺は，式(2.11)の s を $\mathbf{v}$ と t で二回偏微分したものである。ただし，二回目の偏微分は一回目の結果を転置して行われる。この二回偏微分後の行列をスカラー関数 s の**ヘシアン行列**と呼ぶ。この式はヘシアン行列の対称性を表しているが，この対称性が積分可能条件である。

ここで，式(2.13)と同じ形の次の式を考えよう。

$$\dot{s}=\mathbf{a}\dot{\mathbf{v}}+b \tag{2.46}$$

$\mathbf{a}$ はサイズ $1\times M$ の行行列，b はスカラーで，いずれも $\mathbf{v}$ と t の関数とする。

$$\mathbf{a}=\mathbf{a}(\mathbf{v},\ t) \tag{2.47}$$

$$b=b(\mathbf{v},\ t) \tag{2.48}$$

仮に，式(2.11)を時間微分して式(2.46)が得られたとすると，$\mathbf{a}$，b についても式(2.43)，式(2.44)に対応する関係が成立することになる。

$$\mathbf{a}_t=b_{\mathrm{v}} \tag{2.49}$$

$$(\mathbf{a}^T)_{\mathrm{v}}=(\mathbf{a}^T)_{\mathrm{v}}^T \tag{2.50}$$

逆に，この関係が成立しないと，式(2.46)を時間 t で積分して式(2.11)のような表現が得られない。式(2.49)と(2.50)は，式(2.46)を積分した表現が存在するための必要十分条件である。

以上の応用として，式(2.25)と式(2.26)の右辺はいずれもスカラー関数を $\mathbf{v}$ で偏微分したものであるから，これらが積分可能条件を満たしていることは確認できるはずである。また，たとえば，式(2.26)の右辺を少し変更した $\mathbf{v}^T(\mathbf{B}+2\mathbf{B}^T)$ が積分不可能なことも判定できるはずである。式(2.24)の右辺もスカラー関数を $\mathbf{v}$ で偏微分したものであるが，$\mathbf{f}$ が $\mathbf{v}$ の非線形な関数の場合は，この式のままではヘシアン行列の計算を具体的に進めることができない。$\mathbf{f}$ の中味が必要である。

Quiz 2.3　式(2.25)，式(2.26)の右辺が積分可能なことを示せ。また，$\mathbf{v}^T(\mathbf{B}+2\mathbf{B}^T)$ が積分できないことを示せ。

2.6 ヤコビ行列の時間微分

式(2.11)の s に関して，式(2.14)から $\dot{s}_{\dot{\mathrm{v}}}$ は s_{v} に等しく，また，s_{v} は $\mathbf{v}$ と t の関数で，転置すると列行列になる。このことから，$\dot{s}_{\dot{\mathrm{v}}}^T$ の時間微分は次のように書ける。

$$\frac{d\dot{s}_{\dot{\mathrm{v}}}^T}{dt}=\frac{ds_{\mathrm{v}}^T}{dt}=\frac{\partial s_{\mathrm{v}}^T}{\partial \mathbf{v}}\dot{\mathbf{v}}+\frac{\partial s_{\mathrm{v}}^T}{\partial t}=(s_{\mathrm{v}}^T)_{\mathrm{v}}\dot{\mathbf{v}}+s_{\mathrm{v}t}^T \tag{2.51}$$

一方，式(2.13)を $\mathbf{v}$ で偏微分すると

$$\dot{s}_{\mathrm{v}}=\dot{\mathbf{v}}^T\frac{\partial s_{\mathrm{v}}^T}{\partial \mathbf{v}}+\frac{\partial s_t}{\partial \mathbf{v}}=\dot{\mathbf{v}}^T(s_{\mathrm{v}}^T)_{\mathrm{v}}+s_{t\mathrm{v}} \tag{2.52}$$

この式を転置し，式(2.43)と式(2.44)を用いると，式(2.51)と右辺同士が等しくなることが分かり，結局，次の関係が得られる。

$$\frac{d\dot{s}_{\dot{\mathrm{v}}}}{dt}=\frac{ds_{\mathrm{v}}}{dt}=\frac{\partial \dot{s}}{\partial \mathbf{v}}=\dot{s}_{\mathrm{v}} \tag{2.53}$$

s のかわりに式(2.19)の $\mathbf{f}$ の要素 f_1 を用いても式(2.53)の関係は成立する。

$$\frac{d(\dot{f}_1)_{\dot{\mathrm{v}}}}{dt}=\frac{d(f_1)_{\mathrm{v}}}{dt}=\frac{\partial \dot{f}_1}{\partial \mathbf{v}} \tag{2.54}$$

s も f_1 もスカラー関数である。f_2 以下についても同じことがいえ，結局，$\mathbf{f}$ について，式(2.53)と類似の式が成り立つ。

$$\frac{d\dot{\mathbf{f}}_{\dot{\mathbf{v}}}}{dt}=\frac{d\mathbf{f}_{\mathbf{v}}}{dt}=\frac{\partial\dot{\mathbf{f}}}{\partial\mathbf{v}}=\dot{\mathbf{f}}_{\mathbf{v}} \tag{2.55}$$

この式と式(2.53)は，時間微分と $\mathbf{v}$ による偏微分の順序を入れ替えてもよいことを示している。

Quiz 2.4　式(2.11)の s に関して，$\dfrac{d\dot{s}_{\mathbf{v}}}{dt}$ と $\ddot{s}_{\dot{\mathbf{v}}}$ は等しいといえるか。

2.7　ニュートン・ラフソン法

スカラー x を変数とするスカラー関数 $z(x)$ が与えられているとする。ニュートン・ラフソン法は，次の方程式を満たす x を数値的に求める方法である。

$$z(x)=0 \tag{2.56}$$

$z(x)$ は一般に非線形の関数であるから，解析解が得られないことが多いが，運動学などに出てくる課題の場合，関数は十分滑らかで解の存在が明らかであり，解の近似値を推定できる場合が多い。運動学や動力学ではニュートン・ラフソン法はよく用いられる。

まず，解の近似値を x_{E} とする。この値に修正量 Δx を加えた x が式(2.56)を満たすものとする。

$$x=x_{\mathrm{E}}+\Delta x \tag{2.57}$$

この式を式(2.56)に代入し，Δx が微小量であると仮定して線形近似を行うと，次のようになる。

$$z(x_{\mathrm{E}})+\frac{dz(x_{\mathrm{E}})}{dx}\Delta x=z(x_{\mathrm{E}})+z'(x_{\mathrm{E}})\Delta x=0 \tag{2.58}$$

$z'(x_{\mathrm{E}})$ は，$x=x_{\mathrm{E}}$ における関数の傾きである。解が存在するような場合，$z'(x_{\mathrm{E}})$ はゼロでない適当な値になっているので，この式を Δx について解くことができる。

$$\Delta x=-\frac{z(x_{\mathrm{E}})}{z'(x_{\mathrm{E}})} \tag{2.59}$$

この値を式(2.57)に代入して得られる x は，解の近似値 x_{E} を改善した値になっている。これを新たな x_{E} として $z(x_{\mathrm{E}})$ が十分ゼロに近づくまで計算を繰り返せば，式(2.56)が解けたことになる。

この方法は計算機の利用が前提である。上記のプロセスをプログラミングするか，組み込まれたプログラムを利用する。収束の判定基準が必要であり，また，初回の解の推定値と，関数，および，関数の傾きを計算する手順を与えなければならない。なお，初回の解の推定値が遠すぎると正しい解に収束しないことがある。

次に複数の変数を持つ複数の関数の場合を考える。この場合も，関数の一般形は同じである。

$$\mathbf{f}(\mathbf{v})=\mathbf{0} \tag{2.60}$$

$\mathbf{v}$ は M 個の要素を持ち，$\mathbf{f}$ は N 個の要素を持っているが，ここでは $M=N$ とする。解の近似値を $\mathbf{v}_E$ とし，この値に修正量 $\Delta\mathbf{v}$ を加えた $\mathbf{v}$ が式(2.60)を満たすものとする。

$$\mathbf{v}=\mathbf{v}_E+\Delta\mathbf{v} \tag{2.61}$$

この式を式(2.60)に代入し，$\Delta\mathbf{v}$ が微小量であると仮定して線形近似を行うと，次のようになる。

$$\mathbf{f}(\mathbf{v}_E)+\frac{\partial\mathbf{f}(\mathbf{v}_E)}{\partial\mathbf{v}}\Delta\mathbf{v}=\mathbf{f}(\mathbf{v}_E)+\mathbf{f}_v(\mathbf{v}_E)\Delta\mathbf{v}=\mathbf{0} \tag{2.62}$$

$\mathbf{f}_v(\mathbf{v}_E)$ は，$\mathbf{v}=\mathbf{v}_E$ における正方ヤコビ行列である。解が存在するような場合，$\mathbf{f}_v(\mathbf{v}_E)$ の行列式はゼロでない適当な値になっているので，この式を $\Delta\mathbf{v}$ について解くことができる。

$$\Delta\mathbf{v}=-\mathbf{f}_v(\mathbf{v}_E)^{-1}\mathbf{f}(\mathbf{v}_E) \tag{2.63}$$

この値を式(2.61)に代入して得られる $\mathbf{v}$ は，解の近似値 $\mathbf{v}_E$ を改善した値になっている。これを新たな $\mathbf{v}_E$ としてが十分ゼロに近づくまで計算を繰り返せば，式(2.60)が解けたことになる。

ニュートン・ラフソン法は運動学の数値解を求める代表的手段である。11.3節にはそのような問題が示されている。また，20.6節には順動力学解析の初期値を求める事例がある。それらを待たずに，数学的な事例を作ることも簡単である。式(2.56)の事例としては，適当な x の関数 z を定め，その値がゼロになる x を見つける問題を考えればよい。式(2.60)の事例としては，二つの平面曲線の交点を求める問題，空間曲面と空間曲線の交点を求める問題などが考えられる。問題を自作し，MATLAB などで実際に解いてみることは，理解と自信を深めるために最も効果的であろう。

第3章　3次元空間の幾何ベクトル

位置，速度，角速度，力，トルクなどを3次元空間に描いた矢印で表現することがある。そのような矢印を，本書では，**幾何ベクトル**と呼んでいる。これは矢印そのものであって，成分に分解したりはせず，スカラーと同様に**単独の量**として扱う。そして，そのような矢印にも和や積を考えることができる。

3.2節の幾何ベクトルの基本事項（Quizの形になっている）は大学初年度で学ぶ内容であり，自信があれば読み飛ばしてよい。しかし，3.3節の座標系の説明は，第II部以降や付録Aへの布石になっている。

3.1　幾何ベクトルの概念

空間に描かれた矢印を**幾何ベクトル**と呼ぶことにする。これは，実際に描かれたものでなくても，頭の中で認識されたものでよい。たとえば，時計の針を一つの矢印と見たてることができる。すなわち，回転軸の位置から針の先端に引かれた矢印である。針の先端から回転軸の位置へ引かれた矢印を考えることもできる。また，短針の先端から長針の先端に向けて矢印を想い描いてもよい。これらの針が一定の速さで回転しているとして，長針の先端の速度は先端が描く円の接線に沿う矢印で表現することができる。この場合，速さを矢印の長さに換算する取り決めが必要になるが，それによって具体的に矢印を決めることができる。長針の角速度も，長針の回転面に垂直な矢印で表すことができる。もし，長針が滑らかに一定の角速度で回転しているとすれば，その矢印は変動しない。右ネジのルールによって，この矢印は回転面の奥に向かう方向を持っている。そして，その長さは角速度の大きさに比例している。短針の角速度を表す矢印に比べれば，長さは12倍になるはずである。

このような矢印はロボットや車両各部の位置，速度，角速度，力，トルクなど

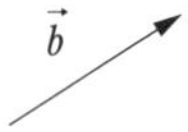

図 3.1 幾何ベクトル

を表現するための手段として利用できるが，ここではそのような物理的な意味付けを行わずに，単に，3次元空間に描かれた矢印と考え，幾何ベクトル $\vec{a}$, $\vec{b}$, $\vec{c}$ などと呼ぶことにする。記号の上の矢印が幾何ベクトルであることを示している。本書では幾何ベクトルを常にこのように表すことにする。また，矢が付いていない端点を**幾何ベクトルの始点**，矢が付いている端点を**終点**と呼ぶことにする。

3.2 3次元幾何ベクトルの基本的性質

以下，Quiz 形式で，3次元幾何ベクトルの基本的な性質を復習する。これらの Quiz でも，幾何ベクトル $\vec{a}$ を，座標系を用いた成分に分解するようなことは考えなくてよい。矢印を説明する場合はその大きさや向きについての説明が求められている。答の幾何ベクトルを問題に与えられた幾何ベクトルとの対比で説明することもあるだろう。

Quiz 3.1　幾何ベクトル $\vec{a}$ に負号をつけた幾何ベクトル $-\vec{a}$ とはどのようなものか。

Quiz 3.2　二つの幾何ベクトル $\vec{a}$ と $\vec{b}$ が等しいとはどのようなことか。

Quiz 3.3　二つの幾何ベクトル $\vec{a}$ と $\vec{b}$ の和はどのように定義されるか。

Quiz 3.4　$\vec{a}+\vec{b}+\vec{c}=0$ となるのはどのような場合か。

Quiz 3.5　［Quiz 3.4］中に出てくる式の右辺の 0 は $\vec{0}$ と書くほうが適当かもしれない。これはどのようなものか説明せよ（本書ではスカラーのゼロと幾何ベクトルのゼロは 0，行列のゼロは **0** と書く。行列の大きさも含め，その意味は，式の中におかれている状況や文脈などから判断できると考えている）。

Quiz 3.6　幾何ベクトルの和は交換可能か。

Quiz 3.7　幾何ベクトル $\vec{a}$ とスカラー s の積（$s\vec{a}$ または $\vec{a}s$）を説明せよ。

Quiz 3.8　幾何ベクトルとスカラーの積は幾何ベクトルになるか，あるいは，スカラーになるか，それとも，別のものになるか。

Quiz 3.9　幾何ベクトル同士の積には内積と外積がある。まず，$\vec{a}$と$\vec{b}$の内積（$\vec{a}\cdot\vec{b}$）を説明せよ。

Quiz 3.10　幾何ベクトルの内積の結果は幾何ベクトルになるか。ならないとすれば何になるか。

Quiz 3.11　幾何ベクトルの内積は交換可能か。

Quiz 3.12　幾何ベクトル$\vec{a}$と$\vec{b}$の外積（$\vec{a}\times\vec{b}$）を説明せよ。

Quiz 3.13　幾何ベクトルの外積の結果は幾何ベクトルになるか。ならないとすれば何になるか。

Quiz 3.14　幾何ベクトルの外積は交換可能か。

Quiz 3.15　幾何ベクトルのスカラー三重積$\vec{a}\cdot(\vec{b}\times\vec{c})$は幾何学的に何を意味しているか。

Quiz 3.16　幾何ベクトル$\vec{a}$，$\vec{b}$，$\vec{c}$のスカラー三重積として$\vec{a}\cdot(\vec{b}\times\vec{c})$，$\vec{b}\cdot(\vec{c}\times\vec{a})$，$\vec{c}\cdot(\vec{a}\times\vec{b})$の三つを考える。これら三つの間にはどのような関係があるか。

Quiz 3.17　幾何ベクトル$\vec{a}$，$\vec{b}$，$\vec{c}$のベクトル三重積$\vec{a}\times(\vec{b}\times\vec{c})$は$\vec{b}$のスカラー倍と$\vec{c}$のスカラー倍の和で表される。その関係を示せ。

Quiz 3.18　幾何ベクトル$\vec{a}$，$\vec{b}$，$\vec{c}$のベクトル三重積として$\vec{a}\times(\vec{b}\times\vec{c})$，$\vec{b}\times(\vec{c}\times\vec{a})$，$\vec{c}\times(\vec{a}\times\vec{b})$の三つを考える。これら三つの間にはどのような関係があるか。

3.3　右手直交座標系

幾何ベクトルは，位置，速度，角速度，力，トルクなどを表現するための手段であるが，数値計算を行うためには，幾何ベクトルの座標系成分を考える必要がある。そのために，座標系が必要になるが，本書に出てくる3次元座標系は，すべて，**右手直交座標系**である。

3次元の座標系は，三つの座標軸を表す単位長さの幾何ベクトルで定めることができるが，本書では，そのような幾何ベクトルを**基底幾何ベクトル**と呼ぶことにする。座標系Oの場合，X，Y，Z軸を表す基底幾何ベクトルは，$\vec{e}_{OX}$，$\vec{e}_{OY}$，

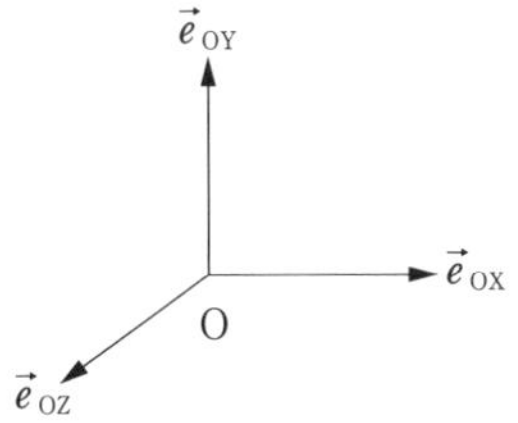

図3.2　右手直交座標系とその基底幾何ベクトル

$\vec{e}_{OZ}$ である。これらは相互に直交し，右手系をなしている。

ここで，$\vec{e}_{OX}$，$\vec{e}_{OY}$，$\vec{e}_{OZ}$ を要素とする 3×1 列行列 $\mathbf{e}_O$ を考える。

$$\mathbf{e}_O=\begin{bmatrix}\vec{e}_{OX}\\ \vec{e}_{OY}\\ \vec{e}_{OZ}\end{bmatrix} \tag{3.1}$$ (注)

この列行列を座標系Oの**基底列行列**と呼ぶことにする。また，この転置 $\mathbf{e}_O^T$ は次のように書ける。

$$\mathbf{e}_O^T=[\vec{e}_{OX}\quad\vec{e}_{OY}\quad\vec{e}_{OZ}] \tag{3.2}$$

$\vec{e}_{OX}$ などの幾何ベクトルはスカラーと同様な単独要素（1×1 行列に対応するもの）であり，これらに転置記号を付ける必要はない。基底列行列は，右手直交座標系を構成している三つの幾何ベクトルを単に 3×1 列行列にまとめただけのものであり，式表現の簡略化を狙っていて，慣れると便利な道具である。$\mathbf{e}_O$ は座標系Oであるが，座標系Aは $\mathbf{e}_A$ であり，その成分は $\vec{e}_{AX}$，$\vec{e}_{AY}$，$\vec{e}_{AZ}$ である。

幾何ベクトル同士の積には内積と外積があり，その区別に・（ドット）と×（クロス）が用いられる。普通，実数同士の積，実数と幾何ベクトルの積には，積の記号を用いないことが多い。本書では，これらの積記号の使い方を厳密に守ることにし，・（ドット）と×（クロス）を幾何ベクトル同士の積に限定する。幾何ベクトル同士以外の積には積の記号を用いない。これによって不要な混乱を避ける

(注）基底列行列 $\mathbf{e}_O$ の成分が幾何ベクトルであることを明示するために $\vec{\mathbf{e}}_O$ とするほうが分かりやすいという意見もある。しかし，本書では基底列行列以外に幾何ベクトルを成分とする行列は用いない。$\vec{e}$ と $\mathbf{e}$ を基底幾何ベクトル，基底列行列用の予約文字とし，基底列行列を $\mathbf{e}_O$ などとするほうが数式の中で，簡明になると考えている。

ことができ，式の操作時などに生じる誤りの発見などにも役立つ。

$\mathbf{e}_O$ と $\mathbf{e}_O^T$ の積は行列の積であるが，要素レベルで考えると幾何ベクトル同士の積であるから内積か外積かを指定する必要がある。そこで，内積の場合は $\mathbf{e}_O\cdot\mathbf{e}_O^T$，外積の場合は $\mathbf{e}_O\times\mathbf{e}_O^T$ と書くことにする。これらを要素レベルまで書くと次のようになる。

$$\mathbf{e}_O\cdot\mathbf{e}_O^T=\begin{bmatrix}\vec{e}_{OX}\\ \vec{e}_{OY}\\ \vec{e}_{OZ}\end{bmatrix}\cdot[\vec{e}_{OX}\quad\vec{e}_{OY}\quad\vec{e}_{OZ}]=\begin{bmatrix}\vec{e}_{OX}\cdot\vec{e}_{OX} & \vec{e}_{OX}\cdot\vec{e}_{OY} & \vec{e}_{OX}\cdot\vec{e}_{OZ}\\ \vec{e}_{OY}\cdot\vec{e}_{OX} & \vec{e}_{OY}\cdot\vec{e}_{OY} & \vec{e}_{OY}\cdot\vec{e}_{OZ}\\ \vec{e}_{OZ}\cdot\vec{e}_{OX} & \vec{e}_{OZ}\cdot\vec{e}_{OY} & \vec{e}_{OZ}\cdot\vec{e}_{OZ}\end{bmatrix}\tag{3.3}$$

$$\mathbf{e}_O\times\mathbf{e}_O^T=\begin{bmatrix}\vec{e}_{OX}\\ \vec{e}_{OY}\\ \vec{e}_{OZ}\end{bmatrix}\times[\vec{e}_{OX}\quad\vec{e}_{OY}\quad\vec{e}_{OZ}]=\begin{bmatrix}\vec{e}_{OX}\times\vec{e}_{OX} & \vec{e}_{OX}\times\vec{e}_{OY} & \vec{e}_{OX}\times\vec{e}_{OZ}\\ \vec{e}_{OY}\times\vec{e}_{OX} & \vec{e}_{OY}\times\vec{e}_{OY} & \vec{e}_{OY}\times\vec{e}_{OZ}\\ \vec{e}_{OZ}\times\vec{e}_{OX} & \vec{e}_{OZ}\times\vec{e}_{OY} & \vec{e}_{OZ}\times\vec{e}_{OZ}\end{bmatrix}\tag{3.4}$$

式(3.3)，式(3.4)は幾何ベクトルを要素にもつ行列の演算である。本書の付録Aには基底列行列を用いた演算操作が現れるが，その場合，幾何ベクトルとしての演算ルールと行列としての演算ルールの両方を守りながら演算を進めることが必要である。慣れるまでは注意深く進めなければならないが慣れると便利である。

なお，基底幾何ベクトルの直交性を用いると，式(3.3)，式(3.4)は次のように簡単になる。

$$\mathbf{e}_O\cdot\mathbf{e}_O^T=\mathbf{I}_3\equiv\begin{bmatrix}1 & 0 & 0\\ 0 & 1 & 0\\ 0 & 0 & 1\end{bmatrix}\tag{3.5}$$

$$\mathbf{e}_O\times\mathbf{e}_O^T=\begin{bmatrix}0 & \vec{e}_{OZ} & -\vec{e}_{OY}\\ -\vec{e}_{OZ} & 0 & \vec{e}_{OX}\\ \vec{e}_{OY} & -\vec{e}_{OX} & 0\end{bmatrix}\tag{3.6}$$

第Ⅱ部

運動力学に関わる物理量の表現方法と運動学の基本的関係

位置，速度，回転姿勢，角速度，および，それらを時間微分して得られる量を**運動学的物理量**と呼ぶ。**運動学**とは，機械，あるいは，そのモデル各部の運動学的物理量の関係を扱う学問である。一方，**力**や**トルク**は運動学的物理量ではない。**運動方程式**は**動力学**の基礎になるもので，機械に加わる力やトルクと機械各部の運動学的物理量との関係を表している。

3次元の運動方程式を理解するためには，3次元の運動学的物理量と力やトルクを注意深く調べる必要がある。第Ⅱ部では，**運動力学**に関わる物理量の表現方法と意味を説明している。出てくる物理量は，運動学的物理量と，力，トルク，**質量**，**慣性行列**で，その中で，特に，運動学的物理量とその基本的関係，**三者の関係**と**時間微分の関係**，の説明に重点を置いている。

運動学的物理量のうち回転姿勢を除いたものには，幾何ベクトルによる表現と代数ベクトルによる表現があり，これらの明確な区別と相互の変換関係は重要である。第Ⅱ部では，最も基本的な事柄に対してだけ幾何ベクトル表現を示し，すぐに，言葉による説明だけで代数ベクトル表現に結び付けている。簡潔に実用レベルへ向かうためであり，慣れればこれで十分であるが，数学的表現で相互の変換を把握することも重要である。その点を付録Aで補った。この付録は重要である。

3次元の回転姿勢は，3次元の複雑さの元凶の一つである。しかし，これについては，第7章～第9章がしっかり理解できれば，基礎力としては十分である。これらに関する複雑な事項は付録Bに補足されている。

3次元が分かれば2次元は容易であるが，第10章に記した2次元用の手法は便利である。これ以外は，通常の考え方で2次元問題を扱うことができる。第

11章は，第9章までの基本事項の運動学への応用である。

本章の主な狙いは運動学であるが，ニュートンの運動方程式とオイラーの運動方程式から話を始める。それにより，本章でも順動力学解析の計算プログラム事例を示すことが可能になった。4.5節には質点の放物運動があり，初心者向けの入門用事例になっている。また，9.4節～9.6節にはコマの事例が示されている。

第4章 自由な質点の運動方程式とその表現方法

この章では，自由な質点の運動方程式に出てくる物理量の表現方法を説明する。自由な質点の運動方程式はニュートンの運動方程式で，この式に位置と速度に関する運動学の関係式を補足すれば，質点の放物運動を計算することができる。この章の最後の節に，MATLABによる質点の放物運動計算プログラムの説明がある。これは，順動力学シミュレーション入門者のための簡単な事例であるが，その解説は，本書に出てくる他の順動力学シミュレーションプログラムの説明の基礎にもなっている。

本書では位置や速度を表す変数に二つの添え字が使われる。その必要性は本章だけでは明確ではないかもしれないが，次章まで進むと明らかになってくる。その後，本書全体を読み進むにつれて二つの添え字の意味と効果を理解できるはずである。

4.1 ニュートンの運動方程式

3次元空間を自由に運動する質点Pの運動方程式を次のように書くことができる。

$$m_{\mathrm{P}}\dot{\mathbf{v}}_{\mathrm{OP}}=\mathbf{f}_{\mathrm{OP}} \tag{4.1}$$

これは**ニュートンの運動方程式**である。この式を使って，重力による質点の放物運動を計算するためには，次の式も必要になる。

$$\dot{\mathbf{r}}_{\mathrm{OP}}=\mathbf{v}_{\mathrm{OP}} \tag{4.2}$$

ニュートンの運動方程式は**慣性系**Oから観察した場合に成立する式である。慣性系とは，太陽系とか銀河系，あるいは，それ以外の宇宙全体の星雲に対して固定された系などと説明されているが，ロボットや車両の運動を解析する場合，近似的に地球を慣性系と見なすことが多い。さて，慣性系には，すでに，**右手直交座標系**が固定されているとし，その右手直交座標系とその原点もOと呼ぶこ

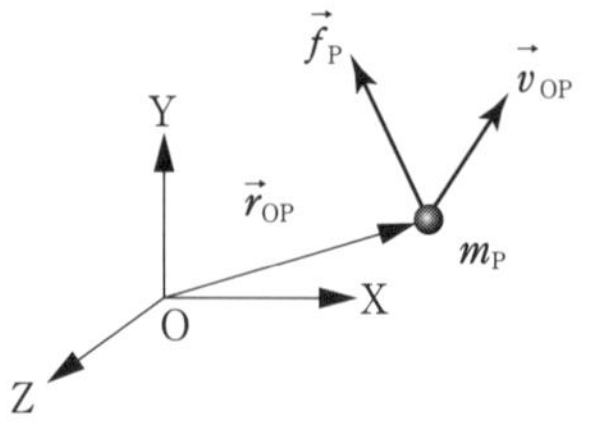

図 4.1　慣性空間に固定した右手直交座標系 O と，質点 P の位置，速度，P に働く作用力

とにする。なお，今後，剛体にも座標系を固定するが，本書で扱う座標系は，すべて，右手直交座標系である。また，ここでは慣性系に座標系を固定すると表現したが，両者を同一視して，専ら慣性座標系という言葉を用いた説明も多く，一方，慣性空間という呼び名が使われることもある。

4.2　位置を表す変数（幾何ベクトル表現と代数ベクトル表現）

$\mathbf{r}_{\mathrm{OP}}$ は慣性系 O から眺めた質点 P の**位置**を座標系 O で表した 3×1 列行列である。（本書では，$n\times1$ の形の行列を，**列行列**と呼んでいる。）この記号 $\mathbf{r}_{\mathrm{OP}}$ の説明に入る前に，まず，位置を表す矢印を考える。すなわち，慣性系 O から眺めた質点 P の位置を，慣性系 O 上の点 O から点 P に至る矢印で表すことにし，これを $\vec{r}_{\mathrm{OP}}$ と書くことにする（図 4.1）。この記号の二つの添え字は矢印の始点（矢のないほうの端点）と終点（矢のあるほうの端点）である。3 次元空間（2 次元問題の場合は 2 次元空間）に描かれた，このような矢印を**幾何ベクトル**と呼ぶことにする。

幾何ベクトル $\vec{r}_{\mathrm{OP}}$ 自体は点 O と点 P があれば作ることができるので，座標系 O は幾何ベクトル作成に必要なわけではない。また，矢印の始点は座標系 O の原点である必要もなく，慣性系 O 上の別の点 S を用いて $\vec{r}_{\mathrm{SP}}$ としても，慣性系 O から眺めた質点 P の位置である。ただし，点 O や点 S が慣性系 O 上の点と考えていることが，これらの記号を位置として捉える場合に重要である。また，矢印として異なっていても位置として同じものになっていることにも注意されたい。なお，幾何ベクトルという言葉は，位置に限らず，速度，角速度，力，トルク，などを表す矢印にも使われる。

次に，座標系 O が出てくる。$\vec{r}_{\mathrm{OP}}$ を座標系 O と組み合わせて，幾何ベクトルの XYZ 成分（三つのスカラー）を作り，それらを順に，縦に並べた 3×1 列行列が $\mathbf{r}_{\mathrm{OP}}$ である。

$$\mathbf{r}_{\mathrm{OP}}=\begin{bmatrix} r_{\mathrm{OPX}} \\ r_{\mathrm{OPY}} \\ r_{\mathrm{OPZ}} \end{bmatrix} \tag{4.3}$$

$\vec{r}_{\mathrm{OP}}$ は矢印であって，成分を考える以前のものであり，$\mathbf{r}_{\mathrm{OP}}$ と $\vec{r}_{\mathrm{OP}}$ とは別物である。$\mathbf{r}_{\mathrm{OP}}$ のような，幾何ベクトルと座標系を組み合わせて作った 3×1 列行列を，**代数ベクトル**と呼ぶ。$\vec{r}_{\mathrm{OP}}$ を O 以外の座標系と組み合わせれば，$\mathbf{r}_{\mathrm{OP}}$ とは別の代数ベクトルになる。図 4.2 は，一つの幾何ベクトルに別々の座標系を組み合わせた結果が別々の代数ベクトルになる様子を図式的に描いたものである。なお，この図には，座標軸を形成している単位長さの幾何ベクトルの記号 $\vec{e}_{\mathrm{OX}}$ なども示されている。

また，慣性系 O から眺めた質点 P の位置を，慣性系 O 上の別の点 S を用いて $\vec{r}_{\mathrm{SP}}$ としてもよいと書いたが，この $\vec{r}_{\mathrm{SP}}$ を座標系 O と組み合わせた場合，代数ベクトルは $\mathbf{r}_{\mathrm{SP}}$ である。

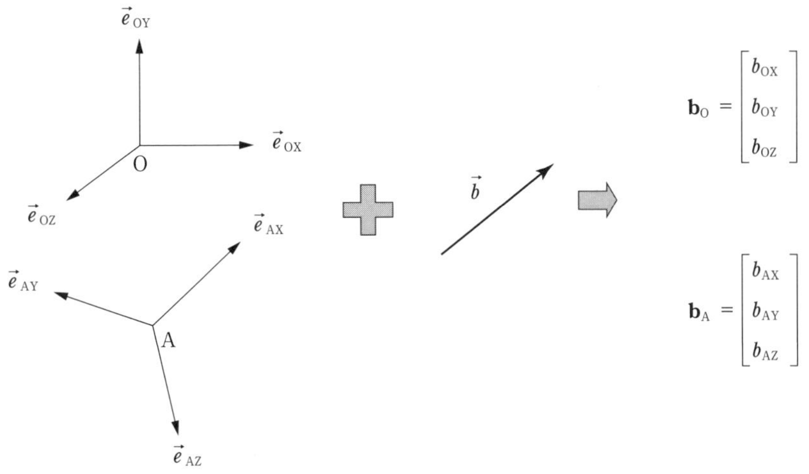

図 4.2　座標系 + 幾何ベクトル $\vec{b}$ ⇒ 代数ベクトル

4.3 運動学的物理量のオブザーバー

$\vec{r}_{OP}$ には添え字が二つある。左側の添え字 O は原点 O を表しているが，この点が載っている慣性系 O や座標系 O も暗示している。前節に出てきた $\vec{r}_{SP}$ の左側の添え字 S もこの点が載っている慣性系 O を暗示している。事前に幾何ベクトルの始点がどの物体上の点かを定めておく必要があり，ここでは S も慣性系上の点としてある。この慣性系 O，あるいは，座標系 O は，点 P の位置を観察する場所であり，**オブザーバー**と呼ばれる。位置という概念は常にオブザーバーから眺めたもので，「～から眺めた」，または，「～から観察した」と表現できる。あるいは，このオブザーバーは位置を特定するための相対的基準物と考えることもでき，「～に対する」，または，「～に相対的な」と表現してもよい。なお，オブザーバーという概念は位置に限らず，速度，角速度，回転姿勢など，運動学的物理量には必ず付随している。オブザーバーは座標系でもよいが，成分を作る役割を利用しているわけではない。広がりのある剛体的なものならば何でもよく，慣性系という概念もそのようなものと考える。一方，添え字が表している点そのものは，広がりがないのでオブザーバーにはなれない。また，このオブザーバーは制御工学のオブザーバーとは無関係である。さて，この段落の最後にもう一つの添え字を説明しておく。$\vec{r}_{OP}$ の右側の添え字 P は，位置を特定する対象の点である。

代数ベクトル $\mathbf{r}_{OP}$ の添え字は幾何ベクトル $\vec{r}_{OP}$ の添え字とその意味を踏襲しているが，左側の添え字 O には，さらに，別の意味が加わっている。点 O が載っている慣性系に固定した座標系 O で成分を作るという意味である。結局，$\mathbf{r}_{OP}$ の左側の添え字 O は矢印の始点であるが，そのほかに，オブザーバーと，成分を計算する座標系の，二つの意味を合わせ持っていることになる。

なお，添え字に煩わしさを感じる読者もいると思われるが，この煩わしさは位置を表す変数が本来持っている複雑さである。この複雑さを添え字などの形で明示することは，特に 3 次元問題で，大いに役立つ。これによって，意味が明確になり，式変形などの作業が明快なものになる。本書の内容を習得するにつれてその効果を感じることができるであろう。

幾何ベクトルから代数ベクトルを作ったり，代数ベクトルから幾何ベクトルを復元する数学的操作について，付録 A に解説がある。その操作に，図 4.2 に示された座標系の単位長さの幾何ベクトル $\vec{e}_{\mathrm{OX}}$ などが利用され，3.3 節の式(3.1)に示した基底列行列 $\mathbf{e}_{\mathrm{O}}$ などが便利である。幾何ベクトル表現は 3 次元の運動学的物理量や力やトルクを把握するために役立ち，代数ベクトル表現は運動学と動力学の数値計算に必要であるが，これらを関係づける数学的手段は式の変形操作などを明快なものにし，曖昧さを除去するために重要である。なお，この付録は，力，トルク，速度，角速度，座標変換行列なども含めた説明になっているので，第Ⅱ部全体を読んだ後に再読することも効果的であろう。

Quiz 4.1 慣性系 O 上に原点 O とは別に固定点 S を考える。また，剛体 A があって，その上に固定点 O′ と P があるとする。$\vec{r}_{\mathrm{OP}}$，$\vec{r}_{\mathrm{O'P}}$，$\vec{r}_{\mathrm{SP}}$，$\vec{r}_{\mathrm{PO}}$，$\vec{r}_{\mathrm{OS}}$ がそれぞれ位置を表すとすると，それらはどこから見たどこの位置か。また，剛体 A が任意に運動するとき，これらの幾何ベクトルのうち，長さが変化しないものはどれか。

Quiz 4.2 剛体 A 上に点 P，剛体 B 上に点 Q があるとき，二つの幾何ベクトル $\vec{r}_{\mathrm{PQ}}$ と $\vec{r}_{\mathrm{QP}}$ の位置としての意味と，二つの幾何ベクトルの関係 $\vec{r}_{\mathrm{PQ}}=-\vec{r}_{\mathrm{QP}}$ を確認せよ。

4.4 速度，作用力，慣性力

慣性系 O から見た質点 P の**速度**も矢印（幾何ベクトル）で表現することができ，それを $\vec{v}_{\mathrm{OP}}$ と書くことにする。添え字の意味は $\vec{r}_{\mathrm{OP}}$ と同様で，左側の点 O がオブザーバーを暗示し，右側の点 P は速度を特定する対象の点である。矢印の始点，終点の意味は失っている。続いて $\vec{v}_{\mathrm{OP}}$ を左側の添え字に関係する座標系 O と組み合わせると，代数ベクトル $\mathbf{v}_{\mathrm{OP}}$ を作ることができるが，これも位置の場合と同様である。

$$\mathbf{v}_{\mathrm{OP}}=\begin{bmatrix} v_{\mathrm{OPX}} \\ v_{\mathrm{OPY}} \\ v_{\mathrm{OPZ}} \end{bmatrix} \tag{4.4}$$

右辺列行列成分の三番目の添え字は成分を作る座標軸を表していて，式(4.3)の場合も同様であった。

$\vec{v}_{OP}$ と $\vec{r}_{OP}$ の関係は次の通りである。

$$\frac{{}^{O}d\vec{r}_{OP}}{dt}=\vec{v}_{OP} \tag{4.5}$$

そして，これに対応する代数ベクトルの関係，すなわち，$\mathbf{v}_{OP}$ と $\mathbf{r}_{OP}$ の関係が式(4.2)である。これらは運動学的物理量の**時間微分の関係**である。時間微分の関係は他に，回転姿勢と角速度の関係などに現れる。さて，式(4.5)左辺には幾何ベクトルの時間微分が出てくるが，幾何ベクトルの時間微分には，必ず，**時間微分のオブザーバー**を指定しなければならない。左辺の微分記号の左肩に書いてあるOがそのオブザーバーである。幾何ベクトルの時間微分は矢印の変化を観察した結果として定まるものなので，その矢印を観察する立場が必要になるのである。さて，この式の場合，微分の対象になっている $\vec{r}_{OP}$ のオブザーバーと時間微分のオブザーバーが一致しているが，そのような場合に，この式は成立する。式(4.2)は式(4.5)から導くことができるが，これについても付録Aに説明がある。

式(4.2)右辺の時間微分にはオブザーバーの指定は必要ない。代数ベクトル $\mathbf{r}_{OP}$ の成分は実数で，その時間的な変化はどこから観察しても同じである。そこで，文字の上に・(ドット）を付けた簡略な時間微分表示を用いることができる。式(4.1)の $\dot{\mathbf{v}}_{OP}$ は $\mathbf{v}_{OP}$ の時間微分で，慣性系Oから見た質点Pの**加速度**を座標系Oで表したものである。

質点Pに働く**作用力**も幾何ベクトルで表すことができ，それを $\vec{f}_{P}$ とする。力は運動学的物理量ではなく，オブザーバーによって矢印が変化することはない。すなわち，力にはオブザーバーという概念はなく，そのため，添え字は一つである。この $\vec{f}_{P}$ と座標系Oを組み合わせた代数ベクトルを，$\mathbf{f}_{OP}$ と表すことにする。

$$\mathbf{f}_{OP}=\begin{bmatrix} f_{OPX} \\ f_{OPY} \\ f_{OPZ} \end{bmatrix} \tag{4.6}$$

この場合の左側の添え字は代数ベクトルを作るための座標系を意味している。右側の添え字は力が作用する点で，幾何ベクトルの添え字を踏襲している。最後に，m_{P} は質点Pの**質量**で，これはスカラー（実数）である。

以上のような記号の約束をもとに，式(4.1)と(4.2)の関係が成立する。これらの式は，それぞれ，スカラーレベルで三つの式を含んでおり，代数ベクトルを用いて，コンパクトな表現になっている。なお，式(4.1)を幾何ベクトルで表すと次のようになる。

$$m_{\mathrm{P}}\frac{{}^{\mathrm{O}}d\vec{v}_{\mathrm{OP}}}{dt}=\vec{f}_{\mathrm{P}} \tag{4.7}$$

式(4.1)，または，(4.7)の左辺に負号を付けたものを**慣性力**と呼ぶ。自由な質点の場合，作用力と慣性力の和は常にゼロである。

Quiz 4.3　4.3 項の[Quiz 4.1]と同じ問題設定で，今度は $\vec{v}_{\mathrm{OP}}$，$\vec{v}_{\mathrm{O'P}}$，$\vec{v}_{\mathrm{SP}}$，$\vec{v}_{\mathrm{PO}}$，$\vec{v}_{\mathrm{OS}}$ を考える。これらはそれぞれどこから見たどこの速度か。また，これらの中に長さゼロの幾何ベクトルがあるが，どれか。さらに，これらの中に，常に等しい幾何ベクトルの組があるが，どれとどれか。

Quiz 4.4　剛体 A 上に点 P，剛体 B 上に Q があるとき，$\vec{v}_{\mathrm{PQ}}=-\vec{v}_{\mathrm{QP}}$ は常に成立するだろうか。

4.5　順動力学解析の事例：質点の放物運動

● 順動力学解析の数値シミュレーション

運動方程式を利用した解析を二つに分けて考えることができる。順動力学解析と逆動力学解析である。**順動力学解析**は作用力や作用トルクが既知のとき，それらによって生じる運動（時々刻々の運動学的物理量）を求める作業であり，**逆動力学解析**は運動が既知のとき，その運動を生じさせる力やトルクを求める作業である。ロボットのモータがトルクを発生したときロボットがどのように動くかという課題と，ロボットに生じさせたい運動を実現するために必要なモータトルクを求める課題，と考えれば分かりやすい。順動力学解析は多くの場合，計算機を用いた数値シミュレーションになるが，具体的なプログラミングの仕方を理解するには，事例を見ることが最も効果的と思われる。一方，逆動力学解析は計算技術上の難しさは少なく，設計問題など，個々の課題ごとにいかに応用力を発揮するかが鍵である。

本書では，いくつかの事例について運動方程式を実際に立ててみるが，さらにその中のいくつかについて順動力学解析の数値シミュレーションプログラムを示し，読者のシミュレーション技術習得に役立てるようにした。シミュレーション環境としては，プログラミングに関わる負担の少ないMATLABが適当と考え，できるだけ単純なプログラミング技術の範囲内でシミュレーションを実現して，本質的な技術を習得しやすいように配慮した。計算プログラムは付録のCD-ROMにMファイルの形で収録してある。なお，MATLABに関する説明は本書では行わず，読者の自助努力に任せる。また，プログラミング技術に関する見本を提供しているわけでもなく，他のプログラミング言語を用いる場合にも共通な基本的事項を具体的に学べるようにすることが狙いである。MATLABは行列を用いた計算処理に関する便利な機能が含まれている言語で，本書に示した運動方程式表現からのプログラミングにも適している。ただし，大規模なモデルを扱うことは計算時間の面などから，実用性に制限があるかもしれない。

● 2次元放物運動

本節では，最初の事例として質点の放物運動を取り上げる。この事例の目的は，初心者に順動力学解析の数値シミュレーションとはどのようなものかを示すことであり，質点に働く作用力は重力だけの単純なモデルを用いることにした。このモデルは解析解も得られるので，数値解との比較も可能である。運動方程式とそれに随伴させる運動学の関係式には，式(4.1)と（4.2）が利用できる。ただし，質点の放物運動は鉛直な2次元平面内の運動としてモデル化できるので，式(4.1)と(4.2)の$\mathbf{r}_{OP}$，$\mathbf{v}_{OP}$，$\mathbf{f}_{OP}$を2次元の代数ベクトルと解釈する。すなわち，Z

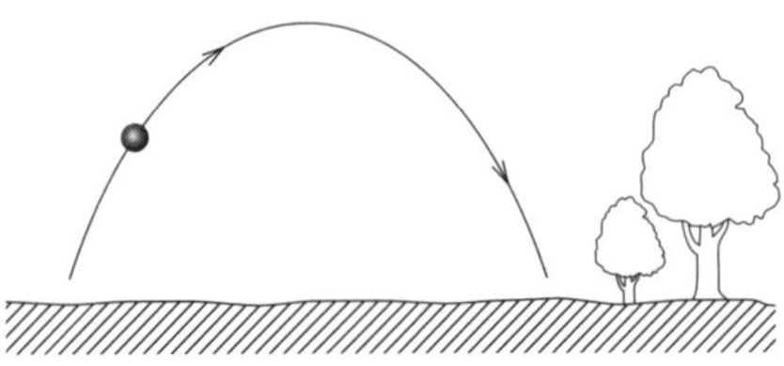

図4.3　質点の放物運動

成分はゼロとしてよいので，その部分を省けば2次元の式になる。

作用力 $\mathbf{f}_{OP}$ は，Y軸負の方向に働く重力だけを考えればよいので，重力の加速度 g を用いて次のように表される。

$$\mathbf{f}_{OP} = -\mathbf{d}_Y m_P g \tag{4.8}$$

ここで，2次元問題で式を簡潔に表すための記号 $\mathbf{d}_Y$ が用いられている。$\mathbf{d}_X$ とともに便利な道具で，今後も事例などで頻繁に用いる。

$$\mathbf{d}_X = \begin{bmatrix} 1 \\ 0 \end{bmatrix} \quad , \quad \mathbf{d}_Y = \begin{bmatrix} 0 \\ 1 \end{bmatrix} \tag{4.9}$$

以上より，シミュレーションに用いるのは，2次元代数ベクトルを利用した次の二つの式である。

$$\dot{\mathbf{v}}_{OP} = -\mathbf{d}_Y g \tag{4.10}$$

$$\dot{\mathbf{r}}_{OP} = \mathbf{v}_{OP} \tag{4.11}$$

式(4.10)は式(4.8)を式(4.1)に代入して，共通な因子 m_P を除いたものである。このモデルの場合，質点の質量の大小は運動軌跡には無関係である。

● 常微分方程式初期値問題の数値積分

式(4.10)と(4.11)は，$\mathbf{r}_{OP}$ と $\mathbf{v}_{OP}$ に含まれる四つの変数に関する一階の連立常微分方程式になっていて，計算機を用いた数値解法の適用が可能な形である。一般に一階の連立常微分方程式は，スカラー変数 x の関数 $\mathbf{Y}$ について次のような形に書け，この形に対して，数値解法（積分法）が準備されている。

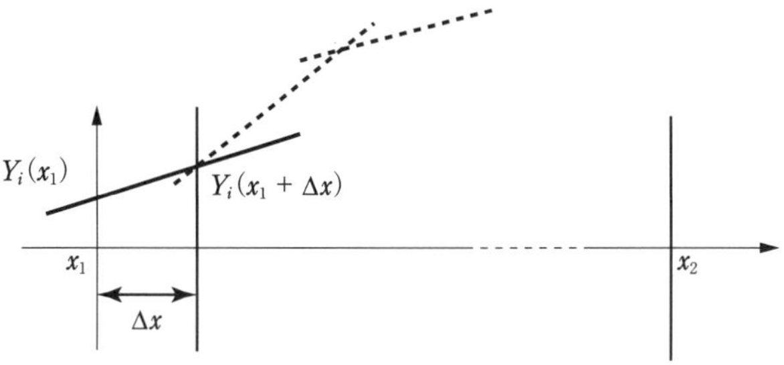

図 4.4 数値積分のイメージ（式(4.13)，Y_i は $\mathbf{Y}$ の成分）

$$\frac{d\mathbf{Y}(x)}{dx}=\mathbf{f}(\mathbf{Y}(x),\,x) \tag{4.12}$$

右辺の $\mathbf{f}$ は $\mathbf{Y}$ と x の関数で，$\mathbf{f}$ と $\mathbf{Y}$ は同数の成分を持つ列行列である。数値積分法は，$x=x_1$ の $\mathbf{Y}$ の値 $\mathbf{Y}(x_1)$ をもとに**右辺**を計算し，**$\mathbf{Y}$ の傾き**を求める。その傾きは，$x=x_1+\Delta x$ における $\mathbf{Y}$ の値 $\mathbf{Y}(x_1+\Delta x)$ を推定するために用いられる。ここで，Δx は**積分キザミ**と呼ばれる微小量である。$\mathbf{Y}(x_1+\Delta x)$ の推定値を作る最も単純な方法は次式である。

$$\mathbf{Y}(x_1+\Delta x)\approx\mathbf{Y}(x_1)+\frac{d\mathbf{Y}(x_1)}{dx}\Delta x \tag{4.13}$$

$\mathbf{Y}(x_1+\Delta x)$ の推定値が求まったら，同じ作業を繰り返せば，$x=x_1$ から $x=x_2$ までの $\mathbf{Y}$ の値を計算することができる。

以上の説明は単純な概念を与えるためのものだが，実際には，$\mathbf{Y}(x_1+\Delta x)$ の推定値を精度よく安定に求めるための細かい工夫があり，様々な方法がある。それらの方法は，**積分アルゴリズム**と呼ばれていて，一般的に数値計算ソフトでは，**ソルバー**と呼ばれる形で内蔵されていたり，ソフトウェアパッケージの形で供給されている場合が多く，その部分のプログラムを書かずに利用できる。その場合，ユーザーは，常微分方程式(4.12)の右辺の計算手順，$\mathbf{Y}(x_1)$ の情報，そして，独立変数の両端の x_1 と x_2 を計算機に与えればよい。他に，積分キザミ Δx か，それを作り出すための情報を与える場合がある。常微分方程式の右辺は，$\mathbf{Y}$ と x から $\mathbf{Y}$ の傾きを計算する手順の形で与える。順動力学解析の場合，独立変数 x は時間 t であり，$\mathbf{Y}$ は，通常，独立な一般化座標と独立な一般化速度（第13章参照）と呼ばれる変数で，$\mathbf{Y}$ の傾きは $\mathbf{Y}$ の時間微分である。$\mathbf{Y}$ を**状態変数**と呼ぶことにする。$\mathbf{Y}(t_1)$ は，状態変数の $t=t_1$ の値であり，**初期値**と呼ばれている。t_1 は 0 とすることが多い。

● プログラム構成

式(4.10)，(4.11)の場合，状態変数 $\mathbf{Y}$ は $\mathbf{r}_{\mathrm{OP}}$ と $\mathbf{v}_{\mathrm{OP}}$ である。

$$\mathbf{Y}=\begin{bmatrix}\mathbf{r}_{\mathrm{OP}}\\ \mathbf{v}_{\mathrm{OP}}\end{bmatrix} \tag{4.14}$$

微分方程式の右辺は，位置 $\mathbf{r}_{OP}$，速度 $\mathbf{v}_{OP}$，時間 t から，$\dot{\mathbf{r}}_{OP}$，$\dot{\mathbf{v}}_{OP}$ を計算する手順であるから，式(4.10)，(4.11)をそのままプログラミングすればよい。この事例には時間 t は必要ない。$\mathbf{Y}$ の初期値は質点の初期位置と初期速度である。この事例に対する MATLAB のプログラムを，関数 M ファイルと呼ばれる形にまとめた（houbutsu_1.m，付録の CD-ROM に収録)。スクリプト M ファイルを利用するほうが一般的と思われるが，関数 M ファイルは，利用するいくつかの関数を一つのファイルにまとめて書くことができるため，個々の事例をひとまとめにでき，分かり易いと考えた。

プログラムの構成は，データ入力，前処理，積分計算，出力処理の四つの段階に分けて考えている。

第一段階のデータ入力は，計算モデルを構成する定数，初期値，計算と出力に関わる時間などのデータを与える段階で，この部分の数値を変えることで計算モデルなどを変更できる。質点の初期速度の入力には，質点を投げ上げる角度とその方向の速さを与えるようにした。MATLAB のソルバーは自動キザミで，キザミを制御する計算精度に関する情報にはデフォルト値が準備されている。ここでは，そのデフォルト値をそのまま用いることにし，積分キザミに関係するデータは入力していない。

第二段階の前処理は，与えられたデータを加工して積分計算の準備をする段階で，初期速度の XY 成分を計算したり，第三段階の積分計算に必要な形で初期値を準備したりしている。一般には，右辺の計算に用いる定数を準備することもある。

第三段階の積分計算は，MATLAB が提供するソルバーを呼び出して積分計算を実行する段階である。本書の順動力学シミュレーションの事例には ode45 と呼ばれる関数を用いているが，これには **4 次のルンゲクッタ法**と呼ばれる積分アルゴリズムが用いられている。関数 ode45 を呼びだすとき，$\mathbf{Y}$ の時間微分（微分方程式の右辺）を計算する関数名（e_houbutsu_1)，初期の時間と出力時間と最終の時間の並び（[$t0:dt:tf$]），$\mathbf{Y}$ の初期値（YINITIAL)，特別なオプションの指定がないことを示す [] を挟んで，右辺の計算で用いられるパラメータの並び（この事例の場合，g（重力加速度）一つだけ)，が入力されている。この事例で用いた関数 e_houbutsu_1 は，houbutsu_1.m の第四段階の後に記述されているので，読者は式(4.10)と(4.11)がこの関数の中でどのようにプログラミングされているかを確認されたい。関数 e_houbutsu_1 の入力は，t と **Y**（注）（$\mathbf{r}_{OP}$ と $\mathbf{v}_{OP}$）のほかに，重力の加速度 g をパラメータとして引き渡すようになっている。この関数の出力は，**Y** の時間微分 **DY**（$\dot{\mathbf{r}}_{OP}$ と $\dot{\mathbf{v}}_{OP}$）である。一方，関数 ode45 の出力は，全出力時間（**tt**）とその全時間に対応する状態変数（**YY**）である。**tt** は，[$t0 : dt : tf$] を MATLAB に従って展開，転置して，列行列に並べたものである。**YY** は，各時間の **Y** を転置して行行列にしたものを時間順に下方に積層したもので，**tt** の行と **YY** の行が対応している。関数 e_houbutsu_1 の入出力，および，関数 ode45 の入出力の間には，いくつか，当然な対応関係がある。状態変数 **Y** の中の要素の並びとその時間微分 **DY** を表す変数の中の要素の並び，ode45 と e_houbutsu_1 の二つの関数に引き渡すパラメータの並びなどである。なお，ode45 に関して，MATLAB オンラインマニュアルを参照されたい。微分方程式の初期値問題に関する数学的説明も役に立つであろう。

第四段階の出力処理は，積分計算結果を処理して，グラフとアニメーションによる結果表示を行う段階である。グラフは時間と状態変数 **Y** の中から選択した変数をグラフの X 軸と Y 軸に指定することで描ける。グラフの描画には様々な機能があり，結果を見やすくする様々な方法があるが，ここでは最も単純に，自動スケールに任せ，各軸に割り当てた変数の意味だけを軸のラベルに表示した。アニメーションでは，質点を小さな四角いマーカーで表し，それが時間とともに動く様子を動画にした。単純な放物運動であるから，たいして見栄えのするものではないが，簡単なアニメーションを実現する手段の一つとして，そのプログラミングが参考になることもあるだろう。時々刻々のマーカーを残して表示する方法などもあり，そのような様々な方法の習得は読者の努力に任せる。

（注）**Y** を太字にしているのは，本書での記号のルールに従っているからであるが，houbutsu_1.m の中でも，そのまま変数として用いられている（当然，太字ではない）。**DY**，**YY**，**tt** も変数名であり，[$t0 : dt : tf$] もプログラム中では斜体は使っていないが MATLAB の表現である。

● 計算の実行と出力，および，放物運動シミュレーションの応用

このプログラムを動かすには，MATLAB を起動して，カレントディレクトリをこの M ファイルのあるディレクトリに設定する。あるいは，この M ファイルのあるディレクトリが MATLAB の検索パス上にくるようにすればよい。その後，コマンドウィンドウのプロンプトに houbutsu_1；などと打ち込んで Enter キーを押せば，計算して結果が表示される。

本書の順動力学シミュレーションプログラムの出力はグラフとアニメーションである。houbutsu_1.m の出力は表 4.1 にまとめられている。figure（1）と figure（2）（図 4.5）は自動スケールになっているので，ほとんど同じ形の放物線になっているが，水平軸（X 軸）の数値はその軸に指定した変数のものになっている。アニメーションでは，各時間ごとの図を準備して取り込む段階があり，続いて，それを連続的に表示する段階をプログラミングした。そのため，二回の

表 4.1　houbutsu_1.m のグラフとアニメーション出力

figure（1）(注)	時間に対する質点の高さのグラフ
figure（2）	質点の水平位置に対する質点の高さのグラフ
figure（3）	アニメーション

(注)：figure（1）などは，MATLAB を動かしたときに出てくる図の番号である。

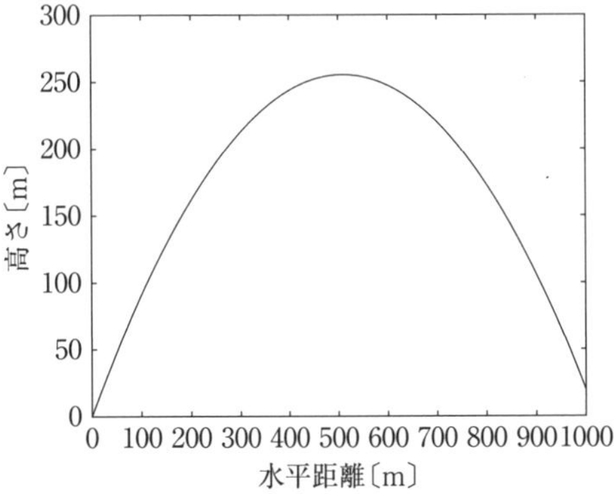

図 4.5　質点の軌跡

動画表示があるように写る。

積分計算の終了は，指定した計算時間内で，指定した状態になったときとすることもできる。放物運動の場合，投げ上げた質点が元の高さに戻ってきたときを終了とするような指定である。このためには，MATLAB の event 関数と呼ばれるものを利用すればよいが，このプログラムでは，単純に，指定した時間で終了する。

ここでは最も単純な放物運動を取り上げたが，ある高さでは横風の影響によって適度な横力が働き，X 軸上のある範囲では上昇気流の影響で上向きの力が働くとすれば，質点軌道の放物線は崩れた形になる。3 次元的な風の影響を含めた，3 次元のシミュレーションも面白いだろう。風などの外乱がある状況で，質点の落下位置を目標地点に近づけるための初期の打ち出し方向と速度を探すゲームも考えられる。そのような遊び心をプログラミングして計算してみれば，シミュレーションが身近になるかもしれない。

第5章 自由な剛体の運動方程式とその表現方法

3次元問題の難しさは，まず，剛体の回転姿勢にあり，さらに，剛体回転運動の運動方程式にある。本章では3次元剛体の並進運動と回転運動の運動方程式を示し，角速度，トルク，慣性行列などの回転運動に関わる物理量とその表現について説明する。第9章にでてくるコマのシミュレーションは，本章で説明する運動方程式を用いる。ただし，この運動方程式導出の説明は，第Ⅲ部まで待たなければならない。また，剛体の回転姿勢については，第7章～第9章に説明されている。

5.1 剛体の運動方程式

3次元空間を自由に運動する剛体の運動方程式は，重心の**並進運動**と**回転運動**に分離して表すことができる。剛体Aを考え，その重心と重心に原点を一致させて固定した座標系もAと呼ぶことにする。剛体Aの運動方程式は次のとおりである。

$$M_{\mathrm{A}}\dot{\mathbf{V}}_{\mathrm{OA}}=\mathbf{F}_{\mathrm{OA}} \tag{5.1}$$

$$\mathbf{J}'_{\mathrm{OA}}\dot{\mathbf{\Omega}}'_{\mathrm{OA}}+\tilde{\mathbf{\Omega}}'_{\mathrm{OA}}\mathbf{J}'_{\mathrm{OA}}\mathbf{\Omega}'_{\mathrm{OA}}=\mathbf{N}'_{\mathrm{OA}} \tag{5.2}$$

運動方程式をこのように二つに分離できるのは並進運動を重心位置で捉えているからである。それ以外の点で並進運動を表す場合は，一般に，並進と回転が連立した式になる（式(12.27)）。

慣性系Oから見た重心Aの速度を表す幾何ベクトルは $\vec{V}_{\mathrm{OA}}$ である。この幾何ベクトルを座標系Oと組み合わせると代数ベクトル $\mathbf{V}_{\mathrm{OA}}$ になる。

$$\mathbf{V}_{\mathrm{OA}}=\begin{bmatrix} V_{\mathrm{OAX}} \\ V_{\mathrm{OAY}} \\ V_{\mathrm{OAZ}} \end{bmatrix} \tag{5.3}$$

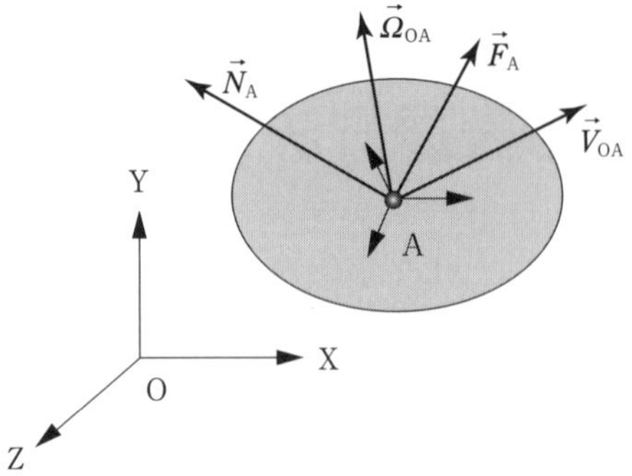

図 5.1　剛体 A の重心速度と角速度，A に働く等価換算後の作用力と作用トルク

これらは前節の $\vec{v}_{OP}$，$\mathbf{v}_{OP}$ と同じ添え字の使い方である。大文字と小文字の使い分けは今のところ強い意味を持っているわけではない。剛体に関する量には大文字を用い，点に関する量には小文字を用いることを原則としている。式(5.1)の場合，重心は剛体の代表点と考えるのが妥当で，大文字を用いている。なお，3次元剛体系に対して，この大文字と小文字を使い分ける主な理由は，第 17 章の式(17.9)と(17.12)などの区別のためである。

剛体上の各点には作用力と作用トルクが働くが，それらを重心点 A に**等価換算**し，合計すると，一組の作用力と作用トルクになる。その**作用力**を幾何ベクトルで $\vec{F}_A$ と書くことにし，それを座標系 O で表した代数ベクトルが $\mathbf{F}_{OA}$ である。これも，前節の $\vec{f}_P$，$\mathbf{f}_{OP}$ と同じ添え字の使い方である。

$$\mathbf{F}_{OA}=\begin{bmatrix} F_{OAX} \\ F_{OAY} \\ F_{OAZ} \end{bmatrix} \tag{5.4}$$

なお，力とトルクの等価変換は，12.1 節に説明されている。さて，式(5.1)の説明として必要な最後の記号は M_A で，これは剛体 A の質量である。

5.2　オイラーの運動方程式

式(5.1)は重心位置に全質量が集まっていると考えればニュートンの運動方程式(4.1)と同じであり，使われている記号も同様である。一方，回転運動の運動方程式(5.2)は**オイラーの運動方程式**であるが，ここに使われている変数は新たに説明を要する。まず，慣性系 O から見た剛体 A の**角速度**を表す幾何ベクトルを $\vec{\Omega}_{0A}$ と書くことにする。慣性系 O がオブザーバである。この矢印の向きは，慣性系 O から見た剛体 A の**瞬間回転中心軸**と平行であり，矢印の長さは回転の速さを表すもので，回転の向きは**右ネジのルール**で定める。

さて，この幾何ベクトルと座標系 O を組み合わせた代数ベクトルが $\mathbf{\Omega}_{0A}$ であるが，ここでは，剛体に固定された座標系 A を $\vec{\Omega}_{0A}$ と組み合わせて，別の代数ベクトルを作ることにする。その代数ベクトルを $\mathbf{\Omega}'_{0A}$ と表す。

$$\mathbf{\Omega}'_{0A}=\begin{bmatrix}\Omega'_{0AX}\\ \Omega'_{0AY}\\ \Omega'_{0AZ}\end{bmatrix} \tag{5.5}$$

$\vec{\Omega}_{0A}$ の二つの添え字のうち，左側の添え字に関係している座標系と組み合わせた場合が $\mathbf{\Omega}_{0A}$ で，右側の添え字に関係している座標系と組み合わせた場合が $\mathbf{\Omega}'_{0A}$ である。すなわち，**ダッシュ**は右側の添え字に関係する座標系と組み合わせたことを意味し，ダッシュがなければ左側の添え字に関係する座標系と組み合わせたものとする。このルールは $\vec{V}_{0A}$，$\vec{R}_{0A}$ などの場合にも適用でき，これらと座標系 A を組み合わせた代数ベクトルは $\mathbf{V}'_{0A}$，$\mathbf{R}'_{0A}$ である。

$\tilde{\mathbf{\Omega}}'_{0A}$ は $\mathbf{\Omega}'_{0A}$ の三つの成分から作った，次のような 3×3 行列である。

$$\tilde{\mathbf{\Omega}}'_{0A}=\begin{bmatrix}0 & -\Omega'_{0AZ} & \Omega'_{0AY}\\ \Omega'_{0AZ} & 0 & -\Omega'_{0AX}\\ -\Omega'_{0AY} & \Omega'_{0AX} & 0\end{bmatrix} \tag{5.6}$$

$\mathbf{\Omega}'_{0A}$ の上の～（ティルダ）は 3×1 列行列に作用して，この式に示したような成分配置の 3×3 行列を作るオペレーターである。このオペレーターを**外積オペレーター**と呼ぶことにする。式(5.6)の成分配置から分かるように，外積オペレーターを作用させて作った 3×3 行列の転置は符号が反転する。

$$\tilde{\mathbf{\Omega}}'^{T}_{0A}=-\tilde{\mathbf{\Omega}}'_{0A} \tag{5.7}$$

このような性質を持つ行列は，**交代行列**，または，**歪対称行列**と呼ばれている。なお，$\tilde{\mathbf{\Omega}}'^{T}_{0A}$ は，$(\tilde{\mathbf{\Omega}}'_{0A})^T$ を意味している。すなわち，$\mathbf{\Omega}'_{0A}$ に外積オペレータを作用させ，その結果を転置したものである。先に転置すると，外積オペレータを作用することはできないので，括弧をはぶいて，簡潔に表現することができる。

剛体上の各点に働く作用力や作用トルクを重心位置に等価換算し，合計すると一組の作用力と作用トルクになるが，その**作用トルク**を幾何ベクトルで $\vec{N}_{\mathrm{A}}$ と書くことにする。すなわち，前節の式(5.4)の直前で説明した $\vec{F}_{\mathrm{A}}$ と，ここの $\vec{N}_{\mathrm{A}}$ が，等価換算と合計の結果である。この $\vec{N}_{\mathrm{A}}$ を座標系 A と組み合わせた代数ベクトルが $\mathbf{N}'_{\mathrm{0A}}$ である。

$$\mathbf{N}'_{\mathrm{0A}} = \begin{bmatrix} N'_{\mathrm{0AX}} \\ N'_{\mathrm{0AY}} \\ N'_{\mathrm{0AZ}} \end{bmatrix} \tag{5.8}$$

$\mathbf{N}'_{\mathrm{0A}}$ の右側の添え字はトルクが作用する剛体（または点）であり，さらに，代数ベクトルを作るための座標系を暗示している。一方，$\mathbf{N}'_{\mathrm{0A}}$ の左側の添え字 O は意味を持っていない。$\mathbf{F}_{\mathrm{0A}}$ との対比で形式的に O を付けることにしているが，「座標系 O ではなく，A で表した」という気持ちで捉えればよく，O 以外の記号を用いても意味は変わらない。

式(5.2)に現れている変数はすべてダッシュが付いていて，これらは座標系 A で表されている。実用上，回転運動に関わる量はダッシュの付いた変数を用いることが多い。ただし，作用トルクに $\mathbf{N}_{\mathrm{0A}}$ が使われる場合がないわけではなく，また，作用力として $\mathbf{F}'_{\mathrm{0A}}$ が使われる場合もある。

$\mathbf{J}'_{\mathrm{0A}}$ は**慣性行列**と呼ばれる 3×3 対称行列である。これは，剛体の A 点まわりの質量分布が持つ回転運動の慣性特性を表すものであり，**慣性テンソル**と呼ばれる物理量を座標系 A によって表現したものである。

$$\mathbf{J}'_{\mathrm{0A}} = \begin{bmatrix} J'_{\mathrm{0AXX}} & J'_{\mathrm{0AXY}} & J'_{\mathrm{0AXZ}} \\ J'_{\mathrm{0AXY}} & J'_{\mathrm{0AYY}} & J'_{\mathrm{0AYZ}} \\ J'_{\mathrm{0AXZ}} & J'_{\mathrm{0AYZ}} & J'_{\mathrm{0AZZ}} \end{bmatrix} \tag{5.9}$$

座標系 O によって表現したものは $\mathbf{J}_{\mathrm{0A}}$ と表記する。また，A 点まわりであることを明示する場合は ${}^{\mathrm{A}}\mathbf{J}'_{\mathrm{0A}}$ と書くことにする。右下添え字の右側の A は慣性行列を表現するための座標系で，左上の A はモーメント中心である。両者が一致して，モーメント中心が座標系原点と一致する場合は，左上の添え字を省略することにしている。

$\mathbf{J}'_{\mathrm{0A}}$ の三つの対角要素は，A 座標系 XYZ 軸まわりの**慣性モーメント**であり，非対角項は**慣性乗積**と呼ばれている。回転運動に関わる量にダッシュの付いた変数を用いる理由は，$\mathbf{J}'_{0A}$ が定数になる点にある。$\mathbf{J}'_{0A}$ が定数なら，式(5.2)を用いた順動力学の数値解を求め易く，一方，$\mathbf{J}_{0A}$ は回転姿勢とともに変動する。なお，$\mathbf{J}'_{0A}$ も，$\mathbf{N}'_{0A}$ の場合と同様，左側の添え字は意味を持っていない。

ジャイロ効果など3次元回転運動の複雑さは，オイラーの運動方程式(5.2)左辺第二項の存在と，第一項も含めた慣性行列に起因する。その影響は次のようなことにも現れてくる。式(4.1)において，$\mathbf{f}_{0P}=\mathbf{0}$ とすると，$\dot{\mathbf{v}}_{0P}=\mathbf{0}$ が成り立ち，$\mathbf{v}_{0P}=\mathrm{const.}$ となる。すなわち，自由な質点に作用力が働かなければ，速度は一定に保たれる。自由な剛体重心の並進運動についても同様なことがいえるが，剛体の回転運動については同様とはいえない。式(5.2)で，$\mathbf{N}'_{0A}=\mathbf{0}$ としても，$\boldsymbol{\Omega}'_{0A}=\mathrm{const.}$を導くことはできない。逆に，$\boldsymbol{\Omega}'_{0A}=\mathrm{const.}$ を維持するために必要なトルクは $\mathbf{N}'_{0A}=\tilde{\boldsymbol{\Omega}}'_{0A}\mathbf{J}'_{0A}\boldsymbol{\Omega}'_{0A}$ であり，慣性乗積の存在や，各軸まわりの慣性モーメントの違いがこのトルクを生み出していることが分かる。$\mathbf{J}'_{0A}$ がスカラー行列の場合のみ，このトルクはゼロになる。また，$\dot{\boldsymbol{\Omega}}'_{0A}\neq\mathbf{0}$ で $\boldsymbol{\Omega}'_{0A}=\mathbf{0}$ の瞬間を考えるとオイラーの運動方程式(5.2)の左辺第一項だけの影響がはっきりするが，この場合も $\dot{\boldsymbol{\Omega}}'_{0A}\propto\mathbf{N}'_{0A}$ になっているわけではなく，並進運動とは異なっている。

Quiz 5.1 月は常に地球に同じ面を向けて，地球のまわりを回っている。月の自転と公転の周期は等しく，約27.32日といわれるが，これは恒星系に対する向きを基準として，一周する時間である。同様の意味で，地球の公転の周期は約365日，自転の周期は約1日（もう少し正確には1日弱）である。さて，地球から見た月の角速度とは何か。月や地球の自転や公転との関係を説明せよ。

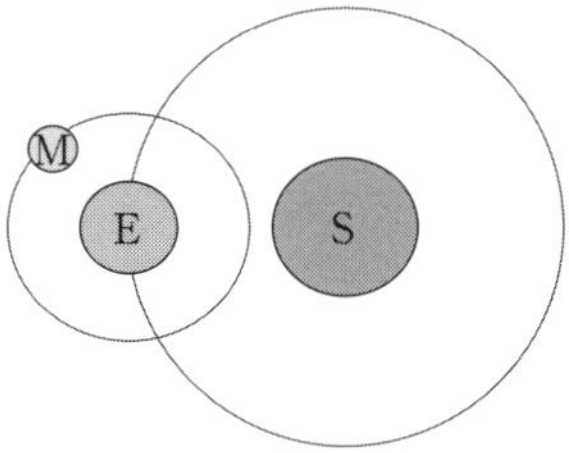

図5.2 太陽(S)，地球(E)，月(M)

Quiz 5.2　剛体Aから見た剛体Bの角速度 $\vec{\Omega}_{AB}$ と剛体Bから見た剛体Aの角速度 $\vec{\Omega}_{BA}$ とは，どのような関係か。

Quiz 5.3　剛体Aから見た剛体Aの角速度 $\vec{\Omega}_{AA}$ は，どんな幾何ベクトルか。

Quiz 5.4　$\mathbf{N}'_{0A}$，$\mathbf{J}'_{0A}$ の左側の添え字のOは，いずれの場合も無意味であった。$\mathbf{\Omega}'_{0A}$ の左側の添え字のOはどうであったか，再確認せよ。

5.3　剛体の運動方程式に関連するその他の事項

順動力学の数値シミュレーションを行う場合，式(4.1)に随伴させて式(4.2)が必要だったように，式(5.1)には次の式を随伴させることが多い。

$$\dot{\mathbf{R}}_{0A}=\mathbf{V}_{0A} \tag{5.10}$$

しかし，式(5.2)に随伴させる式は，まだ，示すことはできない。まず，3次元の回転姿勢について知る必要があり，それらについては第7章～第9章に説明がある。なお，式(5.1)，(5.2)，(5.10)は，それぞれ，スカラーレベルで三つ式を含んだコンパクトな式になっている。見かけ上，三分の一になっているだけであるが，随分，見通しがよい。

式(5.1)と(5.10)に対応する幾何ベクトル表現は式(4.7)，(4.5)と同様である。しかし，式(5.2)に対応する幾何ベクトル表現は簡単ではない。慣性テンソルの表現方法は馴染みがないからである。さらに，第7章以降に述べる3次元の回転姿勢は行列表現が主体になるので，回転姿勢と角速度の関係を表す幾何ベクトル表現は，通常，用いられることはない。

式(5.1)，(5.2)は，三つの質点が三角形をなして剛につながっている系の運動方程式として，導くことができ，12.2節に説明がある。そこでは，各質点の質量とその点の剛体上の位置から，剛体の慣性行列がどのように作り出されるか，明らかになる。同じ方法で多数の質点が剛につながった系を考えれば質量が連続的に分布している剛体を近似して考えていることになるが，その場合も同じ剛体の運動方程式が導かれる。12.2節の方法は第15章の拘束力消去法であるが，同じ運動方程式の導出は第17章の仮想パワーの原理を利用する方法や第19章の拘束条件追加法でも行える。

式(5.1)の左辺に負号を付けたものが(座標系Oで表された)**慣性力**である。また，式(5.2)の左辺全体に負号を付けたものは(座標系 A で表された)**慣性トルク**である。自由な剛体の場合，重心に等価換算した作用力と慣性力の和はゼロになり，等価換算した作用トルクと慣性トルクの和もゼロである。

第6章　外積オペレーター，座標変換行列

前章までに，位置，速度，角速度と力，トルク，質量，慣性行列を表す記号を学んできた。また，剛体の回転の運動方程式には，角速度に外積オペレーターを作用させた交代行列が出てきた。代数ベクトル表現では，これらの記号が簡潔な運動方程式表現を支えている。

運動学的物理量として，基本的に重要な量は四つある。上記の位置，速度，角速度と，もう一つ，回転姿勢である。次章からこの回転姿勢の説明に入るが，その前に，本章では外積オペレーターの基本的関係式と拡大解釈について述べる。また，代数ベクトルは組み合わせる座標系によって異なったものになり，それらは座標変換と呼ばれる変換関係で結ばれるが，本章で，それを支える座標変換行列も説明する。

6.1　外積オペレーター

● 外積オペレーターの基本的性質

角速度 $\boldsymbol{\Omega}'_{0A}$ に外積オペレーターを適用した交代行列 $\tilde{\boldsymbol{\Omega}}'_{0A}$ の成分配置は，式(5.6)に与えられている。同様な成分配置によって，任意の 3×1 列行列から交代行列を作ることができるが，それが外積オペレーターの役割である。$\mathbf{a}$，$\mathbf{b}$ を 3×1 列行列として，外積オペレーターの基本的な性質は次のとおりである。

$$\widetilde{\mathbf{a}+\mathbf{b}}=\tilde{\mathbf{a}}+\tilde{\mathbf{b}} \tag{6.1}$$

$$\tilde{\mathbf{a}}\mathbf{a}=\mathbf{0} \tag{6.2}$$

$$\tilde{\mathbf{a}}\mathbf{b}=-\tilde{\mathbf{b}}\mathbf{a} \tag{6.3}$$

$$\tilde{\mathbf{a}}\tilde{\mathbf{b}}=\mathbf{b}\mathbf{a}^T-(\mathbf{a}^T\mathbf{b})\mathbf{I}_3 \tag{6.4}$$

$$\widetilde{\tilde{\mathbf{a}}\mathbf{b}}=\mathbf{b}\mathbf{a}^T-\mathbf{a}\mathbf{b}^T \tag{6.5}$$

$$=\tilde{\mathbf{a}}\tilde{\mathbf{b}}-\tilde{\mathbf{b}}\tilde{\mathbf{a}} \tag{6.6}$$

$$\tilde{\mathbf{a}}\tilde{\mathbf{b}}\tilde{\mathbf{a}}\mathbf{b}=\tilde{\mathbf{b}}\tilde{\mathbf{a}}\tilde{\mathbf{a}}\mathbf{b} \tag{6.7}$$

式(6.4)の $\mathbf{I}_3$ は3×3単位行列である。

$$\mathbf{I}_3=\begin{bmatrix}1 & 0 & 0\\ 0 & 1 & 0\\ 0 & 0 & 1\end{bmatrix} \tag{6.8}$$

式(6.7)の両辺は四つの因子の積になっていて，最後の二つの因子 $\tilde{\mathbf{a}}\mathbf{b}$ は共通である。しかし，この共通因子を落としたような関係が成立するわけではない。このようなことは行列の積ではよくあることだが，注意を要する。また，ここに示した式は，実数以外の要素を持つ3×1列行列にも適用できるが，行列の要素間の積について積の交換法則が成り立っていることが前提である。

外積オペレーターは幾何ベクトルの外積を代数ベクトルの世界（行列の世界）で実現するためのものである。幾何ベクトル $\vec{a}$，$\vec{b}$ を特定な座標系と組み合わせて作った代数ベクトルを **a**，**b** とすると，外積 $\vec{a}\times\vec{b}$ を同じ座標系で表したものが $\tilde{\mathbf{a}}\mathbf{b}$ になる。式(6.2)，(6.3)が外積の性質であることはすぐに分かるであろう。

式(6.1)～(6.6)は，具体的に $\mathbf{a}=[a_X\ \ a_Y\ \ a_Z]^T$ などを代入して確認できる。式(6.7)は，式(6.1)～(6.6)のいくつかを利用して示すことができる。

Quiz 6.1　式(6.7)を導け。

● 外積オペレーターの拡大解釈

これまで外積オペレーターは3×1列行列のみに適用できると考えてきたが，その適用対象を $3n\times1$ 列行列に拡大しておくと便利である。$\mathbf{a}_1, \mathbf{a}_2, \cdots, \mathbf{a}_n$ を3×1列行列として，それらを縦に並べた列行列を **z** とする。

$$\mathbf{z}=\begin{bmatrix}\mathbf{a}_1\\ \mathbf{a}_2\\ \vdots\\ \mathbf{a}_n\end{bmatrix} \tag{6.9}$$

このとき，この **z** に外積オペレーターを作用させることができ，次のようになるものとする。

$$\tilde{\mathbf{z}}=\begin{bmatrix}\tilde{\mathbf{a}}_1 & \mathbf{0} & \cdots & \mathbf{0}\\ \mathbf{0} & \tilde{\mathbf{a}}_2 & \cdots & \mathbf{0}\\ \vdots & \vdots & \ddots & \vdots\\ \mathbf{0} & \mathbf{0} & \cdots & \tilde{\mathbf{a}}_n\end{bmatrix} \tag{6.10}$$

この拡大解釈は，$n=1$ のとき，もとの解釈と一致する。

6.2 座標変換行列

$\mathbf{\Omega}_{\mathrm{OA}}$ と $\mathbf{\Omega}'_{\mathrm{OA}}$ とは同じ幾何ベクトルを別の座標系で表した代数ベクトルであり，次のような座標変換の関係が成り立つ。

$$\mathbf{\Omega}_{\mathrm{OA}}=\mathbf{C}_{\mathrm{OA}}\ \mathbf{\Omega}'_{\mathrm{OA}} \tag{6.11}$$

$\mathbf{C}_{\mathrm{OA}}$ は座標系 A から座標系 O への**座標変換行列**である。一般に，座標系 B から座標系 A への座標変換行列 $\mathbf{C}_{\mathrm{AB}}$ は，3×3 の実行列（実数を要素とする行列）である。

$$\mathbf{C}_{\mathrm{AB}}=\begin{bmatrix}C_{\mathrm{ABXX}} & C_{\mathrm{ABXY}} & C_{\mathrm{ABXZ}}\\ C_{\mathrm{ABYX}} & C_{\mathrm{ABYY}} & C_{\mathrm{ABYZ}}\\ C_{\mathrm{ABZX}} & C_{\mathrm{ABZY}} & C_{\mathrm{ABZZ}}\end{bmatrix} \tag{6.12}$$

i と j を X，Y，Z として，座標系 A の i 軸に沿った単位長さの幾何ベクトルを $\vec{e}_{\mathrm{A}i}$，座標系 B の j 軸に沿った単位長さの幾何ベクトルを $\vec{e}_{\mathrm{B}j}$ とすると，$\mathbf{C}_{\mathrm{AB}ij}$ は $\vec{e}_{\mathrm{A}i}$ と $\vec{e}_{\mathrm{B}j}$ の内積である。

$$\mathbf{C}_{\mathrm{AB}ij}=\vec{e}_{\mathrm{A}i}\cdot\vec{e}_{\mathrm{B}j} \tag{6.13}$$

$\mathbf{V}_{\mathrm{OA}}$ と $\mathbf{V}'_{\mathrm{OA}}$，$\mathbf{R}_{\mathrm{OA}}$ と $\mathbf{R}'_{\mathrm{OA}}$ の間にも式(6.11)と同様な関係が成り立ち，また，$\mathbf{F}_{\mathrm{OA}}$ と $\mathbf{F}'_{\mathrm{OA}}$ の関係，$\mathbf{N}_{\mathrm{OA}}$ と $\mathbf{N}'_{\mathrm{OA}}$ の関係も同様である。

$i=$X, Y, Z に対応した $\vec{e}_{\mathrm{A}i}$ を座標系 A の基底と呼び，これらを 3×1 列行列にまとめた $\mathbf{e}_{\mathrm{A}}$ を基底列行列と呼ぶ（3.3 節参照）。これを利用して，座標変換行列を簡潔に定義することができ，付録 A に説明されている。その方法は，次に示す座標変換行列の基本的な性質の説明にも役立つ。

$$\mathbf{C}_{\mathrm{AA}}=\mathbf{I}_3 \tag{6.14}$$

$$\mathbf{C}_{\mathrm{BA}}=\mathbf{C}_{\mathrm{AB}}^{T}=\mathbf{C}_{\mathrm{AB}}^{-1} \tag{6.15}$$

$$\mathbf{C}_{AC}=\mathbf{C}_{AB}\mathbf{C}_{BC} \tag{6.16}$$

座標変換行列は，式(6.15)の後半の性質を持っているため，**正規直交行列**である。

座標系Bで表した交代行列 $\tilde{\mathbf{\Omega}}'_{AB}$ と，座標系Aで表した交代行列 $\tilde{\mathbf{\Omega}}_{AB}$ の座標変換の関係は次のようになる。

$$\tilde{\mathbf{\Omega}}_{AB}=\mathbf{C}_{AB}\tilde{\mathbf{\Omega}}'_{AB}\mathbf{C}_{AB}^{T} \tag{6.17}$$

この式も角速度に限らず，式(6.11)のような関係にあるすべての代数ベクトルに対して成立する。同じことを，$\mathbf{b}$ を 3×1 列行列として，次のように書くこともできる。

$$\widetilde{\mathbf{C}_{AB}\mathbf{b}}=\mathbf{C}_{AB}\tilde{\mathbf{b}}\mathbf{C}_{AB}^{T} \tag{6.18}$$

式(6.17)は，付録Aの（A1.5），（A1.6），（A1.28）を利用して示すことができる。

なお，式(6.11)など，運動学関係の各式に出てくる添え字Oは慣性系，または，慣性座標系でなくてもよい。運動学は慣性という概念とは無関係である。剛体O，および，その上に固定した座標系Oと解釈すればよく，BやCなど別の添え字に置き換えることもできる。

Quiz 6.2　付録Aの方法により，式(6.14)～(6.16)を説明せよ。

Quiz 6.3　式(6.18)を説明せよ。

Quiz 6.4　$\mathbf{\Omega}'_{AB}=-\mathbf{\Omega}_{BA}$ が成立するだろうか。

Quiz 6.5　第11章の11.1節を読み，Quiz 11.1に答えよ。

第7章 3次元剛体の回転姿勢とその表現方法

3次元空間における剛体の回転姿勢は，その剛体に固定した座標系の回転姿勢で表すものとする。座標系の回転姿勢は平行移動とは独立に考えることができるので，二つの座標系の対応する座標軸が平行になっているとき，両者は同じ回転姿勢になっていると考える。あるいは，二つの座標系の相対的な回転姿勢は原点が一致するように平行移動して考えてもよい。

本章では，**Simple Rotation（単純回転）**，**回転行列**，**オイラー角**，**オイラーパラメータ**，の四つの3次元回転姿勢表現を説明する。XYZの三軸まわりの回転角を単純に並べるだけでは回転姿勢にはならず，この点は誤解が多いので注意を要する。なお，上記の四つ以外に**ロドリゲスパラメータ**があるが，その長所が生かされる場面は少ないと思われるので，付録Bに説明するにとどめた。この付録Bには，本章とは異なるオイラーパラメータの導入法，オイラーパラメータとロドリゲスパラメータに関する三者の関係（第8章参照），時間微分の関係（角速度との関係。第9章参照），角速度の三者の関係（第8章参照）の導出なども説明されている。

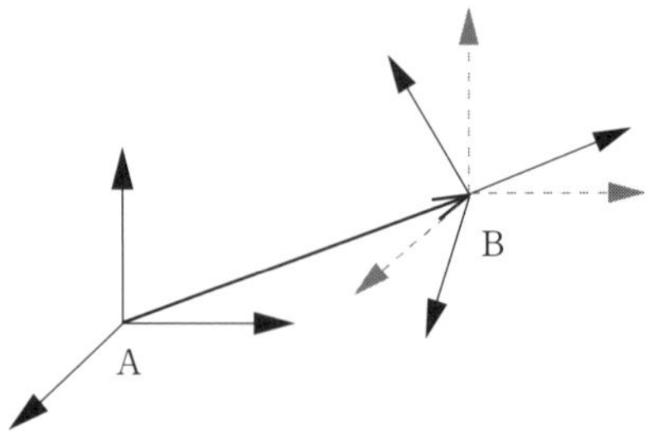

図7.1 座標系の相対的な配置関係
（平行移動＋回転変位）

7.1 Simple Rotation（単純回転）

座標系Aに対して，ある回転姿勢状態の座標系Bがある。座標系Aの原点を通る回転軸 $\vec{\lambda}_{AB}$ を考え，その軸まわりに座標系Aを角度 ϕ_{AB}(注)だけ回転すると座標軸が座標系Bと平行になるとする（図7.2）。回転の向きは右ネジのルールによっている。**オイラーの定理**は，座標系Aに対して座標系Bがどのような回転姿勢で与えられても，このような $\vec{\lambda}_{AB}$ と ϕ_{AB} の存在を保障している。そして，任意の $\vec{\lambda}_{AB}$ と ϕ_{AB} は座標系Aに対する座標系Bの回転姿勢を一つ与えるので，$\vec{\lambda}_{AB}$ と ϕ_{AB} の組は座標系Aから見た座標系Bの回転姿勢を表している。$\vec{\lambda}_{AB}$ と ϕ_{AB} は，座標系Bが現在の回転姿勢に至った経緯とは無関係であり，現在の相対的な回転姿勢を仮想的に一つの軸まわりの回転だけで実現することを考えている。このような回転姿勢の表現方法を **Simple Rotation（単純回転）** と呼ぶ。

$\vec{\lambda}_{AB}$ は座標系Aと組み合わせても，座標系Bと組み合わせても同じ代数ベクトル $\boldsymbol{\lambda}_{AB}$ になる。この $\boldsymbol{\lambda}_{AB}$ を $\vec{\lambda}_{AB}$ の代わりに用いてもよく，その方が他の回転姿勢表現との関係を表す上で便利である。$\boldsymbol{\lambda}_{AB}$ の三成分を，今後，次のように l_{AB},

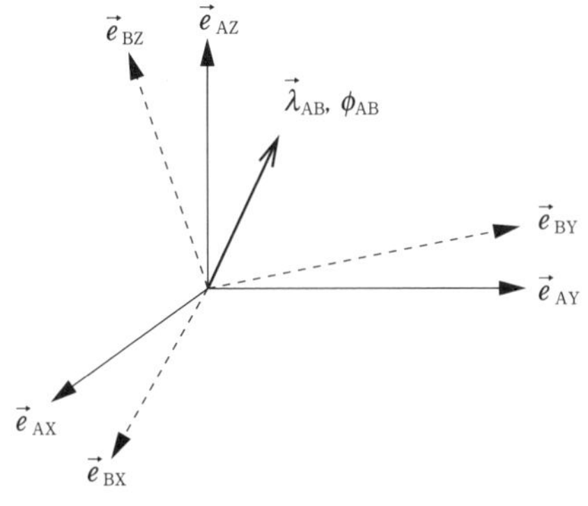

図7.2 座標系のSimple Rotation（単純回転）

(注) 特定の軸まわりの回転角を表す単位は，「度」か「ラジアン」が使われる。度は数字の右肩に°を付けて表す。ラジアンは半径と円周に沿った長さの割合であるから無名数で，通常，ラジアンを付けずに用いる。たとえば，360°=2π となる（π=3.14…）。

m_{AB}，n_{AB} と表すことがある。

$$\boldsymbol{\lambda}_{AB}=\begin{bmatrix} l \\ m \\ n \end{bmatrix}_{AB} \tag{7.1}$$

$\vec{\lambda}_{AB}$ は方向を表すだけであるから単位長さとして差し支えなく，$\boldsymbol{\lambda}_{AB}$ には次のような条件を付けることにする。

$$\boldsymbol{\lambda}_{AB}^{T}\boldsymbol{\lambda}_{AB}=l_{AB}^{2}+m_{AB}^{2}+n_{AB}^{2}=1 \tag{7.2}$$

Simple Rotation（単純回転）は回転姿勢表現の最も基本的な概念である。しかし，このままでは二つの回転の合成がどのようになるか，また，$\boldsymbol{\lambda}_{AB}$ と ϕ_{AB} の時間微分が角速度 $\boldsymbol{\Omega}'_{AB}$ とどのように関係するかを簡潔に把握することができない。この表現方法は，別の表現方法の基礎になっていると考えるのが妥当である。

Quiz 7.1　座標系 O をその Z 軸まわりに 90°回転して，座標系 A になったとし，次いで，座標系 A をその X 軸まわりに 90°回転して，座標系 B になったとする（図 7.3）。座標系 O から見た座標系 B の回転姿勢を考え，$\vec{\lambda}_{OB}$ はどのような回転軸で，回転角 ϕ_{OB} はいくつだろうか。さらに，座標系 B をその Z 軸まわりに 90°回転して，座標系 C になったとする。$\vec{\lambda}_{OC}$ と ϕ_{OC} はどうであろうか。

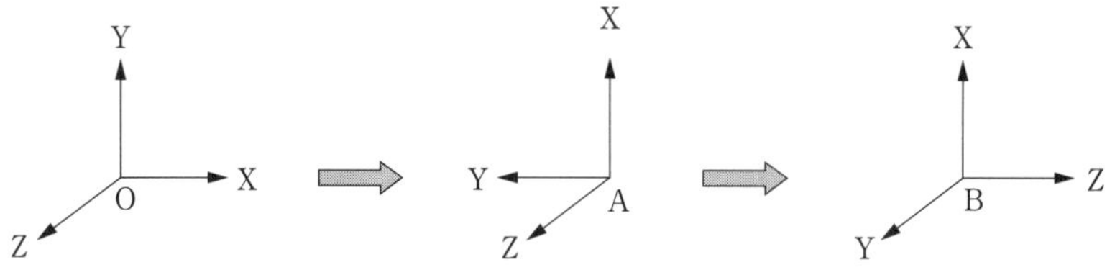

図 7.3　Z 軸まわりに 90°回転し，次いで，X 軸まわりに 90°回転した座標系

Quiz 7.2　［Quiz 7.1］と同じ状況で，$\boldsymbol{\lambda}_{OB}$ と $\boldsymbol{\lambda}_{OC}$ はどのようになるだろうか。

7.2　回転行列

座標変換行列は二つの座標系間の関係であるから，回転姿勢表現の一つと考えることができる。そこで，$\mathbf{C}_{AB}$ を座標系 A から見た座標系 B の回転姿勢表現と考え，**回転行列**と呼ぶことにする。回転行列という呼び名を用いても，式(6.14)～(6.16)の基本的性質が成り立つことに変りはない。Simple Rotation の表現から回転行列を作る式は次の通りである。

$$\mathbf{C}_{\mathrm{AB}}=\mathbf{I}_3\cos\phi_{\mathrm{AB}}+\tilde{\boldsymbol{\lambda}}_{\mathrm{AB}}\sin\phi_{\mathrm{AB}}+\boldsymbol{\lambda}_{\mathrm{AB}}\boldsymbol{\lambda}_{\mathrm{AB}}^T(1-\cos\phi_{\mathrm{AB}}) \tag{7.3}$$

$$=\begin{bmatrix}1&0&0\\0&1&0\\0&0&1\end{bmatrix}\cos\phi_{\mathrm{AB}}+\begin{bmatrix}0&-n&m\\n&0&-l\\-m&l&0\end{bmatrix}_{\mathrm{AB}}\sin\phi_{\mathrm{AB}}$$

$$+\begin{bmatrix}l^2&lm&ln\\lm&m^2&mn\\ln&mn&n^2\end{bmatrix}_{\mathrm{AB}}(1-\cos\phi_{\mathrm{AB}}) \tag{7.4}$$

この関係の導出は付録B.1節にある。

回転行列は座標変換行列でもあり，両方の役割を持ちながら，様々な関係の表現に不可欠で，重要な存在である。運動方程式の導出にも頻繁に現れる。しかし，九つのスカラー成分は3自由度（自由度については第13章参照）の回転姿勢を表現するためには多すぎるため，回転姿勢の基本データとしては不適当である。むしろ，他の回転姿勢表現の中継的な役割を果たしたり，回転姿勢が関わる様々な関係の表現に用いられる。

Quiz 7.3 ［Quiz 7.1］と同じ状況で，$\mathbf{C}_{\mathrm{OB}}$ と $\mathbf{C}_{\mathrm{OC}}$ はどのようになるだろうか。

7.3 オイラー角

座標系Aをその Z 軸まわりに θ_1 回転して座標系 B_1 になるとする。次に，座標系 B_1 をその X 軸まわりに θ_2 回転して座標系 B_2 とし，最後に，座標系 B_2 をその Z 軸まわりに θ_3 回転して座標系 B になるとする。このとき，θ_1，θ_2，θ_3 は座標系 A から見た座標系 B の回転姿勢を表現する変数になっている。すなわち，θ_1，θ_2，θ_3 を任意に与えたとき一つの回転姿勢が定まり，また，任意の回転姿勢に対して θ_1，θ_2，θ_3 を定めることができる。

θ_1，θ_2，θ_3 を 3×1 列行列にまとめて次のように表すことにする。

$$\boldsymbol{\Theta}_{AB}=\begin{bmatrix}\theta_1\\ \theta_2\\ \theta_3\end{bmatrix}_{AB} \tag{7.5}$$

この三つの角を**狭義のオイラー角**と呼ぶ。三つの角は，順に，ZXZ 軸のまわりに回している。座標系 B を座標系 A の姿勢から順にまわして行くと考えれば，これらの回転軸は座標系 B の座標軸である。その意味を込めて狭義のオイラー角を Z′X′Z′ 軸まわりの回転と表現し，$\boldsymbol{\Theta}_{AB}^{Z'X'Z'}$ と表すことにする。

座標系 A から見た座標系 B_1 の回転行列 $\mathbf{C}_{AB_1}$ は，式(7.4)において (l, m, n) を $(0, 0, 1)$，ϕ を θ_1 とすればよく，次のようになる。

$$\mathbf{C}_{AB_1}=\begin{bmatrix}\cos\theta_1 & -\sin\theta_1 & 0\\ \sin\theta_1 & \cos\theta_1 & 0\\ 0 & 0 & 1\end{bmatrix}\equiv\begin{bmatrix}c_1 & -s_1 & 0\\ s_1 & c_1 & 0\\ 0 & 0 & 1\end{bmatrix}\equiv\mathbf{C}_Z(\theta_1) \tag{7.6}$$

c_1，s_1 は $\cos\theta_1$，$\sin\theta_1$ を略記したものであり，以下も同様の省略形を用いる。また，Z 軸まわりの回転に対応した回転行列を回転角 θ_1 の関数と見なして $\mathbf{C}_Z(\theta_1)$ と表すことにする。続いて，座標系 B_1 から見た座標系 B_2 の回転行列 $\mathbf{C}_{B_1B_2}$，座標系 B_2 から見た座標系 B の回転行列 $\mathbf{C}_{B_2B}$ も同様に考えて，次のように書くことができる。

$$\mathbf{C}_{B_1B_2}=\begin{bmatrix}1 & 0 & 0\\ 0 & \cos\theta_2 & -\sin\theta_2\\ 0 & \sin\theta_2 & \cos\theta_2\end{bmatrix}\equiv\begin{bmatrix}1 & 0 & 0\\ 0 & c_2 & -s_2\\ 0 & s_2 & c_2\end{bmatrix}\equiv\mathbf{C}_X(\theta_2) \tag{7.7}$$

$$\mathbf{C}_{B_2B}=\begin{bmatrix}\cos\theta_3 & -\sin\theta_3 & 0\\ \sin\theta_3 & \cos\theta_3 & 0\\ 0 & 0 & 1\end{bmatrix}\equiv\begin{bmatrix}c_3 & -s_3 & 0\\ s_3 & c_3 & 0\\ 0 & 0 & 1\end{bmatrix}=\mathbf{C}_Z(\theta_3) \tag{7.8}$$

式(7.7)でも，X 軸まわりの回転に対応した回転行列を θ_2 の関数 $\mathbf{C}_X(\theta_2)$ とした。同様に，Y 軸まわりの回転に対応した回転行列を θ の関数として $\mathbf{C}_Y(\theta)$ と表すことにしておくと，ここでは用いないが，便利である。

$$\mathbf{C}_Y(\theta)=\begin{bmatrix}\cos\theta & 0 & \sin\theta\\ 0 & 1 & 0\\ -\sin\theta & 0 & \cos\theta\end{bmatrix} \tag{7.9}$$

式(7.6)～(7.8) から，座標系 A から見た座標系 B の回転行列 C_{AB} を作ることができる。

$$\mathbf{C}_{\mathrm{AB}}=\mathbf{C}_{\mathrm{AB}_1}\mathbf{C}_{\mathrm{B}_1\mathrm{B}_2}\mathbf{C}_{\mathrm{B}_2\mathrm{B}}=\mathbf{C}_{\mathrm{Z}}(\theta_1)\mathbf{C}_{\mathrm{X}}(\theta_2)\mathbf{C}_{\mathrm{Z}}(\theta_3)$$

$$=\begin{bmatrix} c_1c_3-s_1c_2s_3 & -c_1s_3-s_1c_2c_3 & s_1s_2 \\ s_1c_3+c_1c_2s_3 & -s_1s_3+c_1c_2c_3 & -c_1s_2 \\ s_2s_3 & s_2c_3 & c_2 \end{bmatrix}_{\mathrm{AB}} \quad (7.10)$$

これは，狭義のオイラー角から回転行列を作る式である。なお，この式の最初の段階で，式(6.16)の関係が用いられている。

狭義のオイラー角の回転軸は Z′X′Z′ 軸だが，X′Y′Z′ 軸，あるいは，Z′Y′X′ 軸などとしても回転姿勢を表現できる。また，狭義のオイラー角では回転の対象となる座標系（$\boldsymbol{\Theta}_{\mathrm{AB}}$ の場合は座標系 B）の座標軸を選択したが，回転の規準となる座標系（$\boldsymbol{\Theta}_{\mathrm{AB}}$ の場合は座標系 A）の座標軸を回転軸として，ZXZ 軸などとすることも可能である。このように，回転のための座標軸の選択にはいろいろな方法があるが，それらをまとめて**広義のオイラー角**と呼ぶことにする。同じ軸を続けて選ぶような無意味な選択は避けなければならないが，三軸の選択の仕方を明確に定めればよく，それに応じて，回転行列 $\mathbf{C}_{\mathrm{AB}}$ も式(7.10)とは異なった形になる。座標系 A の XYZ 軸を回転軸とする場合，このオイラー角を $\boldsymbol{\Theta}_{\mathrm{AB}}^{\mathrm{XYZ}}$ と書けば明確である。

オイラー角は座標軸まわりの回転の組み合わせといえるが，座標軸の指定とともに回転順序の設定が明確になっていることを再確認しておきたい。順序の指定がない座標軸まわりの回転角は回転姿勢表現にはならない。たとえば，Z′，X′ 軸まわりに順に 90°ずつ回転した場合（図 7.3）と，X′，Z′ 軸まわりに順に 90°ずつ回転した場合（図 7.4）とでは，結果の姿勢は全く異なったものになる。

オイラー角は，3 次元回転姿勢の代表的な表現方法であり，伝統的に最も頻繁に用いられてきた。3 自由度の回転姿勢は三つの変数で表すことが望ましく，オイラー角はそうなっている。しかし，オイラー角による回転行列には，多くの三角関数が含まれていて複雑であり，後述するように，オイラー角の時間微分と角速度との関係にも複雑な係数行列を必要とする。さらに，角速度からオイラー角の時間微分を求める関係に，ゼロ割が生じる**特異姿勢**があり，その近傍でも数値誤差が大きくなる。これらがオイラー角の弱点である。

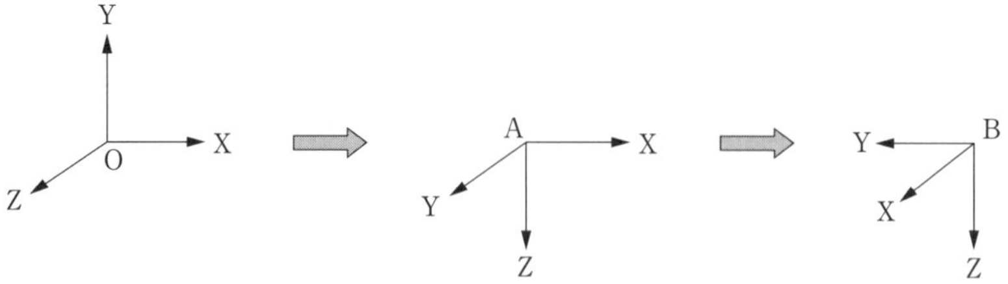

図 7.4　X 軸まわりに 90°回転し，次いで，Z 軸まわりに 90°回転した座標系

Quiz 7.4　［Quiz 7.1］と同じ状況で，狭義のオイラー角 $\boldsymbol{\Theta}_{\mathrm{OB}}^{\mathrm{Z'X'Z'}}$ と $\boldsymbol{\Theta}_{\mathrm{OC}}^{\mathrm{Z'X'Z'}}$ はどのようになるか。

Quiz 7.5　図 7.4 の状況で，狭義のオイラー角 $\boldsymbol{\Theta}_{\mathrm{OB}}^{\mathrm{Z'X'Z'}}$ はどのようになるか。また，この図に沿って広義のオイラー角の一例 $\boldsymbol{\Theta}_{\mathrm{OB}}^{???}$ を説明せよ。

Quiz 7.6　式(7.10)は，狭義のオイラー角から回転行列を求める式である。逆に，回転行列が与えられているとき，狭義のオイラー角を求める手順を考えよ。

Quiz 7.7　式(7.6)～(7.9)で与えられた関数 $\mathbf{C}_{\mathrm{X}}(\theta)$，$\mathbf{C}_{\mathrm{Y}}(\theta)$，$\mathbf{C}_{\mathrm{Z}}(\theta)$ を θ で微分すると，それぞれ次のようになる。確認せよ。なお，$\mathbf{D}_{\mathrm{X}}$，$\mathbf{D}_{\mathrm{Y}}$，$\mathbf{D}_{\mathrm{Z}}$ は，9.2 節の式(9.11)または，付録 A の式(A1.16)～(A1.18)に与えられている 3×1 列行列である。

$$\frac{d\mathbf{C}_{\mathrm{X}}(\theta)}{d\theta}=\mathbf{C}_{\mathrm{X}}(\theta)\tilde{\mathbf{D}}_{\mathrm{X}}=\tilde{\mathbf{D}}_{\mathrm{X}}\mathbf{C}_{\mathrm{X}}(\theta) \tag{7.11}$$

$$\frac{d\mathbf{C}_{\mathrm{Y}}(\theta)}{d\theta}=\mathbf{C}_{\mathrm{Y}}(\theta)\tilde{\mathbf{D}}_{\mathrm{Y}}=\tilde{\mathbf{D}}_{\mathrm{Y}}\mathbf{C}_{\mathrm{Y}}(\theta) \tag{7.12}$$

$$\frac{d\mathbf{C}_{\mathrm{Z}}(\theta)}{d\theta}=\mathbf{C}_{\mathrm{Z}}(\theta)\tilde{\mathbf{D}}_{\mathrm{Z}}=\tilde{\mathbf{D}}_{\mathrm{Z}}\mathbf{C}_{\mathrm{Z}}(\theta) \tag{7.13}$$

Quiz 7.8　広義のオイラー角 $\boldsymbol{\Theta}_{\mathrm{OA}}^{\mathrm{Y'Z'Y'}}$ に対応する回転行列 $\mathbf{C}_{\mathrm{OA}}$ はどのようになるか。

7.4 オイラーパラメータ

四つのスカラーからなる**オイラーパラメータ**は座標系 A から見た座標系 B の回転姿勢を表現する方法のひとつである。$\mathbf{E}_{\mathrm{AB}}$ はオイラーパラメータ $\varepsilon_{0\mathrm{AB}}$，$\varepsilon_{1\mathrm{AB}}$，

ε_{2AB}，ε_{3AB} を成分とする4×1列行列で，Simple Rotation の l_{AB}，m_{AB}，n_{AB} と ϕ_{AB} を用いて次のように定義することができる。

$$\mathbf{E}_{AB} \equiv \begin{bmatrix} \varepsilon_0 \\ \varepsilon_1 \\ \varepsilon_2 \\ \varepsilon_3 \end{bmatrix}_{AB} = \begin{bmatrix} \cos\left(\dfrac{\phi}{2}\right) \\ l\sin\left(\dfrac{\phi}{2}\right) \\ m\sin\left(\dfrac{\phi}{2}\right) \\ n\sin\left(\dfrac{\phi}{2}\right) \end{bmatrix}_{AB} \tag{7.14}$$

ε_1，ε_2，ε_3 をまとめて $\boldsymbol{\varepsilon} = [\varepsilon_1 \ \varepsilon_2 \ \varepsilon_3]^T$ と表せば，次の簡潔な表現になる。

$$\mathbf{E}_{AB} \equiv \begin{bmatrix} \varepsilon_0 \\ \boldsymbol{\varepsilon} \end{bmatrix}_{AB} = \begin{bmatrix} \cos\left(\dfrac{\phi}{2}\right) \\ \boldsymbol{\lambda}\sin\left(\dfrac{\phi}{2}\right) \end{bmatrix}_{AB} \tag{7.15}$$

オイラーパラメータは四つの実数の組であるが，すべてが独立ではなく，二乗和が常に1に等しい。

$$\mathbf{E}_{AB}^T\mathbf{E}_{AB} = \varepsilon_{0AB}^2 + \varepsilon_{1AB}^2 + \varepsilon_{2AB}^2 + \varepsilon_{3AB}^2 = \varepsilon_{0AB}^2 + \boldsymbol{\varepsilon}_{AB}^T\boldsymbol{\varepsilon}_{AB} = 1 \tag{7.16}$$

また，$\mathbf{E}_{AB}$ と $-\mathbf{E}_{AB}$ は同じ回転姿勢を表している。

次の式はオイラーパラメータ $\mathbf{E}_{AB}$ から回転行列 $\mathbf{C}_{AB}$ を作るときに使われる。

$$\mathbf{C}_{AB} = \mathbf{I}_3(\varepsilon_{0AB}^2 - \boldsymbol{\varepsilon}_{AB}^T\boldsymbol{\varepsilon}_{AB}) + 2\tilde{\boldsymbol{\varepsilon}}_{AB}\varepsilon_{0AB} + 2\boldsymbol{\varepsilon}_{AB}\boldsymbol{\varepsilon}_{AB}^T \tag{7.17}$$

$$= \begin{bmatrix} \varepsilon_1^2 - \varepsilon_2^2 - \varepsilon_3^2 + \varepsilon_0^2 & 2(\varepsilon_1\varepsilon_2 - \varepsilon_3\varepsilon_0) & 2(\varepsilon_3\varepsilon_1 + \varepsilon_2\varepsilon_0) \\ 2(\varepsilon_1\varepsilon_2 + \varepsilon_3\varepsilon_0) & \varepsilon_2^2 - \varepsilon_3^2 - \varepsilon_1^2 + \varepsilon_0^2 & 2(\varepsilon_2\varepsilon_3 - \varepsilon_1\varepsilon_0) \\ 2(\varepsilon_3\varepsilon_1 - \varepsilon_2\varepsilon_0) & 2(\varepsilon_2\varepsilon_3 + \varepsilon_1\varepsilon_0) & \varepsilon_3^2 - \varepsilon_1^2 - \varepsilon_2^2 + \varepsilon_0^2 \end{bmatrix}_{AB} \tag{7.18}$$

式(7.17)は，式(7.3)に，三角関数の半角の公式，オイラーパラメータの定義式，二乗和が1になる関係を用いると導くことができる（読者は自ら導いてみよ）。この式には三角関数は現れてこない。すべての成分はオイラーパラメータの二次式になっていて，オイラー角の場合に比べ，簡単である。

オイラーパラメータは，3自由度の回転姿勢に四つのスカラーを用いる点が弱点である。しかし，関係式には三角関数などがなくて比較的簡単であり，さらに，特異姿勢がない。宇宙機械，サッカーボール，体操競技者などのように，あらゆる回転姿勢が現れる可能性がある場合，あるいは，汎用プログラムなどのように，どのような回転姿勢で使われるか予測できない場合には，特に，便利である。また，車両やロボットのモデル化にも頻繁に用いられる。第9章にコマのシミュレーションプログラムの説明があり，そこには，オイラー角を用いる場合とオイラーパラメータを用いる場合の両方が出てくる。また，四つのスカラーを用いる弱点に対し，それをカバーする方法の説明もある。

オイラーパラメータの成分の幾何学的意味を考える必要はない。オイラーパラメータは抽象的でわかりにくいが，上記の長所があるのでよく使われる。まず使って慣れてみることから始める学び方も一つの方法である。なお，付録Bには複素数を用いた回転行列の説明があり，オイラーパラメータと関連していて興味深い。

Quiz 7.9　$\mathbf{E}_{AB}$ と $-\mathbf{E}_{AB}$ が同じ回転姿勢を表す理由を説明せよ。Simple Rotation の $\{\boldsymbol{\lambda}_{AB},\ \phi_{AB}\}$ と $\{-\boldsymbol{\lambda}_{AB},\ -\phi_{AB}\}$ も同じ回転姿勢を表すが，オイラーパラメータの場合の理由は同様とはいえない。

Quiz 7.10　$\mathbf{C}_{AB}$ が単位行列のとき，$\mathbf{E}_{AB}$ はどうなるか。

Quiz 7.11　［Quiz 7.1］と同じ状況で，オイラーパラメータ $\mathbf{E}_{OB}$ と $\mathbf{E}_{OC}$ はどうなるか。

Quiz 7.12　図7.4の状況で，オイラーパラメータ $\mathbf{E}_{OB}$ はどうなるか。

Quiz 7.13　式(7.18)は，オイラーパラメータから回転行列を求める式である。逆に，回転行列が与えられているとき，オイラーパラメータを求める手順を考えよ。

第 8 章　位置，角速度，回転姿勢，速度の三者の関係

空間中を運動する剛体 A，B，C を考え，それぞれに座標系 A，B，C を固定する。また，剛体 A，B，C，それぞれの上に，点 P，Q，R があるとする（図 8.1)。これらを利用して，本章では，位置，角速度，回転姿勢，速度に関する**三者の関係**について述べる。これらは，剛体 A，B，C，あるいは，点 P，Q，R の三者の間の相対的関係である。

慣性空間 O 上に座標系 O が固定されていて，その上の点 S を考えれば，三者の関係は O，A，B，あるいは，S，P，Q の関係として説明することもできる。ただし，この章に出てくる関係も運動学の関係であり，6.2 節の末尾三行の解説が当てはまる。この解説を理解していれば，どちらで説明しても同じである。

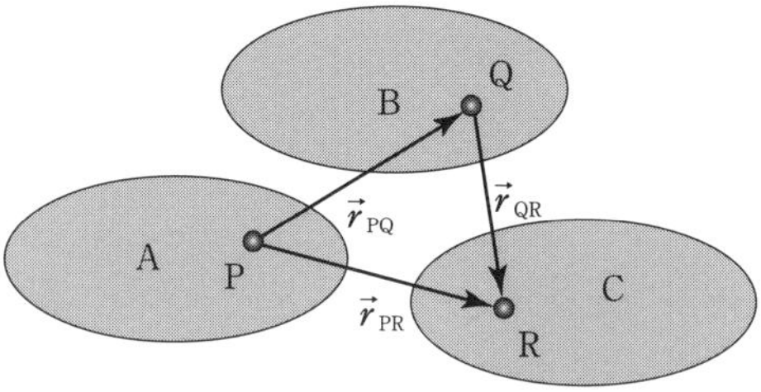

図 8.1　位置の三者の関係

8.1　位置の三者の関係

幾何ベクトル表現を用いて，位置に関する三者の関係は次のように書くことができる。

$$\vec{r}_{PR}=\vec{r}_{PQ}+\vec{r}_{QR} \tag{8.1}$$

これは，空間にある三つの点を矢印（幾何ベクトル）で結び，矢印（幾何ベクト

ル）の和を定義する馴染み深い関係である（図 8.1）。

点 P と点 Q はそれぞれ剛体 A，B 上の点としたので，$\vec{r}_{PR}$，$\vec{r}_{PQ}$，$\vec{r}_{QR}$ は，それぞれ，剛体 A から見た点 R の位置，同じく剛体 A から見た点 Q の位置，剛体 B から見た点 R の位置である。この三者の関係を代数ベクトルで表すと次のようになる。

$$\mathbf{r}_{PR}=\mathbf{r}_{PQ}+\mathbf{C}_{AB}\mathbf{r}_{QR} \tag{8.2}$$

ダッシュの付かない代数ベクトルを用いたが，$\mathbf{r}_{PR}$ と $\mathbf{r}_{PQ}$ は座標系 A で表されており，$\mathbf{r}_{QR}$ は座標系 B で表されている。そのため座標変換行列 $\mathbf{C}_{AB}$ を用いて，すべての項を座標系 A で表されたものにしている。

ダッシュの付く代数ベクトルを用いると，上記の三者の関係は次のようになる。

$$\mathbf{r}'_{PR}=\mathbf{C}_{BC}^{T}\mathbf{r}'_{PQ}+\mathbf{r}'_{QR} \tag{8.3}$$

$\mathbf{r}'_{PR}$ と $\mathbf{r}'_{QR}$ は座標系 C で表されており，$\mathbf{r}'_{PQ}$ は座標系 B で表されているので，座標変換行列 $\mathbf{C}_{BC}^{T}$ が用いられている。

式(8.1)から(8.2)，(8.3)への変換，あるいは，その逆は，付録 A の方法によって数学的な操作として行うことができる。

8.2　角速度の三者の関係

角速度の三者の関係を幾何ベクトルで表現すると，位置の場合と同型な式になる。

$$\vec{\Omega}_{AC}=\vec{\Omega}_{AB}+\vec{\Omega}_{BC} \tag{8.4}$$

$\vec{\Omega}_{AC}$，$\vec{\Omega}_{AB}$ は剛体 A から見た剛体 C，B の角速度であり，$\vec{\Omega}_{BC}$ は剛体 B から見た剛体 C の角速度である。位置の場合は，図 8.1 に示された馴染み深い関係であるが，角速度の場合は明らかとはいえない。この関係は，次節に述べる回転行列の三者の関係を時間微分して求めることができる（付録 B8 節参照）。

式(8.4)を，ダッシュ付きの代数ベクトルで表現すると次のようになる。

$$\boldsymbol{\Omega}'_{AC}=\mathbf{C}_{BC}^{T}\boldsymbol{\Omega}'_{AB}+\boldsymbol{\Omega}'_{BC} \tag{8.5}$$

$\boldsymbol{\Omega}'_{AC}$ と $\boldsymbol{\Omega}'_{BC}$ は座標系 C で表されており，$\boldsymbol{\Omega}'_{AB}$ は座標系 B で表されている。そのため座標変換行列 $\mathbf{C}_{BC}^{T}$ が使われている。これは，$\mathbf{C}_{CB}$ と書いても同じであるが，添え字を ABC 順に並べたほうが整理された表現になっているだろうと考えてこのように表した。

8.3 回転姿勢の三者の関係

まず，回転行列の三者の関係は次の通りである。

$$\mathbf{C}_{AC}=\mathbf{C}_{AB}\mathbf{C}_{BC} \tag{8.6}$$

これは，座標変換行列の基本的な性質として説明した式(6.16)と同じである。

オイラーパラメータの三者の関係は次のように書くことができる。

$$\mathbf{E}_{AC}=\mathbf{Z}_{AB}\mathbf{E}_{BC} \tag{8.7}$$

$\mathbf{Z}_{AB}$ は $\mathbf{E}_{AB}$ の四つの成分から作られる 4×4 行列である。

$$\mathbf{Z}_{AB}=\begin{bmatrix}\varepsilon_0 & -\varepsilon_1 & -\varepsilon_2 & -\varepsilon_3\\ \varepsilon_1 & \varepsilon_0 & -\varepsilon_3 & \varepsilon_2\\ \varepsilon_2 & \varepsilon_3 & \varepsilon_0 & -\varepsilon_1\\ \varepsilon_3 & -\varepsilon_2 & \varepsilon_1 & \varepsilon_0\end{bmatrix}_{AB} \tag{8.8}$$

なお，この $\mathbf{Z}_{AB}$ は，次のように $\mathbf{E}_{AB}$ と $\mathbf{S}_{AB}$ から構成されているとすることができる。

$$\mathbf{Z}_{AB}=[\mathbf{E}_{AB}\quad \mathbf{S}_{AB}^{T}] \tag{8.9}$$

この $\mathbf{S}_{AB}$ は，次のような 3×4 行列であるが，オイラーパラメータの時間微分と角速度との関係を記述するときに利用することになる。

$$\mathbf{S}_{AB}=[-\boldsymbol{\varepsilon}_{AB}\quad -\tilde{\boldsymbol{\varepsilon}}_{AB}+\varepsilon_{0AB}\mathbf{I}_3]=\begin{bmatrix}-\varepsilon_1 & \varepsilon_0 & \varepsilon_3 & -\varepsilon_2\\ -\varepsilon_2 & -\varepsilon_3 & \varepsilon_0 & \varepsilon_1\\ -\varepsilon_3 & \varepsilon_2 & -\varepsilon_1 & \varepsilon_0\end{bmatrix}_{AB} \tag{8.10}$$

式(8.6)は，付録 A の式(A1.25)を用いれば簡単に示せる。式(8.7)の関係を導くのは簡単ではない。付録 B4，B5，B7 節に説明があるが，結果を判定できる特定な回転で確認した後，まず，使ってみることから始めてもよい。

Quiz 8.1 図 7.4 の状況で，$\mathbf{E}_{OA}$ と $\mathbf{E}_{AB}$ を作り，三者の関係を利用して $\mathbf{E}_{OB}$ を求めてみよ。

8.4　速度の三者の関係

速度の三者の関係は，代数ベクトル表現では次のようになる。

$$\mathbf{v}_{\mathrm{PR}}=\mathbf{v}_{\mathrm{PQ}}+\mathbf{C}_{\mathrm{AB}}\mathbf{v}_{\mathrm{QR}}+\mathbf{C}_{\mathrm{AB}}\tilde{\mathbf{\Omega}}'_{\mathrm{AB}}\mathbf{r}_{\mathrm{QR}} \tag{8.11}$$

ここでは，並進運動にダッシュの付かない代数ベクトルを用いている。幾何ベクトル表現では次のとおりである。

$$\vec{v}_{\mathrm{PR}}=\vec{v}_{\mathrm{PQ}}+\vec{v}_{\mathrm{QR}}+\vec{\Omega}_{\mathrm{AB}}\times\vec{r}_{\mathrm{QR}} \tag{8.12}$$

式(8.11)は式(8.2)の時間微分である。ただし，その時間微分を求めるためには座標変換行列の時間微分が必要であり，それは次章で与えられる。式(8.12)も式(8.1)の時間微分であるが，直接時間微分することを考えると，時間微分のオブザーバーが位置のオブザーバーと一致しない場合の処置が必要になり，本書では説明していない(注)。ただし，式(8.12)と式(8.11)は，一方から他方を説明することは難しくはなく，付録Aの方法によればよいし，意味の上からも明らかである。

式(8.12)の速度の三者の関係は，式(8.1)の位置の三者の関係と同型になっていないことに注意を要する。速度の場合，右辺第三項が必要である。

Quiz 8.2　剛体の重心（代表点）速度と角速度をまとめて三者の関係を書くと次のようになる。

$$\begin{bmatrix}\mathbf{V}_{\mathrm{AC}}\\ \mathbf{\Omega}'_{\mathrm{AC}}\end{bmatrix}=\begin{bmatrix}\mathbf{I}_3 & -\mathbf{C}_{\mathrm{AB}}\tilde{\mathbf{R}}_{\mathrm{BC}}\\ \mathbf{0} & \mathbf{C}_{\mathrm{BC}}^{T}\end{bmatrix}\begin{bmatrix}\mathbf{V}_{\mathrm{AB}}\\ \mathbf{\Omega}'_{\mathrm{AB}}\end{bmatrix}+\begin{bmatrix}\mathbf{C}_{\mathrm{AB}} & \mathbf{0}\\ \mathbf{0} & \mathbf{I}_3\end{bmatrix}\begin{bmatrix}\mathbf{V}_{\mathrm{BC}}\\ \mathbf{\Omega}'_{\mathrm{BC}}\end{bmatrix} \tag{8.13}$$

この表現では，重心（代表点）速度にダッシュの付かない記号を用いたが，ダッシュの付く記号を用いると，この三者の関係はどのようになるかを考える。まず，$\mathbf{V}'_{\mathrm{AB}}$ と $\mathbf{\Omega}'_{\mathrm{AB}}$ を縦に並べて一つにまとめたものを斜体文字を用いて $\boldsymbol{V}''_{\mathrm{AB}}$ と表すことにする。

$$\boldsymbol{V}''_{\mathrm{AB}}=\begin{bmatrix}\mathbf{V}'_{\mathrm{AB}}\\ \mathbf{\Omega}'_{\mathrm{AB}}\end{bmatrix} \tag{8.14}$$

（注）逆に，式(8.1)と式(8.12)から，時間微分のオブザーバーが位置のオブザーバーと一致しない場合の対処方法を簡単に求めることができる。

並進運動と回転運動に関わる物理量を一つの変数にまとめる場合，本書ではこの $\boldsymbol{V}''_{\mathrm{AB}}$ ように斜体文字を用いている。さて，同様に $\boldsymbol{V}''_{\mathrm{AC}}$ と $\boldsymbol{V}''_{\mathrm{BC}}$ を作り，これらの変数で三者の関係を表すと次のような形になる。

$$\boldsymbol{V}''_{\mathrm{AC}}=\boldsymbol{\Gamma}^{T}_{\mathrm{BC}}\boldsymbol{V}''_{\mathrm{AB}}+\boldsymbol{V}''_{\mathrm{BC}} \tag{8.15}$$

このような形になることを示し，$\boldsymbol{\Gamma}_{\mathrm{BC}}$ を求めよ。また，$\boldsymbol{\Gamma}_{\mathrm{BC}}$ と同じ構成で，$\boldsymbol{\Gamma}_{\mathrm{AB}}$ と $\boldsymbol{\Gamma}_{\mathrm{AC}}$ を作ると，それらの間にも次の三者の関係が成立する。

$$\boldsymbol{\Gamma}_{\mathrm{AC}}=\boldsymbol{\Gamma}_{\mathrm{AB}}\boldsymbol{\Gamma}_{\mathrm{BC}} \tag{8.16}$$

このことも説明せよ。

なお，式(8.14)の $\boldsymbol{V}''_{\mathrm{AB}}$ のような変数も 3 次元剛体の運動方程式表現に用いられることがあり，式(8.15)，(8.16)の関係とともに動力学解析の便利な道具になる。たとえば，$\boldsymbol{V}''_{\mathrm{OA}}$ を用い，適切に他の変数もまとめると，式(5.1)と(5.2)を一つの式にすることができる（12.2 節［Quiz 12.2］参照）。

第9章　3次元回転姿勢の時間微分と角速度の関係

回転姿勢はいくつかのスカラーの組で表される。それらの時間微分は回転姿勢の時間的な変化であるから，角速度と密接に関係しているはずである。本章では，回転行列 $\mathbf{C}_{\mathrm{AB}}$，狭義のオイラー角 $\mathbf{\Theta}_{\mathrm{AB}}^{z'x'z'}$，オイラーパラメータ $\mathbf{E}_{\mathrm{AB}}$ の三つの回転姿勢表現について，その時間微分と角速度 $\mathbf{\Omega}'_{\mathrm{AB}}$ の関係を示す。

回転姿勢の時間微分と角速度の関係の基本は，剛体Bに固定した幾何ベクトル $\vec{b}$ の時間微分と角速度 $\vec{\Omega}_{\mathrm{AB}}$ の関係にある。$\vec{b}$ の時間微分は，この場合，剛体Aから見た時間微分で，角速度との関係は次のように書ける。

$$\frac{{}^{\mathrm{A}}d\vec{b}}{dt}=\vec{\Omega}_{\mathrm{AB}}\times\vec{b} \tag{9.1}$$

この式の簡単な説明が付録A2節にある。そして，剛体Bに固定された座標系Bの各座標軸 $\vec{e}_{\mathrm{B}i}(i=\mathrm{X, Y, Z})$ も剛体Bに固定された幾何ベクトルであり，同様の式が成り立つので，それをもとに回転姿勢の時間微分を考えることができる。

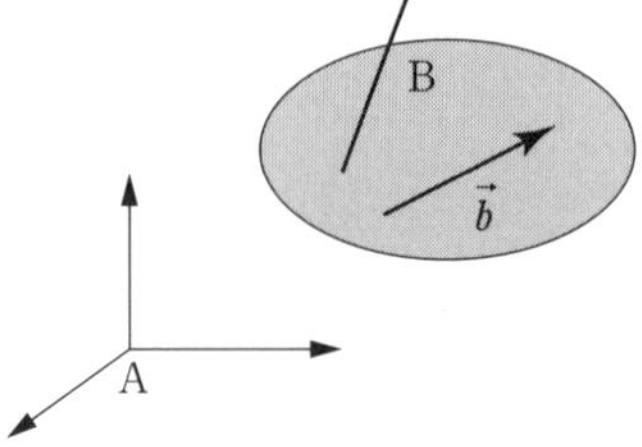

図9.1　座標系（剛体）Aから見た，剛体B上に固定された幾何ベクトル $\vec{b}$

9.1 回転行列の時間微分と角速度の関係

回転行列 $\mathbf{C}_{\mathrm{AB}}$ の時間微分と角速度 $\mathbf{\Omega}'_{\mathrm{AB}}$ の関係は次の通りである。

$$\dot{\mathbf{C}}_{\mathrm{AB}} = \mathbf{C}_{\mathrm{AB}} \tilde{\mathbf{\Omega}}'_{\mathrm{AB}} \tag{9.2}$$

この式の導出は付録 A2.3 項に示す。ここでは実用性を考えて，ダッシュの付いた $\mathbf{\Omega}'_{\mathrm{AB}}$ を用いたが，ダッシュの付かない $\mathbf{\Omega}_{\mathrm{AB}}$ を用いると，次のような類似の関係になるので注意を要する。

$$\dot{\mathbf{C}}_{\mathrm{AB}} = \tilde{\mathbf{\Omega}}_{\mathrm{AB}} \mathbf{C}_{\mathrm{AB}} \tag{9.3}$$

回転を表す量はダッシュの付く記号を用いることが多く，この式が必要になる場合は多くはない。まずは，式(9.2)を覚えるほうがよい。

9.2 オイラー角の時間微分と角速度の関係

オイラー角の考え方は，座標系 A ⇒座標系 B_1 ⇒座標系 B_2 ⇒座標系 B と，三つの回転を順次行うというものである。角速度も三つの角速度の合成と考えられる。

$$\vec{\Omega}_{\mathrm{AB}} = \vec{\Omega}_{\mathrm{AB}_1} + \vec{\Omega}_{\mathrm{B}_1\mathrm{B}_2} + \vec{\Omega}_{\mathrm{B}_2\mathrm{B}} \tag{9.4}$$

この式を，ダッシュをつけた角速度の代数ベクトル表現を用いて書き換えると次のようになる。

$$\mathbf{\Omega}'_{\mathrm{AB}} = \mathbf{C}^T_{\mathrm{B}_2\mathrm{B}} \mathbf{C}^T_{\mathrm{B}_1\mathrm{B}_2} \mathbf{\Omega}'_{\mathrm{AB}_1} + \mathbf{C}^T_{\mathrm{B}_2\mathrm{B}} \mathbf{\Omega}'_{\mathrm{B}_1\mathrm{B}_2} + \mathbf{\Omega}'_{\mathrm{B}_2\mathrm{B}} \tag{9.5}$$

ここまでは広義のオイラー角にも適用できる関係である。

狭義のオイラー角の場合，式(9.5)右辺の三つの角速度は，それぞれ Z 軸，X 軸，Z 軸まわりで，大きさは $\dot{\theta}_1$，$\dot{\theta}_2$，$\dot{\theta}_3$ であるから，次のように書くことができる。

$$\mathbf{\Omega}'_{\mathrm{AB}_1} = \begin{bmatrix} 0 \\ 0 \\ 1 \end{bmatrix} \dot{\theta}_1 \equiv \mathbf{D}_{\mathrm{Z}} \dot{\theta}_1 \tag{9.6}$$

$$\mathbf{\Omega}'_{\mathrm{B}_1\mathrm{B}_2} = \begin{bmatrix} 1 \\ 0 \\ 0 \end{bmatrix} \dot{\theta}_2 \equiv \mathbf{D}_{\mathrm{X}} \dot{\theta}_2 \tag{9.7}$$

$$\boldsymbol{\Omega}'_{\mathrm{B_2B}}=\begin{bmatrix}0\\0\\1\end{bmatrix}\dot{\theta}_3\equiv\mathbf{D}_{\mathrm{Z}}\dot{\theta}_3 \tag{9.8}$$

従って，式(9.5)は(7.7)，(7.8)も用いて次のように表現し，計算することができる。

$$\begin{aligned}\boldsymbol{\Omega}'_{\mathrm{AB}}&=[\mathbf{C}_{\mathrm{Z}}^{T}(\theta_3)\mathbf{C}_{\mathrm{X}}^{T}(\theta_2)\mathbf{D}_{\mathrm{z}}\quad \mathbf{C}_{\mathrm{Z}}^{T}(\theta_3)\mathbf{D}_{\mathrm{X}}\quad \mathbf{D}_{\mathrm{Z}}]\dot{\boldsymbol{\Theta}}_{\mathrm{AB}}^{\mathrm{Z'X'Z'}}\\&=\begin{bmatrix}\mathrm{s}_3\mathrm{s}_2 & \mathrm{c}_3 & 0\\ \mathrm{c}_3\mathrm{s}_2 & -\mathrm{s}_3 & 0\\ \mathrm{c}_2 & 0 & 1\end{bmatrix}_{\mathrm{AB}}\begin{bmatrix}\dot{\theta}_1\\ \dot{\theta}_2\\ \dot{\theta}_3\end{bmatrix}_{\mathrm{AB}}\end{aligned} \tag{9.9}$$

これはオイラー角の時間微分から角速度を求める式であるが，逆に，$\boldsymbol{\Omega}'_{\mathrm{AB}}$が与えられたとき $\dot{\theta}_{1\mathrm{AB}}$，$\dot{\theta}_{2\mathrm{AB}}$，$\dot{\theta}_{3\mathrm{AB}}$ を求める式は次のようになる。

$$\begin{aligned}\dot{\boldsymbol{\Theta}}_{\mathrm{AB}}^{\mathrm{Z'X'Z'}}=\begin{bmatrix}\dot{\theta}_1\\ \dot{\theta}_2\\ \dot{\theta}_3\end{bmatrix}_{\mathrm{AB}}&=\begin{bmatrix}\mathrm{s}_3\mathrm{s}_2 & \mathrm{c}_3 & 0\\ \mathrm{c}_3\mathrm{s}_2 & -\mathrm{s}_3 & 0\\ \mathrm{c}_2 & 0 & 1\end{bmatrix}_{\mathrm{AB}}^{-1}\boldsymbol{\Omega}'_{\mathrm{AB}}\\&=-\frac{1}{\mathrm{s}_2}\begin{bmatrix}-\mathrm{s}_3 & -\mathrm{c}_3 & 0\\ -\mathrm{c}_3\mathrm{s}_2 & \mathrm{s}_3\mathrm{s}_2 & 0\\ \mathrm{s}_3\mathrm{c}_2 & \mathrm{c}_3\mathrm{c}_2 & -\mathrm{s}_2\end{bmatrix}_{\mathrm{AB}}\boldsymbol{\Omega}'_{\mathrm{AB}}\end{aligned} \tag{9.10}$$

θ_2が0またはπのとき，この逆行列は存在せず，そのような姿勢を**特異姿勢**と呼ぶ。オイラー角を用いるときは特異姿勢に近づかない範囲で使用しなければならない。

広義のオイラー角を用いるとき，式(9.6)～(9.10)は，選択したオイラー角に対応して変更しなければならない。式(9.10)に対応した関係を作ると，選択したオイラー角の特異姿勢がわかる。広義のオイラー角で回転軸を選ぶときには回転姿勢の変動範囲に特異姿勢が含まれないような選択をすることが重要である。

なお，式(9.6)，(9.7)で与えた$\mathbf{D}_{\mathrm{Z}}$，$\mathbf{D}_{\mathrm{X}}$は$\mathbf{D}_{\mathrm{Y}}$とともに，表現の簡単化に役立つ。改めて，まとめて書いておく。

$$\mathbf{D}_{\mathrm{X}}=\begin{bmatrix}1\\0\\0\end{bmatrix},\quad \mathbf{D}_{\mathrm{Y}}=\begin{bmatrix}0\\1\\0\end{bmatrix},\quad \mathbf{D}_{\mathrm{Z}}=\begin{bmatrix}0\\0\\1\end{bmatrix} \tag{9.11}$$

Quiz 9.1　広義のオイラー角 $\boldsymbol{\Theta}_{0A}^{Y'Z'Y'}$ の時間微分から角速度 $\boldsymbol{\Omega}'_{0A}$ を求める式はどのようになるか。また，$\boldsymbol{\Omega}'_{0A}$ から $\dot{\boldsymbol{\Theta}}_{0A}^{Y'Z'Y'}$ を求める式はどのようになるか。

9.3　オイラーパラメータの時間微分と角速度の関係

角速度からオイラーパラメータの時間微分を求める式は次のとおりである。

$$\dot{\mathbf{E}}_{AB}=\frac{1}{2}\mathbf{S}_{AB}^{T}\boldsymbol{\Omega}'_{AB} \tag{9.12}$$

$\mathbf{S}_{AB}$ は式(8.10)に与えられている。式(9.12)を成分レベルまで見えるように書くと次のとおりである。

$$\begin{bmatrix}\dot{\varepsilon}_0\\ \dot{\varepsilon}_1\\ \dot{\varepsilon}_2\\ \dot{\varepsilon}_3\end{bmatrix}_{AB}=\frac{1}{2}\begin{bmatrix}-\varepsilon_1 & -\varepsilon_2 & -\varepsilon_3\\ \varepsilon_0 & -\varepsilon_3 & \varepsilon_2\\ \varepsilon_3 & \varepsilon_0 & -\varepsilon_1\\ -\varepsilon_2 & \varepsilon_1 & \varepsilon_0\end{bmatrix}_{AB}\begin{bmatrix}\Omega'_{ABX}\\ \Omega'_{ABY}\\ \Omega'_{ABZ}\end{bmatrix} \tag{9.13}$$

この式とは逆に，オイラーパラメータの時間微分から角速度を求める式は次のとおりである。

$$\boldsymbol{\Omega}'_{AB}=2\mathbf{S}_{AB}\dot{\mathbf{E}}_{AB} \tag{9.14}$$

式(9.12)，または，(9.13)と，式(9.14)は，式(9.10)と(9.9)に比べて，係数行列が簡単である。さらに，式(9.10)にあるような特異姿勢もない。しかし，3 自由度の回転姿勢を表すために四つのパラメータを用いなければならない点がオイラーパラメータの弱点である。$\dot{\mathbf{E}}_{AB}$ も次のような関係を満たす必要がある。

$$\mathbf{E}_{AB}^{T}\dot{\mathbf{E}}_{AB}=0 \tag{9.15}$$

式(9.15)は式(7.16)を時間微分して得られる。しかし，式(9.12)，または，(9.14) を導くのは，多少，手間がかかる。いくつかの説明方法があり，付録 B9，B10 節が参考になるであろう。これらも，結果の判定ができる特定な回転姿勢などで確認し，まず使ってみることから始めてもよい。ただし，式(9.12)から(9.14)を導くか，その逆は，それほど難しいことではない(読者は試してみよ)。

Quiz 9.2　第 11 章 11.1 節を読み，Quiz 11.2〜11.6 に答えよ。

9.4　順動力学解析の事例：近似ボールジョイントで支点を近似的に拘束されたコマ（オイラー角の利用）

● 計算モデル

本書の主目的である運動方程式の立て方の鍵は，系に含まれる拘束の処理方法にある。ボールジョイントで支点を拘束されたコマ（自由度3）は，3次元拘束剛体系の運動方程式を立てる方法を説明するために便利な事例で，第Ⅳ部にはその運動方程式やシミュレーションプログラムの説明がある。これに対し本章(本節以降の三節)では，ほぼ同様な運動をするコマを，自由な剛体で実現する。すなわち，本章で述べるコマ（剛体）には拘束はなく，自由度は6である（拘束，自由度については第13章参照）。

図9.2と図9.3はボールジョイントで支点を拘束されたコマの説明図で，コマの支点Pは原点Oに一致させてあるが，本章のモデルでは，支点Pを原点Oに拘束しない。拘束に代わって堅いバネが二点間に働いていて，二点が一致していないときは近づける方向にバネ力が作用するものとする。バネは十分堅く，ダンピングも効かせて，振動的にならないようにすれば，点Pは原点Oから遠くに離れることはできず，近似的にボールジョイントになる。拘束をこのように近似的に扱うことで，拘束を含む運動方程式を立てなくても実用的な計算を行うことは可能であり，実際問題にも適用できる。ただし，計算時間の面で不利になる場

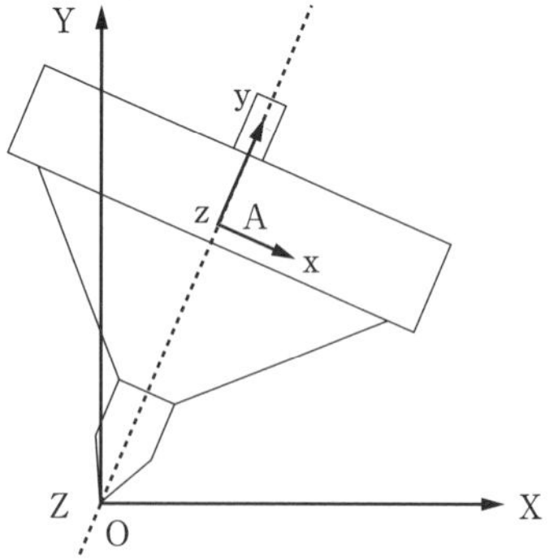

図9.2　慣性座標系Oの原点にボールジョイントで支点を拘束されたコマ

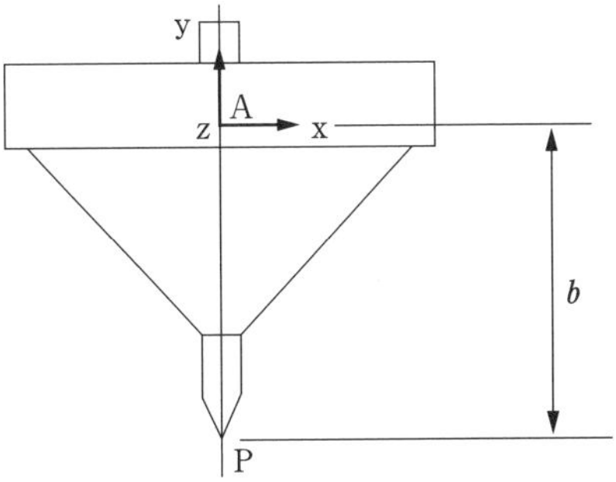

図9.3　コマの座標系から見た支点Pの位置

合がある。

このコマAの運動方程式は，自由な剛体の運動方程式（5.1）と（5.2）であり，一般化速度は $\mathbf{V}_{\mathrm{OA}}$ と $\boldsymbol{\Omega}'_{\mathrm{OA}}$ とすることができる。一般化座標には，$\mathbf{R}_{\mathrm{OA}}$ とオイラー角 $\boldsymbol{\Theta}_{\mathrm{OA}}^{\mathrm{Y'Z'Y'}}$（以下，$\boldsymbol{\Theta}_{\mathrm{OA}}$ と略記）を用いることにする（一般化座標，一般化速度については第13章参照）。このオイラー角は，座標系AのY軸，Z軸，Y軸の順に回転角 θ_1，θ_2，θ_3 を与えるもので，式(9.9)，(9.10)に相当する関係を作りなおす必要がある。コマの角速度 $\boldsymbol{\Omega}'_{\mathrm{OA}}$ は，$\dot{\boldsymbol{\Theta}}_{\mathrm{AB}}$ の三成分 $\dot{\theta}_1$，$\dot{\theta}_2$，$\dot{\theta}_3$ によって次のように表される。

$$\boldsymbol{\Omega}'_{\mathrm{OA}}=\mathbf{C}_{\mathrm{Y}}^{T}(\theta_3)\mathbf{C}_{\mathrm{Z}}^{T}(\theta_2)\mathbf{D}_{\mathrm{Y}}\dot{\theta}_1+\mathbf{C}_{\mathrm{Y}}^{T}(\theta_3)\mathbf{D}_{\mathrm{Z}}\dot{\theta}_2+\mathbf{D}_{\mathrm{Y}}\dot{\theta}_3=(\boldsymbol{\Omega}'_{\mathrm{OA}})_{\dot{\Theta}_{\mathrm{OA}}}\dot{\boldsymbol{\Theta}}_{\mathrm{OA}} \tag{9.16}$$

$$\boldsymbol{\Theta}_{\mathrm{OA}}=[\theta_1\quad\theta_2\quad\theta_3]^T \tag{9.17}$$

$$(\boldsymbol{\Omega}'_{\mathrm{OA}})_{\dot{\Theta}_{\mathrm{OA}}}=[\mathbf{C}_{\mathrm{Y}}^{T}(\theta_3)\mathbf{C}_{\mathrm{Z}}^{T}(\theta_2)\mathbf{D}_{\mathrm{Y}}\quad\mathbf{C}_{\mathrm{Y}}^{T}(\theta_3)\mathbf{D}_{\mathrm{Z}}\quad\mathbf{D}_{\mathrm{Y}}]=\begin{bmatrix}\mathrm{c}_3\mathrm{s}_2 & -\mathrm{s}_3 & 0\\ \mathrm{c}_2 & 0 & 1\\ \mathrm{s}_3\mathrm{s}_2 & \mathrm{c}_3 & 0\end{bmatrix} \tag{9.18}$$

式(9.16)とは逆に，$\boldsymbol{\Omega}'_{\mathrm{OA}}$ から $\dot{\boldsymbol{\Theta}}_{\mathrm{OA}}$ を求める計算は次の式による。

$$\dot{\boldsymbol{\Theta}}_{\mathrm{OA}}=\{(\boldsymbol{\Omega}'_{\mathrm{OA}})_{\dot{\Theta}_{\mathrm{OA}}}\}^{-1}\boldsymbol{\Omega}'_{\mathrm{OA}}=\frac{1}{s_2}\begin{bmatrix}\mathrm{c}_3 & 0 & \mathrm{s}_3\\ -\mathrm{s}_3\mathrm{s}_2 & 0 & \mathrm{c}_3\mathrm{s}_2\\ -\mathrm{c}_3\mathrm{c}_2 & \mathrm{s}_2 & -\mathrm{s}_3\mathrm{c}_2\end{bmatrix}\boldsymbol{\Omega}'_{\mathrm{OA}} \tag{9.19}$$

このオイラー角の場合，$\sin\theta_2=0$ が特異姿勢になることが分かる。**眠りゴマ**の状態は，コマの回転軸（コマに固定した座標系のY軸）が鉛直軸（慣性座標系のＹ軸）と一致して特異姿勢になるため，このオイラー角を用いたモデルでは計算できない。ここでは**歳差運動**などを考えていて，運動中，コマの回転軸が傾いている状況を想定している。

$\dot{\mathbf{R}}_{OA}$ と $\mathbf{V}_{OA}$ の関係は，回転運動の場合に較べて単純である。

$$\dot{\mathbf{R}}_{OA}=\mathbf{V}_{OA} \tag{9.20}$$

この式と式(9.19)の二つが，運動方程式(5.1)と(5.2)に随伴させる式であり，状態変数 $\mathbf{Y}$ は，$\mathbf{R}_{OA}$，$\mathbf{\Theta}_{OA}$，$\mathbf{V}_{OA}$，$\mathbf{\Omega}'_{OA}$ の 12 個のスカラーを縦に並べた列行列である。微分方程式の右辺は，この $\mathbf{Y}$ と時間 t から状態変数の時間微分 $\dot{\mathbf{Y}}$ を求める計算であるが，$\dot{\mathbf{R}}_{OA}$，$\dot{\mathbf{\Theta}}_{OA}$ については随伴させる式をそのまま用いればよい。$\dot{\mathbf{V}}_{OA}$，$\dot{\mathbf{\Omega}}'_{OA}$ については，$\mathbf{F}_{OA}$ と $\mathbf{N}'_{OA}$ が求まっていれば，事前に $\mathbf{J}'^{-1}_{OA}$ を計算しておいて，運動方程式から求めることができる。結局，$\mathbf{F}_{OA}$ と $\mathbf{N}'_{OA}$ を，$\mathbf{R}_{OA}$，$\mathbf{\Theta}_{OA}$，$\mathbf{V}_{OA}$，$\mathbf{\Omega}'_{OA}$，t から計算する手順があればよいことになる。

コマの支点に働く力 $\mathbf{f}_{OP}$ は次のように計算する。

$$\mathbf{f}_{OP}=-k_1\mathbf{r}_{OP}-c_1\mathbf{v}_{OP} \tag{9.21}$$

バネ力とダンピング力は異方性を考える必要がないので，k_1 と c_1 はスカラーで十分である。この式の $\mathbf{r}_{OP}$ は次のように求めればよい。

$$\mathbf{r}_{OP}=\mathbf{R}_{OA}+\mathbf{C}_{OA}\mathbf{r}_{AP} \tag{9.22}$$

$\mathbf{r}_{AP}$ は支点の位置をコマの座標系で表した定数である。この式を時間微分すると，$\mathbf{v}_{OP}$ を求める式になる。

$$\mathbf{v}_{OP}=\mathbf{V}_{OA}-\mathbf{C}_{OA}\tilde{\mathbf{r}}_{AP}\mathbf{\Omega}'_{OA} \tag{9.23}$$

コマが徐々に運動エネルギーを失って回転数を落としていく場合などを模擬するために，支点Ｐにおいて，角速度に比例した減衰力を与えることもできる。

$$\mathbf{n}'_{OP}=-\mathbf{c}_2\mathbf{\Omega}'_{OA} \tag{9.24}$$

角速度の成分ごとに減衰力を変える場合は，係数の $\mathbf{c}_2$ を 3×3 対角行列として，対角成分を異なったものにすればよい。付録の CD-ROM に収録した MATLAB プログラムでは $\mathbf{c}_2$ を対角行列とし，$\mathbf{\Omega}'_{OA}$ のＹ軸成分（コマのスピン）に対する減衰とそれ以外の成分に対する減衰を別々に与えられるようにしてあるが，さらに，各成分に関する非線形な特性をプログラムすることも難しいことではない。ただし，減衰係数や摩擦のような特性を実際に則して的確に把握することは，あまり容易なことではない。さて，$\mathbf{f}_{OP}$ と $\mathbf{n}'_{OP}$ が定まれば，それを重心位置に等価換算し，重力も考慮して，重心位置に働く力 $\mathbf{F}_{\mathrm{OA}}$ とトルク $\mathbf{N}'_{\mathrm{OA}}$ にすることができる（等価換算については第12章参照）。

$$\mathbf{F}_{\mathrm{OA}}=\mathbf{f}_{\mathrm{OP}}-\mathbf{D}_{\mathrm{Y}}M_{\mathrm{A}}g \tag{9.25}$$

$$\mathbf{N}'_{\mathrm{OA}}=\mathbf{n}'_{\mathrm{OP}}+\tilde{\mathbf{r}}_{\mathrm{AP}}\mathbf{C}^{T}_{\mathrm{OA}}\mathbf{f}_{\mathrm{OP}} \tag{9.26}$$

g は重力の加速度である。式(9.22)，(9.23)，(9.26)に現れる座標変換行列 $\mathbf{C}_{\mathrm{OA}}$ は，オイラー角 $\mathbf{\Theta}_{\mathrm{OA}}$ から次のように作ることができる。

$$\mathbf{C}_{\mathrm{OA}}=\mathbf{C}_{\mathrm{Y}}(\theta_1)\mathbf{C}_{\mathrm{Z}}(\theta_2)\mathbf{C}_{\mathrm{Y}}(\theta_3) \tag{9.27}$$

この式の右辺で用いた二つの関数は，式(7.6)，(7.9)で与えたものである。

式(9.21)～(9.27)を整理すれば，$\mathbf{R}_{\mathrm{OA}}$，$\mathbf{\Theta}_{\mathrm{OA}}$，$\mathbf{V}_{\mathrm{OA}}$，$\mathbf{\Omega}'_{\mathrm{OA}}$ から $\mathbf{F}_{\mathrm{OA}}$ と $\mathbf{N}'_{\mathrm{OA}}$ を計算する手順になる。このコマの事例では，$\dot{\mathbf{Y}}$ の計算手順に時間 t は現れてこないが，このことはモデルの考え方の中に時間依存性を持つ関係が含まれていないので，始めからわかっていたことである。。

● 計算プログラム

以上の準備の下に MATLAB のプログラムを書くことができる（koma_120.m，付録の CD-ROM に収録）。プログラムの全体的な構成は質点の放物運動（houbutsu_1.m）の場合と同じである。第一段階では，アニメーションのためのデータ入力が複雑であるが，アニメーションは計算結果の妥当性を確認したり，バグ取りなどに役立つ。しかし，そのプログラミングやデータ入力は面倒であり，初学者は計算の仕方とグラフ出力を中心にシミュレーション技術を学んで，慣れてからアニメーションの技術を習得してもよい。第三段階で用いる微分方程式の右辺を計算する関数は e_koma_120 で，上記の計算手順はこの関数にプログラムされている。また，そこで必要になるいくつかの準備は第二段階で行われている。

第四段階のグラフとアニメーション出力を準備する段階では，MATLAB の場合の特別な方法を用いている。グラフに状態変数 $\mathbf{Y}$ 以外の変数を出力し，また，アニメーションにも $\mathbf{Y}$ 以外の変数が必要なためで，そのために積分計算後の全出力時間に対して，再度，微分方程式右辺の計算を行っている。この方法は MATLAB 関係者も一つの方法として認めているようであるが，このような方法を講じなくても済むようなMATLAB自体の改善が望ましいと思っている。**Y**以外の変数が全出力時間に対して計算されたら，グラフ出力を行い，次いで，アニメのための静止画作りを行う。その静止画を全時間にわたって連続的に表示して，動画になる。動画の表示は計算機の処理速度に依存するため，動画用に圧縮されたフォーマットを作るMATLAB関数も準備されているが，ここでは用いていない。そのため，アニメーションがスムーズでない場合がある。

アニメーションは，秒間10から30コマ程度の速さで各時間の静止画を連続的に表示して作られる。座標系Oから見た剛体Aの挙動のアニメーションを作る場合，計算結果からは各時間の$\mathbf{C}_{OA}$と$\mathbf{R}_{OA}$があればよい。剛体Aの形状は，座標系Aに固定した多角形の面の集まりで与えられる。まず，すべての頂点の位置を与え，次に面を構成している頂点の組をすべての面について与えればよい。座標系Aから見た頂点の位置は時間に対して不変であるが，$\mathbf{C}_{OA}$と$\mathbf{R}_{OA}$を用いて，各時間ごとに座標系Oから見た頂点を計算し，その時間の静止画を作る。MATLABにはこの最後の段階の静止画を作る関数があり，それを利用する。ユーザーが準備するのは，$\mathbf{C}_{OA}$と$\mathbf{R}_{OA}$のほか，まず，座標系Aから見た頂点の位置と面などの形状情報である。これに色の情報などがあってもよい。座標系Oから見た形状情報もユーザーが計算する。そのほかにカメラが映像を捕らえる範囲と方向などの情報が必要になる。

コマの場合，座標系Aから見た形状はY軸周りの回転体であるから，Y軸上の位置とその位置における半径の組，そして円周の分割数を入力として，座標系A上の頂点と面の情報を作り出すようにすれば，形状入力が容易になる。そのような機能の関数（ANMYrev）を作成し，用いているので，初学者には判読が面倒なプログラムになっている。Y軸上の位置と半径の組，および，円周の分割数は第一段階で与え，座標系A上の頂点と面の情報は第二段階で作り出している。第一段階で座標系A上の頂点と面の情報を直接与えるような単純な事例は，19.4節の三重剛体振子(sanjufuriko_1.m)である。この場合は，剛体は三つであるが，形状は直方体で簡単である。

ANMYrevのほかにも，プログラムを簡潔にするために，いくつかのMATLAB関数を作って使用している。Cy，Czは式(7.6)，(7.9)の計算を行う関数であり，TILDEは外積オペレーターを作用させた交代行列を出力する関数であ

表 9.1　koma_120.m のグラフとアニメーション出力

figure（1）～ figure（3）	時間に対するオイラー角の各成分
figure（4）	鉛直上方から眺めた重心の軌跡（Z 成分に対する X 成分）
figure（5）～ figure（7）	時間に対する重心位置（座標系 O）の各成分
figure（8）	時間に対する支点 P の原点 O からの距離の二乗
figure（9）	アニメーション

る。これらは，すべて，同じ M ファイルにまとめて読みやすくしてある。

グラフ出力は八つある（表 9.1）。このシミュレーションでは，支点の近似拘束に用いたバネ定数とダンピング定数によって，拘束の状況（figure（8））がどのように変化するかに注意を払う必要がある。また，堅すぎるバネ定数などが計算時間にどのように影響するかも注目すべきである。ただし，計算時間をはかる機能は，まだ，プログラミングされていない。

3 番目のオイラー角 θ_3（figure（3），図 9.6(c)）は時間とともにどんどん増加している。もし，長時間のシミュレーションを行うようなときにはオーバーフローに注意する必要が出てくるかもしれない。たとえば，ハードウェアを含むリアルタイムシステムで，長時間の試験を行うとして，モデルの中の回転体がオイラー角で表されているような場合である。対策方法はいくつか考えられるが，オイラー角の代わりにオイラーパラメータを用いればこのような心配はなくなる。

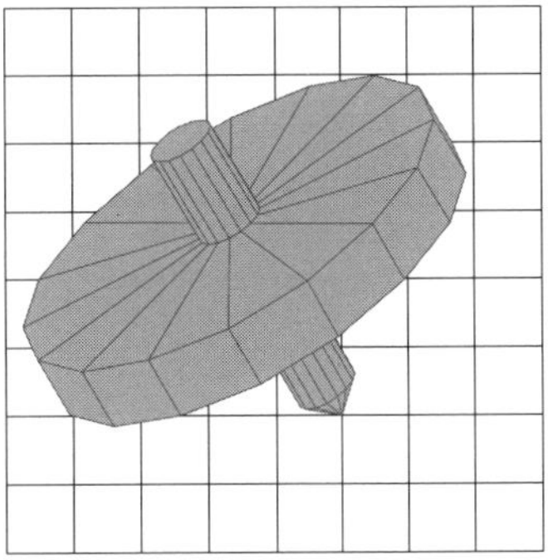

図 9.4　コマのアニメーション

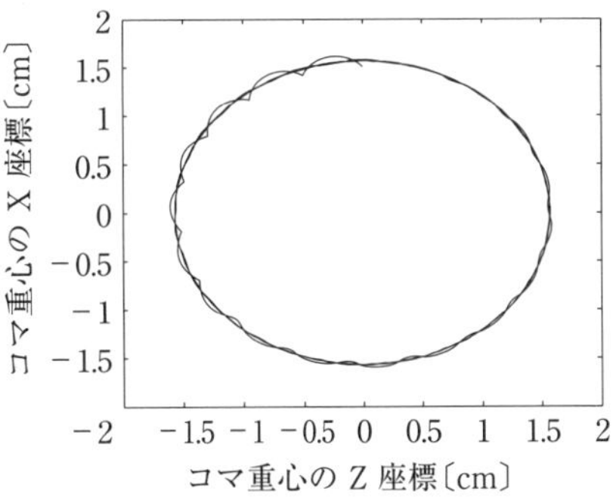

図 9.5　水平面に投影したコマ重心の軌跡

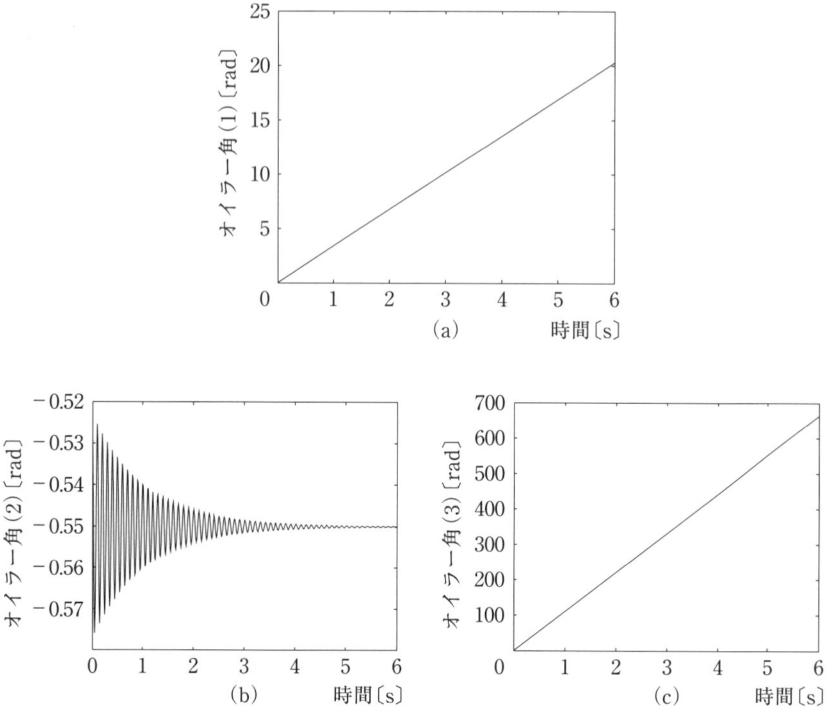

図9.6　オイラー角の変化

9.5　順動力学解析の事例：近似ボールジョイントで支点を近似的に拘束されたコマ（オイラーパラメータの利用）

前節では，コマの回転姿勢を表す一般化座標として，オイラー角 $\Theta_{OA}^{Y'Z'Y'}$ を用いた。このオイラー角では，眠りゴマの状態が特異姿勢になっているため，そのような姿勢を含むシミュレーションには別のオイラー角を準備する必要がある。さらに，多様な姿勢の変化に対応するためには複数のオイラー角を切り替えながら計算することも考えられるが，煩雑である。

これに対し，オイラーパラメータには特異姿勢がない。本節では，コマの回転姿勢にオイラーパラメータを使ったプログラムを示す。オイラーパラメータの定義などは分かるが，どのように使うのか分からないと感じている読者に役立つであろう。

オイラーパラメータは3自由度の回転姿勢を4つのパラメータで表現するものであるため，4つのパラメータの二乗和が1になっていなければならないという条件に気を配る必要がある。オイラーパラメータ関連の関係式は理論的にはこの条件を壊すものではないが，数値計算の誤差に対しては無防備である。本節ではその対策には触れないが，次節で対策方法について述べる。

前節のモデルに対する本節のモデルの違いは，オイラー角の代わりにオイラーパラメータを用いる点だけである。状態変数 $\mathbf{Y}$ は，$\mathbf{R}_{OA}$，$\mathbf{E}_{OA}$，$\mathbf{V}_{OA}$，$\mathbf{\Omega}'_{OA}$ の13個のスカラーを縦に並べた列行列になる。前節では，運動方程式(5.1)と(5.2)に，式(9.19)と(9.20)を補って計算した。本節では式(9.19)の代わりに，式(9.12)の添え字をABからOAに変えて用いる。また，座標変換行列をオイラーパラメータから作る必要があるが，式(9.27)に代わって式(7.18)の添え字を同じように変えて用いればよい。

以上のように変更してMATLABのプログラムを書くことができる（koma_140.m，付録のCD-ROMに収録）。第一段階では初期の回転姿勢を直接オイラーパラメータで入力するようにした。koma_120.mではオイラー角で入力したが，いずれの場合も，入力と計算時のデータの持ち方を異なったものにするプログラミングも可能である。その場合は，入力データからの変換は第二段階で行えばよい。第三段階で微分方程式の右辺を計算する関数はe_koma_140である。また，オイラーパラメータから回転行列 $\mathbf{C}_{OA}$ や式(8.10)の $\mathbf{S}_{OA}$ を計算する関数を作成し，用いている（EtoC，EtoS）。

グラフ出力は十ほどある（表9.2）。その中から，時間に対する四つのオイラ

表9.2 koma_140.m と koma_145.m のグラフとアニメーション出力

figure（1）～ figure（4）	時間に対するオイラーパラメータの各成分
figure（5）	鉛直上方から眺めた重心の軌跡（Z成分に対するX成分）
figure（6）～ figure（8）	時間に対する重心位置（座標系O）の各成分
figure（9）	時間に対する支点Pの原点Oからの距離の二乗
figure（10）	時間に対するオイラーパラメータの二乗和から1を差し引いた値
figure（11）	アニメーション

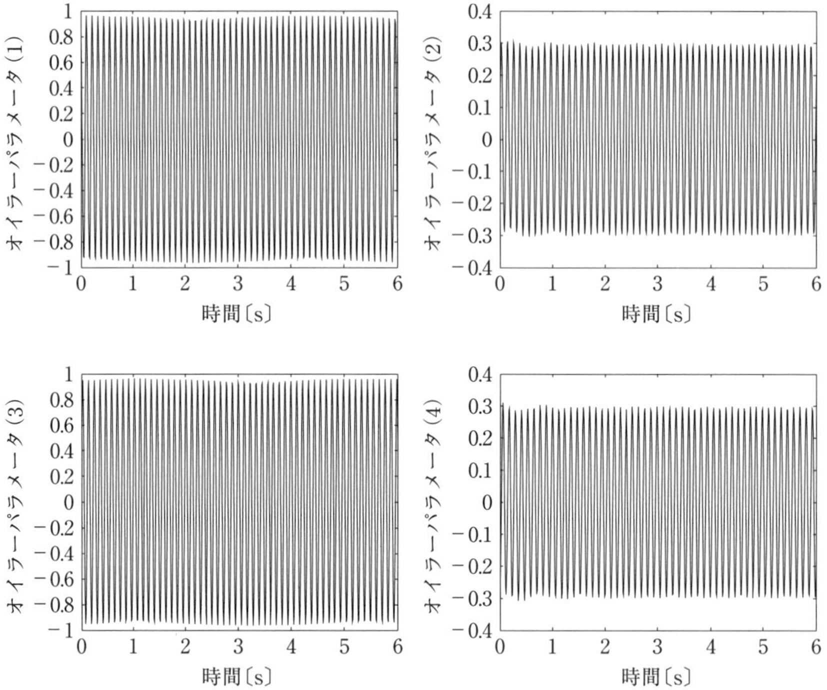

図 9.7　オイラーパラメータの変化

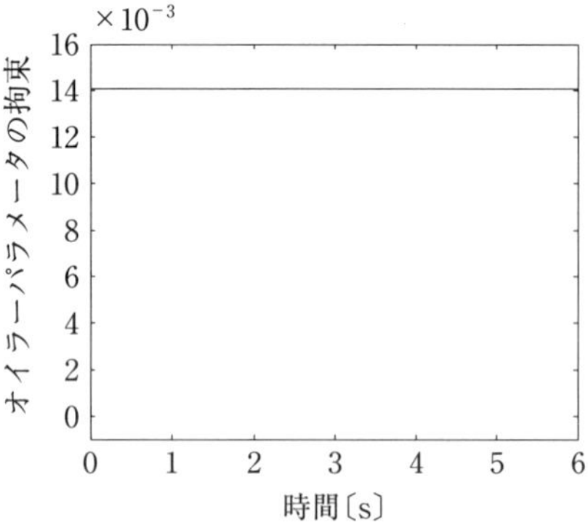

図 9.8　オイラーパラメータ拘束のズレ

ーパラメータのグラフを図9.7に示す。この図と図9.6の3つのグラフを対比してながめると興味深い。これらはほとんど同じような回転姿勢の変動を異なった回転姿勢表現で表したものである。また，このシミュレーションでは，最後のグラフ（figure（10），図9.8）に特に興味がある。オイラーパラメータの二乗和から1を差し引いた値はゼロを維持していることが望ましいが，ズレがある場合，どのように変化するであろうか。故意にズレを持たせるような初期値を与えた場合どのようになるであろうか。このプログラムにはズレを修正する機能が含まれていない。

9.6 順動力学解析の事例：近似ボールジョイントで支点を近似的に拘束されたコマ（オイラーパラメータの拘束安定化法）

本節では，前節に引き続いて回転姿勢にオイラーパラメータを用い，さらに，その二乗和を1に維持するための安定化法を考える。その方法の一つは，微分方程式の右辺の計算をする関数が，ode45などソルバーから状態変数のオイラーパラメータを受け取った直後に，毎回（または，何回かに一回），オイラーパラメータの正規化を行う方法である。剛体Aのオイラーパラメータの正規化は次の式によればよい。

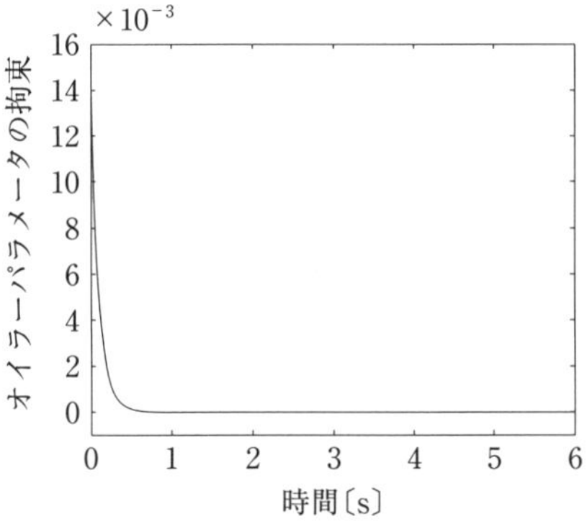

図9.9 オイラーパラメータ拘束のズレ

$$\mathbf{E}_{\mathrm{OA}} \Leftarrow \frac{\mathbf{E}_{\mathrm{OA}}}{\sqrt{\mathbf{E}_{\mathrm{OA}}^{T}\mathbf{E}_{\mathrm{OA}}}} \tag{9.28}$$

単純な方法だが，実用性は十分ある。ただし，この正規化されたオイラーパラメータはソルバー側が持っている値にも反映させる必要がある。

ところが，MATLABでは，ode45などソルバー側が持っている値を変更するためには特殊な手段が必要であり，そのような操作は，プログラムの混乱を防ぐ意味で，通常は推奨できない。そこで，式(9.28)の方法をあきらめ，別の安定化法を探すことにする。第20章に出てくる微分代数型の運動方程式では，Baumgarteの方法と呼ばれる拘束条件の安定化法があり，これも有効と思われる。ただし，コマの運動方程式を微分代数型で表し，二乗和が1になる拘束条件の二回時間微分と連立させるような方法は，オイラーパラメータの拘束条件安定化だけのためには重過ぎる印象がある。そこで，ここではBaumgarteの安定化法と類似の考え方で開発した簡便な方法を以下に紹介する。

オイラーパラメータ $\mathbf{E}_{\mathrm{OA}}$ と角速度 $\mathbf{\Omega}'_{\mathrm{OA}}$ を一般化座標と一般化速度に用いる場合，$\mathbf{E}_{\mathrm{OA}}$ の時間微分と $\mathbf{\Omega}'_{\mathrm{OA}}$ の関係として，普通，式(9.12)を考える。それに対し，ここで紹介する方法では，次の式を用いる。

$$\dot{\mathbf{E}}_{\mathrm{OA}} = \frac{1}{2}\mathbf{S}_{\mathrm{OA}}^{T}\,\mathbf{\Omega}'_{\mathrm{OA}} - \frac{1}{2\tau}\mathbf{E}_{\mathrm{OA}}\left(1 - \frac{1}{\mathbf{E}_{\mathrm{OA}}^{T}\mathbf{E}_{\mathrm{OA}}}\right) \tag{9.29}$$

τ は誤差をゼロに収束させる時間応答の時定数で，適当な正の値をユーザーが与える。この少しだけ複雑な式を用いて角速度からオイラーパラメータの時間微分を求めれば，オイラーパラメータ拘束の安定化が図られる。

この方法を用いたMATLABのプログラム koma_145.m（付録のCD-ROMに収録）は，koma_140.m とほとんど同じである。微分方程式の右辺を計算する関数は e_koma_145 であるが，その中で使用している関数，出力のいづれも前項のものと同じである。異なる点は，第一段階の入力データの中に τ が含まれている点，関数 e_koma_145 に与えるパラメータの中に τ が含まれている点，そして，この関数の中で式(9.12)の代わりに式(9.29)を用いている点だけである。出力も koma_140.m の場合と同じであるが（表9.2），その中の最後のグラフ出力（figure (10)，図9.9）に特に興味がある。これはオイラーパラメータの二乗和から1を差し引いた値であるが，koma_145.m の場合は初期に乱れがあってもすぐにゼロに収束する。koma_140.m の場合と比較してみると安定化の効果は明確である。オイラーパラメータの時間微分を計算する式を入れ替えるだけであるから簡単であり，これによって特異姿勢のないオイラーパラメータを気軽に使えるはずである。

なお，式(9.29)のもとになっている考え方について，付録 C に簡単な説明がある。この方法による拘束の安定化は Baumgarte の方法よりかなり容易であり，時定数 τ の選択にも難しさはない。しかし，まだ，筆者自身の経験も十分ではないので，拘束が維持されているか否かを監視しながら用いるほうがよいであろう。拘束が維持されている限り，式(9.29)は式(9.12)とほぼ同じである。なお，オイラーパラメータの安定化と引き換えに，少し数値的なダンピングが働くような印象がある。

第10章 2次元の代数ベクトル表現

2次元は3次元の特別な場合であるから，すべてを3次元で考えれば難しいことは何もない。しかし，2次元の並進運動は2次元の代数ベクトルを用い，回転姿勢はスカラーで考えればよいところをわざわざ3次元で表現するのは無駄が多い。このように考えてゆくと，2次元の座標変換行列の時間微分についてだけ，2次元独特の方法を作り，後は普通の考え方で対処すればよいことがわかる。

なお，本章の説明もほとんど運動学に関するものであるから，添え字のOを慣性系としての特別なものと考える必要はなく，他の文字に置き換えることができる。

10.1 2次元問題の3次元表現による取り扱い

2次元の運動学では，2次元平面やその平面内を運動する剛体にX-Y座標系を固定する。そのとき平面に垂直な方向にZ軸を考えれば，平面は3次元空間の一部であり，3次元で一般的に成立する関係式はすべて使えるはずである。すなわち，3次元運動が2次元平面に拘束されていると考えている（拘束については第13章参照）。位置や速度を表す代数ベクトルではそのZ成分がゼロになると考えればよく，角速度の場合はX，Y成分がゼロで，Z成分だけを考えればよい。

$$\mathbf{v}_{\mathrm{OP}}=\begin{bmatrix} v_{\mathrm{OPX}} \\ v_{\mathrm{OPY}} \\ 0 \end{bmatrix} \tag{10.1}$$

$$\boldsymbol{\Omega}'_{\mathrm{OA}}=\begin{bmatrix} 0 \\ 0 \\ \Omega'_{\mathrm{OAZ}} \end{bmatrix} \tag{10.2}$$

2次元の回転姿勢はスカラーの回転角 θ_{OA} で表すことができるが，これをオイラー角の一つの成分とし，他の成分はゼロになっていると考えることもできる。これに対応する3次元の回転行列は次のようになる。

$$\mathbf{C}_{OA}=\begin{bmatrix}\cos\theta_{OA} & -\sin\theta_{OA} & 0\\ \sin\theta_{OA} & \cos\theta_{OA} & 0\\ 0 & 0 & 1\end{bmatrix} \tag{10.3}$$

2次元の回転運動は，3次元で考えた場合，Z軸まわりの回転運動であり，角速度と回転姿勢を以上のように扱えば，2次元は完全に3次元の枠の中に収まる。

10.2　2次元問題の2次元表現による取り扱い

前節のように，常に3次元の表現に依存しながら考えてゆけば，2次元を特別に考える必要はない。しかし，常に余計な情報を含む3次元の表現に比べ，身軽な2次元の表現の方が簡潔である。2次元の位置と速度は2×1行列で表すことができる。

$$\mathbf{v}_{OP}=\begin{bmatrix}v_{OPX}\\ v_{OPY}\end{bmatrix} \tag{10.4}$$

また，回転姿勢は θ_{OA}，角速度は ω_{OA} と，スカラーで扱うことができる。2次元の回転姿勢には3次元の複雑さは影を潜め，回転運動に関する変数にダッシュの付く変数を用いる必要もない。座標系OのZ軸まわりか，座標系AのZ軸まわりかを区別する必要がないからである。慣性モーメントやトルクの添え字も一つでよくなり，J_A，n_A と表すことができる。

しかし，位置や速度の座標変換行列には次の2×2の行列を用い，スカラーの回転姿勢 θ_{OA} と分けて考えることが必要になる。

$$\mathbf{C}_{OA}=\begin{bmatrix}\cos\theta_{OA} & -\sin\theta_{OA}\\ \sin\theta_{OA} & \cos\theta_{OA}\end{bmatrix} \tag{10.5}$$

なお，ここでは2次元用の $\mathbf{C}_{OA}$ を3次元用の記号と区別していない。両者を混在させることはほとんどないので差し支えないはずであるが，必要に応じて，2次元用に小文字を用いて両者を区別する方法もわかりやすい。さて，この座標変換行列の時間微分を考える。幾何ベクトルの外積は3次元空間の演算であり，2

次元の世界で外積オペレーターを用いることはできない。そのため座標変換行列の時間微分には2次元独自の工夫が必要になる。3次元の場合，回転行列 $\mathbf{C}_{\mathrm{OA}}$ の時間微分は $\mathbf{C}_{\mathrm{OA}}\tilde{\boldsymbol{\Omega}}'_{\mathrm{OA}}$ となるが，2次元では次のように考えると具合がよい。

$$\dot{\mathbf{C}}_{\mathrm{OA}}=\mathbf{C}_{\mathrm{OA}}\boldsymbol{\chi}\omega_{\mathrm{OA}} \tag{10.6}$$

ここで，$\boldsymbol{\chi}$ は次のような 2×2 の定数行列である。

$$\boldsymbol{\chi}=\begin{bmatrix}0 & -1\\ 1 & 0\end{bmatrix} \tag{10.7}$$

また，$\boldsymbol{\chi}$ には次のような性質がある。

$$\boldsymbol{\chi}^{-1}=\boldsymbol{\chi}^{T}=-\boldsymbol{\chi} \tag{10.8}$$

$$\boldsymbol{\chi}\boldsymbol{\chi}=-\mathbf{I}_2 \tag{10.9}$$

$$\mathbf{C}_{\mathrm{OA}}\boldsymbol{\chi}=\boldsymbol{\chi}\mathbf{C}_{\mathrm{OA}} \tag{10.10}$$

式(10.6)の ω_{OA} はスカラーであり，他の行列は 2×2 であるから，式の変形時には注意が必要である。$\dot{\mathbf{C}}_{\mathrm{OA}}\mathbf{r}_{\mathrm{PQ}}$ のような形が多く現れるので，そのときは $\mathbf{C}_{\mathrm{OA}}\boldsymbol{\chi}\omega_{\mathrm{OA}}\mathbf{r}_{\mathrm{PQ}}$ を $\mathbf{C}_{\mathrm{OA}}\boldsymbol{\chi}\mathbf{r}_{\mathrm{PQ}}\omega_{\mathrm{OA}}$ と直しておけば余計な心配をしなくてもよくなる。

式(10.6)は，2次元表現のための工夫の中で最も特徴的であるが，ほかに次のようなものがある。$\mathbf{r}_{\mathrm{PQ}}$ の X 成分を r_{PQX}，Y 成分を r_{PQY} として，$\mathbf{r}_{\mathrm{PQ}}$ をこれらの成分から再構成する表現は次のようになる。

$$\mathbf{r}_{\mathrm{PQ}}=\mathbf{d}_{\mathrm{X}}r_{\mathrm{PQX}}+\mathbf{d}_{\mathrm{Y}}r_{\mathrm{PQY}} \tag{10.11}$$

また，r_{PQX} を $\mathbf{r}_{\mathrm{PQ}}$ から抽出する作業は，次のように書ける。

$$r_{\mathrm{PQX}}=\mathbf{d}_{\mathrm{X}}^{T}\mathbf{r}_{\mathrm{PQ}} \tag{10.12}$$

r_{PQY} の場合も同様である。ここで，$\mathbf{d}_{\mathrm{X}}$ と $\mathbf{d}_{\mathrm{Y}}$ は，3次元の場合の $\mathbf{D}_{\mathrm{X}}$，$\mathbf{D}_{\mathrm{Y}}$，$\mathbf{D}_{\mathrm{Z}}$（式(9.11)）に相当するもので，すでに式(4.9)に示したが，再度，記しておく。

$$\mathbf{d}_{\mathrm{X}}=\begin{bmatrix}1\\ 0\end{bmatrix} \tag{10.13}$$

$$\mathbf{d}_{\mathrm{Y}}=\begin{bmatrix}0\\ 1\end{bmatrix} \tag{10.14}$$

$\mathbf{d}_{\mathrm{X}}$，$\mathbf{d}_{\mathrm{Y}}$ と $\boldsymbol{\chi}$ との関係を，次のように整理しておくと便利である。

$$\boldsymbol{\chi}\mathbf{d}_{\mathrm{X}}=\mathbf{d}_{\mathrm{Y}} \tag{10.15}$$

$$\boldsymbol{\chi}\mathbf{d}_{\mathrm{Y}}=-\mathbf{d}_{\mathrm{X}} \tag{10.16}$$

第 11 章 運動学の事例

第Ⅱ部では，自由な質点と剛体の運動方程式から始めて，力やトルク，慣性行列なども説明したが，特に，運動学的物理量とその基本的な関係に重点があった。運動学的物理量の基本的な関係とは三者の関係と時間微分の関係である。これら運動学の知識は，第Ⅲ部以降の運動方程式構築に役立つが，当然，運動学そのものの基礎知識でもある。これまでに学んだ知識があれば，運動学は難しくはない。

この章では，運動学の事例を示す。その事例には，運動学の方法を学ぶために，Quiz が出題されている。モデルは，剛体振子，3 次元二重剛体振子，3 次元三重剛体振子である。3 次元二重剛体振子の下側の剛体には角速度を検出するジャイロセンサが取り付けられている。Quiz は，3 次元二重剛体振子に関するもの，ジャイロセンサに関するもの，3 次元三重剛体振子に関するものなどがある。

本書の主な狙いは運動方程式であるから，本章を読み飛ばしても先に進むことは可能である。ただし，ここに出てくる剛体振子，3 次元二重剛体振子，3 次元三重剛体振子は，動力学の説明にも事例としてでてくるので，そのつもりで目を通しておくことは必要である。

11.1 剛体振子と 3 次元二重剛体振子

Y 軸が鉛直上方を向くように，慣性空間に座標系 O を固定する（図 11.1）。また，細長い角柱状の剛体 A 上に，重心に原点を一致させて座標系 A を固定する（図 11.2）。このとき，座標系 A の Y 軸が剛体の長手方向と一致するようにし，この Y 軸上に点 O′ と点 P を固定する（図 11.3）。O′ の Y 座標値は b，P の Y 座標値は $-b$ で，角柱の長さはおおよそ $2b$ である。座標系 O と座標系 A の向きが平行になるように剛体 A の向きを定めた状態で，O と O′ を一致させ，その点で

ピンジョイントAによって剛体Aを空間に結合する（図11.4）。ピンジョイントの向きは二つの座標系のZ軸に沿う方向とする。このピンジョイントはピンまわりの回転だけが許され，ピンに沿った並進運動は許されない。本書ではそのようなジョイントをピンジョイントと呼ぶことにする。この結合により，**剛体振子**ができあがる。剛体振子の傾き角 θ_{OA} の符号は，Z軸の方向と**右ねじのルール**で定め（図11.5），この値が決まれば剛体振子の位置と姿勢が完全に定まる。

次に，できあがった剛体振子に新たな剛体を追加する。まず，剛体Aと同じ形状の剛体Bを準備し，座標系Bを同じように固定する。同じようにとは，重心に原点を一致させ，Y軸を角柱の長手方向と一致させることである。O′とPに相当する位置には点P′とQを固定し（図11.6），座標系AとBの向きをそろえた上で剛体A上の点Pと剛体B上のP′を一致させて，その点でピンジョイントBによって二つの剛体を結合する（図11.7）。ただし，今度はピンの向きを二つの座標系のX軸に沿う方向とする。このモデルは**3次元二重剛体振子**である。二つのピンジョイントが直交しているため，剛体Aの運動が座標系OのX-Y平

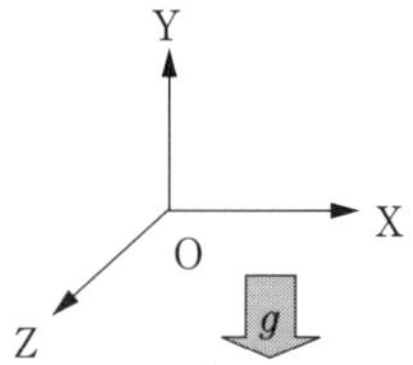

図11.1　空間に固定した右手直交座標系Oと重力の向き

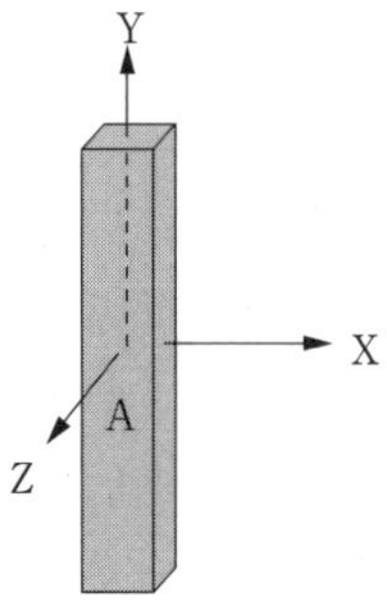

図11.2　角柱Aとそれに固定した座標系A

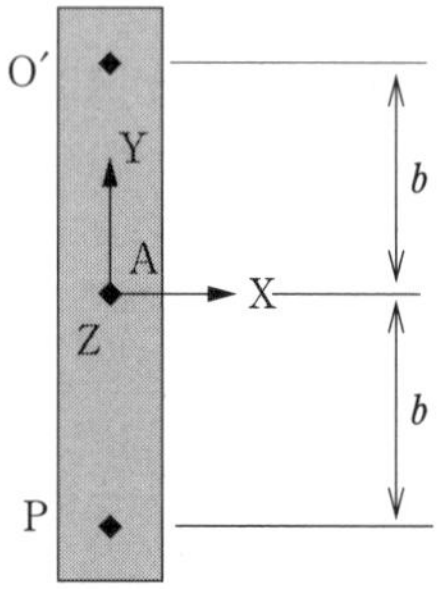

図11.3　角柱AのY軸上の二点O′とP

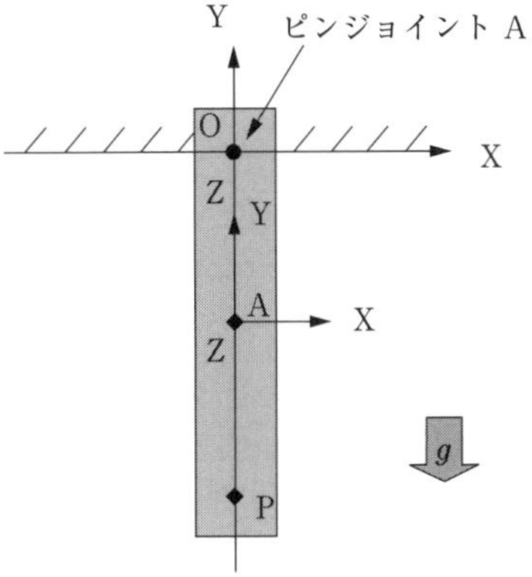

図 11.4 Z 軸が紙面と垂直になる方向から見た，静止位置の剛体振子

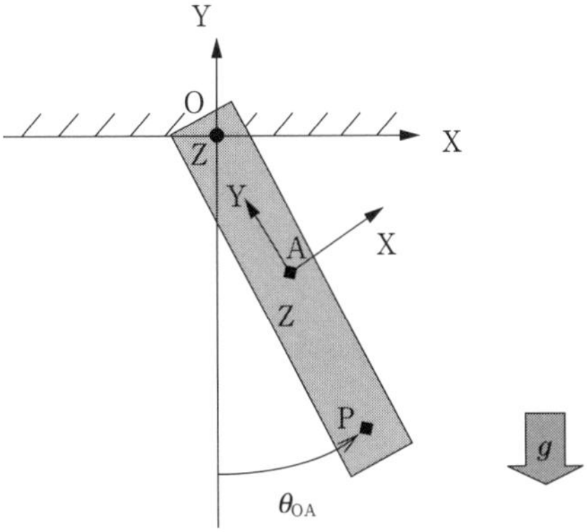

図 11.5 Z 軸が紙面と垂直になる方向から見た，傾いた状態の剛体振子

面内に限られているのに対し，剛体 B は複雑な 3 次元運動になる（図 11.8）。ピンジョイント B の相対回転角を θ_{AB} とし，その符号を X 軸と右ネジのルールで定めると，θ_{OA} と θ_{AB} で二重振子の位置と姿勢が完全に定まる。

運動学の課題は二種類に分けることができ，筆者はタイプ A とタイプ B と呼んでいる（順運動学，逆運動学という言葉が使われることがあるが，動力学を順動力学と逆動力学に分けて呼ぶ場合とは，順逆の意味合いが異なっている）。ここでは，まず，タイプ A の課題を考える。これは，産業用ロボットの関節角を与えて手先の位置や姿勢を求める課題と同じものである。タイプ A の課題は，

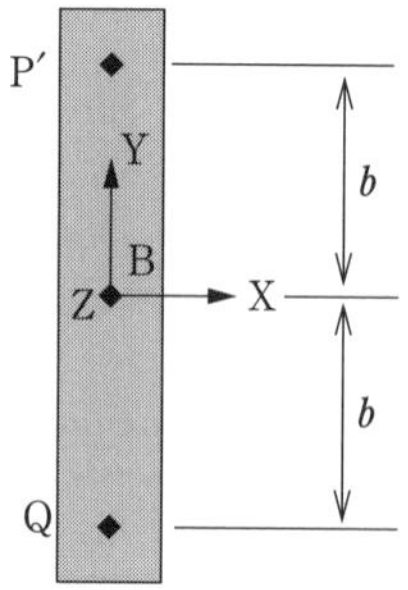

図 11.6　角柱 B と Y 軸上の二点 P′ と Q

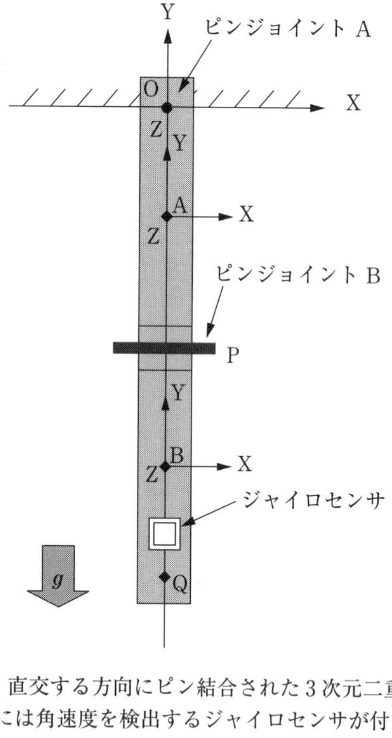

図 11.7　直交する方向にピン結合された 3 次元二重剛体振子
（剛体 B 上には角速度を検出するジャイロセンサが付いている。）

三者の関係と時間微分の関係を用いて解くことができ，比較的簡単である。剛体と関節の数が増え，関節の種類が別のものになったり，木構造のように分岐がある場合にも，同じように対応できるはずである。

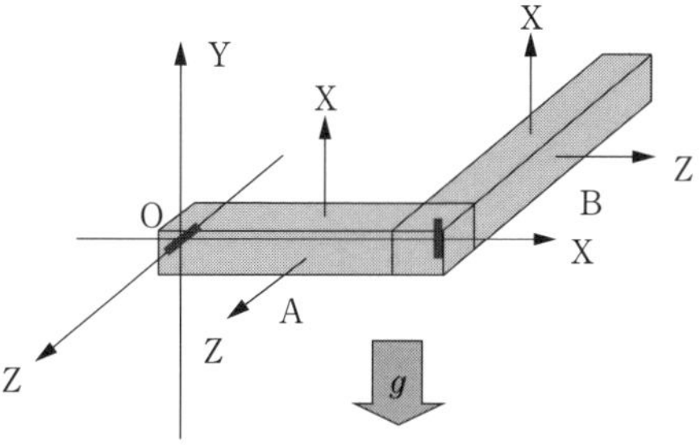

図 11.8　3 次元二重剛体振子の $\theta_{OA}=\theta_{AB}=90°$ の姿勢

Quiz 11.1　3 次元二重剛体振子で，$\theta_{OA}=\theta_{AB}=90°$，関節の角速度が ω_{OA} $(=\dot{\theta}_{OA})$，$\omega_{AB}(=\dot{\theta}_{AB})$ のとき，$\vec{v}_{OQ}$，$\vec{v}_{AQ}$，$\vec{\Omega}_{OB}$，$\vec{\Omega}_{AB}$ を ω_{OA}，ω_{AB}，$\vec{e}_{OX}$，$\vec{e}_{OY}$，$\vec{e}_{OZ}$ で表せ。$\vec{e}_{OX}$，$\vec{e}_{OY}$，$\vec{e}_{OZ}$ は座標系 O の各座標軸を表す単位長さの幾何ベクトルである。また，$\mathbf{r}_{OQ}$，$\mathbf{r}_{AQ}$，$\mathbf{r}'_{OQ}$，$\mathbf{r}'_{AQ}$，$\mathbf{v}_{OQ}$，$\mathbf{v}_{AQ}$，$\mathbf{v}'_{OQ}$，$\mathbf{v}'_{AQ}$，$\mathbf{\Omega}_{OB}$，$\mathbf{\Omega}_{AB}$，$\mathbf{\Omega}'_{OB}$，$\mathbf{\Omega}'_{AB}$ はどのようになるか（この Quiz は，第 4 章～第 6 章の復習用である。$\theta_{OA}=\theta_{AB}=90°$ のような特殊な姿勢の場合，第 7 章以降に学んだ関係式を用いる必要もなく，求められている変数の意味だけから解答が得られるはずである)。

Quiz 11.2　3 次元二重剛体振子の関節角が θ_{OA}，θ_{AB} のとき，慣性座標系 O から見た角柱 B の回転姿勢を回転行列とオイラーパラメータで表現せよ。

Quiz 11.3　3 次元二重剛体振子の関節角が θ_{OA}，θ_{AB} で，関節角速度が ω_{OA}，ω_{AB} のとき，座標系 O から見た角柱 B の角速度はどのようになるか。

Quiz 11.4　3 次元二重剛体振子の関節角が θ_{OA}，θ_{AB} のとき，角柱 B の下端点 Q の位置（座標系 O に対する位置）はどのようになるか。

Quiz 11.5　3 次元二重剛体振子の関節角が θ_{OA}，θ_{AB}，関節角速度が ω_{OA}，ω_{AB} のとき，角柱 B の下端点 Q の速度（座標系 O に対する速度）はどのようになるか。

Quiz 11.6　**<斜めにピン結合された剛体振子>**　本章の最初に説明した剛体振子のピン結合では座標系 O と A の Z 軸に沿う方向にピンを配置した。ここではピンの向きを図 11.9 に示した斜めの向きに配置して，剛体振子を作る。ピンは点 O，O′ を通り，二つの座標系の X-Y 平面内にある。X 軸から Y 軸に向かう方向の角度は α とする。このピンまわりの回転角を θ_{OA} とすると，$\mathbf{C}_{OA}$，$\mathbf{E}_{OA}$，

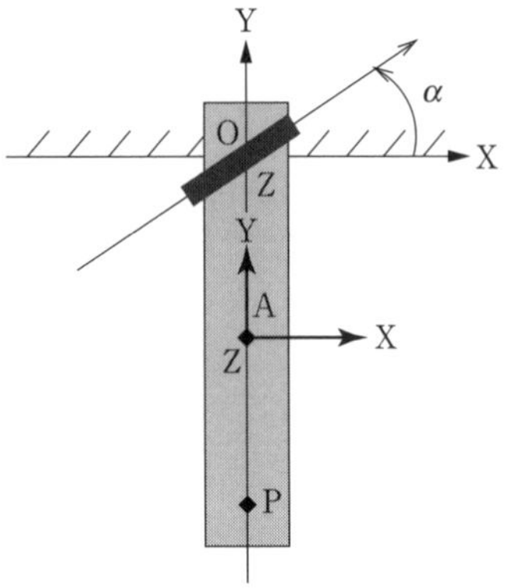

図 11.9 斜めにピン結合された剛体振子

$\mathbf{r}_{\mathrm{OP}}$ は θ_{OA} によってどのように表されるか。さらに，ピンまわりの角速度を $\omega_{\mathrm{OA}}(=\dot{\theta}_{\mathrm{OA}})$ とすると，$\mathbf{\Omega}'_{\mathrm{OA}}$，$\mathbf{v}_{\mathrm{OP}}$ は，θ_{OA}，ω_{OA} によってどのように表されるか。

11.2 ジャイロセンサ

3 次元二重剛体振子の角柱 B にジャイロセンサを固定する（図 11.7 中の□）。このジャイロセンサは X，Y，Z 軸まわりの角速度を計測するためのもので，出力角速度を $\varOmega_{\mathrm{GYROX}}$，$\varOmega_{\mathrm{GYROY}}$，$\varOmega_{\mathrm{GYROZ}}$ と表すことにし，ジャイロセンサの X，Y，Z 軸は座標系 B と平行になるように取りつけてあるものとする。このジャイロセンサのメーカーは，さらに，このジャイロセンサが回転姿勢も計測できるものであると主張している。その回転姿勢は X，Y，Z 軸まわりの回転角 $\varTheta_{\mathrm{GYROX}}$，$\varTheta_{\mathrm{GYROY}}$，$\varTheta_{\mathrm{GYROZ}}$ で表され，これらは出力角速度を時間積分したものだそうである。

$$\varTheta_{\mathrm{GYROX}}=\int_0^t \varOmega_{\mathrm{GYROX}}\,dt \tag{11.1}$$

$$\varTheta_{\mathrm{GYROY}}=\int_0^t \varOmega_{\mathrm{GYROY}}\,dt \tag{11.2}$$

$$\varTheta_{\mathrm{GYROZ}}=\int_0^t \varOmega_{\mathrm{GYROZ}}\,dt \tag{11.3}$$

積分の下端の時間ゼロは計測を開始した時間とする。

ジャイロの出力角速度は，θ_{OA}，θ_{AB}，ω_{OA}，ω_{AB} によって定まるはずである。また，Θ_{GYROX}，Θ_{GYROY}，Θ_{GYROZ} が回転姿勢を表す量ならば，これらは θ_{OA}，θ_{AB} によって定まるはずである。これらについて，次の Quiz を考えてみよ。

Quiz 11.7　3 次元二重剛体振子の角柱 B 上に搭載されたジャイロセンサの出力 Ω_{GYROX}，Ω_{GYROY}，Ω_{GYROZ} は，θ_{OA}，θ_{AB}，ω_{OA}，ω_{AB} によってどのように表されるであろうか。

Quiz 11.8　3 次元二重剛体振子を $\theta_{OA}=\theta_{AB}=0°$ の姿勢から $\theta_{OA}=\theta_{AB}=90°$ の姿勢まで，二通りの手順で変化させるものとする。手順①は，まず，$\theta_{AB}=0°$ を維持しながら，θ_{OA} を 0° から 90° まで変化させ，次いで，$\theta_{OA}=90°$ を維持しながら，θ_{AB} を 0° から 90° まで変化させる。手順②は，まず，$\theta_{OA}=0°$ を維持しながら，θ_{AB} を 0° から 90° まで変化させ，次いで，$\theta_{AB}=90°$ を維持しながら，θ_{OA} を 0° から 90° まで変化させる。二つの手順のそれぞれについて，Θ_{GYROX}，Θ_{GYROY}，Θ_{GYROZ} がどのような値になるだろうか。

Quiz 11.9　3 次元二重剛体振子のジャイロセンサについて，Θ_{GYROX}，Θ_{GYROY}，Θ_{GYROZ} は角柱 B の回転姿勢を表す量といえるだろうか。

式(5.10)は，$\mathbf{R}_{OA}$ の時間微分が $\mathbf{V}_{OA}$ ということであり，逆に，$\mathbf{V}_{OA}$ を時間積分したものは $\mathbf{R}_{OA}$ である。式(9.2)，(9.10)，(9.12)は，いずれも，回転姿勢の時間微分と角速度 $\mathbf{\Omega}'_{OA}$ の関係を示しているが，回転姿勢の時間微分がそのまま $\mathbf{\Omega}'_{OA}$ になっているわけではない。逆に，$\mathbf{\Omega}'_{OA}$ をそのまま時間積分しても，回転姿勢は得られない。これは，ダッシュの付かない $\mathbf{\Omega}_{OA}$ を用いても同様である。このことを，「角速度は積分できない」，「角速度はノンホロノミックである」などと表現することがある。

11.3　3 次元三重剛体振子

3 次元二重剛体振子に，さらにもう一つの剛体 C を追加する。この剛体の形状も座標系 C の固定の仕方もこれまでと同様である。Y 軸上の点は Q′ と R で，剛体 A 上の O′ と P，または，剛体 B 上の P′ と Q と同様である（図 11.10）。座標系BとCを平行にし，点QとQ′を一致させて，ピンジョイントCによって剛体BとCを結合すると**3次元三重剛体振子**になる（図11.11）。ピンジョイントCの向きは二つの座標系のZ軸の向きとし，相対回転角をθ_{BC}とする（図11.12）。ピンジョイントCとピンジョイントBは常に直交した向きになっている。また，θ_{OA}，θ_{AB}，θ_{BC}を与えれば三重剛体振子の位置と姿勢が完全に定まる。

次の［Quiz 11.10］と［Quiz 11.11］は，タイプAの問題であるが，［Quiz 11.12］と［Quiz 11.13］は，タイプBの問題で，［Quiz 11.10］と［Quiz 11.11］の結果を利用して解くことになる。タイプBの問題とは，産業用ロボットの手先の位置と姿勢を与えたとき，その実現に必要な各関節の角度を求めるような問題である。六つの関節を持った産業用ロボットとは異なり，ここでは三つの関節

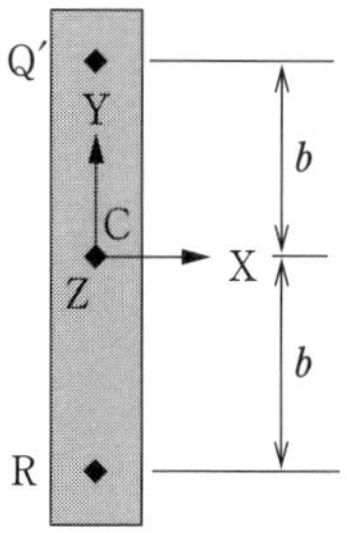

図11.10　角柱CとY軸上の二点Q′とR

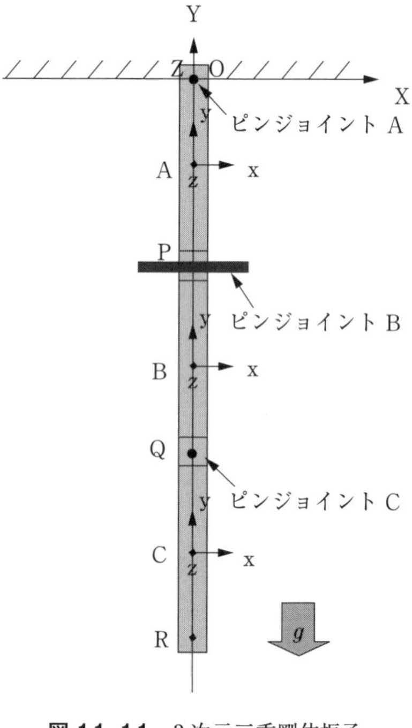

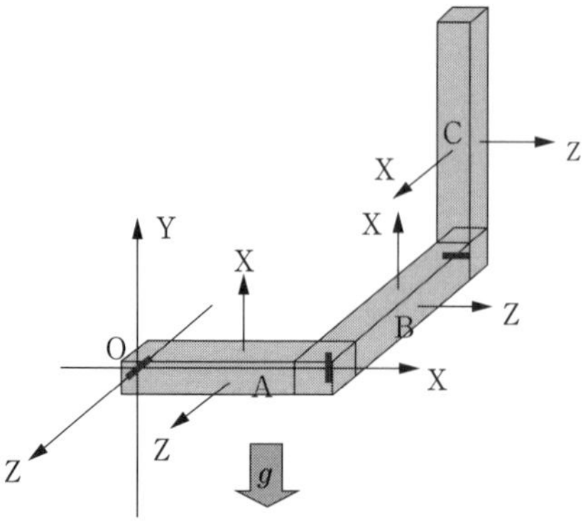

図11.12　3次元三重剛体振子，$\theta_{OA}=\theta_{AB}=\theta_{BC}=90°$の姿勢

図11.11　3次元三重剛体振子

を持った三重剛体振子であるから，下端点 R の位置と速度だけを考える。［Quiz 11.12］ではニュートンラフソン法を，［Quiz 11.13］では連立一次方程式の数値解法を用い，計算機の利用が必要である。［Quiz 11.14］は，［Quiz 11.12］の別の解法ともいえるが，運動学の汎用的な解法に近いものである。

Quiz 11.10 3 次元三重剛体振子の三つの回転角が θ_{OA}，θ_{AB}，θ_{BC} のとき，角柱 C の下端点 R の位置はどうなるか。

Quiz 11.11 3 次元三重剛体振子の三つの回転角が θ_{OA}，θ_{AB}，θ_{BC}，角速度が ω_{OA}，ω_{AB}，ω_{BC} のとき，角柱 C の下端点 R の速度はどうなるか。

Quiz 11.12 座標系 O の X，Y，Z 座標の値がいずれも $3b$ になる空間上の点を R′ と呼ぶことにする。3 次元三重剛体振子の角柱 C の下端点 R が点 R′ に一致しているとき，θ_{OA}，θ_{AB}，θ_{BC} の値を求めよ。

Quiz 11.13 3 次元三重剛体振子の角柱 C の下端点 R が点 R′ に一致していて，Y 軸の正方向に単位時間当たり $2b$ の速度を持っているとき，ω_{OA}，ω_{AB}，ω_{BC} の値を求めよ。

Quiz 11.14 ［Quiz 11.12］と同じ状況のとき，慣性空間から見た三つの角柱の重心位置と回転姿勢を求めたい。回転姿勢はオイラーパラメータで表すことにする。この解は［Quiz 11.12］の結果から求めることができるが，ここでは，自由な三つの角柱が受けている拘束を，三つの角柱の重心位置と回転姿勢の関数で表し，その解をニュートンラフソン法で求めることを考える。なお，この Quiz は剛体に働く拘束という概念を正面から利用する。以下が理解し難い読者は，13.6 節を学んだ後に戻ってくることにしよう。

自由な三つの角柱が受けている拘束は，三つのピンジョイントの拘束と剛体 C の最下点 R が R′ に一致している拘束である。これに，オイラーパラメータの拘束を付け加えて考える。拘束全体を $\boldsymbol{\Psi}=\mathbf{0}$ と表現することにし，この $\boldsymbol{\Psi}$ は，$\boldsymbol{\Psi}_{A}$，$\boldsymbol{\Psi}_{B}$，$\boldsymbol{\Psi}_{C}$，$\boldsymbol{\Psi}_{R}$ の四つの成分からなりたっているとする。

$$\boldsymbol{\Psi}=[\boldsymbol{\Psi}_{A}^{T}\ \ \boldsymbol{\Psi}_{B}^{T}\ \ \boldsymbol{\Psi}_{C}^{T}\ \ \boldsymbol{\Psi}_{R}^{T}]^{T} \tag{11.4}$$

$\boldsymbol{\Psi}_{A}=\mathbf{0}$ はピンジョイント A の拘束と $\mathbf{E}_{OA}$ の拘束とする。$\boldsymbol{\Psi}_{B}=\mathbf{0}$ はピンジョイント B の拘束と $\mathbf{E}_{OB}$ の拘束，$\boldsymbol{\Psi}_{C}=\mathbf{0}$ はピンジョイント C の拘束と $\mathbf{E}_{OC}$ の拘束である。$\boldsymbol{\Psi}_{R}=\mathbf{0}$ は，点 R が点 R′ に一致している拘束である。

まず，$\boldsymbol{\Psi}_{\mathrm{A}}=\mathbf{0}$ は次のように書ける。

$$\boldsymbol{\Psi}_{\mathrm{A}}=\begin{bmatrix}\mathbf{R}_{\mathrm{OA}}+\mathbf{C}_{\mathrm{OA}}\mathbf{r}_{\mathrm{AO'}}\\ \mathbf{D}_Z^T\mathbf{C}_{\mathrm{OA}}\mathbf{D}_{\mathrm{X}}\\ \mathbf{D}_Z^T\mathbf{C}_{\mathrm{OA}}\mathbf{D}_{\mathrm{Y}}\\ \mathbf{E}_{\mathrm{OA}}^T\mathbf{E}_{\mathrm{OA}}-1\end{bmatrix}=\mathbf{0} \tag{11.5}$$

四つの成分のうち一番上は，点 O′ が点 O に一致している条件である。二番目と三番目は座標系 O の Z 軸が座標系 A の X 軸と Y 軸に直交している条件である。これら三つの成分がピンジョイントの拘束で，四番目の成分は角柱 A のオイラーパラメータの拘束である。さて，$\boldsymbol{\Psi}_{\mathrm{B}}$，$\boldsymbol{\Psi}_{\mathrm{C}}$，$\boldsymbol{\Psi}_{\mathrm{R}}$ はどのようになるだろうか。式(11.5)に相当するものを示せ。

$\boldsymbol{\Psi}$ は，$\mathbf{R}_{\mathrm{OA}}$，$\mathbf{E}_{\mathrm{OA}}$，$\mathbf{R}_{\mathrm{OB}}$，$\mathbf{E}_{\mathrm{OB}}$，$\mathbf{R}_{\mathrm{OC}}$，$\mathbf{E}_{\mathrm{OC}}$ の関数である。式(11.5)の $\mathbf{C}_{\mathrm{OA}}$ は $\mathbf{E}_{\mathrm{OA}}$ の関数と考えればよい。$\boldsymbol{\Psi}=\mathbf{0}$ はスカラーレベルで 21 の式を含んでおり，$\mathbf{R}_{\mathrm{OA}}$，$\mathbf{E}_{\mathrm{OA}}$，$\mathbf{R}_{\mathrm{OB}}$，$\mathbf{E}_{\mathrm{OB}}$，$\mathbf{R}_{\mathrm{OC}}$，$\mathbf{E}_{\mathrm{OC}}$ の総数も 21 であるから，ニュートンラフソン法を用いればこれらの数値解が得られるはずである。$\mathbf{R}_{\mathrm{OA}}$，$\mathbf{E}_{\mathrm{OA}}$，$\mathbf{R}_{\mathrm{OB}}$，$\mathbf{E}_{\mathrm{OB}}$，$\mathbf{R}_{\mathrm{OC}}$，$\mathbf{E}_{\mathrm{OC}}$ の推定値から計算した $\boldsymbol{\Psi}$ を $\boldsymbol{\Psi}_{\mathrm{E}}$ とし，$\boldsymbol{\Psi}_{\mathrm{E}}$ からの修正量を $\Delta\boldsymbol{\Psi}$ とすると，$\boldsymbol{\Psi}_{\mathrm{E}}+\Delta\boldsymbol{\Psi}=\mathbf{0}$ である。このとき，修正量 $\Delta\boldsymbol{\Psi}$ は次のように表される。

$$\begin{aligned}\Delta\boldsymbol{\Psi}=&\boldsymbol{\Psi}_{\mathbf{R}_{\mathrm{OA}}}\Delta\mathbf{R}_{\mathrm{OA}}+\boldsymbol{\Psi}_{\mathbf{E}_{\mathrm{OA}}}\Delta\mathbf{E}_{\mathrm{OA}}+\boldsymbol{\Psi}_{\mathbf{R}_{\mathrm{OB}}}\Delta\mathbf{R}_{\mathrm{OB}}\\ &+\boldsymbol{\Psi}_{\mathbf{E}_{\mathrm{OB}}}\Delta\mathbf{E}_{\mathrm{OB}}+\boldsymbol{\Psi}_{\mathbf{R}_{\mathrm{OC}}}\Delta\mathbf{R}_{\mathrm{OC}}+\boldsymbol{\Psi}_{\mathbf{E}_{\mathrm{OC}}}\Delta\mathbf{E}_{\mathrm{OC}}\end{aligned} \tag{11.6}$$

結局，$\boldsymbol{\Psi}_{\mathbf{R}_{\mathrm{OA}}}$(注)，$\boldsymbol{\Psi}_{\mathbf{E}_{\mathrm{OA}}}$，$\boldsymbol{\Psi}_{\mathbf{R}_{\mathrm{OB}}}$，$\boldsymbol{\Psi}_{\mathbf{E}_{\mathrm{OB}}}$，$\boldsymbol{\Psi}_{\mathbf{R}_{\mathrm{OC}}}$，$\boldsymbol{\Psi}_{\mathbf{E}_{\mathrm{OC}}}$ を並べて作った係数行列と $\boldsymbol{\Psi}_{\mathrm{E}}$ を用いて連立一次方程式を解けば，$\Delta\mathbf{R}_{\mathrm{OA}}$，$\Delta\mathbf{E}_{\mathrm{OA}}$，$\Delta\mathbf{R}_{\mathrm{OB}}$，$\Delta\mathbf{E}_{\mathrm{OB}}$，$\Delta\mathbf{R}_{\mathrm{OC}}$，$\Delta\mathbf{E}_{\mathrm{OC}}$ を求めることができ，これを修正量として，新たな $\mathbf{R}_{\mathrm{OA}}$，$\mathbf{E}_{\mathrm{OA}}$，$\mathbf{R}_{\mathrm{OB}}$，$\mathbf{E}_{\mathrm{OB}}$，$\mathbf{R}_{\mathrm{OC}}$，$\mathbf{E}_{\mathrm{OC}}$ の推定値を定めることができる。

係数行列の一部 $\boldsymbol{\Psi}_{\mathbf{R}_{\mathrm{OA}}}$ は，$\boldsymbol{\Psi}_{\mathrm{A}}$，$\boldsymbol{\Psi}_{\mathrm{B}}$，$\boldsymbol{\Psi}_{\mathrm{C}}$，$\boldsymbol{\Psi}_{\mathrm{R}}$ を $\mathbf{R}_{\mathrm{OA}}$ で偏微分したものから構成されている。その中の $\boldsymbol{\Psi}_{\mathrm{A}}$ を $\mathbf{R}_{\mathrm{OA}}$ で偏微分したものは，次のようになる。

(注) 偏微分を添え字を用いて表す場合，添え字に書かれる変数が列行列であれば，その添え字は太文字で表すのが自然である。本章ではそのようにしてあるが，第Ⅲ部以降では，添え字に太文字を用いないことを原則とする。偏微分の対象になっている関数も含めて，変数記号自体が別の意味の添え字を持つなど，複雑になってくると小さい文字は見難くなってくる。そのための止むを得ない処置である。

$$\frac{\partial \boldsymbol{\Psi}_{\mathrm{A}}}{\partial \mathbf{R}_{\mathrm{OA}}}=\begin{bmatrix}\mathbf{I}_3\\ \mathbf{0}\\ \mathbf{0}\\ \mathbf{0}\end{bmatrix} \tag{11.7}$$

同様に $\boldsymbol{\Psi}_{\mathbf{E}_{\mathrm{OA}}}$ は，$\boldsymbol{\Psi}_{\mathrm{A}}$，$\boldsymbol{\Psi}_{\mathrm{B}}$，$\boldsymbol{\Psi}_{\mathrm{C}}$，$\boldsymbol{\Psi}_{\mathrm{R}}$ を $\mathbf{E}_{\mathrm{OA}}$ で偏微分したものから構成されていて，その中の $\boldsymbol{\Psi}_{\mathrm{A}}$ を $\mathbf{E}_{\mathrm{OA}}$ で偏微分したものは，次のようになる。

$$\frac{\partial \boldsymbol{\Psi}_{\mathrm{A}}}{\partial \mathbf{E}_{\mathrm{OA}}}=\begin{bmatrix}-2\mathbf{C}_{\mathrm{OA}}\tilde{\mathbf{r}}_{\mathrm{AO'}}\mathbf{S}_{\mathrm{OA}}\\ -2\mathbf{D}_Z^T\mathbf{C}_{\mathrm{OA}}\tilde{\mathbf{D}}_{\mathrm{X}}\mathbf{S}_{\mathrm{OA}}\\ -2\mathbf{D}_Z^T\mathbf{C}_{\mathrm{OA}}\tilde{\mathbf{D}}_{\mathrm{Y}}\mathbf{S}_{\mathrm{OA}}\\ 2\mathbf{E}_{\mathrm{OA}}^T\end{bmatrix}=\mathbf{0} \tag{11.8}$$

この偏微分の計算では，$\boldsymbol{\Psi}_{\mathrm{A}}$ を $\mathbf{E}_{\mathrm{OA}}$ で偏微分したものが $\dot{\boldsymbol{\Psi}}_{\mathrm{A}}$ を $\dot{\mathbf{E}}_{\mathrm{OA}}$ で偏微分したものに等しいという性質を用いている。さらに，$\boldsymbol{\Psi}_{\mathrm{A}}$ を $\mathbf{R}_{\mathrm{OB}}$，$\mathbf{E}_{\mathrm{OB}}$，$\mathbf{R}_{\mathrm{OC}}$，$\mathbf{E}_{\mathrm{OC}}$ で偏微分したものは，すべてゼロになる。さて，$\boldsymbol{\Psi}_{\mathrm{B}}$，$\boldsymbol{\Psi}_{\mathrm{C}}$，$\boldsymbol{\Psi}_{\mathrm{R}}$ のそれぞれは，$\mathbf{R}_{\mathrm{OA}}$，$\mathbf{E}_{\mathrm{OA}}$，$\mathbf{R}_{\mathrm{OB}}$，$\mathbf{E}_{\mathrm{OB}}$，$\mathbf{R}_{\mathrm{OC}}$，$\mathbf{E}_{\mathrm{OC}}$ のどの変数に依存しているか。その依存している変数で偏微分したものはどのようになるか。式(11.7)または(11.8)に相当するものを示せ。

以上の準備を元に，実際にプログラムを組んでニュートンラフソン法を行うことができる。ここから後は読者の努力に任せる。順動力学解析のアニメーションと同様な方法で三つの角柱を図示し，ニュートンラフソン法の収束計算の各ステップごとの姿勢を少しゆっくり表示するようにすれば，収束の状況を観察することができる。最下点 R の目標位置 R′ を図上で入力できるような仕組みを考えれば，対話的に目標位置を与えながら，ニュートンラフソン法を繰り返すプログラムが作れる。目標位置が遠すぎるとき，繰り返し計算が収束しない様子も観察できるであろう。

なお，本書では，$\boldsymbol{\Psi}=\mathbf{0}$ を位置レベルの拘束を表す一般的な形としており，これを時間微分した速度レベルの拘束は，$\boldsymbol{\Phi}=\mathbf{0}$ と表すことにしている（13.6 節参照）。この Quiz の後，［Quiz 11.13］のような状況設定で各剛体の重心速度と角速度を求めるときは，$\boldsymbol{\Phi}=\mathbf{0}$ を作り，連立一次方程式を解くことになる。

Quiz 11.15 **<テレスココピックジョイントを含む機構>**　3次元三重剛体振子は三つの角柱と空間を三つのピンジョイントで結合したものであった。その三つのピンジョイントのうちピンジョイントAとピンジョイントBはそのままとし，ピンジョイントCの代わりに角柱Bと角柱Cを**テレスココピックジョイント**で結合した機構を考える（図11.13）。

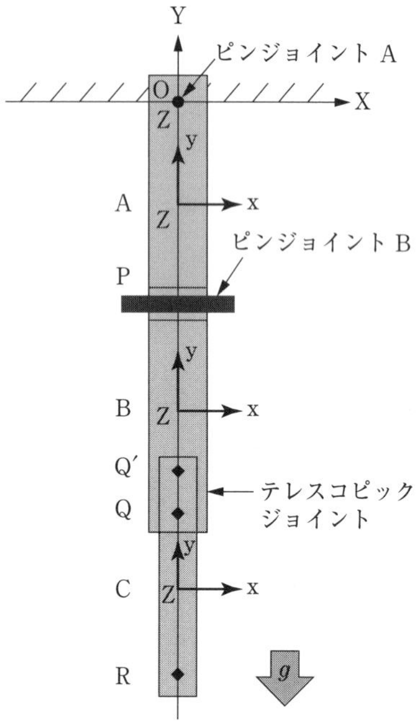

図11.13　テレスコピックジョイントを含む機構

テレスココピックジョイントは固定軸に沿って伸縮するジョイントで，ここで考えている機構の固定軸は座標系Bと座標系CのY軸である。すなわち点Q′は座標系BのY軸上にあり，点Qは座標系CのY軸上にある。Y軸まわりの回転は許されず，二つの座標系は常に平行である。

原点Cも座標系BのY軸上にあるが，そのY座標をs_{BC}とする。これはR_{BCY}と同じで，テレスコピックジョイントの伸縮量を表す。$s_{BC}=0$は，二つの角柱が重なった状態であり，この変数の場合，負の値がテレスコピックジョイントの伸びに対応していて，符号に注意する必要がある。

さて，慣性系から見た点Rの位置$\mathbf{r}_{OR}$と速度$\mathbf{v}_{OR}$をθ_{OA}，θ_{AB}，s_{BC}，ω_{OA}，ω_{AB}，$\dot{s}_{BC}$で表せ。

なお，この機構でも，［Quiz 11.12］，［Quiz 11.13］，［Quiz 11.14］のような問題設定が可能である。また，動力学のQuizを作ることを考えると，上記のままでは角柱Cが重力で落下し続けてしまう。そのようなQuizがあってもよいが，通常のQuizにするために伸縮量s_{BC}に応じてバネ力が働くとするとよい。

第Ⅲ部

動力学の基本事項

第Ⅱ部の主なテーマは運動学の基本であったが，それらは動力学の基礎でもある。一方，これとは別に動力学の基本事項がある。第Ⅳ部では力学の原理などとともに，運動方程式を立てる方法を学ぶことになるが，そのすべての方法に共通な課題は**拘束**の処理の仕方といえる。したがって，拘束とは何かを知らなければならないし，それに伴って出てくる**拘束力**の概念も理解しなければならない。また，**自由度**や**一般化座標**，**一般化速度**も必要な知識である。第Ⅲ部は，第Ⅳ部に入るための準備に位置づけている。

第 12 章 力とトルクの等価換算，三質点剛体，慣性行列の性質，質点系，剛体系

運動方程式は，質点や剛体の運動状態と力やトルクの関係を表したものである。本章では，まず，**力とトルクの等価換算**について説明する。次いで，三質点剛体の運動方程式を導出するが，そこに，**拘束**と**拘束力**が出てくる。

力とトルクは三種類に分けて考えることができる。すでに第Ⅱ部に，作用力と作用トルク，慣性力と慣性トルクが出てきたが，残りが**拘束力**と**拘束トルク**である。三質点剛体の運動方程式導出を通して，改めて作用力を説明し，さらに，拘束と拘束力の概念を説明する。また，ここで導かれる運動方程式が，第 4 章に出てきた剛体の運動方程式である。続いて，剛体の慣性行列の性質について説明し，最後に，複数の質点，複数の剛体をまとめて扱うための記号を紹介する。

12.1 力とトルクの等価換算

剛体 A 上に点 P があり，その点に力 $\vec{f}_{\mathrm{P}}$ とトルク $\vec{n}_{\mathrm{P}}$ が作用しているとする（図 12.1）。代数ベクトルで表して，$\mathbf{f}_{\mathrm{OP}}$ と $\mathbf{n}'_{\mathrm{OP}}$ である。トルクは回転に関わる量であるからダッシュの付いた変数を用いることにする。この力とトルクを座標系 A の原点に等価換算し，その結果を $\mathbf{F}_{\mathrm{OA}}$，$\mathbf{N}'_{\mathrm{OA}}$ とすると，それらは次のような関係で表される。

$$\mathbf{F}_{\mathrm{OA}}=\mathbf{f}_{\mathrm{OP}} \tag{12.1}$$

$$\mathbf{N}'_{\mathrm{OA}}=\mathbf{n}'_{\mathrm{OP}}+\tilde{\mathbf{r}}_{\mathrm{AP}}\mathbf{C}_{\mathrm{OA}}^{T}\mathbf{f}_{\mathrm{OP}} \tag{12.2}$$

$\mathbf{f}_{\mathrm{OP}}$ と $\mathbf{n}'_{\mathrm{OP}}$ の組が剛体 A に与える動力学的な働きと，$\mathbf{F}_{\mathrm{OA}}$ と $\mathbf{N}'_{\mathrm{OA}}$ の組が剛体 A に与える動力学的な働きは同じであり，そのような置き換えを**等価換算**という。動力学的な働きとは運動に与える影響である。

剛体 A 上の別の点にも力とトルクが作用していれば，それについても同様に等価換算し，加え合わせたものを $\mathbf{F}_{\mathrm{OA}}$，$\mathbf{N}'_{\mathrm{OA}}$ とする。このようにして，剛体上の

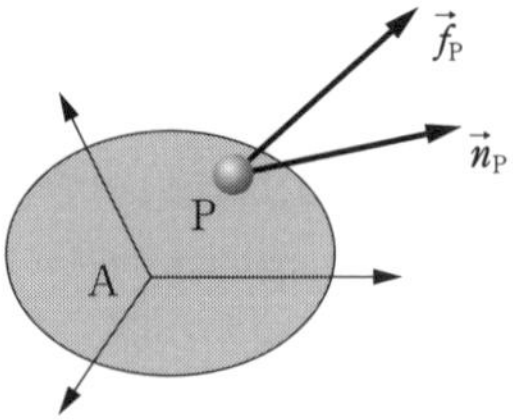

図 12.1　剛体 A 上の点 P に働く力とトルク

複数の点に力とトルクが作用する場合も，それらを一組の作用力と作用トルクに置き換えて考えることができる。式(12.2)の第二項は $\vec{f}_P$ の点 A まわりのモーメントである。$\vec{f}_P$ の作用線が点 A を通過していればその値はゼロになる。また，点 P に作用する $\vec{n}_P$ は，剛体上の別の点に平行移動してもその動力学的効果は変わらない。なお，式(12.1)，(12.2) は作用力の等価換算だけではなく，後述する拘束力の等価換算にも適用することができる。

2 次元の場合，式(12.1)，(12.2) に対応する関係は次のとおりである。

$$\mathbf{F}_{OA}=\mathbf{f}_{OP} \tag{12.3}$$

$$N_A=n_P+\mathbf{r}_{AP}^T\boldsymbol{\chi}^T\mathbf{C}_{OA}^T\mathbf{f}_{OP} \tag{12.4}$$

2 次元の場合は外積オペレーターを用いることはできず，第 10 章の式(10.7)に示した $\boldsymbol{\chi}$ が出てくる。この 2 次元等価換算の式も 3 次元の場合と同様の考え方で説明できるので，読者は自ら確認されたい。

12.2　三質点剛体

● 拘束と拘束力

三つの質点が剛につながって三角形をなしている系を考える（図 12.2)。質点は 1〜3 と番号で呼び，その質量は m_1〜m_3 である。この系に座標系 A を固定する。言い換えると，座標系 A に三つの質点が固定されている。座標系 A 上での各質点の位置は $\mathbf{r}_{A1}$〜$\mathbf{r}_{A3}$ で，この代数ベクトルは定数である。

三質点が自由に運動している状態に比べ，三質点の動きは制限されている。質点 1 と質点 2，質点 2 と質点 3，質点 3 と質点 1 は，それぞれの距離を一定に保

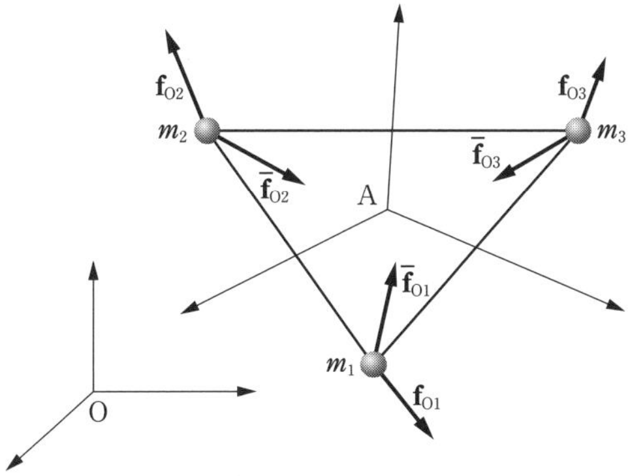

図 12.2 三つの質点からなる系と各質点に働く力

った状態で運動せざるを得ない。このことを，たとえば質点1と質点2について，次の式で表すことができる。

$$(\mathbf{r}_{O2}-\mathbf{r}_{O1})^T(\mathbf{r}_{O2}-\mathbf{r}_{O1})=\text{const.} \tag{12.5}$$

そして当然，相対的な距離の変動もゼロであり，そのことは，この式を時間微分した次の式で表される。

$$(\mathbf{r}_{O2}-\mathbf{r}_{O1})^T(\mathbf{v}_{O2}-\mathbf{v}_{O1})=0 \tag{12.6}$$

位置や速度に関して，何も制約のない状態と対比して，式(12.5)や式(12.6)のような運動学的な量の制約を**拘束**と呼ぶ。式(12.5)は**位置レベルの拘束**，式(12.6)は**速度レベルの拘束**で，式(12.6)の時間微分を作れば，**加速度レベルの拘束**になる。三質点剛体にはこのような拘束が，あと二組，存在することになる。

各質点には作用力 $\mathbf{f}_{O1}$～$\mathbf{f}_{O3}$ が働いているとする。これらは系の外から働いているので**外力**である。系内の質点同士の相互作用は**内力**と呼ばれる。**作用力**とは，バネやダンパーによる力，あるいは，重力などのように，質点の位置と速度と時間によって決まってくる力である。剛体も含めて考えれば，作用力とは，位置，回転姿勢，速度，角速度，および，時間の関数として表される力である。一定力も，そのような関数の特別な場合であり，作用力である。作用力は，一般に，外力と内力に分けて考えることができるが，三質点剛体の場合は，内力の作用力は働いていない。

三質点剛体は作用力を受けて運動する。そのとき，個々の質点に注目すると，その質点に働く作用力と慣性力の和はゼロになるとは限らない。たとえば，三つの作用力が釣り合っていて三角形が動かないとき，慣性力はゼロであるが，作用力はゼロではない。一方，三質点には別の力が働いていると考えられる。それらは，質点 1 と質点 2，質点 2 と質点 3，質点 3 と質点 1 の間にマスレスリンク（質量のない連結棒）を想定して，そのリンクを介して働く力である。各リンクごとにその両端の質点に働く力は作用反作用の関係にあると考えられる。また，そのような力は各二点間が一定距離に拘束されていることによって生じると考えることができ，あるいは，一定距離を維持するように定まると考えてもよい。このように，拘束によって生じ，拘束を維持するように働く力を**拘束力**と呼ぶ。そして，三質点剛体の運動中，各質点に働く作用力と慣性力に拘束力を加えると，常に，ゼロになる。たとえば，三質点の作用力が釣り合っていて三角形が動かないとき，慣性力はゼロであるが，質点ごとの作用力と拘束力の和がゼロになっているので，各質点は動かないのである。

質点 1 には，質点 2 と質点 3 から拘束力が働き，その合計を $\bar{\mathbf{f}}_{01}$ とする。同様に，質点 2，質点 3 に働く拘束力の合計を，それぞれ，$\bar{\mathbf{f}}_{02}$，$\bar{\mathbf{f}}_{03}$ とする。そして，ニュートンの運動方程式は次のような形で成立する。

$$m_i\dot{\mathbf{v}}_{0i}=\mathbf{f}_{0i}+\bar{\mathbf{f}}_{0i} \quad (i=1, 2, 3) \tag{12.7}$$

すなわち，各質点には作用力と拘束力が働いていて，その和が加速度を生み出している。ただし，拘束力は，位置や速度や時間の関数として，その大きさや方向が決まるわけではない。拘束の性質から拘束力の方向などはある程度分かるが，その大きさは未知数である。加速度などが分からないと求めることができない。結局，式(12.7)のままでは，作用力から運動を解くことはできないのである。なお，拘束力にも，一般に，外力と内力があるが，三質点剛体の場合は内力であり，外力の拘束力は存在していない。

● 三質点剛体の運動方程式

次に，拘束力消去法（第 15 章参照）による，三質点剛体の運動方程式の作り方を説明する。まず，$i=1, 2, 3$ として，次の三者の関係を考える。

$$\mathbf{r}_{0i}=\mathbf{R}_{0\mathrm{A}}+\mathbf{C}_{0\mathrm{A}}\mathbf{r}_{\mathrm{A}i} \tag{12.8}$$

この式を時間で微分すると，$\mathbf{v}_{0i}$ を $\mathbf{V}_{0\mathrm{A}}$ と $\boldsymbol{\Omega}'_{0\mathrm{A}}$ で表すことができる。

$$\mathbf{v}_{Oi}=\mathbf{V}_{OA}+\mathbf{C}_{OA}\tilde{\mathbf{\Omega}}'_{OA}\mathbf{r}_{Ai}=\mathbf{V}_{OA}-\mathbf{C}_{OA}\tilde{\mathbf{r}}_{Ai}\mathbf{\Omega}'_{OA} \tag{12.9}$$

もう一度時間微分すれば，$\dot{\mathbf{v}}_{Oi}$ の式になり，それを式(12.7)に代入する。

$$m_i\dot{\mathbf{V}}_{OA}-m_i\mathbf{C}_{OA}\tilde{\mathbf{r}}_{Ai}\dot{\mathbf{\Omega}}'_{OA}-m_i\mathbf{C}_{OA}\tilde{\mathbf{\Omega}}'_{OA}\tilde{\mathbf{r}}_{Ai}\mathbf{\Omega}'_{OA}=\mathbf{f}_{Oi}+\bar{\mathbf{f}}_{Oi} \tag{12.10}$$

ここで，$(i, j, k)=(1, 2, 3)$，$(2, 3, 1)$，$(3, 1, 2)$ として，質点 i に働く拘束力 $\bar{\mathbf{f}}_{Oi}$ を，質点 j からの拘束力 $\bar{\mathbf{f}}_{Oij}$ と質点 k からの拘束力 $\bar{\mathbf{f}}_{Oik}$ に分けて考える。

$$\bar{\mathbf{f}}_{Oi}=\bar{\mathbf{f}}_{Oij}+\bar{\mathbf{f}}_{Oik} \tag{12.11}$$

$\bar{\mathbf{f}}_{Oij}$ と $\bar{\mathbf{f}}_{Oik}$ の添え字の使い方は，この項だけの特別なものである。質点 k から質点 j が受ける拘束力 $\bar{\mathbf{f}}_{Ojk}$ と質点 j から質点 k が受ける拘束力 $\bar{\mathbf{f}}_{Okj}$ は作用反作用の関係にあると考えることができ（図 12.3），その関係は次のように表される。

$$\bar{\mathbf{f}}_{Ojk}+\bar{\mathbf{f}}_{Okj}=\mathbf{0} \tag{12.12}$$

$$\tilde{\mathbf{r}}_{Aj}\mathbf{C}_{OA}^T\bar{\mathbf{f}}_{Ojk}+\tilde{\mathbf{r}}_{Ak}\mathbf{C}_{OA}^T\bar{\mathbf{f}}_{Okj}=\mathbf{0} \tag{12.13}$$

式(12.13)は A 点まわりのモーメントの釣り合いである。さて，式(12.11)～(12.13)から次の関係が得られる。

$$\bar{\mathbf{f}}_{O1}+\bar{\mathbf{f}}_{O2}+\bar{\mathbf{f}}_{O3}=\mathbf{0} \tag{12.14}$$

$$\tilde{\mathbf{r}}_{A1}\mathbf{C}_{OA}^T\bar{\mathbf{f}}_{O1}+\tilde{\mathbf{r}}_{A2}\mathbf{C}_{OA}^T\bar{\mathbf{f}}_{O2}+\tilde{\mathbf{r}}_{A3}\mathbf{C}_{OA}^T\bar{\mathbf{f}}_{O3}=\mathbf{0} \tag{12.15}$$

これらは，運動方程式から拘束力を消去する手がかりになる。

式(12.10)を $i=1, 2, 3$ について足し合わせ，式(12.14)を用いると次のようになる。

$$\begin{aligned}(m_1+m_2+m_3)\dot{\mathbf{V}}_{OA}-\mathbf{C}_{OA}(m_1\tilde{\mathbf{r}}_{A1}+m_2\tilde{\mathbf{r}}_{A2}+m_3\tilde{\mathbf{r}}_{A3})\dot{\mathbf{\Omega}}'_{OA}\\ -\mathbf{C}_{OA}\tilde{\mathbf{\Omega}}'_{OA}(m_1\tilde{\mathbf{r}}_{A1}+m_2\tilde{\mathbf{r}}_{A2}+m_3\tilde{\mathbf{r}}_{A3})\mathbf{\Omega}'_{OA}=\mathbf{f}_{O1}+\mathbf{f}_{O2}+\mathbf{f}_{O3}\end{aligned} \tag{12.16}$$

ここで，全質量を M_A とし，また，重心 G の位置を $\mathbf{r}_{AG}$ とすると，これらは次の式を満たす必要がある。

$$M_A=m_1+m_2+m_3 \tag{12.17}$$

$$M_A\mathbf{r}_{AG}=m_1\mathbf{r}_{A1}+m_2\mathbf{r}_{A2}+m_3\mathbf{r}_{A3} \tag{12.18}$$

また，各質点に働く作用力を座標系原点 A に等価換算しておく。

図 12.3 二つの質点の間に働く相互作用の力

$$\mathbf{F}_{0A}=\mathbf{f}_{01}+\mathbf{f}_{02}+\mathbf{f}_{03} \tag{12.19}$$

$$\mathbf{N}'_{0A}=\tilde{\mathbf{r}}_{A1}\mathbf{C}_{0A}^{T}\mathbf{f}_{01}+\tilde{\mathbf{r}}_{A2}\mathbf{C}_{0A}^{T}\mathbf{f}_{02}+\tilde{\mathbf{r}}_{A3}\mathbf{C}_{0A}^{T}\mathbf{f}_{03} \tag{12.20}$$

以上の四式のうち，最初の三式を用いると，式(12.16)は次のようになる。

$$M_A\dot{\mathbf{V}}_{0A}-\mathbf{C}_{0A}M_A\tilde{\mathbf{r}}_{AG}\dot{\boldsymbol{\Omega}}'_{0A}-\mathbf{C}_{0A}\tilde{\boldsymbol{\Omega}}'_{0A}M_A\tilde{\mathbf{r}}_{AG}\boldsymbol{\Omega}'_{0A}=\mathbf{F}_{0A} \tag{12.21}$$

次に，式(12.10)に $\tilde{\mathbf{r}}_{Ai}\mathbf{C}_{0A}^{T}$ を左から掛けて，整理すると次の式が得られる。

$$\begin{aligned}&\tilde{\mathbf{r}}_{Ai}\mathbf{C}_{0A}^{T}m_i\dot{\mathbf{V}}_{0A}-\tilde{\mathbf{r}}_{Ai}m_i\tilde{\mathbf{r}}_{Ai}\dot{\boldsymbol{\Omega}}'_{0A}-\tilde{\mathbf{r}}_{Ai}\tilde{\boldsymbol{\Omega}}'_{0A}m_i\tilde{\mathbf{r}}_{Ai}\boldsymbol{\Omega}'_{0A}\\&\quad=\tilde{\mathbf{r}}_{Ai}\mathbf{C}_{0A}^{T}\mathbf{f}_{0i}+\tilde{\mathbf{r}}_{Ai}\mathbf{C}_{0A}^{T}\bar{\mathbf{f}}_{0i}\end{aligned} \tag{12.22}$$

ここで，外積オペレーターの性質，式(6.7)を用いて，左辺第三項を次のように書きなおしておく。

$$\begin{aligned}&\tilde{\mathbf{r}}_{Ai}\mathbf{C}_{0A}^{T}m_i\dot{\mathbf{V}}_{0A}-\tilde{\mathbf{r}}_{Ai}m_i\tilde{\mathbf{r}}_{Ai}\dot{\boldsymbol{\Omega}}'_{0A}-\tilde{\boldsymbol{\Omega}}'_{0A}\tilde{\mathbf{r}}_{Ai}m_i\tilde{\mathbf{r}}_{Ai}\boldsymbol{\Omega}'_{0A}\\&\quad=\tilde{\mathbf{r}}_{Ai}\mathbf{C}_{0A}^{T}\mathbf{f}_{0i}+\tilde{\mathbf{r}}_{Ai}\mathbf{C}_{0A}^{T}\bar{\mathbf{f}}_{0i}\end{aligned} \tag{12.23}$$

式(12.23)を $i=1,2,3$ について足し合わせ，式(12.15)，(12.18)，(12.20) を用いると次のようになる。

$$\begin{aligned}&M_A\tilde{\mathbf{r}}_{AG}\mathbf{C}_{0A}^{T}\dot{\mathbf{V}}_{0A}-(\tilde{\mathbf{r}}_{A1}m_1\tilde{\mathbf{r}}_{A1}+\tilde{\mathbf{r}}_{A2}m_2\tilde{\mathbf{r}}_{A2}+\tilde{\mathbf{r}}_{A3}m_3\tilde{\mathbf{r}}_{A3})\dot{\boldsymbol{\Omega}}'_{0A}\\&\quad-\tilde{\boldsymbol{\Omega}}'_{0A}(\tilde{\mathbf{r}}_{A1}m_1\tilde{\mathbf{r}}_{A1}+\tilde{\mathbf{r}}_{A2}m_2\tilde{\mathbf{r}}_{A2}+\tilde{\mathbf{r}}_{A3}m_3\tilde{\mathbf{r}}_{A3})\boldsymbol{\Omega}'_{0A}=\mathbf{N}'_{0A}\end{aligned} \tag{12.24}$$

この式の左辺括弧内は定数で，符号を反転するとA座標系で表されたA点まわりの慣性行列と呼ばれる量である。これを $\mathbf{J}'_{0A}$ と表す。

$$\mathbf{J}'_{0A}=\tilde{\mathbf{r}}_{A1}^{T}m_1\tilde{\mathbf{r}}_{A1}+\tilde{\mathbf{r}}_{A2}^{T}m_2\tilde{\mathbf{r}}_{A2}+\tilde{\mathbf{r}}_{A3}^{T}m_3\tilde{\mathbf{r}}_{A3} \tag{12.25}$$

これにより，式(12.24)は次のようになる。

$$M_A\tilde{\mathbf{r}}_{AG}\mathbf{C}_{0A}^{T}\dot{\mathbf{V}}_{0A}+\mathbf{J}'_{0A}\dot{\boldsymbol{\Omega}}'_{0A}+\tilde{\boldsymbol{\Omega}}'_{0A}\mathbf{J}'_{0A}\boldsymbol{\Omega}'_{0A}=\mathbf{N}'_{0A} \tag{12.26}$$

式(12.21)と(12.26)をまとめると次の三質点剛体の運動方程式になる。

$$\begin{bmatrix}{}^{3}\mathbf{M}_A & -\mathbf{C}_{0A}M_A\tilde{\mathbf{r}}_{AG}\\ -\tilde{\mathbf{r}}_{AG}^{T}M_A\mathbf{C}_{0A}^{T} & \mathbf{J}'_{0A}\end{bmatrix}\begin{bmatrix}\dot{\mathbf{V}}_{0A}\\ \dot{\boldsymbol{\Omega}}'_{0A}\end{bmatrix}=\begin{bmatrix}\mathbf{F}_{0A}+\mathbf{C}_{0A}\tilde{\boldsymbol{\Omega}}'_{0A}M_A\tilde{\mathbf{r}}_{AG}\boldsymbol{\Omega}'_{0A}\\ \mathbf{N}'_{0A}-\tilde{\boldsymbol{\Omega}}'_{0A}\mathbf{J}'_{0A}\boldsymbol{\Omega}'_{0A}\end{bmatrix} \tag{12.27}$$

ここで，重心Gが座標系原点Aに一致している場合を考え，$\mathbf{r}_{AG}$ をゼロとすると並進運動と回転運動が分離されて，式(5.1)と(5.2)になる。

$$M_A\dot{\mathbf{V}}_{0A}=\mathbf{F}_{0A} \qquad 【5.1】^{(注)}$$

$$\mathbf{J}'_{0A}\dot{\boldsymbol{\Omega}}'_{0A}+\tilde{\boldsymbol{\Omega}}'_{0A}\mathbf{J}'_{0A}\boldsymbol{\Omega}'_{0A}=\mathbf{N}'_{0A} \qquad 【5.2】$$

(注)【　】は以前に出てきた式を，以前の式番号のまま，再度記していることを示す。

なお，式(12.25)は，各質点の質量が慣性モーメントや慣性乗積に寄与する様子を示している。これらの量は，3次元の複雑な回転運動の原因の一つになっているが，その性質を調べるためにこの式を利用することができる。

Quiz 12.1　オイラーの運動方程式(5.2)で，$\mathbf{\Omega}'_{0A}=\mathrm{const.}$ を維持するために必要なトルク $\mathbf{N}'_{0A}=\tilde{\mathbf{\Omega}}'_{0A}\mathbf{J}'_{0A}\mathbf{\Omega}'_{0A}$ がゼロにならないような簡単な事例を2質点で作ってみよ。$\mathbf{\Omega}'_{0A}=\mathrm{const.}$ は，たとえば，Z軸まわりの一定回転ということでよい。

Quiz 12.2　式(5.1)と(5.2)は自由な剛体の運動方程式を $\mathbf{V}_{0A}$ と $\mathbf{\Omega}'_{0A}$ で表したものであるが，$\mathbf{V}'_{0A}$ と $\mathbf{\Omega}'_{0A}$ で表すことを考えよう。式(5.2)はそのままでよいが，式(5.1)はどのようになるだろうか。なお，作用力も $\mathbf{F}'_{0A}$ を用いることにする。

また，8.4項［Quiz 8.2］の式(8.14)と同様に $\mathbf{V}'_{0A}$ と $\mathbf{\Omega}'_{0A}$ をまとめて $\boldsymbol{V}''_{0A}$ とし，さらに，$\boldsymbol{M}'_{A}$，$\tilde{\boldsymbol{\Omega}}''_{0A}$，$\boldsymbol{F}''_{0A}$ を次のように定める。

$$\boldsymbol{V}''_{0A}=\begin{bmatrix}\mathbf{V}'_{0A}\\ \mathbf{\Omega}'_{0A}\end{bmatrix} \tag{12.28}$$

$$\boldsymbol{M}'_{A}=\begin{bmatrix}{}^{3}\mathbf{M}_{A} & \mathbf{0}\\ \mathbf{0} & \mathbf{J}'_{0A}\end{bmatrix} \tag{12.29}$$

$$\tilde{\boldsymbol{\Omega}}''_{0A}=\begin{bmatrix}\tilde{\mathbf{\Omega}}'_{0A} & \mathbf{0}\\ \mathbf{0} & \tilde{\mathbf{\Omega}}'_{0A}\end{bmatrix} \tag{12.30}$$

$$\boldsymbol{F}''_{0A}=\begin{bmatrix}\mathbf{F}'_{0A}\\ \mathbf{N}'_{0A}\end{bmatrix} \tag{12.31}$$

式(12.30)だけは並進運動に関する変数と回転運動に関する変数を並べたものになっていないので注意を要する。以上により，自由な剛体の運動方程式が次のように書けることを確認せよ。

$$\boldsymbol{M}'_{A}\dot{\boldsymbol{V}}''_{0A}+\tilde{\boldsymbol{\Omega}}''_{0A}\boldsymbol{M}'_{A}\boldsymbol{V}''_{0A}=\boldsymbol{F}''_{0A} \tag{12.32}$$

なお，この式は19.4節の事例で用いられる。

12.3 慣性行列の性質

慣性行列 $\mathbf{J}'_{0A}$ と $\mathbf{J}_{0A}$ の座標変換の関係は次のようになる。

$$\mathbf{J}_{0A}=\mathbf{C}_{0A}\mathbf{J}'_{0A}\mathbf{C}^{T}_{0A} \tag{12.33}$$

この関係は，式(12.25)の $\mathbf{r}_{Ai}$ を $\mathbf{C}_{OA}^T(\mathbf{r}_{Oi}-\mathbf{r}_{OA})$ で置き換えることで得られる。座標系 O に対する座標系 A の回転姿勢が変化すると $\mathbf{C}_{OA}$ も変化するので，定数の $\mathbf{J}'_{OA}$ に対して $\mathbf{J}_{OA}$ は変化する。また，同様の座標変換は，原点を一致させて固定した剛体 A 上の二つの座標系，A と A_1 の間でも成立する。

$$\mathbf{J}'_{OA_1}={}^{A}\mathbf{J}'_{OA_1}=\mathbf{C}_{A_1A}\,\mathbf{J}'_{OA}\mathbf{C}_{A_1A}^T \tag{12.34}$$

A 点まわりの慣性行列は座標系を回転させると行列の成分が変化し，特定な方向ではすべての慣性乗積がゼロになって，対角行列になる。そのときの座標軸の方向が**慣性主軸**である。慣性行列は一般に実対称行列であり，固有値解析によって，慣性主軸の直交三方向を求めることができる。

以上の関係はモーメントの中心点を原点 A としたものだが，モーメントの中心を剛体上の別の点 P に移した場合には**平行軸の定理**が成立する。通常，剛体に固定する座標系は原点を重心に一致させるが，ここでは，剛体 A の重心 G が原点 A と一致していない場合を考えよう。点 A まわりの慣性行列を $\mathbf{J}'_{OA}(={}^{A}\mathbf{J}'_{OA})$，点 G まわりの慣性行列を ${}^{G}\mathbf{J}'_{OA}$，点 P まわりの慣性行列を ${}^{P}\mathbf{J}'_{OA}$ とすると，それらの間には次のような関係がある。

$$\mathbf{J}'_{OA}={}^{G}\mathbf{J}'_{OA}+\tilde{\mathbf{r}}_{AG}^T M_A\tilde{\mathbf{r}}_{AG} \tag{12.35}$$

$${}^{P}\mathbf{J}'_{OA}={}^{G}\mathbf{J}'_{OA}+\tilde{\mathbf{r}}_{GP}^T M_A\tilde{\mathbf{r}}_{GP} \tag{12.36}$$

式(12.36)の $\mathbf{r}_{GP}$ は座標系 A で表された代数ベクトルである。すなわち，点 G は剛体 A 上の点と考えている。点 P も，同様に，ここでは剛体 A 上の点である。式(12.35)右辺第二項の $\tilde{\mathbf{r}}_{AG}^T M_A\tilde{\mathbf{r}}_{AG}$ は $\tilde{\mathbf{r}}_{GA}^T M_A\tilde{\mathbf{r}}_{GA}$ と書くことができ，式(12.36)右辺第二項も $\mathbf{r}_{GP}$ の代わりに $\mathbf{r}_{PG}$ を用いてもよい。

Quiz 12.3　オイラーの運動方程式(5.2)に使われている記号は，すべて座標系Aで表されたもので，ダッシュがついている。すなわち，オイラーの運動方程式は座標系Aで表されている。この式を座標系Oで表すとどのようになるだろうか。座標変換を用いて，すべての変数をダッシュが付かないものに変えてみよ。

12.4　質点系

質点系とは複数の質点が集まった系である。剛体は多数の質点が集まって構成されていると見なすことができ，弾性体も同様である。ロボットも車両も質点系である。本書の対象はすべて質点系ということになる。

質点系の各質点を 1 から順に付けた番号で呼ぶことにする（図 12.4）。i 番目の質点の速度は $\mathbf{v}_{Oi}$，質量は m_i で，この質点には作用力 $\mathbf{f}_{Oi}$ が働く。まず，拘束のない自由な質点系を考えると，質点 i の運動方程式は次のように書ける。

$$m_i\dot{\mathbf{v}}_{Oi}=\mathbf{f}_{Oi} \tag{12.37}$$

このような式がすべての質点について成り立つが，それらを次のようにまとめて，系全体の運動方程式を作ることができる。

$$\mathbf{m}\dot{\mathbf{v}}=\mathbf{f} \tag{12.38}$$

ただし，

$$\mathbf{m}=\begin{bmatrix} {}^3\mathbf{m}_1 & \mathbf{0} & \cdots \\ \mathbf{0} & {}^3\mathbf{m}_2 & \cdots \\ \vdots & \vdots & \ddots \end{bmatrix} \tag{12.39}$$

$${}^3\mathbf{m}_i=\begin{bmatrix} m_i & 0 & 0 \\ 0 & m_i & 0 \\ 0 & 0 & m_i \end{bmatrix} \tag{12.40}$$

$$\mathbf{v}=\begin{bmatrix} \mathbf{v}_{O1} \\ \mathbf{v}_{O2} \\ \vdots \end{bmatrix} \tag{12.41}$$

$$\mathbf{f}=\begin{bmatrix} \mathbf{f}_{O1} \\ \mathbf{f}_{O2} \\ \vdots \end{bmatrix} \tag{12.42}$$

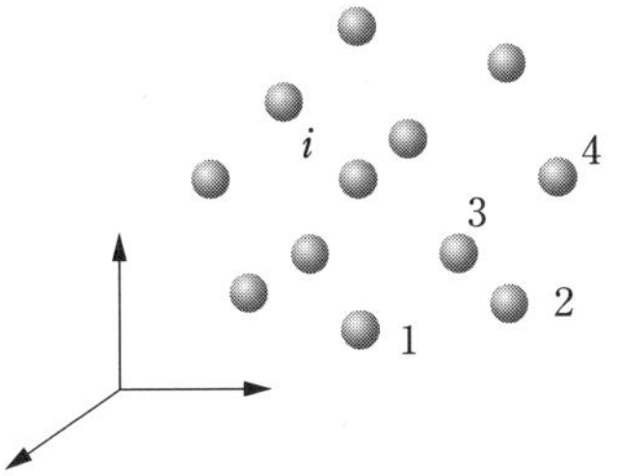

図 12.4　質点系

$\mathbf{m}$ は3×3スカラー行列を対角的に並べたものであり，$\mathbf{v}$ と $\mathbf{f}$ は3×1列行列を縦に並べたものになっている。

自由な質点系を適当に拘束して，剛体や弾性体ができ，さらに拘束を加えて3次元二重剛体振子，ロボット，車両を作ることができる。それらはいずれも拘束質点系である。この場合，質点 i は拘束力 $\bar{\mathbf{f}}_{0i}$ を受け，運動方程式は次のようになる。

$$m_i\dot{\mathbf{v}}_{0i}=\mathbf{f}_{0i}+\bar{\mathbf{f}}_{0i} \tag{12.43}$$

これをもとに，拘束質点系全体の運動方程式を次のように書くことができる。

$$\mathbf{m}\dot{\mathbf{v}}=\mathbf{f}+\bar{\mathbf{f}} \tag{12.44}$$

$$\bar{\mathbf{f}}=\begin{bmatrix}\bar{\mathbf{f}}_{01}\\ \bar{\mathbf{f}}_{02}\\ \vdots\end{bmatrix} \tag{12.45}$$

なお，拘束と拘束力については，次節で改めて説明する。また，各質点の位置をまとめて，次のように $\mathbf{r}$ を準備しておく。

$$\mathbf{r}=\begin{bmatrix}\mathbf{r}_{01}\\ \mathbf{r}_{02}\\ \vdots\end{bmatrix} \tag{12.46}$$

$$\dot{\mathbf{r}}=\mathbf{v} \tag{12.47}$$

12.5 剛体系

剛体系とは複数の剛体が集まった系である。これは質点系の特別な場合であるが，ロボットや車両など多くの機械のモデル化に，剛体系が頻繁に用いられる。

剛体系の各剛体を1から順に付けた番号で呼ぶことにする（図12.5）。i 番目の剛体の重心速度は $\mathbf{V}_{0i}$，角速度は $\mathbf{\Omega}'_{0i}$，質量は M_i，慣性行列は $\mathbf{J}'_{0i}$ で，この剛体には重心位置に等価換算した作用力 $\mathbf{F}_{0i}$，作用トルク $\mathbf{N}'_{0i}$ が働く。まず，拘束のない自由な剛体系を考えると，剛体 i の運動方程式は次のように書ける。

$$M_i\dot{\mathbf{V}}_{0i}=\mathbf{F}_{0i} \tag{12.48}$$

$$\mathbf{J}'_{0i}\dot{\mathbf{\Omega}}'_{0i}+\tilde{\mathbf{\Omega}}'_{0i}\mathbf{J}'_{0i}\mathbf{\Omega}'_{0i}=\mathbf{N}'_{0i} \tag{12.49}$$

このような式がすべての剛体について成り立つので，それらを次のようにまとめ

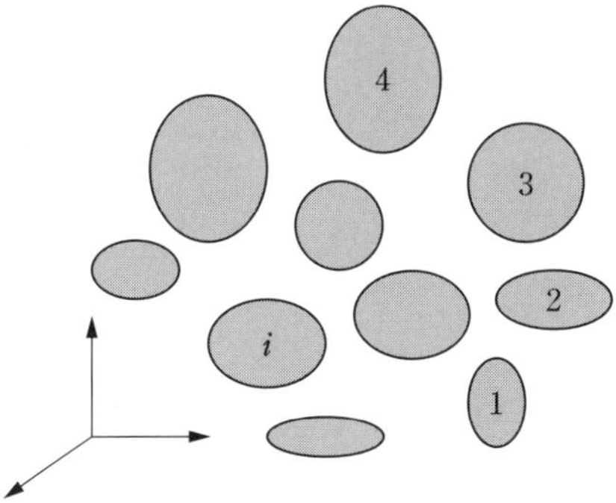

図 12.5 剛体系

て系全体の運動方程式を作ることができる。

$$\mathbf{M}\dot{\mathbf{V}} = \mathbf{F} \tag{12.50}$$

$$\mathbf{J}'\dot{\mathbf{\Omega}}' + \tilde{\mathbf{\Omega}}'\mathbf{J}'\mathbf{\Omega}' = \mathbf{N}' \tag{12.51}$$

ただし，

$$\mathbf{M} = \begin{bmatrix} {}^3\mathbf{M}_1 & \mathbf{0} & \cdots \\ \mathbf{0} & {}^3\mathbf{M}_2 & \cdots \\ \vdots & \vdots & \ddots \end{bmatrix} \tag{12.52}$$

$${}^3\mathbf{M}_i = \begin{bmatrix} M_i & 0 & 0 \\ 0 & M_i & 0 \\ 0 & 0 & M_i \end{bmatrix} \tag{12.53}$$

$$\mathbf{J}' = \begin{bmatrix} \mathbf{J}'_{01} & \mathbf{0} & \cdots \\ \mathbf{0} & \mathbf{J}'_{02} & \cdots \\ \vdots & \vdots & \ddots \end{bmatrix} \tag{12.54}$$

$$\mathbf{V} = \begin{bmatrix} \mathbf{V}_{01} \\ \mathbf{V}_{02} \\ \vdots \end{bmatrix} \tag{12.55}$$

$$\mathbf{\Omega}' = \begin{bmatrix} \mathbf{\Omega}'_{01} \\ \mathbf{\Omega}'_{02} \\ \vdots \end{bmatrix} \tag{12.56}$$

$$\tilde{\mathbf{\Omega}}' = \begin{bmatrix} \tilde{\mathbf{\Omega}}'_{01} & \mathbf{0} & \cdots \\ \mathbf{0} & \tilde{\mathbf{\Omega}}'_{02} & \cdots \\ \vdots & \vdots & \ddots \end{bmatrix} \tag{12.57}$$

$$\mathbf{F} = \begin{bmatrix} \mathbf{F}_{01} \\ \mathbf{F}_{02} \\ \vdots \end{bmatrix} \tag{12.58}$$

$$\mathbf{N}' = \begin{bmatrix} \mathbf{N}'_{01} \\ \mathbf{N}'_{02} \\ \vdots \end{bmatrix} \tag{12.59}$$

式(12.57)左辺の～は，**拡大解釈した外積オペレーター**である（6.1 節）。$\mathbf{\Omega}'$ の構成要素の $\mathbf{\Omega}'_{0i}$ は 3×1 列行列であり，これを基に作った交代行列 $\tilde{\mathbf{\Omega}}'_{0i}$ を，順次，対角的に並べたものが $\tilde{\mathbf{\Omega}}'$ である。

自由な剛体系に拘束を加えると，拘束剛体系になる。この場合，剛体 i は重心位置に等価換算した拘束力 $\bar{\mathbf{F}}_{0i}$ と拘束トルク $\bar{\mathbf{N}}'_{0i}$ を受け，運動方程式は次のようになる。

$$M_i \dot{\mathbf{V}}_{0i} = \mathbf{F}_{0i} + \bar{\mathbf{F}}_{0i} \tag{12.60}$$

$$\mathbf{J}'_{0i} \dot{\mathbf{\Omega}}'_{0i} + \tilde{\mathbf{\Omega}}'_{0i} \mathbf{J}'_{0i} \mathbf{\Omega}'_{0i} = \mathbf{N}'_{0i} + \bar{\mathbf{N}}'_{0i} \tag{12.61}$$

拘束力，拘束トルクの等価換算の考え方は 12.1 節に説明したものと同じである。拘束剛体系全体の運動方程式は次のように書ける。

$$\mathbf{M}\dot{\mathbf{V}} = \mathbf{F} + \bar{\mathbf{F}} \tag{12.62}$$

$$\mathbf{J}'\dot{\mathbf{\Omega}}' + \tilde{\mathbf{\Omega}}' \mathbf{J}' \mathbf{\Omega}' = \mathbf{N}' + \bar{\mathbf{N}}' \tag{12.63}$$

$$\bar{\mathbf{F}} = \begin{bmatrix} \bar{\mathbf{F}}_{01} \\ \bar{\mathbf{F}}_{02} \\ \vdots \end{bmatrix} \tag{12.64}$$

$$\bar{\mathbf{N}}' = \begin{bmatrix} \bar{\mathbf{N}}'_{01} \\ \bar{\mathbf{N}}'_{02} \\ \vdots \end{bmatrix} \tag{12.65}$$

剛体系全体をまとめた記号として，以下のようなものも準備しておく。

$$\mathbf{R}=\begin{bmatrix}\mathbf{R}_{01}\\ \mathbf{R}_{02}\\ \vdots\end{bmatrix} \tag{12.66}$$

$$\mathbf{\Theta}=\begin{bmatrix}\mathbf{\Theta}_{01}\\ \mathbf{\Theta}_{02}\\ \vdots\end{bmatrix} \tag{12.67}$$

$$\mathbf{E}=\begin{bmatrix}\mathbf{E}_{01}\\ \mathbf{E}_{02}\\ \vdots\end{bmatrix} \tag{12.68}$$

$$\mathbf{C}=\begin{bmatrix}\mathbf{C}_{01} & \mathbf{0} & \cdots\\ \mathbf{0} & \mathbf{C}_{02} & \cdots\\ \vdots & \vdots & \ddots\end{bmatrix} \tag{12.69}$$

$$\mathbf{S}=\begin{bmatrix}\mathbf{S}_{01} & \mathbf{0} & \cdots\\ \mathbf{0} & \mathbf{S}_{02} & \cdots\\ \vdots & \vdots & \ddots\end{bmatrix} \tag{12.70}$$

並べ方は，列行列は縦に，幅のあるもの，すなわち，複数列を持つものは対角的に並べている。運動方程式は，系全体をまとめて添え字のない変数を用いた式も，個々の剛体に関する添え字のある式と同形になっている。以下の関係式についても同じことがいえるが，そうなるように変数を定めたのである。

$$\dot{\mathbf{R}}=\mathbf{V} \tag{12.71}$$

$$\dot{\mathbf{C}}=\mathbf{C}\tilde{\mathbf{\Omega}}' \tag{12.72}$$

$$\dot{\mathbf{E}}=\frac{1}{2}\mathbf{S}^T\mathbf{\Omega}' \tag{12.73}$$

$$\mathbf{\Omega}'=2\mathbf{S}\dot{\mathbf{E}} \tag{12.74}$$

$$\dot{\mathbf{\Theta}}=\frac{\partial\dot{\mathbf{\Theta}}}{\partial\mathbf{\Omega}'}\mathbf{\Omega}' \tag{12.75}$$

$$\mathbf{\Omega}'=\frac{\partial\mathbf{\Omega}'}{\partial\dot{\mathbf{\Theta}}}\dot{\mathbf{\Theta}} \tag{12.76}$$

最後の二式の偏微分で表されたヤコビ行列は次のような構成になっている。

$$\frac{\partial\dot{\boldsymbol{\Theta}}}{\partial\boldsymbol{\Omega}'}=\begin{bmatrix}\dfrac{\partial\dot{\boldsymbol{\Theta}}_{01}}{\partial\boldsymbol{\Omega}'_{01}} & \mathbf{0} & \cdots \\ \mathbf{0} & \dfrac{\partial\dot{\boldsymbol{\Theta}}_{02}}{\partial\boldsymbol{\Omega}'_{02}} & \cdots \\ \vdots & \vdots & \ddots\end{bmatrix} \tag{12.77}$$

$$\frac{\partial\boldsymbol{\Omega}'}{\partial\dot{\boldsymbol{\Theta}}}=\begin{bmatrix}\dfrac{\partial\boldsymbol{\Omega}'_{01}}{\partial\dot{\boldsymbol{\Theta}}_{01}} & \mathbf{0} & \cdots \\ \mathbf{0} & \dfrac{\partial\boldsymbol{\Omega}'_{02}}{\partial\dot{\boldsymbol{\Theta}}_{02}} & \cdots \\ \vdots & \vdots & \ddots\end{bmatrix} \tag{12.78}$$

そして，オイラー角として狭義のものが使われているとすれば，対角的に並んでいる要素ブロックは次のように書ける。

$$\frac{\partial\dot{\boldsymbol{\Theta}}_{0i}}{\partial\boldsymbol{\Omega}'_{0i}}=-\frac{1}{\mathrm{s}_2}\begin{bmatrix}-\mathrm{s}_3 & -\mathrm{c}_3 & 0 \\ -\mathrm{c}_3\mathrm{s}_2 & \mathrm{s}_3\mathrm{s}_2 & 0 \\ \mathrm{s}_3\mathrm{c}_2 & \mathrm{c}_3\mathrm{c}_2 & -\mathrm{s}_2\end{bmatrix}_{0i} \tag{12.79}$$

$$\frac{\partial\boldsymbol{\Omega}'_{0i}}{\partial\dot{\boldsymbol{\Theta}}_{0i}}=\begin{bmatrix}\mathrm{s}_3\mathrm{s}_2 & \mathrm{c}_3 & 0 \\ \mathrm{c}_3\mathrm{s}_2 & -\mathrm{s}_3 & 0 \\ \mathrm{c}_2 & 0 & 1\end{bmatrix}_{0i} \tag{12.80}$$

c_2，s_2，c_3，s_3は $\cos\theta_2$，$\sin\theta_2$，$\cos\theta_3$，$\sin\theta_3$ を略記したものである（7.3節参照）。

第13章 自由度，一般化座標と一般化速度，拘束，拘束力

本章では，表題どおり，**自由度**，**一般化座標**と**一般化速度**，**拘束**，**拘束力**を説明する。これ以外に，**ホロノミック**と**シンプルノンホロノミック**な系が出てくる。拘束系の運動方程式を立てるときに必要になる重要な概念ばかりである。

二種類の自由度を説明する文献は意外に少ないが，ホロノミックな系とシンプルノンホロノミックな系を考える場合，これによって随分分かりやすくなる。本書はシンプルノンホロノミックな系までを扱っていて，拘束もホロノミックなものとシンプルノンホロノミックなものの二種類がある。ホロノミックな拘束は最も普通の拘束であり，ホロノミックな系は最も普通の系である。ホロノミック以外のものの中で最も簡単なものがシンプルノンホロノミックなものといえる。なお，用語から受ける取っ付き難さを心配することはない。

13.1 自由度

自由度には二種類ある。**幾何学的自由度**と**運動学的自由度**である。

幾何学的自由度は，時間が与えられている状態で，系を構成するすべての質点の位置を決めるために必要十分なスカラー変数の数である。3次元空間を自由に運動する質点Pの幾何学的自由度は3である。$\mathbf{r}_{\mathrm{OP}}$ の三成分を指定すれば位置が完全に決まり，二つのスカラー変数だけで完全な位置決めはできないからである。自由な質点が三つあれば幾何学的自由度は9になる。3次元空間を自由に運動する剛体の幾何学的自由度は6である。剛体は，複数あるいは多数の質点で構成されていると考えることができるが，並進の3自由度と回転の3自由度だけを持っている。

支点Pを**ボールジョイント**で拘束されたコマAについて考える（図9.2参照)。コマには重心に原点を一致させて座標系Aが固定されている。支点Pもコ

マの上の固定点であるから，座標系 A から見た支点 P の位置 $\mathbf{r}_{AP}$ は定数である(図 9.3)。この支点 P を慣性座標系 O の原点と，常時，一致させる。ボールジョイントとは二点を一致させる拘束である。現実のボールジョイントは回転範囲に制限があるが，理想的なボールジョイントではそのような制限を設けず，二点の一致だけを条件とする。このようなボールジョイントは P 点の並進の 3 自由度を奪い，P 点まわりの回転の自由度だけが残るので，ボールジョイントで支点 P を拘束されたコマの幾何学的自由度は 3 になる。

剛体振子（11.1 節）の幾何学的自由度は 1 である。θ_{OA} が定まれば，剛体振子を構成しているすべての点の位置が定まる。3 次元二重剛体振子（11.1 節），3 次元三重剛体振子（11.3 節）の幾何学的自由度は，それぞれ，2 と 3 である。θ_{OA} と θ_{AB} は 3 次元二重剛体振子の位置と姿勢を定めるために必要十分な変数であり，3 次元三重剛体振子の位置と姿勢を完全に定めるために θ_{OA} と θ_{AB} と θ_{BC} が必要で，また，十分である。

剛体振子は座標系 O の X-Y 平面内を運動するので 2 次元モデルと考えることができる。3 次元二重剛体振子，3 次元三重剛体振子もピンジョイント B が，座標系 A および B の X 軸の方向ではなく Z 軸の方向に沿っていれば，これらは 2 次元モデルになり，それぞれ，**2 次元二重剛体振子**，**2 次元三重剛体振子**になる。ただし，この限りではそれぞれの幾何学的自由度に変化はない。ピンジョイントの向きが斜めになってもいても自由度は同じである。

剛体振子を 2 次元問題と考え，さらに，O′ 点を O に一致させずに，X 軸に沿って動かすことを考えよう。その X 座標値は時間の関数として与えるものとする。そのような系の幾何学的自由度も 1 である。Y 軸に沿って動かしても，XY 平面上を動かしても，その動きを時間の関数として与える限り，自由度は 1 である。さらに，3 次元問題として考えても同様で，ピンジョイントの位置だけでなく，空間に対するピンの向きを時間の関数として動かしても幾何学的自由度は，やはり，1 である。時間によって動かされる部分に自由度はない。次に，2 次元の二重剛体振子で，ピンジョイント B の回転角 θ_{AB} を時間の関数として与える場合を考える。この場合も，時間によって動かされる部分の自由度はなく，幾何学的自由度は 1 になる。3 次元モデルで考えても同様である。

運動学的自由度は，時間とすべての点の位置が与えられている状態で，系を構成するすべての質点の速度を決めるために必要十分なスカラー変数の数である。3 次元空間を自由に運動する質点 P の運動学的自由度は 3 である。$\mathbf{v}_{OP}$ の三成分を指定すれば速度が完全に決まり，二つのスカラー変数で速度を完全に決めることはできないからである。自由な質点が三つあれば運動学的自由度は 9 になる。3 次元空間を自由に運動する剛体 A の運動学的自由度は 6 であり，支点 P をボールジョイントで拘束されたコマ A の運動学的自由度は 3 である。剛体振子の運動学的自由度は 1 で，θ_{OA} の時間微分 ω_{OA} が決まれば，剛体上のすべての点の速度が確定する。3 次元二重剛体振子の運動学的自由度は 2，3 次元三重剛体振子の運動学的自由度は 3 である。剛体振子の支点位置を時間の関数として与えるモデルも，二重剛体振子の θ_{AB} を時間の関数として与えるモデルも，運動学的自由度は 1 である。時間の関数として与えられる部分には運動学的自由度はない。

13.2 ホロノミックな系，シンプルノンホロノミックな系

幾何学的自由度と運動学的自由度が等しい系を**ホロノミックな系**と呼ぶ。自由な質点，自由な三質点，自由な剛体，支点をボールジョイントで拘束したコマ，剛体振子，3 次元二重剛体振子，3 次元三重剛体振子，支点を時間の関数で動かす剛体振子，θ_{AB} を時間の関数として与える二重剛体振子はいずれもホロノミックな系である。ホロノミックな系は最も普通なものであり，機械のモデル化で出会う系の多くはホロノミックである。

ホロノミック以外の系の中で，最も簡単なものは**シンプルノンホロノミックな系**である。本書ではシンプルノンホロノミックな系までを扱うが，実用上，ここまで理解していれば十分である。シンプルノンホロノミックな系は，幾何学的自由度に比べ，運動学的自由度が少ない。そのような事例に，舵付き帆掛け舟と筆者が呼んでいるもの，転動球，転動円盤などがある。自動車などでも，タイヤの横滑りを許さないモデルや駆動輪位置の前進方向速度を一定とするモデルなど，シンプルノンホロノミックなモデルが使われる場合がある。

13.3　シンプルノンホロノミックな系の事例

舵付き帆掛け舟は，湖に浮かぶ舟を上空から眺めたモデルである。舟の傾き角を無視できる場合を考えていて，その結果，舟は平面上を 2 次元運動する剛体 A になる（図 13.1）。舟は帆と水に潜っている舟底から様々な力を受けるが，それらの力は作用力と考えることにする。舟の後部に舵が付いていて，この部分は特に横方向への動きに対する抵抗が大きい。そこで，舵の取り付け点 P では舵の横方向速度が常にゼロになっていると考えることにする。簡単のために舵は舵角ゼロの状態に固定してあるものとし，舟に固定した座標系の X 軸を前進方向とする。

このモデルの幾何学的自由度は，自由な 2 次元剛体と同じで，3 である。すなわち，平面上のどこへでも移動でき，また，どの方向に向くこともできるので，位置と姿勢を表現するために三変数が必要である。一方，運動学的自由度は 2 である。点 P で考えると，座標系 A の X 軸方向の速度は自由に定めることができ，また，P 点まわりの角速度も自由であるが，Y 軸方向（横方向）の速度は常にゼロである。他の点で考えても，Y 軸方向（横方向）の速度と舟の角速度を独立に定めることができず，適当な二変数ですべての点の速度を表すことができる。なお，舵角を時間の関数で変化させるとしても，各自由度に変化はない。

転動球とは，平面上を転動する球 A である。球は常に一点で転動面（図 13.2 の X-Y 平面）に接触している。さらに，その接触点で滑らないものとする。ただし，接触点を通る鉛直軸まわりの回転は許される。**転動円盤**も似ている。平面上を転がる 10 円玉のイメージであるが，厚さは無視する。そして，完全に倒れ

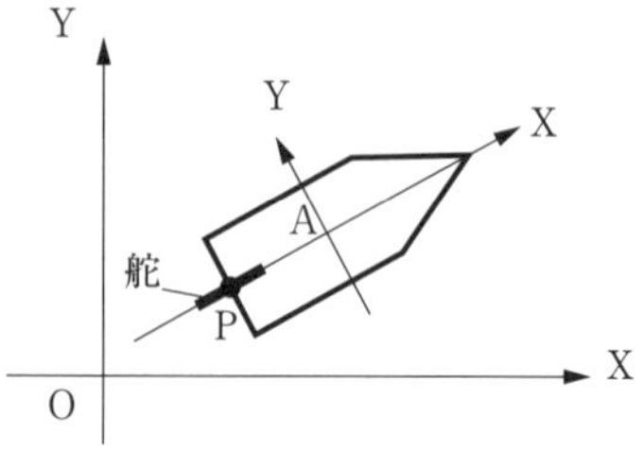

図 13.1　舵付き帆掛け舟

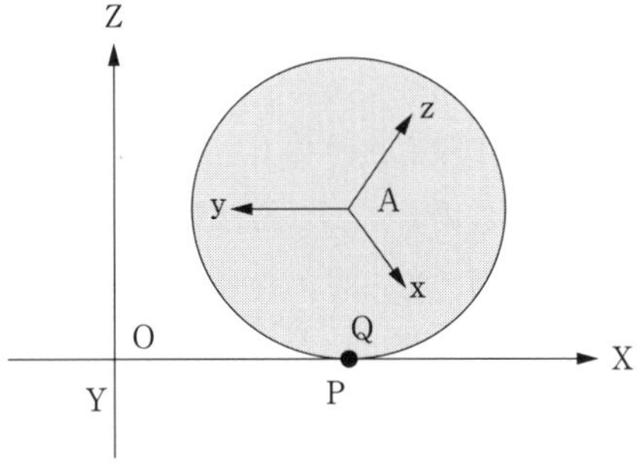

図 13.2 水平面（X-Y 平面）上を滑らずに転がる球（P は接触点，Q は瞬間接触点）

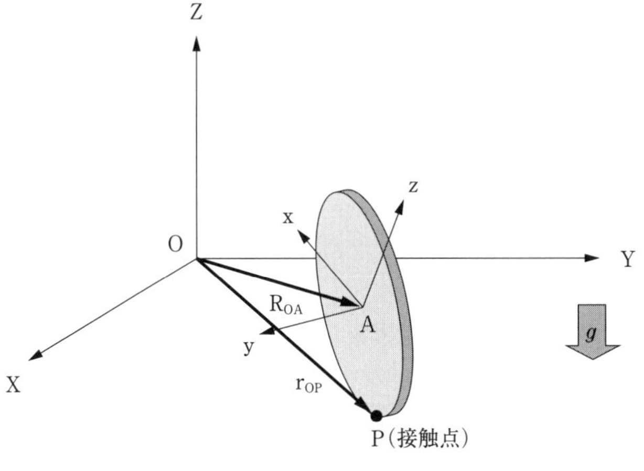

図 13.3 接触点で滑らない転動円盤

た状態までは含めずに，それ以前の運動だけを考えることにする。円盤 A は円周上の一点で転動面と接し，その点で滑らないものとする。

以上の三つはいずれもシンプルノンホロノミックな系である。ただし，いずれも上記のようなモデルの考え方の結果，シンプルノンホロノミックになった。舵付き帆掛け舟では，舵の横方向の抵抗が大きくても少しは動けるとすれば，運動学的自由度も 3 のホロノミックな系になる。転動球の場合，転動面と一点で接触する条件はそのままで，接触点での滑りに対して摩擦力が働くようなモデルを考えると，挙動は近似的に類似であっても，自由度 5 のホロノミックな系になる。

一点で接触する条件も緩和し，硬いバネとダンピング要素で置き換えれば二つの自由度は6になる。転動円盤も同様である。

転動球や転動円盤のように接触点が剛体上を移動したり，接触したり離れたりするなど，接触状況が変化する場合，これを**接触問題**と呼ぶ。歩行ロボットの足と路面，自動車のタイヤと路面，鉄道車両の車輪とレール，サッカーボールとプレーヤーの足（体）など，接触問題はいたるところにある。接触問題は，接触部位における形状が重要になることが多く，そのモデル化の考え方によって解法が大きく変化する。また，高度な手法を必要としたり，解を得ることが困難になったりする場合がある。今後の技術の発展が望まれる分野でもある。

Quiz 13.1　一点で接触し，滑らない転動球の幾何学的自由度と運動学的自由度はそれぞれいくつであろうか。また一点で接触し，滑らない転動円盤はどうか。

Quiz 13.2　2次元平面内を運動する円盤が，X軸に一点で接しながら滑らずに転動している。この系はホロノミックか，シンプルノンホロノミックか。

13.4　一般化座標

系を構成するすべての質点の位置を定めるために使われる変数を，**一般化座標**という。自由な質点Pの位置を定めるためには $\mathbf{r}_{\mathrm{OP}}$ の三成分が使われることが多い。円筒座標や局座標が使われることもあるが，いずれの場合も三変数である。自由な剛体に固定した座標系原点の位置を表す場合も同様であるが，回転姿勢を表す変数としてはオイラー角 $\mathbf{\Theta}_{\mathrm{OA}}$ か，オイラーパラメータ $\mathbf{E}_{\mathrm{OA}}$ が用いられる。オイラーパラメータの場合，自由度3の回転姿勢に対して四変数を用いることになるが，四変数のすべてが独立なわけではなく，二乗和が1になる拘束条件を伴っていて，差し引きで自由度3に対応している。二つのピンジョイントを直交させた3次元二重剛体振子ではなく，二つのピンジョイントを平行に取り付けて鉛直平面内を運動する2次元二重剛体振子を考えた場合，θ_{OA} と θ_{AB} の二変数を用いても，あるいは，θ_{OA} と $\theta_{\mathrm{OB}}(=\theta_{\mathrm{OA}}+\theta_{\mathrm{AB}})$ を用いてもよい。別の変数の取り方もある（図13.4参照）。

すべての質点の位置決めに必要十分な一般化座標の数は幾何学的自由度の数で

ある。そのように選んだ変数を**独立な一般化座標**と呼ぶ。単に一般化座標というだけで独立なものを意味する場合もあり，従属なものを含む場合もあるが，文脈などから判断できるはずである。一般化座標を本書では，$\mathbf{Q}$ と表すことにする。

$$\mathbf{Q}=\begin{bmatrix} Q_1 \\ Q_2 \\ \vdots \end{bmatrix} \tag{13.1}$$

多くの場合，$\mathbf{Q}$ は独立な一般化座標であるが，ときには従属なものを含む場合もある。なお，力学の文献では，一般化座標に小文字の $\mathbf{q}$ を用い，大文字の $\mathbf{Q}$ は一般化力とすることが多いので，注意されたい。本書では，一般化力に $\mathbf{Q}$ を用いることはない。

自由な質点系の場合，$\mathbf{r}$ を独立な一般化座標とすることができるが，拘束質点系の場合，$\mathbf{r}$ は $\mathbf{Q}$ と t の関数である。

$$\mathbf{r}=\mathbf{r}(\mathbf{Q}, t) \tag{13.2}$$

$\mathbf{R}$ と $\boldsymbol{\Theta}$ は，自由な剛体系の独立な一般化座標とすることができるが，拘束剛体系の場合，$\mathbf{R}$ と $\boldsymbol{\Theta}$ は $\mathbf{Q}$ と t の関数である。

$$\mathbf{R}=\mathbf{R}(\mathbf{Q}, t) \tag{13.3}$$

$$\boldsymbol{\Theta}=\boldsymbol{\Theta}(\mathbf{Q}, t) \tag{13.4}$$

$\mathbf{E}$ と $\mathbf{C}$ も，$\mathbf{Q}$ と t で定まる。

$$\mathbf{E}=\mathbf{E}(\mathbf{Q}, t) \tag{13.5}$$

$$\mathbf{C}=\mathbf{C}(\mathbf{Q}, t) \tag{13.6}$$

すなわち，位置レベルの変数は，すべて一般化座標 $\mathbf{Q}$ と時間 t の関数である。

13.5 一般化速度

系を構成するすべての質点の速度を定めるために使われる変数を，**一般化速度**という。自由な質点 P の速度を定めるためには $\mathbf{v}_{\mathrm{OP}}$ の三成分が使われることが多い。円筒座標や局座標の時間微分が使われることもあるが，いずれの場合も三変数である。自由な剛体の座標原点の並進速度を表す場合も同様であるが，回転姿勢の時間変化を表す変数としては，角速度 $\boldsymbol{\Omega}'_{\mathrm{OA}}$，オイラー角の時間微分 $\dot{\boldsymbol{\Theta}}_{\mathrm{OA}}$，オイラーパラメータの時間微分 $\dot{\mathbf{E}}_{\mathrm{OA}}$ などが用いられる。回転姿勢の時間的変化

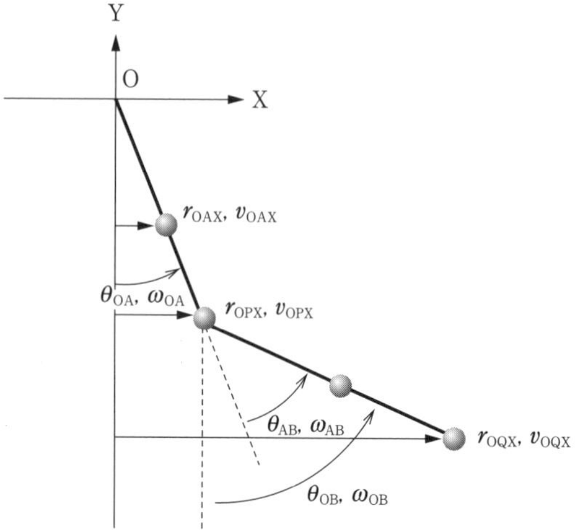

図 13.4　さまざまな一般化座標，一般化速度の候補

は自由度3であるが，$\dot{\mathbf{E}}_{OA}$ は四変数であり，$\mathbf{E}_{OA}^T\dot{\mathbf{E}}_{OA}=0$ なる拘束条件を伴う。2次元二重剛体振子の場合，θ_{OA} と θ_{AB} の時間微分，ω_{OA} と ω_{AB} の二変数を用いても，あるいは，θ_{OA} と θ_{OB} の時間微分，ω_{OA} と ω_{OB} を用いてもよい。そして，一般化速度に，すでに選択した一般化座標の時間微分以外の変数を選んでもかまわない（図13.4参照）。

すべての質点の速度を決めるために必要十分な一般化速度の数は運動学的自由度の数である。そのように選んだ変数を**独立な一般化速度**と呼ぶ。単に一般化速度というだけで独立なものを意味する場合もあり，従属なものを含む場合もあるが，文脈などから判断できるはずである。シンプルノンホロノミックな系では，独立な一般化速度の数は独立な一般化座標の数より少ない。独立な一般化速度を，本書では，$\mathbf{H}$ で表すことにする。

$$\mathbf{H}=\begin{bmatrix} H_1 \\ H_2 \\ \vdots \end{bmatrix} \tag{13.7}$$

自由な質点系の場合，$\mathbf{v}$ を独立な一般化速度とすることができるが，拘束質点系の場合，$\mathbf{v}$ は $\mathbf{H}$ と $\mathbf{Q}$ と t の関数になる。まず，式(13.2)を時間で微分すると，次のようになる。

$$\mathbf{v}=\frac{\partial\mathbf{r}}{\partial\mathbf{Q}}\dot{\mathbf{Q}}+\frac{\partial\mathbf{r}}{\partial t}\equiv\mathbf{r}_{\mathrm{Q}}\dot{\mathbf{Q}}+\mathbf{r}_t \tag{13.8}$$(注)

$\mathbf{r}$ は $\mathbf{Q}$ と t の関数であるから，$\mathbf{v}$ は $\mathbf{Q}$ と $\dot{\mathbf{Q}}$ と t の関数になり，さらに，$\dot{\mathbf{Q}}$ について一次式になっている。すなわち，$\mathbf{r}_{\mathrm{Q}}$ と $\mathbf{r}_t$ は $\mathbf{Q}$ と t の関数で，速度レベルの変数には依存していない。このように速度レベルの変数の関係は線形関係になるが，$\dot{\mathbf{Q}}$ と $\mathbf{H}$ の関係もシンプルノンホロノミックな系までは線形であり，一般に，次のように表すことができる。

$$\dot{\mathbf{Q}}=\mathbf{A}(\mathbf{Q},t)\mathbf{H}+\mathbf{B}(\mathbf{Q},t) \tag{13.9}$$

ホロノミックな系の場合，$\mathbf{A}(\mathbf{Q},t)$ は正方行列だが，シンプルノンホロノミックな系の場合，$\mathbf{A}(\mathbf{Q},t)$ は縦長の長方行列になる。いずれにしても，この式を式(13.8)に代入すると，$\mathbf{v}$ は $\mathbf{Q}$ と $\mathbf{H}$ と t の関数になり，$\mathbf{H}$ の一次式になる。その式は次のように表現し直すことができる。

$$\mathbf{v}=\mathbf{v}_{\mathrm{H}}\mathbf{H}+\mathbf{v}_{\bar{\mathrm{H}}} \tag{13.10}$$

$\mathbf{v}_{\mathrm{H}}$ と $\mathbf{v}_{\bar{\mathrm{H}}}$ は $\mathbf{Q}$ と t の関数であるが，$\mathbf{H}$ には依存していない。$\mathbf{v}_{\mathrm{H}}$ は $\mathbf{v}$ を $\mathbf{H}$ で偏微分したものであるが，$\mathbf{v}_{\bar{\mathrm{H}}}$ は $\mathbf{v}$ を $\bar{\mathbf{H}}$ で偏微分したものではなく，$\bar{\mathbf{H}}$ という変数もない。$\mathbf{v}_{\bar{\mathrm{H}}}$ は $\mathbf{v}$ を $\mathbf{H}$ で表した場合の，$\mathbf{H}$ に無関係な残りの項を意味している。

自由な剛体系の場合，$\mathbf{V}$ と $\boldsymbol{\Omega}'$ を独立な一般化速度とすることができるが，拘束剛体系の場合は，質点系の場合と同様に，$\mathbf{V}$ と $\boldsymbol{\Omega}'$ を $\mathbf{H}$ の線形な式として表すことができる。

$$\mathbf{V}=\mathbf{V}_{\mathrm{H}}\mathbf{H}+\mathbf{V}_{\bar{\mathrm{H}}} \tag{13.11}$$

$$\boldsymbol{\Omega}'=\boldsymbol{\Omega}'_{\mathrm{H}}\mathbf{H}+\boldsymbol{\Omega}'_{\bar{\mathrm{H}}} \tag{13.12}$$

この場合も，$\mathbf{V}_{\mathrm{H}}$，$\mathbf{V}_{\bar{\mathrm{H}}}$，$\boldsymbol{\Omega}'_{\mathrm{H}}$，$\boldsymbol{\Omega}'_{\bar{\mathrm{H}}}$ は，いずれも，$\mathbf{Q}$ と t の関数である。$\mathbf{V}_{\mathrm{H}}$，$\boldsymbol{\Omega}'_{\mathrm{H}}$ は，それぞれ，$\mathbf{V}$ と $\boldsymbol{\Omega}'$ を $\mathbf{H}$ で偏微分したものであり，$\mathbf{V}_{\bar{\mathrm{H}}}$，$\boldsymbol{\Omega}'_{\bar{\mathrm{H}}}$ は $\mathbf{H}$ に無関係な残りの項である。

(注) 偏微分を添え字を用いて表す場合，添え字に書かれる変数が列行列であれば，その添え字は太文字で表すのが自然であるが，第Ⅲ部以降では，原則として添え字に太文字を用いないことにしている。偏微分の対象になっている関数も含めて，変数記号自体が別の意味の添え字を持つなど，複雑になってくると小さい文字は見難くなってくる。そのための止むを得ない処置である。読者は，添え字の場合は細文字でも列行列の可能性があることに注意されたい。

Quiz 13.3　舵付き帆掛け船，転動球，転動円盤，2 次元二重剛体振子でピンジョイント B の角度 θ_{AB} を時間の関数として与えるモデル，［Quiz 13.2］のモデル（X 軸に一点で接しながら滑らずに転動する 2 次元円盤）について，独立な一般化座標と独立な一般化速度にどのような変数が適当か，検討せよ。

13.6　拘束

自由度を減らす条件を**拘束**，または，**拘束条件**と呼ぶ。拘束にも二種類ある。**ホロノミック拘束（幾何学的拘束）**と**シンプルノンホロノミック拘束（運動学的拘束）**である。

● ホロノミック拘束（幾何学的拘束）

ホロノミック拘束（幾何学的拘束）は，幾何学的自由度と運動学的自由度の両方を，同数だけ，減少させる。

コマに用いたボールジョイントは二点を一致させる拘束である。この拘束は，座標系 O から見た支点 P の位置 $\mathbf{r}_{OP}$ を用いて，次のように表される。

$$\mathbf{r}_{OP}=\mathbf{0} \tag{13.13}$$

スカラーレベルで考えると，これは位置に関して三つの式を含んでいて，この拘束により，幾何学的自由度は 3 だけ少なくなる。自由な剛体の幾何学的自由度は 6 であったから，支点をボールジョイントで拘束されたコマの幾何学的自由度は 3 になる。

式(13.13)を時間で微分すると，次の式が得られる。

$$\mathbf{v}_{OP}=\mathbf{0} \tag{13.14}$$

この式は速度に関して三つの式を含んだ拘束である。この式により，運動学的自由度が 3 だけ減少する。自由な剛体の運動学的自由度は 6 であったから，支点をボールジョイントで拘束されたコマの運動学的自由度は 3 になる。

式(13.14)は式(13.13)を時間微分して得られた。逆に，式(13.14)を積分すれば式(13.13)が得られる。ホロノミックとは「積分できる」という意味であり，ホロノミックな拘束の場合は，速度レベルの拘束を積分して位置レベルの拘束を作ることができる。

三者の関係を用いて，式(13.13)は次のように表現することができる。

$$\mathbf{R}_{\mathrm{OA}}+\mathbf{C}_{\mathrm{OA}}\mathbf{r}_{\mathrm{AP}}=\mathbf{0} \tag{13.15}$$

この式は，ボールジョイントの拘束をコマの重心位置と回転姿勢の関係として表したものである。コマの独立な一般化座標としてオイラー角 $\mathbf{\Theta}_{\mathrm{OA}}$ を選んだとすると，回転行列 $\mathbf{C}_{\mathrm{OA}}$ は $\mathbf{\Theta}_{\mathrm{OA}}$ から求めることができ，この式は $\mathbf{\Theta}_{\mathrm{OA}}$ と $\mathbf{R}_{\mathrm{OA}}$ を独立に定められないことを示している。すなわち，拘束の表現は，その拘束がなければ独立なはずの変数間の関係である。一方，この式を $\mathbf{R}_{\mathrm{OA}}$ について解くと，それは $\mathbf{\Theta}_{\mathrm{OA}}$ によって $\mathbf{R}_{\mathrm{OA}}$ を表したことになる。このことから分かるように，拘束を表現することと，独立な一般化座標で他の位置レベル変数を表現することは，同じことである。また，この式のように，剛体を代表する重心位置と回転姿勢を用いて拘束を表現すると，後述するように拘束の一般的な取り扱いが可能になって，便利なことが多い。

式(13.15)を時間微分すると，式(13.14)に対応した次の式が得られる。

$$\mathbf{V}_{\mathrm{OA}}-\mathbf{C}_{\mathrm{OA}}\tilde{\mathbf{r}}_{\mathrm{AP}}\mathbf{\Omega}'_{\mathrm{OA}}=\mathbf{0} \tag{13.16}$$

この式は，ボールジョイントの速度レベルの拘束を，剛体を代表する二つの速度レベル変数である重心速度と角速度の関係として表したものである。そして，この式の場合も独立な $\mathbf{\Omega}'_{\mathrm{OA}}$ によって $\mathbf{V}_{\mathrm{OA}}$ を表したと考えることができる。剛体にかかわる他の種類の拘束も，剛体の重心位置と回転姿勢，重心速度と角速度の関係として表現できる。

剛体振子に用いられたピンジョイント A の位置レベルの拘束は，次の三つの式で表現できる。

$$\mathbf{r}_{\mathrm{OO'}}=\mathbf{0} \tag{13.17}$$

$$\mathbf{D}_Z^T\mathbf{C}_{\mathrm{OA}}\mathbf{D}_{\mathrm{X}}=0 \tag{13.18}$$

$$\mathbf{D}_Z^T\mathbf{C}_{\mathrm{OA}}\mathbf{D}_{\mathrm{Y}}=0 \tag{13.19}$$

最初の式は，点 O と O′ が一致している条件であり，残りの二つは，座標系 A の X 軸と Y 軸が座標系 O の Z 軸と直交している条件である。これらを時間微分すると速度レベルの拘束条件が得られる。

$$\mathbf{v}_{\mathrm{OO'}}=\mathbf{0} \tag{13.20}$$

$$-\mathbf{D}_Z^T\mathbf{C}_{\mathrm{OA}}\tilde{\mathbf{D}}_{\mathrm{X}}\mathbf{\Omega}'_{\mathrm{OA}}=0 \tag{13.21}$$

$$-\mathbf{D}_Z^T\mathbf{C}_{\mathrm{OA}}\tilde{\mathbf{D}}_{\mathrm{Y}}\mathbf{\Omega}'_{\mathrm{OA}}=0 \tag{13.22}$$

位置レベルの場合も速度レベルの場合も，最初の式で3自由度，残りは1自由度ずつで，合計5自由度を拘束している。3次元のピンジョイントは幾何学的自由度と運動学的自由度を5だけ減少させる。そのため，剛体振子の幾何学的自由度と運動学的自由度は1になり，3次元二重剛体振子の幾何学的自由度と運動学的自由度は2になった。

三質点剛体では，各質点間の距離は一定に拘束されている。距離一定の拘束は幾何学的自由度と運動学的自由度を1だけ減少させるホロノミック拘束である。たとえば，2番目の質点と3番目の質点の距離が一定になっている拘束は次のように表される。

$$(\mathbf{r}_{03}-\mathbf{r}_{02})^T(\mathbf{r}_{03}-\mathbf{r}_{02})=\text{const.} \tag{13.23}$$

あるいは，もっと簡潔に，

$$\mathbf{r}_{23}^T\mathbf{r}_{23}=\text{const.} \tag{13.24}$$

このような拘束が三つあり，それによって自由な三質点と三質点剛体の自由度の差が説明できる。なお，$\mathbf{r}_{23}$は座標系Aで表された代数ベクトルである。

2次元平面を自由に運動する剛体の幾何学的自由度と運動学的自由度は3である。これは3次元の自由な剛体を2次元に拘束した結果である。2次元平面を自由に運動する剛体を2次元のピンジョイントで拘束すると自由度1の剛体振子になる。2次元のピンジョイントは2自由度を拘束するホロノミック拘束である。読者は，これらの拘束を数式の形で表現できるかどうか，確認されたい。

ホロノミック拘束だけを含む系を**ホロノミックな系**と呼ぶ。有限個の質点からなる系を考え，すべての質点が自由な場合は幾何学的自由度と運動学的自由度は同数であるが，その系にホロノミックな拘束を持ち込んでも幾何学的自由度と運動学的自由度は同数ずつ減少するので，両者の数は等しい。したがって，ホロノミックな系は幾何学的自由度と運動学的自由度が等しいのである。

● シンプルノンホロノミック拘束（運動学的拘束）

シンプルノンホロノミック拘束（運動学的拘束）は，運動学的自由度だけを減少させる。

舵付き帆掛け舟（図13.1参照）の舵の取り付け点Pでは横方向，すなわち，座標系AのY軸方向の速度が常にゼロであるが，この拘束は次のように表すことができる。

$$v'_{\mathrm{OPY}}=0 \tag{13.25}$$

$\vec{v}_{\mathrm{OP}}$ は慣性系 O から観察した点 P の速度で，$\mathbf{v}'_{\mathrm{OP}}$ は $\vec{v}_{\mathrm{OP}}$ を座標系 A で表したものである。そして，v'_{OPY} は $\mathbf{v}'_{\mathrm{OP}}$ の Y 成分である。ここでは，すでに，舟が 2 次元運動する剛体と考えているので，$\mathbf{v}'_{\mathrm{OP}}$ も 2 次元の代数ベクトル（2×1 列行列）と考えている。この式は速度に関する線形な等式であるが，積分できない。すなわち，対応する位置レベルの拘束条件が存在しない。このような拘束をシンプルノンホロノミックな拘束と呼ぶ。この拘束により運動学的自由度が 1 だけ減少する。なお，式(13.25)が積分できないことは数学的に説明できるはずである。式(13.25)を，舟の重心速度 $\mathbf{V}'_{\mathrm{OA}}$ と角速度 ω_{OA} で表すと次のようになる。

$$v'_{\mathrm{OPY}}=\mathbf{d}_Y^T\mathbf{V}'_{\mathrm{OA}}+r_{\mathrm{APX}}\,\omega_{\mathrm{OA}}=0 \tag{13.26}$$

重心速度 $\mathbf{V}'_{\mathrm{OA}}$ も 2 次元の代数ベクトルで，この式は重心の A 座標系 Y 方向の速度成分と角速度の間の拘束を表している。

転動球（図 13.2 参照）は二種類の拘束条件を含んでいる。一つは転動球 A が転動面と一点で接しているホロノミックな拘束で，位置レベル，および，速度レベルの式は次のように書ける。

$$r_{\mathrm{OPZ}}=\mathbf{D}_Z^T\mathbf{R}_{\mathrm{OA}}-\rho=0 \tag{13.27}$$

$$v_{\mathrm{OPZ}}=\mathbf{D}_Z^T\mathbf{V}_{\mathrm{OA}}=0 \tag{13.28}$$

重心は球の中心と一致していて，その点が原点になるように座標系 A が固定されている。接触点は P で，この点は球の中心点 A の真下にある。ρ は球の半径であり，また，このモデルでは座標系 O の Z 軸が鉛直上方で，その方向の成分を作るために $\mathbf{D}_Z$ が用いられている。接触点 P の球上の位置は，次の式で求めることができる。

$$\mathbf{r}_{\mathrm{AP}}=-\mathbf{C}_{\mathrm{OA}}^T\mathbf{D}_Z\rho \tag{13.29}$$

一点で接触している拘束は幾何学的自由度と運動学的自由度を 1 ずつ減少させている。

ここで，この瞬間，接触点 P に一致していて剛体 A に固定されている点 Q を考える。その点の慣性系から見た速度は次のように表される。

$$\mathbf{v}_{\mathrm{OQ}}=\mathbf{V}_{\mathrm{OA}}-\mathbf{C}_{\mathrm{OA}}\tilde{\mathbf{r}}_{\mathrm{AQ}}\boldsymbol{\Omega}'_{\mathrm{OA}} \tag{13.30}$$

この式の中の $\mathbf{r}_{\mathrm{AQ}}$ は，式(13.29)と同じ式（添え字の P を Q に変えた式）で計算できるが，点 Q は剛体 A 上の固定点であるから，時間微分に対しては定数として扱わなければならない。このように考えた点 Q を**瞬間接触点**と呼ぶことにする。転動球が接触点で滑らない条件は，この $\mathbf{v}_{\mathrm{OQ}}$ を用いて次のように表すことができる。

$$v_{\mathrm{OQX}}=\mathbf{D}_{\mathrm{X}}^{T}\mathbf{V}_{\mathrm{OA}}-\mathbf{D}_{\mathrm{X}}^{T}\mathbf{C}_{\mathrm{OA}}\tilde{\mathbf{r}}_{\mathrm{AQ}}\boldsymbol{\Omega}'_{\mathrm{OA}}=0 \tag{13.31}$$

$$v_{\mathrm{OQY}}=\mathbf{D}_{\mathrm{Y}}^{T}\mathbf{V}_{\mathrm{OA}}-\mathbf{D}_{\mathrm{Y}}^{T}\mathbf{C}_{\mathrm{OA}}\tilde{\mathbf{r}}_{\mathrm{AQ}}\boldsymbol{\Omega}'_{\mathrm{OA}}=0 \tag{13.32}$$

これらが二番目の種類の拘束で，対応する位置レベルの拘束がなくシンプルノンホロノミックである。これらによって運動学的自由度だけが 2 減少している。

式(13.28)と(13.31)，(13.32)をまとめて，次のように書くことができる。

$$\begin{aligned}\mathbf{V}_{\mathrm{OA}}-(\mathbf{D}_{\mathrm{X}}\mathbf{D}_{\mathrm{X}}^{T}+\mathbf{D}_{\mathrm{Y}}\mathbf{D}_{\mathrm{Y}}^{T})\mathbf{C}_{\mathrm{OA}}\tilde{\mathbf{r}}_{\mathrm{AQ}}\boldsymbol{\Omega}'_{\mathrm{OA}}&=\mathbf{V}_{\mathrm{OA}}-(\mathbf{I}_{3}-\mathbf{D}_{\mathrm{Z}}\mathbf{D}_{\mathrm{Z}}^{T})\mathbf{C}_{\mathrm{OA}}\tilde{\mathbf{r}}_{\mathrm{AQ}}\boldsymbol{\Omega}'_{\mathrm{OA}}\\&=\mathbf{0}\end{aligned} \tag{13.33}$$

この式は二種類の拘束を含んでいるが，このまま運動方程式の作成に用いることができる。

ホロノミックな拘束以外にシンプルノンホロノミックな拘束だけを含む系を，**シンプルノンホロノミックな系**と呼ぶ。シンプルノンホロノミックな拘束によって，系の運動学的自由度は幾何学的自由度より少なくなっている。

● 質点系の拘束の一般形

自由な質点系を対象としたホロノミック拘束は，一般に次のような形に表現できる。

$$\boldsymbol{\Psi}(\mathbf{r},t)=\mathbf{0} \tag{13.34}$$

この式は $\mathbf{r}$ の自由度を限定している関係であり，式(13.2)の独立な一般化座標 Q による表現を別の形で表現したものといえる。この式を時間微分すると次のようになる。

$$\dot{\boldsymbol{\Psi}}=\boldsymbol{\Phi}=\frac{\partial\boldsymbol{\Psi}(\mathbf{r},t)}{\partial\mathbf{r}}\mathbf{v}+\frac{\partial\boldsymbol{\Psi}(\mathbf{r},t)}{\partial t}=\mathbf{0} \tag{13.35}$$

$\boldsymbol{\Psi}$ の時間微分を $\boldsymbol{\Phi}$ とした。$\boldsymbol{\Phi}$ は $\mathbf{r}$ と $\mathbf{v}$ と t の関数であるが，$\mathbf{v}$ については一次式である。そこで次のように書き直すことができる。

$$\boldsymbol{\Phi}=\boldsymbol{\Phi}_{\mathrm{v}}\mathbf{v}+\boldsymbol{\Phi}_{\bar{\mathrm{v}}}=\mathbf{0} \tag{13.36}$$

$\boldsymbol{\Phi}_{\mathrm{v}}$ は $\boldsymbol{\Phi}$ を $\mathbf{v}$ で偏微分したものである。$\boldsymbol{\Phi}_{\bar{\mathrm{v}}}$ は $\boldsymbol{\Phi}$ を $\bar{\mathbf{v}}$ で偏微分したものではな

く，$\mathbf{\Phi}$ の中で $\mathbf{v}$ に無関係な残りの項を意味している。もともと，$\bar{\mathbf{v}}$ という変数もない。$\mathbf{\Phi}_{\mathrm{v}}$ と $\mathbf{\Phi}_{\bar{\mathrm{v}}}$ は $\mathbf{r}$ と t だけの関数で，速度レベルの変数は含まれていない。この式は $\mathbf{v}$ の自由度を限定している関係であり，式(13.10)の独立な一般化速度 $\mathbf{H}$ による表現を別の形で表現したものである。なお $\mathbf{\Phi}_{\mathrm{v}}$ は**拘束のヤコビ行列**である。

式(13.34)はホロノミックな位置レベルの拘束であり，式(13.36)はそれを時間微分した速度レベルの拘束である。一方，シンプルノンホロノミック拘束は初めから速度レベルで，式(13.36)の形に書けるが，対応する式(13.34)のような位置レベルの表現がない。そこで，式(13.36)がすでにシンプルノンホロノミックな拘束を含んでいると考えることができ，その場合は位置レベルの拘束の数（$\mathbf{\Psi}$ の成分の数）より速度レベルの拘束の数（$\mathbf{\Phi}$ の成分の数）のほうが多くなる。

● 剛体系の拘束の一般形

自由な剛体系を対象としたホロノミック拘束は，一般に次のような形に表現できる。

$$\mathbf{\Psi}(\mathbf{R},\ \mathbf{\Theta},\ t)=\mathbf{0} \tag{13.37}$$

この式は $\mathbf{R}$ と $\mathbf{\Theta}$ の自由度を限定している関係であり，式(13.3)と(13.4)の独立な一般化座標 $\mathbf{Q}$ による表現を別の形で表現したものである。式(13.37)では剛体の回転姿勢にオイラー角を用いたが，別のものを用いてもよい。ただし，オイラーパラメータを用いる場合，それ自体に冗長性があるので，そのことに対する適切な配慮が必要になる。たとえば，オイラーパラメータの拘束もこの式の中に含めるようにする。さて，式(13.37)を時間微分すると次のように書ける。

$$\dot{\mathbf{\Psi}}=\mathbf{\Phi}=\frac{\partial\mathbf{\Psi}(\mathbf{R},\ \mathbf{\Theta},\ t)}{\partial\mathbf{R}}\mathbf{V}+\frac{\partial\mathbf{\Psi}(\mathbf{R},\ \mathbf{\Theta},\ t)}{\partial\mathbf{\Theta}}\dot{\mathbf{\Theta}}+\frac{\partial\mathbf{\Psi}(\mathbf{R},\ \mathbf{\Theta},\ t)}{\partial t}=\mathbf{0} \tag{13.38}$$

ここで，$\dot{\mathbf{\Theta}}$ は $\mathbf{\Omega}'$ と式(12.75)の関係があり，それをこの式に代入すると，$\mathbf{\Phi}$ は，$\mathbf{R}$，$\mathbf{\Theta}$，$\mathbf{V}$，$\mathbf{\Omega}'$，t の関数になる。そして，その関係は速度レベルの変数 $\mathbf{V}$ と $\mathbf{\Omega}'$ に関する一次式である。結局，この速度レベルの拘束条件は，次のように表すことができる。

$$\mathbf{\Phi}=\mathbf{\Phi}_{\mathrm{V}}\mathbf{V}+\mathbf{\Phi}_{\Omega'}\mathbf{\Omega}'+\mathbf{\Phi}_{\overline{\mathrm{V}\Omega'}}=\mathbf{0} \tag{13.39}$$

$\mathbf{\Phi}_{\mathrm{V}}$ と $\mathbf{\Phi}_{\Omega'}$ は，それぞれ，$\mathbf{\Phi}$ を $\mathbf{V}$ と $\mathbf{\Omega}'$ で偏微分したものである。$\mathbf{\Phi}_{\overline{\mathrm{V}\Omega'}}$ は，$\mathbf{\Phi}$ の中で $\mathbf{V}$ と $\mathbf{\Omega}'$ に無関係な残りの項を意味している。$\mathbf{\Phi}_{\mathrm{V}}$ と $\mathbf{\Phi}_{\Omega'}$ と $\mathbf{\Phi}_{\overline{\mathrm{V}\Omega'}}$ は，$\mathbf{R}$ と，

$\boldsymbol{\Theta}$ などの回転姿勢，および，t の関数で，速度レベルの変数は含まれていない。この式は $\mathbf{V}$ と $\boldsymbol{\Omega}'$ の自由度を限定している関係であり，式(13.11)と(13.12)の独立な一般化速度 $\mathbf{H}$ による表現を別の形で表したものである。なお，$\boldsymbol{\Phi}_{\mathrm{V}}$ と $\boldsymbol{\Phi}_{\Omega'}$ も**拘束のヤコビ行列**である。

式(13.37)はホロノミックな位置レベルの拘束であり，式(13.39)はそれを時間微分した速度レベルの拘束である。一方，シンプルノンホロノミック拘束は初めから速度レベルで，式(13.39)の形に書けるが，対応する式(13.37)のような位置レベルの表現がない。そこで，式(13.39)がすでにシンプルノンホロノミックな拘束を含んでいるとすることができ，その場合は位置レベルの拘束の数（$\boldsymbol{\Psi}$ の成分の数，ただしオイラーパラメータの拘束は除く）より速度レベルの拘束の数（$\boldsymbol{\Phi}$ の成分の数）のほうが多くなる。

式(13.34)や(13.37)は，複数の拘束を一つの式にまとめた表現であるが，通常，これらに含まれる拘束は相互に独立なものとする。同じ拘束，または，同じ働きをする二つの拘束を含んではいけない。たとえば，ドアの蝶番は上下二箇所についていることが多いが，これらをピンジョイントとしてモデル化すれば，二つは同じ働きをしていることになる。（ドアや壁は剛体と考えている。）ピンジョイントの代わりに上下二箇所にボールジョイントを用いても，なお，冗長性が残っている。拘束表現を利用して運動学解析や動力学解析を行う場合，この**拘束の独立性**は重要である。なお，このような冗長性を計算機に検出させることはできるが，それを適切に除去する作業は案外難しい。技術者の判断力が必要である。

Quiz 13.4　ドアの上下二箇所に二つのピンジョイントやボールジョイントを用いると拘束が冗長になる。どんな点が問題か。また，どのようにすればよいか。

Quiz 13.5　図 13.5 は 2 次元四節リンク機構である。これは，2 次元三重剛体振子の下端点 R を座標系 O の X 軸上の点 R′ に一致させて 2 次元のピンジョイントで拘束したものであるが，角柱 A，B，C の長さが異なったものになっている。このモデルは，三つの 2 次元剛体が四つの 2 次元ピンジョイントによって拘束されたものと考えることができる。一つの自由な 2 次元剛体は 3 自由度を持ち，ひとつの 2 次元ピンジョイントは 2 自由度を拘束する。この系の幾何学的自由度と運動学的自由度は，それぞれ，いくつか。

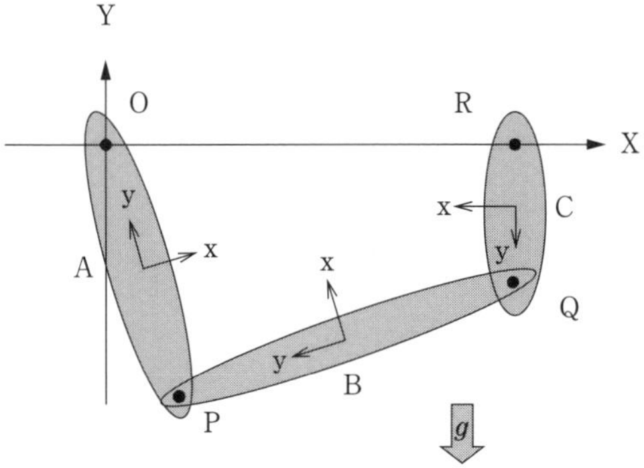

図 13.5　不等辺四節リンク機構

この系の独立な一般化座標と独立な一般化速度にはどんな変数が適当か。運動の範囲は図のような状態を含む適当に限定された範囲としてよい。

続いて，同じモデルを三つの 3 次元剛体と四つの 3 次元ピンジョイントから構成されていると考えてみる。一つの自由な 3 次元剛体が 6 自由度を持ち，ひとつの 3 次元ピンジョイントは 5 自由度を拘束する。自由度を計算すると $3\times6-4\times5$ で負になってしまう。この考え方のどこがおかしいか。

Quiz 13.6　斜めにピン結合された剛体振子，支点を時間の関数で動かす剛体振子，転動円盤，2 次元二重剛体振子でピンジョイント B の角度 θ_{AB} を時間の関数として与えるモデル，［Quiz 13.2］のモデル（X 軸に一点で接しながら滑らずに転動する 2 次元円盤）について，各モデルに含まれる位置レベル拘束を剛体の重心位置と回転姿勢で表現せよ。また，速度レベル拘束を重心速度と角速度で表現せよ。

13.7　拘束力

三質点剛体の質点間には距離一定の拘束条件が働いている。そして，その拘束条件を維持するために，二点 jk 間に拘束力が働いていると考えた。この場合，質点 k から質点 j に働く拘束力 $\bar{\mathbf{f}}_{Ojk}$ と，質点 j から質点 k に働く拘束力 $\bar{\mathbf{f}}_{Okj}$ があり，これらは作用反作用の法則を満たすものと考えることができるので，一方が求まれば他方は定まる。このように，スカラーレベルで一つの拘束条件に対応して一つの未知で独立な拘束力がある。このような未知拘束力は，系全体では独立な速度レベル拘束の数だけ選ぶことができ，それらを**独立な拘束力**と呼ぶ。残りの拘束力はこの独立な拘束力によって表現することができる。

支点をボールジョイントで拘束されたコマの場合，支点 P は慣性系 O から拘束力 $\bar{\mathbf{f}}_{\mathrm{OP}}$ を受ける。この代数ベクトルの三成分はボールジョイントによって減少させられた自由度の数 3 に対応した独立な拘束力と考えることができる。3 次元のピンジョイントは自由な 3 次元剛体の自由度を 5 減少させて，剛体振子を作る。ピンジョイントを Z 軸まわりの回転だけを許すように設置すると，並進 3 方向の拘束力と，X 軸，Y 軸まわりの拘束トルクを独立な拘束力とすることができる。3 次元二重剛体振子の二番目のピンジョイント B に関しても，同様に，五つの独立な拘束力を考えることができる。剛体 B 上の点 P′ に働く五つの拘束力（内二つは拘束トルク）を独立に考えると，剛体 A 上の点 P に働く五つの拘束力は作用反作用の関係から求まる。舵付き帆掛け舟の場合，舵に垂直な力 $\bar{f}'_{\mathrm{OPY}}$ が独立な拘束力である。転動球には二種類の拘束が使われていたが，拘束力は速度レベルの拘束に対応して考えればよく，その意味で二種類の拘束を区別する必要はない。接触点または瞬間接触点の Z 方向，X 方向，Y 方向に独立な拘束力を考えることができる。

以上の説明では，拘束力の中から独立な拘束力を選び，残りの拘束力はそれらによって表すとしてきた。独立な拘束力の代わりに同じ数の未知数を準備し，それによってすべての拘束力を表す考え方もある。そのような目的に**ラグランジュの未定乗数**が用いられる。この考え方は第 20 章の微分代数型運動方程式に出てくる。

13.8　拘束系の運動方程式

拘束力を含んだ形の質点系の運動方程式は次のようであった。

$$\mathbf{m}\dot{\mathbf{v}} = \mathbf{f} + \bar{\mathbf{f}} \quad 【12.44】$$

また，拘束剛体系の場合は次のとおりである。

$$\mathbf{M}\dot{\mathbf{V}} = \mathbf{F} + \bar{\mathbf{F}} \quad 【12.62】$$

$$\mathbf{J}'\dot{\mathbf{\Omega}}' + \tilde{\mathbf{\Omega}}'\mathbf{J}'\,\mathbf{\Omega}' = \mathbf{N}' + \bar{\mathbf{N}}' \quad 【12.63】$$

これらに含まれる拘束力は未知数であり，消去するか，同時に求められる形にする必要がある。運動方程式を求める多くの方法では，拘束力を含まない，次のような形の運動方程式が求まる。

$$\mathbf{m}^{\mathrm{H}}\dot{\mathbf{H}}=\mathbf{f}^{\mathrm{H}} \tag{13.40}$$

$\mathbf{H}$ は独立な一般化速度であり，$\mathbf{m}^{\mathrm{H}}$，$\mathbf{f}^{\mathrm{H}}$ の意味は 18.5 節で明らかになるが，ここでは単に，$\mathbf{H}$ で運動方程式を表したときの $\dot{\mathbf{H}}$ の係数と右辺と考えておけばよい。この形を**運動方程式の標準形**と呼ぶことにする。ただし，$\mathbf{m}^{\mathrm{H}}$ は対称行列である。

この形とは別のものとしては，微分代数型運動方程式，漸化型の運動方程式，ハミルトンの正準方程式などがある。この内，微分代数型運動方程式は，拘束力（ラグランジュの未定乗数）を同時に求める形になっている。また，ラグランジュの運動方程式でも拘束力（ラグランジュの未定乗数）を含めた形で，一般化座標に拘束がある場合などを扱い，微分代数型に持ち込むこともある。運動方程式の標準形は，ダランベールの原理を利用する方法，仮想パワーの原理を利用する方法，ケイン型の運動方程式を利用する方法，拘束条件追加法，ラグランジュの運動方程式を利用する方法，ハミルトンの原理を利用する方法などによって得られる。

式(13.40)を用いて順動力学の数値シミュレーションを行う場合，通常，次の式を随伴させる。

$$\dot{\mathbf{Q}}=\mathbf{AH}+\mathbf{B} \tag*{【13.9】}$$

この関係は基本的には運動学の関係である。第Ⅳ部で述べる多くの運動方程式導出方法は式(13.40)，または，それに相当する式を導く方法であり，式(13.9)に対応する式は，別途，第Ⅱ部で学んだ運動学の知識などを用いて補う必要がある。

拘束系の運動方程式(13.40)が求まると，式(13.9)とともに順動力学解析を行うことができる。そのとき，拘束力を求めたい場合がある。順動力学解析では各時点の $\dot{\mathbf{v}}$，$\dot{\mathbf{V}}$，$\dot{\boldsymbol{\Omega}}'$ が得られるので，拘束力の算出には，式(12.44)，(12.62)，(12.63)が利用できる。ただし，剛体系の場合，これらの式から求まるのは重心位置に等価換算された $\bar{\mathbf{F}}$，$\bar{\mathbf{N}}'$ であるから，個々の拘束箇所における拘束力を知るためには，さらに，個別の手続きが必要である。

Quiz 13.7　3 次元剛体の運動方程式から自由な 2 次元剛体の運動方程式を導出せよ。

Quiz 13.8　自由な 2 次元剛体の運動方程式は，並進運動をダッシュのついた変数で表すとどのようになるか。

第14章 運動量と角運動量，運動エネルギーと運動補エネルギー

運動量，角運動量，運動エネルギー，運動補エネルギーは力学系の重要な物理量である。また，運動量，角運動量の保存則は，系の動力学的性質を把握するための，古典的ながら重要な法則である。一例であるが，コマの歳差運動の説明には運動量原理（角運動量と作用トルクの関係）が分かり易い。運動エネルギー，運動補エネルギーは，ラグランジュの運動方程式（第22章），ハミルトンの原理（第23章）で必要な基本的物理量であり，正準方程式（第24章）に繋がってゆく。なお，ニュートン力学では，運動エネルギーと運動補エネルギーの値は同一になるため，両者を区別した説明は少ないが，本書では，物理量としての意味を明確に扱うために，運動補エネルギーを説明している。

本章の説明には著者が独自に工夫した新たな記号が出てくるなど，読み難さを感じるかもしれない。角運動量のモーメント中心を，できるだけ厳密に扱うように心がけたが，このことも読みにくさを増しているかもしれない。運動量，角運動量の保存則などを明確に理解することは重要であるが，この章を読まなくても，第Ⅳ部の運動方程式の立て方の大半（第21章まで）は理解できる。ニュートン力学では運動エネルギーと運動補エネルギーが等しい値を持つと考えれば，14.6節に目を通しておく程度で，第22章以降も大して困難ではない。マルチボディダイナミクスの実用的な方法などを急いで学びたければ，本章は後回しにしてもよい。逆に，本章を学ぶ場合，しっかり時間をかけて丁寧に読めば，筆者の記号の簡潔さと便利さも理解できると考えている。

なお，本章の説明はすべて3次元系を対象としたものになっている。

14.1 運動量

拘束力を含んだ形で質点系の運動方程式は，12.4節に与えられた。

$$\mathbf{m}\dot{\mathbf{v}}=\mathbf{f}+\bar{\mathbf{f}} \tag{12.44}$$

ところで，i 番目の質点の**運動量** $\mathbf{p}_{\mathrm{O}i}$ は $m_i\mathbf{v}_{\mathrm{O}i}$ で与えられる。これをすべての質点について縦に並べた列行列を $\mathbf{p}$ とすると，質点系全体について次のように書ける。

$$\mathbf{p}=\mathbf{m}\mathbf{v} \tag{14.1}$$

これを用いて運動方程式(12.44)は次のようになる。

$$\dot{\mathbf{p}}=\mathbf{f}+\bar{\mathbf{f}} \tag{14.2}$$

次に，この系をSと呼ぶことにし，**系全体の質量**を M_{S} とすると，それは次のように与えられる。

$${}^{3}\mathbf{M}_{\mathrm{S}}=\boldsymbol{\eta}^{T}\mathbf{m}\boldsymbol{\eta} \tag{14.3}$$

ここで，${}^{3}\mathbf{M}_{\mathrm{S}}$ は M_{S} を対角要素とする3×3スカラー行列，$\boldsymbol{\eta}$ は3×3単位行列 $\mathbf{I}_3$ を質点の数だけ縦に並べたものである。

$$\boldsymbol{\eta}=\begin{bmatrix}\vdots\\ \mathbf{I}_3\\ \vdots\end{bmatrix} \tag{14.4}$$

この $\boldsymbol{\eta}$ は，式(14.3)では，総和を作る役割を担っている。さて，系の**重心**をGとすると，慣性系Oから見たその位置 $\mathbf{r}_{\mathrm{OG}}$ は次のように書ける。

$$M_{\mathrm{S}}\mathbf{r}_{\mathrm{OG}}=\boldsymbol{\eta}^{T}\mathbf{m}\mathbf{r} \tag{14.5}$$

$\mathbf{r}_{\mathrm{O}i}$ は，$\mathbf{r}_{\mathrm{OG}}$ と $\mathbf{r}_{\mathrm{G}i}$ の和である。$\mathbf{r}_{\mathrm{O}i}$ をすべての質点について縦に並べた列行列は $\mathbf{r}$ であったが，$\mathbf{r}_{\mathrm{G}i}$ をすべての質点について縦に並べた列行列を $\mathbf{r}_{\mathrm{G}}$ と書くことにする(注)。これらの記号を用いて次の式が成り立つ。

$$\mathbf{r}=\boldsymbol{\eta}\mathbf{r}_{\mathrm{OG}}+\mathbf{r}_{\mathrm{G}} \tag{14.6}$$

ここでは系Sに特定の座標系を設定できないので，点Gも慣性系O上の点と考えている。したがって，この式の $\mathbf{r}_{\mathrm{G}}$ の前には座標変換行列は現れてこない。また，この式の $\boldsymbol{\eta}$ は $\mathbf{r}_{\mathrm{OG}}$ を質点の数だけ作り出して縦に並べる働きをしている。さて，この式を式(14.5)に代入すると，$\mathbf{r}_{\mathrm{G}}$ を用いた重心の条件が次のように導

(注) $\mathbf{r}_{\mathrm{G}}$ のような添え字の使い方は，この章だけの特別なものである。$\mathbf{r}_{\mathrm{G}}$ と同じ書き方をすれば $\mathbf{r}$ は $\mathbf{r}_{\mathrm{O}}$ となる。しかし，添え字のない $\mathbf{r}$ は，すでに本書全体の立場から定められているので，そのまま用いている。

かれる。

$$\boldsymbol{\eta}^T \mathbf{m}\mathbf{r}_G = \mathbf{0} \tag{14.7}$$

式(14.6)，(14.7) を時間微分すると，重心速度に関する関係になる。

$$\mathbf{v} = \boldsymbol{\eta}\mathbf{v}_{OG} + \mathbf{v}_G \tag{14.8}$$

$$\boldsymbol{\eta}^T \mathbf{m}\mathbf{v}_G = \mathbf{0} \tag{14.9}$$

$\mathbf{v}$ は，$\mathbf{v}_{Oi}$ を縦に並べた列行列であった。$\mathbf{v}_G$ は $\mathbf{v}_{Gi}$ を縦に並べた列行列である。

次に，式(14.5)を時間微分すると次のようなる。

$$M_S \mathbf{v}_{OG} = \boldsymbol{\eta}^T \mathbf{m}\mathbf{v} = \boldsymbol{\eta}^T \mathbf{p} \tag{14.10}$$

$\boldsymbol{\eta}^T \mathbf{p}$ は，**系全体の運動量**で，それは系全体の質量に重心速度を掛けたものになっている。

14.2 角運動量

モーメント中心を＊として，i 番目の質点の運動量 $\mathbf{p}_{Oi}$ のモーメントを作ると，それはその質点の点＊まわりの**角運動量** ${}^*\boldsymbol{\pi}_{Oi}$ である。

$${}^*\boldsymbol{\pi}_{Oi} = \tilde{\mathbf{r}}_{*i}\mathbf{p}_{Oi} \tag{14.11}$$

モーメント中心＊も慣性系 O に属する点と考えている。$\mathbf{r}_{*i}$ をすべての質点について縦に並べた列行列を $\mathbf{r}_*$ と書くことにし，${}^*\boldsymbol{\pi}_{Oi}$ をすべての質点について縦に並べた列行列を ${}^*\boldsymbol{\pi}$ とすると，次のように書くことができる。

$${}^*\boldsymbol{\pi} = \tilde{\mathbf{r}}_*\mathbf{p} \tag{14.12}$$

この式で用いられている～（ティルダ）は，拡大解釈された外積オペレーターである(6.1 節)。**系全体の角運動量**は，各質点の角運動量の和で，$\boldsymbol{\eta}^{T*}\boldsymbol{\pi}$ である。

モーメント中心＊から各質点に向かう幾何ベクトルは，モーメント中心＊から重心 G に向かう幾何ベクトルと，重心 G から各質点に向かう幾何ベクトルの和である。これを代数ベクトルで表すと次のようになる。

$$\mathbf{r}_{*i} = \mathbf{r}_{*G} + \mathbf{r}_{Gi} \tag{14.13}$$

この式に使われている変数は，いずれも座標系 O で表されているので，この式には座標変換行列が現れてこない。この式はすべての i について成立するので，まとめて次のように書くことができる。

$$\mathbf{r}_* = \boldsymbol{\eta}\mathbf{r}_{*G} + \mathbf{r}_G \tag{14.14}$$

この式に，拡大解釈した外積オペレータを作用させると次のようになる。

$$\tilde{\mathbf{r}}_{*}=\widetilde{\boldsymbol{\eta}\mathbf{r}_{*G}}+\tilde{\mathbf{r}}_{G} \tag{14.15}$$

この関係を式(14.12)に代入して，$\boldsymbol{\eta}^{T}$ を左から掛けると系全体の角運動量 $\boldsymbol{\eta}^{T}{}^{*}\boldsymbol{\pi}$ が次のように表される。

$$\boldsymbol{\eta}^{T}{}^{*}\boldsymbol{\pi}=\boldsymbol{\eta}^{T}\widetilde{\boldsymbol{\eta}\mathbf{r}_{*G}}\mathbf{p}+\boldsymbol{\eta}^{T}\tilde{\mathbf{r}}_{G}\mathbf{p} \tag{14.16}$$

この式の右辺第一項は次のように書き換えることができる。

$$\boldsymbol{\eta}^{T}\widetilde{\boldsymbol{\eta}\mathbf{r}_{*G}}\mathbf{p}=\tilde{\mathbf{r}}_{*G}\boldsymbol{\eta}^{T}\mathbf{p} \tag{14.17}$$

この項は，系全体の運動量を重心の運動量と考えて，点＊まわりのモーメントを取ったものである。式(14.16)の右辺第二項は重心まわりの角運動量である。この項は，$\mathbf{p}$ を $\mathbf{mv}$ に戻し，式(14.8)を代入し，式(14.7)に外積オペレーターを作用させた関係を利用することで，次のように書き換えることができる。

$$\boldsymbol{\eta}^{T}\tilde{\mathbf{r}}_{G}\mathbf{p}=\boldsymbol{\eta}^{T}\tilde{\mathbf{r}}_{G}\mathbf{mv}=\boldsymbol{\eta}^{T}\tilde{\mathbf{r}}_{G}\mathbf{m}(\boldsymbol{\eta}\mathbf{v}_{OG}+\mathbf{v}_{G})=\boldsymbol{\eta}^{T}\tilde{\mathbf{r}}_{G}\mathbf{mv}_{G} \tag{14.18}$$

すなわち，重心回りの角運動量は重心との相対速度を用いて計算することができる。この結果と式(14.17)から，式(14.16)は次のようになる。

$$\boldsymbol{\eta}^{T*}\boldsymbol{\pi}=\tilde{\mathbf{r}}_{*G}\boldsymbol{\eta}^{T}\mathbf{p}+\boldsymbol{\eta}^{T}\tilde{\mathbf{r}}_{G}\mathbf{mv}_{G} \tag{14.19}$$

モーメント中心が重心の場合，系の角運動量は，各質点の重心との相対速度を用いて運動量を計算し，重心回りのモーメントを取ったものの総和として求めることができる。モーメント中心が重心以外の場合は，この値に系全体の運動量のモーメントを加えたものになっている。

14.3　剛体系の運動量と角運動量

まず，j 番目の剛体だけを考える。その運動量 $\mathbf{P}_{0j}$ は，式(14.10)より，質量と重心速度の積である。

$$\mathbf{P}_{0j}=M_{j}\mathbf{V}_{0j} \tag{14.20}$$

次に，モーメント中心を点＊として，角運動量 ${}^{*}\boldsymbol{\Pi}_{0j}$ を考える。式(14.19)に当てはめて考えればよいが，この式の右辺第一項は重心の運動量のモーメントで，ここでは，$\tilde{\mathbf{R}}_{*j}\mathbf{P}_{0j}$ となる。第二項を調べるために，剛体 j 上の質点 i の位置を考える。質点 i の位置は，慣性系 O から見た場合は $\mathbf{r}_{0i}$ となり，剛体 j 上から見た場合は $\mathbf{r}_{ji}$ となる。$\mathbf{r}_{0i}$ は座標系 O で表現されており，$\mathbf{r}_{ji}$ は座標系 j で表現されていて，座標変換行列を用いて次のように関係付けられる。

$$\mathbf{r}_{0i}=\mathbf{R}_{0j}+\mathbf{C}_{0j}\mathbf{r}_{ji} \tag{14.21}$$

$\mathbf{R}_{0j}$ は重心 j の位置，$\mathbf{C}_{0j}$ は座標変換行列である。この式を時間で微分すると，$\mathbf{r}_{ji}$ は定数であるから，次のようになる。

$$\mathbf{v}_{0i}=\mathbf{V}_{0j}-\mathbf{C}_{0j}\tilde{\mathbf{r}}_{ji}\mathbf{\Omega}'_{0j} \tag{14.22}$$

式(14.19)の右辺第二項の中の $\mathbf{r}_G$ は，式(14.21)の右辺第二項，$\mathbf{C}_{0j}\mathbf{r}_{ji}$ を i 番目のブロック要素とする列行列である。式(14.19)の右辺第二項の中の $\mathbf{v}_G$ は，式(14.22)の右辺第二項，$-\mathbf{C}_{0j}\tilde{\mathbf{r}}_{ji}\mathbf{\Omega}'_{0j}$ を i 番目の要素とする列行列である。式(14.19)は質点系を一般的に扱ったもので，この質点系の座標系は定まっていないため，座標変換行列は現れてこなかったが，式(14.21)，(14.22) は剛体に関する式で，座標変換行列が使われている。これが見かけ上の差異になっているが，結局，式(14.19)の右辺第二項は，$-\mathbf{C}_{0j}\tilde{\mathbf{r}}_{ji}m_i\tilde{\mathbf{r}}_{ji}\mathbf{\Omega}'_{0j}$ をすべての i について加え合わせたものとなり，それは $\mathbf{C}_{0j}\mathbf{J}'_{0j}\mathbf{\Omega}'_{0j}$ になる。以上から，角運動量 ${}^*\mathbf{\Pi}_{0j}$ は次のように書くことができる。

$${}^*\mathbf{\Pi}_{0j}=\tilde{\mathbf{R}}_{*j}\mathbf{P}_{0j}+\mathbf{C}_{0j}\mathbf{J}'_{0j}\mathbf{\Omega}'_{0j} \tag{14.23}$$

モーメント中心＊が重心 j に一致している場合，角運動量 ${}^j\mathbf{\Pi}_{0j}$ はこの式の第二項だけとなる。

$${}^j\mathbf{\Pi}_{0j}=\mathbf{C}_{0j}\mathbf{J}'_{0j}\mathbf{\Omega}'_{0j} \tag{14.24}$$

${}^j\mathbf{\Pi}_{0j}$ のように，モーメント中心を表す左上の添え字と，角運動量の対象となっている剛体を表す右下二番目の添え字が一致しているときは，左上の添え字を省略できることにしている。したがって，${}^j\mathbf{\Pi}_{0j}$ は $\mathbf{\Pi}_{0j}$ と書いてもよい。$\mathbf{\Pi}_{0j}$ は，幾何ベクトル $\vec{\mathit{\Pi}}_{0j}$ を座標系 0 で表したものであり，$\vec{\mathit{\Pi}}_{0j}$ を座標系 j で表したものは $\mathbf{\Pi}'_{0j}$ である。

$$\mathbf{\Pi}'_{0j}=\mathbf{J}'_{0j}\mathbf{\Omega}'_{0j} \tag{14.25}$$

なお，ダッシュの付かない $\mathbf{J}_{0j}$ と $\mathbf{\Omega}_{0j}$ を用いると，$\mathbf{\Pi}_{0j}=\mathbf{J}_{0j}\mathbf{\Omega}_{0j}$ である。

すべての剛体について，$\mathbf{P}_{0j}$ を順に縦に並べた列行列を $\mathbf{P}$ とする。式(14.20)から，次の式が成り立つ。

$$\mathbf{P}=\mathbf{MV} \tag{14.26}$$

すべての剛体について，${}^*\mathbf{\Pi}_{0j}$ を順に縦に並べた列行列を ${}^*\mathbf{\Pi}$ とする。また，$\mathbf{R}_{*j}$ をすべての剛体について縦に並べた列行列を $\mathbf{R}_*$ と書くことにする。式(14.23)

から，次の式が成り立つ。

$$^{*}\mathbf{\Pi}=\tilde{\mathbf{R}}_{*}\mathbf{P}+\mathbf{CJ}'\mathbf{\Omega}' \tag{14.27}$$

そして，剛体系全体の運動量は$\boldsymbol{\eta}^{T}\mathbf{P}$，角運動量は$\boldsymbol{\eta}^{T}{}^{*}\mathbf{\Pi}$である。ただし，この場合の$\boldsymbol{\eta}$は，$\mathbf{I}_3$を剛体の数だけ縦に並べたものになっている[(注)]。

14.4　運動量原理

式(14.2)に左から$\boldsymbol{\eta}^{T}$を掛けると次のようになる。この$\boldsymbol{\eta}$は，再び，質点の数だけ$\mathbf{I}_3$を並べたものである。

$$\boldsymbol{\eta}^{T}\dot{\mathbf{p}}=\boldsymbol{\eta}^{T}\mathbf{f}+\boldsymbol{\eta}^{T}\bar{\mathbf{f}} \tag{14.28}$$

左辺は系の運動量の時間微分である。右辺の作用力$\mathbf{f}$と拘束力$\bar{\mathbf{f}}$を外力と内力に分け，内力の合計は作用反作用の仮定が成立してゼロになるものとする。その結果，この式は次のようになる。

$$\frac{d}{dt}(\boldsymbol{\eta}^{T}\mathbf{p})=\boldsymbol{\eta}^{T}\mathbf{f}^{\mathrm{EX}}+\boldsymbol{\eta}^{T}\bar{\mathbf{f}}^{\mathrm{EX}} \tag{14.29}$$

$\mathbf{f}^{\mathrm{EX}}$と$\bar{\mathbf{f}}^{\mathrm{EX}}$は，作用力と拘束力の外力である。これらを，簡略に，**作用外力**と**拘束外力**と呼ぶことにする。

式(14.2)は，系を構成する各質点の運動方程式の単純な寄せ集めである。したがって，式(14.29)は系全体について成立するだけでなく，任意の部分系に対しても成立する。この式は，部分系の運動量の時間的変化（時間微分）は，その部分系に働く作用外力と拘束外力の合計に等しいということであるが，特に，拘束外力が働いていない場合，および，拘束外力が働いていない方向が重要である。任意の部分系で，拘束外力が働いていない方向がある場合，その方向の運動量成分の時間的変化は，作用外力合計のその方向の成分に等しい。これを，次に述べる角運動量の場合と合わせて，**運動量原理**と呼ぶ。そして，部分系に作用外力と拘束外力が働いていない方向がある場合，その方向の運動量成分は保存される。

(注) 全質点の数に対応する$\boldsymbol{\eta}$と全剛体の数に対応する$\boldsymbol{\eta}$を区別した記号を準備すれば明確であるが，使われている文脈や式の中で判断することも容易で，そのほうが表現がすっきりすると考えている。

これが，**運動量保存の法則**である。

式(14.2)に左から $\boldsymbol{\eta}^T\tilde{\mathbf{r}}_*$ を掛けると次のようになる。

$$\boldsymbol{\eta}^T\tilde{\mathbf{r}}_*\dot{\mathbf{p}}=\boldsymbol{\eta}^T\tilde{\mathbf{r}}_*\mathbf{f}+\boldsymbol{\eta}^T\tilde{\mathbf{r}}_*\overline{\mathbf{f}} \tag{14.30}$$

左辺は次のように変形できる。

$$\boldsymbol{\eta}^T\tilde{\mathbf{r}}_*\dot{\mathbf{p}}=\frac{d}{dt}(\boldsymbol{\eta}^{T\,*}\boldsymbol{\pi})-\boldsymbol{\eta}^T\left(\frac{d}{dt}\tilde{\mathbf{r}}_*\right)\mathbf{p} \tag{14.31}$$

モーメント中心＊から質点 i に向かう幾何ベクトルは，原点 O から質点 i に向かう幾何ベクトルから，原点 O からモーメント中心＊に向かう幾何ベクトルを差し引いたもので，次のように書ける。

$$\mathbf{r}_{*i}=\mathbf{r}_{0i}-\mathbf{r}_{0*} \tag{14.32}$$

この式をすべての i についてまとめると次のようになる。

$$\mathbf{r}_*=\mathbf{r}-\boldsymbol{\eta}\mathbf{r}_{0*} \tag{14.33}$$

この式に，拡大解釈した外積オペレーターを作用させる。

$$\tilde{\mathbf{r}}_*=\tilde{\mathbf{r}}-\widetilde{\boldsymbol{\eta}\mathbf{r}_{0*}} \tag{14.34}$$

この式を式(14.31)右辺第二項に代入し，時間微分を行うと式(14.31)は次のようになる。

$$\boldsymbol{\eta}^T\tilde{\mathbf{r}}_*\dot{\mathbf{p}}=\frac{d}{dt}(\boldsymbol{\eta}^{T\,*}\boldsymbol{\pi})-\boldsymbol{\eta}^T(\tilde{\mathbf{v}}-\widetilde{\boldsymbol{\eta}\mathbf{v}_{0*}})\mathbf{p} \tag{14.35}$$

この式で，$\tilde{\mathbf{v}}\mathbf{p}$ はゼロであり，右辺第二項の残りの項は次のように書き直せる。

$$\boldsymbol{\eta}^T\tilde{\mathbf{r}}_*\dot{\mathbf{p}}=\frac{d}{dt}(\boldsymbol{\eta}^{T\,*}\boldsymbol{\pi})+\tilde{\mathbf{v}}_{0*}\boldsymbol{\eta}^T\mathbf{p} \tag{14.36}$$

ここで，モーメント中心は次のいずれかであるとする。

①慣性系上の固定点

②系の重心と平行な速度を持つ点（実用的には系の重心点と考えればよい）

そのようなモーメント中心を•と表すことにする。このとき，式(14.36)の右辺第二項はゼロになる。

$$\boldsymbol{\eta}^T\tilde{\mathbf{r}}_\bullet\dot{\mathbf{p}}=\frac{d}{dt}(\boldsymbol{\eta}^{T\,\bullet}\boldsymbol{\pi}) \tag{14.37}$$

式(14.30)のモーメント中心を•に限定して，左辺をこの式で置き換える。右辺は，作用力 $\mathbf{f}$ と拘束力 $\overline{\mathbf{f}}$ を外力と内力に分け，内力のモーメントの合計は作用反作用の仮定が成立してゼロになると考える。その結果，次式が得られる。

$$\frac{d}{dt}(\boldsymbol{\eta}^{T\,\bullet}\boldsymbol{\pi})=\boldsymbol{\eta}^{T}\tilde{\mathbf{r}}_{\bullet}\mathbf{f}^{\mathrm{EX}}+\boldsymbol{\eta}^{T}\tilde{\mathbf{r}}_{\bullet}\overline{\mathbf{f}}^{\mathrm{EX}} \tag{14.38}$$

この式も，任意の部分系に対して成立する。この式は，部分系の点•まわりの角運動量の時間的変化が，その部分系に働く作用外力と拘束外力のモーメントの合計に等しいということであるが，特に，拘束外力のモーメントが働いていない場合，および，拘束外力のモーメントが働いていない方向が重要である。任意の部分系で，拘束外力のモーメントが働いていない方向がある場合，点•まわりの角運動量の，その方向の成分の時間的変化は，作用外力モーメント合計の，その方向の成分に等しい。これも，前述した運動量の場合と合わせて，**運動量原理**である。あるいは，角運動量原理と呼んでもよいかも知れない。そして，部分系に作用外力と拘束外力が働いていない方向がある場合，点•まわりの角運動量の，その方向の成分は保存される。これが，**角運動量保存の法則**である。

運動量原理という言葉は，ここでは，角運動量の場合も含めている。この原理は，作用外力と拘束外力だけを調べ，部分系内部の力には立ち入らずに，運動方程式を作り出そうとしている。系全体の運動方程式を立てることが目的だが，任意の部分系，および，任意の方向に対して，適用可能性を調べ，それらをもとに系全体を把握する考え方である。この原理は，系の運動方程式を見つけるための，あるいは，系の動力学的性質を把握するための，古典的な，しかし，重要な原理であるが，適用できる部分系や方向を見つけることが容易なわけではないため，第Ⅳ部の系統的な方法には含めていない。あるいは，拘束力消去法（第15章）の一部と考えることもできる。

15.1 節にコマの定常歳差運動の説明があり，角運動量原理の利用事例になっている。

14.5　剛体系の運動量原理

質点系を対象にした運動量原理は，式(14.29)，(14.38) に与えられた。これらに対応する剛体系の式はどのようになるであろうか。まず，質点系の式を剛体

j に適用してみる。剛体 j の運動量，角運動量は，$\mathbf{P}_{0j}$，${}^{\bullet}\mathbf{\Pi}_{0j}$ である。

式(14.29)の右辺は，剛体上の各点に働く作用外力と拘束外力の総和であるから，$\mathbf{F}_{0j}$ と $\bar{\mathbf{F}}_{0j}$ の和とすればよい。

$$\frac{d}{dt}(\mathbf{P}_{0j})=\mathbf{F}_{0j}+\bar{\mathbf{F}}_{0j} \tag{14.39}$$

この拘束力 $\bar{\mathbf{F}}_{0j}$ は，等価換算の結果であるが，そのもとになっている力は拘束外力だけで，もともと剛体内部の拘束力は考えていない。作用力 $\mathbf{F}_{0j}$ も，当然，作用外力である。

式(14.38)の右辺は，剛体上の各点に働く作用外力と拘束外力のモーメントの総和になっている。まず，剛体 j 上の着力点の一つ，点 i の位置を考える。点 i の位置は，モーメント中心からは $\mathbf{r}_{\bullet i}$ となり，剛体 j の重心からは $\mathbf{r}_{ji}$ となる。$\mathbf{r}_{\bullet i}$ は座標系 O で表されており，$\mathbf{r}_{ji}$ は座標系 j で表されていて，座標変換行列を用いて次の関係が成り立つ。

$$\mathbf{r}_{\bullet i}=\mathbf{R}_{\bullet j}+\mathbf{C}_{0j}\mathbf{r}_{ji} \tag{14.40}$$

点 i に $\mathbf{f}_{0i}^{\mathrm{EX}}$ と $\bar{\mathbf{f}}_{0i}^{\mathrm{EX}}$ が働いていて，これに左から $\tilde{\mathbf{r}}_{\bullet i}$ を掛けているが，この式から，$\tilde{\mathbf{r}}_{\bullet i}$ の代わりに，$\tilde{\mathbf{R}}_{\bullet j}$ を掛けたものと $\mathbf{C}_{0j}\tilde{\mathbf{r}}_{ji}\mathbf{C}_{0j}^{T}$ を掛けたものの和に分けて考えることができる。$\boldsymbol{\eta}^{T}$ が，さらに，左からかかっているが，これは i に関する総和をとる働きをしている。$\tilde{\mathbf{R}}_{\bullet j}$ を掛けたものについては，$\boldsymbol{\eta}^{T}$ の総和は，単に，$\mathbf{f}_{0i}^{\mathrm{EX}}$ と $\bar{\mathbf{f}}_{0i}^{\mathrm{EX}}$ の総和になる。$\mathbf{C}_{0j}\tilde{\mathbf{r}}_{ji}\mathbf{C}_{0j}^{T}$ を掛けたものは，$\mathbf{f}_{0i}^{\mathrm{EX}}$，$\bar{\mathbf{f}}_{0i}^{\mathrm{EX}}$ の重心まわりのモーメント，すなわち，重心位置に等価換算したトルクになる。結局，式(14.38)の右辺は，重心に働く作用力 $\mathbf{F}_{0j}$，拘束力 $\bar{\mathbf{F}}_{0j}$ のモーメントと，作用トルク $\mathbf{C}_{0j}\mathbf{N}'_{0j}$，拘束トルク $\mathbf{C}_{0j}\bar{\mathbf{N}}'_{0j}$ の和になる。

$$\frac{d}{dt}({}^{\bullet}\mathbf{\Pi}_{0j})=\tilde{\mathbf{R}}_{\bullet j}(\mathbf{F}_{0j}+\bar{\mathbf{F}}_{0j})+\mathbf{C}_{0j}(\mathbf{N}'_{0j}+\bar{\mathbf{N}}'_{0j}) \tag{14.41}$$

式(14.29)，(14.38) は一般的な質点系を対象にしているので，各質点には作用力と拘束力だけが働いているが，剛体 j の各点には作用トルクや拘束トルクが働くモデルも考えられる。しかし，その場合でも，式(14.41)の $\mathbf{N}'_{0j}$，$\bar{\mathbf{N}}'_{0j}$ には，そのような作用トルクや拘束力トルクが含まれていると考えればよい。

モーメント中心が剛体の重心の場合，式(14.41)は次のように書くことができる。

$$\frac{d}{dt}(\mathbf{C}_{0j}\,\mathbf{\Pi}'_{0j}) = \mathbf{C}_{0j}(\mathbf{N}'_{0j} + \bar{\mathbf{N}}'_{0j}) \tag{14.42}$$

この式は次のようになる。

$$\dot{\mathbf{\Pi}}'_{0j} + \tilde{\mathbf{\Omega}}'_{0j}\,\mathbf{\Pi}'_{0j} = \mathbf{N}'_{0j} + \bar{\mathbf{N}}'_{0j} \tag{14.43}$$

そして，式(14.25)を用いればオイラーの運動方程式になる。

$$\mathbf{J}'_{0j}\,\dot{\mathbf{\Omega}}'_{0j} + \tilde{\mathbf{\Omega}}'_{0j}\,\mathbf{J}'_{0j}\,\mathbf{\Omega}'_{0j} = \mathbf{N}'_{0j} + \bar{\mathbf{N}}'_{0j} \tag{14.44}$$

式(14.39)から，系を構成する全剛体の運動量について次のようにまとめた式が成り立つ。

$$\frac{d}{dt}(\mathbf{P}) = \mathbf{F} + \bar{\mathbf{F}} \tag{14.45}$$

角運動量については，モーメント中心を慣性系上の固定点か系全体の重心として，次のようになる。

$$\frac{d}{dt}({}^{\bullet}\mathbf{\Pi}) + \widetilde{\boldsymbol{\eta}\mathbf{v}_{0\bullet}}\,\mathbf{P} = \tilde{\mathbf{R}}_{\bullet}(\mathbf{F} + \bar{\mathbf{F}}) + \mathbf{C}(\mathbf{N}' + \bar{\mathbf{N}}') \tag{14.46}$$

式(14.41)を導くときは，モーメント中心を慣性系上の固定点か剛体 j の重心と考えていたが，モーメント中心を系全体の重心と考えると，各剛体については式(14.36)の右辺第二項が残り，この式の左辺第二項になる。なお，この式の $\boldsymbol{\eta}$ は，再度，$\mathbf{I}_3$ を剛体の数だけ縦に並べたものである。

剛体系全体の運動量，角運動量を考える場合，力とトルクを内力と外力に分けて考える。内力とは，系内の剛体間に働く力とトルクであり，外力とは系外から働く力とトルクである。系全体にわたって総和を取るとき，このような内力と内力のモーメントは作用反作用の関係から除外して考えることができる。式(14.45)と(14.46)の左から $\boldsymbol{\eta}^T$ を掛けて総和をとると次のようになる。

$$\frac{d}{dt}(\boldsymbol{\eta}^T\mathbf{P}) = \boldsymbol{\eta}^T\mathbf{F}^{\mathrm{EX}} + \boldsymbol{\eta}^T\bar{\mathbf{F}}^{\mathrm{EX}} \tag{14.47}$$

$$\frac{d}{dt}(\boldsymbol{\eta}^T\,{}^{\bullet}\mathbf{\Pi}) = \boldsymbol{\eta}^T\tilde{\mathbf{R}}_{\bullet}(\mathbf{F}^{\mathrm{EX}} + \bar{\mathbf{F}}^{\mathrm{EX}}) + \boldsymbol{\eta}^T\mathbf{C}(\mathbf{N}'^{\mathrm{EX}} + \bar{\mathbf{N}}'^{\mathrm{EX}}) \tag{14.48}$$

式(14.46)の左辺第二項は，この総和で，再び消えてなくなる。

14.6 運動エネルギーと運動補エネルギー

質点系の運動方程式(14.2)について考える。

$$\dot{\mathbf{p}}=\mathbf{f}+\overline{\mathbf{f}} \qquad【14.2】$$

右辺の力が働いているとき，各点が変位すると力は仕事をすることになる。質点はその仕事を受け取り，運動エネルギーとして蓄える。この式に $d\mathbf{r}^T$ を左から掛け，積分すれば，右辺は力が質点に対して行う仕事の総和であり，左辺は質点が受け取った**運動エネルギー** T になる。

$$T=\int d\mathbf{r}^T\dot{\mathbf{p}}=\int\dot{\mathbf{p}}^T d\mathbf{r} \qquad (14.49)$$

$d\mathbf{r}$ は $\mathbf{v}dt$ に置き換えることができる。

$$T=\int\dot{\mathbf{p}}^T\mathbf{v}dt=\int\mathbf{v}^T\dot{\mathbf{p}}dt \qquad (14.50)$$

さらに，$\dot{\mathbf{p}}dt$ は $d\mathbf{p}$ と書くことができる。これまで，積分の範囲を明示してこなかったが，$\mathbf{p}=\mathbf{0}$ から $\mathbf{p}=\mathbf{p}$ までとすればよい。

$$T=\int_0^{\mathbf{p}}\mathbf{v}^T d\mathbf{p} \qquad (14.51)$$

この式が運動エネルギーの定義である。$\mathbf{v}$ が $\mathbf{p}$ の関数として与えられれば，この式を積分して運動エネルギー T を求めることができる。ニュートン力学の速度 $\mathbf{v}$ と運動量 $\mathbf{p}$ の関係は式(14.1)に与えられているので，質点系の運動エネルギーは次のようになる。

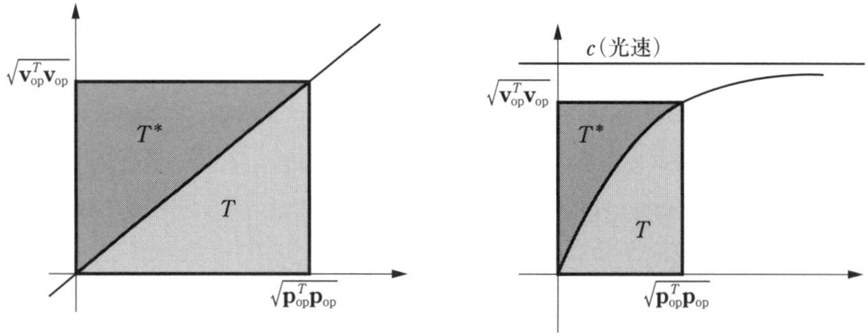

図 14.1 質点 P の運動量と速度の関係（ニュートン力学(左)，特殊相対性理論(右)）

$$T=\frac{1}{2}\mathbf{p}^T\mathbf{m}^{-1}\mathbf{p} \tag{14.52}$$

特殊相対性理論では，速度 $\mathbf{v}$ と運動量 $\mathbf{p}$ の関係は線形ではなく，図 14.1 に示すように，もう少し複雑である。

式(14.51)では $\mathbf{v}$ を $\mathbf{p}$ の関数として表し，それを積分するのだから，運動エネルギー T は $\mathbf{p}$ のスカラー関数ということになる。

$$T=T(\mathbf{p}) \tag{14.53}$$

そして，式(14.51)から分かるように，この T を $\mathbf{p}$ で偏微分すると $\mathbf{v}$ が得られる。

$$\mathbf{v}=\left(\frac{\partial T}{\partial \mathbf{p}}\right)^T \tag{14.54}$$

この $\mathbf{v}$ を用いると，式(14.53)の微分を次のように書くことができる。

$$dT=\mathbf{v}^T d\mathbf{p} \tag{14.55}$$

$\mathbf{v}$ の成分の数は $\mathbf{p}$ の成分の数と同じで，$\mathbf{v}$ は $\mathbf{p}$ の関数である。

$$\mathbf{v}=\mathbf{v}(\mathbf{p}) \tag{14.56}$$

この関係を逆に解いて，$\mathbf{p}$ を $\mathbf{v}$ の関数とすることができる。

$$\mathbf{p}=\mathbf{p}(\mathbf{v}) \tag{14.57}$$

このように解けるための数学的な条件は，式(14.53)のヘシアン行列式がゼロでないことである。式(14.57)を式(14.53)に代入すれば，T を $\mathbf{v}$ の関数として表すこともできる。

$$T=T(\mathbf{p}(\mathbf{v})) \tag{14.58}$$

ニュートン力学の場合は次のようになる。

$$T=\frac{1}{2}\mathbf{v}^T\mathbf{m}\mathbf{v} \tag{14.59}$$

ニュートン力学では運動量 $\mathbf{p}$ と速度 $\mathbf{v}$ の関係は，すでに分かっているが，式(14.56)や式(14.57)の関係を式(14.54)を用いて求めようとする場合，運動エネルギー T を式(14.58)のように $\mathbf{v}$ で表したものでは役に立たない。運動エネルギー T は運動量 $\mathbf{p}$ の関数と考えるのが自然である。

ここで，次のような新しいスカラー関数を考える。

$$T^*=\mathbf{v}^T\mathbf{p}-T \tag{14.60}$$

この関数も，$\mathbf{p}$ の関数と考えることができるが，式(14.57)を用いて $\mathbf{v}$ の関数とすることもできる。そこで，この関係を微分で表してみる。

$$dT^* = \mathbf{v}^T d\mathbf{p} + \mathbf{p}^T d\mathbf{v} - dT \tag{14.61}$$

ここで，式(14.55)を用いると，次のようになる。

$$dT^* = \mathbf{p}^T d\mathbf{v} \tag{14.62}$$

この式は，T^* を $\mathbf{v}$ の関数と見なすのが自然であることを示している。

$$T^* = T^*(\mathbf{v}) \tag{14.63}$$

また，$\mathbf{p}$ が，T^* の $\mathbf{v}$ による偏微分によって得られることも分かる。

$$\mathbf{p} = \left(\frac{\partial T^*}{\partial \mathbf{v}}\right)^T \tag{14.64}$$

したがって，式(14.60)は，式(14.57)を用いて，$\mathbf{v}$ の関数にしておく。

$$T^* = \mathbf{v}^T \mathbf{p}(\mathbf{v}) - T(\mathbf{p}(\mathbf{v})) \tag{14.65}$$

$\mathbf{v}$ を変数とする新しい関数 T^* からは，式(14.64)を用いて，式(14.57)や式(14.56)を復元できる。

$\mathbf{p}$ を変数とするスカラー関数 T が式(14.53)のように与えられ，式(14.54)の偏微分によって新しい変数 $\mathbf{v}$ が $\mathbf{p}$ の関数として得られるとき，式(14.60)の変換は，$\mathbf{v}$ を変数とする新しいスカラー関数 T^*（式(14.63)）を作り出し，式(14.64)の偏微分によって古い変数 $\mathbf{p}$ が $\mathbf{v}$ の関数として得られることになる。この変換は**ルジャンドル変換**と呼ばれている。新しい関数 T^* から古い関数 T への変換もまったく同様な，可逆的な変換である。なお，熱力学における内部エネルギー，エンタルピー，ヘルムホルツの自由エネルギー，ギブスの自由エネルギーの間の変換関係もルジャンドル変換の有名な事例である。また，24.1 節では，ハミルトニアンがラグランジアンのルジャンドル変換として説明されている。

T と T^*，および，それらと $\mathbf{p}$，$\mathbf{v}$ との関係は図 14.1 から明らかであろう。T^* を**運動補エネルギー**（kinetic co-energy）と呼ぶ。$\mathbf{p}$，$\mathbf{v}$ の関係が $\mathbf{p}=\mathbf{0}$ のとき，$\mathbf{v}=\mathbf{0}$ になるものとすると，式(14.62)から，運動補エネルギー T^* は次のように書ける。

$$T^* = \int_0^{\mathbf{v}} \mathbf{p}^T d\mathbf{v} \tag{14.66}$$

ニュートン力学では次のようになる。

$$T^* = \frac{1}{2} \mathbf{v}^T \mathbf{m} \mathbf{v} \tag{14.67}$$

この式を $\mathbf{v}$ で偏微分すれば，$\mathbf{p}$ が $\mathbf{v}$ の関数として求まり，その結果は式(14.1)になる。

ニュートン力学の場合，運動エネルギーと運動補エネルギーは同じ値を持っている。そのため，これらを区別せずに用いても，数値的に同じ結果が得られる。

14.7 剛体系の運動エネルギーと運動補エネルギー

剛体Aの場合，運動エネルギー T と運動補エネルギー T^* は，それぞれ，並進運動によるものと回転運動によるものの和である。

$$T=\int_0^{\mathbf{P}_{\mathrm{OA}}}\mathbf{V}_{\mathrm{OA}}^T d\mathbf{P}_{\mathrm{OA}}+\int_0^{\mathbf{\Pi}'_{\mathrm{OA}}}\mathbf{\Omega}'^T_{\mathrm{OA}} d\mathbf{\Pi}'_{\mathrm{OA}}=\frac{1}{2}\mathbf{P}_{\mathrm{OA}}^T M_{\mathrm{A}}^{-1}\mathbf{P}_{\mathrm{OA}}+\frac{1}{2}\mathbf{\Pi}'^T_{\mathrm{OA}}\mathbf{J}'^{-1}_{\mathrm{OA}}\mathbf{\Pi}'_{\mathrm{OA}} \tag{14.68}$$

$$T^*=\int_0^{\mathbf{V}_{\mathrm{OA}}}\mathbf{P}_{\mathrm{OA}}^T d\mathbf{V}_{\mathrm{OA}}+\int_0^{\mathbf{\Omega}'_{\mathrm{OA}}}\mathbf{\Pi}'^T_{\mathrm{OA}} d\mathbf{\Omega}'_{\mathrm{OA}}=\frac{1}{2}\mathbf{V}_{\mathrm{OA}}^T M_{\mathrm{A}}\mathbf{V}_{\mathrm{OA}}+\frac{1}{2}\mathbf{\Omega}'^T_{\mathrm{OA}}\mathbf{J}'_{\mathrm{OA}}\mathbf{\Omega}'_{\mathrm{OA}} \tag{14.69}$$

回転運動による運動エネルギー，運動補エネルギーは座標系Aによる表現を用いて示したが，座標系Oによる表現を用いても同様である。たとえば，

$$\frac{1}{2}\mathbf{\Omega}'^T_{\mathrm{OA}}\mathbf{J}'_{\mathrm{OA}}\mathbf{\Omega}'_{\mathrm{OA}}=\frac{1}{2}\mathbf{\Omega}^T_{\mathrm{OA}}\mathbf{J}_{\mathrm{OA}}\mathbf{\Omega}_{\mathrm{OA}} \tag{14.70}$$

式(14.69)から，運動補エネルギーを重心速度 $\mathbf{V}_{\mathrm{OA}}$ で偏微分したものが運動量 $\mathbf{P}_{\mathrm{OA}}$ であり，角速度 $\mathbf{\Omega}'_{\mathrm{OA}}$ で偏微分したものが角運動量 $\mathbf{\Pi}'_{\mathrm{OA}}$ になっている。

$$\frac{\partial T^*}{\partial \mathbf{V}_{\mathrm{OA}}}=\mathbf{P}_{\mathrm{OA}}^T \tag{14.71}$$

$$\frac{\partial T^*}{\partial \mathbf{\Omega}'_{\mathrm{OA}}}=\mathbf{\Pi}'^T_{\mathrm{OA}} \tag{14.72}$$

剛体系の運動エネルギー，運動補エネルギーは次のように書ける。

$$T=\int_0^{\mathbf{P}}\mathbf{V}^T d\mathbf{P}+\int_0^{\mathbf{\Pi}'}\mathbf{\Omega}'^T d\mathbf{\Pi}'=\frac{1}{2}\mathbf{P}^T\mathbf{M}^{-1}\mathbf{P}+\frac{1}{2}\mathbf{\Pi}'^T\mathbf{J}'^{-1}\mathbf{\Pi}' \tag{14.73}$$

$$T^*=\int_0^{\mathbf{V}}\mathbf{P}^T d\mathbf{V}+\int_0^{\mathbf{\Omega}'}\mathbf{\Pi}'^T d\mathbf{\Omega}'=\frac{1}{2}\mathbf{V}^T\mathbf{M}\mathbf{V}=\frac{1}{2}\mathbf{\Omega}'^T\mathbf{J}'\mathbf{\Omega}' \tag{14.74}$$

式(14.73)，(14.74) から，次の式が成り立つ。

$$\frac{\partial T^*}{\partial \mathbf{V}} = \mathbf{P}^T \tag{14.75}$$

$$\frac{\partial T^*}{\partial \mathbf{\Omega}'} = \mathbf{\Pi}'^T \tag{14.76}$$

ニュートン力学であるから，剛体系の場合も，当然，運動エネルギー T と運動補エネルギー T^* は同じ値を持つ。

第Ⅳ部

運動方程式の立て方

運動方程式の立て方にはいくつもの方法があり，また，運動方程式自体にもいくつかの形がある。本書では，形の異なる運動方程式も含めて，十通りの方法を説明する。たくさんの方法を並べているが，基本を理解するための方法，実用性の高い方法，今後の発展を期待したい方法など様々である。それらの方法は密接に関連していて，その関連などを理解することで力学の理解が深まる。第Ⅳ部は十章（第 15 章～第 24 章）構成となっていて，一つの章が一つの方法に対応しているが，初めて学ぶ場合は読む順序を以下のようにするのがよい。まず，第 15 章から第 19 章までは順に読むほうがよい。第 20 章は第 17 章の後に，第 21 章と第 22 章は，それぞれ，第 18 章の後に読むことができる。ただし，第 21 章は，難度が高いので，後まわしにしてもよい。第 22 章，第 23 章，第 24 章はこの順がよい。第 24 章も，初学者には難度が高い。

本書の主な対象は，ロボットや車両などの集中定数系である。ハミルトンの原理を利用して運動方程式を立てる方法（第 23 章）は，分布定数系には重要な方法だが，集中定数系には不向きだと思われる。そのため第 23 章は，ハミルトンの原理の理解に重点を置いている。ハミルトンの正準方程式（第 24 章）は，機械力学一般にすぐに役立つ実用技術とは考えられていないが，物理学が発展してきた重要な方向の一つであり，また，最近は，マルチボディダイナミクスの研究や制御技術の方法としても取り上げられるようになってきた。

第 15 章 拘束力消去法

第 12 章で，三質点剛体を用いて剛体の運動方程式を求めた。そのとき用いた方法が拘束力消去法である。この章では，まず，ボールジョイントで支点を拘束されたコマの運動方程式を拘束力消去法で求める。これらの事例を念頭に置きながら 15.2 節～15.4 節の一般的な説明を読めば，この方法を理解しやすいであろう。この方法を実際問題に適用することは少ないと思う。しかし，この方法を通して，拘束力が明確になり，力学の理解が容易になると思われる。また，第 20 章の微分代数型運動方程式を学ぶために役立つ。

15.1 節では，コマの運動方程式を求めて，その挙動をシミュレートする MATLAB プログラムを作成した。第 9 章の近似ボールジョイントの場合と対比することで，拘束の意味を把握しやすくなり，拘束としてモデル化するか否かによる運動方程式の差異について，理解が深まるであろう。

15.1 順動力学解析の事例：ボールジョイントで支点を拘束されたコマ

● コマの運動方程式

図 9.2，図 9.3（9.4 節参照）は，支点 P をボールジョイントで慣性座標系 O の原点に拘束したコマの説明図である。第 9 章では拘束を伴わない近似ボールジョイントの方法を説明したが，ここでは拘束を伴う真のボールジョイントを扱う。重力は座標系 O の Y 軸負の向きに働き，コマに固定した座標系 A の Y 軸が，コマの回転軸になっている。コマの支点 P の位置は次のように書ける。

$$\mathbf{r}_{AP} = -\mathbf{D}_Y b \tag{15.1}$$

b は点 AP 間の長さであり，$\mathbf{r}_{AP}$ は定数である。この系の運動方程式を拘束力消去法によって求めてみよう。

拘束力，拘束トルクを含む形で，コマAの運動方程式は次のように書くことができる。

$$M_A \dot{\mathbf{V}}_{OA} = \mathbf{F}_{OA} + \bar{\mathbf{F}}_{OA} \tag{15.2}$$

$$\mathbf{J}'_{OA} \dot{\boldsymbol{\Omega}}'_{OA} + \tilde{\boldsymbol{\Omega}}'_{OA} \mathbf{J}'_{OA} \boldsymbol{\Omega}'_{OA} = \mathbf{N}'_{OA} + \bar{\mathbf{N}}'_{OA} \tag{15.3}$$

$\bar{\mathbf{F}}_{OA}$，$\bar{\mathbf{N}}'_{OA}$ は拘束力や拘束トルクを重心位置に等価換算したものである。これらの式は，まだ，コマの運動方程式というより剛体Aの一般的な運動方程式である。これらがコマの運動方程式になるのはこの後の作業による。まず，このコマに関する拘束は支点Pが原点Oに一致していることであるから，拘束力も支点Pに働く。拘束力 $\bar{\mathbf{f}}_{OP}$ と拘束トルク $\bar{\mathbf{n}}'_{OP}$ が考えられるが，ボールジョイントの機能を考えると，どのような拘束力が働きそうかイメージできるであろう。拘束力や拘束トルクは，拘束を壊す働きに抵抗し，拘束を維持するための力とトルクである。ボールジョイントの拘束は並進の三方向を拘束しているのに対して回転は自由だから，$\bar{\mathbf{f}}_{OP}$ の三成分はいずれもゼロ以外の値になる可能性があり，$\bar{\mathbf{n}}'_{OP}$ は三成分とも常にゼロと考えることができる。そこで，$\bar{\mathbf{f}}_{OP}$ を重心位置へ等価換算して，$\bar{\mathbf{F}}_{OA}$ と $\bar{\mathbf{N}}'_{OA}$ を作る。

$$\bar{\mathbf{F}}_{OA} = \bar{\mathbf{f}}_{OP} \tag{15.4}$$

$$\bar{\mathbf{N}}'_{OA} = \tilde{\mathbf{r}}_{AP} \mathbf{C}^T_{OA} \bar{\mathbf{f}}_{OP} \tag{15.5}$$

この二つの式は，$\bar{\mathbf{f}}_{OP}$ によって $\bar{\mathbf{F}}_{OA}$ と $\bar{\mathbf{N}}'_{OA}$ を表したものである。なお，$\bar{\mathbf{f}}_{OP}$ はスカラーレベルで三つの拘束力を含んでいて，その数はボールジョイントの拘束の数と同じである。式(15.2)と(15.4)から $\bar{\mathbf{f}}_{OP}$ を次のように書くことができる。

$$\bar{\mathbf{f}}_{OP} = M_A \dot{\mathbf{V}}_{OA} - \mathbf{F}_{OA} \tag{15.6}$$

この式と，式(15.3)，(15.5)を用いると，拘束力を消去できる。

$$\mathbf{J}'_{OA} \dot{\boldsymbol{\Omega}}'_{OA} + \tilde{\boldsymbol{\Omega}}'_{OA} \mathbf{J}'_{OA} \boldsymbol{\Omega}'_{OA} = \mathbf{N}'_{OA} + \tilde{\mathbf{r}}_{AP} \mathbf{C}^T_{OA} (M_A \dot{\mathbf{V}}_{OA} - \mathbf{F}_{OA}) \tag{15.7}$$

この運動方程式はスカラーレベルで三つの式を含んでいて，この系の運動学的自由度と一致している。

さて，支点Pの拘束は次のように書ける。

$$\mathbf{r}_{OP} = \mathbf{R}_{OA} + \mathbf{C}_{OA} \mathbf{r}_{AP} = \mathbf{0} \tag{15.8}$$

この式の時間微分から，$\mathbf{V}_{OA}$ を $\boldsymbol{\Omega}'_{OA}$ で表すことができる。

$$\mathbf{V}_{OA} = \mathbf{C}_{OA} \tilde{\mathbf{r}}_{AP} \boldsymbol{\Omega}'_{OA} \tag{15.9}$$

この式をもう一度時間微分する。

$$\dot{\mathbf{V}}_{\mathrm{OA}}=\mathbf{C}_{\mathrm{OA}}\tilde{\mathbf{r}}_{\mathrm{AP}}\dot{\mathbf{\Omega}}'_{\mathrm{OA}}+\mathbf{C}_{\mathrm{OA}}\tilde{\mathbf{\Omega}}'_{\mathrm{OA}}\tilde{\mathbf{r}}_{\mathrm{AP}}\mathbf{\Omega}'_{\mathrm{OA}} \tag{15.10}$$

これを式(15.7)に代入し，整理する。その途中で，式(6.7)を利用して，$\tilde{\mathbf{r}}_{\mathrm{AP}}\tilde{\mathbf{\Omega}}'_{\mathrm{OA}}\tilde{\mathbf{r}}_{\mathrm{AP}}\mathbf{\Omega}'_{\mathrm{OA}}$ を $\tilde{\mathbf{\Omega}}'_{\mathrm{OA}}\tilde{\mathbf{r}}_{\mathrm{AP}}\tilde{\mathbf{r}}_{\mathrm{AP}}\mathbf{\Omega}'_{\mathrm{OA}}$ に置き換える操作が必要になるが，結局，次のように書くことができる。

$$(\mathbf{J}'_{\mathrm{OA}}+\tilde{\mathbf{r}}^{T}_{\mathrm{AP}}M_{\mathrm{A}}\tilde{\mathbf{r}}_{\mathrm{AP}})\dot{\mathbf{\Omega}}'_{\mathrm{OA}}+\tilde{\mathbf{\Omega}}'_{\mathrm{OA}}(\mathbf{J}'_{\mathrm{OA}}+\tilde{\mathbf{r}}^{T}_{\mathrm{AP}}M_{\mathrm{A}}\tilde{\mathbf{r}}_{\mathrm{AP}})\mathbf{\Omega}'_{\mathrm{OA}}=\mathbf{N}'_{\mathrm{OA}}-\tilde{\mathbf{r}}_{\mathrm{AP}}\mathbf{C}^{T}_{\mathrm{OA}}\mathbf{F}_{\mathrm{OA}} \tag{15.11}$$

左辺二つの括弧内は同じで，支点Pまわりの慣性行列であり，${}^{\mathrm{P}}\mathbf{J}'_{\mathrm{OA}}$ と書くことができる（12.3節平行軸の定理）。右辺は支点Pまわりのトルクであり，結局，この式は次のようになる。

$${}^{\mathrm{P}}\mathbf{J}'_{\mathrm{OA}}\dot{\mathbf{\Omega}}'_{\mathrm{OA}}+\tilde{\mathbf{\Omega}}'_{\mathrm{OA}}{}^{\mathrm{P}}\mathbf{J}'_{\mathrm{OA}}\mathbf{\Omega}'_{\mathrm{OA}}={}^{\mathrm{P}}\mathbf{N}'_{\mathrm{OA}} \tag{15.12}$$

${}^{\mathrm{P}}\mathbf{N}'_{\mathrm{OA}}$ は，P点まわりのトルクを座標系Aで表した代数ベクトルである。

式(15.11)，または，(15.12)がコマの運動方程式である。式(15.12)は，自由な剛体の回転の運動方程式(5.2)と同じ形になっている。式(5.2)は重心Aまわりの回転運動の式であり，重心が並進運動をしていても，その影響を受けない。式(15.12)は，剛体Aと慣性系Oの両方に固定された点まわりの回転運動の式である。両者は同じ形であり，式(15.12)も**オイラーの運動方程式**と呼ばれる。

● コマのシミュレーション

コマの順動力学解析を数値計算で行う場合，ここで求めた運動方程式以外に，回転姿勢と角速度の関係が必要になる。回転姿勢にはオイラー角かオイラーパラメータを用いればよく，オイラー角 $\mathbf{\Theta}^{\mathrm{Y'Z'Y'}}_{\mathrm{OA}}$ の場合は式(9.19)を，オイラーパラメータの場合は式(9.12)の添え字を変えたもの，または，拘束安定化機能を持つ式(9.29)を用いることになる。

オイラー角 $\mathbf{\Theta}^{\mathrm{Y'Z'Y'}}_{\mathrm{OA}}$ を用いたMATLABプログラム（koma_20.m，付録のCD-ROMに収録）の詳しい解説は不要であろう。右辺を計算する関数e_koma_20.mの中に上記に求めた運動方程式に沿った計算手順が含まれている。これを，9.4節のe_koma_120.mと対比されたい。最大の差異は一般化座標，一般化速度の違いであり，支点Pに働く力の計算の有無であろう。グラフ出力は，表15.1

のとおりである。なお，figure(12) と figure(14)～figure(16) の Y 軸は単純な自動スケールではない。下限は計算結果の最小値の 0.9 倍とし，上限は最大値の 1.1 倍とした。運動量，角運動量は慣性座標系の成分が示されている。角速度に比例する減衰をゼロとすると，全エネルギーの数値計算結果（figure(16)）は，ほぼ，一定値に維持されている。また，角運度量の慣性座標系 Y 軸成分（figure(12)）も，大体，一定値である。これらは理論的には一定のはずだが，数値積分法などの影響で，多少の増加または減少傾向を示すことがある。

figure(4)（図 15.1）を見ると，2.6 節の近似ボールジョイントのコマと比べて，**章動運動**がほとんど減衰していない。近似ボールジョイントのダンピングが

表 15.1　koma_20.m の出力

figure（1)～figure（3)	時間に対する重心位置
figure（4)	鉛直上方から眺めた重心の軌跡（Z 成分に対する X 成分）
figure（5)～figure（7)	時間に対するオイラー角
figure（8)～figure（10)	時間に対する運動量（座標系 O）
figure（11)～figure（13)	時間に対する角運動量（座標系 O）
figure（14)	時間に対する運動エネルギー
figure（15)	時間に対するポテンシャルエネルギー
figure（16)	時間に対する運動エネルギーとポテンシャルエネルギーの和
figure（17)	アニメーション

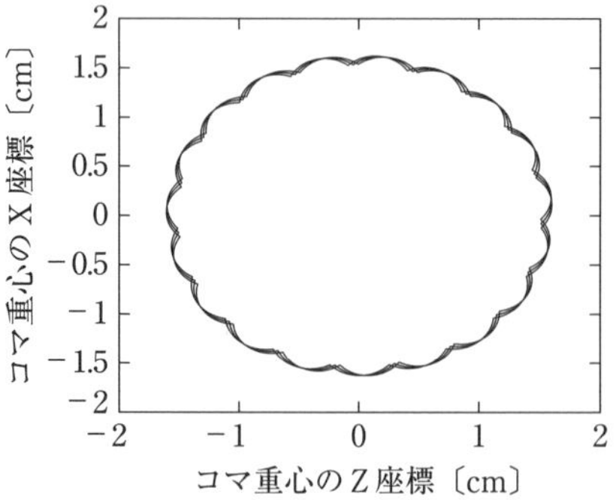

図 15.1　鉛直上方から見たコマの重心の軌跡（歳差と章動の様子）

表 15.2 koma_45.m, koma_1045.m (20.5 節) の出力

figure (1)～figure (3)	時間に対する重心位置
figure (4)	鉛直上方から眺めた重心の軌跡 (Z 成分に対する X 成分)
figure (5)～figure (8)	時間に対するオイラーパラメータ
figure (9)～figure (11)	時間に対する運動量 (座標系 O)
figure (12)～figure (14)	時間に対する角運動量 (座標系 O)
figure (15)	時間に対する運動エネルギー
figure (16)	時間に対するポテンシャルエネルギー
figure (17)	時間に対する運動エネルギーとポテンシャルエネルギーの和
figure (18)	時間に対するオイラーパラメータの二乗和から 1 を差し引いた値
figure (19)	アニメーション

章動運動を減衰させていたと推定されるが，実際のコマでも章動運動は減衰しやすく，何らかのダンピングが働いていると思われる。

オイラーパラメータを用いた MATLAB プログラム (koma_45.m) も CD-ROM に載せておこう。グラフ出力は，表 15.2 のとおりである。オイラーパラメータの拘束は，koma_145.m の場合ほどきれいにゼロに収束せず，僅かに乱れを残している。ただし，僅かであるから拘束は十分維持されている。

ボールジョイント拘束は，近似ボールジョイントのバネ定数とダンピング係数が無限に大きくなった状態と考えることができるが，運動方程式の形はまったく異なったものになる。近似ボールジョイントには，現実に存在するような柔らかさを含んでいる印象があるが，計算時間的には不利である。

● コマの定常歳差運動の初期値

コマの運動は**歳差運動**と**章動**が特徴的である。ここでは章動がなく，歳差運動だけが現れるような初期条件の与え方を考えてみよう。このような運動を**定常歳差運動**と呼ぶことにする。コマは重心に固定した座標系 A の Y 軸が回転軸で，完全な軸対称性があるとし，したがって X 軸と Z 軸まわりの慣性モーメントは同じ値になっているとする。慣性乗積はゼロである。また，座標系 O の Y 軸が鉛直上方を向いているとしている。

オイラー角 $\mathbf{\Theta}_{\mathrm{OA}}^{\mathrm{Y'Z'Y'}}$ で回転姿勢を考えると，定常歳差運動の場合，θ_2 はコマの回転軸の傾き角で一定である。コマの回転軸 $\vec{e}_{\mathrm{AY}}$ と鉛直軸 $\vec{e}_{\mathrm{OY}}$ を含む平面Sを考えると，この平面は鉛直軸まわりに $\dot{\theta}_1$ の一定速さで回転していると考えることができ，この回転が歳差運動である。平面Sに対してコマの回転軸は動かず，この平面に対してコマはスピン角速度と呼ぶ一定速さ $\dot{\theta}_3$ で回っている。コマの角速度は，歳差角速度とスピン角速度の和として，幾何ベクトル表現で次のように書ける。

$$\vec{\Omega}_{\mathrm{OA}}=\vec{e}_{\mathrm{OY}}\dot{\theta}_1+\vec{e}_{\mathrm{AY}}\dot{\theta}_3 \tag{15.13}$$

この幾何ベクトルは平面S内にあり，$\dot{\theta}_1$ も $\dot{\theta}_3$ も定数であるから，平面内では長さも向きも変化しない。代数ベクトル表現では次のように書ける。

$$\mathbf{\Omega}'_{\mathrm{OA}}=\mathbf{C}_{\mathrm{OA}}^{T}\mathbf{D}_{\mathrm{Y}}\dot{\theta}_1+\mathbf{D}_{\mathrm{Y}}\dot{\theta}_3 \tag{15.14}$$

この式を，以下に示す方法と同じように定常歳差運動に限定しながら運動方程式(5.12)に代入しても同じ結論に到達できるが，ここでは，コマの角運動量に注目し，運動量原理から定常歳差運動を考えてみよう。運動方程式が，まだ，得られていない状況での考え方であり，また，コマの定常歳差運動は，角運動量や運動量原理を理解するよい事例である。

P点まわりの角運動量 ${}^{\mathrm{P}}\vec{\Pi}_{\mathrm{OA}}$ は，コマの慣性主軸の方向に分けて，次のように書ける。

$$ {}^{\mathrm{P}}\vec{\Pi}_{\mathrm{OA}}=\vec{e}_{\mathrm{AX}}\,{}^{\mathrm{P}}J'_{\mathrm{OAXX}}\Omega'_{\mathrm{OAX}}+\vec{e}_{\mathrm{AY}}\,{}^{\mathrm{P}}J'_{\mathrm{OAYY}}\Omega'_{\mathrm{OAY}}+\vec{e}_{\mathrm{AZ}}\,{}^{\mathrm{P}}J'_{\mathrm{OAZZ}}\Omega'_{\mathrm{OAZ}} \tag{15.15}$$

${}^{\mathrm{P}}J'_{\mathrm{OAXX}}$ と ${}^{\mathrm{P}}J'_{\mathrm{OAZZ}}$ が等しいことを利用すると，この式は次のように書き換えることができる。

$$ {}^{\mathrm{P}}\vec{\Pi}_{\mathrm{OA}}=\vec{\Omega}'_{\mathrm{OA}}\,{}^{\mathrm{P}}J'_{\mathrm{OAXX}}+\vec{e}_{\mathrm{AY}}({}^{\mathrm{P}}J'_{\mathrm{OAYY}}-{}^{\mathrm{P}}J'_{\mathrm{OAXX}})\Omega'_{\mathrm{OAY}} \tag{15.16}$$

$\vec{\Omega}'_{\mathrm{OA}}$ は平面Sに固定された幾何ベクトルであり，Ω'_{OAY} も定数であるので，この式から，角運動量を表す幾何ベクトル ${}^{\mathrm{P}}\vec{\Pi}_{\mathrm{OA}}$ も平面S内にあり，平面に対して長さも向きも変化しないことがわかる。

代数ベクトル表現では，P点まわりの角運動量は式(15.14)を用いて，次の式で計算できる。

$$ {}^{\mathrm{P}}\mathbf{\Pi}_{\mathrm{OA}}=\mathbf{C}_{\mathrm{OA}}\,{}^{\mathrm{P}}\mathbf{J}'_{\mathrm{OA}}\mathbf{\Omega}'_{\mathrm{OA}}=\mathbf{C}_{\mathrm{OA}}\,{}^{\mathrm{P}}\mathbf{J}'_{\mathrm{OA}}(\mathbf{C}_{\mathrm{OA}}^{T}\mathbf{D}_{\mathrm{Y}}\dot{\theta}_1+\mathbf{D}_{\mathrm{Y}}\dot{\theta}_3) \tag{15.17}$$

$\mathbf{C}_{\mathrm{OA}}$ と ${}^{\mathrm{P}}\mathbf{J}'_{\mathrm{OA}}$ は次のように書ける。

$$\mathbf{C}_{\mathrm{OA}}=\mathbf{C}_{\mathrm{Y}}(\theta_1)\mathbf{C}_{\mathrm{Z}}(\theta_2)\mathbf{C}_{\mathrm{Y}}(\theta_3) \tag{15.18}$$

$$ {}^{\mathrm{P}}\mathbf{J}'_{\mathrm{OA}}=(\mathbf{I}_3-\mathbf{D}_{\mathrm{Y}}\mathbf{D}_{\mathrm{Y}}^T)\,{}^{\mathrm{P}}J'_{\mathrm{OAXX}}+\mathbf{D}_{\mathrm{Y}}\mathbf{D}_{\mathrm{Y}}^T\,{}^{\mathrm{P}}J'_{\mathrm{OAYY}} \tag{15.19} $$

これらを代入し，整理すると，${}^{\mathrm{P}}\mathbf{\Pi}_{\mathrm{OA}}$ は次のようになる。

$$ {}^{\mathrm{P}}\mathbf{\Pi}_{\mathrm{OA}}=\mathbf{D}_{\mathrm{Y}}\,{}^{\mathrm{P}}J'_{\mathrm{OAXX}}\,\dot{\theta}_1+\mathbf{C}_{\mathrm{Y}}(\theta_1)\mathbf{C}_{\mathrm{Z}}(\theta_2)\mathbf{D}_{\mathrm{Y}}\{\cos\theta_2({}^{\mathrm{P}}J'_{\mathrm{OAYY}}-{}^{\mathrm{P}}J'_{\mathrm{OAXX}})\,\dot{\theta}_1+{}^{\mathrm{P}}J'_{\mathrm{OAYY}}\,\dot{\theta}_3\} \tag{15.20} $$

θ_2，$\dot{\theta}_1$，$\dot{\theta}_3$ は定数であるから，${}^{\mathrm{P}}\mathbf{\Pi}_{\mathrm{OA}}$ の時間変化は θ_1 の時間変化によるものだけである。

$$ {}^{\mathrm{P}}\dot{\mathbf{\Pi}}_{\mathrm{OA}}=\mathbf{C}_{\mathrm{Y}}(\theta_1)\mathbf{D}_{\mathrm{Z}}\sin\theta_2\{\cos\theta_2({}^{\mathrm{P}}J'_{\mathrm{OAYY}}-{}^{\mathrm{P}}J'_{\mathrm{OAXX}})\,\dot{\theta}_1+{}^{\mathrm{P}}J'_{\mathrm{OAYY}}\,\dot{\theta}_3\}\,\dot{\theta}_1 \tag{15.21} $$

この時間変化は，平面 S 内で一定の ${}^{\mathrm{P}}\vec{\Pi}_{\mathrm{OA}}$ が平面 S とともに回転していることに対応している。${}^{\mathrm{P}}\dot{\mathbf{\Pi}}_{\mathrm{OA}}$ は，角運動量原理（14.4 節）により，重力による P 点まわりのトルクに等しい。

$$ {}^{\mathrm{P}}\dot{\mathbf{\Pi}}_{\mathrm{OA}}={}^{\mathrm{P}}\mathbf{N}_{\mathrm{OA}}=\mathbf{C}_{\mathrm{Y}}(\theta_1)\mathbf{D}_{\mathrm{Z}}M_{\mathrm{A}}\,gb\sin\theta_2 \tag{15.22} $$

すなわち定常歳差運動は，一定の長さで一定の傾きを持つ角運動量 ${}^{\mathrm{P}}\vec{\Pi}_{\mathrm{OA}}$ が鉛直軸まわりを回転している現象で，その回転を重力によるトルクが実現しているといえる。

式(15.21)と(15.22)から，次の式が得られる。

$$ \{\cos\theta_2({}^{\mathrm{P}}J'_{\mathrm{OAYY}}-{}^{\mathrm{P}}J'_{\mathrm{OAXX}})\,\dot{\theta}_1+{}^{\mathrm{P}}J'_{\mathrm{OAYY}}\,\dot{\theta}_3\}\,\dot{\theta}_1=M_{\mathrm{A}}\,gb \tag{15.23} $$

この式を満たすように，傾き角 θ_2，スピン角速度 $\dot{\theta}_3$，歳差角速度 $\dot{\theta}_1$ を決めて初期値を作れば，定常歳差運動が実現できる。なお，この式を $\dot{\theta}_1$ について解くと二つの解が得られる。速い歳差と遅い歳差であるが，通常のコマで体験するのは遅い歳差である。

運動量原理は，特に，拘束力や拘束トルクが働かない部分系や方向に適用される。式(15.22)は，P 点まわりの拘束トルクが働いていないから成立するのである。運動量や角運動量の保存則を適用する場合も，当然，拘束力や拘束トルクは働いていない。拘束力や拘束トルクを意識して，それらが働かない部分系や方向を見つけることは，拘束力消去法の考え方の一部と考えることもできる。

Quiz 15.1 式(15.12)と式(9.19)を用いて順動力学解析を行ないながら，支点 P に働く拘束力を求めたい。どのようにしたらよいだろうか。

15.2 質点系の拘束力消去法

拘束質点系の運動方程式は，各質点に働く拘束力を含んだ形で次のように与えられた。

$$\mathbf{m}\dot{\mathbf{v}}=\mathbf{f}+\bar{\mathbf{f}} \qquad 【12.44】$$

この運動方程式の数は $\mathbf{v}$ に含まれる変数の数だけあるが，$\mathbf{v}$ はすべてが独立ではない。$\mathbf{v}$ の拘束は次のように与えられている。

$$\mathbf{\Phi}=\mathbf{\Phi}_{\mathrm{v}}\mathbf{v}+\mathbf{\Phi}_{\bar{\mathrm{v}}}=\mathbf{0} \qquad 【13.36】$$

$\mathbf{\Phi}$ は独立な拘束だけを含んでいるとする。式(12.44)には $\mathbf{v}$ の数だけ拘束力が含まれているが，その中で独立な拘束力は $\mathbf{\Phi}$ の数だけである。まず，$\bar{\mathbf{f}}$ の中から独立な拘束力を選択し，他の拘束力をこの独立な拘束力で表す必要がある。それが得られれば，式(12.44)を用いてすべての拘束力を消去した運動方程式を作ることができる。その式の数は $\mathbf{v}$ の数から $\mathbf{\Phi}$ の数を引いた数になるはずである。ただし，この段階の運動方程式は加速度レベルの変数が $\dot{\mathbf{v}}$ になっている。運動方程式の数，すなわち，$\mathbf{v}$ の数から $\mathbf{\Phi}$ の数を引いた数は，独立な一般化速度 $\mathbf{H}$ の数で，その独立な一般化速度 $\mathbf{H}$ を選定する。そして，式(13.36)を利用するなどして，$\mathbf{v}$ を $\mathbf{H}$ で表す。

$$\mathbf{v}=\mathbf{v}_{\mathrm{H}}\mathbf{H}+\mathbf{v}_{\bar{\mathrm{H}}} \qquad 【13.10】$$

この関係を時間微分すれば $\dot{\mathbf{v}}$ が $\dot{\mathbf{H}}$ で表され，先ほど求まった運動方程式に代入すれば，加速度レベルの変数が $\dot{\mathbf{H}}$ になった運動方程式を得ることができる。

15.3 剛体系の拘束力消去法

同様な説明は拘束剛体系に限定しても成り立つ。拘束剛体系の運動方程式は，重心位置に等価換算した拘束力と拘束トルクを含んだ形で次のとおりであった。

$$\mathbf{M}\dot{\mathbf{V}}=\mathbf{F}+\bar{\mathbf{F}} \qquad 【12.62】$$

$$\mathbf{J}'\dot{\mathbf{\Omega}}'+\tilde{\mathbf{\Omega}}'\mathbf{J}'\mathbf{\Omega}'=\mathbf{N}'+\bar{\mathbf{N}}' \qquad 【12.63】$$

この運動方程式の数は，$\mathbf{V}$ と $\mathbf{\Omega}'$ に含まれる変数の数だけあるが，$\mathbf{V}$ と $\mathbf{\Omega}'$ のすべてが独立ではない。速度レベルの拘束は次のように与えられる。

$$\mathbf{\Phi}=\mathbf{\Phi}_{\mathrm{V}}\mathbf{V}+\mathbf{\Phi}_{\Omega'}\mathbf{\Omega}'+\mathbf{\Phi}_{\overline{\mathrm{V}\Omega'}}=\mathbf{0} \qquad 【13.39】$$

$\mathbf{\Phi}$は独立な拘束だけを含んでいるものとする。式(12.62)と(12.63)には，$\mathbf{V}$と$\mathbf{\Omega}'$の数だけ拘束力が含まれているが，その中で独立な拘束力は$\mathbf{\Phi}$の数だけである。まず，式(12.62)と(12.63)の$\bar{\mathbf{F}}$と$\bar{\mathbf{N}}'$の中から独立な拘束力を選択し，他の拘束力をこの独立な拘束力で表す必要がある。それが得られれば，式(12.62)と(12.63)を用いてすべての拘束力を消去した運動方程式が得られる。その式の数は，$\mathbf{V}$と$\mathbf{\Omega}'$の数から$\mathbf{\Phi}$の数を引いた数になっているはずである。ただし，この段階の運動方程式は加速度レベルの変数が$\dot{\mathbf{V}}$と$\dot{\mathbf{\Omega}}'$になっている。運動方程式の数，すなわち，$\mathbf{V}$と$\mathbf{\Omega}'$の数から$\mathbf{\Phi}$の数を引いた数は，独立な一般化速度$\mathbf{H}$の数で，その独立な一般化速度$\mathbf{H}$を選定する。そして，式(13.39)を利用する方法などにより，$\mathbf{V}$と$\mathbf{\Omega}'$を$\mathbf{H}$で表す。

$$\mathbf{V}=\mathbf{V}_{\mathrm{H}}\mathbf{H}+\mathbf{V}_{\bar{\mathrm{H}}} \qquad 【13.11】$$

$$\mathbf{\Omega}'=\mathbf{\Omega}'_{\mathrm{H}}\mathbf{H}+\mathbf{\Omega}'_{\bar{\mathrm{H}}} \qquad 【13.12】$$

この関係を時間微分すれば$\dot{\mathbf{V}}$と$\dot{\mathbf{\Omega}}'$が$\dot{\mathbf{H}}$で表され，先ほど求まった運動方程式に代入すれば，加速度レベルの変数が$\dot{\mathbf{H}}$になった運動方程式を得ることができる。

15.4　拘束力消去法の特徴など

連続的に質量が分布した剛体などを含む系では，系を構成するすべての質点について式(12.44)を作ることは不可能で，近似的に考えても実用的ではない場合が多い。また，連続的に質量が分布した剛体などを考える場合，その内部の拘束力は不明確である。したがって，多くの実際問題では拘束剛体系に対する方法を用いることになる。しかし，質点系で考えておくと本質的な考え方を理解しやすい。

本章の方法は，一旦，拘束力を考慮し，その後，それらを消去する方法である。そこで，**拘束力消去法**と呼ぶことにする。もとになる式が，式(12.44)，または，式(12.62)と(12.63)であり，それらはニュートンとオイラーの運動方程式と呼んで差し支えないので，この方法を**ニュートン・オイラーの運動方程式を利用する方法**と呼ぶこともできそうである。

拘束力消去法では，拘束に関わる二つの側面を判断し，処理しなければならない。一つは拘束力に関する側面であり，もう一つは拘束の運動学的側面である。拘束力に関する側面では，独立な拘束力を選択し，それによって他の拘束力を表すことが必要であった。このとき，個々の拘束ごとに拘束力を分析しなければならない。そして，独立な拘束力を決める判断は，独立な一般化速度を決める判断と類似で，今のところ人の判断力に頼った技術である。運動学的側面では，独立な一般化速度を選択し，それによって質点速度や剛体重心速度と剛体角速度を表すことが必要である。拘束は本来，運動学的な量の間の関係式として把握されるので，こちらの側面は比較的容易に処理できる。いずれにしても，拘束に関する二つの側面を考慮しなければならない点は，この方法の弱点である。

式(12.44)，または，式(12.62)，(12.63)から拘束力を消去するところが，この方法の鍵である。独立な拘束力を選び，他の拘束力を独立なもので表す方法は一般的な定型化が難しい。一方，拘束力を除外する別の方法が，運動量原理である。この方法では拘束力の影響を除けるような部分系と方向を見つけることが必要になるが，こちらも一般的な定型化は難しい。拘束系の取り扱いは拘束力をいかに処理するかが鍵である。第16章以後の方法は，第20章の微分代数型運動方程式を除いて，すべて，新たな力学原理を用いて拘束力を考えない方法である。別のいい方をすると，物理学の立場では拘束力の本質は不明であり，次章以降に説明する新しい力学原理が必要だったのである。一方，第20章の微分代数型運動方程式は，本節の方法の弱点に対する解決策と考えることもできる。

Quiz 15.2　新しく学んだ方法をしっかり理解するための一つの手段は，できるだけ簡単な事例で確かめてみることである。

①：質点Pが原点Oから一定の長さ b の紐でぶら下がっている単振子の運動方程式を，拘束力消去法で求めよ。この問題は2次元問題で，座標系OのY軸は鉛直上方に向いており，X軸は水平である。質点の質量は m_{P}，重力の加速度は g とする。

②：次に，紐の一端O′を座標原点に固定するのではなく，X-Y平面上を動かすことにする。すなわち，$\mathbf{r}_{\mathrm{OO'}}$ は時間の関数として与えられる。点O′の動かし方はあまり急激ではなく，PO′間の長さはいつも一定値 b に保たれていて，紐がたるむようなことはないとする。この系の運動方程式を拘束力消去法で求めよ。

③：一方，原点Oに小さな穴があって，紐はその穴を通して長さが調整されているとする。すなわち，紐の長さ b が時間の関数で変化するものとする。この

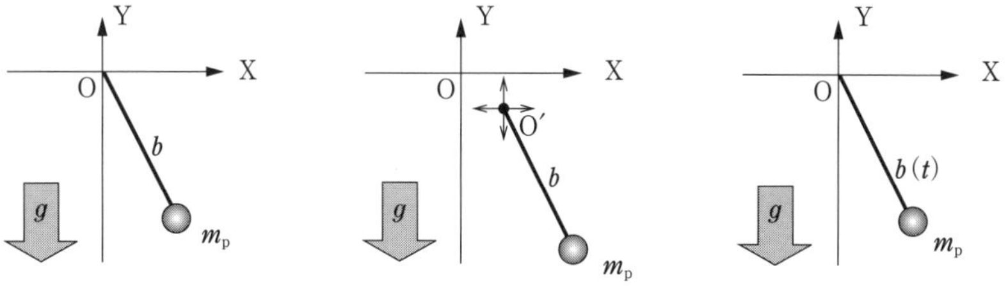

図 15.2　単振子，端点が時間の関数で動かされる単振子，紐の長さが変動する単振子

系の運動方程式を拘束力消去法で求めよ。

なお，以上の簡単な事例は，次章以降で新しい方法を学んだときにも，確認のために利用するとよい。

第 16 章 ダランベールの原理を利用する方法

ダランベールの原理は力学の歴史上，理論上，そして，実用上において重要な原理である。拘束力学系の運動方程式の導出は，この原理を用いて説明されることが最も多い。さらにこの原理からラグランジュの運動方程式，ハミルトンの原理へと発展できる。しかし，この原理を利用して 3 次元剛体系やシンプルノンホロノミックな系の運動方程式を立てようとすると，実用上の弱点にぶつかる。その弱点を回避して本章の事例は 2 次元のものだけを扱ったが，3 次元問題やシンプルノンホロノミックな問題が扱えないわけではない。この弱点について，次節の仮想パワーの原理と対比しながら読むと分かりやすいであろう。16.3 節と 16.4 節の事例を読みにくく感じる読者は，次節を読んでから再読されたい。

16.1 拘束質点系（ホロノミックな系の場合）

質点系を対象とした**ダランベールの原理**は次のような式で表される。

$$\delta\mathbf{r}^T(\mathbf{f}-\mathbf{m}\dot{\mathbf{v}})=\mathbf{0} \tag{16.1}$$

$\mathbf{f}$ は各質点に働く作用力であり，$\mathbf{m}\dot{\mathbf{v}}$ に負号を付けたものは慣性力と呼ばれる。すなわち括弧内は作用力と慣性力の和である。$\delta\mathbf{r}$ は**仮想変位**（図 16.1 参照）と呼ばれ，次のような列行列である。

$$\delta\mathbf{r}=\begin{bmatrix}\vdots\\ \delta\mathbf{r}_{0j}\\ \vdots\end{bmatrix} \tag{16.2}$$

$\delta\mathbf{r}$ の成分は系を構成するすべての質点の仮想変位であり，各質点の仮想変位 $\delta\mathbf{r}_{0j}$ は座標系 O で表された XYZ の三成分からなっている。剛体振子は多数の質点からできていると考えることができるが，その全質点の仮想変位を考えている。ただし，これは次の三つの事柄を満たす必要がある。

① 運動の各瞬間，時間を止めて系を構成する全質点の位置と速度を凍結した後，その位置に与える無限小の変位である。

② 拘束条件を満たす範囲で与えられる変位である。

③ 許される範囲で，任意の，あるいは，可能なすべての変位を考え，そのすべてに対して式(16.1)が成立する。

剛体振子の場合，各質点に与える仮想変位は剛体を維持するように与えなければいけない。また，ピンジョイントの拘束も維持するように与えなければならない。結局，許される範囲の可能な変位とは，振子の角度 θ_{0A} の仮想変位 $\delta\theta_{0A}$ だけであり，それによってすべての質点の仮想変位 $\delta\mathbf{r}$ が決まってくる。

式(16.1)の左辺は，仮想変位が作用力と慣性力の和によって生み出す**仕事**(注)を系全体について加え合わせたものであり，**仮想仕事**と呼ばれている。ダランベールの原理とは，系全体にわたって加え合わせたこのような仮想仕事は常にゼロになる，というものである。剛体振子の場合，作用力は重力だけであり，慣性力も重心に働くと考えればよいので，これらと重心の仮想変位 $\delta\mathbf{R}_{0A}$ から並進運動に関する仮想仕事が求まる。また，慣性トルクと仮想の回転変位 $\delta\theta_{0A}$ から回転運動に関する仮想仕事を作ることができるので，両者を合計して系全体の仮想仕事とすればよい（次節参照）。作用力が重心以外に働く場合も，重心位置に等価換算した力とトルクを用いて求めることができる。あるいは，重心に等価換算せずに，作用力が働く点の仮想変位を用いて仮想仕事を計算することができる。

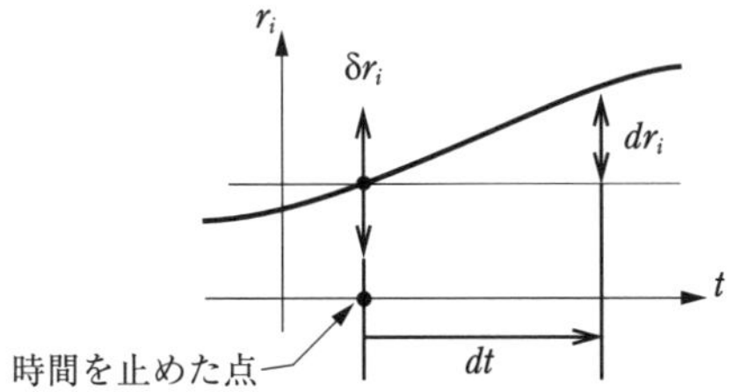

図 16.1 実変位 dr_i と仮想変位 δr_i
r_i は $\mathbf{r}$ の i 番目のスカラー成分

(注) 力の作用点が微小変位すると微小仕事になり，その積分値が仕事である。これはエネルギーと同じ単位で表される。

時間を止めて仮想変位を考えるということは，時間に依存する変位は考慮しないということで，数学的には，時間を定数として扱うことになる。実際には，時間依存の拘束がある場合に，時間を止める意味が明確になる。

仮想変位は拘束条件を満たさなければならないが，ホロノミックな位置レベルの拘束は一般に非線形であるから，無限小の変位を考えることになる。式(13.34)から，$\delta\mathbf{r}$ が受ける拘束は次のように表される。

$$\frac{\partial\boldsymbol{\Psi}(\mathbf{r},\,t)}{\partial\mathbf{r}}\delta\mathbf{r}=\mathbf{0} \tag{16.3}$$

この式は式(13.34)の $\mathbf{r}$ に $\mathbf{r}+\delta\mathbf{r}$ を代入し，$\delta\mathbf{r}$ を微少量として一次近似したものである。一方，式(13.2)から仮想変位 $\delta\mathbf{r}$ は，独立な仮想変位 $\delta\mathbf{Q}$ によって次のように表される。

$$\delta\mathbf{r}=\frac{\partial\mathbf{r}}{\partial\mathbf{Q}}\delta\mathbf{Q} \tag{16.4}$$

この式は式(13.2)の $\mathbf{Q}$ に $\mathbf{Q}+\delta\mathbf{Q}$，$\mathbf{r}$ に $\mathbf{r}+\delta\mathbf{r}$ を代入して，$\delta\mathbf{Q}$ と $\delta\mathbf{r}$ を微少量として一次近似したものである。これらの操作は時間を固定して行われている。式(16.4)は $\delta\mathbf{r}$ の拘束を式(16.3) とは別の形で表したものである。式(13.3)～(13.5)の $\mathbf{R}$，$\boldsymbol{\Theta}$，$\mathbf{E}$ も式(16.4) と同様に表すことができる。式(13.6) の $\mathbf{C}$ は列行列ではないので，そのまま $\mathbf{Q}$ で偏微分することはできないが，多くの場合は $\mathbf{r}_0$ のような $\mathbf{Q}$ に無関係な列行列との積になっていて，$\mathbf{C}\mathbf{r}_0$ をまとめて偏微分するなど，工夫できるはずである。$\delta\mathbf{R}$～$\delta\mathbf{C}$ は剛体系の場合に必要になってくる。

式(16.4)を式(16.1)に代入すると次の式が得られる。

$$\delta\mathbf{Q}^T\left(\frac{\partial\mathbf{r}}{\partial\mathbf{Q}}\right)^T(\mathbf{f}-\mathbf{m}\dot{\mathbf{v}})=0 \tag{16.5}$$

許される範囲で任意の，または，すべての仮想変位を考えるということは，独立な仮想変位を任意に取るということである。ホロノミックな系で $\mathbf{Q}$ が独立な場合，$\delta\mathbf{Q}$ に任意な値を与えてもこの式が成立することから，次の式が得られる。

$$\left(\frac{\partial\mathbf{r}}{\partial\mathbf{Q}}\right)^T(\mathbf{f}-\mathbf{m}\dot{\mathbf{v}})=\mathbf{0} \tag{16.6}$$

速度 $\mathbf{v}$ を独立な一般化速度 $\mathbf{H}$ で表し，その時間微分をこの式に代入すれば，$\dot{\mathbf{v}}$ の代わりに $\dot{\mathbf{H}}$ を用いた表現が得られる。それが求める運動方程式である。

質点系を中心に説明してきたが，剛体系でも考え方は同じである。剛体系の場合は，仮想の並進変位が作用力と慣性力の和によって作り出す仮想仕事に加えて，仮想の回転変位が作用トルクと慣性トルクの和によって作り出す仮想仕事も考え，それらの和が常にゼロになると考える。そのような仮想仕事の表現を作り，仮想並進変位と仮想回転変位を独立な一般化座標の仮想変位で表せば，後は質点系の場合と同じ方法で運動方程式を求めることができる。

16.2　事例：剛体振子

11.1 節に説明した剛体振子の運動方程式を求めてみよう。剛体振子は鉛直な 2 次元平面内を運動するので，はじめから 2 次元問題として扱うことにする。2 次元平面を運動する自由な剛体の自由度は 3 であるが，ピンジョイントの拘束があり，2 次元のピンジョイントは 2 自由度を拘束する。その結果，剛体振子は自由度 1 のホロノミックな系になる。独立な一般化座標を振子の傾き角 θ_{OA} とする。これは，座標系 A の座標系 O に対する回転角である。独立な一般化速度には θ_{OA} の時間微分 ω_{OA} を用いることにする。

剛体系の仮想仕事は並進運動によるものと回転運動によるものの和として捉えることができ，2 次元剛体 A を対象としたダランベールの原理は次のように表現できる。

$$\delta\mathbf{R}_{\mathrm{OA}}^{T}(\mathbf{F}_{\mathrm{OA}}-M_{\mathrm{A}}\dot{\mathbf{V}}_{\mathrm{OA}})+\delta\theta_{\mathrm{OA}}(n_{\mathrm{A}}-J_{\mathrm{A}}\dot{\omega}_{\mathrm{OA}})=0 \tag{16.7}$$

$\delta\mathbf{R}_{\mathrm{OA}}$ は重心の仮想の並進変位であり，$\delta\theta_{\mathrm{OA}}$ は仮想の回転変位である。$\mathbf{F}_{\mathrm{OA}}$ と n_{A} は重心位置へ等価換算した作用力と作用トルク，J_{A} は重心まわりの慣性モーメントで，$-M_{\mathrm{A}}\dot{\mathbf{V}}_{\mathrm{OA}}$ と $-J_{\mathrm{A}}\dot{\omega}_{\mathrm{OA}}$ は慣性力と慣性トルクである。2 次元剛体を対象としているので慣性トルクの表現に 3 次元のような複雑さはない。また，n_{A} と J_{A} も一つの添え字で十分であり，2 次元剛体の回転運動を表す量にダッシュを付けた記号を用いることもない。

剛体振子の場合，$\delta\theta_{\mathrm{OA}}$ は独立な一般化座標の仮想変位であるからそのままでよいが，$\delta\mathbf{R}_{\mathrm{OA}}$ は $\delta\theta_{\mathrm{OA}}$ で表す必要がある。そのために，まず，$\mathbf{R}_{\mathrm{OA}}$ を θ_{OA} で表現する。

$$\mathbf{R}_{\mathrm{OA}}=\begin{bmatrix} b\sin\theta_{\mathrm{OA}} \\ -b\cos\theta_{\mathrm{OA}} \end{bmatrix} \tag{16.8}$$

この関係は，剛体振子の図を描くと直ちに得られるが（図 11.5），剛体 A 上の点 O′ が O に一致している拘束から数式操作で求めることもできる（たとえば，式(16.31)で $\mathbf{r}_{\mathrm{OO'}}(t)=\mathbf{0}$ とすればよい）。仮想変位の関係を求めるには，まず時間を固定し，仮想的に θ_{OA} を $\theta_{\mathrm{OA}}+\delta\theta_{\mathrm{OA}}$ に変えたと考える。それに伴い，$\mathbf{R}_{\mathrm{OA}}$ は $\mathbf{R}_{\mathrm{OA}}+\delta\mathbf{R}_{\mathrm{OA}}$ になるが，これらを式(16.8)に代入し，仮想変位がいずれも無限小量であることを利用して線形近似すれば次の式が得られる。

$$\delta\mathbf{R}_{\mathrm{OA}}=\begin{bmatrix} b\cos\theta_{\mathrm{OA}} \\ b\sin\theta_{\mathrm{OA}} \end{bmatrix}\delta\theta_{\mathrm{OA}} \tag{16.9}$$

この式を求める場合，時間を固定する意味は陽には現れていない。16.9 節の式(16.31)のように，時間 t が式の中に入っている場合，時間固定の意味が明らかになる。さて，この式を式(16.7)に代入すると次のようになる。

$$\delta\theta_{\mathrm{OA}}[b\cos\theta_{\mathrm{OA}}\quad b\sin\theta_{\mathrm{OA}}](\mathbf{F}_{\mathrm{OA}}-M_{\mathrm{A}}\dot{\mathbf{V}}_{\mathrm{OA}})+\delta\theta_{\mathrm{OA}}(n_{\mathrm{A}}-J_{\mathrm{A}}\dot{\omega}_{\mathrm{OA}})=0 \tag{16.10}$$

この式で $\delta\theta_{\mathrm{OA}}$ は無限小量であるが任意の値を取ることができ，そのすべての値に対してこの等式が成立する。そのためには，次式の成立が必要である。

$$[b\cos\theta_{\mathrm{OA}}\quad b\sin\theta_{\mathrm{OA}}](\mathbf{F}_{\mathrm{OA}}-M_{\mathrm{A}}\dot{\mathbf{V}}_{\mathrm{OA}})+(n_{\mathrm{A}}-J_{\mathrm{A}}\dot{\omega}_{\mathrm{OA}})=0 \tag{16.11}$$

これで，仮想変位を取り除くことができた。

作用力としては重力だけが働いているとすると，n_{A} はゼロであり，$\mathbf{F}_{\mathrm{OA}}$ は次のように書ける。

$$\mathbf{F}_{\mathrm{OA}}=\begin{bmatrix} 0 \\ -M_{\mathrm{A}}g \end{bmatrix} \tag{16.12}$$

g は重力の加速度である。式(16.8)を二回時間微分すると，$\dot{\mathbf{V}}_{\mathrm{OA}}$ を求めることができる。

$$\dot{\mathbf{V}}_{\mathrm{OA}}=\begin{bmatrix} b\cos\theta_{\mathrm{OA}} \\ b\sin\theta_{\mathrm{OA}} \end{bmatrix}\dot{\omega}_{\mathrm{OA}}+\begin{bmatrix} -b\sin\theta_{\mathrm{OA}} \\ b\cos\theta_{\mathrm{OA}} \end{bmatrix}\omega_{\mathrm{OA}}^2 \tag{16.13}$$

これらを式(16.11)に代入し，整理すれば運動方程式ができあがる。

$$(M_{\mathrm{A}}b^2+J_{\mathrm{A}})\dot{\omega}_{\mathrm{OA}}=-M_{\mathrm{A}}gb\sin\theta_{\mathrm{OA}} \tag{16.14}$$

左辺カッコ内は O′ 点（O 点）まわりの慣性モーメントである。右辺は重力によるO点まわりのトルクであり，この式は，O点まわりの慣性トルクと作用トルクの和がゼロになっていることを示している。拘束トルクが働いていないため，O点まわりの回転運動について運動量原理を適用すれば直ちに求まる関係である。

式(16.8)の$\mathbf{R}_{OA}$は，2次元の座標変換行列$\mathbf{C}_{OA}$を用いて$-\mathbf{C}_{OA}\mathbf{r}_{AO'}$と書くことができる。また，$\mathbf{r}_{AO'}$は$\mathbf{d}_{Y}b$であり，式(16.12)の重力は$-\mathbf{d}_{Y}M_{A}g$と書ける。このような記号と10.2節の方法を用いれば，$\delta\mathbf{R}_{OA}$，$\dot{\mathbf{V}}_{OA}$などを簡潔に表現でき，式(16.14)より前には三角関数が表面に現れることもない。そして最後に式(16.14)に到達できる。これから出てくる2次元の事例では，これらの記号を活用するので，読者は本節の事例で，$\delta\mathbf{R}_{OA}$，$\dot{\mathbf{V}}_{OA}$がどのようになるか，式(16.14)に到達できるかなど，簡潔な表現方法を練習しておくとよい。

ここでは，始めから2次元問題として剛体振子の運動方程式を導いた。3次元の剛体を3次元のピンジョイントを用いて空間に結合したと考えても同じ1自由度の剛体振子を作ることができる。しかし，2次元問題で解決できる問題は2次元で扱うほうが簡単であり，さらに，ダランベールの原理には16.5節に説明する弱点がある。3次元問題として扱う方法を検討してみることは理解を深めるために役立つが，まず，次章まで学び，その後は読者の努力に委ねることにする。

16.3 拘束質点系（シンプルノンホロノミックな系の場合）

シンプルノンホロノミックな拘束がある場合，仮想変位はその拘束を満たすことも求められている。したがって，ホロノミックな拘束も含めて次の式を満たす必要がある。

$$\boldsymbol{\Phi}_{v}\delta\mathbf{r}=\mathbf{0} \qquad (16.15)$$

独立な仮想変位の数は独立な一般化速度の数と同じであり，独立な一般化座標$\mathbf{Q}$の数より少ない。すなわち，$\mathbf{Q}$は独立でも$\delta\mathbf{Q}$はすべてが独立ではなく，その代わりに，独立な一般化速度の仮想の変化分$\hat{\mathbf{H}}$に仮想の無限小時間δtを掛けたような量$\hat{\mathbf{H}}\delta t$を独立な仮想変位と考えることができる。なお，ここで，一般化速度の仮想変化分$\hat{\mathbf{H}}$が出てきた。以下には速度の仮想変化分$\dot{\mathbf{v}}$が出てくる。これらは仮想速度と呼ばれる量で，次章に説明がある。本節と次節の事例は，次章を学んだ後に再読するほうが理解し易いと思われるので後まわしにしてもよい。

式(13.10)で，独立な一般化速度 $\mathbf{H}$ の仮想の変化分 $\hat{\mathbf{H}}$ に対する $\mathbf{v}$ の仮想の変化分 $\hat{\mathbf{v}}$ を求めると，時間を固定して考え，次のようになる（第17章参照）。

$$\hat{\mathbf{v}}=\mathbf{v}_{\mathrm{H}}\hat{\mathbf{H}} \tag{16.16}$$

この式に時間の単位を持つ仮想の無限少量 δt を掛ければ仮想変位 $\delta\mathbf{r}$ として扱える。

$$\delta\mathbf{r}=\hat{\mathbf{v}}\delta t=\mathbf{v}_{\mathrm{H}}\hat{\mathbf{H}}\delta t \tag{16.17}$$

式(13.11)からも類似な表現の $\delta\mathbf{R}$ を作ることができる。式(13.12)の場合，$\delta\mathbf{r}$ や $\delta\mathbf{R}$ に相当する項には**擬座標**と呼ばれるものが必要になるが，その表現は用いずに，$\hat{\mathbf{\Omega}}'\delta t$ をそのまま仮想変位として扱うことができる（16.5節参照）。

式(16.17)を式(16.1)に代入すると次の式が得られる。

$$(\hat{\mathbf{H}}\delta t)^T\mathbf{v}_{\mathrm{H}}^T(\mathbf{f}-\mathbf{m}\dot{\mathbf{v}})=0 \tag{16.18}$$

この式で，$\hat{\mathbf{H}}\delta t$ は独立で任意な値を与えても等式が成立することから，次の運動方程式が成立することになる。

$$\mathbf{v}_{\mathrm{H}}^T(\mathbf{f}-\mathbf{m}\dot{\mathbf{v}})=\mathbf{0} \tag{16.19}$$

この式は第18章に出てくるケイン型の運動方程式であるが，ここでは仮想変位の考え方とそこから運動方程式を導く手順を理解すればよい。最後に，速度 $\mathbf{v}$ を独立な一般化速度 $\mathbf{H}$ で表し，その時間微分を代入すれば，$\dot{\mathbf{v}}$ の代わりに $\dot{\mathbf{H}}$ を用いた表現になり，運動方程式が得られる。

16.4　事例：舵付き帆掛け舟

13.3節に舵付き帆掛け舟の説明があり，13.6節の式(13.26)が舵の拘束である。この式は次のように書き直せる。

$$V'_{\mathrm{OAY}}=-r_{\mathrm{APX}}\omega_{\mathrm{OA}} \tag{16.20}$$

舵付き帆掛け舟は2次元モデルで，幾何学的自由度は3であるが運動学的自由度は2である。独立な一般化速度には，V'_{OAX} と ω_{OA} を用いることにする。この式を用いて $\mathbf{V}_{\mathrm{OA}}$ を独立な一般化速度で表すと次のようになる。

$$\mathbf{V}_{\mathrm{OA}}=\mathbf{C}_{\mathrm{OA}}\mathbf{V}'_{\mathrm{OA}}=\mathbf{C}_{\mathrm{OA}}(\mathbf{d}_{\mathrm{X}}V'_{\mathrm{OAX}}+\mathbf{d}_{\mathrm{Y}}V'_{\mathrm{OAY}})=\mathbf{C}_{\mathrm{OA}}(\mathbf{d}_{\mathrm{X}}V'_{\mathrm{OAX}}-\mathbf{d}_{\mathrm{Y}}r_{\mathrm{APX}}\omega_{\mathrm{OA}}) \tag{16.21}$$

2次元剛体Aの座標変換行列 $\mathbf{C}_{\mathrm{OA}}$ は式(10.5)で与えられている。さて，この式

の V'_{OAX} に $V'_{\text{OAX}}+\hat{V}'_{\text{OAX}}$ を，ω_{OA} に $\omega_{\text{OA}}+\hat{\omega}_{\text{OA}}$ を，$\mathbf{V}_{\text{OA}}$ に $\mathbf{V}_{\text{OA}}+\hat{\mathbf{V}}_{\text{OA}}$ を代入し，もとの式を差し引けば，次の仮想速度の関係が得られる（第17章参照）。

$$\hat{\mathbf{V}}_{\text{OA}}=\mathbf{C}_{\text{OA}}(\mathbf{d}_{\text{X}}\hat{V}'_{\text{OAX}}-\mathbf{d}_{\text{Y}}r_{\text{APX}}\hat{\omega}_{\text{OA}}) \tag{16.22}$$

この式に δt を掛けて，仮想変位と結びつけることができる。

$$\begin{aligned}\delta\mathbf{R}_{\text{OA}}&=\hat{\mathbf{V}}_{\text{OA}}\delta t=\mathbf{C}_{\text{OA}}(\mathbf{d}_{\text{X}}\hat{V}'_{\text{OAX}}\delta t-\mathbf{d}_{\text{Y}}r_{\text{APX}}\hat{\omega}_{\text{OA}}\delta t)\\&=\mathbf{C}_{\text{OA}}(\mathbf{d}_{\text{X}}\hat{V}'_{\text{OAX}}\delta t-\mathbf{d}_{\text{Y}}r_{\text{APX}}\delta\theta_{\text{OA}})\end{aligned} \tag{16.23}$$

この式変形の最初の段階で，$\delta\mathbf{R}_{\text{OA}}$ を $\hat{\mathbf{V}}_{\text{OA}}\delta t$ とし，最後の段階で，$\hat{\omega}_{\text{OA}}\delta t$ を $\delta\theta_{\text{OA}}$ とした。そして，$\hat{V}'_{\text{OAX}}\delta t$ と $\delta\theta_{\text{OA}}$ を独立な仮想変位とすることができる。

舵付き帆掛け舟は2次元モデルであるから，ダランベールの原理は剛体振子の場合と共通で，式(16.7)を用いればよい。

$$\delta\mathbf{R}^T_{\text{OA}}(\mathbf{F}_{\text{OA}}-M_{\text{A}}\dot{\mathbf{V}}_{\text{OA}})+\delta\theta_{\text{OA}}(n_{\text{A}}-J_{\text{A}}\dot{\omega}_{\text{OA}})=0 \tag*{【16.7】}$$

この式に式(16.23)を代入し，$\hat{V}'_{\text{OAX}}\delta t$ と $\delta\theta_{\text{OA}}$ が独立に任意の値を取れることから，次の二つの式が得られる。

$$\mathbf{d}^T_{\text{X}}\mathbf{C}^T_{\text{OA}}(\mathbf{F}_{\text{OA}}-M_{\text{A}}\dot{\mathbf{V}}_{\text{OA}})=0 \tag{16.24}$$

$$-r_{\text{APX}}\mathbf{d}^T_{\text{Y}}\mathbf{C}^T_{\text{OA}}(\mathbf{F}_{\text{OA}}-M_{\text{A}}\dot{\mathbf{V}}_{\text{OA}})+(n_{\text{A}}-J_{\text{A}}\dot{\omega}_{\text{OA}})=0 \tag{16.25}$$

式(16.21)から $\dot{\mathbf{V}}_{\text{OA}}$ を求めると次のようになる。

$$\dot{\mathbf{V}}_{\text{OA}}=\mathbf{C}_{\text{OA}}(\mathbf{d}_{\text{x}}\dot{V}'_{\text{OAX}}-\mathbf{d}_{\text{Y}}r_{\text{APX}}\dot{\omega}_{\text{OA}})+\mathbf{C}_{\text{OA}}(\mathbf{d}_{\text{Y}}V'_{\text{OAX}}+\mathbf{d}_{\text{X}}r_{\text{APX}}\omega_{\text{OA}})\omega_{\text{OA}} \tag{16.26}$$

これを代入して整理すれば，次の運動方程式になる。

$$M_{\text{A}}\dot{V}'_{\text{OAX}}+M_{\text{A}}r_{\text{APX}}\omega^2_{\text{OA}}=F'_{\text{OAX}} \tag{16.27}$$

$$(M_{\text{A}}r^2_{\text{APX}}+J_{\text{A}})\dot{\omega}_{\text{OA}}-r_{\text{APX}}M_{\text{A}}V'_{\text{OAX}}\omega_{\text{OA}}=-r_{\text{APX}}F'_{\text{OAY}}+n_{\text{A}} \tag{16.28}$$

舵付き帆掛け舟の場合，風や水から受ける力を具体的に把握できれば，この運動方程式は役立つが，これらの作用力や作用トルクを求めることが簡単ではない。

なお，$\hat{V}'_{\text{OAX}}\delta t$ は，V'_{OAX} がノンホロノミック（積分できない）変数であるため，このままの形で扱った。これを $\delta\Xi$ などと置いてもよく，そのとき，Ξ は**擬座標**と呼ばれる。

16.5 拘束剛体系

式(16.1)はすべての質点について仮想仕事を計算する形になっているが，実際には作用力と作用トルク，慣性力と慣性トルクが働く点だけを考えればよい。剛体系の場合，慣性力や慣性トルクは重心加速度と角加速度などで求まり，また，作用力と作用トルクが働く点は有限個に限定できることが多いので，それらの点の仮想仕事を計算して，合計すれば系全体の仮想仕事になる。特に，すべての作用力と作用トルクを重心位置へ等価換算して取り扱うと，それらの数は剛体の数と同数になる。その場合は，16.2節，16.4節の事例で示したように，重心位置で考えた並進運動と回転運動だけを考えればよく，わかり易い。

ただし，3次元剛体系の場合，一般の回転運動に対応した慣性トルクが生み出す仮想仕事を直接計算するためには，仮想変位に擬座標が必要になる。これは，3次元の角速度を，そのまま積分した回転姿勢が存在しないためであるが，分かり難い。その代わりとして，16.3節で触れたように，$\hat{\mathbf{\Omega}}'\delta t$ を用いる方法がある。一方，次章に述べる仮想パワーの原理ではこの擬座標の概念を必要としないので分かり易い。また，オイラー角などを用いれば，ダランベールの原理でも3次元剛体系を擬座標なしで扱うことができる。これについては次章で説明する。

16.6　裏の表現

式(16.1)は次のように書いてもよい。

$$\delta\mathbf{r}^T\mathbf{m}\dot{\mathbf{v}}=\delta\mathbf{r}^T\mathbf{f} \tag{16.29}$$

一方，拘束力を含んだ形の質点系の運動方程式は次の通りであった。

$$\mathbf{m}\dot{\mathbf{v}}=\mathbf{f}+\overline{\mathbf{f}} \qquad \text{【12.44】}$$

この式に左から $\delta\mathbf{r}^T$ を掛け，式(16.29)と対比すると次の式が得られる。

$$\delta\mathbf{r}^T\overline{\mathbf{f}}=\mathbf{0} \tag{16.30}$$

この式はダランベールの原理の，**裏の表現**である。これに対し，式(16.1)，または，(16.29)を**表の表現**と呼ぶ。裏の表現は，仮想変位と拘束力によって生み出される系全体の仮想仕事が，常に，ゼロになっていることを意味している。「拘束力は仕事をしない」という表現があるが，それはこの式のことである。

上記の説明では，表の表現を原理と認める立場から，裏の表現を説明した。逆に，裏の表現を原理と認めれば，表の表現が導かれる。両者はそのような関係にある。一方，静力学には仮想仕事の原理があり，ダランベールの原理は，その動力学版である。慣性力という概念を作り，時間を止めて，静力学の仮想仕事の原理を適用したものということができる。そして，静力学の仮想仕事の原理にも表の表現と裏の表現があり，裏の表現は，静力学も動力学も共通である。そのため，裏の表現が原理と呼ばれるものにふさわしいとする考え方がある。一方，拘束力と呼ばれる力の実態は物理学で追求し難いものであるため，拘束力を考えない表の表現こそが原理だとする考え方もある。

ダランベールの原理が日常の経験に照らして妥当なものであることを納得したいと考えるのは，当然のことである。そのためには，個々の拘束ごとに裏の表現が成立しているか否かを考察してみるのがよい。個々の拘束ごとに見ると拘束力が仮想変位によって仕事を生み出していないことに気づくはずである。コマのボールジョイントに働く拘束力，剛体振子や二重剛体振子のピンジョイントに働く拘束力，舵付き帆掛け舟の舵に働く拘束力のいずれも仮想変位に対して仕事をしていない。拘束ごとに考えて仮想仕事がゼロであれば，当然，系全体の仮想仕事はゼロである。ただし，このことが成立するのは次に述べる滑らかな拘束の範囲である。

16.7 滑らかな拘束

三質点剛体 A の各質点間の拘束力は作用反作用の関係にあった。三質点剛体の仮想変位は，座標系 A の原点の無限小変位と無限小回転で表されるが，その仮想変位によって作用反作用の関係にある拘束力の組は仕事をしない。したがって，三つの拘束力の組を合計しても，当然，拘束力は仕事をしない。3 次元二重剛体振子には二つのピンジョイントが使われている。慣性空間 O と剛体 A の間のピンジョイント部は拘束力の働く方向に仮想変位が生じることはない。唯一の変位はピンまわりの回転だが，この回転方向には拘束トルクは働いていない。また，剛体 A と剛体 B との間のピンジョイントに働く拘束力はすべて作用反作用の関係にある五組の力またはトルクである。仮想変位の方向は，剛体 A 側も B 側も同じ変位になるため，仮想仕事は相殺しあっていずれの方向にも生じない。このように，多くの拘束では，拘束力が仮想変位によって仕事をすることはなく，系全体の仮想仕事はゼロになる。逆に，仮想仕事をしない拘束を**滑らかな拘**

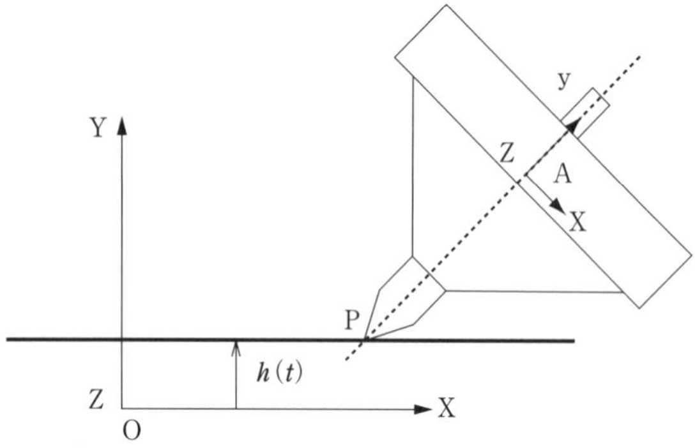

図 16.2　上下動する水平面上に支点 P を拘束されたコマ A

束といい，ダランベールの原理は滑らかな拘束に対して成り立つのである。

コマ A の支点 P が，上下動する水平面上に拘束されていて，その水平面の上下動は時間の関数として与えられているとする（図 16.2）。このコマの場合，支点 P は水平面上を自由に移動できる。滑らかな拘束の場合，支点 P に働く拘束力は水平面に垂直で，仮想変位は水平であるから仮想仕事は生じない。これに対して，水平面に沿って摩擦力が働くとし，その摩擦力が垂直方向の拘束力に摩擦係数を掛けたものと考えると，そのような摩擦力は，水平面に沿った仮想変位によって仮想仕事を生み出してしまい，拘束力が仮想仕事を生み出すことになる。この場合は**滑らかでない拘束**ということになり，ダランベールの原理は適用できない。なお，拘束力に依存しない摩擦力ならば作用力として扱うことができ，ダランベールの原理に反することはない。剛体振子のピンジョイントに摩擦トルクが働く場合にも，同様な配慮が必要である。

16.8　時間を止める意味

引き続き，上下動する水平面上に支点 P が拘束されているコマを考える。そして，ここでは，拘束力に依存する摩擦力は働かず，拘束は滑らかであるとする。点 P の仮想変位はこの水平面から外れることはできない。仮想変位を考えるとき，時間を止めたが，それにより，水平面の上下動はなくなり，点 P の仮想変位の方向は完全に水平方向ということになる。点 P に働く拘束力は面に垂直であるから，点 P は仮想仕事を生み出さない。もし，時間を止めないと，時間関数で与えられた水平面の上下動が生じるので，点 P の仮想変位も上下方向の成分を持ってしまい，仮想仕事がゼロ以外の値になってしまう。これが，時間を止める意味である。

16.9　事例：時間の関数として支点を動かす剛体振子

13.2 節の 2 次元剛体振子では O′ を O に一致させたが，本説では点 O′ を時間の関数として平面内を動かすモデルを考える。このモデルも自由度 1 のホロノミックな系であり，独立な一般化座標を θ_{OA}，独立な一般化速度を ω_{OA} とする。なお，θ_{OA} は座標系 A の座標系 O から見た回転角で，O′ から A に向かう幾何ベクトルの鉛直下方からの傾き角である。

まず，位置の三者の関係として，次の式が成立する。

$$\mathbf{r}_{OO'}(t)=\mathbf{R}_{OA}+\mathbf{C}_{OA}\mathbf{r}_{AO'} \tag{16.31}$$

この式の $\mathbf{C}_{OA}$ は式(10.5)の 2 次元の座標変換行列であり，それ以外の記号はいずれも 2×1 の列行列である。この式から，式(16.7)の $\delta\mathbf{R}_{OA}$ と $\mathbf{V}_{OA}$ を次のように求めることができる。

$$\delta\mathbf{R}_{OA}=-\mathbf{C}_{OA}\boldsymbol{\chi}\mathbf{r}_{AO'}\delta\theta_{OA} \tag{16.32}$$

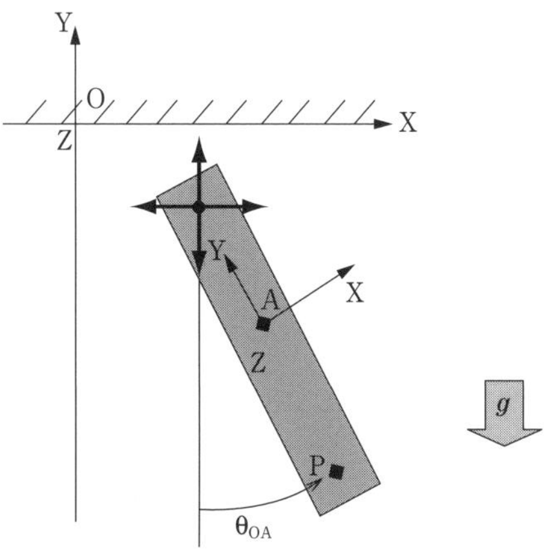

図 16.3　支点 O′ を時間の関数で動かす剛体振子

$$\mathbf{V}_{\mathrm{OA}}=\dot{\mathbf{r}}_{\mathrm{OO'}}(t)-\mathbf{C}_{\mathrm{OA}}\boldsymbol{\chi}\mathbf{r}_{\mathrm{AO'}}\omega_{\mathrm{OA}} \tag{16.33}$$

式(16.32)を求めるときに時間を固定したので，この式には $\mathbf{r}_{\mathrm{OO'}}(t)$ の項が含まれていない。式(16.33)はもう一度時間微分して $\dot{\mathbf{V}}_{\mathrm{OA}}$ を求めておく。

$$\dot{\mathbf{V}}_{\mathrm{OA}}=\ddot{\mathbf{r}}_{\mathrm{OO'}}(t)-\mathbf{C}_{\mathrm{OA}}\boldsymbol{\chi}\mathbf{r}_{\mathrm{AO'}}\dot{\omega}_{\mathrm{OA}}+\mathbf{C}_{\mathrm{OA}}\mathbf{r}_{\mathrm{AO'}}\omega_{\mathrm{OA}}^2 \tag{16.34}$$

まず，式(16.7)に式(16.32)を代入する。

$$-\delta\theta_{\mathrm{OA}}\mathbf{r}_{\mathrm{AO'}}^T\boldsymbol{\chi}^T\mathbf{C}_{\mathrm{OA}}^T(\mathbf{F}_{\mathrm{OA}}-M_{\mathrm{A}}\dot{\mathbf{V}}_{\mathrm{OA}})+\delta\theta_{\mathrm{OA}}(n_{\mathrm{A}}-J_{\mathrm{A}}\dot{\omega}_{\mathrm{OA}})=0 \tag{16.35}$$

$\delta\theta_{\mathrm{OA}}$ の任意な値に対してこの式が常に成立することから次の式が成立する。

$$-\mathbf{r}_{\mathrm{AO'}}^T\boldsymbol{\chi}^T\mathbf{C}_{\mathrm{OA}}^T(\mathbf{F}_{\mathrm{OA}}-M_{\mathrm{A}}\dot{\mathbf{V}}_{\mathrm{OA}})+n_{\mathrm{A}}-J_{\mathrm{A}}\dot{\omega}_{\mathrm{OA}}=0 \tag{16.36}$$

この式に式(16.34)を代入して整理すると，求める運動方程式である。

$$(J_{\mathrm{A}}+\mathbf{r}_{\mathrm{AO'}}^T M_{\mathrm{A}}\mathbf{r}_{\mathrm{AO'}})\dot{\omega}_{\mathrm{OA}}=n_{\mathrm{A}}-\mathbf{r}_{\mathrm{AO'}}^T\boldsymbol{\chi}^T\mathbf{C}_{\mathrm{OA}}^T\mathbf{F}_{\mathrm{OA}}+\mathbf{r}_{\mathrm{AO'}}^T\boldsymbol{\chi}^T\mathbf{C}_{\mathrm{OA}}^T M_{\mathrm{A}}\ddot{\mathbf{r}}_{\mathrm{OO'}}(t) \tag{16.37}$$

作用力は重力だけとすると，$\mathbf{F}_{\mathrm{OA}}=-\mathbf{d}_{\mathrm{Y}}M_{\mathrm{A}}g$，$n_{\mathrm{A}}=0$ を代入すればよい。また，$\mathbf{r}_{\mathrm{AO'}}=\mathbf{d}_{\mathrm{Y}}b$ とすることができる。さらに，$\mathbf{r}_{\mathrm{OO'}}(t)=\mathbf{0}$ として O′ を O に固定すれば，運動方程式(16.37)は式(16.14)に一致する。

Quiz 16.1　式(16.31)から式(16.32)を求める過程を明確に確認せよ。

第17章 仮想パワーの原理（Jourdainの原理）を利用する方法

仮想パワーの原理は，ダランベールの原理とよく似ているが，ダランベールの原理のような実用上の弱点がない。3次元問題やシンプルノンホロノミックな系にも一様に適用できてわかりやすいため，マルチボディダイナミクスの理解が進むにつれて注目されるようになってきた。この原理から，次章に述べるケイン型の運動方程式も直ちに求まる。本章では，この原理を利用して，再び，ボールジョイントで支点を拘束されたコマの運動方程式を立てる。第15章の拘束力消去法の場合と対比して見ることで，ダランベールの原理や仮想パワーの原理を理解しやすいと考えている。

ダランベールの原理や仮想パワーの原理は，力学原理と呼ばれている。これらを用いると拘束力を媒介とせずに運動方程式を導くことができるが，前章にも説明したように，これらを納得するためには裏から眺めるとよい。裏から眺めるとは，拘束力を考えることである。

本章は，前章の説明と対比しながら読むことが重要で，それにより，ダランベールの原理と仮想パワーの原理の類似性と差異が理解できるはずである。本章の事例は一つだけであるが，すでに前章までに様々なタイプの事例やQuizがあった。仮想パワーの原理は，シンプルノンホロノミックな系までの範囲で，どんな事例にも一様な考え方で対応できる。読者が自ら事例を選び，あるいは，事例を作って試してみることで十分理解できるはずである。

17.1 拘束質点系

質点系を対象とした**仮想パワーの原理**は次のように書くことができる。

$$\hat{\mathbf{v}}^T(\mathbf{f}-\mathbf{m}\dot{\mathbf{v}})=0 \tag{17.1}$$

あるいは，

$$\hat{\mathbf{v}}^T \mathbf{m}\dot{\mathbf{v}} = \hat{\mathbf{v}}^T \mathbf{f} \tag{17.2}$$

$\mathbf{f}$ と $-\mathbf{m}\dot{\mathbf{v}}$ については，ダランベールの原理の場合と同じである。$\hat{\mathbf{v}}$ は**仮想速度**と呼ばれ，次のような列行列である。

$$\hat{\mathbf{v}} = \begin{bmatrix} \vdots \\ \hat{\mathbf{v}}_{0j} \\ \vdots \end{bmatrix} \tag{17.3}$$

これは，次の三つの事項を満たす量である。

① 運動の各瞬間，時間を止めて系を構成する全質点の位置と速度を凍結した後，その速度に与える変化分である。

② 拘束条件を満たす範囲で与えられる速度変化分である。

③ 許される範囲で，任意の，あるいは，可能なすべての速度変化分を考え，そのすべてに対して式(17.1)，または，(17.2)が成り立つ。

式(17.1)の左辺は，仮想速度が作用力と慣性力の和によって生み出す仕事率（パワー）(注)を系全体について加え合わせたものであり，**仮想パワー**と呼ばれている。仮想パワーの原理とは，系全体にわたって加え合わせたこのような仮想パワーは常にゼロになる，というものである。

ここまでの説明は，前章と同様に，剛体振子の事例を念頭に置きながら読めば理解しやすいと思われるが，同様の説明になるので省略する。ダランベールの原理と仮想パワーの原理はほとんど同じように見える。異なっている点は，ダランベールの原理では仮想的に位置を動かしたが，仮想パワーの原理では，位置は動かさずに，速度を動かしていることである。

時間を止めて仮想速度を考えるということは，時間に依存する速度変化分は考慮しないということで，数学的には，時間を定数として扱うことになる。実際には，時間依存の拘束がある場合に，時間を止める意味が出てくる。

仮想速度は速度レベルの拘束条件を満たさなければならないが，ホロノミックな速度レベルの拘束もシンプルノンホロノミックな拘束も速度に関して線形であ

(注) 仕事率（パワー）は，微小仕事をその仕事がなされた微小時間で割ったものであり，力×速度である。これは，エネルギーを時間で割った単位で表される。

るため，仮想速度は無限小でなくてもよい。式(13.36)の $\mathbf{v}$ に $\mathbf{v}+\hat{\mathbf{v}}$ を代入し，もとの式を差し引くことにより，$\hat{\mathbf{v}}$ が受ける拘束は次のように表される。

$$\boldsymbol{\Phi}_V\hat{\mathbf{v}}=\mathbf{0} \tag{17.4}$$

独立な仮想速度の数は独立な一般化速度の数と同じである。すなわち，独立な一般化速度 $\mathbf{H}$ の仮想変化分 $\hat{\mathbf{H}}$ が独立な仮想速度であり，その他の仮想速度は独立な仮想速度によって表される。仮想パワーの原理では，ホロノミック系とシンプルノンホロノミック系を分けて考える必要がない。そして，式(13.10)の $\mathbf{H}$ を $\mathbf{H}+\hat{\mathbf{H}}$，$\mathbf{v}$ を $\mathbf{v}+\hat{\mathbf{v}}$ とし，もとの式を差し引くことで，仮想速度 $\hat{\mathbf{v}}$ と独立な一般化速度の仮想速度 $\hat{\mathbf{H}}$ との関係が次のように求まる（第18章参照）。

$$\hat{\mathbf{v}}=\mathbf{v}_H\hat{\mathbf{H}} \tag{17.5}$$

これらの操作も時間を固定して行われる。時間と位置レベルの変数が変化しなければ，式(13.36)や式(13.10)の係数や残りの項は不変である。式(17.5)は，$\hat{\mathbf{v}}$ の拘束を式(17.4)とは別の形で表したものである。

式(17.5)を式(17.1)に代入すると，次の式が得られる。

$$\hat{\mathbf{H}}^T\mathbf{v}_H^T(\mathbf{f}-\mathbf{m}\dot{\mathbf{v}})=0 \tag{17.6}$$

許される範囲で任意の，または，すべての仮想速度を考えるということは，独立な仮想速度を任意に取るということである。$\mathbf{H}$ が独立な一般化速度の場合，$\hat{\mathbf{H}}$ に任意独立な値を与えてもこの式が成立することから，次の式が得られる。

$$\mathbf{v}_H^T(\mathbf{f}-\mathbf{m}\dot{\mathbf{v}})=\mathbf{0} \tag{17.7}$$

この式は第18章に出てくるケイン型の運動方程式であるが，ここでは仮想速度の考え方とそこから運動方程式を導く手順を理解すればよい。最後に，速度 $\mathbf{v}$ を独立な一般化速度 $\mathbf{H}$ で表し，その時間微分を代入すれば，$\dot{\mathbf{v}}$ の代わりに $\dot{\mathbf{H}}$ を用いた表現になり，運動方程式が得られる。

式(17.4)あたりから後の説明は，16.3節の説明とかなり似ている。これはダランベールの原理と仮想パワーの原理がほとんど同じものであることを示している。しかし，ダランベールの原理は，16.1節と16.3節に分けた説明になっていた。また，ダランベールの原理では擬座標を必要とする場合が現れるが，仮想パワーの原理ではその必要がない。これらに両者の差異が見られる。

17.2 拘束剛体系

式(17.1)はすべての質点について仮想パワーを計算する形になっているが，実際には作用力と慣性力が働く点だけを考えればよい。拘束剛体系の場合，慣性力や慣性トルクは重心加速度と角加速度などで求まり，また，作用力が働く点は有限個に限定できることが多い。それらの点の仮想パワーを計算して，合計すれば系全体の仮想パワーになる。

3次元拘束剛体系の場合，仮想パワーの原理は次のように書くことができる。

$$\hat{\mathbf{V}}^T(\mathbf{F}-\mathbf{M}\dot{\mathbf{V}})+\hat{\boldsymbol{\Omega}}'^T(\mathbf{N}'-\mathbf{J}'\dot{\boldsymbol{\Omega}}'-\tilde{\boldsymbol{\Omega}}'\mathbf{J}'\boldsymbol{\Omega}')=0 \tag{17.8}$$

あるいは，

$$\hat{\mathbf{V}}^T\mathbf{M}\dot{\mathbf{V}}+\hat{\boldsymbol{\Omega}}'^T(\mathbf{J}'\dot{\boldsymbol{\Omega}}'+\tilde{\boldsymbol{\Omega}}'\mathbf{J}'\boldsymbol{\Omega}')=\hat{\mathbf{V}}^T\mathbf{F}+\hat{\boldsymbol{\Omega}}'^T\mathbf{N}' \tag{17.9}$$

式(17.8)の左辺第一項は，重心の仮想速度が慣性力と重心に等価換算した作用力の和によって生み出す仮想パワーである。第二項は，仮想角速度が慣性トルクと重心に等価換算した作用トルクの和によって生み出す仮想パワーである。式(17.8)は，系全体にわたってこのような仮想パワーを足し合わせたものが，独立な仮想速度の任意な値に対して常にゼロになることを示している。

仮想重心速度 $\hat{\mathbf{V}}$ と仮想角速度 $\hat{\boldsymbol{\Omega}}'$ を独立な仮想速度 $\hat{\mathbf{H}}$ で表すと，式(13.11)と(13.12)から，次のようになる。

$$\hat{\mathbf{V}}=\mathbf{V}_{\mathrm{H}}\hat{\mathbf{H}} \tag{17.10}$$

$$\hat{\boldsymbol{\Omega}}'=\boldsymbol{\Omega}'_{\mathrm{H}}\hat{\mathbf{H}} \tag{17.11}$$

また，重心速度 $\mathbf{V}$ と角速度 $\boldsymbol{\Omega}'$ を独立な一般化速度 $\mathbf{H}$ で表して時間微分を作れば，$\dot{\mathbf{V}}$ と $\dot{\boldsymbol{\Omega}}'$ を $\dot{\mathbf{H}}$ で表すことができる。これらを用い，仮想速度 $\hat{\mathbf{H}}$ の任意独立性を利用すると，運動方程式を得ることができる。

式(17.9)の右辺では，重心に等価換算した作用力と作用トルクを用いて仮想パワーの計算を行っている。しかし，仮想パワーの計算は，等価換算する前の作用力や作用トルクを用いて行うこともできる。系全体を構成しているすべての点を考えるとして，それらの点の速度をまとめたものが $\mathbf{v}$ である。また，各点の角速度を，その点が属する剛体の角速度と考えることにし，それらを順番に並べて $\boldsymbol{\omega}'$ と書くことにする。各点に働く作用力を順に並べたものは $\mathbf{f}$，作用トルクを順に並べたものは $\mathbf{n}'$ とする。これらの記号を用いて，式(17.9)は次式のように書ける。

$$\hat{\mathbf{V}}^T\mathbf{M}\dot{\mathbf{V}}+\hat{\mathbf{\Omega}}'^T(\mathbf{J}'\dot{\mathbf{\Omega}}'+\tilde{\mathbf{\Omega}}'\mathbf{J}'\mathbf{\Omega}')=\hat{\mathbf{v}}^T\mathbf{f}+\hat{\boldsymbol{\omega}}'^T\mathbf{n}' \tag{17.12}$$

$\mathbf{v}$，$\boldsymbol{\omega}'$，$\mathbf{f}$，$\mathbf{n}'$ は系に含まれるすべての点を対象とするように説明したが，実際には作用力や作用トルクが働いている点だけを考えればよい。$\mathbf{v}$ と $\mathbf{f}$，$\boldsymbol{\omega}'$ と $\mathbf{n}'$ に含まれている点が，それぞれ，対応するものになっていればよい。なお，式(17.9)と(17.12)に，本書の大文字と小文字の使い分けが現れている。$\mathbf{v}$，$\boldsymbol{\omega}'$，$\mathbf{f}$，$\mathbf{n}'$ は点に関する量を表し，$\mathbf{V}$，$\mathbf{\Omega}'$，$\mathbf{F}$，$\mathbf{N}'$ は剛体に関する量である。なお，$\boldsymbol{\omega}'$，$\mathbf{n}'$ のダッシュの意味は，$\mathbf{\Omega}'$，$\mathbf{N}'$ の場合と同じである。

また，式(17.9)右辺の最後の項は，ダッシュの付かない記号を用いて $\hat{\mathbf{\Omega}}^T\mathbf{N}$ としてもよい。式(17.12)の場合は，$\hat{\boldsymbol{\omega}}^T\mathbf{n}$ である。これらはパワーであるから剛体座標系で表された記号を用いても慣性座標系で表された記号を用いても同じ値になる。

2 次元剛体系の仮想パワーの原理の表現は，3 次元剛体系のものを単純に簡単にすればよく，もはや，説明の必要もないであろう（よい練習問題になりそうな読者はやってみよ）。

17.3 裏の表現，滑らかな拘束，時間を止める意味，特徴など

仮想パワーの原理にも，ダランベールの原理と同様に，**裏の表現**がある。拘束質点系の場合は次のように書ける。

$$\hat{\mathbf{v}}^T\bar{\mathbf{f}}=0 \tag{17.13}$$

また，3 次元拘束剛体系の場合は次のようになる。

$$\hat{\mathbf{V}}^T\bar{\mathbf{F}}+\hat{\mathbf{\Omega}}'^T\bar{\mathbf{N}}'=0 \tag{17.14}$$

これらに対し，式(17.1)，(17.8)などが**表の表現**である。裏の表現は，仮想速度が拘束力によって生み出す系全体の仮想パワーが，常に，ゼロになっていることを意味していて，「拘束力はパワーを生み出さない」といえる。

仮想パワーの原理の妥当性を納得するために裏の表現が役立つことや，この原理が適用できるのは滑らかな拘束の範囲であること，また，仮想速度は時間を止めて考えなければならないこと，などはダランベールの原理と同様である。

仮想パワーの原理は，ホロノミックな系もシンプルノンホロノミックな系も，

区別せずに扱うことができる。独立な仮想速度と独立な一般化速度が，直接，対応しているからである。ダランベールの原理の場合，シンプルノンホロノミックな系では独立な仮想変位の数が独立な一般化座標の数より小さくなる。また，独立な仮想変位と独立な一般化速度を，直接，対応させられない場合もある。3次元の角速度を独立な一般化速度としたとき，対応する仮想変位の考え方について，次節に擬座標を用いない別の方法が補足されている。

ダランベールの原理は，静力学の仮想仕事の原理に対する動力学版である。あるいは，ダランベールの原理は，静力学の仮想仕事の原理を含んでいる。一方，仮想パワーの原理は，動力学版だけで，対応する静力学版があるわけではない。なお，仮想パワーの原理は，**Jourdainの原理**とも呼ばれている。また，仮想変位から仮想速度を考えたことを延長して，仮想加速度を用いる方法などもあるが，本書では説明しない。

本節の最後であるが，次の事柄は重要である。ダランベールの原理からハミルトンの原理を説明することはできるが，仮想パワーの原理から説明することは困難である。これは，ハミルトンの原理の変分の考え方に，仮想パワーの原理は適合し難いためである。それゆえ，ダランベールの原理の重要性は揺らがない。

17.4　ダランベールの原理に関する補足

ダランベールの原理について，式(17.8)に対応したものを書こうとすると，少し，複雑なことになる。この式に δt を掛け，$\hat{\mathbf{V}}\delta t$ を $\delta\mathbf{R}$ に置き換えれば第一項は仮想仕事になる。しかし，$\hat{\boldsymbol{\Omega}}'\delta t$ を直接置き換えて $\delta\boldsymbol{\Xi}'$ と書くことはできるが，この $\boldsymbol{\Xi}'$ は擬座標と呼ばれるもので，分かり難い。この $\boldsymbol{\Xi}'$ は考えている瞬間の回転姿勢を基準とした回転姿勢と考えることができ，微小な仮想変位 $\delta\boldsymbol{\Xi}'$ としては意味を持つが，有限の大きさを持つ回転姿勢としては存在しない量である。これは角速度 $\boldsymbol{\Omega}'$ が積分できない（ホロノミックでない）ことに対応している。

回転姿勢としてオイラー角 $\boldsymbol{\Theta}$ を用いることにすれば，$\hat{\boldsymbol{\Omega}}'\delta t$ を次のように置き換えることができる。

$$\hat{\boldsymbol{\Omega}}'\delta t=\frac{\partial\boldsymbol{\Omega}'}{\partial\dot{\boldsymbol{\Theta}}}\hat{\dot{\boldsymbol{\Theta}}}\delta t=\frac{\partial\boldsymbol{\Omega}'}{\partial\dot{\boldsymbol{\Theta}}}\delta\boldsymbol{\Theta} \tag{17.15}$$

右辺の偏微分で表された係数は，式(12.78) に示されたブロック対角行列である。

$$\frac{\partial \mathbf{\Omega}'}{\partial \dot{\mathbf{\Theta}}}=\begin{bmatrix} \frac{\partial \mathbf{\Omega}'_{01}}{\partial \dot{\mathbf{\Theta}}_{01}} & \mathbf{0} & \cdots \\ \mathbf{0} & \frac{\partial \mathbf{\Omega}'_{02}}{\partial \dot{\mathbf{\Theta}}_{02}} & \vdots \\ \vdots & \cdots & \ddots \end{bmatrix} \qquad 【12.78】$$

オイラー角を狭義のものとした場合，この式の各対角ブロックは式(12.80)に与えられている。

$$\frac{\partial \mathbf{\Omega}'_{0i}}{\partial \dot{\mathbf{\Theta}}_{0i}}=\begin{bmatrix} s_3 s_2 & c_3 & 0 \\ c_3 s_2 & -s_3 & 0 \\ c_2 & 0 & 1 \end{bmatrix}_{0i} \qquad 【12.80】$$

式(17.15)により，ダランベールの原理は次のように書ける。

$$\delta \mathbf{R}^T(\mathbf{F}-\mathbf{M}\dot{\mathbf{V}})+\delta \mathbf{\Theta}^T\left(\frac{\partial \mathbf{\Omega}'}{\partial \dot{\mathbf{\Theta}}}\right)^T(\mathbf{N}'-\mathbf{J}'\dot{\mathbf{\Omega}}'-\tilde{\mathbf{\Omega}}'\mathbf{J}'\mathbf{\Omega}')=0 \qquad (17.16)$$

δ**R** とδ**Θ** を独立な仮想変位で表すことができれば，この式から運動方程式を導くことができる。

回転姿勢にオイラーパラメータを用いる場合も同様に考えることができ，次の式がダランベールの原理である。

$$\delta \mathbf{R}^T(\mathbf{F}-\mathbf{M}\dot{\mathbf{V}})+2\delta \mathbf{E}^T\mathbf{S}^T(\mathbf{N}'-\mathbf{J}'\dot{\mathbf{\Omega}}'-\tilde{\mathbf{\Omega}}'\mathbf{J}'\mathbf{\Omega}')=0 \qquad (17.17)$$

S は式(12.70)に与えられており，その要素 $\mathbf{S}_{0i}$ は式(8.10)に準じればよい。

$$\mathbf{S}=\begin{bmatrix} \mathbf{S}_{01} & \mathbf{0} & \cdots \\ \mathbf{0} & \mathbf{S}_{02} & \cdots \\ \vdots & \vdots & \ddots \end{bmatrix} \qquad 【12.70】$$

$$\mathbf{S}_{0i}=\begin{bmatrix} -\varepsilon_1 & \varepsilon_0 & \varepsilon_3 & -\varepsilon_2 \\ -\varepsilon_2 & -\varepsilon_3 & \varepsilon_0 & \varepsilon_1 \\ -\varepsilon_3 & \varepsilon_2 & -\varepsilon_1 & \varepsilon_0 \end{bmatrix}_{0i} \qquad (17.18)$$

式(17.17)を用いる場合，$\delta \mathbf{R}$ と $\delta \mathbf{E}$ を独立な仮想変位で表し，運動方程式を導くことになる。

17.5　事例：ボールジョイントで支点を拘束されたコマ

15.1 節で求めたものと同じ運動方程式を，仮想パワーの原理を利用する方法で求めてみよう。まず，剛体 A を対象とした仮想パワーの原理は次のように書ける。

$$\hat{\mathbf{V}}_{\mathrm{OA}}^{T}(\mathbf{F}_{\mathrm{OA}}-M_{\mathrm{A}}\dot{\mathbf{V}}_{\mathrm{OA}})+\hat{\mathbf{\Omega}}_{\mathrm{OA}}^{\prime T}(\mathbf{N}'_{\mathrm{OA}}-\mathbf{J}'_{\mathrm{OA}}\dot{\mathbf{\Omega}}'_{\mathrm{OA}}-\tilde{\mathbf{\Omega}}'_{\mathrm{OA}}\mathbf{J}'_{\mathrm{OA}}\mathbf{\Omega}'_{\mathrm{OA}})=0 \qquad (17.19)$$

ここで，支点 P の拘束から求めた式(15.9)を用いる。

$$\mathbf{V}_{\mathrm{OA}}=\mathbf{C}_{\mathrm{OA}}\tilde{\mathbf{r}}_{\mathrm{AP}}\mathbf{\Omega}'_{\mathrm{OA}} \qquad 【15.9】$$

時間を止めて，独立な一般化速度 $\mathbf{\Omega}'_{\mathrm{OA}}$ を仮想速度分増加させ，その結果，従属な $\mathbf{V}_{\mathrm{OA}}$ も仮想速度分が増加したと考える。

$$\mathbf{\Omega}'_{\mathrm{OA}}\Rightarrow\mathbf{\Omega}'_{\mathrm{OA}}+\hat{\mathbf{\Omega}}'_{\mathrm{OA}} \qquad (17.20)$$

$$\mathbf{V}_{\mathrm{OA}}\Rightarrow\mathbf{V}_{\mathrm{OA}}+\hat{\mathbf{V}}_{\mathrm{OA}} \qquad (17.21)$$

これらを式(15.9)に代入し，元の式を差し引けば，次の関係が得られる。

$$\hat{\mathbf{V}}_{\mathrm{OA}}=\mathbf{C}_{\mathrm{OA}}\tilde{\mathbf{r}}_{\mathrm{AP}}\hat{\mathbf{\Omega}}'_{\mathrm{OA}} \qquad (17.22)$$

これは従属な仮想速度を独立な仮想速度で表した関係である。これを式(17.19)に代入すると，次の式が得られる。

$$\hat{\mathbf{\Omega}}'^{T}_{\mathrm{OA}}(\tilde{\mathbf{r}}_{\mathrm{AP}}^{T}\mathbf{C}_{\mathrm{OA}}^{T}\mathbf{F}_{\mathrm{OA}}-\tilde{\mathbf{r}}_{\mathrm{AP}}^{T}\mathbf{C}_{\mathrm{OA}}^{T}M_{\mathrm{A}}\dot{\mathbf{V}}_{\mathrm{OA}}+\mathbf{N}'_{\mathrm{OA}}-\mathbf{J}'_{\mathrm{OA}}\dot{\mathbf{\Omega}}'_{\mathrm{OA}}-\tilde{\mathbf{\Omega}}'_{\mathrm{OA}}\mathbf{J}'_{\mathrm{OA}}\mathbf{\Omega}'_{\mathrm{OA}})=0 \qquad (17.23)$$

さて，$\hat{\mathbf{\Omega}}'_{\mathrm{OA}}$ は独立で，任意の値を取れる。すなわち，仮想速度の原理とは，独立な仮想速度 $\hat{\mathbf{\Omega}}'_{\mathrm{OA}}$ がどのような値をとっても式(17.23)が成立するということである。したがって，この式から次の式が得られる。

$$\tilde{\mathbf{r}}_{\mathrm{AP}}^{T}\mathbf{C}_{\mathrm{OA}}^{T}\mathbf{F}_{\mathrm{OA}}-\tilde{\mathbf{r}}_{\mathrm{AP}}^{T}\mathbf{C}_{\mathrm{OA}}^{T}M_{\mathrm{A}}\dot{\mathbf{V}}_{\mathrm{OA}}+\mathbf{N}'_{\mathrm{OA}}-\mathbf{J}'_{\mathrm{OA}}\dot{\mathbf{\Omega}}'_{\mathrm{OA}}-\tilde{\mathbf{\Omega}}'_{\mathrm{OA}}\mathbf{J}'_{\mathrm{OA}}\mathbf{\Omega}'_{\mathrm{OA}}=\mathbf{0} \qquad (17.24)$$

これは式(15.7)と同じであり，この後，式(15.9)から $\dot{\mathbf{V}}_{\mathrm{OA}}$ を求めて代入整理し，運動方程式(15.11)，または，(15.12)に至る手続きは 15.1 節と同様である。

拘束力消去法では，拘束関係以外に拘束力の具体的な形を把握し，その性質を利用して拘束力を消去することが必要であった。仮想パワーの原理では，拘束力にはまったく触れずに，拘束関係だけを用いている。

Quiz 17.1 仮想パワーの原理を利用して，三質点剛体の運動方程式を導いてみよ。

Quiz 17.2 仮想パワーの原理を利用して，11.1 節［Quiz 11.6］の斜めにピン結合された剛体振子の運動方程式を求めよ。

Quiz 17.3 仮想パワーの原理を利用して，3 次元二重剛体振子の運動方程式を求めよ。

Quiz 17.4 13.6 節［Quiz 13.5］の 2 次元四節リンク機構において，各リンク長と点 OR 間の長さがすべて $2b$ とすると，四節リンク機構は正方形を含むひし形になる。各リンクの重心はリンク長の中央にあるとして，この系の運動方程式を求めよ。

第 18 章　ケイン型運動方程式を利用する方法

本章で説明する方法は，Kane の著書などに見られる**ケインの方法**とは異なった印象を与えるかもしれないが，本質的には同じである。ケインの方法は，ダランベールの原理による方法と同じものか，新しく価値のある方法かで，かなりの論争があったといわれている。第 15 章から第 19 章までの方法を運動方程式の形で並べ，その方法と特徴をよく考察してみると，ケインの方法の位置付けが見えてきて興味深い（付録 G Ⅳ-2 の表参照）。

本章では，事例として転動球の運動方程式を考える。この事例では接触点における滑りを扱う手段として**瞬間接触点**と呼ぶ方法を利用する。瞬間接触点は車輪などの滑りを扱う場合に役立つ考え方だが，ケインの方法と関係があるわけではない。読者は，コマや振子などの単純な事例で，本章の方法を確認してみることを考慮されたい。また，本章の転動球に対してシミュレーションプログラムは準備していない。シンプルノンホロノミックな事例のシミュレーションプログラムとしては次章の操縦安定性のための二輪車モデルが参考になるであろう。

なお，第 21 章と付録 D で，木構造を対象とした漸化式による順動力学の定式化を説明するために，本章で説明するケイン型運動方程式を用いた。また，第 22 章でラグランジュの運動方程式を導くときも，ケイン型運動方程式から始めている。

18.1　質点系のケイン型運動方程式

拘束質点系の全質点の速度 $\mathbf{v}$ は，独立な一般化速度 $\mathbf{H}$ によって次のように表すことができた（13.5 節参照）。

$$\mathbf{v}=\mathbf{v}_{\mathrm{H}}\mathbf{H}+\mathbf{v}_{\bar{\mathrm{H}}} \qquad 【13.10】$$

この系の時間を止めて，独立な一般化速度 $\mathbf{H}$ を $\mathbf{H}+\hat{\mathbf{H}}$ に変更する。それに伴っ

て $\mathbf{v}$ は $\mathbf{v}+\hat{\mathbf{v}}$ に変更される。これらの変更は，拘束条件を満たす範囲で行われるため，変更後も式(13.10)の関係を満たさなければならない。

$$\mathbf{v}+\hat{\mathbf{v}}=\mathbf{v}_{\mathrm{H}}(\mathbf{H}+\hat{\mathbf{H}})+\mathbf{v}_{\bar{\mathrm{H}}} \tag{18.1}$$

$\mathbf{v}_{\mathrm{H}}$ と $\mathbf{v}_{\bar{\mathrm{H}}}$ は $\mathbf{Q}$ と t の関数であるが，時間を止めた段階で凍結してあり，$\hat{\mathbf{H}}$ とは無関係で不変である。式(18.1)と式(13.10)の差をとると，式(16.16)，第 17 章で用いた次の関係が得られる。

$$\hat{\mathbf{v}}=\mathbf{v}_{\mathrm{H}}\hat{\mathbf{H}} \quad 【17.5】$$

これは，独立な一般化速度の仮想速度によって，全質点の仮想速度を表したものである。

質点系を対象とした仮想パワーの原理は次のように書くことができた。

$$\hat{\mathbf{v}}^T(\mathbf{f}-\mathbf{m}\dot{\mathbf{v}})=0 \quad 【17.1】$$

この式に式(17.5)を代入する。

$$\hat{\mathbf{H}}^T\mathbf{v}_{\mathrm{H}}^T(\mathbf{f}-\mathbf{m}\dot{\mathbf{v}})=0 \tag{18.2}$$ (注)

$\hat{\mathbf{H}}$ は独立な仮想速度であるから任意の値を取ることができ，次の式が成立する。

$$\mathbf{v}_{\mathrm{H}}^T(\mathbf{f}-\mathbf{m}\dot{\mathbf{v}})=\mathbf{0} \tag{18.3}$$

あるいは，

$$\mathbf{v}_{\mathrm{H}}^T\mathbf{m}\dot{\mathbf{v}}=\mathbf{v}_{\mathrm{H}}^T\mathbf{f} \tag{18.4}$$

この式を，質点系を対象とした**ケイン型運動方程式**と呼ぶことにする。また，$\mathbf{v}_{\mathrm{H}}$ を**ケインの部分速度**（partial velocity）と呼ぶ。部分速度とは，その点の速度を一般化速度 $\mathbf{H}$ で偏微分したもので，一般化速度の変化がその点の速度に及ぼす感度のようなものである。

18.2 剛体系のケイン型運動方程式

3 次元剛体系についても同様の関係を導くことができる。まず，$\mathbf{V}$ と $\mathbf{\Omega}'$ は $\mathbf{H}$ によって次のように表された（13.5 節参照）。

（注） 式(18.2)の右辺は 0 で右辺もスカラーであることがわかる。式(18.3)の右辺は $\mathbf{0}$ で左辺も行列である。0 か $\mathbf{0}$ にも関連している式の形態を示す情報が含まれていて，その式の意味などにつながっている。

$$\mathbf{V}=\mathbf{V}_{\mathrm{H}}\mathbf{H}+\mathbf{V}_{\bar{\mathrm{H}}} \qquad【13.11】$$

$$\mathbf{\Omega}'=\mathbf{\Omega}'_{\mathrm{H}}\mathbf{H}+\mathbf{\Omega}'_{\bar{\mathrm{H}}} \qquad【13.12】$$

これらから，次の仮想速度の関係が求まる。

$$\hat{\mathbf{V}}=\mathbf{V}_{\mathrm{H}}\hat{\mathbf{H}} \qquad【17.10】$$

$$\hat{\mathbf{\Omega}}'=\mathbf{\Omega}'_{\mathrm{H}}\hat{\mathbf{H}} \qquad【17.11】$$

3次元剛体系の仮想パワーの原理は次の式で表された。

$$\hat{\mathbf{V}}^T(\mathbf{F}-\mathbf{M}\dot{\mathbf{V}})+\hat{\mathbf{\Omega}}'^T(\mathbf{N}'-\mathbf{J}'\dot{\mathbf{\Omega}}'-\tilde{\mathbf{\Omega}}'\mathbf{J}'\mathbf{\Omega}')=0 \qquad【17.8】$$

この式に式(17.10)と(17.11)を代入し，$\hat{\mathbf{H}}$ の独立性を利用すると，次の式が成立する。

$$\mathbf{V}_{\mathrm{H}}^T(\mathbf{F}-\mathbf{M}\dot{\mathbf{V}})+\mathbf{\Omega}'^T_{\mathrm{H}}(\mathbf{N}'-\mathbf{J}'\dot{\mathbf{\Omega}}'-\tilde{\mathbf{\Omega}}'\mathbf{J}'\mathbf{\Omega}')=\mathbf{0} \qquad (18.5)$$

あるいは，

$$\mathbf{V}_{\mathrm{H}}^T\mathbf{M}\dot{\mathbf{V}}+\mathbf{\Omega}'^T_{\mathrm{H}}(\mathbf{J}'\dot{\mathbf{\Omega}}'+\tilde{\mathbf{\Omega}}'\mathbf{J}'\mathbf{\Omega}')=\mathbf{V}_{\mathrm{H}}^T\mathbf{F}+\mathbf{\Omega}'^T_{\mathrm{H}}\mathbf{N}' \qquad (18.6)$$

これらを，3次元剛体系を対象とした**ケイン型運動方程式**と呼ぶことにする。また，$\mathbf{V}_{\mathrm{H}}$ は**ケインの部分速度**，$\mathbf{\Omega}'_{\mathrm{H}}$ は**ケインの部分角速度**（partial angular velocity）である。

式(18.6)の左辺には重心位置に等価換算された $\mathbf{F}$ と $\mathbf{N}'$ が使われているが，17.2節の式(17.12)と同様に，等価換算前の $\mathbf{f}$，$\mathbf{n}'$ を用いることができ，3次元剛体系のケイン型運動方程式は次のように書くこともできる。

$$\mathbf{V}_{\mathrm{H}}^T\mathbf{M}\dot{\mathbf{V}}+\mathbf{\Omega}'^T_{\mathrm{H}}(\mathbf{J}'\dot{\mathbf{\Omega}}'+\tilde{\mathbf{\Omega}}'\mathbf{J}'\mathbf{\Omega}')=\mathbf{v}_{\mathrm{H}}^T\mathbf{f}+\boldsymbol{\omega}'^T_{\mathrm{H}}\mathbf{n}' \qquad (18.7)$$

$\mathbf{v}$，$\boldsymbol{\omega}'$ の意味も，17.2節と同じである。また，$\mathbf{v}_{\mathrm{H}}$ は該当する点の速度 $\mathbf{v}$ をHで偏微分した部分速度であり，$\boldsymbol{\omega}'_{\mathrm{H}}$ は該当する点が属している剛体の部分角速度で，それぞれ，$\mathbf{f}$，$\mathbf{n}'$ と対応が取られている。

2次元剛体系のケイン型運動方程式は，3次元剛体系のものを単純に簡単化すればよく，もはや，説明の必要もないであろう。

18.3 裏の表現

ケイン型運動方程式にも裏の表現がある。質点系の場合は次のようになる。

$$\mathbf{v}_{\mathrm{H}}^T\bar{\mathbf{f}}=\mathbf{0} \qquad (18.8)$$

この式は，ケインの部分速度と拘束力の直交性を意味している。ただし，ケインの部分速度は各一般化速度に対応してその数だけあり（$\mathbf{v}_{\mathrm{H}}$ の各列），それらのすべてが拘束力に直交している。

剛体系の場合は次のとおりである。

$$\mathbf{V}_{\mathrm{H}}^{T}\bar{\mathbf{F}}+\boldsymbol{\Omega}_{\mathrm{H}}^{\prime T}\bar{\mathbf{N}}'=\mathbf{0} \tag{18.9}$$

この式は次のように書き換えることができる。

$$[\mathbf{V}_{\mathrm{H}}^{T}\quad \boldsymbol{\Omega}_{\mathrm{H}}^{\prime T}]\begin{bmatrix}\bar{\mathbf{F}}\\ \bar{\mathbf{N}}'\end{bmatrix}=\begin{bmatrix}\mathbf{V}\\ \boldsymbol{\Omega}'\end{bmatrix}_{\mathrm{H}}^{T}\begin{bmatrix}\bar{\mathbf{F}}\\ \bar{\mathbf{N}}'\end{bmatrix}=\mathbf{0} \tag{18.10}$$

これも，拘束力と部分速度の直交性を示している。

18.4 運動方程式の作り方

ケイン型運動方程式を利用する方法は次のとおりである。まず，独立な一般化速度 $\mathbf{H}$ を選択する。質点系の場合は，すべての質点の速度 $\mathbf{v}$ を $\mathbf{H}$ で表し，式(13.10)を作る。この作業は $\mathbf{r}$ を $\mathbf{Q}$ と t で表して式(13.2)を作り，時間微分して，式(13.9)を用いる方法がわかりやすい。しかし慣れてくると，いきなり式(13.10)を書き下すこともできるようになる。次に，式(13.10)から部分速度 $\mathbf{v}_{\mathrm{H}}$ を取り出す。また，式(13.10)を時間微分して $\dot{\mathbf{v}}$ を $\dot{\mathbf{H}}$ で表し，$\mathbf{v}_{\mathrm{H}}$ とともにケイン型運動方程式(18.3)，または，(18.4)に代入して整理すれば目指す運動方程式が得られる。

連続的に質量が分布している剛体系の場合，質点系の考え方をそのまま適用するのは楽ではない。3次元剛体系の場合は，$\mathbf{V}$ と $\boldsymbol{\Omega}'$ を $\mathbf{H}$ で表し，式(13.11)，(13.12)を作る。この作業は，$\mathbf{R}$ や $\mathbf{C}$ を $\mathbf{Q}$ と t で表して式(13.3)や(13.6)を作り，時間微分して，式(13.9)を用いる方法がわかりやすい。慣れてくると，いきなり式(13.11)，(13.12)を書き下すこともできるようにもなる。次に，式(13.11)，(13.12)から部分速度 $\mathbf{V}_{\mathrm{H}}$，$\boldsymbol{\Omega}'_{\mathrm{H}}$ を取り出す。また，式(13.11)，(13.12)を時間微分して $\dot{\mathbf{V}}$ と $\dot{\boldsymbol{\Omega}}'$ を $\dot{\mathbf{H}}$ で表し，$\mathbf{V}_{\mathrm{H}}$，$\boldsymbol{\Omega}'_{\mathrm{H}}$ とともにケイン型運動方程式(18.5)，または，(18.6)に代入して整理すれば目指す運動方程式が得られる。2次元剛体系の場合の手順も同様である。

ケイン型運動方程式を利用する方法は，ケインの著書などによる彼の説明と異なった印象があると思われる。ケインは，個々の一般化速度 H_i ごとに一般化力 K_i と一般化慣性力 K_i^* を作り，両者の和をゼロとしたものが，H_i に対応する運動方程式になるとした。

$$K_i+K_i^*=0 \tag{18.11}$$

K_i や K_i^* は，個々の作用力や慣性力などに，その着力点の H_i に対応した部分速度などを掛け，系全体について足し合わせて作るものとした。ケインは，部分速度などに幾何ベクトル表現を用い，手続き的な手順で，運動方程式の作成を説明している。

K_i や K_i^* は，式(18.7)の記号を用いると次のように書ける。

$$K_i=\mathbf{v}_{H_i}^T\mathbf{f}+\boldsymbol{\omega}'^T_{H_i}\mathbf{n}' \tag{18.12}$$

$$K_i^*=-\mathbf{V}_{H_i}^T\mathbf{M}\dot{\mathbf{V}}-\boldsymbol{\Omega}'^T_{H_i}(\mathbf{J}'\dot{\boldsymbol{\Omega}}'+\tilde{\boldsymbol{\Omega}}'\mathbf{J}'\boldsymbol{\Omega}') \tag{18.13}$$

ケイン型運動方程式は，行列表現を用いてケインの方法をまとめたものであり，ラグランジュの運動方程式と同様に，式の中に運動方程式構築の手順が表現されていると見ることができる。ケインは，式(18.11)を Kane's Equation，または，Kane's Dynamical Equation と呼んだ。本書では，式(18.3)～(18.7)をケイン型運動方程式と呼び，式(18.11)と微妙に区別した名称を付けている。ケインは，代数ベクトルを用いて系全体をまとめた $\mathbf{v}_{\mathrm{H}}$ のような表現を利用していない。

18.5　運動方程式の標準形

まず，質点系を考える。式(13.10)を時間微分すると，次のようになる。

$$\dot{\mathbf{v}}=\mathbf{v}_{\mathrm{H}}\dot{\mathbf{H}}+\frac{d\mathbf{v}_{\mathrm{H}}}{dt}\mathbf{H}+\frac{d\mathbf{v}_{\bar{\mathrm{H}}}}{dt} \tag{18.14}$$

この式を式(18.4)に代入し，整理すると次のように書ける。

$$\mathbf{v}_{\mathrm{H}}^T\mathbf{m}\mathbf{v}_{\mathrm{H}}\dot{\mathbf{H}}=\mathbf{v}_{\mathrm{H}}^T\left\{\mathbf{f}-\mathbf{m}\left(\frac{d\mathbf{v}_{\mathrm{H}}}{dt}\mathbf{H}+\frac{d\mathbf{v}_{\bar{\mathrm{H}}}}{dt}\right)\right\} \tag{18.15}$$

これは，13.8 節に述べた，運動方程式の標準形になっている。

$$\mathbf{m}^{\mathrm{H}}\dot{\mathbf{H}}=\mathbf{f}^{\mathrm{H}} \qquad 【13.40】$$

$\mathbf{m}^{\mathrm{H}}$ と $\mathbf{f}^{\mathrm{H}}$ は次のとおりである。

$$\mathbf{m}^{\mathrm{H}}=\mathbf{v}_{\mathrm{H}}^T\mathbf{m}\mathbf{v}_{\mathrm{H}} \tag{18.16}$$

$$\mathbf{f}^{\mathrm{H}}=\mathbf{v}_{\mathrm{H}}^{T}\left\{\mathbf{f}-\mathbf{m}\left(\frac{d\mathbf{v}_{\mathrm{H}}}{dt}\mathbf{H}+\frac{d\mathbf{v}_{\bar{\mathrm{H}}}}{dt}\right)\right\} \tag{18.17}$$

剛体系の式からも標準形を作ることができる。たとえば，式(18.6)の $\dot{\mathbf{V}}$ と $\dot{\mathbf{\Omega}}'$ を，式(13.11)，(13.12)の時間微分を用いて，$\dot{\mathbf{H}}$ で表すことができる。その結果を整理すると式(13.40)の形になる。このとき，$\mathbf{m}^{\mathrm{H}}$ と $\mathbf{f}^{\mathrm{H}}$ は次のとおりである。

$$\mathbf{m}^{\mathrm{H}}=\mathbf{V}_{\mathrm{H}}^{T}\mathbf{M}\mathbf{V}_{\mathrm{H}}+\mathbf{\Omega}_{\mathrm{H}}'^{T}\mathbf{J}'\mathbf{\Omega}_{\mathrm{H}}' \tag{18.18}$$

$$\mathbf{f}^{\mathrm{H}}=\mathbf{V}_{\mathrm{H}}^{T}\left\{\mathbf{F}-\mathbf{M}\left(\frac{d\mathbf{V}_{\mathrm{H}}}{dt}\mathbf{H}+\frac{d\mathbf{V}_{\bar{\mathrm{H}}}}{dt}\right)\right\}$$
$$+\mathbf{\Omega}_{\mathrm{H}}'^{T}\left\{\mathbf{N}'-\tilde{\mathbf{\Omega}}'\mathbf{J}'\mathbf{\Omega}'-\mathbf{J}'\left(\frac{d\mathbf{\Omega}_{\mathrm{H}}'}{dt}\mathbf{H}+\frac{d\mathbf{\Omega}_{\bar{\mathrm{H}}}'}{dt}\right)\right\} \tag{18.19}$$

なお，式(18.16)，(18.18)のいずれの場合も，$\mathbf{m}^{\mathrm{H}}$ は対称行列である。

18.6 速度変換法

本節では，広い意味で前節の方法と類似ながら，別途，発展してきた方法との対比を考える。難しく感じる読者は，第 19 章や第 20 章を読んだ後などに戻ってきてもよい。

Shabana（参考文献 4）は，適切な**座標分割**（Coordinate Partitioning）に対応して拘束条件のヤコビ行列から**速度変換行列**（Velocity Transformation Matrix）を求め，それを利用してダランベールの原理から本章の標準形運動方程式を求める方法を，Embedding Technique と題して説明している。

質点系の場合，仮想変位 $\delta\mathbf{r}$ の拘束は拘束条件のヤコビ行列 $\mathbf{\Phi}_{\mathrm{V}}$ を用いて，式(16.15)で表される。

$$\mathbf{\Phi}_{\mathrm{V}}\delta\mathbf{r}=\mathbf{0} \qquad 【16.15】$$

仮想変位 $\delta\mathbf{r}$ を独立なもの $\delta\mathbf{r}_{\mathrm{I}}$ と従属なもの $\delta\mathbf{r}_{\mathrm{D}}$ に分割し，これに対応してヤコビ行列も $\mathbf{\Phi}_{\mathrm{V_I}}$ と $\mathbf{\Phi}_{\mathrm{V_D}}$ にわけると，$\delta\mathbf{r}_{\mathrm{D}}$ は $\delta\mathbf{r}_{\mathrm{I}}$ によって次のように表される。

$$\delta\mathbf{r}_{\mathrm{D}}=-\mathbf{\Phi}_{\mathrm{V_D}}^{-1}\mathbf{\Phi}_{\mathrm{V_I}}\delta\mathbf{r}_{\mathrm{I}} \tag{18.20}$$

したがって，$\delta\mathbf{r}$ を $\delta\mathbf{r}_{\mathrm{I}}$，$\delta\mathbf{r}_{\mathrm{D}}$ の順に並べ替えたとして，これを $\delta\mathbf{r}_{\mathrm{I}}$ によって次の

ように表現できる。

$$\delta\mathbf{r}=\begin{bmatrix} \mathrm{I} \\ -\boldsymbol{\Phi}_{\mathrm{v_D}}^{-1}\boldsymbol{\Phi}_{\mathrm{v_I}} \end{bmatrix}\delta\mathbf{r}_{\mathrm{I}}\equiv\mathbf{B}_{\mathrm{I}}\delta\mathbf{r}_{\mathrm{I}} \tag{18.21}$$

この係数行列 $\mathbf{B}_{\mathrm{I}}$ が速度変換行列である。速度変換行列 $\mathbf{B}_{\mathrm{I}}$ は $\delta\mathbf{r}_{\mathrm{I}}$ から $\delta\mathbf{r}$ を作る行列であるが，独立な一般化速度 $\hat{\mathbf{v}}_{\mathrm{I}}$ から $\hat{\mathbf{v}}$ を作る行列ということもできる。

$$\hat{\mathbf{v}}=\mathbf{B}_{\mathrm{I}}\hat{\mathbf{v}}_{\mathrm{I}} \tag{18.22}$$

速度レベルの拘束条件式(13.36)も同様な座標分割により，次のように書ける。

$$\boldsymbol{\Phi}_{\mathrm{v_I}}\mathbf{v}_{\mathrm{I}}+\boldsymbol{\Phi}_{\mathrm{v_D}}\mathbf{v}_{\mathrm{D}}+\boldsymbol{\Phi}_{\bar{\mathrm{v}}}=\mathbf{0} \tag{18.23}$$

この式から $\mathbf{v}_{\mathrm{D}}$ を $\mathbf{v}_{\mathrm{I}}$ で表すことができ，その結果，$\delta\mathbf{r}$ と同じ並べ替えを行なった $\mathbf{v}$ は次のようになる。

$$\mathbf{v}=\begin{bmatrix} \mathrm{I} \\ -\boldsymbol{\Phi}_{\mathrm{v_D}}^{-1}\boldsymbol{\Phi}_{\mathrm{v_I}} \end{bmatrix}\mathbf{v}_{\mathrm{I}}+\begin{bmatrix} \mathbf{0} \\ -\boldsymbol{\Phi}_{\mathrm{v_D}}^{-1}\boldsymbol{\Phi}_{\bar{\mathrm{v}}} \end{bmatrix}\equiv\mathbf{B}_{\mathrm{I}}\mathbf{v}_{\mathrm{I}}+\mathbf{B}_{\bar{\mathrm{I}}} \tag{18.24}$$

Embedding Technique は，式(18.21)と(18.24)をダランベールの原理(18.1)に代入して $\delta\mathbf{r}_{\mathrm{I}}$ の独立性を利用する手続きであり，整理すると次のような運動方程式が得られる。

$$\mathbf{B}_{\mathrm{I}}^{T}\mathbf{m}\mathbf{B}_{\mathrm{I}}\dot{\mathbf{v}}_{\mathrm{I}}=\mathbf{B}_{\mathrm{I}}^{T}\mathbf{f}-\mathbf{B}_{\mathrm{I}}^{T}\mathbf{m}(\dot{\mathbf{B}}_{\mathrm{I}}\mathbf{v}_{\mathrm{I}}+\dot{\mathbf{B}}_{\bar{\mathrm{I}}}) \tag{18.25}$$

この式は式(18.15)と同じ形をしている。また，質点系だけでなく剛体系でも同様の表現を得ることができる。

Shabana の説明は，数値計算による順動力学解析を実現する汎用的な解法を念頭においたもののようで，Embedding Technique は数値計算上，不利であるとしている。その理由は，拘束条件ヤコビ行列の正則部分 $\boldsymbol{\Phi}_{\mathrm{v_D}}$ の逆行列計算などであろう。Shabana の説明は，さらに，拘束条件のヤコビ行列を利用して独立な一般化速度を選択したり，正規直交性を持つ速度変換行列とそれに対応する独立な一般化速度を数値的に作り出す方法などに言及している。

さて，本章で説明しているケインの部分速度は，速度変換行列を包含している。このことは式(18.22)と式(17.5)を見比べれば明らかである。

$$\hat{\mathbf{v}}=\mathbf{v}_{\mathrm{H}}\hat{\mathbf{H}} \qquad 【17.5】$$

式(18.22)では独立な $\hat{\mathbf{v}}_{\mathrm{I}}$ を $\hat{\mathbf{v}}$ の中から選択しているが，$\hat{\mathbf{v}}_{\mathrm{I}}$ を $\hat{\mathbf{v}}$ の線形結合で作られる独立なものにまで拡張すれば，シンプルノンホロノミックな系の範囲では

$\hat{\mathbf{H}}$ と同じと考えることができる。剛体系の場合は，部分速度と部分角速度を組み合わせて，速度変換行列になる。

$$\begin{bmatrix} \hat{\mathbf{V}} \\ \hat{\mathbf{\Omega}}' \end{bmatrix} = \begin{bmatrix} \hat{\mathbf{V}}_{\mathrm{H}} \\ \hat{\mathbf{\Omega}}'_{\mathrm{H}} \end{bmatrix} \hat{\mathbf{H}} \tag{18.26}$$

この場合，質点系の式(18.16)，(18.17)に対応する式は，式(18.18)，(18.19)であるが，式(18.16)，(18.17)と同じ形に書き換えることは容易であり，その差異は問題にはならない。部分速度は，拘束条件のヤコビ行列から作られるとは限らないが，理論上の位置付けとしては，速度変換行列と同じものといえる。拘束条件のヤコビ行列から数値的に作るのでなければ，逆行列を必要とするとは限らない。なお，Shabana の著書に，速度変換行列に関する論文が引用されている。本書の参考文献リストにも代表的なものを挙げておいた。

次章では，標準型の運動方程式を作る 18.5 節の方法を一歩進めた，拘束条件追加法について述べるが，その方法で用いる式も，式(18.16)，(18.17)と同型のものである。拘束条件追加法は，標準型の運動方程式を作る方法を包含しているだけでなく，さらに適用性が広く，また，かなり異なった視点に立った方法と考えている（19.2 節参照）。

それにもかかわらず，上記の速度変換行列を用いる方法は，広く解釈すると，標準型の運動方程式を求める方法，あるいは，拘束条件追加法と同じものとする見方がある。上記の引用文献などからは，位置づけ，利用方法，適用性などの観点でかなり異なった印象も残り，また，ケインの部分速度との関連など，調べるべき課題を残しているが，速度変換行列は筆者の拘束条件追加法よりかなり早い時期から利用されてきたものであり，「**速度変換**」（**Velocity Transformation**）という言葉は広まりつつあると感じられる。このような状況を考え，次章の拘束条件追加法には，「**速度変換法**」という呼び名を付記し，表題を，「拘束条件追加法（速度変換法）」とした。

18.7 事例：転動球

図 13.2（13.3 節）の転動球は水平面（X-Y 平面）と一点で接触し，その点で

滑らないモデルである。これらの拘束は，速度レベルで13.6節の式(13.33)のように表された。

$$\mathbf{V}_{\mathrm{OA}}-(\mathbf{I}_3-\mathbf{D}_{\mathrm{Z}}\mathbf{D}_{\mathrm{Z}}^T)\mathbf{C}_{\mathrm{OA}}\tilde{\mathbf{r}}_{\mathrm{AQ}}\boldsymbol{\Omega}'_{\mathrm{OA}}=\mathbf{0} \tag*{【13.33】}$$

点Qは瞬間接触点で，その位置 $\mathbf{r}_{\mathrm{AQ}}$ は次のとおりである。

$$\mathbf{r}_{\mathrm{AQ}}=-\mathbf{C}_{\mathrm{OA}}^T\mathbf{D}_{\mathrm{Z}}\rho \tag{18.27}$$

この式の右辺は接触点の位置 $\mathbf{r}_{\mathrm{AP}}$ の式(13.29)と同じであり，$\mathbf{r}_{\mathrm{AP}}$ は定数ではないが，式(13.33)を作る過程で位置レベルの式を時間微分したとき，$\mathbf{r}_{\mathrm{AQ}}$ は定数とした。

$$\dot{\mathbf{r}}_{\mathrm{AQ}}=\mathbf{0} \tag{18.28}$$

しかし，このような瞬間接触点の考え方は滑り速度に関する関係を導くための便宜的な手段である。式(13.33)をさらに時間微分する前に，式(18.27)を代入して，固定点の役割を終えておく必要がある。

$$\mathbf{V}_{\mathrm{OA}}+\tilde{\mathbf{D}}_{\mathrm{Z}}\mathbf{C}_{\mathrm{OA}}\rho\boldsymbol{\Omega}'_{\mathrm{OA}}=\mathbf{0} \tag{18.29}$$

この作業は，$\mathbf{r}_{\mathrm{AQ}}$ を $\mathbf{r}_{\mathrm{AP}}$ に戻す作業といえる。この式を時間微分すると次の式が得られる。

$$\dot{\mathbf{V}}_{\mathrm{OA}}+\tilde{\mathbf{D}}_{\mathrm{Z}}\mathbf{C}_{\mathrm{OA}}\rho\dot{\boldsymbol{\Omega}}'_{\mathrm{OA}}=\mathbf{0} \tag{18.30}$$

この系の運動学的自由度は3であり，$\boldsymbol{\Omega}'_{\mathrm{OA}}$ を独立な一般化速度 $\mathbf{H}$ とすればよい。式(13.29)から，重心の部分速度 $(\mathbf{V}_{\mathrm{OA}})_{\mathrm{H}}$ が次のように得られる。

$$(\mathbf{V}_{\mathrm{OA}})_{\mathrm{H}}=-\tilde{\mathbf{D}}_{\mathrm{Z}}\mathbf{C}_{\mathrm{OA}}\rho \tag{18.31}$$

一方，部分角速度 $(\boldsymbol{\Omega}'_{\mathrm{OA}})_{\mathrm{H}}$ は簡単である。

$$(\boldsymbol{\Omega}'_{\mathrm{OA}})_{\mathrm{H}}=\mathbf{I}_3 \tag{18.32}$$

剛体Aを対象にしたケイン型の運動方程式は次のように書ける。

$$\begin{aligned}&(\mathbf{V}_{\mathrm{OA}})_{\mathrm{H}}^T M_{\mathrm{A}}\dot{\mathbf{V}}_{\mathrm{OA}}+(\boldsymbol{\Omega}'_{\mathrm{OA}})_{\mathrm{H}}^T(\mathbf{J}'_{\mathrm{OA}}\dot{\boldsymbol{\Omega}}'_{\mathrm{OA}}+\tilde{\boldsymbol{\Omega}}'_{\mathrm{OA}}\mathbf{J}'_{\mathrm{OA}}\boldsymbol{\Omega}'_{\mathrm{OA}})\\&\quad=(\mathbf{V}_{\mathrm{OA}})_{\mathrm{H}}^T\mathbf{F}_{\mathrm{OA}}+(\boldsymbol{\Omega}'_{\mathrm{OA}})_{\mathrm{H}}^T\mathbf{N}'_{\mathrm{OA}}\end{aligned} \tag{18.33}$$

この式に，式(18.30)，(18.31)，(18.32)を代入して整理すれば，運動方程式が得られる。

$$(\mathbf{C}_{\mathrm{OA}}^T\tilde{\mathbf{D}}_{\mathrm{Z}}^T\rho^2 M_{\mathrm{A}}\tilde{\mathbf{D}}_{\mathrm{Z}}\mathbf{C}_{\mathrm{OA}}+\mathbf{J}'_{\mathrm{OA}})\dot{\boldsymbol{\Omega}}'_{\mathrm{OA}}+\tilde{\boldsymbol{\Omega}}'_{\mathrm{OA}}\mathbf{J}'_{\mathrm{OA}}\boldsymbol{\Omega}'_{\mathrm{OA}}=\mathbf{C}_{\mathrm{OA}}^T\tilde{\mathbf{D}}_{\mathrm{Z}}\rho\mathbf{F}_{\mathrm{OA}}+\mathbf{N}'_{\mathrm{OA}} \tag{18.34}$$

転動球の幾何学的自由度は5であり，一般化座標は，回転姿勢を表すオイラーパラメータ $\mathbf{E}_{\mathrm{OA}}$ と，重心の水平面上の位置，R_{OAX} と R_{OAY}，とするのが適当である。したがって，順動力学解析には次の式を付随させることになる。

$$\begin{bmatrix} \dot{\mathbf{E}}_{\mathrm{OA}} \\ \dot{R}_{\mathrm{OAX}} \\ \dot{R}_{\mathrm{OAY}} \end{bmatrix} = \begin{bmatrix} 0.5\mathbf{S}_{\mathrm{OA}}^{T} \\ \mathbf{D}_{\mathrm{Y}}^{T}\mathbf{C}_{\mathrm{OA}}\rho \\ -\mathbf{D}_{\mathrm{X}}^{T}\mathbf{C}_{\mathrm{OA}}\rho \end{bmatrix} \mathbf{\Omega}'_{\mathrm{OA}} \tag{18.35}$$

この式の二行目と三行目は，式(13.29)に$\mathbf{D}_{\mathrm{X}}^{T}$と$\mathbf{D}_{\mathrm{Y}}^{T}$を左から掛けたものである。この式の数は，オイラーパラメータの拘束を差し引くと，幾何学的自由度に等しい。一方，式(18.34)の運動方程式の数は運動学的自由度と同じである。

転動球の運動方程式を立てる場合，瞬間接触点の考え方が役立った。瞬間接触点はタイヤの滑りを計算するときなどにも役立つ便利な概念である。しかし，この転動球の動的シミュレーションはあまり興味深いものではない。ただ，水平面を転がっているだけのアニメーションを作っても面白みが少ないと思う。ボーリング競技の球の挙動解析まで踏み込めば面白くなるが，滑り易さがレーン上で変化することなどを考慮する必要があり，ここで取り上げるには複雑過ぎる。そのような理由からMATLABのプログラムは作らなかったが，次の［Quiz 18.1］に示すような転動球ならばシミュレーションを試してみたくなるかも知れない。この課題は独立な一般化座標にどのような変数を採用するかという点に面白みがある。

Quiz 18.1 **＜球面に内接する転動球＞** 慣性空間に座標系Oを固定し，Z軸の負の向きに重力が作用しているものとする。原点Oを中心とした半径b_{BIG}の大きな球面Bが固定されていて，その球面の内側に一点で接して滑らずに転動する半径b_{SMALL}の小さな球Sを考える（図18.1）。この小球Sの運動範囲は，接触点Pが大球Bの下半分より十分低い位置にある範囲とする。また，小球Sの重心は球の中心にあり，さらに，その点に原点が一致するように座標系が固定されている。この座標系と原点もSと呼ぶ。小球の重心に加わる作用力$\mathbf{F}_{\mathrm{OS}}$は重力だけで，重力の加速度はgであり，作用トルク$\mathbf{N}'_{\mathrm{OS}}$はゼロとする。小球の質量を$M_{\mathrm{S}}$，重心まわりの慣性行列を$\mathbf{J}'_{\mathrm{OS}}$として，小球の運動方程式を示せ。

この課題は一般化座標の選び方に面白みがある。小球Sの運動範囲を大球の上半分にも拡大すると，一般化座標にはどんな変数を用いればよいだろうか。上

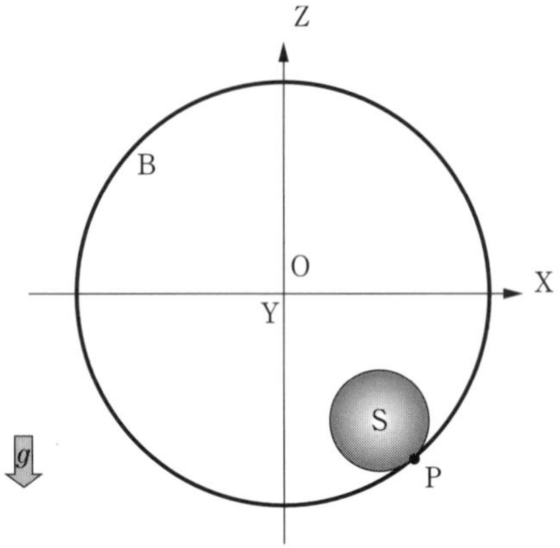

図 18.1　球面に内接する滑らない転動球

半分にあるときも一点で大球に接触しているものとし，重力によって真下に落ちるようなことはないものとする。いくつかの方法を考え，それぞれの長所や短所を検討してみよ。

第19章　拘束条件追加法（速度変換法）

仮想パワーの原理やケイン型の運動方程式を利用する方法では，ホロノミックな系とシンプルノンホロノミックな系を区別する必要がなく，わかりやすい。しかし，質点系として扱うか剛体系として扱うか，あるいは，3次元剛体系か2次元剛体系かによって，出発点の原理の表現や運動方程式の形を選別する必要がある。その点，本章の方法はかなり異なっている。本章の方法は既知の運動方程式をもとに求めたい系の式を導く方法で，その手順には上記のような区別はない。しかも，最終的なものまで，複数回に分けて適用することが可能であり，既知の運動方程式がすでに途中まで組みあがったものでも，モード座標のような抽象性の高い変数によって表現されたものでもよい。

本章の方法を筆者は，これまで「拘束条件追加法」と呼んでいたが，「**速度変換法**」という呼び名を付記することにした。この方法は，Velocity Transformationとして知られている方法を広く解釈すれば同じとする見方があるためである(18.6節参照)。

本章には二つの事例がある。最初の事例には，乗用車の操縦安定性に関する最も簡単なモデル「**二輪車モデル**」を取り上げる。このモデルはシンプルノンホロノミックな系で，シミュレーションプログラムも準備されている。2次元モデルであるが，車体に固定した座標系で表した変数（ダッシュの付く変数）を並進運動に用いている。実際問題に近く，比較的簡単な事例として取り上げたが，本章の方法に対する最初の復習にはもっと簡単なモデルによる確認が先かもしれない。読者の努力でカバーすることを期待している。

もう一つの事例は3次元三重剛体振子である。この事例では，重心速度と角速度をまとめた変数を用い，3次元剛体の並進運動と回転運動を一つにまとめた運動方程式をもとに，拘束条件追加法を適用する。ここでも並進運動の表現にダッシュの付く変数を用いた。並進運動と回転運動をまとめた変数や運動方程式は，

8.4 節［Quiz 8.2］と 12.2 節［Quiz 12.2］に出てきたものである。この事例では，3 次元三重剛体振子の運動方程式を陽には求めていない。拘束条件追加法の仕組みを順動力学解析の数値計算手順に利用している。

19.1　拘束条件追加法の導出

系の全質点の速度を一般化速度 **H** で表した式は次のとおりである（13.5 節参照）。

$$\mathbf{v}=\mathbf{v}_{\mathrm{H}}\mathbf{H}+\mathbf{v}_{\bar{\mathrm{H}}} \tag{13.10}$$

この式と，質点系のケイン型運動方程式を用いて，標準形の運動方程式を作ると，次のようになった（18.5 節参照）。

$$\mathbf{m}^{\mathrm{H}}\dot{\mathbf{H}}=\mathbf{f}^{\mathrm{H}} \tag{13.40}$$

$$\mathbf{m}^{\mathrm{H}}=\mathbf{v}_{\mathrm{H}}^{T}\mathbf{m}\mathbf{v}_{\mathrm{H}} \tag{18.16}$$

$$\mathbf{f}^{\mathrm{H}}=\mathbf{v}_{\mathrm{H}}^{T}\left\{\mathbf{f}-\mathbf{m}\left(\frac{d\mathbf{v}_{\mathrm{H}}}{dt}\mathbf{H}+\frac{d\mathbf{v}_{\bar{\mathrm{H}}}}{dt}\right)\right\} \tag{18.17}$$

式(18.16)から分かるように $\mathbf{m}^{\mathrm{H}}$ は対称行列である。これらの式は一般化速度が **H** の場合であるが，一般化速度が **S** の場合も書いておく。

$$\mathbf{v}=\mathbf{v}_{\mathrm{S}}\mathbf{S}+\mathbf{v}_{\bar{\mathrm{S}}} \tag{19.1}$$

$$\mathbf{m}^{\mathrm{S}}\dot{\mathbf{S}}=\mathbf{f}^{\mathrm{S}} \tag{19.2}$$

$$\mathbf{m}^{\mathrm{S}}=\mathbf{v}_{\mathrm{S}}^{T}\mathbf{m}\mathbf{v}_{\mathrm{S}} \tag{19.3}$$

$$\mathbf{f}^{\mathrm{S}}=\mathbf{v}_{\mathrm{S}}^{T}\left\{\mathbf{f}-\mathbf{m}\left(\frac{d\mathbf{v}_{\mathrm{S}}}{dt}\mathbf{S}+\frac{d\mathbf{v}_{\bar{\mathrm{S}}}}{dt}\right)\right\} \tag{19.4}$$

これらは，単に **H** を **S** に置き換えただけである。

ここで，一般化速度 **S** の系の運動方程式を作ることを目指しているとする。そして，その系からいくつかの拘束を外すことを考え，拘束を外した系については運動方程式が既知になるように，上手く拘束を外すものとする。その結果，一般化速度 **H** の系が得られたとしよう。すなわち，$\mathbf{m}^{\mathrm{H}}$ と $\mathbf{f}^{\mathrm{H}}$ は既知である。そして，一般化速度 **H** の系から見れば，一般化速度 **S** の系は拘束を追加して作ることになる。そこで，一般化速度 **H** の系を拘束追加前の系と呼び，一般化速度 **S** の系を拘束追加後の系と呼ぶことにする。

拘束追加後を考える。運動方程式(13.40)は，もはや成り立たず，拘束追加に伴う拘束力が加わる。

$$\mathbf{m}^{\mathrm{H}}\dot{\mathbf{H}}=\mathbf{f}^{\mathrm{H}}+\bar{\mathbf{f}}^{\mathrm{H}} \tag{19.5}$$

拘束追加前の一般化速度 **H** は拘束追加後の一般化速度 **S** によって表されるはずで，シンプルノンホロノミックまでの範囲でその関係は **S** の一次式である。

$$\mathbf{H}=\mathbf{H}_{\mathrm{S}}\mathbf{S}+\mathbf{H}_{\bar{\mathrm{S}}} \tag{19.6}$$

この式を時間微分して，式(19.5)に代入し，左から $\mathbf{H}_{\mathrm{S}}^{T}$ を掛けて整理すると，次の式が得られる。

$$\mathbf{H}_{\mathrm{S}}^{T}\mathbf{m}^{\mathrm{H}}\mathbf{H}_{\mathrm{S}}\dot{\mathbf{S}}=\mathbf{H}_{\mathrm{S}}^{T}\left\{\mathbf{f}^{\mathrm{H}}-\mathbf{m}^{\mathrm{H}}\left(\frac{d\mathbf{H}_{\mathrm{S}}}{dt}\mathbf{S}+\frac{d\mathbf{H}_{\bar{\mathrm{S}}}}{dt}\right)+\bar{\mathbf{f}}^{\mathrm{H}}\right\} \tag{19.7}$$

この式で，$\mathbf{m}^{\mathrm{H}}$，$\mathbf{f}^{\mathrm{H}}$，$\mathbf{H}_{\mathrm{S}}$ と，$\mathbf{H}_{\mathrm{S}}$，$\mathbf{H}_{\bar{\mathrm{S}}}$ の時間微分は既知である。拘束力を除けば，これらを用いて，**S** で書かれた運動方程式が求まったことになる。実際には，次に示すように，式(19.7)の $\bar{\mathbf{f}}^{\mathrm{H}}$ を除いた運動方程式が成立する。すなわち，$\mathbf{H}_{\mathrm{S}}^{T}\bar{\mathbf{f}}^{\mathrm{H}}$ はゼロになる。

式(19.6)を式(13.10)に代入する。

$$\mathbf{v}=\mathbf{v}_{\mathrm{H}}\mathbf{H}_{\mathrm{S}}\mathbf{S}+\mathbf{v}_{\mathrm{H}}\mathbf{H}_{\bar{\mathrm{S}}}+\mathbf{v}_{\bar{\mathrm{H}}} \tag{19.8}$$

この式と式(19.1)とを対比すると次の関係が得られる。

$$\mathbf{v}_{\mathrm{S}}=\mathbf{v}_{\mathrm{H}}\mathbf{H}_{\mathrm{S}} \tag{19.9}$$

$$\mathbf{v}_{\bar{\mathrm{S}}}=\mathbf{v}_{\mathrm{H}}\mathbf{H}_{\bar{\mathrm{S}}}+\mathbf{v}_{\bar{\mathrm{H}}} \tag{19.10}$$

この関係を用い，式(19.3)，(19.4)の $\mathbf{m}^{\mathrm{S}}$，$\mathbf{f}^{\mathrm{S}}$ を $\mathbf{v}_{\mathrm{H}}$，$\mathbf{v}_{\bar{\mathrm{H}}}$，$\mathbf{H}_{\mathrm{S}}$，$\mathbf{H}_{\bar{\mathrm{S}}}$ で表すことを考える。式(19.4)には $\mathbf{v}_{\mathrm{S}}$，$\mathbf{v}_{\bar{\mathrm{S}}}$ の時間微分も含まれているので，まず，式(19.9)，(19.10)の時間微分を作っておく。

$$\frac{d\mathbf{v}_{\mathrm{S}}}{dt}=\frac{d\mathbf{v}_{\mathrm{H}}}{dt}\mathbf{H}_{\mathrm{S}}+\mathbf{v}_{\mathrm{H}}\frac{d\mathbf{H}_{\mathrm{S}}}{dt} \tag{19.11}$$

$$\frac{d\mathbf{v}_{\bar{\mathrm{S}}}}{dt}=\frac{d\mathbf{v}_{\mathrm{H}}}{dt}\mathbf{H}_{\bar{\mathrm{S}}}+\mathbf{v}_{\mathrm{H}}\frac{d\mathbf{H}_{\bar{\mathrm{S}}}}{dt}+\frac{d\mathbf{v}_{\bar{\mathrm{H}}}}{dt} \tag{19.12}$$

さて，式(19.9)，(19.11)，(19.12)を式(19.3)，(19.4)に代入する。

$$\mathbf{m}^{\mathrm{S}}=\mathbf{H}_{\mathrm{S}}^{T}\mathbf{v}_{\mathrm{H}}^{T}\mathbf{m}\mathbf{v}_{\mathrm{H}}\mathbf{H}_{\mathrm{S}} \tag{19.13}$$

$$\mathbf{f}^{\mathrm{S}}=\mathbf{H}_{\mathrm{S}}^{T}\mathbf{v}_{\mathrm{H}}^{T}\left\{\mathbf{f}-\mathbf{m}\left(\frac{d\mathbf{v}_{\mathrm{H}}}{dt}\mathbf{H}_{\mathrm{S}}\mathbf{S}+\mathbf{v}_{\mathrm{H}}\frac{d\mathbf{H}_{\mathrm{S}}}{dt}\mathbf{S}+\frac{d\mathbf{v}_{\mathrm{H}}}{dt}\mathbf{H}_{\bar{\mathrm{S}}}+\mathbf{v}_{\mathrm{H}}\frac{d\mathbf{H}_{\bar{\mathrm{S}}}}{dt}+\frac{d\mathbf{v}_{\bar{\mathrm{H}}}}{dt}\right)\right\} \tag{19.14}$$

ここで，式(18.16)，(18.17)を用いて，式(19.13)，(19.14)から **m** と **f** を消去することをめざす。その見通しをよくするために，式(18.17)の **H** に式(19.6)を代入しておく。

$$\mathbf{f}^{\mathrm{H}}=\mathbf{v}_{\mathrm{H}}^{T}\left\{\mathbf{f}-\mathbf{m}\left(\frac{d\mathbf{v}_{\mathrm{H}}}{dt}\mathbf{H}_{\mathrm{S}}\mathbf{S}+\frac{d\mathbf{v}_{\mathrm{H}}}{dt}\mathbf{H}_{\bar{\mathrm{S}}}+\frac{d\mathbf{v}_{\bar{\mathrm{H}}}}{dt}\right)\right\} \tag{19.15}$$

この式と式(18.16)を用いると，式(19.13)，(19.14)は次のようになる。

$$\mathbf{m}^{\mathrm{S}}=\mathbf{H}_{\mathrm{S}}^{T}\mathbf{m}^{\mathrm{H}}\mathbf{H}_{\mathrm{S}} \tag{19.16}$$

$$\mathbf{f}^{\mathrm{S}}=\mathbf{H}_{\mathrm{S}}^{T}\left\{\mathbf{f}^{\mathrm{H}}-\mathbf{m}^{\mathrm{H}}\left(\frac{d\mathbf{H}_{\mathrm{S}}}{dt}\mathbf{S}+\frac{d\mathbf{H}_{\bar{\mathrm{S}}}}{dt}\right)\right\} \tag{19.17}$$

この $\mathbf{m}^{\mathrm{S}}$ と $\mathbf{f}^{\mathrm{S}}$ を用いて，運動方程式は式(19.2)である。式(19.2)に(19.16)と(19.17)を代入したものと式(19.7)を対比すると，次の関係が得られる。

$$\mathbf{H}_{\mathrm{S}}^{T}\bar{\mathbf{f}}^{\mathrm{H}}=\mathbf{0} \tag{19.18}$$

拘束追加にともなって生じた拘束力は，拘束前後の独立な一般化速度のヤコビ行列と直交している。

19.2　拘束条件追加法の適用手順と特徴

まず，運動方程式を求めたい系から適当に拘束をはずし，運動方程式が既知の系を作る。その系の一般化速度 **H** を把握し，運動方程式を式(13.40) の形にまとめて，$\mathbf{m}^{\mathrm{H}}$ と $\mathbf{f}^{\mathrm{H}}$ を求めておく。なお，運動方程式は $\mathbf{m}^{\mathrm{H}}$ が対称行列になるように作っておく。次に，拘束追加後の一般化速度 **S** を選択し，式(19.6)のように **H** を **S** で表す。その関係から，$\mathbf{H}_{\mathrm{S}}$ と $\mathbf{H}_{\bar{\mathrm{S}}}$ が得られるが，それらの時間微分を作る。以上を用いて，式(19.16)，(19.17)により $\mathbf{m}^{\mathrm{S}}$，$\mathbf{f}^{\mathrm{S}}$ を計算すれば，式(19.2)が求める運動方程式である。

ここで，式(13.10)，(13.40)，(18.16)，(18.17)と，式(19.6)，(19.2)，(19.16)，(19.17)が同型になっていることを指摘しておく。最後の四つの式は，**H** の系に拘束を加えて **S** の系を作る方法であるが，最初の四つの式は，**v** の系に拘

束を加えて **H** の系を作る方法である。これらを **H**⇒**S** の方法，**v**⇒**H** の方法と呼ぶことにしよう。**v**⇒**H** の方法は質点系を対象としているが，剛体系を対象とした式もある。式(13.11)，(13.12)，(13.40)，(18.18)，(18.19)の五つの式であり，これは，**V**, **Ω′**⇒**H** の方法と呼ぶことができる。

ケインの方法は，**v**⇒**H** の方法と **V**, **Ω′**⇒**H** の方法である。ケインの部分速度や部分角速度は，**v** や **V** や **Ω′** のような実速度や実角速度を **H** で偏微分したヤコビ行列である。一方，**H**⇒**S** の方法では，もはや，質点系とか剛体系の区別は必要ない。**H** が **v** や **V** や **Ω′** の場合はケインの方法と同じであるが，それ以外の **H** で表された系をもとに運動方程式を構築できる。**H** はデカルト座標で表された速度とは限らず，モード速度（モード座標の時間微分）のような抽象的な速度変数でもよい。

H⇒**S** の方法は何度も繰り返して用いることができる。ロボットや車両のモデルは，自由な質点系に拘束を加えて作ることができるが，拘束を加える順序も自由である。任意な順序で何度でも拘束の追加を繰り返し，最終モデルに到達することができる。異なる拘束の追加手順をとっても，最終的な運動方程式は変わらない。

18.6 節に記した速度変換法に関する文献などの説明には，**v**⇒**H** の方法と **H**⇒**S** の方法を区別して捉えている様子は見られない。速度変換法は，デカルト座標を用いた微分代数型（第 20 章参照）の運動方程式を独立な一般化速度で表現し直す方法とも説明されていて，質点系の **v** や剛体系の **V** と **Ω′** などを従属なものを含む一般化座標としている。従って，速度変換法は **v**⇒**H** の方法といえそうだが，一方，独立な一般化速度で表せば，必ず，拘束力は消えるという事実をダランベールの原理からの当然の帰結としていて，式(19.18)は，ここで説明するまでもなく当然のことと考えているようでもある。それゆえ，**v**⇒**H** の方法と **H**⇒**S** の方法の区別も現われないのかもしれないが，ケインの方法との対比で考えたり，我々が通常持っている認識を考えると，この区別の意味は大きいように思える。むしろ，式(19.18)のような性質が得られて，ダランベールの原理は次のような一般的な形で成立すると考えるほうが，素直な捉え方であろう。

$$\delta t\hat{\mathbf{H}}^T(\mathbf{f}^{\mathrm{H}}-\mathbf{m}^{\mathrm{H}}\dot{\mathbf{H}})=0 \tag{19.19}$$

拘束条件追加法は，筆者の体験では，多くの事例で快適である。$\mathbf{m}^{\mathrm{H}}$，$\mathbf{f}^{\mathrm{H}}$，$\mathbf{H}_{\mathrm{S}}$，

$\mathbf{H}_{\bar{S}}$ を把握すれば，後は機械的な作業である。質点系や剛体系，あるいは，3次元や2次元を区別して考える必要がない。手順が明快で，見通しがよい。ケインの方法や仮想パワーの原理を利用する方法と同様，シンプルノンホロノミックな系まで，ホロノミックか否かを区別することなく適用できる。また，運動方程式を立てる手順をそのまま順動力学の数値計算の手順とすることができる。そのほか，運動方程式のさまざまな応用において，この手順を活用できる。たとえば，運動方程式を線形化して，固有値解析するような場合，拘束条件追加法の考え方を利用して線形化の手順を分解し，操作しやすいものにできる（付録E参照）。

19.3　順動力学解析の事例：操縦安定性のための二輪車モデル

乗用車の操縦安定性を調べるための最も単純なモデルは二輪車モデルである（図19.1）。このモデルは水平面を走る乗用車を上空から眺めた2次元モデルで，車両のピッチングやローリング運動を無視し，左右輪の輪荷重の変化も考慮しないものである。そのため，左右輪を中央にまとめて，前後に二輪だけを持つと考え，二輪車モデルと呼ぶ。

このモデルでは，普通，車輪の質量や慣性モーメントは無視するか，あるいは，車体の中に含まれていると考える。ここでは後輪駆動前輪操舵車を考えることにする。一般に，走行中の車輪には横滑りがあり，また，駆動輪には転動方向にも滑りがあるが，これらの滑りを許してモデル化するか否かで運動学的自由度が異なったモデルになる。ここでは，前後輪ともに横滑りし，それによりコーナリング力が発生するモデルを考える。これによる自由度の減少はない。一方，駆

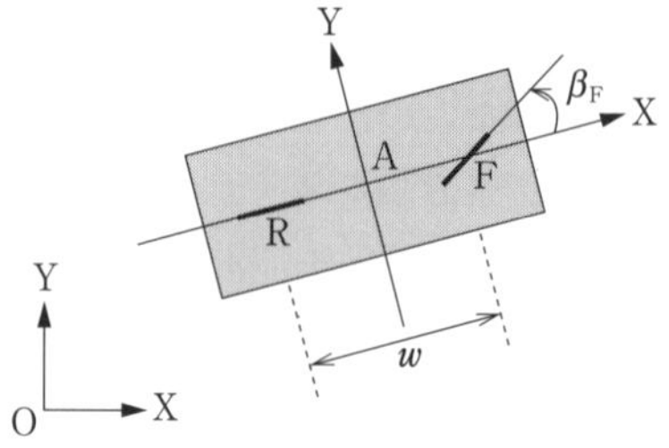

図19.1　操縦安定性のための二輪車モデル

動輪（後輪）の転動による前進方向速度は，走行負荷などによる変動を許さず，常に一定値 $\boldsymbol{v}_0$ とする。この条件はシンプルノンホロノミックな拘束であり，運動学的自由度をひとつ減少させる。結局，モデルの運動学的自由度は 2，幾何学的自由度は 3 となる。前輪の操舵は，実舵角を時間についての折れ線関数で与えることにし，その与え方で，車線乗り移りや円旋回を実現できるモデルとする。

なお，後輪駆動車ではなく前輪駆動車を考え，前輪の転動方向速度を一定とする場合，あるいは，後輪も操舵する場合を考えると，一定車速の方向が車体に対しても変動し，シンプルノンホロノミックな拘束が時間の関数として変動するモデルとなる。また，操舵する車輪を剛体と考えて慣性モーメントを考慮し，操舵角を時間の関数として与えることにすると，前進方向のすべりを許すモデルにした場合も，ホロノミックな時間依存拘束を含むモデルとなる。

図 19.1 は，ここで扱う二輪車モデルの説明図である。2 次元剛体 A は車体で，そこに固定した座標系の X 軸が前進方向である。この X 軸上に二点 F と R がある。F は前輪の位置を示し，R は後輪である。F，R 二点間の距離はホイールベースと呼ばれるが，これを w とする。

$$w = r_{\mathrm{AFX}} - r_{\mathrm{ARX}} \tag{19.20}$$

前輪が操舵輪で，その実舵角を β_{F} とする。このモデルでは後輪は固定されている。この車は車速一定とするが，駆動輪は後輪であるから，点 R の X 方向速度が一定となる。したがって，重心 A の X 方向速度も，点 F の X 方向速度も同じ一定値になる。その値を v_0 とすると次のように書ける。

$$v'_{0\mathrm{FX}} = v'_{0\mathrm{RX}} = V'_{0\mathrm{AX}} = v_0 \tag{19.21}$$

このモデルの運動方程式を拘束条件追加法で求めることにし，拘束追加前を自由な 2 次元剛体 A とする。2 次元運動する自由な剛体 A の運動方程式は，次のような形が普通であろう。

$$M_{\mathrm{A}} \dot{\mathbf{V}}_{\mathrm{OA}} = \mathbf{F}_{\mathrm{OA}} \tag{19.22}$$

$$J_{\mathrm{A}} \dot{\omega}_{\mathrm{OA}} = n_{\mathrm{A}} \tag{19.23}$$

並進運動は慣性座標系 O で表現された 2 次元の代数ベクトル $\mathbf{V}_{\mathrm{OA}}$，$\mathbf{F}_{\mathrm{OA}}$ などで表現されており，回転運動は運動する 2 次元平面に垂直な軸まわりの回転に限られているため，スカラー変数 ω_{OA}，n_{A} などを用いて表されている。M_{A} は車体の質量，J_{A} は重心を通る回転軸まわりの慣性モーメントである。2 次元代数ベクトルは3次元の場合と同じ記号を用いているが，2次元問題を考えているので，2×1列行列になっていると解釈する。

まず，並進運動の運動方程式を，$\mathbf{V}'_{\mathrm{OA}}$ と $\mathbf{F}'_{\mathrm{OA}}$ を用いた表現に書き直しておく。これらは，座標系Aで表現された代数ベクトルである。

$$\mathbf{V}_{\mathrm{OA}}=\mathbf{C}_{\mathrm{OA}}\mathbf{V}'_{\mathrm{OA}} \tag{19.24}$$

$$\mathbf{F}_{\mathrm{OA}}=\mathbf{C}_{\mathrm{OA}}\mathbf{F}'_{\mathrm{OA}} \tag{19.25}$$

$\mathbf{C}_{\mathrm{OA}}$ は2次元の座標変換行列（2×2行列）で，式(10.5)に与えられているものである。これらを式(19.22)に代入すればよいが，そのために，まず，式(19.24)を時間微分する。

$$\dot{\mathbf{V}}_{\mathrm{OA}}=\mathbf{C}_{\mathrm{OA}}\dot{\mathbf{V}}'_{\mathrm{OA}}+\mathbf{C}_{\mathrm{OA}}\boldsymbol{\chi}\mathbf{V}'_{\mathrm{OA}}\omega_{\mathrm{OA}} \tag{19.26}$$

代入の結果を整理すると，並進運動にダッシュの付く変数を用いた運動方程式が次のように求まる。

$$M_{\mathrm{A}}\dot{\mathbf{V}}'_{\mathrm{OA}}+M_{\mathrm{A}}\boldsymbol{\chi}\mathbf{V}'_{\mathrm{OA}}\omega_{\mathrm{OA}}=\mathbf{F}'_{\mathrm{OA}} \tag{19.27}$$

$$J_{\mathrm{A}}\dot{\omega}_{\mathrm{OA}}=n_{\mathrm{A}} \tag{19.28}$$

回転運動に関する式は変わらない。このような変数の表現に変更する理由は，車体の速度を車体の前進方向速度と横方向速度に分解して考えるほうが自然だからである。これによって，車体が東に向かって走っている場合でも南西に向かって走っている場合でも，運動方程式の表現は変わらない。さて，拘束条件追加法を用いるとして，拘束追加前の $\mathbf{H}$，$\mathbf{m}^{\mathrm{H}}$，$\mathbf{f}^{\mathrm{H}}$ は次のように書ける。

$$\mathbf{H}=\begin{bmatrix}\mathbf{V}'_{\mathrm{OA}}\\ \omega_{\mathrm{OA}}\end{bmatrix} \tag{19.29}$$

$$\mathbf{m}^{\mathrm{H}}=\begin{bmatrix}{}^{2}\mathbf{M}_{\mathrm{A}} & \mathbf{0}\\ \mathbf{0} & J_{\mathrm{A}}\end{bmatrix} \tag{19.30}$$

$$\mathbf{f}^{\mathrm{H}}=\begin{bmatrix}\mathbf{F}'_{\mathrm{OA}}-M_{\mathrm{A}}\boldsymbol{\chi}\mathbf{V}'_{\mathrm{OA}}\omega_{\mathrm{OA}}\\ n_{\mathrm{A}}\end{bmatrix} \tag{19.31}$$

拘束追加後の独立な一般化速度 $\mathbf{S}$ は別の選択肢もあるが，ここでは点F，Rの位置の横方向速度とする。

$$\mathbf{S}=\begin{bmatrix}v'_{\mathrm{OFY}}\\ v'_{\mathrm{ORY}}\end{bmatrix} \tag{19.32}$$

この $\mathbf{S}$ で $\mathbf{H}$ を表すために，前輪位置に関する次の三者の関係から始める。

$$\mathbf{r}_{OF}=\mathbf{R}_{OA}+\mathbf{C}_{OA}\mathbf{r}_{AF}=\mathbf{R}_{OA}+\mathbf{C}_{OA}\mathbf{d}_{X}r_{AFX} \tag{19.33}$$

時間微分して，

$$\mathbf{v}_{OF}=\mathbf{V}_{OA}+\mathbf{C}_{OA}\boldsymbol{\chi}\mathbf{d}_{X}r_{AFX}\omega_{OA}=\mathbf{V}_{OA}+\mathbf{C}_{OA}\mathbf{d}_{Y}r_{AFX}\omega_{OA} \tag{19.34}$$

これを，ダッシュの付く記号で書き直すと，次のようになる。

$$\mathbf{v}'_{OF}=\mathbf{V}'_{OA}+\mathbf{d}_{Y}r_{AFX}\omega_{OA} \tag{19.35}$$

同様に，後輪位置に関して，次の式が成り立つ。

$$\mathbf{v}'_{OR}=\mathbf{V}'_{OA}+\mathbf{d}_{Y}r_{ARX}\omega_{OA} \tag{19.36}$$

最後の二式を $\mathbf{V}'_{OA}$ と ω_{OA} について解き，$\mathbf{v}'_{OF}$ と $\mathbf{v}'_{OR}$ を X 成分と Y 成分に分けて式(19.21)を用いると，$\mathbf{H}$ と $\mathbf{S}$ の関係が次のように得られる。

$$\mathbf{H}=\begin{bmatrix}\mathbf{V}'_{OA}\\ \omega_{OA}\end{bmatrix}=\begin{bmatrix}-\dfrac{r_{ARX}}{w}\mathbf{v}'_{OF}+\dfrac{r_{AFX}}{w}\mathbf{v}'_{OR}\\ \mathbf{d}_{Y}^{T}\dfrac{\mathbf{v}'_{OF}-\mathbf{v}'_{OR}}{w}\end{bmatrix} \tag{19.37}$$

$$=\begin{bmatrix}-\mathbf{d}_{Y}\dfrac{r_{ARX}}{w} & \mathbf{d}_{Y}\dfrac{r_{AFX}}{w}\\ \dfrac{1}{w} & -\dfrac{1}{w}\end{bmatrix}\begin{bmatrix}v'_{OFY}\\ v'_{ORY}\end{bmatrix}+\begin{bmatrix}\mathbf{d}_{X}v_{0}\\ 0\end{bmatrix} \tag{19.38}$$

したがって，

$$\mathbf{H}_{S}=\begin{bmatrix}-\mathbf{d}_{Y}\dfrac{r_{ARX}}{w} & \mathbf{d}_{Y}\dfrac{r_{AFX}}{w}\\ \dfrac{1}{w} & -\dfrac{1}{w}\end{bmatrix} \tag{19.39}$$

$$\mathbf{H}_{\bar{S}}=\begin{bmatrix}\mathbf{d}_{X}v_{0}\\ 0\end{bmatrix} \tag{19.40}$$

$$\frac{d\mathbf{H}_{S}}{dt}=\mathbf{0} \tag{19.41}$$

$$\frac{d\mathbf{H}_{\bar{S}}}{dt}=\mathbf{0} \tag{19.42}$$

これらを用いて，拘束追加後の $\mathbf{m}^{S}$ と $\mathbf{f}^{S}$ を求めることができる。

$$\mathbf{m}^{\mathrm{S}}=\mathbf{H}_{\mathrm{S}}^{T}\mathbf{m}^{\mathrm{H}}\mathbf{H}_{\mathrm{S}}=\begin{bmatrix}\dfrac{M_{\mathrm{A}}r_{\mathrm{ARX}}^2+J_{\mathrm{A}}}{w^2} & -\dfrac{M_{\mathrm{A}}r_{\mathrm{AFX}}r_{\mathrm{ARX}}+J_{\mathrm{A}}}{w^2}\\ -\dfrac{M_{\mathrm{A}}r_{\mathrm{AFX}}r_{\mathrm{ARX}}+J_{\mathrm{A}}}{w^2} & \dfrac{M_{\mathrm{A}}r_{\mathrm{AFX}}^2+J_{\mathrm{A}}}{w^2}\end{bmatrix} \tag{19.43}$$

$$\begin{aligned}\mathbf{f}^{\mathrm{S}}&=\mathbf{H}_{\mathrm{S}}^{T}\left\{\mathbf{f}^{\mathrm{H}}-\mathbf{m}^{\mathrm{H}}\left(\frac{d\mathbf{H}_{\mathrm{S}}}{dt}\mathbf{S}+\frac{d\mathbf{H}_{\bar{\mathrm{S}}}}{dt}\right)\right\}\\ &=\begin{bmatrix}-\dfrac{r_{\mathrm{ARX}}\mathbf{d}_{\mathrm{Y}}^{T}}{w}\\ \dfrac{r_{\mathrm{AFX}}\mathbf{d}_{\mathrm{Y}}^{T}}{w}\end{bmatrix}\mathbf{F}'_{\mathrm{OA}}+\begin{bmatrix}\dfrac{1}{w}\\ -\dfrac{1}{w}\end{bmatrix}n_{\mathrm{A}}-\begin{bmatrix}-\dfrac{r_{\mathrm{ARX}}M_{\mathrm{A}}v_0}{w}\\ \dfrac{r_{\mathrm{AFX}}M_{\mathrm{A}}v_0}{w}\end{bmatrix}\omega_{\mathrm{OA}}\end{aligned} \tag{19.44}$$

結局，拘束追加後の運動方程式は次のようになる。

$$\begin{aligned}&\begin{bmatrix}\dfrac{M_{\mathrm{A}}r_{\mathrm{ARX}}^2+J_{\mathrm{A}}}{w^2} & -\dfrac{M_{\mathrm{A}}r_{\mathrm{AFX}}r_{\mathrm{ARX}}+J_{\mathrm{A}}}{w^2}\\ -\dfrac{M_{\mathrm{A}}r_{\mathrm{AFX}}r_{\mathrm{ARX}}+J_{\mathrm{A}}}{w^2} & \dfrac{M_{\mathrm{A}}r_{\mathrm{AFX}}^2+J_{\mathrm{A}}}{w^2}\end{bmatrix}\begin{bmatrix}\dot{v}'_{\mathrm{OFY}}\\ \dot{v}'_{\mathrm{ORY}}\end{bmatrix}\\ &=\begin{bmatrix}-\dfrac{r_{\mathrm{ARX}}\mathbf{d}_{\mathrm{Y}}^{T}}{w}\\ \dfrac{r_{\mathrm{AFX}}\mathbf{d}_{\mathrm{Y}}^{T}}{w}\end{bmatrix}\mathbf{F}'_{\mathrm{OA}}+\begin{bmatrix}\dfrac{1}{w}\\ -\dfrac{1}{w}\end{bmatrix}n_{\mathrm{A}}-\begin{bmatrix}-\dfrac{r_{\mathrm{ARX}}M_{\mathrm{A}}v_0}{w}\\ \dfrac{r_{\mathrm{AFX}}M_{\mathrm{A}}v_0}{w}\end{bmatrix}\omega_{\mathrm{OA}}\end{aligned} \tag{19.45}$$

一般化座標と一般化速度の関係は，式(19.38)を利用して，次のようになる。

$$\begin{bmatrix}\dot{\mathbf{R}}_{\mathrm{OA}}\\ \dot{\boldsymbol{\theta}}_{\mathrm{OA}}\end{bmatrix}=\begin{bmatrix}-\mathbf{C}_{\mathrm{OA}}\mathbf{d}_{\mathrm{Y}}\dfrac{r_{\mathrm{ARX}}}{w} & \mathbf{C}_{\mathrm{OA}}\mathbf{d}_{\mathrm{Y}}\dfrac{r_{\mathrm{AFX}}}{w}\\ \dfrac{1}{w} & -\dfrac{1}{w}\end{bmatrix}\begin{bmatrix}v'_{\mathrm{OFY}}\\ v'_{\mathrm{ORY}}\end{bmatrix}+\begin{bmatrix}\mathbf{C}_{\mathrm{OA}}\mathbf{d}_{\mathrm{X}}v_0\\ 0\end{bmatrix} \tag{19.46}$$

次に，コーナリング力を求める。まず前輪の実舵角は時間の関数である。

$$\beta_{\mathrm{F}}=\beta_{\mathrm{F}}(t) \tag{19.47}$$

これを用いて，次の座標変換行列を準備しておく。

$$\mathbf{C}_{\mathrm{AB}}=\begin{bmatrix}\cos\beta_{\mathrm{F}} & -\sin\beta_{\mathrm{F}}\\ \sin\beta_{\mathrm{F}} & \cos\beta_{\mathrm{F}}\end{bmatrix} \tag{19.48}$$

前輪に固定した座標系Bを考え，実舵角がゼロの場合は車体に固定した座標系Aと平行になっていて，実舵角とともに回転するものとする。$\mathbf{C}_{\mathrm{AB}}$は座標系Bから座標系Aへの座標変換行列である。座標系Bの原点は点Fに重なっていると考えている。点Fの速度を座標系Bで表して$\mathbf{v}'_{OB}$と書くことにする。

$$\mathbf{v}'_{OB}=\mathbf{C}_{AB}^{T}\mathbf{v}'_{OF} \tag{19.49}$$

さて，前後輪それぞれに働くコーナリング力を次のようにモデル化する。

$$\mathbf{f}'_{OB}=-\mathbf{d}_{Y}c_{PF}\frac{v'_{OBY}}{v'_{OBX}} \tag{19.50}$$

$$\mathbf{f}'_{OR}=-\mathbf{d}_{Y}c_{PR}\frac{v'_{ORY}}{v'_{ORX}} \tag{19.51}$$

$\mathbf{f}'_{OB}$は座標系Bで，$\mathbf{f}'_{OR}$は座標系Aで表現されている。右辺括弧内は近似的に横滑り角と呼ばれる量で，c_{PF}とc_{PR}はコーナリングパワーと呼ばれている。コーナリングパワーは，実際には，横滑り角や輪荷重に依存するが，ここでは横滑り角が小さい範囲に限定して，定数とする。最後に，求まったコーナリング力を等価換算し，合計する。

$$\mathbf{F}'_{OA}=\mathbf{f}'_{OF}+\mathbf{f}'_{OR}=\mathbf{C}_{AB}\mathbf{f}'_{OB}+\mathbf{f}'_{OR} \tag{19.52}$$

$$n_{A}=\mathbf{r}_{AF}^{T}\boldsymbol{\chi}^{T}\mathbf{f}'_{OF}+\mathbf{r}_{AR}^{T}\boldsymbol{\chi}^{T}\mathbf{f}'_{OR}=r_{AFX}\mathbf{d}_{X}^{T}\boldsymbol{\chi}^{T}\mathbf{f}'_{OF}+r_{ARX}\mathbf{d}_{X}^{T}\boldsymbol{\chi}^{T}\mathbf{f}'_{OR} \tag{19.53}$$

$$=r_{AFX}\mathbf{d}_{Y}^{T}\mathbf{f}'_{OF}+r_{ARX}\mathbf{d}_{Y}^{T}\mathbf{f}'_{OR}=r_{AFX}\mathbf{d}_{Y}^{T}\mathbf{C}_{AB}\mathbf{f}'_{OB}+r_{ARX}\mathbf{d}_{Y}^{T}\mathbf{f}'_{OR} \tag{19.54}$$

他に作用力は働いていない。

表19.1 nirinsha_1.mのグラフとアニメーション出力

figure（1），figure（2）	時間に対する重心位置
figure（3）	時間に対する車体角度
figure（4）	時間に対する前輪位置横方向速度
figure（5）	時間に対する後輪位置横方向速度
figure（6）	時間に対する車体角速度
figure（7）	時間に対する操舵角
figure（8）	時間に対する操舵角補助状態量
figure（9）	時間に対する前輪コーナリング力
figure（10）	時間に対する前輪位置横方向力
figure（11）	時間に対する後輪コーナリング力
figure（12）	時間に対する前輪位置横加速度
figure（13）	時間に対する後輪位置横加速度
figure（14）	重心の軌跡

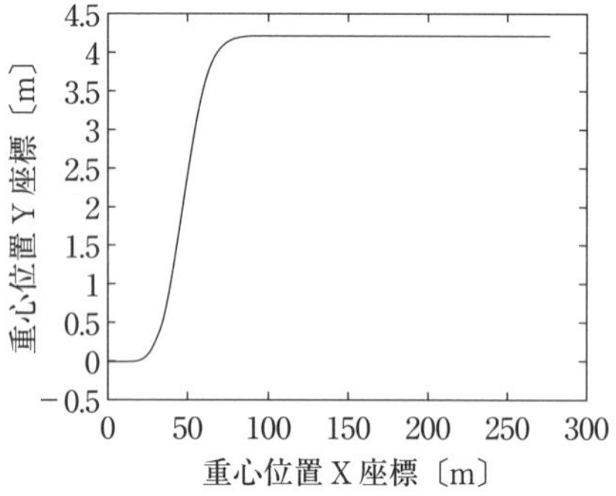

図 19.2　車線乗り移り時の二輪車モデル重心の軌跡

以上の準備の下に，MATLAB のプログラム（nirinsha_1.m，付録の CD-ROM に収録）を作成した。微分方程式の右辺の計算を行う関数は e_nirinsha_1 である。この関数とのパラメータの引渡しには global 変数を利用している。実舵角は，時間に対する折れ線関数として，変数 Beftable に与える（詳しくはプログラム中のコメント参照のこと）。$\mathbf{H}_{S}$，$\mathbf{H}_{\bar{S}}$，$\mathbf{m}^{H}$，$\mathbf{m}^{S}$ は定数であり，積分計算に入る前の第二段階で準備している。グラフ出力は，表 19.1 のとおりである。figure (8) の操舵角補助状態量とは，時間 t が Beftable 中の何行目の時間帯に位置しているかを示す指標で，Beftable が表す折れ線の数が数百などの大きさになっても計算時間の大幅な増加が生じないようにする工夫に用いている。アニメーションは，まだ，準備されていない。

19.4　順動力学解析の事例：3 次元三重剛体振子

11 章に 3 次元三重剛体振子の説明があったが，その順動力学シミュレーションを考えてみよう。まず，3 次元三重剛体振子のピンジョイントをはずし，三つの自由な剛体を拘束追加前の系と考える。自由な剛体の運動方程式として，12.2 項［Quiz 12.2］の式(12.32)を用いることにすると，拘束追加前の系の $\mathbf{H}$，$\mathbf{m}^{H}$，$\mathbf{f}^{H}$ は次のようになる。

$$\mathbf{H}\ =\begin{bmatrix} \boldsymbol{V}''_{\mathrm{OA}} \\ \boldsymbol{V}''_{\mathrm{OB}} \\ \boldsymbol{V}''_{\mathrm{OC}} \end{bmatrix} \tag{19.55}$$

$$\mathbf{m}^{\mathrm{H}}=\begin{bmatrix} \boldsymbol{M}'_{\mathrm{A}} & \mathbf{0} & \mathbf{0} \\ \mathbf{0} & \boldsymbol{M}'_{\mathrm{B}} & \mathbf{0} \\ \mathbf{0} & \mathbf{0} & \boldsymbol{M}'_{\mathrm{C}} \end{bmatrix} \tag{19.56}$$

$$\mathbf{f}^{\mathrm{H}}\ =\begin{bmatrix} \boldsymbol{F}''_{\mathrm{OA}}-\tilde{\boldsymbol{\Omega}}''_{\mathrm{OA}}\boldsymbol{M}'_{\mathrm{A}}\boldsymbol{V}''_{\mathrm{OA}} \\ \boldsymbol{F}''_{\mathrm{OB}}-\tilde{\boldsymbol{\Omega}}''_{\mathrm{OB}}\boldsymbol{M}'_{\mathrm{B}}\boldsymbol{V}''_{\mathrm{OB}} \\ \boldsymbol{F}''_{\mathrm{OC}}-\tilde{\boldsymbol{\Omega}}''_{\mathrm{OC}}\boldsymbol{M}'_{\mathrm{C}}\boldsymbol{V}''_{\mathrm{OC}} \end{bmatrix} \tag{19.57}$$

斜体文字を用いた $\boldsymbol{V}''_{\mathrm{OA}}$，$\boldsymbol{M}'_{\mathrm{A}}$，$\tilde{\boldsymbol{\Omega}}''_{\mathrm{OA}}$，$\boldsymbol{F}''_{\mathrm{OA}}$ は，式(12.28)～(12.31)に与えられていて，これらは，6×1，または，6×6 の大きさを持っている。剛体 B，C に関する同様な量も同様な形で定義されているとする。

拘束追加後の独立な一般化座標 Q と一般化速度 S は次のとおりである。

$$\mathbf{Q}=\begin{bmatrix} \theta_{\mathrm{OA}} \\ \theta_{\mathrm{AB}} \\ \theta_{\mathrm{BC}} \end{bmatrix} \tag{19.58}$$

$$\mathbf{S}=\begin{bmatrix} \omega_{\mathrm{OA}} \\ \omega_{\mathrm{AB}} \\ \omega_{\mathrm{BC}} \end{bmatrix} \tag{19.59}$$

三つのピンジョイントの向きは，Z 軸，X 軸，Z 軸であるが，ここでは $\boldsymbol{\lambda}_{\mathrm{OA}}$ 軸，$\boldsymbol{\lambda}_{\mathrm{AB}}$ 軸，$\boldsymbol{\lambda}_{\mathrm{BC}}$ 軸とする。すなわち，斜めのピンジョイントも可能である。$\boldsymbol{\lambda}_{\mathrm{OA}}$，$\boldsymbol{\lambda}_{\mathrm{AB}}$，$\boldsymbol{\lambda}_{\mathrm{BC}}$ を，それぞれ $\mathbf{D}_{\mathrm{Z}}$，$\mathbf{D}_{\mathrm{X}}$，$\mathbf{D}_{\mathrm{Z}}$ とした場合，ピンジョイントの向きは Z 軸，X 軸，Z 軸ということになる。微分方程式の右辺の計算は，一般に，$\mathbf{Q}$，$\mathbf{S}$，t から $\dot{\mathbf{Q}}$，$\dot{\mathbf{S}}$ を求めるものであり，この事例では，$\dot{\mathbf{Q}}$ は $\mathbf{S}$ に等しいので，$\dot{\mathbf{S}}$ の計算手順がはっきりすればよい。

まず，$\mathbf{Q}$ から，$\mathbf{C}_{\mathrm{OA}}$，$\mathbf{C}_{\mathrm{AB}}$，$\mathbf{C}_{\mathrm{BC}}$ が次のように計算できる。

$$\mathbf{C}_{\mathrm{OA}}=\mathbf{I}_3\cos\theta_{\mathrm{OA}}+\tilde{\boldsymbol{\lambda}}_{\mathrm{OA}}\sin\theta_{\mathrm{OA}}+\boldsymbol{\lambda}_{\mathrm{OA}}\boldsymbol{\lambda}_{\mathrm{OA}}^T(1-\cos\theta_{\mathrm{OA}}) \tag{19.60}$$

$$\mathbf{C}_{\mathrm{AB}}=\mathbf{I}_3\cos\theta_{\mathrm{AB}}+\tilde{\boldsymbol{\lambda}}_{\mathrm{AB}}\sin\theta_{\mathrm{AB}}+\boldsymbol{\lambda}_{\mathrm{AB}}\boldsymbol{\lambda}_{\mathrm{AB}}^T(1-\cos\theta_{\mathrm{AB}}) \tag{19.61}$$

$$\mathbf{C}_{\mathrm{BC}}=\mathbf{I}_3\cos\theta_{\mathrm{BC}}+\tilde{\boldsymbol{\lambda}}_{\mathrm{BC}}\sin\theta_{\mathrm{BC}}+\boldsymbol{\lambda}_{\mathrm{BC}}\boldsymbol{\lambda}_{\mathrm{BC}}^T(1-\cos\theta_{\mathrm{BC}}) \tag{19.62}$$

これを用いて，$\mathbf{C}_{\mathrm{AC}}$，$\mathbf{C}_{\mathrm{OB}}$，$\mathbf{C}_{\mathrm{OC}}$ も容易に求まる。続いて，$\mathbf{R}_{\mathrm{OA}}$，$\mathbf{R}_{\mathrm{AB}}$，$\mathbf{R}_{\mathrm{OC}}$ は次

のようになる。

$$\mathbf{R}_{OA}=-\mathbf{C}_{OA}\mathbf{r}_{AO'} \tag{19.63}$$

$$\mathbf{R}_{AB}=-\mathbf{C}_{AB}\mathbf{r}_{BP'}+\mathbf{r}_{AP} \tag{19.64}$$

$$\mathbf{R}_{BC}=-\mathbf{C}_{BC}\mathbf{r}_{CQ'}+\mathbf{r}_{BQ} \tag{19.65}$$

この結果から，$\mathbf{R}_{AC}$，$\mathbf{R}_{OB}$，$\mathbf{R}_{OC}$ も容易に求まり，以上を用いて，次のような $\boldsymbol{\Gamma}_{AB}$，$\boldsymbol{\Gamma}_{BC}$，$\boldsymbol{\Gamma}_{AC}$ を準備できる（[Quiz 8.2] の解答参照）。

$$\boldsymbol{\Gamma}_{AB}=\begin{bmatrix} \mathbf{C}_{AB} & \mathbf{0} \\ \tilde{\mathbf{R}}_{AB}\mathbf{C}_{AB} & \mathbf{C}_{AB} \end{bmatrix} \tag{19.66}$$

$$\boldsymbol{\Gamma}_{BC}=\begin{bmatrix} \mathbf{C}_{BC} & \mathbf{0} \\ \tilde{\mathbf{R}}_{BC}\mathbf{C}_{BC} & \mathbf{C}_{BC} \end{bmatrix} \tag{19.67}$$

$$\boldsymbol{\Gamma}_{AC}=\begin{bmatrix} \mathbf{C}_{AC} & \mathbf{0} \\ \tilde{\mathbf{R}}_{AC}\mathbf{C}_{AC} & \mathbf{C}_{AC} \end{bmatrix} \tag{19.68}$$

$\boldsymbol{\Gamma}_{AB}$，$\boldsymbol{\Gamma}_{BC}$，$\boldsymbol{\Gamma}_{AC}$ は，式(8.15)のような三者の関係を利用するときに役立つ。また，これらの時間微分は次のように書ける。

$$\dot{\boldsymbol{\Gamma}}_{AB}=\begin{bmatrix} \mathbf{C}_{AB}\tilde{\boldsymbol{\Omega}}'_{AB} & \mathbf{0} \\ \tilde{\mathbf{R}}_{AB}\mathbf{C}_{AB}\tilde{\boldsymbol{\Omega}}'_{AB}+\mathbf{C}_{AB}\tilde{\mathbf{V}}'_{AB} & \mathbf{C}_{AB}\tilde{\boldsymbol{\Omega}}'_{AB} \end{bmatrix} \tag{19.69}$$

$$\dot{\boldsymbol{\Gamma}}_{BC}=\begin{bmatrix} \mathbf{C}_{BC}\tilde{\boldsymbol{\Omega}}'_{BC} & \mathbf{0} \\ \tilde{\mathbf{R}}_{BC}\mathbf{C}_{BC}\tilde{\boldsymbol{\Omega}}'_{BC}+\mathbf{C}_{BC}\tilde{\mathbf{V}}'_{BC} & \mathbf{C}_{BC}\tilde{\boldsymbol{\Omega}}'_{BC} \end{bmatrix} \tag{19.70}$$

$$\dot{\boldsymbol{\Gamma}}_{AC}=\begin{bmatrix} \mathbf{C}_{AC}\tilde{\boldsymbol{\Omega}}'_{AC} & \mathbf{0} \\ \tilde{\mathbf{R}}_{AC}\mathbf{C}_{AC}\tilde{\boldsymbol{\Omega}}'_{AC}+\mathbf{C}_{AC}\tilde{\mathbf{V}}'_{AC} & \mathbf{C}_{AC}\tilde{\boldsymbol{\Omega}}'_{AC} \end{bmatrix} \tag{19.71}$$

ただし，$\dot{\boldsymbol{\Gamma}}_{AB}$，$\dot{\boldsymbol{\Gamma}}_{BC}$，$\dot{\boldsymbol{\Gamma}}_{AC}$ の計算には，$\boldsymbol{\Omega}'_{AB}$，$\boldsymbol{\Omega}'_{BC}$，$\boldsymbol{\Omega}'_{AC}$，$\mathbf{V}_{AB}$，$\mathbf{V}'_{BC}$，$\mathbf{V}'_{AC}$ が必要であり，計算手順は少し後まわしになる。

$\boldsymbol{\Omega}'_{OA}$，$\boldsymbol{\Omega}'_{AB}$，$\boldsymbol{\Omega}'_{BC}$ は，$\mathbf{S}$ から次の式で求めることができる。

$$\boldsymbol{\Omega}'_{OA}=\boldsymbol{\lambda}_{OA}\omega_{OA} \tag{19.72}$$

$$\boldsymbol{\Omega}'_{AB}=\boldsymbol{\lambda}_{AB}\omega_{AB} \tag{19.73}$$

$$\boldsymbol{\Omega}'_{BC}=\boldsymbol{\lambda}_{BC}\omega_{BC} \tag{19.74}$$

また，$\mathbf{V}'_{OA}$，$\mathbf{V}'_{AB}$，$\mathbf{V}'_{BC}$ を求める次の式は，式(19.63)～(19.65)の時間微分と式(19.72)～(19.74)から容易に求まる。

$$\mathbf{V}'_{OA}=\tilde{\mathbf{r}}_{AO'}\boldsymbol{\lambda}_{OA}\omega_{OA} \tag{19.75}$$

$$\mathbf{V}'_{AB}=\tilde{\mathbf{r}}_{BP'}\boldsymbol{\lambda}_{AB}\omega_{AB} \tag{19.76}$$

$$\mathbf{V}'_{BC}=\tilde{\mathbf{r}}_{CQ'}\boldsymbol{\lambda}_{BC}\omega_{BC} \tag{19.77}$$

$\mathbf{V}'_{OA}$, $\mathbf{V}'_{AB}$, $\mathbf{V}'_{BC}$ と $\boldsymbol{\Omega}'_{OA}$, $\boldsymbol{\Omega}'_{AB}$, $\boldsymbol{\Omega}'_{BC}$ を ま と め れ ば, $\boldsymbol{V}''_{OA}$, $\boldsymbol{V}''_{AB}$, $\boldsymbol{V}''_{BC}$ で あ り, $(\boldsymbol{V}''_{OA})_{\omega_{OA}}$, $(\boldsymbol{V}''_{AB})_{\omega_{AB}}$, $(\boldsymbol{V}''_{BC})_{\omega_{BC}}$ は次のようになる。

$$(\boldsymbol{V}''_{OA})_{\omega_{OA}}=\begin{bmatrix}\tilde{\mathbf{r}}_{AO'}\boldsymbol{\lambda}_{OA}\\ \boldsymbol{\lambda}_{OA}\end{bmatrix} \tag{19.78}$$

$$(\boldsymbol{V}''_{AB})_{\omega_{AB}}=\begin{bmatrix}\tilde{\mathbf{r}}_{BP'}\boldsymbol{\lambda}_{AB}\\ \boldsymbol{\lambda}_{AB}\end{bmatrix} \tag{19.79}$$

$$(\boldsymbol{V}''_{BC})_{\omega_{BC}}=\begin{bmatrix}\tilde{\mathbf{r}}_{CQ'}\boldsymbol{\lambda}_{BC}\\ \boldsymbol{\lambda}_{BC}\end{bmatrix} \tag{19.80}$$

これらはいずれも定数であるからその時間微分はゼロである。

$$\frac{d}{dt}(\boldsymbol{V}''_{OA})_{\omega_{OA}}=\mathbf{0} \tag{19.81}$$

$$\frac{d}{dt}(\boldsymbol{V}''_{AB})_{\omega_{AB}}=\mathbf{0} \tag{19.82}$$

$$\frac{d}{dt}(\boldsymbol{V}''_{BC})_{\omega_{BC}}=\mathbf{0} \tag{19.83}$$

3 次元三重剛体振子の場合, $(\boldsymbol{V}''_{OA})_{\overline{\omega_{OA}}}$, $(\boldsymbol{V}''_{AB})_{\overline{\omega_{AB}}}$, $(\boldsymbol{V}''_{BC})_{\overline{\omega_{BC}}}$ とその時間微分は存在しない。

さて, $\boldsymbol{V}''_{OA}$, $\boldsymbol{V}''_{AB}$, $\boldsymbol{V}''_{BC}$ と $\boldsymbol{\Gamma}_{AB}$, $\boldsymbol{\Gamma}_{BC}$, $\boldsymbol{\Gamma}_{AC}$ を用いて，三者の関係により，$\boldsymbol{V}''_{AC}$, $\boldsymbol{V}''_{OB}$, $\boldsymbol{V}''_{OC}$ を求めることができる。

$$\boldsymbol{V}''_{AC}=\boldsymbol{\Gamma}^T_{BC}\boldsymbol{V}''_{AB}+\boldsymbol{V}''_{BC} \tag{19.84}$$

$$\boldsymbol{V}''_{OB}=\boldsymbol{\Gamma}^T_{AB}\boldsymbol{V}''_{OA}+\boldsymbol{V}''_{AB} \tag{19.85}$$

$$\boldsymbol{V}''_{OC}=\boldsymbol{\Gamma}^T_{AC}\boldsymbol{V}''_{OA}+\boldsymbol{V}''_{AC} \tag{19.86}$$

$\boldsymbol{V}''_{AC}$ が求まったということは, $\boldsymbol{V}'_{AC}$ と $\boldsymbol{\Omega}'_{AC}$ が得られたということであるから，この段階で式(19.69)～(19.71)の $\dot{\boldsymbol{\Gamma}}_{AB}$, $\dot{\boldsymbol{\Gamma}}_{BC}$, $\dot{\boldsymbol{\Gamma}}_{AC}$ を求めることができる。

$\boldsymbol{V}''_{OA}$, $\boldsymbol{V}''_{AB}$, $\boldsymbol{V}''_{BC}$ はそれぞれ ω_{OA}, ω_{AB}, ω_{BC} に依存しているだけで，それ以外の依存関係はない。したがって，式(19.84)～(19.86)から, $\boldsymbol{V}''_{AC}$ は ω_{AB}, ω_{BC} に, $\boldsymbol{V}''_{OB}$ は ω_{OA}, ω_{AB} に, $\boldsymbol{V}''_{OC}$ は ω_{OA}, ω_{AB}, ω_{BC} に依存していることが分かる。以上から, $\boldsymbol{V}''_{OA}$, $\boldsymbol{V}''_{OB}$, $\boldsymbol{V}''_{OC}$ を $\mathbf{S}$ で偏微分したヤコビ行列が次のように求まる。

$$(\boldsymbol{V}''_{OA})_{S}=\begin{bmatrix}(\boldsymbol{V}''_{OA})_{\omega_{OA}} & \mathbf{0} & \mathbf{0}\end{bmatrix} \tag{19.87}$$

$$(\boldsymbol{V}''_{0\mathrm{B}})_{\mathrm{S}}=\left[\boldsymbol{\Gamma}^{T}_{\mathrm{AB}}(\boldsymbol{V}''_{0\mathrm{A}})_{\omega_{\mathrm{OA}}}\quad(\boldsymbol{V}''_{\mathrm{AB}})_{\omega_{\mathrm{AB}}}\quad\mathbf{0}\right] \tag{19.88}$$

$$(\boldsymbol{V}''_{0\mathrm{C}})_{\mathrm{S}}=\left[\boldsymbol{\Gamma}^{T}_{\mathrm{AC}}(\boldsymbol{V}''_{0\mathrm{A}})_{\omega_{\mathrm{OA}}}\quad\boldsymbol{\Gamma}^{T}_{\mathrm{BC}}(\boldsymbol{V}''_{\mathrm{AB}})_{\omega_{\mathrm{AB}}}\quad(\boldsymbol{V}''_{\mathrm{BC}})_{\omega_{\mathrm{BC}}}\right] \tag{19.89}$$

結局，拘束条件追加法で用いる $\mathbf{H}_{\mathrm{S}}$ は次のように書ける。

$$\mathbf{H}_{\mathrm{S}}=\begin{bmatrix}(\boldsymbol{V}''_{0\mathrm{A}})_{\omega_{\mathrm{OA}}} & \mathbf{0} & \mathbf{0}\\ \boldsymbol{\Gamma}^{T}_{\mathrm{AB}}(\boldsymbol{V}''_{0\mathrm{A}})_{\omega_{\mathrm{OA}}} & (\boldsymbol{V}''_{\mathrm{AB}})_{\omega_{\mathrm{AB}}} & \mathbf{0}\\ \boldsymbol{\Gamma}^{T}_{\mathrm{AC}}(\boldsymbol{V}''_{0\mathrm{A}})_{\omega_{\mathrm{OA}}} & \boldsymbol{\Gamma}^{T}_{\mathrm{BC}}(\boldsymbol{V}''_{\mathrm{AB}})_{\omega_{\mathrm{AB}}} & (\boldsymbol{V}''_{\mathrm{BC}})_{\omega_{\mathrm{BC}}}\end{bmatrix} \tag{19.90}$$

$(\boldsymbol{V}''_{0\mathrm{A}})_{\omega_{\mathrm{OA}}}$，$(\boldsymbol{V}''_{\mathrm{AB}})_{\omega_{\mathrm{AB}}}$，$(\boldsymbol{V}''_{\mathrm{BC}})_{\omega_{\mathrm{BC}}}$ は定数であるから，$\mathbf{H}_{\mathrm{S}}$ の時間微分は次のとおりである。

$$\frac{d}{dt}\mathbf{H}_{\mathrm{S}}=\begin{bmatrix}\mathbf{0} & \mathbf{0} & \mathbf{0}\\ \dot{\boldsymbol{\Gamma}}^{T}_{\mathrm{AB}}(\boldsymbol{V}''_{0\mathrm{A}})_{\omega_{\mathrm{OA}}} & \mathbf{0} & \mathbf{0}\\ \dot{\boldsymbol{\Gamma}}^{T}_{\mathrm{AC}}(\boldsymbol{V}''_{0\mathrm{A}})_{\omega_{\mathrm{OA}}} & \dot{\boldsymbol{\Gamma}}^{T}_{\mathrm{BC}}(\boldsymbol{V}''_{\mathrm{AB}})_{\omega_{\mathrm{AB}}} & \mathbf{0}\end{bmatrix} \tag{19.91}$$

この式に式(19.68)～(19.70)で求めた $\dot{\boldsymbol{\Gamma}}_{\mathrm{AB}}$，$\dot{\boldsymbol{\Gamma}}_{\mathrm{BC}}$, $\dot{\boldsymbol{\Gamma}}_{\mathrm{AC}}$ が利用されている。また，3 次元三重剛体振子の場合，$\mathbf{H}_{\bar{\mathrm{S}}}$ とその時間微分はゼロである。

式(19.57)の $\mathbf{f}^{\mathrm{H}}$ の計算には，各剛体に働く作用力と作用トルクが必要になるが，このモデルでは重力が働いているだけであるから簡単である。たとえば，$\boldsymbol{F}''_{0\mathrm{A}}$ は次のようになる。

$$\boldsymbol{F}''_{0\mathrm{A}}=\begin{bmatrix}-\mathbf{C}^{T}_{0\mathrm{A}}\mathbf{D}_{\mathrm{Y}}M_{\mathrm{A}}g\\ \mathbf{0}\end{bmatrix} \tag{19.92}$$

$\boldsymbol{F}''_{0\mathrm{B}}$，$\boldsymbol{F}''_{0\mathrm{C}}$ も同様である。また，$\mathbf{f}^{\mathrm{H}}$ の計算には，$\boldsymbol{\Omega}'_{0\mathrm{B}}$，$\mathbf{V}'_{0\mathrm{B}}$ などが必要になるが式(19.85)の $\boldsymbol{V}''_{0\mathrm{B}}$ などから取り出せばよい。

$\mathbf{m}^{\mathrm{H}}$ と $\mathbf{f}^{\mathrm{H}}$，$\mathbf{H}_{\mathrm{S}}$ とその時間微分から，式(19.16)と(19.17)を用いて，$\mathbf{m}^{\mathrm{S}}$ と $\mathbf{f}^{\mathrm{S}}$ を求めることができる。この系では $\mathbf{H}_{\bar{\mathrm{S}}}$ とその時間微分がゼロであるから簡単である。これらが求まれば，$\dot{\mathbf{S}}$ は連立一次方程式の解として簡単に求めることができる。

以上の準備の下に，MATLAB のプログラム（sanjufuriko_1.m）を作成した。微分方程式の右辺の計算を行う関数は e_sanjufuriko_1 である。この関数とのパラメータの引渡しは global 変数を利用している。グラフ出力は，表 19.2 のとおりである。点 P，Q，R の位置と，運動量，角運動量は三つずつ組になっているが，これらは座標系 O で表した XYZ 成分である。また，点 P，Q，R の位置は

表 19.2　sanjufuriko_1. m，sanjufuriko_30. m（19.5 節）のグラフとアニメーション出力

figure（1）～figure（3）	時間に対する振子の関節角
figure（4）～figure（6）	時間に対する振子の関節角速度
figure（7）～figure（9）	時間に対する点 P の位置
figure（10）～figure（12）	時間に対する点 Q の位置
figure（13）～figure（15）	時間に対する点 R の位置
figure（16）～figure（18）	時間に対する系全体の運動量
figure（19）～figure（21）	時間に対する系全体の O 点まわりの角運動量
figure（22）	時間に対する系全体の運動エネルギー
figure（23）	時間に対する系全体のポテンシャルエネルギー
figure（24）	時間に対する系全体の運動，ポテンシャルエネルギーの和
figure（25）	アニメーション

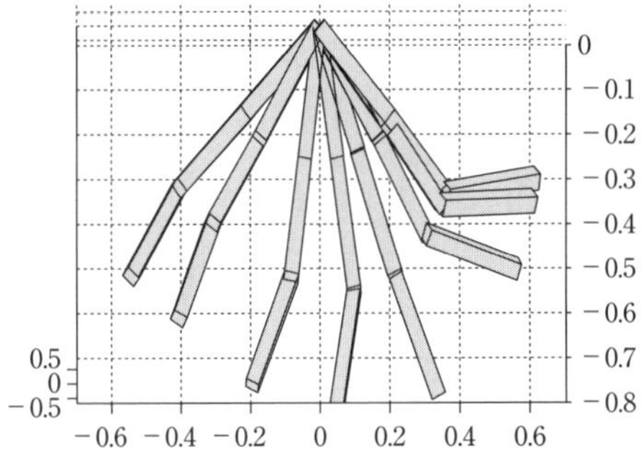

図 19.3　3 次元三重剛体振子のアニメーション

座標系 O から見た位置である。結果を見ると，figure（24）の運動エネルギーとポテンシャルエネルギーの和が，ほぼ一定で，この系では全エネルギーが保存されていることが確認できる。わずかに変動があるのは数値計算の誤差である。このグラフは，単純な自動スケールとは異なるスケール設定を行っている。

振子のアニメーション（figure（25））も出力される。このアニメーションに用いられた形状は角柱で単純なため，コマに比べて，アニメーションの作成方法を理解しやすい。

Quiz 19.1 3次元三重剛体振子のモデルを少し変更すると，ジャイロ効果体験の興味深いモデルになる。その装置はジャイロ椅子などと名付けられているもので，鉛直軸まわりに自由に回転する椅子（あるいは，鉛直軸まわりに自由に回転する回転台）と，回転円盤からなっている（図19.4）。「科学館」などと呼ばれる施設で，体験できる所もある。回転円盤には回転軸があり，円盤は軸まわりに自由に回転できるようになっていて，あらかじめ適当に速い回転を与えておく。体験者は椅子の上に座り（回転台の場合は，その上に立つ），回転円盤の軸を両手で持つ。両腕は前方水平に伸ばし回転円盤の軸が水平になるように保持する。さて，そのような初期状態から，円盤を回転させたまま，円盤の回転軸を傾けるように腕を動かす。左右の腕の片方を上げ，片方を下げる動作である。そのようにして，回転している円盤の回転軸を傾けると，椅子ごと体が回転し始める。これがジャイロ効果の体験である。なぜ，体が椅子ごと回るのであろうか。

図19.4　ジャイロ効果体験装置

この体験の順動力学シミュレーションを考えると，3次元三重剛体振子のモデルを流用できることが分かる。図19.5は，この装置＋体験者のモデルである。このモデルは三つの剛体A，B，Cからなる。Aは椅子と体験者，Bは体験者の両腕，Cは回転円盤である。慣性座標系とその原点をOとし，剛体A上には点O′とP，剛体B上には点P′とQ，剛体C上には点Q′を考える。ただし，Q′は円盤Cの中心（重心）と一致している。次に，OとO′，PとP′，QとQ′を一致させて，慣性空間Oと剛体A，B，Cを順にピンジョイントA，B，Cで結ぶ。ピンジョイントの向きは，図から推定できるように，ピンジョイントAが鉛直，

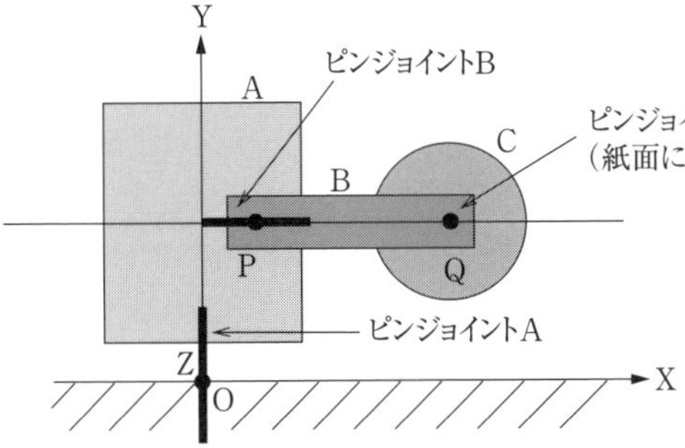

図 19.5 ジャイロ効果を体験できる装置と体験者のモデル

ピンジョイント B が水平，ピンジョイント C も水平で，三つの軸は初期には相互に直交している。この図には各剛体に固定した座標系は描かれていないが，初期にはすべて，慣性座標系と同じ向きを向いているものとし，ピンジョイント B は X 軸方向，ピンジョイント A は Y 軸方向，ピンジョイント C は Z 軸方向を向いている。各座標系の原点（重心）は，A，B，C の順に，$\vec{e}_{OY}$ と直線 PQ の交点，線分 PQ の中間点，円盤の中心 Q としよう。

回転円盤の軸を傾ける方法は二通りある。第一の方法はジョイント B の回転軸に沿って剛体 B にトルクを加えるものである。剛体 A には反作用のトルクを加える。第二の方法は回転角 θ_{AB} を時間の関数で与える方法である。第一の方法では 3 次元三重剛体振子と同じモデルにジョイント B に沿ったトルクを加えれば計算できる。ただし，適当な傾き角を実現するためにどの程度のトルクを加えるべきかを適切に決める必要がある。第二の方法では新たな拘束が加わったので運動方程式を作り直す必要がある。この方法では傾き角は時間に関する滑らかな関数とする必要があるが，その大きさなどは決めやすい。また，傾き角の一回時間微分（角速度）と二回時間微分（角加速度）も時間の関数として矛盾がないように与えなければならない。なお，決めた傾き角の関数に対して，それを実現するために必要なトルクを求める場合，拘束トルクの計算が必要になる。

3 次元三重剛体振子のプログラムを改造して，第一の方法の MATLAB プログラムを作成した（gyro_chair_1.m，付録の CD-ROM に収録）。運動の初期のピンジョイント A，B の回転速度 ω_{OA}，ω_{AB} はゼロとしてある。使用したデータは，適当に定めたものであるが，このプログラムを動かすと，どのような現象かを理解しやすいであろう。

さて，Quiz であるが，なぜ，体が椅子ごと回るのか力学的な説明を求める。なお，体が椅子ごと回る理由は，シミュレーションの結果から得られるわけではなく，シミュレーションをしなくても，あるいは，運動方程式を立てなくても説明できるはずである。

第20章 微分代数型運動方程式

前章までの方法では，いずれも，標準型の運動方程式が得られた。本節では，微分方程式と代数方程式を連立させた形の微分代数型運動方程式を説明する。この方程式は，系を構成する剛体の位置と回転姿勢を独立な一般化座標によって表現することが困難な場合に役立つものである。複雑なリンク機構は，しばしば，独立な一般化座標による表現が難しい事例である。微分代数型運動方程式は，独立な一般化座標や独立な一般化速度を用いないため，それらを選択する必要がなく，汎用ソフトも作りやすい。この性質がマルチボディダイナミクスの発展につながってきた。最近は次節に説明するような新しい技術が実用化され，その汎用ソフトも出回るようになってきたが，今でも，微分代数型運動方程式を基礎にした汎用ソフトが強い商品力を維持している。

20.1 独立な拘束力を未知数に加えた連立一次方程式

拘束質点系の質点速度 $\mathbf{v}$ が受けている拘束は，13.6 節に与えられた。

$$\boldsymbol{\Phi} = \boldsymbol{\Phi}_{\mathrm{v}} \mathbf{v} + \boldsymbol{\Phi}_{\bar{\mathrm{v}}} = \mathbf{0} \qquad 【13.36】$$

この拘束は，すべて独立なものだけで構成されているとする。仮想速度と拘束力の直交性は，質点系に関して，17.3 節に示された。

$$\hat{\mathbf{v}}^{T} \overline{\mathbf{f}} = 0 \qquad 【17.13】$$

式(13.36)から，仮想速度 $\hat{\mathbf{v}}$ の拘束条件は次のようになる。

$$\boldsymbol{\Phi}_{\mathrm{v}} \hat{\mathbf{v}} = \mathbf{0} \qquad (20.1)$$

この拘束条件がなければ，自由な質点系になる。そのとき，$\hat{\mathbf{v}}$ に含まれる変数は自由な値を取れることになり，式(17.13)から，拘束力はゼロになるが，自由な質点系だから当然である。式(20.1)の拘束がある場合は，$\hat{\mathbf{v}}$ を独立な変数と従属な変数に分けて考える。$\mathbf{v}$ および $\hat{\mathbf{v}}$ を並べ替えて，独立な変数 $\mathbf{v}_{\mathrm{I}}$ および $\hat{\mathbf{v}}_{\mathrm{I}}$ と，

従属な変数 $\mathbf{v}_D$ および $\hat{\mathbf{v}}_D$ に分けたとしよう。そのとき，式(20.1)は次のように書ける。

$$\mathbf{\Phi}_{v_I}\hat{\mathbf{v}}_I + \mathbf{\Phi}_{v_D}\hat{\mathbf{v}}_D = \mathbf{0} \tag{20.2}$$

独立な変数 $\hat{\mathbf{v}}_I$ の数は，$\hat{\mathbf{v}}$ に含まれる変数の数から $\mathbf{\Phi}$ の数を引いた値になり，従属な変数 $\hat{\mathbf{v}}_D$ の数は $\mathbf{\Phi}$ の数である。式(20.2)から，従属な変数 $\hat{\mathbf{v}}_D$ は独立な変数 $\hat{\mathbf{v}}_I$ によって次のように表される。

$$\hat{\mathbf{v}}_D = -\mathbf{\Phi}_{v_D}^{-1}\mathbf{\Phi}_{v_I}\hat{\mathbf{v}}_I \tag{20.3}$$

$\mathbf{\Phi}$ が独立な拘束だけで構成されているとき，適切に独立な変数と従属な変数を選択すれば，$\mathbf{\Phi}_{v_D}$ は正則になる。

式(17.13)の $\hat{\mathbf{v}}$ も同じ並べ替えを行い，それに対応して $\bar{\mathbf{f}}$ も並べ替える。その結果，この式は次のように書ける。

$$\hat{\mathbf{v}}_I^T\bar{\mathbf{f}}_I + \hat{\mathbf{v}}_D^T\bar{\mathbf{f}}_D = 0 \tag{20.4}$$

この式に式(20.3)を代入すると次のようになる。

$$\hat{\mathbf{v}}_I^T\bar{\mathbf{f}}_I - \hat{\mathbf{v}}_I^T\mathbf{\Phi}_{v_I}^T(\mathbf{\Phi}_{v_D}^{-1})^T\bar{\mathbf{f}}_D = 0 \tag{20.5}$$

独立な変数 $\hat{\mathbf{v}}_I$ は任意な値を取れるので，この式から次の関係が得られる。

$$\bar{\mathbf{f}}_I = \mathbf{\Phi}_{v_I}^T(\mathbf{\Phi}_{v_D}^{-1})^T\bar{\mathbf{f}}_D \tag{20.6}$$

$\bar{\mathbf{f}}_D$ は，$\mathbf{\Phi}$ の数と同数で，独立な拘束力とすることができ，$\bar{\mathbf{f}}_I$ は，$\bar{\mathbf{f}}_D$ によって表される従属な拘束力である。拘束力の場合，独立なものと従属なものの添え字が逆になっている点に注意が必要である。

拘束質点系の運動方程式は拘束力を含んだ形で 12.4 節に与えられた。

$$\mathbf{m}\dot{\mathbf{v}} = \mathbf{f} + \bar{\mathbf{f}} \tag*{【12.44】}$$

この式も $\mathbf{v}$ や $\bar{\mathbf{f}}$ の並べ替えと同じ並べ替えを行う。$\mathbf{f}$ は，$\mathbf{f}_I$ と $\mathbf{f}_D$ になり，$\mathbf{m}$ は $\mathbf{m}_I$ と $\mathbf{m}_D$ の二つの対角ブロックに分けることができる。なお，この並べ替えは質点単位の並べ替えではなく，一つの質点の成分が二つに分かれることもある。それでも，$\mathbf{m}_I$ と $\mathbf{m}_D$ は対角行列である。運動方程式は二つに分けて書くことができるが，$\bar{\mathbf{f}}_I$ は式(20.6)を用いて $\bar{\mathbf{f}}_D$ で表しておく。

$$\mathbf{m}_I\dot{\mathbf{v}}_I = \mathbf{f}_I + \mathbf{\Phi}_{v_I}^T(\mathbf{\Phi}_{v_D}^{-1})^T\bar{\mathbf{f}}_D \tag{20.7}$$

$$\mathbf{m}_D\dot{\mathbf{v}}_D = \mathbf{f}_D + \bar{\mathbf{f}}_D \tag{20.8}$$

式(13.36)の $\mathbf{v}$ も同じ並べ替えを行う。

$$\mathbf{\Phi}_{v_I}\mathbf{v}_I + \mathbf{\Phi}_{v_D}\mathbf{v}_D + \mathbf{\Phi}_{\bar{v}} = \mathbf{0} \tag{20.9}$$

この式を時間微分すると次のようになる。

$$\mathbf{\Phi}_{\mathrm{v_I}}\dot{\mathbf{v}}_{\mathrm{I}}+\mathbf{\Phi}_{\mathrm{v_D}}\dot{\mathbf{v}}_{\mathrm{D}}+\frac{d\mathbf{\Phi}_{\mathrm{v_I}}}{dt}\mathbf{v}_{\mathrm{I}}+\frac{d\mathbf{\Phi}_{\mathrm{v_D}}}{dt}\mathbf{v}_{\mathrm{D}}+\frac{d\mathbf{\Phi}_{\bar{\mathrm{v}}}}{dt}=\mathbf{0} \tag{20.10}$$

この式の左辺の第 3 項～第 5 項は加速度レベルの変数を含んでいない。この三つの項をまとめて $\dot{\mathbf{\Phi}}^{\mathrm{R}}$ と書くことにする。

$$\mathbf{\Phi}_{\mathrm{v_I}}\dot{\mathbf{v}}_{\mathrm{I}}+\mathbf{\Phi}_{\mathrm{v_D}}\dot{\mathbf{v}}_{\mathrm{D}}+\dot{\mathbf{\Phi}}^{\mathrm{R}}=\mathbf{0} \tag{20.11}$$

$$\dot{\mathbf{\Phi}}^{\mathrm{R}}=\frac{d\mathbf{\Phi}_{\mathrm{v_I}}}{dt}\mathbf{v}_{\mathrm{I}}+\frac{d\mathbf{\Phi}_{\mathrm{v_D}}}{dt}\mathbf{v}_{\mathrm{D}}+\frac{d\mathbf{\Phi}_{\bar{\mathrm{v}}}}{dt} \tag{20.12}$$

式(20.11)は，$\mathbf{\Phi}_{\mathrm{v_D}}$ の正則性を利用して次のように書きなおしておく。

$$(\mathbf{\Phi}_{\mathrm{v_D}}^{-1})\,\mathbf{\Phi}_{\mathrm{v_I}}\dot{\mathbf{v}}_{\mathrm{I}}+\dot{\mathbf{v}}_{\mathrm{D}}+(\mathbf{\Phi}_{\mathrm{v_D}}^{-1})\,\dot{\mathbf{\Phi}}^{\mathrm{R}}=\mathbf{0} \tag{20.13}$$

以上で微分代数方程式を作る準備ができた。式(20.7)，(20.8)，(20.13)を連立させると，$\dot{\mathbf{v}}_{\mathrm{I}}$，$\dot{\mathbf{v}}_{\mathrm{D}}$，$\bar{\mathbf{f}}_{\mathrm{D}}$ を未知数とする連立一次方程式が得られる。

$$\begin{bmatrix} \mathbf{m}_{\mathrm{I}} & \mathbf{0} & -\mathbf{\Phi}_{\mathrm{v_I}}^{T}(\mathbf{\Phi}_{\mathrm{v_D}}^{-1})^{T} \\ \mathbf{0} & \mathbf{m}_{\mathrm{D}} & -\mathrm{I} \\ -(\mathbf{\Phi}_{\mathrm{v_D}}^{-1})\,\mathbf{\Phi}_{\mathrm{v_I}} & -\mathbf{I} & \mathbf{0} \end{bmatrix}\begin{bmatrix} \dot{\mathbf{v}}_{\mathrm{I}} \\ \dot{\mathbf{v}}_{\mathrm{D}} \\ \bar{\mathbf{f}}_{\mathrm{D}} \end{bmatrix}=\begin{bmatrix} \mathbf{f}_{\mathrm{I}} \\ \mathbf{f}_{\mathrm{D}} \\ (\mathbf{\Phi}_{\mathrm{v_D}}^{-1})\,\dot{\mathbf{\Phi}}^{\mathrm{R}} \end{bmatrix} \tag{20.14}$$

式(20.7)，(20.8)は微分方程式であるが，式(20.13)は，代数方程式(20.9)を二回時間微分して，変形しただけである。式(20.14)は両者を連立させた方程式で，**微分代数方程式（DAE）**と呼ばれる。DAE は Dierential Algebraic Equation の略である。なお，標準型運動方程式は **ODE**（Ordinary Dierential Equation）である。

この式の弱点は，$\mathbf{\Phi}_{\mathrm{v_D}}$ の正則性である。正則性は運動の経過とともに変化することが考えられるので，正則性が妥当な範囲に収まっているかどうかを確認することが必要になる。また，この式を用いて数値計算で $\mathbf{\Phi}_{\mathrm{v_D}}^{-1}$ を計算するような方法は計算時間面で不利である。この章は，次章の方法を説明するための布石である。これ以外の微分代数方程式の特徴については後で述べる。

20.2　ラグランジュの未定乗数の利用

拘束力の中から独立なものを選択して残りを独立なもので表す代わりに，独立なものと同数の，すなわち，拘束 $\boldsymbol{\Phi}$ の数と同数の未定乗数を用いて，すべての拘束力を表す方法がある。この方法は**ラグランジュの未定乗数法**と呼ばれている。

まず，拘束 $\boldsymbol{\Phi}$ の数と同数の未定乗数を成分とする列行列 $\boldsymbol{\Lambda}$ を準備し，その転置を式(20.1)に左から掛ける。

$$\boldsymbol{\Lambda}^T \boldsymbol{\Phi}_{\mathrm{v}} \hat{\mathbf{v}} = 0 \tag{20.15}$$

この式はスカラーであり，式(17.13)との和を作ることができる。和をとるとき，式(20.15)を転置した形にしておき，$\hat{\mathbf{v}}^T$ で括り出す。

$$\hat{\mathbf{v}}^T (\bar{\mathbf{f}} + \boldsymbol{\Phi}_{\mathrm{v}}^T \boldsymbol{\Lambda}) = 0 \tag{20.16}$$

ここで，前項と同様に，$\mathbf{v}$ を $\mathbf{v}_{\mathrm{I}}$ と $\mathbf{v}_{\mathrm{D}}$，$\bar{\mathbf{f}}$ を $\bar{\mathbf{f}}_{\mathrm{I}}$ と $\bar{\mathbf{f}}_{\mathrm{D}}$ に分離して，この式を書きなおすと次のようになる。

$$\hat{\mathbf{v}}_{\mathrm{I}}^T (\bar{\mathbf{f}}_{\mathrm{I}} + \boldsymbol{\Phi}_{\mathrm{v_I}}^T \boldsymbol{\Lambda}) + \hat{\mathbf{v}}_{\mathrm{D}}^T (\bar{\mathbf{f}}_{\mathrm{D}} + \boldsymbol{\Phi}_{\mathrm{v_D}}^T \boldsymbol{\Lambda}) = 0 \tag{20.17}$$

前項と同じように，$\boldsymbol{\Phi}_{\mathrm{v_D}}$ は正則だとしよう。そのとき，まず，この式の左辺第二項の括弧内がゼロになるように $\boldsymbol{\Lambda}$ を選ぶものとする。

$$\bar{\mathbf{f}}_{\mathrm{D}} + \boldsymbol{\Phi}_{\mathrm{v_D}}^T \boldsymbol{\Lambda} = \mathbf{0} \tag{20.18}$$

$\boldsymbol{\Phi}_{\mathrm{v_D}}$ が正則なので，この式を $\boldsymbol{\Lambda}$ について解くことができる。さて，この式が成立すると式(20.17)左辺の第二項は消え，第一項だけになる。そして，$\hat{\mathbf{v}}_{\mathrm{I}}$ は独立であるため，第一項の括弧内もゼロとなる。

$$\bar{\mathbf{f}}_{\mathrm{I}} + \boldsymbol{\Phi}_{\mathrm{v_I}}^T \boldsymbol{\Lambda} = \mathbf{0} \tag{20.19}$$

結局，式(20.18)と(20.19)の両方が成立することになるが，これは，式(20.16)の $\hat{\mathbf{v}}$ が独立であるとした結果と同じである。

$$\bar{\mathbf{f}} + \boldsymbol{\Phi}_{\mathrm{v}}^T \boldsymbol{\Lambda} = \mathbf{0} \tag{20.20}$$

この方法では，$\bar{\mathbf{f}}$ の中の独立な拘束力を独立な未知数とする代わりに，$\boldsymbol{\Lambda}$ を独立な未知数として，$\bar{\mathbf{f}}$ のすべてを $\boldsymbol{\Lambda}$ で表した。独立と従属な拘束力の選択を行わず，未知数を外から導入することによってすべての拘束力を対等に扱う手法である。独立な拘束力を選択する方法では正則性の変化に対応する策を必要とするが，未定乗数を用いれば，$\boldsymbol{\Phi}$ の独立性が保たれている限り，特別なことを考えなくてもよい。$\boldsymbol{\Lambda}$ は独立であるから，任意の値を取る可能性があり，式(20.20)は，拘束力が $\boldsymbol{\Phi}_{\mathrm{v}}^T$ の列の線形結合で表されることを示している。

式(20.20)と式(12.44)から，運動方程式は次のようになる。

$$\mathbf{m}\dot{\mathbf{v}} + \boldsymbol{\Phi}_{\mathrm{v}}^T \boldsymbol{\Lambda} = \mathbf{f} \tag{20.21}$$

式(13.36)を時間微分すると次のようになる。

$$\boldsymbol{\Phi}_{\mathrm{V}}\dot{\mathbf{v}}+\frac{d\boldsymbol{\Phi}_{\mathrm{V}}}{dt}\mathbf{v}+\frac{d\boldsymbol{\Phi}_{\bar{\mathrm{V}}}}{dt}=\mathbf{0} \tag{20.22}$$

この式の左辺第二項と第三項には加速度レベルの変数は含まれていない。この二つの項をまとめて $\dot{\boldsymbol{\Phi}}^{\mathrm{R}}$ と書くことにする。

$$\boldsymbol{\Phi}_{\mathrm{V}}\dot{\mathbf{v}}+\dot{\boldsymbol{\Phi}}^{\mathrm{R}}=\mathbf{0} \tag{20.23}$$

$$\dot{\boldsymbol{\Phi}}^{\mathrm{R}}=\frac{d\boldsymbol{\Phi}_{\mathrm{V}}}{dt}\mathbf{v}+\frac{d\boldsymbol{\Phi}_{\bar{\mathrm{V}}}}{dt} \tag{20.24}$$

式(20.21)と(20.23)を合わせると**拘束質点系の微分代数型運動方程式**が次のように得られる。

$$\begin{bmatrix}\mathbf{m} & \boldsymbol{\Phi}_{\mathrm{V}}^{T}\\ \boldsymbol{\Phi}_{\mathrm{V}} & \mathbf{0}\end{bmatrix}\begin{bmatrix}\dot{\mathbf{v}}\\ \boldsymbol{\Lambda}\end{bmatrix}=\begin{bmatrix}\mathbf{f}\\ -\dot{\boldsymbol{\Phi}}^{\mathrm{R}}\end{bmatrix} \tag{20.25}$$

20.3 拘束剛体系の微分代数型運動方程式

剛体系の場合も考え方は同じである。剛体系の速度レベルの拘束条件は 13.6 節に与えられている。

$$\boldsymbol{\Phi}=\boldsymbol{\Phi}_{\mathrm{V}}\mathbf{V}+\boldsymbol{\Phi}_{\Omega'}\boldsymbol{\Omega}'+\boldsymbol{\Phi}_{\overline{\mathrm{V}\Omega'}}=\mathbf{0} \qquad 【13.39】$$

また，仮想パワーの原理の裏の表現が 17.3 節にある。

$$\hat{\mathbf{V}}^{T}\bar{\mathbf{F}}+\hat{\boldsymbol{\Omega}}'^{T}\bar{\mathbf{N}}'=0 \qquad 【17.14】$$

式(13.39)から仮想速度 $\hat{\mathbf{V}}$ と仮想角速度 $\hat{\boldsymbol{\Omega}}'$ が受ける拘束は次のように書ける。

$$\boldsymbol{\Phi}_{\mathrm{V}}\hat{\mathbf{V}}+\boldsymbol{\Phi}_{\Omega'}\hat{\boldsymbol{\Omega}}'=\mathbf{0} \tag{20.26}$$

この式と式(17.14)から，拘束 $\boldsymbol{\Phi}$ の数に等しいラグランジュの未定乗数を成分に持つ列行列 $\boldsymbol{\Lambda}$ を用いて，前節と同様な方法によって拘束力 $\bar{\mathbf{F}}$ と拘束トルク $\bar{\mathbf{N}}'$ は次のように表される。

$$\bar{\mathbf{F}}=-\boldsymbol{\Phi}_{\mathrm{V}}^{T}\boldsymbol{\Lambda} \tag{20.27}$$

$$\bar{\mathbf{N}}'=-\boldsymbol{\Phi}_{\Omega'}^{T}\boldsymbol{\Lambda} \tag{20.28}$$

拘束剛体系の運動方程式は，重心位置に等価換算した拘束力と拘束トルクを含んだ形で，12.5 節に与えられている。

$$\mathbf{M}\dot{\mathbf{V}}=\mathbf{F}+\bar{\mathbf{F}} \qquad 【12.62】$$

$$\mathbf{J}'\dot{\mathbf{\Omega}}'+\tilde{\mathbf{\Omega}}'\mathbf{J}'\,\mathbf{\Omega}'=\mathbf{N}'+\bar{\mathbf{N}} \tag{【12.63】}$$

これらに，上で求まった拘束力，拘束トルクを代入すると次のようになる。

$$\mathbf{M}\dot{\mathbf{V}}+\mathbf{\Phi}_{\mathrm{V}}^{T}\mathbf{\Lambda}=\mathbf{F} \tag{20.29}$$

$$\mathbf{J}'\dot{\mathbf{\Omega}}'+\mathbf{\Phi}_{\Omega'}^{T}\mathbf{\Lambda}=\mathbf{N}'-\tilde{\mathbf{\Omega}}'\mathbf{J}'\,\mathbf{\Omega}' \tag{20.30}$$

式(13.39)を時間微分すると次の式を得る。

$$\mathbf{\Phi}_{\mathrm{V}}\dot{\mathbf{V}}+\mathbf{\Phi}_{\Omega'}\dot{\mathbf{\Omega}}'+\frac{d\mathbf{\Phi}_{\mathrm{V}}}{dt}\mathbf{V}+\frac{d\mathbf{\Phi}_{\Omega'}}{dt}\mathbf{\Omega}'+\frac{d\mathbf{\Phi}_{\overline{\mathrm{V}\Omega'}}}{dt}=\mathbf{0} \tag{20.31}$$

この式の左辺第３項～第５項は加速度レベルの変数を含んでいない。これらをまとめて $\dot{\mathbf{\Phi}}^{\mathrm{R}}$ と書くことにする。

$$\mathbf{\Phi}_{\mathrm{V}}\dot{\mathbf{V}}+\mathbf{\Phi}_{\Omega'}\dot{\mathbf{\Omega}}'+\dot{\mathbf{\Phi}}^{\mathrm{R}}=\mathbf{0} \tag{20.32}$$

$$\dot{\mathbf{\Phi}}^{\mathrm{R}}=\frac{d\mathbf{\Phi}_{\mathrm{V}}}{dt}\mathbf{V}+\frac{d\mathbf{\Phi}_{\Omega'}}{dt}\mathbf{\Omega}'+\frac{d\mathbf{\Phi}_{\overline{\mathrm{V}\Omega'}}}{dt} \tag{20.33}$$

式(20.29)，(20.30)，(20.32)を連立させると次の式が得られる。

$$\begin{bmatrix}\mathbf{M} & \mathbf{0} & \mathbf{\Phi}_{\mathrm{V}}^{T}\\ \mathbf{0} & \mathbf{J}' & \mathbf{\Phi}_{\Omega'}^{T}\\ \mathbf{\Phi}_{\mathrm{V}} & \mathbf{\Phi}_{\Omega'} & \mathbf{0}\end{bmatrix}\begin{bmatrix}\dot{\mathbf{V}}\\ \dot{\mathbf{\Omega}}'\\ \mathbf{\Lambda}\end{bmatrix}=\begin{bmatrix}\mathbf{F}\\ \mathbf{N}'-\tilde{\mathbf{\Omega}}'\mathbf{J}'\,\mathbf{\Omega}'\\ -\dot{\mathbf{\Phi}}^{\mathrm{R}}\end{bmatrix} \tag{20.34}$$

これが，**３次元剛体系の微分代数型運動方程式**である。

数値解を求める段階では，この式をそのまま解くとは限らない。式の変形を進めて，$\mathbf{\Lambda}$ を先に求める方法がある。式(20.34)を元の三つの式に戻し，その最初の二つ(式(20.29)，(20.30))から次の式が得られる。

$$\dot{\mathbf{V}}=\mathbf{M}^{-1}\mathbf{F}-\mathbf{M}^{-1}\mathbf{\Phi}_{\mathrm{V}}^{T}\mathbf{\Lambda} \tag{20.35}$$

$$\dot{\mathbf{\Omega}}'=\mathbf{J}'^{-1}(\mathbf{N}'-\tilde{\mathbf{\Omega}}'\mathbf{J}'\,\mathbf{\Omega}')-\mathbf{J}'^{-1}\mathbf{\Phi}_{\Omega'}^{T}\mathbf{\Lambda} \tag{20.36}$$

$\mathbf{M}$ と $\mathbf{J}'$ は定数であり，積分計算に入る前にその逆数（逆行列）を作っておくことができる。積分計算では微分方程式の右辺の計算が繰り返し行われるので，その中での逆行列や連立一次方程式を解く作業は最小限に抑えることが望ましく，事前計算で逆行列を作っておけば，積分計算の段階では掛け算で済ますことができる。さて，これら二式を三番目の式(20.32)に代入して，$\mathbf{\Lambda}$ に関する連立一次方程式を作ることができる。

$$(\mathbf{\Phi}_{\mathrm{V}}\mathbf{M}^{-1}\mathbf{\Phi}_{\mathrm{V}}^{T}+\mathbf{\Phi}_{\Omega'}\mathbf{J}'^{-1}\mathbf{\Phi}_{\Omega'}^{T})\mathbf{\Lambda}=\mathbf{\Phi}_{\mathrm{V}}\mathbf{M}^{-1}\mathbf{F}+\mathbf{\Phi}_{\Omega'}\mathbf{J}'^{-1}(\mathbf{N}'-\tilde{\mathbf{\Omega}}'\mathbf{J}'\,\mathbf{\Omega}')+\dot{\mathbf{\Phi}}^{\mathrm{R}} \tag{20.37}$$

これを解いて，その結果を上記二式に代入すれば，$\dot{\mathbf{V}}$ と $\dot{\mathbf{\Omega}}'$ が求まる。この式は，式(20.34)に比べて小さな連立一次方程式であるから，計算時間の面で有利である。この方法は，拘束の数が運動学的自由度（独立な一般化速度の数）より小さい場合には標準型の運動方程式に比べても有利といえるが，多くの場合は，逆であろう。

もう一つ別の解法について触れておこう。微分代数型運動方程式(20.34)の係数行列は，ゼロ要素を多く含む**疎行列**である。特に，モデル規模が大きくなるとその傾向が強まる。一方，式(20.37)のように変形してしまうと，この性質は失われてしまう。そこで，式(20.34)をこのまま，**疎行列用の数値解法**を用いて，$\dot{\mathbf{V}}$，$\dot{\mathbf{\Omega}}'$，$\mathbf{\Lambda}$ について解くことが考えられる。この方法も有力である。なお，疎行列のデータ構造，および，疎行列用の数値解法などについては，他の文献を参照されたい。本書では 20.5 節にコマを対象とした MATLAB のプログラム事例を載せておくが，コマのモデルは規模が小さく，実際的な効果を示している事例ではない。

20.4　微分代数型運動方程式の特徴と数値解法に関わる技術

● 微分代数方程式の特徴

剛体系の微分代数型運動方程式(20.34)は，マルチボディダイナミクスの汎用計算システムの作成に役立つ。標準形の運動方程式の場合は独立な一般化速度 H を選択する必要があるが，そのための一般的な方法はなく，一般化速度の選択は，技術者の判断を必要とする事柄である。微分代数型運動方程式を作る場合は，独立な一般化速度 $\mathbf{H}$ を必要としない。汎用計算システムの入力は，モデルに必要な剛体と，その上の結合点，そして，結合点を結ぶジョイントや力要素などである。ジョイントや力要素に関わる情報は，計算機の中にライブラリーの形で事前に登録しておく。式(20.34)の $\mathbf{V}$ と $\mathbf{\Omega}'$ は，ユーザーが入力した剛体情報から自動的に決めることができる。$\mathbf{\Phi}_{\mathrm{V}}$，$\mathbf{\Phi}_{\Omega'}$，$\dot{\mathbf{\Phi}}^{\mathrm{R}}$ は，ユーザーが指定したジョイントや駆動拘束に対応して，ライブラリー情報から作り出すことができる。$\mathbf{F}$ や $\mathbf{N}'$ も，ユーザー指定の力要素に対応するライブラリー情報を用い，剛体上の

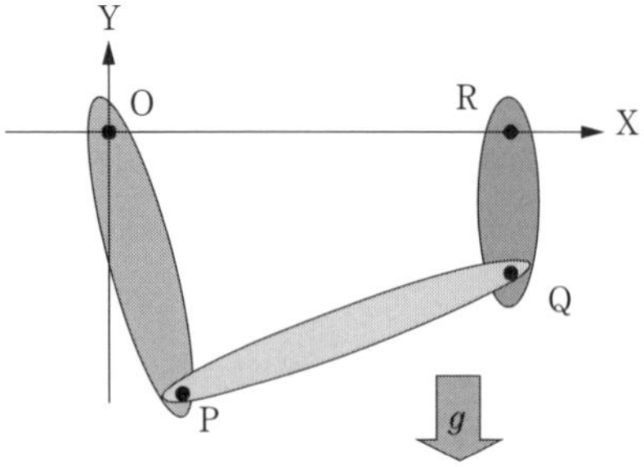

図 20.1　不等辺四節リンク機構

各点に働く力とトルクを計算して等価換算すれば得られる。一般の機械で使われるジョイントや力要素の種類は案外限られており，また，ライブラリーの不足を補うユーザーによる追加機能を持たせることもできる。このような計算システムの高い実用性が明らかになるにつれて，マルチボディダイナミクスは注目され，発展してきた。

一方，不等辺の四節リンク機構（図 20.1）の運動方程式を作る場合，独立な一般化座標によって各構成リンクの重心位置や回転姿勢を表そうとするとかなり面倒なことになる。3 次元の複雑なリンク機構ではなおさらである。微分代数型運動方程式は，このような場合にも便利であり，一般に，運動方程式の構築が容易で汎用性に優れた方法といえる。拘束を数式で表現し，その数式を操作する方法に慣れれば，微分代数型の運動方程式は容易に作ることができる。

● 微分代数方程式の数値解法に関わる技術

標準形の運動方程式を用いて順動力学の数値シミュレーションを行う場合，$\dot{\mathbf{H}}$ を未知数とし，$\mathbf{m}^{\mathrm{H}}$ を係数行列とする連立一次方程式の求解に要する計算時間が，全計算時間に対して支配的になる。その計算時間は $\mathbf{H}$ の数の三乗に比例する。微分代数型運動方程式をそのまま解くとすると，同じモデルでも未知数の数は $\mathbf{H}$ の数と $\boldsymbol{\Phi}$ の数の二倍の和になるため，大幅な計算時間の増加になる。式(20.37)を用いて，ラグランジュの未定乗数を先に求める場合は，未知数 $\boldsymbol{\Lambda}$ の数は速度レベル拘束 $\boldsymbol{\Phi}$ の数である。そのまま解く場合に比べてかなりの改善になるが，独立な一般化速度 $\mathbf{H}$ の数に比べて $\boldsymbol{\Phi}$ の数がかなり大きくなる場合も多い。疎行列用の数値解法の場合，計算時間は係数行列の中のゼロでない要素の数に関わってくるため，単純な比較は難しい。ただし，モデルの規模が大きくなると疎行列性が高まる傾向があり，有効性も大きくなると思われる。

なお，モデル規模の三乗に比例する通常の方法に対して，モデル規模の一乗に比例する画期的な定式化方法があり，それが次章に述べる漸化式による方法である。ただし，この方法にも限界や弱点があるので目的に応じた選択が必要になる。

微分代数型運動方程式では，加速度レベルの拘束条件を運動方程式と連立させた。そのため，数値積分の誤差が累積して，速度レベルや位置レベルの拘束条件が満たされなくなる可能性がある。この問題への対処は**拘束安定化**と呼ばれ，そのための様々な方法が開発されてきた。その中の一つに **Baumgarte の拘束安定化法**がある。式(20.34)の中で用いられている拘束は加速度レベルのものであるが，これに係数を掛けた速度レベルと位置レベルの拘束を加えて次のような式を作り，これを式(20.32)の代わりに用いる。

$$\dot{\mathbf{\Phi}}+\alpha\mathbf{\Phi}+\beta\mathbf{\Psi}=\mathbf{\Phi}_{\mathrm{V}}\dot{\mathbf{V}}+\mathbf{\Phi}_{\Omega'}\dot{\mathbf{\Omega}}'+\dot{\mathbf{\Phi}}^{\mathrm{R}}+\alpha\mathbf{\Phi}+\beta\mathbf{\Psi}=\mathbf{0} \tag{20.38}$$

この式は，形式的には 2 次系の形を持っていて，その応答が適切になるように，α と β を選ぶという発想と考えられる。α と β は，通常，スカラーであるが，拘束別に異なった数値を用いることも考えられる。$\mathbf{\Phi}$ と $\mathbf{\Psi}$ の数が合わない場合は，$\mathbf{\Psi}$ の数を増し，シンプルノンホロノミックな拘束に対応する部分をゼロとしておけばよい。式(20.34)は次のようになる。

$$\begin{bmatrix}\mathbf{M} & \mathbf{0} & \mathbf{\Phi}_{\mathrm{V}}^{T}\\ \mathbf{0} & \mathbf{J}' & \mathbf{\Phi}_{\Omega'}^{T}\\ \mathbf{\Phi}_{\mathrm{V}} & \mathbf{\Phi}_{\Omega'} & \mathbf{0}\end{bmatrix}\begin{bmatrix}\dot{\mathbf{V}}\\ \dot{\mathbf{\Omega}}'\\ \mathbf{\Lambda}\end{bmatrix}=\begin{bmatrix}\mathbf{F}\\ \mathbf{N}'-\tilde{\mathbf{\Omega}}'\mathbf{J}'\mathbf{\Omega}'\\ -\dot{\mathbf{\Phi}}^{\mathrm{R}}-\alpha\mathbf{\Phi}-\beta\mathbf{\Psi}\end{bmatrix} \tag{20.39}$$

ただし，この方法は安定性が保障されているわけではなく，また，係数 α と β の選択方法は明確とはいえない。拘束が満たされているかどうかを監視しながら用いる必要がある。

一方，疎行列用の解法などを用いて式(20.34)を $\dot{\mathbf{V}}$，$\dot{\mathbf{\Omega}}'$ について解き，その中の独立な変数だけを時間積分して，得られた独立な速度をもとに拘束条件を満たすように従属な速度を計算する方法がある。速度レベル変数を時間積分して位置レベル変数を求める場合も，独立なものについてだけ行い，それをもとにニュートンラフソン法などを用いて従属な変数を求める。この方法によれば，拘束の安定化は不要である。ただし，このとき，独立な変数を探し出す方法が必要である。多くの個別のモデルでは事前に独立な変数を選定することができるが，時に難しい場合や迷いの出ることもある。さらに，独立性が変化する場合があり，汎用プログラムのような場合と共に，何らかの対応手段が必要になる。

式(20.34)の剛体系の場合，重心速度 $\mathbf{V}$ と剛体角速度 $\mathbf{\Omega}'$ の中から独立な一般化速度を選択するとして，拘束条件のヤコビ行列を利用する方法がある。重心速度 $\mathbf{V}$ と剛体角速度 $\mathbf{\Omega}'$ の拘束は式(13.39)に与えられていて，ヤコビ行列は $[\mathbf{\Phi}_{\mathrm{V}} \quad \mathbf{\Phi}_{\Omega'}]$ である。このヤコビ行列に，列の選択を含むピボット選択（完全ピボット選択など）を用いたガウスの消去法を適用すると，$\mathbf{V}$ と $\mathbf{\Omega}'$ の中の独立な一般化速度を求めることができる。選択したピボットに対応する変数が従属で，それ以外が独立な一般化速度である。同様な方法で独立な一般化座標の選択も可能である。拘束 $\mathbf{\Psi}$ のヤコビ行列を用い，$\mathbf{R}$ と，$\mathbf{E}$ または $\mathbf{\Theta}$ の中から選択することができる。

$\mathbf{V}$，$\mathbf{\Omega}'$ 以外の速度レベルの変数 $\mathbf{S}$ も含めた上で，これらの中から独立な一般化速度を選択する方法もある。拘束条件 $\mathbf{\Phi}$ は $\mathbf{V}$，$\mathbf{\Omega}'$，$\mathbf{S}$ の間の独立なすべての拘束を含むようにし，ラグランジュの未定乗数 $\mathbf{\Lambda}$ は，新たな $\mathbf{\Phi}$ の数だけの未知数を含むものとする。このとき，次のような微分代数型の運動方程式が成立する。

$$\begin{bmatrix} \mathbf{M} & \mathbf{0} & \mathbf{0} & \mathbf{\Phi}_{\mathrm{V}}^{T} \\ \mathbf{0} & \mathbf{J}' & \mathbf{0} & \mathbf{\Phi}_{\Omega'}^{T} \\ \mathbf{0} & \mathbf{0} & \mathbf{0} & \mathbf{\Phi}_{\mathrm{S}}^{T} \\ \mathbf{\Phi}_{\mathrm{V}} & \mathbf{\Phi}_{\Omega'} & \mathbf{\Phi}_{\mathrm{S}} & \mathbf{0} \end{bmatrix} \begin{bmatrix} \dot{\mathbf{V}} \\ \dot{\mathbf{\Omega}}' \\ \dot{\mathbf{S}} \\ \mathbf{\Lambda} \end{bmatrix} = \begin{bmatrix} \mathbf{F} \\ \mathbf{N}' - \tilde{\mathbf{\Omega}}'\mathbf{J}'\mathbf{\Omega}' \\ \mathbf{0} \\ -\dot{\mathbf{\Phi}}^{\mathrm{R}} \end{bmatrix} \tag{20.40}$$

この式を解いて独立なものについて積分する方法は，独立変数の選択を自由なものにする便利な方法である（Shabana（参考文献4））。

時間の経過による系の状態変化に伴い，独立な一般化速度が変化する可能性がある。再選択などに対する考え方が必要である。また，ヤコビ行列をQR分解する方法などにも興味深いものがあるが，それらについては他の文献を参照されたい。本書の参考文献リストの中に，微分代数型運動方程式の数値解法に関わる論文をいくつか載せておいた。

20.5　順動力学解析の事例：ボールジョイントで支点が拘束されたコマ（微分代数型運動方程式を疎行列用の数値解法で解く事例）

これまで，拘束力消去法と仮想パワーの原理を利用する方法で，ボールジョイントで支点が拘束されたコマの運動方程式を求めた。ケイン型の運動方程式を用いても，拘束条件追加法を用いても同じ運動方程式に到達する。それに対し，微分代数型運動方程式の場合は運動方程式の形そのものが異なっている。剛体 A を対象とした微分代数型運動方程式は次のような形である。

$$\begin{bmatrix} {}^3\mathbf{M}_{\mathrm{A}} & \mathbf{0} & \mathbf{\Phi}^T_{\mathrm{V_{OA}}} \\ \mathbf{0} & \mathbf{J}'_{\mathrm{OA}} & \mathbf{\Phi}^T_{\Omega'_{\mathrm{OA}}} \\ \mathbf{\Phi}_{\mathrm{V_{OA}}} & \mathbf{\Phi}_{\Omega'_{\mathrm{OA}}} & \mathbf{0} \end{bmatrix} \begin{bmatrix} \dot{\mathbf{V}}_{\mathrm{OA}} \\ \dot{\mathbf{\Omega}}'_{\mathrm{OA}} \\ \mathbf{\Lambda} \end{bmatrix} = \begin{bmatrix} \mathbf{F}_{\mathrm{OA}} \\ \mathbf{N}'_{\mathrm{OA}} - \tilde{\mathbf{\Omega}}'_{\mathrm{OA}} \mathbf{J}'_{\mathrm{OA}} \mathbf{\Omega}'_{\mathrm{OA}} \\ -\dot{\mathbf{\Phi}}^{\mathrm{R}} \end{bmatrix} \tag{20.41}$$

これをコマの式にするために，まず，支点 P のボールジョイント拘束を具体的に表現することから始める。

$$\mathbf{\Psi} = \mathbf{R}_{\mathrm{OA}} + \mathbf{C}_{\mathrm{OA}} \mathbf{r}_{\mathrm{AP}} = \mathbf{0} \tag{20.42}$$

この式は式(15.8)と同じであり，位置レベルの拘束である。この式を時間微分すると，速度レベルの拘束が得られる。

$$\mathbf{\Phi} \equiv \dot{\mathbf{\Psi}} = \mathbf{V}_{\mathrm{OA}} - \mathbf{C}_{\mathrm{OA}} \tilde{\mathbf{r}}_{\mathrm{AP}} \mathbf{\Omega}'_{\mathrm{OA}} = \mathbf{0} \tag{20.43}$$

この式から，式(20.41)左辺の係数行列に現れる $\mathbf{\Phi}_{\mathrm{V_{OA}}}$ と $\mathbf{\Phi}_{\Omega'_{\mathrm{OA}}}$ を次のように求めることができる。

$$\mathbf{\Phi}_{\mathrm{V_{OA}}} = \mathbf{I}_3 \tag{20.44}$$

$$\mathbf{\Phi}_{\Omega'_{\mathrm{OA}}} = -\mathbf{C}_{\mathrm{OA}} \tilde{\mathbf{r}}_{\mathrm{AP}} \tag{20.45}$$

また，式(20.41)右辺に現れる $\dot{\mathbf{\Phi}}^{\mathrm{R}}$ は，式(20.43)をもう一度時間微分して $\dot{\mathbf{\Phi}}$ を作り，その中から $\dot{\mathbf{V}}_{\mathrm{OA}}$ と $\dot{\mathbf{\Omega}}'_{\mathrm{OA}}$ の項を除いた残りである。

$$\dot{\mathbf{\Phi}}^{\mathrm{R}} = -\mathbf{C}_{\mathrm{OA}} \tilde{\mathbf{\Omega}}'_{\mathrm{OA}} \tilde{\mathbf{r}}_{\mathrm{AP}} \mathbf{\Omega}'_{\mathrm{OA}} \tag{20.46}$$

式(20.44)～(20.46)を代入すると，(20.41)は次のようになる。

$$\begin{bmatrix} {}^3\mathbf{M}_{\mathrm{A}} & \mathbf{0} & \mathbf{I}_3 \\ \mathbf{0} & \mathbf{J}'_{\mathrm{OA}} & -\tilde{\mathbf{r}}^T_{\mathrm{AP}} \mathbf{C}^T_{\mathrm{OA}} \\ \mathbf{I}_3 & -\mathbf{C}_{\mathrm{OA}} \tilde{\mathbf{r}}_{\mathrm{AP}} & \mathbf{0} \end{bmatrix} \begin{bmatrix} \dot{\mathbf{V}}_{\mathrm{OA}} \\ \dot{\mathbf{\Omega}}'_{\mathrm{OA}} \\ \mathbf{\Lambda} \end{bmatrix} = \begin{bmatrix} \mathbf{F}_{\mathrm{OA}} \\ \mathbf{N}'_{\mathrm{OA}} - \tilde{\mathbf{\Omega}}'_{\mathrm{OA}} \mathbf{J}'_{\mathrm{OA}} \mathbf{\Omega}'_{\mathrm{OA}} \\ \mathbf{C}_{\mathrm{OA}} \tilde{\mathbf{\Omega}}'_{\mathrm{OA}} \tilde{\mathbf{r}}_{\mathrm{AP}} \mathbf{\Omega}'_{\mathrm{OA}} \end{bmatrix} \tag{20.47}$$

この式の左辺の係数行列は，比較的ゼロ要素が多く，これを疎行列として，疎行列用の数値解法を適用してみよう。モデル規模が小さいため，疎行列の密度は十分低いとはいえず，単にそのような解法を適用してみるだけであるが，大規模なモデルへの適用時に参考になるであろう。

MATLAB では，連立一次方程式の係数行列と右辺のデータ構造を疎行列用のものに変換すれば，この式の解を求めるとき，自動的に疎行列用の解法が適用され，解も疎行列のデータ構造になる（詳細は MATLAB のオンラインマニュアルなどを参照のこと）。連立一次方程式を解くと，$\dot{\mathbf{V}}_{\mathrm{OA}}$，$\dot{\mathbf{\Omega}}'_{\mathrm{OA}}$，$\mathbf{\Lambda}$ が求まるが，このなかの $\dot{\mathbf{\Omega}}'_{\mathrm{OA}}$ だけを時間積分して，$\mathbf{\Omega}'_{\mathrm{OA}}$ を作る。すなわち，独立な一般化速度を $\mathbf{\Omega}'_{\mathrm{OA}}$ としている。独立な一般化座標はオイラーパラメータ $\mathbf{E}_{\mathrm{OA}}$ とし，その時間微分は $\mathbf{\Omega}'_{\mathrm{OA}}$ から次の式で計算できる。

$$\dot{\mathbf{E}}_{\mathrm{OA}}=\frac{1}{2}\mathbf{S}^T_{\mathrm{OA}}\,\mathbf{\Omega}'_{\mathrm{OA}}-\frac{1}{2\tau}\mathbf{E}_{\mathrm{OA}}\left(1-\frac{1}{\mathbf{E}^T_{\mathrm{OA}}\mathbf{E}_{\mathrm{OA}}}\right) \tag{20.48}$$

この式は，9.6 節に出てきた式(9.29)であり，オイラーパラメータの拘束安定化機能が含まれている。従属な $\mathbf{V}_{\mathrm{OA}}$ と $\mathbf{R}_{\mathrm{OA}}$ は，次の式で計算される。

$$\mathbf{V}_{\mathrm{OA}}=\mathbf{C}_{\mathrm{OA}}\tilde{\mathbf{r}}_{\mathrm{AP}}\,\mathbf{\Omega}'_{\mathrm{OA}} \tag{20.49}$$

$$\mathbf{R}_{\mathrm{OA}}=-\mathbf{C}_{\mathrm{OA}}\mathbf{r}_{\mathrm{AP}} \tag{20.50}$$

これらも，式(15.9)，(15.8)と同じである。これらの式の中の $\mathbf{C}_{\mathrm{OA}}$ は，$\mathbf{E}_{\mathrm{OA}}$ から求める。

コマの場合は，独立な一般化座標と独立な一般化速度が始めから明らかで，従属な変数の計算も単純である。しかし，一般には独立性の変化を考慮する必要があったり，また，従属な変数の計算に連立一次方程式の求解とニュートンラフソン法の活用などを考えなければならない場合がある。また，コマの場合，標準型の運動方程式が容易に得られるので，通常，微分代数型を用いる必要はない。

本節の方法に対応する MATLAB プログラムは，koma_1045.m（付録の CD-ROM に収録）である。出力は koma_45.m の場合とまったく同じであり，説明を省略する(15.1 節，表 15.2 参照)。

20.6 順動力学解析の事例：簡単化した 2 次元サスペンションモデル

● モデルの説明

微分代数型運動方程式が用いられる理由は次の二つである。一つは，マルチボディシステムを扱う汎用的なソフトウェアの場合で，独立な一般化座標の選択が不要だからである。もう一つは，リンク機構などの場合で，独立な一般化座標で構成要素の位置や回転姿勢を表現し難いためである。

ループを含むリンク機構の簡単なものは，平面運動をする四節リンク機構であるが，そのうち平行四辺形を形成しているものは，標準型の運動方程式を容易に作ることができる。適当に選んだ一般化座標で，すべてのリンクの位置と姿勢を簡単に表現できるからである。しかし，不等辺の四節リンク機構の場合は複雑な三角関数の関係を解く必要があり，かなり面倒である。ましてや，3 次元的に運動する複雑なリンク機構の場合は，微分代数型に頼るほうが実用的である。そのようなリンク機構の身近な例として乗用車のサスペンション機構がある。本章では，車のサスペンションを模倣した 2 次元の簡単なモデルの運動方程式を微分代数型で作ってみよう。3 次元の複雑な場合でも，同様のモデル化が可能である。

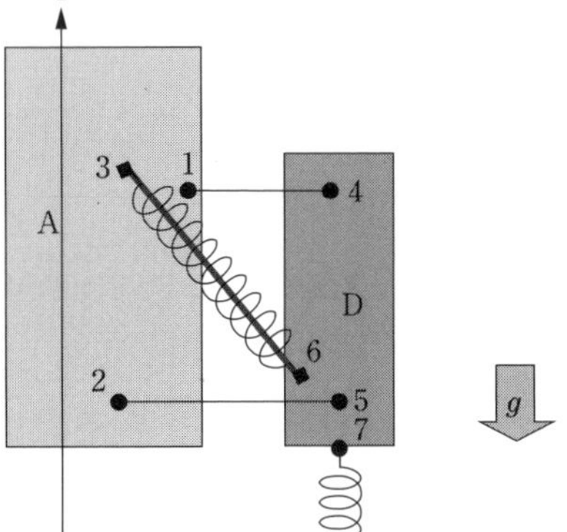

図 20.2 簡単化した 2 次元のサスペンションモデル（車体 A は上下運動のみ）

図 20.2 は，簡単化した 2 次元のサスペンションモデルである。車両を前方，または，後方から見た状態で，一つの車輪のサスペンション機構だけに注目している。座標系 O は慣性座標系で，Y 軸の負の向きに重力が働くものとする。系は二つの剛体，A と D からなり，A の上には固定点 1，2，3 があり，D の上には固定点 4，5，6，7 がある。剛体 A は車体で，このモデルでは上下運動だけをする。剛体 D は車輪の回転軸で，アクスルと呼ぶことにする。ただし，このモデルでは車輪やタイヤも含めて考えている。点 1 と 4，2 と 5 はそれぞれマスレスリンクによって一定距離，b_{1o} と b_{2o}，に保たれている。これらのリンクはウィッシュボーンと呼ばれるサスペンション機構の要素を前後方向から眺めたものである。点 3 と 6 は，サスペンションのバネとダンパーによって結合されている。サスペンションバネの自然長は b_{3o} とし，伸び量を b_{3E} という変数で表すことにする。また，点 7 と路面の間にはタイヤを想定したバネを考えるが，簡単のため，上下方向のみに働く線形バネで，タイヤが路面から浮くようなことや，タイヤが路面から受ける横方向の抵抗力は考えていない。

このモデルは簡単な閉ループのリンク機構で，不等辺の四辺形になっている。したがって，車体に対するアクスルの上下動によってアクスルの傾き角も変化する。この上下動と傾き角の関係，あるいは，傾き角とサスペンションバネの伸び量の関係などを把握できるとよいのだが，それは意外と面倒である。このような場合に，微分代数型運動方程式が役に立つ。

● 運動方程式と解法などの準備

この系の微分代数型運動方程式は次のような形に書ける。

$$\begin{bmatrix} M_{\mathrm{A}} & \mathbf{0} & 0 & \boldsymbol{\Phi}^{T}_{V_{\mathrm{OAY}}} \\ \mathbf{0} & {}^{2}\mathbf{M}_{\mathrm{D}} & \mathbf{0} & \boldsymbol{\Phi}^{T}_{\mathbf{V}_{\mathrm{OD}}} \\ 0 & \mathbf{0} & J_{\mathrm{D}} & \boldsymbol{\Phi}^{T}_{\omega_{\mathrm{OD}}} \\ \boldsymbol{\Phi}_{V_{\mathrm{OAY}}} & \boldsymbol{\Phi}_{\mathbf{V}_{\mathrm{OD}}} & \boldsymbol{\Phi}_{\omega_{\mathrm{OD}}} & \mathbf{0} \end{bmatrix} \begin{bmatrix} \dot{V}_{\mathrm{OAY}} \\ \dot{\mathbf{V}}_{\mathrm{OD}} \\ \dot{\omega}_{\mathrm{OD}} \\ \boldsymbol{\Lambda} \end{bmatrix} = \begin{bmatrix} F_{\mathrm{OAY}} \\ \mathbf{F}_{\mathrm{OD}} \\ n_{\mathrm{D}} \\ -\dot{\boldsymbol{\Phi}}^{\mathrm{R}} - \alpha\boldsymbol{\Phi} - \beta\boldsymbol{\Psi} \end{bmatrix} \tag{20.51}$$

この式で，車体はすでに上下方向の運動だけを考えているので，V_{OAX} や ω_{OA} は除いてある。この式のほかに，次の運動学的関係も用いて順動力学シミュレーションを行う。

$$\dot{R}_{\mathrm{OAY}} = V_{\mathrm{OAY}} \tag{20.52}$$

$$\dot{\mathbf{R}}_{\mathrm{OD}} = \mathbf{V}_{\mathrm{OD}} \tag{20.53}$$

$$\dot{\theta}_{\mathrm{OD}} = \omega_{\mathrm{OD}} \tag{20.54}$$

この系に働く作用力は，重力，サスペンションバネとダンパーによって点 6 に作用する力 $\mathbf{f}_{\mathrm{O6}}$，そして，点 7 に作用するタイヤ（バネ）力 $\mathbf{f}_{\mathrm{O7}}$ である。点 3 にも反作用の $-\mathbf{f}_{\mathrm{O6}}$ が働く。これらを求め，等価換算すれば，式(20.51)右辺の作用力，作用トルクになる。

$$\mathbf{f}_{\mathrm{O6}} = -\frac{\mathbf{r}_{36}}{\sqrt{\mathbf{r}_{36}^T \mathbf{r}_{36}}}(k_{\mathrm{S}} b_{3\mathrm{E}} + c_{\mathrm{S}} \dot{b}_{3\mathrm{E}}) \tag{20.55}$$

$$\mathbf{f}_{\mathrm{O7}} = -\mathbf{d}_{\mathrm{Y}}(k_{\mathrm{T}} \mathbf{d}_{\mathrm{Y}}^T \mathbf{r}_{\mathrm{O7}} + c_{\mathrm{T}} \mathbf{d}_{\mathrm{Y}}^T \mathbf{v}_{\mathrm{O7}}) \tag{20.56}$$

$$F_{\mathrm{OAY}} = -M_{\mathrm{A}} g - \mathbf{d}_{\mathrm{Y}}^T \mathbf{f}_{\mathrm{O6}} \tag{20.57}$$

$$\mathbf{F}_{\mathrm{OD}} = -\mathbf{d}_{\mathrm{Y}} M_{\mathrm{D}} g + \mathbf{f}_{\mathrm{O6}} + \mathbf{f}_{\mathrm{O7}} \tag{20.58}$$

$$n_{\mathrm{D}} = \mathbf{r}_{\mathrm{D6}}^T \boldsymbol{\chi}^T \mathbf{C}_{\mathrm{OD}}^T \mathbf{f}_{\mathrm{O6}} + \mathbf{r}_{\mathrm{D7}}^T \boldsymbol{\chi}^T \mathbf{C}_{\mathrm{OD}}^T \mathbf{f}_{\mathrm{O7}} \tag{20.59}$$

ただし，k_{S} と c_{S} はサスペンションのバネ定数とダンピング係数，k_{T} と c_{T} はタイヤのバネ定数とダンピング係数で，$\mathbf{r}_{36}$，$\mathbf{r}_{\mathrm{O7}}$，$\mathbf{v}_{\mathrm{O7}}$，$b_{3\mathrm{E}}$，$\dot{b}_{3\mathrm{E}}$ は次のとおりである。

$$\mathbf{r}_{36} = \mathbf{R}_{\mathrm{OD}} + \mathbf{C}_{\mathrm{OD}} \mathbf{r}_{\mathrm{D6}} - \mathbf{R}_{\mathrm{OA}} - \mathbf{r}_{\mathrm{A3}} \tag{20.60}$$

$$\mathbf{r}_{\mathrm{O7}} = \mathbf{R}_{\mathrm{OD}} + \mathbf{C}_{\mathrm{OD}} \mathbf{r}_{\mathrm{D7}} \tag{20.61}$$

$$\mathbf{v}_{\mathrm{O7}} = \mathbf{V}_{\mathrm{OD}} + \mathbf{C}_{\mathrm{OD}} \boldsymbol{\chi} \mathbf{r}_{\mathrm{D7}}\ \omega_{\mathrm{OD}} \tag{20.62}$$

$$b_{3\mathrm{E}} = \sqrt{\mathbf{r}_{36}^T \mathbf{r}_{36}} - b_{3\mathrm{o}} \tag{20.63}$$

$$\dot{b}_{3\mathrm{E}} = \frac{\mathbf{r}_{36}^T \mathbf{v}_{36}}{\sqrt{\mathbf{r}_{36}^T \mathbf{r}_{36}}} \tag{20.64}$$

式(20.60)の左辺は座標系 A で表されており，右辺は座標系 O で表されているが，このモデルでは $\mathbf{C}_{\mathrm{OA}} = \mathbf{I}_3$ である。

式(20.51)を完成させるために，さらに，拘束を具体的に表現する必要がある。車体の運動はすでに上下方向だけになっているので，拘束は二本のマスレスリンクだけを考慮すればよい。位置レベル拘束は，次のように書ける。

$$\boldsymbol{\Psi} = \frac{1}{2}\begin{bmatrix} \mathbf{r}_{14}^T \mathbf{r}_{14} - b_{1\mathrm{o}}^2 \\ \mathbf{r}_{25}^T \mathbf{r}_{25} - b_{2\mathrm{o}}^2 \end{bmatrix} = \mathbf{0} \tag{20.65}$$

$$\mathbf{r}_{14} = \mathbf{R}_{\mathrm{OD}} + \mathbf{C}_{\mathrm{OD}} \mathbf{r}_{\mathrm{D4}} - \mathbf{R}_{\mathrm{OA}} - \mathbf{r}_{\mathrm{A1}} \tag{20.66}$$

$$\mathbf{r}_{25} = \mathbf{R}_{\mathrm{OD}} + \mathbf{C}_{\mathrm{OD}} \mathbf{r}_{\mathrm{D5}} - \mathbf{R}_{\mathrm{OA}} - \mathbf{r}_{\mathrm{A2}} \tag{20.67}$$

$$\mathbf{R}_{OA}=\mathbf{d}_X R_{OAX}+\mathbf{d}_Y R_{OAY} \tag{20.68}$$

R_{OAX} は定数である。以上を時間微分すれば，速度レベル拘束が得られる。

$$\mathbf{\Phi}=\begin{bmatrix}\mathbf{r}_{14}^T\mathbf{v}_{14}\\ \mathbf{r}_{25}^T\mathbf{v}_{25}\end{bmatrix}=\mathbf{0} \tag{20.69}$$

$$\mathbf{v}_{14}=\mathbf{V}_{OD}+\mathbf{C}_{OD}\boldsymbol{\chi}\mathbf{r}_{D4}\omega_{OD}-\mathbf{V}_{OA} \tag{20.70}$$

$$\mathbf{v}_{25}=\mathbf{V}_{OD}+\mathbf{C}_{OD}\boldsymbol{\chi}\mathbf{r}_{D4}\omega_{OD}-\mathbf{V}_{OA} \tag{20.71}$$

$$\mathbf{V}_{OA}=\mathbf{d}_Y V_{OAY} \tag{20.72}$$

もう一度時間微分すると加速度レベルの拘束になる。

$$\dot{\mathbf{\Phi}}=\begin{bmatrix}\mathbf{r}_{14}^T\dot{\mathbf{v}}_{14}+\mathbf{v}_{14}^T\mathbf{v}_{14}\\ \mathbf{r}_{25}^T\dot{\mathbf{v}}_{25}+\mathbf{v}_{25}^T\mathbf{v}_{25}\end{bmatrix}=\mathbf{0} \tag{20.73}$$

$$\dot{\mathbf{v}}_{14}=\dot{\mathbf{V}}_{OD}+\mathbf{C}_{OD}\boldsymbol{\chi}\mathbf{r}_{D4}\dot{\omega}_{OD}-\dot{\mathbf{V}}_{OA}-\mathbf{C}_{OD}\mathbf{r}_{D4}\omega_{OD}^2 \tag{20.74}$$

$$\dot{\mathbf{v}}_{25}=\dot{\mathbf{V}}_{OD}+\mathbf{C}_{OD}\boldsymbol{\chi}\mathrm{r}_{D5}\dot{\omega}_{OD}-\dot{\mathbf{V}}_{OA}-\mathbf{C}_{OD}\mathbf{r}_{D5}\omega_{OD}^2 \tag{20.75}$$

$$\dot{\mathbf{V}}_{OA}=\mathbf{d}_Y\dot{V}_{OAY} \tag{20.76}$$

以上から，$\mathbf{\Phi}_{V_{OAY}}$，$\mathbf{\Phi}_{\mathrm{V}_{OD}}$，$\mathbf{\Phi}_{\omega_{OD}}$，$\dot{\mathbf{\Phi}}^R$ は次のように求まる。

$$\mathbf{\Phi}_{V_{OAY}}=\begin{bmatrix}-\mathbf{r}_{14}^T\mathbf{d}_Y\\ -\mathbf{r}_{25}^T\mathbf{d}_Y\end{bmatrix} \tag{20.77}$$

$$\mathbf{\Phi}_{\mathrm{V}_{OD}}=\begin{bmatrix}\mathbf{r}_{14}^T\\ \mathbf{r}_{25}^T\end{bmatrix} \tag{20.78}$$

$$\mathbf{\Phi}_{\omega_{OA}}=\begin{bmatrix}\mathbf{r}_{14}^T\mathbf{C}_{OD}\boldsymbol{\chi}\mathbf{r}_{D4}\\ \mathbf{r}_{25}^T\mathbf{C}_{OD}\boldsymbol{\chi}\mathbf{r}_{D5}\end{bmatrix} \tag{20.79}$$

$$\dot{\mathbf{\Phi}}^R=\begin{bmatrix}-\mathbf{r}_{14}^T\mathbf{C}_{OD}\mathbf{r}_{D4}\omega_{OD}^2+\mathbf{v}_{14}^T\mathbf{v}_{14}\\ -\mathbf{r}_{25}^T\mathbf{C}_{OD}\mathbf{r}_{D5}\omega_{OD}^2+\mathbf{v}_{25}^T\mathbf{v}_{25}\end{bmatrix} \tag{20.80}$$

式(20.51)には，Baumgarteの拘束安定化法が組み込まれている。二次系の応答を考えて適当な α と β を設定すれば，数値積分による誤差の累積を避けることができる。式(20.51)の数値解法として，まず $\mathbf{\Lambda}$ を計算し，その結果を用いて $\dot{V}_{OAY}$，$\dot{\mathbf{V}}_{OD}$，$\dot{\omega}_{OD}$ を求めることにする。その計算式は，式(20.51)から作ることができ，次のようになる。

$$(\mathbf{\Phi}_{V_{OAY}}M_A^{-1}\mathbf{\Phi}_{V_{OAY}}^T+\mathbf{\Phi}_{\mathrm{V}_{OD}}M_D^{-1}\mathbf{\Phi}_{\mathrm{V}_{OD}}^T+\mathbf{\Phi}_{\omega_{OD}}J_D^{-1}\mathbf{\Phi}_{\omega_{OD}}^T)\mathbf{\Lambda}$$
$$=\mathbf{\Phi}_{V_{OAY}}M_A^{-1}F_{OAY}+\mathbf{\Phi}_{\mathrm{V}_{OD}}M_D^{-1}\mathbf{F}_{OD}+\mathbf{\Phi}_{\omega_{OD}}J_D^{-1}n_D+\dot{\mathbf{\Phi}}^R+\alpha\mathbf{\Phi}+\beta\mathbf{\Psi} \tag{20.81}$$

$$\dot{V}_{\mathrm{OAY}}=M_{\mathrm{A}}^{-1}\mathbf{F}_{\mathrm{OAY}}-M_{\mathrm{A}}^{-1}\boldsymbol{\Phi}_{V_{\mathrm{OAY}}}^{T}\boldsymbol{\Lambda} \tag{20.82}$$

$$\dot{\mathbf{V}}_{\mathrm{OD}}=M_{\mathrm{D}}^{-1}\mathbf{F}_{\mathrm{OD}}-M_{\mathrm{D}}^{-1}\boldsymbol{\Phi}_{\mathbf{V}_{\mathrm{OD}}}^{T}\boldsymbol{\Lambda} \tag{20.83}$$

$$\dot{\omega}_{\mathrm{OD}}=J_{\mathrm{D}}^{-1}n_{\mathrm{D}}-J_{\mathrm{D}}^{-1}\boldsymbol{\Phi}_{\omega_{\mathrm{OD}}}^{T}\boldsymbol{\Lambda} \tag{20.84}$$

$\boldsymbol{\Lambda}$ の要素数は2で，連立一次方程式(20.81)の解として求まる。また，これらの式の中にある質量と慣性モーメントの逆数は，ここでは単なる割り算でよい。一般には，逆行列になるが，定数であるから積分計算前の準備段階で計算しておくことができる。式(20.82)～(20.84)の計算は，単純な四則演算である。

● 計算プログラムの簡単な説明

以上の準備をもとにMATLABのプログラムを作成した（suspension_10.m,

表20.1 suspension_10.mのグラフ出力

figure (1)	時間に対する慣性座標系から見た車体の重心高さ
figure (2)～figure (3)	時間に対する慣性座標系から見たアクスルの重心位置
figure (4)	時間に対する慣性座標系から見たアクスルの傾き角
figure (5)	時間に対する慣性座標系から見た車体の上下動速さ
figure (6)～figure (7)	時間に対する慣性座標系から見たアクスルの重心速度
figure (8)	時間に対する慣性座標系から見たアクスルの角速度
figure (9)	時間に対するタイヤ力
figure (10)	時間に対するサスペンションのバネとダンパーの力
figure (11)	時間に対する位置レベル拘束の二乗和

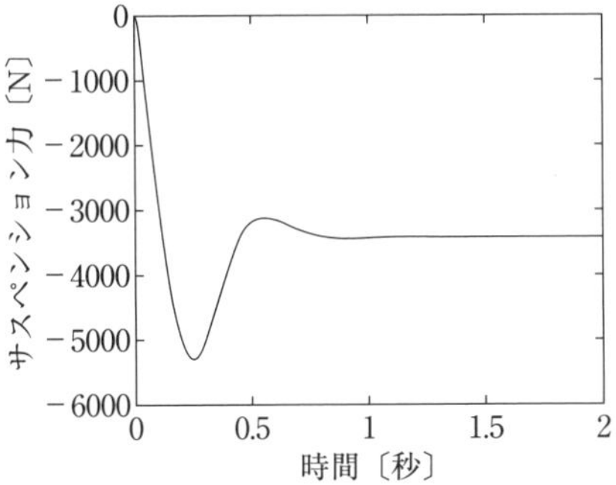

図20.3 簡易サスペンションモデルにおけるサスペンションバネ＋ダンパーの力

付録の CD-ROM に収録)。データなどは，適当に定めた値であり，実際のサスペンションの挙動とは異なっている。

最初のデータを与える段階で，車体に対するアクスルの重心位置や傾き角の概略値を指定し，サスペンションバネの伸びと伸びの速さの初期値を指定するようにした。これらの値を基に，プログラムの第二段階で，アクスルの重心位置と傾き角，および，重心速度と角速度の初期値を正確に計算するようにした。重心位置と傾き角の計算にはニュートンラフソン法を用いた関数を作成し，使用している（suspension_10_NewtonRaphson)。重心速度と角速度は連立一次方程式を解いて求める。これらにより，位置レベルと速度レベルの拘束条件を満足する初期値から積分計算を始めることができる。状態変数の時間微分を求める“右辺”の計算は，関数 e_suspension_10 で行うがその関数とのパラメーターの受渡しには global 変数を用いた。出力はグラフ（表 20.1）だけで，アニメーションは今のところ準備できていない。

● 初期値を作るためのニュートンラフソン法

以下，このプログラムで用いられたニュートンラフソン法について説明する。式(20.65)，および，(20.66)～(20.68)にこの系のマスレスリンクの拘束が表現されているが，これは，変数 R_{OAY}，$\mathbf{R}_{\mathrm{OD}}$，θ_{OD} の間の拘束である。スカラーレベルで四つの変数の間に二つの拘束があり，差し引き 2 自由度が系の自由度になっている。しかし，この拘束は本質的には車体 A に対するアクスル D の拘束であるから，$\mathbf{R}_{\mathrm{AD}}$，θ_{AD} の間の拘束として書くこともできる。この場合，R_{OAY} は拘束と無関係な一般化座標と考えればよく，系の自由度の考え方に矛盾を生じることはない。

さて，上記の拘束に加えて，サスペンションバネの長さに関する拘束を含む $\mathbf{\Psi}^+$ を考える。

$$\mathbf{\Psi}^+=\frac{1}{2}\begin{bmatrix}\mathbf{r}_{14}^T\mathbf{r}_{14}-b_{1\mathrm{o}}^2\\ \mathbf{r}_{25}^T\mathbf{r}_{25}-b_{2\mathrm{o}}^2\\ \mathbf{r}_{36}^T\mathbf{r}_{36}-(b_{3\mathrm{o}}+b_{3\mathrm{E}})^2\end{bmatrix}=\mathbf{0} \tag{20.85}$$

$$\mathbf{r}_{14}=\mathbf{R}_{\mathrm{AD}}+\mathbf{C}_{\mathrm{AD}}\mathbf{r}_{\mathrm{D4}}-\mathbf{r}_{\mathrm{A1}} \tag{20.86}$$

$$\mathbf{r}_{25}=\mathbf{R}_{\mathrm{AD}}+\mathbf{C}_{\mathrm{AD}}\mathbf{r}_{\mathrm{D5}}-\mathbf{r}_{\mathrm{A2}} \tag{20.87}$$

$$\mathbf{r}_{36}=\mathbf{R}_{\mathrm{AD}}+\mathbf{C}_{\mathrm{AD}}\mathbf{r}_{\mathrm{D6}}-\mathbf{r}_{\mathrm{A3}} \tag{20.88}$$

式(20.86)と(20.87)は式(20.66)と(20.67)を$\mathbf{R}_{\mathrm{AD}}$とθ_{AD}を用いて書き直したものである。また，式(20.88)は，サスペンションバネ両端点の相対的な位置で，新たに追加した拘束は，サスペンションバネの長さが二点間の距離に等しい関係である。$\boldsymbol{\Psi}^+$に出てくる一般化座標は$\mathbf{R}_{\mathrm{AD}}$，θ_{AD}，$b_{3\mathrm{E}}$であるから，この拘束はこれらの変数間の拘束で，スカラーレベルで四つの変数に対して三つの拘束になっている。

さて，この拘束で$b_{3\mathrm{E}}$の初期値が与えられたとする。そのとき，三つの拘束関係の式から，スカラーレベルで三つの変数，$\mathbf{R}_{\mathrm{AD}}$とθ_{AD}，が定まるはずである。位置レベルの拘束関係の式は非線形であり，ニュートンラフソン法で解を求めることになる。まず，$\mathbf{R}_{\mathrm{AD}}$とθ_{AD}の推定値，$\mathbf{R}_{\mathrm{ADe}}$と$\theta_{\mathrm{ADe}}$があるとする。式(20.85)〜(20.88)の$\mathbf{R}_{\mathrm{AD}}$と$\theta_{\mathrm{AD}}$は，推定値と修正値の和に等しいので，$\mathbf{R}_{\mathrm{ADe}}+\Delta\mathbf{R}_{\mathrm{AD}}$と$\theta_{\mathrm{ADe}}+\Delta\theta_{\mathrm{AD}}$を代入し，修正値について線形近似する。その結果，式(20.85)は次のような形に書ける。

$$\boldsymbol{\Psi}^+=\boldsymbol{\Psi}^+_{\mathrm{e}}+\frac{\partial\boldsymbol{\Psi}^+}{\partial\mathbf{R}_{\mathrm{AD}}}\Delta\mathbf{R}_{\mathrm{AD}}+\frac{\partial\boldsymbol{\Psi}^+}{\partial\theta_{\mathrm{AD}}}\Delta\theta_{\mathrm{AD}}=\mathbf{0} \tag{20.89}$$

$$\boldsymbol{\Psi}^+_{\mathrm{e}}=\frac{1}{2}\begin{bmatrix}\mathbf{r}^T_{14\mathrm{e}}\mathbf{r}_{14\mathrm{e}}-b^2_{1\mathrm{o}}\\ \mathbf{r}^T_{25\mathrm{e}}\mathbf{r}_{25\mathrm{e}}-b^2_{2\mathrm{o}}\\ \mathbf{r}^T_{36\mathrm{e}}\mathbf{r}_{36\mathrm{e}}-(b_{3\mathrm{o}}+b_{3\mathrm{E}})^2\end{bmatrix}=\mathbf{0} \tag{20.90}$$

$$\frac{\partial\boldsymbol{\Psi}^+}{\partial\mathbf{R}_{\mathrm{AD}}}=\begin{bmatrix}\mathbf{r}^T_{14\mathrm{e}}\\ \mathbf{r}^T_{25\mathrm{e}}\\ \mathbf{r}^T_{36\mathrm{e}}\end{bmatrix} \tag{20.91}$$

$$\frac{\partial\boldsymbol{\Psi}^+}{\partial\theta_{\mathrm{AD}}}=\begin{bmatrix}\mathbf{r}^T_{14\mathrm{e}}\mathbf{C}_{\mathrm{ADe}}\boldsymbol{\chi}\mathrm{r}_{\mathrm{D4}}\\ \mathbf{r}^T_{25\mathrm{e}}\mathbf{C}_{\mathrm{ADe}}\boldsymbol{\chi}\mathrm{r}_{\mathrm{D5}}\\ \mathbf{r}^T_{36\mathrm{e}}\mathbf{C}_{\mathrm{ADe}}\boldsymbol{\chi}\mathrm{r}_{\mathrm{D6}}\end{bmatrix} \tag{20.92}$$

したがって，$\Delta\mathbf{R}_{\mathrm{AD}}$と$\Delta\theta_{\mathrm{AD}}$を求めるための連立一次方程式は次のようになる。

$$\begin{bmatrix}\dfrac{\partial\boldsymbol{\Psi}^+}{\partial\mathbf{R}_{\mathrm{AD}}} & \dfrac{\partial\boldsymbol{\Psi}^+}{\partial\theta_{\mathrm{AD}}}\end{bmatrix}\begin{bmatrix}\Delta\mathbf{R}_{\mathrm{AD}}\\ \Delta\theta_{\mathrm{AD}}\end{bmatrix}=-\boldsymbol{\Psi}^+_{\mathrm{e}} \tag{20.93}$$

これを解いて，$\mathbf{R}_{\mathrm{ADe}}+\Delta\mathbf{R}_{\mathrm{AD}}$と$\theta_{\mathrm{ADe}}+\Delta\theta_{\mathrm{AD}}$を新たな推定値とし，$\boldsymbol{\Psi}^+_{\mathrm{e}}$の要素の二乗和が十分小さくなるまで繰り返す。

この収束計算は初期の推定値と収束の判定基準を与えて行うが，初期の推定値が求める解から遠すぎると，うまく収束しないことがあるので，繰り返し回数に上限を設け，収束しなかったときには収束計算の履歴が見えるようにするなど，suspension_10_NewtonRaphson にはプログラミング上の工夫が施してある。

● Embedding Technique

この事例で，独立な一般化速度を選択することを考えてみる。式(20.51)では，一般化速度に V_{OAY}，$\mathbf{V}_{\mathrm{OD}}$，ω_{OD} が使われている。これらの中から独立なものを選択するとすれば，拘束のヤコビ行列に完全ピボット選択によるガウスの消去法を適用してみるまでもなく，系の構成から判断して，V_{OAY} と V_{ODY} がよさそうなことは判断できるであろう。また，ここに使われていない変数も含めて考えることにすれば，合理的な選択肢は多くなる。たとえば，V_{OAY} とサスペンションの自然長からの伸び量の時間微分 $\dot{b}_{3\mathrm{E}}$ も，サスペンションの機構から考えて合理的であろう。ここでは，V_{OAY} と $\dot{b}_{3\mathrm{E}}$ を用いて，数値的に標準型の運動方程式にする方法を考えよう。

式(20.65)の拘束 $\boldsymbol{\Psi}=\mathbf{0}$ は，R_{OAY}，$\mathbf{R}_{\mathrm{OD}}$，θ_{OD} の間の拘束であるが，$\mathbf{R}_{\mathrm{AD}}$，θ_{AD} の間の拘束と見ることもできた。逆に式(20.85)の拘束 $\boldsymbol{\Psi}^{+}=\mathbf{0}$ は，$\mathbf{R}_{\mathrm{AD}}$，θ_{AD}，$b_{3\mathrm{E}}$ の間の拘束であるが，R_{OAY}，$\mathbf{R}_{\mathrm{OD}}$，θ_{OD}，$b_{3\mathrm{E}}$ の間の拘束と考えることにする。これは，独立な三つの拘束からなっている。これを時間微分した速度レベルの拘束は，$\boldsymbol{\Phi}^{+}=\mathbf{0}$ で，これは次のように書ける。

$$\boldsymbol{\Phi}^{+}=\boldsymbol{\Phi}^{+}_{V_{\mathrm{OAY}}}V_{\mathrm{OAY}}+\boldsymbol{\Phi}^{+}_{\mathbf{V}_{\mathrm{OD}}}\mathbf{V}_{\mathrm{OD}}+\boldsymbol{\Phi}^{+}_{\omega_{\mathrm{OD}}}\omega_{\mathrm{OD}}+\boldsymbol{\Phi}^{+}_{\dot{b}_{3\mathrm{E}}}\dot{b}_{3\mathrm{E}}=\mathbf{0} \tag{20.94}$$

V_{OAY} と $\dot{b}_{3\mathrm{E}}$ を独立に選べるので，この式から V_{OD}，ω_{OD} について解くことができるが，まず，この式を次のように書き換える。

$$\begin{bmatrix}\boldsymbol{\Phi}^{+}_{\mathbf{V}_{\mathrm{OD}}} & \boldsymbol{\Phi}^{+}_{\omega_{\mathrm{OD}}}\end{bmatrix}\begin{bmatrix}\mathbf{V}_{\mathrm{OD}}\\ \omega_{\mathrm{OD}}\end{bmatrix}+\begin{bmatrix}\boldsymbol{\Phi}^{+}_{V_{\mathrm{OAY}}} & \boldsymbol{\Phi}^{+}_{\dot{b}_{3\mathrm{E}}}\end{bmatrix}\begin{bmatrix}V_{\mathrm{OAY}}\\ \dot{b}_{3\mathrm{E}}\end{bmatrix}=\mathbf{0} \tag{20.95}$$

この式から，

$$\begin{bmatrix}\mathbf{V}_{\mathrm{OD}}\\ \omega_{\mathrm{OD}}\end{bmatrix}=-\begin{bmatrix}\boldsymbol{\Phi}^{+}_{\mathbf{V}_{\mathrm{OD}}} & \boldsymbol{\Phi}^{+}_{\omega_{\mathrm{OD}}}\end{bmatrix}^{-1}\begin{bmatrix}\boldsymbol{\Phi}^{+}_{V_{\mathrm{OAY}}} & \boldsymbol{\Phi}^{+}_{\dot{b}_{3\mathrm{E}}}\end{bmatrix}\begin{bmatrix}V_{\mathrm{OAY}}\\ \dot{b}_{3\mathrm{E}}\end{bmatrix}\equiv\mathbf{B}'\begin{bmatrix}V_{\mathrm{OAY}}\\ \dot{b}_{3\mathrm{E}}\end{bmatrix} \tag{20.96}$$

この $\mathbf{B}'$ を用いて，式(20.51)を標準型に変換する速度変換行列 $\mathbf{B}_{\mathrm{I}}$ は次のように書くことができる。

$$\mathbf{B}_{\mathrm{I}}=\begin{bmatrix}\mathbf{d}_{\mathrm{X}}^{T}\\ \mathbf{B}'\end{bmatrix} \tag{20.97}$$

$$\begin{bmatrix}V_{\mathrm{OAY}}\\ \mathbf{V}_{\mathrm{OD}}\\ \omega_{\mathrm{OD}}\end{bmatrix}=\mathbf{B}_{\mathrm{I}}\begin{bmatrix}V_{\mathrm{OAY}}\\ \dot{b}_{3\mathrm{E}}\end{bmatrix} \tag{20.98}$$

なお，このサスペンションの事例では $\mathbf{B}_{\bar{\mathrm{I}}}$ はゼロである。

求まった $\mathbf{B}_{\mathrm{I}}$ を用いて，標準型運動方程式が式(18.25)のように求まるはずだが，そのためには $\dot{\mathbf{B}}_{\mathrm{I}}$ が必要になり，式(20.96)などを見ると困難を感じる。そこで，式(20.95)の時間微分を作る。

$$\begin{bmatrix}\mathbf{\Phi}^{+}_{\mathrm{V_{OD}}} & \mathbf{\Phi}^{+}_{\omega_{\mathrm{OD}}}\end{bmatrix}\begin{bmatrix}\dot{\mathbf{V}}_{\mathrm{OD}}\\ \dot{\omega}_{\mathrm{OD}}\end{bmatrix}+\begin{bmatrix}\dot{\mathbf{\Phi}}^{+}_{\mathrm{V_{OD}}} & \dot{\mathbf{\Phi}}^{+}_{\omega_{\mathrm{OD}}}\end{bmatrix}\begin{bmatrix}\mathbf{V}_{\mathrm{OD}}\\ \omega_{\mathrm{OD}}\end{bmatrix}$$
$$+\begin{bmatrix}\mathbf{\Phi}^{+}_{V_{\mathrm{OAY}}} & \mathbf{\Phi}^{+}_{\dot{b}_{3\mathrm{E}}}\end{bmatrix}\begin{bmatrix}\dot{V}_{\mathrm{OAY}}\\ \ddot{b}_{3\mathrm{E}}\end{bmatrix}+\begin{bmatrix}\dot{\mathbf{\Phi}}^{+}_{V_{\mathrm{OAY}}} & \dot{\mathbf{\Phi}}^{+}_{\dot{b}_{3\mathrm{E}}}\end{bmatrix}\begin{bmatrix}V_{\mathrm{OAY}}\\ \dot{b}_{3\mathrm{E}}\end{bmatrix}=\mathbf{0} \tag{20.99}$$

この式と式(20.96)から，

$$\begin{bmatrix}\dot{\mathbf{V}}_{\mathrm{OD}}\\ \dot{\omega}_{\mathrm{OD}}\end{bmatrix}=\mathbf{B}'\begin{bmatrix}\dot{V}_{\mathrm{OAY}}\\ \ddot{b}_{3\mathrm{E}}\end{bmatrix}$$
$$-\begin{bmatrix}\mathbf{\Phi}^{+}_{\mathrm{V_{OD}}} & \mathbf{\Phi}^{+}_{\omega_{\mathrm{OD}}}\end{bmatrix}^{-1}\left(\begin{bmatrix}\dot{\mathbf{\Phi}}^{+}_{\mathrm{V_{OD}}} & \dot{\mathbf{\Phi}}^{+}_{\omega_{\mathrm{OD}}}\end{bmatrix}\mathbf{B}'+\begin{bmatrix}\dot{\mathbf{\Phi}}^{+}_{V_{\mathrm{OAY}}} & \dot{\mathbf{\Phi}}^{+}_{\dot{b}_{3\mathrm{E}}}\end{bmatrix}\right)\begin{bmatrix}V_{\mathrm{OAY}}\\ \dot{b}_{3\mathrm{E}}\end{bmatrix}$$
$$\equiv\mathbf{B}'\begin{bmatrix}\dot{V}_{\mathrm{OAY}}\\ \ddot{b}_{3\mathrm{E}}\end{bmatrix}+\mathbf{B}''\begin{bmatrix}V_{\mathrm{OAY}}\\ \dot{b}_{3\mathrm{E}}\end{bmatrix} \tag{20.100}$$

これを用いると

$$\begin{bmatrix}\dot{V}_{\mathrm{OAY}}\\ \dot{\mathbf{V}}_{\mathrm{OD}}\\ \dot{\omega}_{\mathrm{OD}}\end{bmatrix}=\begin{bmatrix}\mathbf{d}_{\mathrm{X}}^{T}\\ \mathbf{B}'\end{bmatrix}\begin{bmatrix}\dot{V}_{\mathrm{OAY}}\\ \ddot{b}_{3\mathrm{E}}\end{bmatrix}+\begin{bmatrix}\mathbf{0}\\ \mathbf{B}''\end{bmatrix}\begin{bmatrix}V_{\mathrm{OAY}}\\ \dot{b}_{3\mathrm{E}}\end{bmatrix}=\mathbf{B}_{\mathrm{I}}\begin{bmatrix}\dot{V}_{\mathrm{OAY}}\\ \ddot{b}_{3\mathrm{E}}\end{bmatrix}+\begin{bmatrix}\mathbf{0}\\ \mathbf{B}''\end{bmatrix}\begin{bmatrix}V_{\mathrm{OAY}}\\ \dot{b}_{3\mathrm{E}}\end{bmatrix} \tag{20.101}$$

この式と式(20.98)を用いれば，式(20.51)を標準型に直すことができ，微分代数型運動方程式の求解の方法に悩まされることはなくなる。式(20.98)から仮想速度の関係を作り，拘束力の消去に利用する。なお，このような方法を採用する場合にも，式(20.96)と(20.100)に含まれる逆行列の計算には連立一次方程式の解法を利用し，まとめて行うなどの工夫を考えることが，規模の大きな問題では重要である。

第21章 木構造を対象とした漸化式による順動力学の定式化

標準形の運動方程式を用いて順動力学の数値シミュレーションを行う場合，計算時間は $\dot{\mathbf{H}}$ を未知数とした連立一次方程式の求解に要する時間が支配的であり，基本的には，$\mathbf{H}$ の要素数の三乗に比例した時間がかかる。三乗に比例した計算時間がかかるということは，モデル規模が二倍になると，計算時間は八倍ということである。ここでモデル規模とは，大雑把に剛体の数と考えておいてよい。微分代数型運動方程式のように係数行列が疎行列の場合は，疎行列用のアルゴリズムを用いてかなり改善できるが，それは微分代数方程式の他の解法との対比などであり，本章で説明する方法ほどの画期的な効果を期待することはできない。

拘束剛体系のモデルは，複数の剛体がジョイントなどによって結合されたものである。結合は，剛体と剛体の場合や，剛体と慣性空間の場合がある。ジョイントとは，一般に拘束を伴うものであり，また，駆動拘束のように時間に依存する拘束もあるが，それらをまとめて拘束結合と呼ぶことにする。その拘束結合に注目したとき，系の中に拘束結合の**ループ**が構成されている場合とループを含まない場合とに分けて考えることができ，ループを含まない構造は**木構造**と呼ばれている（図 21.1）。

木構造に限定したとき，モデル規模に比例した計算時間で順動力学を解く方法があり，それが本章の主題である。その方法は，系の一般化速度の時間微分 $\dot{\mathbf{H}}$ を求めるという意味では標準形の運動方程式と同じであるが，モデル規模に比例した計算時間を実現する定式化は，極めて変わった形である。この方法は，運動方程式というより，$\dot{\mathbf{H}}$ を求めるための解法というほうが近いかもしれない。しかし，汎用的な形の定式化が得られ，その形に従って特定なモデルの定式化も可能であるから，運動方程式の一形態ともいえるであろう。

モデル規模に比例した計算時間を実現しているので，この解法を **Order-N-Algorithm** と呼ぶ。Order-N^3 ではないということである。また，

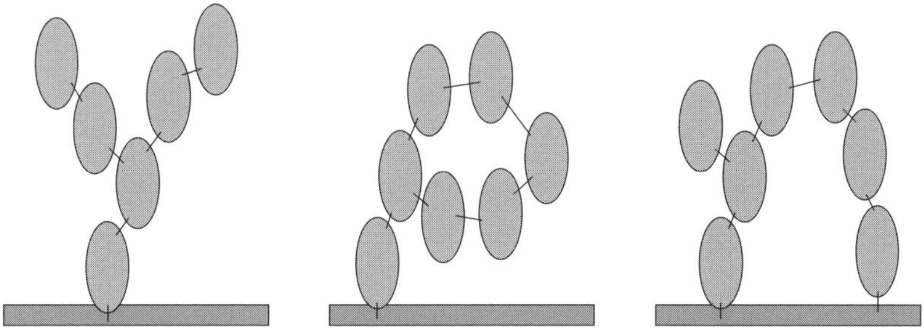

図 21.1 木構造（左側）とループを含む系（中央，右側）

この方法の定式化，または，この方法を定式化したものは，**Order-N-Formulation** と呼ばれる。さらに，この方法は漸化的な計算によるものなので，**Recursive-Algorithm**，または，**Recursive-Formulation** と呼ばれることもある。マルチボディダイナミクスの市販ソフトウェアの中で，この方法を基本にしたものは比較的新しいものであるが，すでに，かなり強い商品力を持ったものが出現している。

この方法は，基本的には，木構造を対象としたものだが，ループがある場合に拡張するいくつかの方法が提案され，実用化されている。しかし，この方法はかなり分かりにくい方法であり，本書では基本の理解だけを狙い，木構造に限定して説明する。また，動力学的に加速度を求める漸化式の導出はかなり面倒なものであるため，付録Dにまわした。なお，第22章以降の本書の残りの方法へ関連することはないので本章を後回しにしても差し支えない。

21.1 木構造

木構造は，拘束結合によって慣性空間と結合されている場合と，慣性空間との拘束結合がない場合とに分けられる。また，相互に拘束結合のない複数の木構造の集合になっている場合もある。そのような場合，拘束を含まない（自由度を減少させない）拘束結合を適当に追加すれば，慣性空間も含めた一つの木構造と見なすことができる。以下では，そのように見なした系を対象とする。

慣性空間は木構造の**ルート（根）**である（図21.2）。剛体はルートから順に結

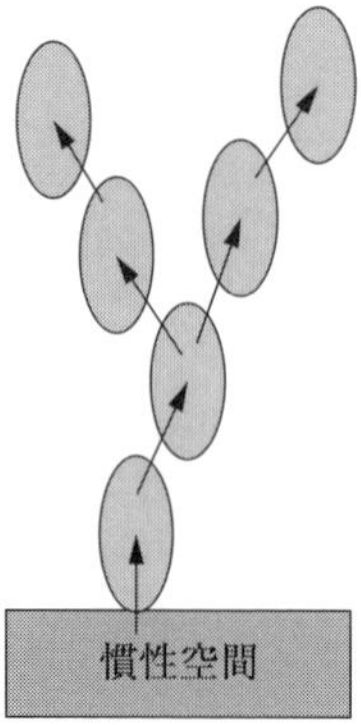

図 21.2　木構造の方向性

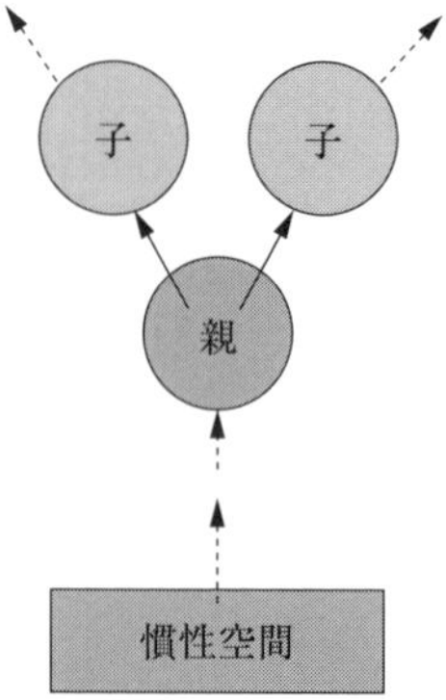

図 21.3　木構造の親子関係

合され，途中分岐しながら，末端の剛体に至る。末端の剛体を**リーフ（葉）**と呼ぶ。ルートは一つであるが，リーフは分岐の数＋1だけある。拘束結合を介して，直接，結合されている剛体同士は，親子関係にある（図21.3）。ルートに近い側が親で，リーフに近い側が子である。木構造を構成している剛体に番号を付けるが，まず，ルートを0とする。剛体には1から順に番号を付けることにし，親子の間では必ず親の番号が子の番号より小さくなるようにする。いくつかの剛体は慣性空間を親としている。そして，リーフには子がない。

拘束結合には二種類ある（図21.4）。親の数は必ず一つだが，子の数が，一つの場合と複数の場合の二種類である。子の数が一つの場合を**通常拘束結合**と呼び，子の数が複数の場合を**特殊拘束結合**と呼ぶことにする。ボールジョイントやピンジョイントなど，通常，ジョイントと呼ばれるものや，普通の駆動拘束は，子の数が一つの通常拘束結合で実現できる。特殊拘束結合は，モード情報などによって複数の剛体の位置や回転姿勢を，まとめて定めるような場合に現れる。

本書の説明は通常拘束結合だけの場合を基本とするが，その結果を少し修正することで，特殊拘束結合を含むモデルについても考えることができる。通常拘束結合だけの系では，拘束結合の数は剛体の数と同数である。そして，すべての拘束結合は子剛体と一対一に対応しており，子剛体と同じ番号を割り振っておくことにする（図21.5）。以下，通常拘束結合を単に拘束結合と呼ぶ。

各拘束結合は，一組の一般化座標と一組の一般化速度を持っていて系全体の一

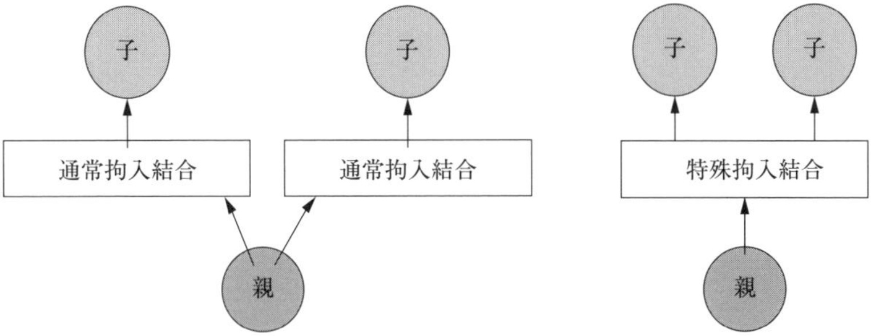

図 21.4　通常拘束結合と特殊拘束結合

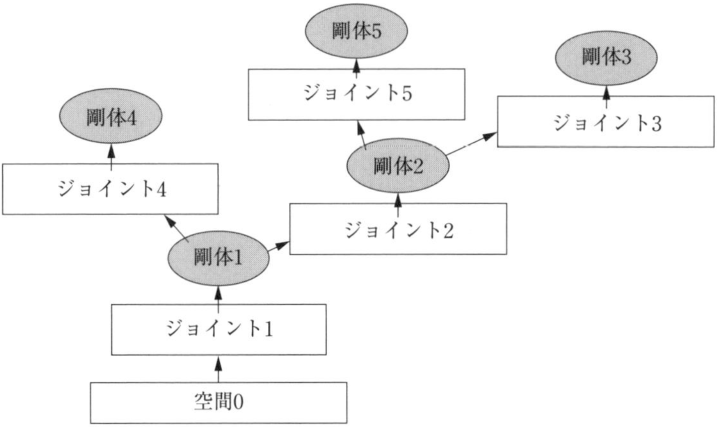

図 21.5　木構造の番号付け（親の番号＜子の番号）

般化座標と一般化速度は各拘束結合のものを寄せ集めたものとすることができる。

$$\mathbf{Q}=\begin{bmatrix}\mathbf{Q}_1\\ \mathbf{Q}_2\\ \vdots\end{bmatrix} \tag{21.1}$$ (注)

$$\mathbf{H}=\begin{bmatrix}\mathbf{H}_1\\ \mathbf{H}_2\\ \vdots\end{bmatrix} \tag{21.2}$$ (注)

（注） これらの式は式(13.1)，(13.7)と同じ型であるが，ここではブロック列行列になっている。

$\mathbf{Q}_j$ は拘束結合 j の一般化座標で，ジョイントの場合はジョイント変数，あるいは，関節座標などと呼ばれる。$\mathbf{H}_j$ は拘束結合 j の一般化速度で，ジョイントの場合はジョイント速度，あるいは，関節速度などと呼ばれる。なお，拘束結合が駆動機能とジョイント機能を合わせたような役割を持つ場合があり，そのような駆動拘束も一般化座標や一般化速度を持つことになる。$\mathbf{Q}_j$ と $\mathbf{H}_j$ は，それぞれ，一般に複数のスカラー変数からなるが，その数は，通常拘束結合の場合，0 から 6 までである。ホロノミックな拘束の場合，$\mathbf{Q}_j$ の数と $\mathbf{H}_j$ の数は等しく，シンプルノンホロノミックな拘束結合では，$\mathbf{Q}_j$ の数は $\mathbf{H}_j$ の数より多くなる。

ここで，各剛体の回転姿勢としてオイラー角 $\mathbf{\Theta}_{0j}$ を使うことにしよう。そして重心位置 $\mathbf{R}_{0j}$ と回転姿勢 $\mathbf{\Theta}_{0j}$ を縦にまとめた列行列を斜体の $\boldsymbol{R}_{0j}$ と書くことにする。

$$\boldsymbol{R}_{0j}=\begin{bmatrix}\mathbf{R}_{0j}\\ \mathbf{\Theta}_{0j}\end{bmatrix} \tag{21.3}$$

回転姿勢としてはオイラーパラメータなどでもよい。$\boldsymbol{R}_{0j}$ は，この場合，6×1 列行列で，これを**位置レベル変数**と呼ぶことにする。次に，重心速度 $\mathbf{V}_{0j}$ と角速度 $\mathbf{\Omega}'_{0j}$ を縦にまとめた列行列を斜体の $\boldsymbol{V}'_{0j}$ とする。

$$\boldsymbol{V}'_{0j}=\begin{bmatrix}\mathbf{V}_{0j}\\ \mathbf{\Omega}'_{0j}\end{bmatrix} \tag{21.4}$$

$\boldsymbol{V}'_{0j}$ は，6×1 列行列で，これを**速度レベル変数**と呼ぶことにする。

位置レベル変数と速度レベル変数を系全体にわたってまとめ，次のように添え字のない斜体の変数を準備しておく。

$$\boldsymbol{R}=\begin{bmatrix}\boldsymbol{R}_{01}\\ \boldsymbol{R}_{02}\\ \vdots\end{bmatrix} \tag{21.5}$$

$$\boldsymbol{V}'=\begin{bmatrix}\boldsymbol{V}'_{01}\\ \boldsymbol{V}'_{02}\\ \vdots\end{bmatrix} \tag{21.6}$$

$\boldsymbol{R}$ は，式(12.66)と(12.67)で定義した $\mathbf{R}$ と $\mathbf{\Theta}$ を一つにまとめた列行列である。ただし，各剛体に対応する $\mathbf{R}$ と $\mathbf{\Theta}$ の要素ブロックを隣接するように並べ直してある。$\boldsymbol{V}'$ も同様で，式(12.55)と(12.56)で定義した $\mathbf{V}$ と $\mathbf{\Omega}'$ を並べ直して一つ

にまとめた列行列である。

21.2 運動学の漸化計算表現

● 位置と速度の漸化計算

まず，剛体 1 について考える。その位置レベル変数 $\boldsymbol{R}_{01}$ は $\mathbf{Q}_1$ と t で決まるはずである。また，速度レベル変数 $\boldsymbol{V}'_{01}$ は $\mathbf{H}_1$ と t で決まるはずである。さらに，$\dot{\mathbf{Q}}_1$ と $\mathbf{H}_1$ も特定な関係にある。以上をまとめて書くと次のようになる。

$$\boldsymbol{R}_{01}=\boldsymbol{R}_{01}(\mathbf{Q}_1, t) \tag{21.7}$$

$$\boldsymbol{V}'_{01}=\mathbf{D}_1\mathbf{H}_1+\mathbf{U}_1 \tag{21.8}$$

$$\dot{\mathbf{Q}}_1=\mathbf{A}_1\mathbf{H}_1+\mathbf{B}_1 \tag{21.9}$$

位置レベルの関係は非線形であるが，速度レベルの関係は速度レベルの変数について線形になっている。すなわち $\mathbf{D}_1$，$\mathbf{U}_1$，$\mathbf{A}_1$，$\mathbf{B}_1$ はいずれも，$\boldsymbol{R}_{01}$ と t の関数，または，$\mathbf{Q}_1$ と t の関数で，速度レベルの変数を含んでいない。この三式と同様な式が，慣性系を親としている他の剛体についても成り立つ。$\mathbf{H}_1$ の個数を $\#(\mathbf{H}_1)$ と書くことにすると，$\mathbf{D}_1$ は $6\times\#(\mathbf{H}_1)$ の大きさになる。$\mathbf{U}_1$ は 6×1 列行列である。

次に，それ以外の剛体について考える。剛体 j の親を剛体 i とし，剛体 i については，すでに，$\boldsymbol{R}_{0i}$，$\boldsymbol{V}'_{0i}$ が分かっているとする。そのとき，剛体 j の $\boldsymbol{R}_{0j}$ は，$\boldsymbol{R}_{0i}$ と $\mathbf{Q}_j$ と t の関数である。また，$\boldsymbol{V}'_{0j}$ は，$\boldsymbol{V}'_{0i}$ と $\mathbf{H}_j$ の線型な関係式で表される。$\dot{\mathbf{Q}}_j$ と $\mathbf{H}_j$ の関係も含めて，次のように書くことができる。

$$\boldsymbol{R}_{0j}=\boldsymbol{R}_{0j}(\boldsymbol{R}_{0i}, \mathbf{Q}_j, t) \tag{21.10}$$

$$\boldsymbol{V}'_{0j}=\mathbf{L}_j\boldsymbol{V}'_{0i}+\mathbf{D}_j\mathbf{H}_j+\mathbf{U}_j \tag{21.11}$$

$$\dot{\mathbf{Q}}_j=\mathbf{A}_j\mathbf{H}_j+\mathbf{B}_j \tag{21.12}$$

式(21.10)は，親の重心位置と回転姿勢が決まっているとき，拘束結合の一般化座標を用いて，子の重心位置と回転姿勢を決める関係である。式(21.11)は，親の重心速度と角速度が決まっているとき，拘束結合の一般化速度を用いて，子の重心速度と角速度を決める関係になっている。$\mathbf{L}_j$，$\mathbf{D}_j$，$\mathbf{U}_j$，$\mathbf{A}_j$，$\mathbf{B}_j$ は，$\boldsymbol{R}_{0j}$ と t の関数，または，$\boldsymbol{R}_{0i}$ と $\mathbf{Q}_j$ と t の関数である。$\mathbf{L}_j$ は 6×6 行列，$\mathbf{H}_j$ の個数を

#$(\mathbf{H}_j)$ と書くことにすると，$\mathbf{D}_j$ は $6\times$ #$(\mathbf{H}_j)$ の大きさになる。$\mathbf{U}_j$ は 6×1 列行列である。

● 簡単な事例

ここで，簡単な事例を示そう。剛体 i 上の固定点をP，剛体 j 上の固定点をQとし，点PとQがボールジョイントで結ばれているとする。ボールジョイントのモデルは，$\mathbf{r}_{\mathrm{OP}}$ と $\mathbf{r}_{\mathrm{OQ}}$ が一致しているというものである。この関係は次のように書ける。

$$\mathbf{R}_{0i}+\mathbf{C}_{0i}\mathbf{r}_{i\mathrm{P}}=\mathbf{R}_{0j}+\mathbf{C}_{0j}\mathbf{r}_{j\mathrm{Q}} \tag{21.13}$$

$\mathbf{r}_{i\mathrm{P}}$ と $\mathbf{r}_{j\mathrm{Q}}$ は定数である。この式は次のように書き直せる。

$$\mathbf{R}_{0j}=\mathbf{R}_{0i}+\mathbf{C}_{0i}\mathbf{r}_{i\mathrm{P}}-\mathbf{C}_{0i}\mathbf{C}_{ij}\mathbf{r}_{j\mathrm{Q}} \tag{21.14}$$

$\mathbf{C}_{0i}$ は $\mathbf{\Theta}_{0i}$ の関数と考えることができる。$\mathbf{C}_{ij}$ も $\mathbf{\Theta}_{ij}$ の関数で，$\mathbf{\Theta}_{ij}$ をこの拘束結合の一般化座標 $\mathbf{Q}_j$ とすれば，$\mathbf{R}_{0j}$ は $\mathbf{R}_{0i}$ と $\mathbf{\Theta}_{0i}$ と $\mathbf{Q}_j$ の関数になる。なお，一般化座標 $\mathbf{Q}_j$ の数はボールジョイントによって残された幾何学的自由度3と同じである。回転行列については次の関係が成り立つ。

$$\mathbf{C}_{0j}=\mathbf{C}_{0i}\mathbf{C}_{ij} \tag{21.15}$$

右辺は，$\mathbf{\Theta}_{0i}$ と $\mathbf{Q}_j$ の関数である。$\mathbf{C}_{0j}$ から $\mathbf{\Theta}_{0j}$ を作る方法は本書では示していないが，その方法を用いれば，$\mathbf{\Theta}_{0j}$ は，$\mathbf{\Theta}_{0i}$ と $\mathbf{Q}_j$ で表されたことになる(注)。結局，$\boldsymbol{R}_{0j}$ は $\boldsymbol{R}_{0i}$ と $\mathbf{Q}_j$ の関数として表すことができた。

式(21.14)を時間微分し，整理すると次の式が得られる。

$$\mathbf{V}_{0j}=\mathbf{V}_{0i}-\mathbf{C}_{0i}(\tilde{\mathbf{r}}_{i\mathrm{P}}-\mathbf{C}_{ij}\tilde{\mathbf{r}}_{j\mathrm{Q}}\mathbf{C}_{ij}^{T})\mathbf{\Omega}'_{0i}+\mathbf{C}_{0i}\mathbf{C}_{ij}\tilde{\mathbf{r}}_{j\mathrm{Q}}\mathbf{\Omega}'_{ij} \tag{21.16}$$

この式は速度に関する一次式になっている。$\mathbf{\Omega}'_{ij}$ をこの拘束結合の一般化速度 $\mathbf{H}_j$ とすれば，$\mathbf{V}_{0j}$ は，$\mathbf{V}_{0i}$ と $\mathbf{\Omega}'_{0i}$ と $\mathbf{H}_j$ で表されたことになり，また，その関係は速度レベルの変数について線形である。なお，一般化速度 $\mathbf{H}_j$ の数はボールジョイントによって残された運動学的自由度3と同じである。角速度 $\mathbf{\Omega}'_{0j}$ については次のように書ける。

$$\mathbf{\Omega}'_{0j}=\mathbf{C}_{ij}^{T}\mathbf{\Omega}'_{0i}+\mathbf{\Omega}'_{ij} \tag{21.17}$$

(注) $\mathbf{C}_{0j}$ から狭義のオイラー角を作る方法については，7.3節に［Quiz 7.6］がある。ただし，$\mathbf{C}_{0j}$ が分かっていれば $\mathbf{\Theta}_{0j}$ は不要な場合が多く，概念的に $\mathbf{\Theta}_{0j}$ が得られると考えておけばよい。

$\boldsymbol{\Omega}'_{0j}$ も $\boldsymbol{\Omega}'_{0i}$ と $\mathbf{H}_j$ の線形な関係で表された。結局，$\boldsymbol{V}'_{0j}$ は，$\boldsymbol{V}'_{0i}$ と $\mathbf{H}_j$ で表されたことになる。ボールジョイントの場合は，時間 t は陽には現れてこない。

以上が，ボールジョイントの場合の漸化的表現である。読者は，他のジョイントや駆動拘束の漸化的表現を作ることができるであろうか。

● 系全体を一つにまとめた表現

式(21.10)，(21.11)は漸化式である。また，式(21.7)，(21.8)は，式(21.10)，(21.11)の特別な形である。拘束結合の一般化座標と一般化速度を適切に選べば，すべての剛体の位置と回転姿勢，速度と角速度を，このような漸化的な方法で求めることができる。逆に，拘束結合の一般化座標と一般化速度の適切な選び方とは，子の剛体の位置と回転姿勢，速度と角速度を，漸化的な方法で定められるようにすることであり，拘束結合の種類ごとに一般化座標と一般化速度を定めることができる。なお，同一機能の拘束結合でも一般化座標と一般化速度の選び方は一通りとは限らない。

式(21.11)のような速度レベルの漸化式はすべての拘束結合について作ることができ，それらをまとめて系全体の漸化式を次のように作ることができる。

$$\boldsymbol{V}' = \mathbf{L}\boldsymbol{V}' + \mathbf{D}\mathbf{H} + \mathbf{U} \tag{21.18}$$

$\boldsymbol{V}'$ は，式(21.6)に与えられているとおり，$\boldsymbol{V}'_{0j}$ を番号順に縦に並べた列行列である。$\mathbf{H}$ は，系全体の一般化速度であるが，式(21.2)にあるように，各拘束結合の一般化速度 $\mathbf{H}_j$ を集めたものである。$\mathbf{D}$ と $\mathbf{U}$ は次のとおりである。

$$\mathbf{D} = \begin{bmatrix} \mathbf{D}_1 & \mathbf{0} & \cdots \\ \mathbf{0} & \mathbf{D}_2 & \cdots \\ \vdots & \vdots & \ddots \end{bmatrix} \tag{21.19}$$

$$\mathbf{U} = \begin{bmatrix} \mathbf{U}_1 \\ \mathbf{U}_2 \\ \vdots \end{bmatrix} \tag{21.20}$$

$\mathbf{D}_j$ は一般に縦長の行列であり，$\mathbf{D}$ も縦長になるが，ブロック行とブロック列の番号で見れば，$\mathbf{D}_j$ は対角線上のブロックであり，$\mathbf{D}$ は正方的である（1.3節の正方的ブロック行列参照）。$\mathbf{U}_j$ は列行列であるから，$\mathbf{U}$ も列行列になる。

$\mathbf{L}$ は 6×6 の大きさのブロックを正方的に並べた正方行列である。親子の番号で決まる位置のブロックに，対応する $\mathbf{L}_j$ をならべる。

$$\boldsymbol{L}=\begin{bmatrix} \mathbf{0} & \cdots & \mathbf{0} & \cdots & \mathbf{0} \\ & \ddots & \vdots & \vdots & \\ & & \mathbf{0} & \cdots & \mathbf{0} \\ & & \mathbf{0} & \cdots & \mathbf{0} \\ & \mathbf{L}_j & & \ddots & \vdots \\ & & & & \mathbf{0} \end{bmatrix} \tag{21.21}$$

慣性空間に，直接，つながっている剛体に対応する番号の $\mathbf{L}_j$ は存在しない。それ以外の場合，$\mathbf{L}_j$ は j ブロック行に配置され，ブロック列の番号は親剛体の番号である。そのブロック行の他のブロックはすべてゼロである。すなわち，一つのブロック行に並ぶ $\mathbf{L}_j$ の数は最大一つである。式(21.11)のブロック $\mathbf{L}_j$ は ji ブロックに配置されることになる。$\mathbf{L}$ の対角ブロックと上三角に位置するブロックはいずれもゼロである。このような $\mathbf{L}$ の構造（ゼロでないブロックの位置）は，番号付けされた木構造に対応していて，この $\mathbf{L}$ が漸化計算を支配している。

● 漸化計算の順方向と逆方向，加速度の漸化式，ケインの部分速度の漸化式

位置レベル変数 $\boldsymbol{R}$ と速度レベル変数 $\boldsymbol{V}'$ を漸化的に求める計算は，木構造のルートからリーフの方向へ，番号の小さな剛体から大きな剛体に向かって，行われる。このような方向を**順方向**と呼ぶことにする。式(21.18)を時間微分すると，加速度に関する順方向の漸化計算式が得られる。

$$\dot{\boldsymbol{V}}'=\mathbf{L}\dot{\boldsymbol{V}}'+\mathbf{D}\dot{\mathbf{H}}+(\dot{\mathbf{L}}\boldsymbol{V}'+\dot{\mathbf{D}}\mathbf{H}+\dot{\mathbf{U}}) \tag{21.22}$$

これは運動学的に加速度を求める漸化式で，一般化速度の時間微分 $\dot{\mathbf{H}}$ を必要とする。一方，順動力学計算のためには，動力学的に $\dot{\mathbf{H}}$ や $\dot{\boldsymbol{V}}'$ を求める漸化計算方法が必要である。次節にその方法を述べるが，その計算には，順方向の漸化計算だけでなく，リーフからルートへ，番号の大きな剛体から小さな剛体に向かう，**逆方向**の漸化計算も必要になる。

式(21.22)は，右辺の括弧内を $\boldsymbol{\Sigma}$ とおいて，次のように書き直しておく。

$$\dot{\boldsymbol{V}}'=\mathbf{L}\dot{\boldsymbol{V}}'+\mathbf{D}\dot{\mathbf{H}}+\boldsymbol{\Sigma} \tag{21.23}$$

$$\boldsymbol{\Sigma}=\dot{\mathbf{L}}\boldsymbol{V}'+\dot{\mathbf{D}}\mathbf{H}+\dot{\mathbf{U}} \tag{21.24}$$

$\mathbf{L}$，$\mathbf{D}$，$\mathbf{U}$ は位置レベルの変数と時間の関数であるから，その時間微分は速度レ

ベルである。したがって，$\boldsymbol{\Sigma}$ も速度レベルで，加速度レベルの変数は含まれていない。$\boldsymbol{\Sigma}$ は，$\boldsymbol{R}$ と $\boldsymbol{V}'$ が求まった後に計算することができる。

速度レベルの変数 $\boldsymbol{V}'$ を一般化速度 $\mathbf{H}$ で偏微分した $\boldsymbol{V}'_{\mathrm{H}}$ はケインの部分速度である。式(21.18)から，その漸化式が次のように求まる。

$$\boldsymbol{V}'_{\mathrm{H}}=\mathbf{L}\boldsymbol{V}'_{\mathrm{H}}+\mathbf{D} \tag{21.25}$$

ただし，$\boldsymbol{V}'_{\mathrm{H}}$ は列行列ではなく，剛体の数の二乗に比例した情報を含んでいる。したがって，Order-N-Algorithm で，この式を直接計算することはない。この式は，付録 D で動力学的な漸化式の導出に利用される。

21.3 剛体系のケイン型運動方程式

式(21.4)では，剛体 j の重心速度と角速度をまとめた斜体の変数 $\boldsymbol{V}'_{0j}$ を準備した。ここでは，さらに，次のような斜体の変数を作っておく。

$$\boldsymbol{M}'_j=\begin{bmatrix} {}^3\mathbf{M}_j & \mathbf{0} \\ \mathbf{0} & \mathbf{J}'_{0j} \end{bmatrix} \tag{21.26}$$
(注)

$$\boldsymbol{F}'_{0j}=\begin{bmatrix} \mathbf{F}_{0j} \\ \mathbf{N}'_{0j}-\tilde{\boldsymbol{\Omega}}'_{0j}\mathbf{J}'_{0j}\,\boldsymbol{\Omega}'_{0j} \end{bmatrix} \tag{21.27}$$

${}^3\mathbf{M}_j$ は，M_j を対角要素とする 3×3 スカラー行列である。式(21.6)では，$\boldsymbol{V}'_{0j}$ を並べて添え字のない $\boldsymbol{V}'$ を準備した。同様に，$\boldsymbol{M}'_j$，$\boldsymbol{F}'_{0j}$ から添え字のない $\boldsymbol{M}'$，$\boldsymbol{F}'$ を作っておく。

$$\boldsymbol{M}'=\begin{bmatrix} \boldsymbol{M}'_1 & \mathbf{0} & \cdots \\ \mathbf{0} & \boldsymbol{M}'_2 & \cdots \\ \vdots & \vdots & \ddots \end{bmatrix} \tag{21.28}$$

$$\boldsymbol{F}'=\begin{bmatrix} \boldsymbol{F}'_{01} \\ \boldsymbol{F}'_{02} \\ \vdots \end{bmatrix} \tag{21.29}$$

以上の記号を用いて，剛体系のケイン型運動方程式は次のように書ける。

(注) M_j と $\boldsymbol{M}'_j$ は，記号としては似ているが，意味しているものはだいぶ異なっている。注意が必要である。

$$\boldsymbol{V}_{\mathrm{H}}^{\prime T}(\boldsymbol{F}'-\boldsymbol{M}'\dot{\boldsymbol{V}}')=\boldsymbol{0} \tag{21.30}$$

この式も，動力学的な漸化式の導出に用いられる（付録 D 参照)。

12.2 節［Quiz 12.2］の式(12.32)は，重心速度も剛体に固定した座標系で表した剛体 A の運動方程式である。そこに出てくる各変数は式(12.28)～(12.31)のとおりであるが，この式を用いて，一般化速度 **H** のケイン型運動方程式を作ると次のようになる。

$$\boldsymbol{V}_{\mathrm{H}}^{\prime\prime T}(\boldsymbol{F}''-\boldsymbol{M}'\dot{\boldsymbol{V}}'')=\boldsymbol{0} \tag{21.31}$$

$\boldsymbol{V}''$ と $\boldsymbol{F}''$ は次のとおりである。

$$\boldsymbol{V}''=\begin{bmatrix}\boldsymbol{V}_{01}''\\ \boldsymbol{V}_{02}''\\ \vdots\end{bmatrix} \tag{21.32}$$

$$\boldsymbol{F}''=\begin{bmatrix}\boldsymbol{F}_{01}''-\tilde{\boldsymbol{\Omega}}_{01}''\boldsymbol{M}_1'\boldsymbol{V}_{01}''\\ \boldsymbol{F}_{02}''-\tilde{\boldsymbol{\Omega}}_{02}''\boldsymbol{M}_2'\boldsymbol{V}_{02}''\\ \vdots\end{bmatrix} \tag{21.33}$$

$\boldsymbol{V}''$ についても式(21.18)と同型の漸化式を作ることができ，式(21.23)～(21.25)と同型の式も成立する。

$$\boldsymbol{V}''=\mathbf{L}'\boldsymbol{V}''+\mathbf{D}'\mathbf{H}+\mathbf{U}' \tag{21.34}$$

$$\dot{\boldsymbol{V}}''=\mathbf{L}'\dot{\boldsymbol{V}}''+\mathbf{D}'\dot{\mathbf{H}}+\boldsymbol{\Sigma}' \tag{21.35}$$

$$\boldsymbol{\Sigma}'=\dot{\mathbf{L}}'\boldsymbol{V}''+\dot{\mathbf{D}}'\mathbf{H}+\dot{\mathbf{U}}' \tag{21.36}$$

$$\boldsymbol{V}_{\mathrm{H}}''=\mathbf{L}'\boldsymbol{V}_{\mathrm{H}}''+\mathbf{D}' \tag{21.37}$$

動力学的に $\dot{\mathbf{H}}$ や $\dot{\boldsymbol{V}}''$ を求める漸化計算の説明も，$\boldsymbol{V}'$ を用いる場合と全く同じである。次節と付録 D は $\boldsymbol{V}'$ を用いる場合について説明されているが，21.5 節の事例は $\boldsymbol{V}''$ を用いた説明になっている。

21.4 動力学的に加速度を求めるための漸化的方法

動力学的に $\dot{\mathbf{H}}$ と $\dot{\boldsymbol{V}}'$ を求める方法の導出はかなり難解である。その説明は付録 D で行うことにし，ここでは結論の式の説明を行う。前項で説明した式を用い，まず順方向 ($j=1\rightarrow n$) の漸化計算で $\boldsymbol{R}$，$\boldsymbol{V}'$ を計算し，$\boldsymbol{\Sigma}$ を求めておく。$\boldsymbol{R}$ については系全体をまとめた漸化式の表現はないが，式(21.10)，(21.7)が拘束結合の番号順に用いられる。$\boldsymbol{V}'$と$\boldsymbol{\Sigma}$については，式(21.18)と(21.24)である。$\boldsymbol{\Sigma}$の計算は漸化計算ではないが，$\boldsymbol{R}$，$\boldsymbol{V}'$，$\boldsymbol{\Sigma}$をまとめて，一回の順方向漸化計算の中で求めることができる。これらの計算はすべて剛体単位（あるいは拘束結合単位）で行う。式(21.24)の計算でも系全体をまとめた行列の和と積を求めてはいけない。

その後，以下の式が用いられる。

$$\mathbf{W}=\boldsymbol{M}'+\mathbf{L}^T\{\mathbf{I}-\mathbf{WD}(\mathbf{D}^T\mathbf{WD})^{-1}\mathbf{D}^T\}\mathbf{WL} \tag{21.38}$$

$$\mathbf{Z}=\boldsymbol{F}'+\mathbf{L}^T\{\mathbf{I}-\mathbf{WD}(\mathbf{D}^T\mathbf{WD})^{-1}\mathbf{D}^T\}(\mathbf{Z}-\mathbf{W}\boldsymbol{\Sigma}) \tag{21.39}$$

$$\dot{\mathbf{H}}=-(\mathbf{D}^T\mathbf{WD})^{-1}\mathbf{D}^T(\mathbf{WL}\dot{\boldsymbol{V}}+\mathbf{W}\boldsymbol{\Sigma}-\mathbf{Z}) \tag{21.40}$$

$$\dot{\boldsymbol{V}}'=\mathbf{L}\dot{\boldsymbol{V}}'+\mathbf{D}\dot{\mathbf{H}}+\boldsymbol{\Sigma} \tag{21.41}$$

$\mathbf{W}$は，剛体の数だけの6×6対称行列$\mathbf{W}_j$が対角ブロックに並んだブロック対角行列である。$\mathbf{Z}$は，剛体の数だけの6×1列行列$\mathbf{Z}_j$を縦に並べた列行列である。これら四つの式のうち，最初の二つは，逆方向の漸化計算で$\boldsymbol{M}'$と$\boldsymbol{F}'$から$\mathbf{W}$と$\mathbf{Z}$を求める式であり，残りの二つは，求まった$\mathbf{W}$と$\mathbf{Z}$を利用して，順方向の漸化計算で$\dot{\mathbf{H}}$と$\dot{\boldsymbol{V}}'$を求める式である。

式(21.38)，(21.39)の実際の計算では，木構造の分岐をスムーズに処理するため，次の四つのステップに置き換えて計算する。

$$\mathbf{W}\Leftarrow\boldsymbol{M}' \tag{21.42}$$

$$\mathbf{Z}\Leftarrow\boldsymbol{F}' \tag{21.43}$$

$$\mathbf{W}_i\Leftarrow\mathbf{W}_i+\mathbf{L}_j^T\{\mathbf{I}_6-\mathbf{W}_j\mathbf{D}_j(\mathbf{D}_j^T\mathbf{W}_j\mathbf{D}_j)^{-1}\mathbf{D}_j^T\}\mathbf{W}_j\mathbf{L}_j \quad (j=n,\cdots,2,1) \tag{21.44}$$

$$\mathbf{Z}_i\Leftarrow\mathbf{Z}_i+\mathbf{L}_j^T\{\mathbf{I}_6-\mathbf{W}_j\mathbf{D}_j(\mathbf{D}_j^T\mathbf{W}_j\mathbf{D}_j)^{-1}\mathbf{D}_j^T\}(\mathbf{Z}_j-\mathbf{W}_j\boldsymbol{\Sigma}_j) \quad (j=n,\cdots,2,1) \tag{21.45}$$

式(21.42)，(21.43)は，$\mathbf{W}$と$\mathbf{Z}$に**漸化計算の出発値**を与えている。この代入計算も各剛体ごとに行う。式(21.44)，(21.45)は，逆方向($j=n\to1$)に計算を進める。各剛体の$\mathbf{W}_j$と$\mathbf{Z}_j$の値をもとに各式右辺の第2項の計算を行い，その結果を親剛体の$\mathbf{W}_i$と$\mathbf{Z}_i$に足し込む。この二つは一回の逆方向漸化計算の中でまとめて行うことができる。また，$(\mathbf{D}_j^T\mathbf{W}_j\mathbf{D}_j)^{-1}$など，$\mathbf{W}_i$の計算過程で得られた途中結果は，$\mathbf{Z}_i$の計算で再利用する。

式(21.40)と(21.41)は，二つを組み合わせて，$\dot{\mathbf{H}}_j$と$\dot{\boldsymbol{V}}_j'$を交互に，順方向

（$j=1\to n$ の順）に求める。この計算でも，$(\mathbf{D}_j^T\mathbf{W}_j\mathbf{D}_j)^{-1}$ は $\mathbf{W}_i$ の計算過程で得られた途中結果を再利用すべきである。

以上で，順方向の $\boldsymbol{R}$ と $\boldsymbol{V}'$，逆方向の $\mathbf{W}$ と $\mathbf{Z}$，順方向の $\dot{\mathbf{H}}$ と $\dot{\boldsymbol{V}}'$ の漸化計算を行って，$\mathbf{Q}$ と $\mathbf{H}$ から $\dot{\mathbf{H}}$ を求めることができたが，拘束力を計算する場合は，もう一度，逆方向の漸化計算が必要である。各剛体の重心位置に等価換算した拘束力は次の式で計算できる。

$$\bar{\boldsymbol{F}}'=\boldsymbol{M}'\dot{\boldsymbol{V}}'-\boldsymbol{F}' \tag{21.46}$$

$\bar{\boldsymbol{F}}'$ は，各剛体の重心に等価換算された拘束力 $\bar{\boldsymbol{F}}'_{0j}$ を縦に並べた列行列である。

$$\bar{\boldsymbol{F}}'=\begin{bmatrix}\bar{\boldsymbol{F}}'_{01}\\ \bar{\boldsymbol{F}}'_{02}\\ \vdots\end{bmatrix} \tag{21.47}$$

$$\bar{\boldsymbol{F}}'_{0j}=\begin{bmatrix}\bar{\mathbf{F}}_{0j}\\ \bar{\mathbf{N}}'_{0j}\end{bmatrix} \tag{21.48}$$

この計算は各剛体ごとに行うことができる。ただし，求めたい拘束力は重心に等価換算された値ではなく，各拘束結合部の値である。一つの剛体には子側と親側の拘束結合があるが，親側の拘束結合は一つであるから，すべての子側拘束結合の拘束力が計算されていれば，$\bar{\boldsymbol{F}}'_{0j}$ を用いて親側拘束結合部の拘束力を求めることは容易である。したがって，リーフを子とする拘束結合から始める逆方向の漸化計算を行い，各拘束結合の拘束力を子側の剛体から求め，その反作用を親側の剛体の拘束力から差し引くようにすれば，すべての拘束結合部に生じる拘束力を求めることができる。

21.5　順動力学解析の事例：3 次元三重剛体振子（漸化的方法）

● 漸化計算の手順

19.4 節に 3 次元三重振子の事例（sanjufuriko_1）を示したが，同じモデルを漸化的方法でプログラミングしてみよう。このモデルは 11.3 節（図 11.11）に説明されている。以下の計算手順の説明では，前半，19.4 節の式を多数利用している。この部分では 19.4 節との差異に注意しなければならないが，後半は大きく異なっていて，この方法のユニークさが現われる。以下の説明は三つの剛体に関するものであるが，読者は，四重振子，五重振子と剛体の数が増えても，各ステップの計算量が剛体の数に比例するだけで済むことを確認しながら読んでいただきたい。

三つのピンジョイントの回転角と回転角速度を独立な一般化座標 **Q**，一般化速度 **H** とする。

$$\mathbf{Q}=\begin{bmatrix}\theta_{OA}\\ \theta_{AB}\\ \theta_{BC}\end{bmatrix} \quad 【19.58】$$

$$\mathbf{H}=\begin{bmatrix}\omega_{OA}\\ \omega_{AB}\\ \omega_{BC}\end{bmatrix} \quad (21.49)$$

この **H** は，sanjufuriko_1 の場合は式(19.59)のように **S** であったが，ここでは前項までの説明に用いた記号に合わせて **H** とする。

まず，**Q** の三つの値から，$\mathbf{C}_{OA}$，$\mathbf{C}_{AB}$，$\mathbf{C}_{BC}$ が次のように計算できる。

$$\mathbf{C}_{OA}=\mathbf{I}_3\cos\theta_{OA}+\tilde{\boldsymbol{\lambda}}_{OA}\sin\theta_{OA}+\boldsymbol{\lambda}_{OA}\boldsymbol{\lambda}_{OA}^T(1-\cos\theta_{OA}) \quad 【19.60】$$

$$\mathbf{C}_{AB}=\mathbf{I}_3\cos\theta_{AB}+\tilde{\boldsymbol{\lambda}}_{AB}\sin\theta_{AB}+\boldsymbol{\lambda}_{AB}\boldsymbol{\lambda}_{AB}^T(1-\cos\theta_{AB}) \quad 【19.61】$$

$$\mathbf{C}_{BC}=\mathbf{I}_3\cos\theta_{BC}+\tilde{\boldsymbol{\lambda}}_{BC}\sin\theta_{BC}+\boldsymbol{\lambda}_{BC}\boldsymbol{\lambda}_{BC}^T(1-\cos\theta_{BC}) \quad 【19.62】$$

$\mathbf{C}_{OB}$ と $\mathbf{C}_{OC}$ は次のように求める。

$$\mathbf{C}_{OB}=\mathbf{C}_{OA}\mathbf{C}_{AB} \quad (21.50)$$

$$\mathbf{C}_{OC}=\mathbf{C}_{OB}\mathbf{C}_{BC} \quad (21.51)$$

$\mathbf{C}_{OA}$ は式(19.60)だけで求まっているが，$\mathbf{C}_{OB}$ は(19.61)と(21.50)の二つの式が必要であり，$\mathbf{C}_{OC}$ も同様である。剛体 C の下に剛体 D を追加した場合を考えると，やはり，$\mathbf{C}_{CD}$ と $\mathbf{C}_{OD}$ を剛体 C の場合と同じように計算すればよく，回転行列の計算は，大局的に（剛体の数が大きければ），剛体の数に比例しているといえる。

回転行列を用いて，$\mathbf{R}_{OA}$，$\mathbf{R}_{AB}$，$\mathbf{R}_{BC}$ は次のように求まる。

$$\mathbf{R}_{OA}=-\mathbf{C}_{OA}\mathbf{r}_{AO'} \quad 【19.63】$$

$$\mathbf{R}_{AB}=-\mathbf{C}_{AB}\mathbf{r}_{BP'}+\mathbf{r}_{AP} \quad 【19.64】$$

$$\mathbf{R}_{BC}=-\mathbf{C}_{BC}\mathbf{r}_{CQ'}+\mathbf{r}_{BQ} \quad 【19.65】$$

$\mathbf{R}_{\mathrm{OB}}$ と $\mathbf{R}_{\mathrm{OC}}$ は次のようになる。

$$\mathbf{R}_{\mathrm{OB}}=\mathbf{R}_{\mathrm{OA}}+\mathbf{C}_{\mathrm{OA}}\mathbf{R}_{\mathrm{AB}} \tag{21.52}$$

$$\mathbf{R}_{\mathrm{OC}}=\mathbf{R}_{\mathrm{OB}}+\mathbf{C}_{\mathrm{OB}}\mathbf{R}_{\mathrm{BC}} \tag{21.53}$$

式(19.63)の右辺には $+\mathbf{r}_{\mathrm{OO'}}$ を補えば，計算量は，その下の二式と同じになる。もちろん，この場合，$\mathbf{r}_{\mathrm{OO'}}$ はゼロである。ただし，このような細かい点を気にする必要はない。Order-N の意味は，大局的に剛体の数，または，ジョイントの数に計算時間が比例するということで，ジョイントの種類などによって計算量にある程度の差異が出ることは当然である。

次に，$\mathbf{V}'_{\mathrm{OA}}$ と $\boldsymbol{\Omega}'_{\mathrm{OA}}$ を縦に並べた 6×1 列行列を $\boldsymbol{V}''_{\mathrm{OA}}$ とし，同様に $\boldsymbol{V}''_{\mathrm{AB}}$，$\boldsymbol{V}''_{\mathrm{BC}}$ も考えると，これらは H の三つの値から次のように計算できる。

$$\boldsymbol{V}''_{\mathrm{OA}}=(\boldsymbol{V}''_{\mathrm{OA}})_{\omega_{\mathrm{OA}}}\omega_{\mathrm{OA}} \tag{21.54}$$

$$\boldsymbol{V}''_{\mathrm{AB}}=(\boldsymbol{V}''_{\mathrm{AB}})_{\omega_{\mathrm{AB}}}\omega_{\mathrm{AB}} \tag{21.55}$$

$$\boldsymbol{V}''_{\mathrm{BC}}=(\boldsymbol{V}''_{\mathrm{BC}})_{\omega_{\mathrm{BC}}}\omega_{\mathrm{BC}} \tag{21.56}$$

係数行列 $(\boldsymbol{V}''_{\mathrm{OA}})_{\omega_{\mathrm{OA}}}$，$(\boldsymbol{V}''_{\mathrm{AB}})_{\omega_{\mathrm{AB}}}$，$(\boldsymbol{V}''_{\mathrm{BC}})_{\omega_{\mathrm{BC}}}$ は，式(19.72)～(19.77)から次のように得られている。

$$(\boldsymbol{V}''_{\mathrm{OA}})_{\omega_{\mathrm{OA}}}=\begin{bmatrix}\tilde{\mathbf{r}}_{\mathrm{AO'}}\boldsymbol{\lambda}_{\mathrm{OA}}\\ \boldsymbol{\lambda}_{\mathrm{OA}}\end{bmatrix} \qquad【19.78】$$

$$(\boldsymbol{V}''_{\mathrm{AB}})_{\omega_{\mathrm{AB}}}=\begin{bmatrix}\tilde{\mathbf{r}}_{\mathrm{BP'}}\boldsymbol{\lambda}_{\mathrm{AB}}\\ \boldsymbol{\lambda}_{\mathrm{AB}}\end{bmatrix} \qquad【19.79】$$

$$(\boldsymbol{V}''_{\mathrm{BC}})_{\omega_{\mathrm{BC}}}=\begin{bmatrix}\tilde{\mathbf{r}}_{\mathrm{CQ'}}\boldsymbol{\lambda}_{\mathrm{BC}}\\ \boldsymbol{\lambda}_{\mathrm{BC}}\end{bmatrix} \qquad【19.80】$$

$\boldsymbol{V}''_{\mathrm{OB}}$ と $\boldsymbol{V}''_{\mathrm{OC}}$ は次の式で求めることができる。

$$\boldsymbol{V}''_{\mathrm{OB}}=\boldsymbol{\Gamma}^T_{\mathrm{AB}}\boldsymbol{V}''_{\mathrm{OA}}+\boldsymbol{V}''_{\mathrm{AB}} \qquad【19.85】$$

$$\boldsymbol{V}''_{\mathrm{OC}}=\boldsymbol{\Gamma}^T_{\mathrm{BC}}\boldsymbol{V}''_{\mathrm{OB}}+\boldsymbol{V}''_{\mathrm{BC}} \tag{21.57}$$

なお，$\boldsymbol{V}''_{\mathrm{OC}}$ を求める式は(19.86)とは異なっている。$\boldsymbol{\Gamma}_{\mathrm{AB}}$ と $\boldsymbol{\Gamma}_{\mathrm{BC}}$ は，次のとおりである。

$$\boldsymbol{\Gamma}_{\mathrm{AB}}=\begin{bmatrix}\mathbf{C}_{\mathrm{AB}} & \mathbf{0}\\ \tilde{\mathbf{R}}_{\mathrm{AB}}\mathbf{C}_{\mathrm{AB}} & \mathbf{C}_{\mathrm{AB}}\end{bmatrix} \qquad【19.66】$$

$$\boldsymbol{\Gamma}_{\mathrm{BC}}=\begin{bmatrix}\mathbf{C}_{\mathrm{BC}} & \mathbf{0}\\ \tilde{\mathbf{R}}_{\mathrm{BC}}\mathbf{C}_{\mathrm{BC}} & \mathbf{C}_{\mathrm{BC}}\end{bmatrix} \qquad【19.67】$$

式(19.85)，(21.57)に，(21.55)，(21.56)を代入すると，次の式が得られる。

$$\boldsymbol{V}''_{\mathrm{OB}}=\boldsymbol{\Gamma}^T_{\mathrm{AB}}\boldsymbol{V}''_{\mathrm{OA}}+(\boldsymbol{V}''_{\mathrm{AB}})_{\omega_{\mathrm{AB}}}\omega_{\mathrm{AB}} \tag{21.58}$$

$$\boldsymbol{V}''_{\mathrm{OC}}=\boldsymbol{\Gamma}^T_{\mathrm{BC}}\boldsymbol{V}''_{\mathrm{OB}}+(\boldsymbol{V}''_{\mathrm{BC}})_{\omega_{\mathrm{BC}}}\omega_{\mathrm{BC}} \tag{21.59}$$

ここで，$\boldsymbol{V}''_{\mathrm{OA}}$，$\boldsymbol{V}''_{\mathrm{OB}}$，$\boldsymbol{V}''_{\mathrm{OC}}$ を縦に並べて一つにまとめたものが $\boldsymbol{V}''$ である。

$$\boldsymbol{V}''=\begin{bmatrix}\boldsymbol{V}''_{\mathrm{OA}}\\ \boldsymbol{V}''_{\mathrm{OB}}\\ \boldsymbol{V}''_{\mathrm{OC}}\end{bmatrix} \tag{21.60}$$

H から $\boldsymbol{V}''$ を求める漸化式は，式(21.18)と同じ形で，次のとおりである。

$$\boldsymbol{V}''=\mathbf{L}\boldsymbol{V}''+\mathbf{DH}+\mathbf{U} \tag{21.61}$$

式(21.34)では，**L**，**D**，**U** にダッシュを付けて，式(21.18)と区別したが，ここでは，**L**，**D**，**U** をそのまま用いて説明する。式(21.54)，(21.58)，(21.59)が，この漸化式を構成していて，**L**，**D**，**U** は次のとおりである。

$$\mathbf{L}=\begin{bmatrix}\mathbf{0}&\mathbf{0}&\mathbf{0}\\ \boldsymbol{\Gamma}^T_{\mathrm{AB}}&\mathbf{0}&\mathbf{0}\\ \mathbf{0}&\boldsymbol{\Gamma}^T_{\mathrm{BC}}&\mathbf{0}\end{bmatrix} \tag{21.62}$$

$$\mathbf{D}=\begin{bmatrix}(\boldsymbol{V}''_{\mathrm{OA}})_{\omega_{\mathrm{OA}}}&\mathbf{0}&\mathbf{0}\\ \mathbf{0}&(\boldsymbol{V}''_{\mathrm{AB}})_{\omega_{\mathrm{AB}}}&\mathbf{0}\\ \mathbf{0}&\mathbf{0}&(\boldsymbol{V}''_{\mathrm{BC}})_{\omega_{\mathrm{BC}}}\end{bmatrix} \tag{21.63}$$

$$\mathbf{U}=\begin{bmatrix}\mathbf{0}\\ \mathbf{0}\\ \mathbf{0}\end{bmatrix} \tag{21.64}$$

式(21.61)の時間微分は，式(21.23)，(21.24)と同じ形で，次のように書ける。

$$\dot{\boldsymbol{V}}''=\mathbf{L}\dot{\boldsymbol{V}}''+\mathbf{D}\dot{\mathbf{H}}+\boldsymbol{\Sigma} \tag{21.65}$$

$$\boldsymbol{\Sigma}=\dot{\mathbf{L}}\boldsymbol{V}''+\dot{\mathbf{D}}\mathbf{H}+\dot{\mathbf{U}} \tag{21.66}$$

まだ，$\dot{\mathbf{H}}$ が未知であるから，式(21.65)は計算できないが，式(21.66)は計算できる。式(21.64)から $\dot{\mathbf{U}}$ はゼロである。$\dot{\mathbf{L}}$，$\dot{\mathbf{D}}$ は式(21.62)，(21.63)を時間微分したものであるから，$\boldsymbol{\Gamma}_{\mathrm{AB}}$, $\boldsymbol{\Gamma}_{\mathrm{BC}}$, $(\boldsymbol{V}''_{\mathrm{OA}})_{\omega_{\mathrm{OA}}}$, $(\boldsymbol{V}''_{\mathrm{AB}})_{\omega_{\mathrm{AB}}}$, $(\boldsymbol{V}''_{\mathrm{BC}})_{\omega_{\mathrm{BC}}}$ の時間微分がわかればよい。まず，$\dot{\boldsymbol{\Gamma}}_{\mathrm{AB}}$, $\dot{\boldsymbol{\Gamma}}_{\mathrm{BC}}$ は次のとおりである。

$$\dot{\boldsymbol{\Gamma}}_{AB}=\begin{bmatrix} \mathbf{C}_{AB}\tilde{\boldsymbol{\Omega}}'_{AB} & \mathbf{0} \\ \tilde{\mathbf{R}}_{AB}\mathbf{C}_{AB}\tilde{\boldsymbol{\Omega}}'_{AB}+\mathbf{C}_{AB}\tilde{\mathbf{V}}'_{AB} & \mathbf{C}_{AB}\tilde{\boldsymbol{\Omega}}'_{AB} \end{bmatrix} \quad 【19.69】$$

$$\dot{\boldsymbol{\Gamma}}_{BC}=\begin{bmatrix} \mathbf{C}_{BC}\tilde{\boldsymbol{\Omega}}'_{BC} & \mathbf{0} \\ \tilde{\mathbf{R}}_{BC}\mathbf{C}_{BC}\tilde{\boldsymbol{\Omega}}'_{BC}+\mathbf{C}_{BC}\tilde{\mathbf{V}}'_{BC} & \mathbf{C}_{BC}\tilde{\boldsymbol{\Omega}}'_{BC} \end{bmatrix} \quad 【19.70】$$

これらを用いて $\dot{\mathbf{L}}$ は次のとおりである。

$$\dot{\mathbf{L}}=\begin{bmatrix} \mathbf{0} & \mathbf{0} & \mathbf{0} \\ \dot{\boldsymbol{\Gamma}}^T_{AB} & \mathbf{0} & \mathbf{0} \\ \mathbf{0} & \dot{\boldsymbol{\Gamma}}^T_{BC} & \mathbf{0} \end{bmatrix} \quad (21.67)$$

一方，$(\boldsymbol{V}''_{OA})_{\omega_{OA}}$, $(\boldsymbol{V}''_{AB})_{\omega_{AB}}$, $(\boldsymbol{V}''_{BC})_{\omega_{BC}}$ は，すべて定数であるから，これらの時間微分はいずれもゼロである。したがって，$\dot{\mathbf{D}}$ はゼロであり，式(21.66)は次のように簡単になる。

$$\boldsymbol{\Sigma}=\dot{\mathbf{L}}\boldsymbol{V}'' \quad (21.68)$$

$\boldsymbol{\Sigma}$は，各剛体に対応する 6×1 列行列を三つ縦に並べた列行列である。これらの三つは $\boldsymbol{\Sigma}_{OA}$，$\boldsymbol{\Sigma}_{OB}$，$\boldsymbol{\Sigma}_{OC}$ と書くことができ，この式で計算する。この式は漸化式ではないが，漸化式(21.61)の場合と同様に，各剛体単位の式に直して計算する。そのように直すと，剛体数に比例した計算量になる。なお，$\boldsymbol{\Sigma}_{OA}$ はゼロであるから計算量はさらに少なくなるが，すでに説明したように大局的に考えて剛体数に比例しているといえる。以下に出てくる漸化式も，この式や漸化式(21.61)のように，三つの剛体分をまとめた式になっていて，実際の計算では，三つの式に分けて計算することで，Order-n の計算時間が実現できる。

次は，$\mathbf{W}$ と $\mathbf{Z}$ の漸化計算であるが，まず，式(21.42)と(21.43)のように $\mathbf{W}$ と $\mathbf{Z}$ に漸化計算の出発値を与える。

$$\mathbf{W}\Leftarrow\boldsymbol{M}' \quad (21.69)$$

$$\mathbf{Z}\Leftarrow\boldsymbol{F}'' \quad (21.70)$$

$\boldsymbol{M}'$，$\boldsymbol{F}''$ は次のとおりである。

$$\boldsymbol{M}'=\begin{bmatrix} \boldsymbol{M}'_A & \mathbf{0} & \mathbf{0} \\ \mathbf{0} & \boldsymbol{M}'_B & \mathbf{0} \\ \mathbf{0} & \mathbf{0} & \boldsymbol{M}'_C \end{bmatrix} \quad (21.71)$$

$$\boldsymbol{F}''=\begin{bmatrix}\boldsymbol{F}''_{0\mathrm{A}}-\tilde{\boldsymbol{\Omega}}''_{0\mathrm{A}}\boldsymbol{M}'_{\mathrm{A}}\boldsymbol{V}''_{0\mathrm{A}}\\ \boldsymbol{F}''_{0\mathrm{B}}-\tilde{\boldsymbol{\Omega}}''_{0\mathrm{B}}\boldsymbol{M}'_{\mathrm{B}}\boldsymbol{V}''_{0\mathrm{B}}\\ \boldsymbol{F}''_{0\mathrm{C}}-\tilde{\boldsymbol{\Omega}}''_{0\mathrm{C}}\boldsymbol{M}'_{\mathrm{C}}\boldsymbol{V}''_{0\mathrm{C}}\end{bmatrix} \tag{21.72}$$

$\boldsymbol{M}'_{\mathrm{A}}$, $\tilde{\boldsymbol{\Omega}}''_{0\mathrm{A}}$, $\boldsymbol{F}''_{0\mathrm{A}}$ は，式(12.29)～(12.31)に与えられている。剛体 B，C の同様な量も同じ形で与えられているとする。この漸化計算の出発値入力も，三つに分けて剛体の数分だけ行う。すなわち，$\mathbf{W}$ と $\mathbf{Z}$ の成分，$\mathbf{W}_{\mathrm{A}}$，$\mathbf{W}_{\mathrm{B}}$，$\mathbf{W}_{\mathrm{C}}$ と $\mathbf{Z}_{0\mathrm{A}}$，$\mathbf{Z}_{0\mathrm{B}}$，$\mathbf{Z}_{0\mathrm{C}}$ に出発値を与える。

$\mathbf{W}$ と $\mathbf{Z}$ の漸化計算は，式(21.44)，(21.45)による逆方向の漸化計算である。剛体 C，B，A の順に，計算を進めるが，$\mathbf{W}_{\mathrm{C}}$ と $\mathbf{Z}_{0\mathrm{C}}$ は出発値のままである。

$$\mathbf{W}_{\mathrm{B}}\Leftarrow\mathbf{W}_{\mathrm{B}}+\mathbf{L}_{\mathrm{CB}}^{T}\{\mathbf{I}_6-\mathbf{W}_{\mathrm{C}}\mathbf{D}_{\mathrm{C}}(\mathbf{D}_{\mathrm{C}}^{T}\mathbf{W}_{\mathrm{C}}\mathbf{D}_{\mathrm{C}})^{-1}\mathbf{D}_{\mathrm{C}}^{T}\}\mathbf{W}_{\mathrm{C}}\mathbf{L}_{\mathrm{CB}} \tag{21.73}$$

$$\mathbf{W}_{\mathrm{A}}\Leftarrow\mathbf{W}_{\mathrm{A}}+\mathbf{L}_{\mathrm{BA}}^{T}\{\mathbf{I}_6-\mathbf{W}_{\mathrm{B}}\mathbf{D}_{\mathrm{B}}(\mathbf{D}_{\mathrm{B}}^{T}\mathbf{W}_{\mathrm{B}}\mathbf{D}_{\mathrm{B}})^{-1}\mathbf{D}_{\mathrm{B}}^{T}\}\mathbf{W}_{\mathrm{B}}\mathbf{L}_{\mathrm{BA}} \tag{21.74}$$

$$\mathbf{Z}_{0\mathrm{B}}\Leftarrow\mathbf{Z}_{0\mathrm{B}}+\mathbf{L}_{\mathrm{CB}}^{T}\{\mathbf{I}_6-\mathbf{W}_{\mathrm{C}}\mathbf{D}_{\mathrm{C}}(\mathbf{D}_{\mathrm{C}}^{T}\mathbf{W}_{\mathrm{C}}\mathbf{D}_{\mathrm{C}})^{-1}\mathbf{D}_{\mathrm{C}}^{T}\}(\mathbf{Z}_{0\mathrm{C}}-\mathbf{W}_{\mathrm{C}}\boldsymbol{\Sigma}_{0\mathrm{C}}) \tag{21.75}$$

$$\mathbf{Z}_{0\mathrm{A}}\Leftarrow\mathbf{Z}_{0\mathrm{A}}+\mathbf{L}_{\mathrm{BA}}^{T}\{\mathbf{I}_6-\mathbf{W}_{\mathrm{B}}\mathbf{D}_{\mathrm{B}}(\mathbf{D}_{\mathrm{B}}^{T}\mathbf{W}_{\mathrm{B}}\mathbf{D}_{\mathrm{B}})^{-1}\mathbf{D}_{\mathrm{B}}^{T}\}(\mathbf{Z}_{0\mathrm{B}}-\mathbf{W}_{\mathrm{B}}\boldsymbol{\Sigma}_{0\mathrm{B}}) \tag{21.76}$$

計算の順序は，$\mathbf{W}_{\mathrm{B}}$，$\mathbf{W}_{\mathrm{A}}$，$\mathbf{Z}_{0\mathrm{B}}$，$\mathbf{Z}_{0\mathrm{A}}$ でも，$\mathbf{W}_{\mathrm{B}}$，$\mathbf{Z}_{0\mathrm{B}}$，$\mathbf{W}_{\mathrm{A}}$，$\mathbf{Z}_{0\mathrm{A}}$ でもよいが，共通因子を生かして計算時間の節約を図ることは当然行なうべきである。

順動力学が目指しているのは $\dot{\mathbf{H}}$ であるが，$\dot{\mathbf{H}}$ の漸化計算では次の二つの式を組み合わせて，$\dot{\boldsymbol{V}}''$ と共に，順方向に解く。

$$\dot{\mathbf{H}}=-(\mathbf{D}^{T}\mathbf{W}\mathbf{D})^{-1}\mathbf{D}^{T}(\mathbf{W}\mathbf{L}\dot{\boldsymbol{V}}''+\mathbf{W}\boldsymbol{\Sigma}-\mathbf{Z}) \tag{21.77}$$

$$\dot{\boldsymbol{V}}''=\mathbf{L}\dot{\boldsymbol{V}}''+\mathbf{D}\dot{\mathbf{H}}+\boldsymbol{\Sigma} \tag{21.78}$$

これらは式(21.40)(21.41)と同じ形である。$\mathbf{H}$ の各要素に式(21.49)に与えられているものを用い，A，B，C の順に漸化計算を具体化すると次のようになる。

$$\dot{\omega}_{0\mathrm{A}}=(\mathbf{D}_{\mathrm{A}}^{T}\mathbf{W}_{\mathrm{A}}\mathbf{D}_{\mathrm{A}})^{-1}\mathbf{D}_{\mathrm{A}}^{T}\mathbf{Z}_{0\mathrm{A}} \tag{21.79}$$

$$\dot{\boldsymbol{V}}''_{0\mathrm{A}}=\mathbf{D}_{\mathrm{A}}\dot{\omega}_{0\mathrm{A}} \tag{21.80}$$

$$\dot{\omega}_{\mathrm{AB}}=-(\mathbf{D}_{\mathrm{B}}^{T}\mathbf{W}_{\mathrm{B}}\mathbf{D}_{\mathrm{B}})^{-1}\mathbf{D}_{\mathrm{B}}^{T}(\mathbf{W}_{\mathrm{B}}\mathbf{L}_{\mathrm{BA}}\dot{\boldsymbol{V}}''_{0\mathrm{A}}+\mathbf{W}_{\mathrm{B}}\boldsymbol{\Sigma}_{0\mathrm{B}}-\mathbf{Z}_{0\mathrm{B}}) \tag{21.81}$$

$$\dot{\boldsymbol{V}}''_{0\mathrm{B}}=\mathbf{L}_{\mathrm{BA}}\dot{\boldsymbol{V}}''_{0\mathrm{A}}+\mathbf{D}_{\mathrm{B}}\dot{\omega}_{\mathrm{AB}}+\boldsymbol{\Sigma}_{0\mathrm{B}} \tag{21.82}$$

$$\dot{\omega}_{\mathrm{BC}}=-(\mathbf{D}_{\mathrm{C}}^{T}\mathbf{W}_{\mathrm{C}}\mathbf{D}_{\mathrm{C}})^{-1}\mathbf{D}_{\mathrm{C}}^{T}(\mathbf{W}_{\mathrm{C}}\mathbf{L}_{\mathrm{CB}}\dot{\boldsymbol{V}}''_{0\mathrm{B}}+\mathbf{W}_{\mathrm{C}}\boldsymbol{\Sigma}_{0\mathrm{C}}-\mathbf{Z}_{0\mathrm{C}}) \tag{21.83}$$

$$\dot{\boldsymbol{V}}''_{0\mathrm{C}}=\mathbf{L}_{\mathrm{CB}}\dot{\boldsymbol{V}}''_{0\mathrm{B}}+\mathbf{D}_{\mathrm{C}}\dot{\omega}_{\mathrm{BC}}+\boldsymbol{\Sigma}_{0\mathrm{C}} \tag{21.84}$$

以上で，$\dot{\omega}_{0\mathrm{A}}$，$\dot{\omega}_{\mathrm{AB}}$，$\dot{\omega}_{\mathrm{BC}}$ が求まった。

● 3次元三重剛体振子の漸化計算のプログラム

本節の方法で，3次元三重剛体振子を計算するプログラムは，sanjufuriko_30である。特に，このアルゴリズムによる微分方程式右辺の計算は，関数e_sanjufuriko_30で行われる。この関数以外の部分は，sanjufuriko_1とほとんど差異がない。出力の内容も19.4節と同じであり，そちらを参照されたい(19.4節，表19.2参照)。二つのプログラムを比較することで，難解な本節の方法も理解しやすいはずである。

Order-Nアルゴリズムはモデル規模に比例した計算時間で解が得られる。三重剛体振子にくらべ，六重剛体振子は倍の計算時間で計算できる。十二重剛体振子はその倍の計算時間があればよい。しかし，このことはアルゴリズムに含まれる和と積などの演算総数が倍になっているということである。MATLABは行列演算処理が高速で行われるような工夫を含んでおり，和と積の演算総数以外の要因が働くので，計算時間の比較には注意を払わなければならない。

第22章 ラグランジュの運動方程式を利用する方法

第19章の拘束条件追加法を除いて，これまで示してきた方法では，質点や剛体重心の並進速度，あるいは，剛体の角速度が基本的な物理量であった。ラグランジュの運動方程式では，これらの量は，目立つ存在ではない。作用力がポテンシャル関数から作られる場合に限ると，運動方程式は，運動エネルギーとポテンシャル関数の差，および一般化座標で表される。直交座標系など，特定な座標系で表される量に依存せずに，一つのスカラー関数と一般化座標で表現されている点は，力学の歴史上，および，理論上，重要な意味を持っている。

ラグランジュの方法は，機械工学においても拘束力学系の運動方程式作成手段として，伝統的に教えられてきたし，用いられてきた。この方法の一つの特徴は $\dot{\mathbf{V}}$ や $\dot{\mathbf{\Omega}}'$ のような並進加速度や角加速度を経由しないことにあり，便利な運動方程式作成手段とされてきた。その後，Kane による問題提起が刺激を与え，マルチボディダイナミクスの発展に伴って運動方程式の立て方に関する新しい見方が生み出されてきた。拘束条件追加法（速度変換法）もそのような経緯から生まれた優れた方法である。しかし，現時点でも，最もよく知られた方法は，やはりラグランジュの方法であろう。読者は，この伝統的な方法と，比較的新しい方法をどのように受け止めるであろうか。

本章ではケイン型の運動方程式からラグランジュの運動方程式を導く。ただし，ラグランジュの方法では，一般化速度 $\mathbf{H}$ を一般化座標 $\mathbf{Q}$ の時間微分に限定しているので，$\mathbf{H}$ の代わりに $\dot{\mathbf{Q}}$ を用いる。また，ニュートンの運動方程式には運動量 $\mathbf{p}$ で表現したものを用いる。これは，運動量，角運動量が力学の重要な量であり，ハミルトンの理論などに出てくる一般化に向けた配慮である。

22.1　ラグランジュの運動方程式

● 運動量を用いたケイン型の運動方程式

ラグランジュの運動方程式の導出では，まず，ホロノミックな系に限定し，さらに，独立な一般化速度 $\mathbf{H}$ が独立な一般化座標の時間微分 $\dot{\mathbf{Q}}$ に等しい場合に限定する。

$$\dot{\mathbf{Q}}=\mathbf{H} \tag{22.1}$$

$\mathbf{Q}$ が独立でない場合，および，シンプルノンホロノミックな拘束を持つ場合については，次章に説明がある。

質点系を対象としたケイン型運動方程式は 18.1 節に与えられた。

$$\mathbf{v}_{\mathrm{H}}^{T}(\mathbf{f}-\mathbf{m}\dot{\mathbf{v}})=\mathbf{0} \qquad【18.3】$$

ここで，各質点 i の運動量 $\mathbf{p}_{\mathrm{O}i}$ は $m_i\mathbf{v}_{\mathrm{O}i}$ と等しいが，これらを全質点について，縦に，順に並べた変数を $\mathbf{p}$ とする。

$$\mathbf{p}=\mathbf{m}\mathbf{v} \tag{22.2}$$

この運動量を用い，式(22.1)を考慮してケイン型運動方程式(18.3)を書き直すと，次のようになる。

$$\mathbf{v}_{\mathrm{Q}}^{T}(\mathbf{f}-\dot{\mathbf{p}})=\mathbf{0} \tag{22.3}$$

この式の左辺の括弧をはずすし，移項すれば次のように書くこともできる。

$$\mathbf{v}_{\mathrm{Q}}^{T}\dot{\mathbf{p}}=\mathbf{v}_{\mathrm{Q}}^{T}\mathbf{f} \tag{22.4}$$

● 準備

ここで，式の変形に必要な二つの関係を準備するために，2.3 節，2.6 節と同様の説明を繰り返す。まず，13.4 項に，質点の位置 $\mathbf{r}$ が一般化座標 $\mathbf{Q}$ と t の関数として与えられている。

$$\mathbf{r}=\mathbf{r}(\mathbf{Q},\ t) \qquad【13.2】$$

さらに，この式の時間微分も作られている。

$$\mathbf{v}=\mathbf{r}_{\mathrm{Q}}\dot{\mathbf{Q}}+\mathbf{r}_t \qquad【13.8】$$

$\mathbf{r}_{\mathrm{Q}}$ と $\mathbf{r}_t$ は，$\mathbf{Q}$ と t の関数である。したがって，$\mathbf{v}$ は，$\mathbf{Q}$ と $\dot{\mathbf{Q}}$ と t の関数になっているが，速度レベルの変数については線形である。したがって， 次の関係が

得られる。

$$\mathbf{v}_{\dot{\mathbf{Q}}}=\mathbf{r}_{\mathbf{Q}} \tag{22.5}$$

これが，準備を目指した最初の式である。

$\mathbf{v}$ と $\mathbf{r}$ は質点総数の3倍の成分を持っているが，その i 番目を v_i，r_i と書くことにすると，式(22.5)はすべての i について次の式が成立することと同じである。

$$\frac{\partial v_i}{\partial \dot{\mathbf{Q}}}=\frac{\partial r_i}{\partial \mathbf{Q}} \tag{22.6}$$

v_i と r_i がスカラーであることに注意して，この式の両辺の時間微分を作る。そして，時間微分の対象が $\mathbf{Q}$ と t の関数であることを利用して次のような変形を行う。

$$\frac{d}{dt}\frac{\partial v_i}{\partial \dot{\mathbf{Q}}}=\frac{d}{dt}\frac{\partial r_i}{\partial \mathbf{Q}}=\left\{\frac{d}{dt}\left(\frac{\partial r_i}{\partial \mathbf{Q}}\right)^T\right\}^T=\left\{\frac{\partial}{\partial \mathbf{Q}}\left(\frac{\partial r_i}{\partial \mathbf{Q}}\right)^T\dot{\mathbf{Q}}+\frac{\partial}{\partial t}\left(\frac{\partial r_i}{\partial \mathbf{Q}}\right)^T\right\}^T \tag{22.7}$$

$$=\dot{\mathbf{Q}}^T\left\{\frac{\partial}{\partial \mathbf{Q}}\left(\frac{\partial r_i}{\partial \mathbf{Q}}\right)^T\right\}^T+\frac{\partial}{\partial t}\frac{\partial r_i}{\partial \mathbf{Q}} \tag{22.8}$$

一方，式(13.8)から v_i と r_i だけ取り出したものは次のように書ける。

$$v_i=\frac{\partial r_i}{\partial \mathbf{Q}}\dot{\mathbf{Q}}+\frac{\partial r_i}{\partial t} \tag{22.9}$$

この式を $\mathbf{Q}$ で偏微分すると次のようになる。

$$\frac{\partial v_i}{\partial \mathbf{Q}}=\dot{\mathbf{Q}}^T\frac{\partial}{\partial \mathbf{Q}}\left(\frac{\partial r_i}{\partial \mathbf{Q}}\right)^T+\frac{\partial}{\partial \mathbf{Q}}\frac{\partial r_i}{\partial t} \tag{22.10}$$

r_i は C^2-級の関数と仮定して差し支えなく，そうすれば偏微分の順序を入れ替えることができるため，式(22.8)と式(22.10)は同一になる。すなわち，次の関係が得られる。

$$\frac{d}{dt}\frac{\partial v_i}{\partial \dot{\mathbf{Q}}}=\frac{d}{dt}\frac{\partial r_i}{\partial \mathbf{Q}}=\frac{\partial v_i}{\partial \mathbf{Q}} \tag{22.11}$$

この式はすべての i について成り立つので，結局，添え字の i を取り去った関係が成立し，次のように書ける。

$$\frac{d\mathbf{v}_{\dot{\mathbf{Q}}}}{dt}=\frac{d\mathbf{r}_{\mathbf{Q}}}{dt}=\mathbf{v}_{\mathbf{Q}} \tag{22.12}$$

これが，もう一つの準備を目指した関係である。

● ラグランジュの運動方程式の導出

さて，準備ができたのでまず，式(22.4)の左辺に部分微分の関係を適用する。

$$\mathbf{v}_{\mathrm{Q}}^T\dot{\mathbf{p}}=\frac{d\mathbf{v}_{\mathrm{Q}}^T\mathbf{p}}{dt}-\frac{d\mathbf{v}_{\mathrm{Q}}^T}{dt}\mathbf{p} \tag{22.13}$$

式(22.12)の関係を用いると，この式は次のように書ける。

$$\mathbf{v}_{\mathrm{Q}}^T\dot{\mathbf{p}}=\frac{d\mathbf{v}_{\mathrm{Q}}^T\mathbf{p}}{dt}-\mathbf{v}_{\mathrm{Q}}^T\mathbf{p} \tag{22.14}$$

運動量 $\mathbf{p}$ は，運動補エネルギー T^* を速度 $\mathbf{v}$ で偏微分したものである。

$$\mathbf{p}=\left(\frac{\partial T^*}{\partial \mathbf{v}}\right)^T \qquad【14.64】$$

この関係は，14.6 節に与えられている。運動補エネルギーは，運動エネルギーからルジャンドル変換によって作られるスカラー関数である。

$$T^*=\mathbf{v}^T\mathbf{p}-T \qquad【14.60】$$

ただし，ニュートン力学では，運動エネルギーと運動補エネルギーは同じ値を持つので，運動補エネルギーの代わりに運動エネルギーを用いても差し支えない。さて，式(14.64)を用いると，式(22.14)は次のようになる。

$$\mathbf{v}_{\mathrm{Q}}^T\dot{\mathbf{p}}=\frac{d}{dt}\left\{\mathbf{v}_{\mathrm{Q}}^T\left(\frac{\partial T^*}{\partial \mathbf{v}}\right)^T\right\}-\mathbf{v}_{\mathrm{Q}}^T\left(\frac{\partial T^*}{\partial \mathbf{v}}\right)^T=\frac{d}{dt}\left(\frac{\partial T^*}{\partial \dot{\mathbf{Q}}}\right)^T-\left(\frac{\partial T^*}{\partial \mathbf{Q}}\right)^T \tag{22.15}$$

結局，式(22.4)は次のようになる。

$$\frac{d}{dt}\left(\frac{\partial T^*}{\partial \dot{\mathbf{Q}}}\right)^T-\left(\frac{\partial T^*}{\partial \mathbf{Q}}\right)^T=\mathbf{v}_{\mathrm{Q}}^T\mathbf{f}=\mathbf{r}_{\mathrm{Q}}^T\mathbf{f} \tag{22.16}$$

右辺は，式(22.5)の関係を利用して，書き換えたものを用いてもよく，ここでは両方を併記しておいた。

この式の右辺の作用力 $\mathbf{f}$ を $\mathbf{f}^{\mathrm{U}}$ と $\mathbf{f}^{\bar{\mathrm{U}}}$ の二つに分けて考える。$\mathbf{f}^{\mathrm{U}}$ は，**ポテンシャル関数** U から，次のように作り出すことのできる力である。

$$\mathbf{f}^{\mathrm{U}}=-\left(\frac{\partial U}{\partial \mathbf{r}}\right)^T \tag{22.17}$$

ポテンシャル関数は，ここでは $\mathbf{r}$ と t に依存するスカラー関数とする。

$$U=U(\mathbf{r},t) \tag{22.18}$$

この関数が時間に依存しないとき，$\mathbf{f}^{\mathrm{U}}$ は**保存力**と呼ばれている。また，電磁気学では電荷粒子の速度に依存する速度ポテンシャルを考えることがある。この速度依存性を考慮して理論を拡張することもできるが，ここでは，式(22.18)の形に限定しておく。このとき，式(22.16)は次のように変形できる。

$$\frac{d}{dt}\left(\frac{\partial L}{\partial \dot{\mathbf{Q}}}\right)^T - \left(\frac{\partial L}{\partial \mathbf{Q}}\right)^T = \mathbf{v}_{\mathrm{Q}}^T \mathbf{f}^{\bar{\mathrm{U}}} = \mathbf{r}_{\mathrm{Q}}^T \mathbf{f}^{\bar{\mathrm{U}}} \tag{22.19}$$

L は**ラグランジアン**と呼ばれ，運動補エネルギーからポテンシャル関数を引いたスカラー関数である。

$$L = T^* - U \tag{22.20}$$

式(22.16)と式(22.19)を**ラグランジュの運動方程式**と呼ぶ。式(22.16)に別の呼び名をつけている文献もあるが，本書では同じ名前で呼ぶことにする。また，式(22.16)，式(22.19)の右辺は，作用力 $\mathbf{f}$ に $\mathbf{r}_{\mathrm{Q}}^T$，または，$\mathbf{v}_{\mathrm{Q}}^T$ を左から掛けたものが使われている。どちらでも同じであるが，これを**一般化力**と呼んでいる。

運動補エネルギー T^* は，式(14.63)のように $\mathbf{v}$ の関数であるが，$\mathbf{v}$ は式(13.8)からわかるように，$\mathbf{Q}$ と $\dot{\mathbf{Q}}$ と t の関数である。結局，T^* も $\mathbf{Q}$ と $\dot{\mathbf{Q}}$ と t の関数ということになる。

$$T^* = T^*(\mathbf{Q}, \dot{\mathbf{Q}}, t) \tag{22.21}$$

ポテンシャル関数 U は，式(22.18)のように $\mathbf{r}$ と t の関数であるが，$\mathbf{r}$ は式(13.2)のように $\mathbf{Q}$ と t の関数であるから，U も $\mathbf{Q}$ と t の関数ということになる。

$$U = U(\mathbf{Q}, t) \tag{22.22}$$

したがって，ラグランジアン L も，$\mathbf{Q}$ と $\dot{\mathbf{Q}}$ と t の関数である。

$$L = L(\mathbf{Q}, \dot{\mathbf{Q}}, t) \tag{22.23}$$

Quiz 22.1 ボールジョイントで支点を拘束されたコマのラグランジアンはどのようになるか。独立な一般化座標を $\boldsymbol{\Theta}_{\mathrm{OA}}^{\mathrm{Y'Z'Y'}}$ とする。

22.2 ラグランジュの運動方程式の使い方

ラグランジュの運動方程式として，式(22.16)と式(22.19)の二つの形が示されたが，ロボットや車両など，機械工学の多くの事例では，式(22.16)で十分な場合が多い。重力やバネ力の位置エネルギーを考えて，Q に関する偏微分を取る作業と，直接，重力やバネ力を用いて一般化力を表現する作業とに，大きな差異はない。まれに，式(22.19)が簡潔な解を与えてくれる特殊な事例もあるが，ほとんどの場合，慣れと好みの問題であろう。多くの機械工学の問題ではダンピング力などポテンシャル関数で表せない作用力があり，所詮，式(22.19)の右辺をなくすことはできない。

作用力 $\mathbf{f}$ を $\mathbf{f}^{\mathrm{U}}$ と $\mathbf{f}^{\bar{\mathrm{U}}}$ に分けて式(22.19)を用いる場合，$\mathbf{f}^{\mathrm{U}}$ に含めることができるすべての力をそのようにしなければならないわけではない。たとえば，$\mathbf{f}^{\bar{\mathrm{U}}}$ のなかに保存力が含まれていてもよい。逆に，ポテンシャル関数 U で考慮した力は，$\mathbf{f}^{\bar{\mathrm{U}}}$ からは除かなければならない。

ニュートン力学では運動補エネルギー T^* も運動エネルギー T も同じ値になるので，どちらを用いても同じ運動方程式が得られる。質点系の運動補エネルギーは次のように書ける。

$$T^*=T=\frac{1}{2}\mathbf{v}^T\mathbf{m}\mathbf{v}=\frac{1}{2}\mathbf{p}^T\mathbf{m}^{-1}\mathbf{p} \tag{22.24}$$

3 次元剛体系では次のように書ける。

$$T^*=T=\frac{1}{2}\mathbf{V}^T\mathbf{M}\mathbf{V}+\frac{1}{2}\mathbf{\Omega}'^T\mathbf{J}'\mathbf{\Omega}'=\frac{1}{2}\mathbf{P}^T\mathbf{M}^{-1}\mathbf{P}+\frac{1}{2}\mathbf{\Pi}'^T\mathbf{J}'^{-1}\mathbf{\Pi}' \tag{22.25}$$

3 次元剛体系の運動補エネルギー表現の中に，式(22.25)にあるように $\mathbf{\Omega}'$ が含まれている場合，ラグランジュの運動方程式を適用すると $\mathbf{\Omega}'_{\dot{\mathrm{Q}}}$ が出てくる。このとき，次の式が役に立つ。

$$\frac{d}{dt}\mathbf{\Omega}'_{\dot{\mathrm{Q}}}=\mathbf{\Omega}'_{\mathrm{Q}}-\tilde{\mathbf{\Omega}}'\mathbf{\Omega}'_{\dot{\mathrm{Q}}} \tag{22.26}$$

剛体 A の角速度について書くと，次のとおりである。

$$\frac{d}{dt}(\mathbf{\Omega}'_{\mathrm{0A}})_{\dot{\mathrm{Q}}}=(\mathbf{\Omega}'_{\mathrm{0A}})_{\mathrm{Q}}-\tilde{\mathbf{\Omega}}'_{\mathrm{0A}}(\mathbf{\Omega}'_{\mathrm{0A}})_{\dot{\mathrm{Q}}} \tag{22.27}$$

ただし，この式の証明は，少々面倒である。まず，一般化座標 $\mathbf{Q}$ を限定した次の Quiz を考えてみよ。

Quiz 22.2　一般化座標 $\mathbf{Q}$ が狭義のオイラー角 $\mathbf{\Theta}_{\mathrm{0A}}^{\mathrm{Z'X'Z'}}$ の場合について，式

(22.27)が成立することを確認せよ。

22.3 事例：時間の関数として支点を動かす剛体振子

2 次元剛体振子で O′ を O に一致させずに，時間の関数として平面内を動かすモデルを考える(16.9 節，図 16.3)。このモデルの運動補エネルギーは次のように書くことができる。

$$T^*=\frac{1}{2}\mathbf{V}_{\mathrm{OA}}^T M_{\mathrm{A}} \mathbf{V}_{\mathrm{OA}}+\frac{1}{2}J_{\mathrm{A}}\omega_{\mathrm{OA}}^2 \tag{22.28}$$

位置の三者の関係として，次の式が成立する。

$$\mathbf{r}_{\mathrm{OO'}}(t)=\mathbf{R}_{\mathrm{OA}}+\mathbf{C}_{\mathrm{OA}}\mathbf{r}_{\mathrm{AO'}} \tag{22.29}$$

この式を時間微分して，重心速度 $\mathbf{V}_{\mathrm{OA}}$ を次のように求めることができる。

$$\mathbf{V}_{\mathrm{OA}}=\dot{\mathbf{r}}_{\mathrm{OO'}}(t)-\mathbf{C}_{\mathrm{OA}}\boldsymbol{\chi}\mathbf{r}_{\mathrm{AO'}}\omega_{\mathrm{OA}} \tag{22.30}$$

これを式(22.28)に代入して，

$$T^*=\frac{1}{2}\dot{\mathbf{r}}_{\mathrm{OO'}}^T(t)M_{\mathrm{A}}\dot{\mathbf{r}}_{\mathrm{OO'}}(t)-\dot{\mathbf{r}}_{\mathrm{OO'}}^T(t)\mathbf{C}_{\mathrm{OA}}\boldsymbol{\chi}\mathbf{r}_{\mathrm{AO'}}M_{\mathrm{A}}\omega_{\mathrm{OA}}$$
$$+\frac{1}{2}(\mathbf{r}_{\mathrm{AO'}}^T M_{\mathrm{A}}\mathbf{r}_{\mathrm{AO'}}+J_{\mathrm{A}})\omega_{\mathrm{OA}}^2 \tag{22.31}$$

ここで，独立な一般化座標は θ_{OA} で，ω_{OA} はその時間微分である。

作用力は重力だけであるから，ラグランジュの運動方程式は次のように書ける。

$$\frac{d}{dt}\left(\frac{\partial T^*}{\partial\omega_{\mathrm{OA}}}\right)^T-\left(\frac{\partial T^*}{\partial\theta_{\mathrm{OA}}}\right)^T=-(\mathbf{V}_{\mathrm{OA}})_{\omega_{\mathrm{OA}}}^T\mathbf{d}_{\mathrm{Y}}M_{\mathrm{A}}g \tag{22.32}$$

式(22.30)から，$(\mathbf{V}_{\mathrm{OA}})_{\omega_{\mathrm{OA}}}$ は次のように得られる。

$$(\mathbf{V}_{\mathrm{OA}})_{\omega_{\mathrm{OA}}}=-\mathbf{C}_{\mathrm{OA}}\boldsymbol{\chi}\mathbf{r}_{\mathrm{AO'}} \tag{22.33}$$

式(22.32)の左辺の二項はいずれもスカラーであるから転置記号をはずすことができ，式(22.31)を代入して，次のようになる。

$$\frac{d}{dt}\frac{\partial T^*}{\partial\omega_{\mathrm{OA}}}=-\ddot{\mathbf{r}}_{\mathrm{OO'}}^T(t)\mathbf{C}_{\mathrm{OA}}\boldsymbol{\chi}\mathbf{r}_{\mathrm{AO'}}M_{\mathrm{A}}+\dot{\mathbf{r}}_{\mathrm{OO'}}^T(t)\mathbf{C}_{\mathrm{OA}}\mathbf{r}_{\mathrm{AO'}}M_{\mathrm{A}}\omega_{\mathrm{OA}}$$
$$+(\mathbf{r}_{\mathrm{AO'}}^T M_{\mathrm{A}}\mathbf{r}_{\mathrm{AO'}}+J_{\mathrm{A}})\dot{\omega}_{\mathrm{OA}} \tag{22.34}$$

$$\frac{\partial T^*}{\partial \theta_{\mathrm{OA}}}=\dot{\mathbf{r}}_{\mathrm{OO'}}^T(t)\mathbf{C}_{\mathrm{OA}}\mathbf{r}_{\mathrm{AO'}}M_{\mathrm{A}}\omega_{\mathrm{OA}} \tag{22.35}$$

式(22.32)の右辺は，式(22.33)を代入して次のようになる。

$$(\mathbf{V}_{\mathrm{OA}})_{\omega_{\mathrm{OA}}}^T\mathbf{d}_{\mathrm{Y}}M_{\mathrm{A}}g=-\mathbf{r}_{\mathrm{AO'}}^T\mathbf{C}_{\mathrm{OA}}^T\mathbf{d}_{\mathrm{X}}M_{\mathrm{A}}g \tag{22.36}$$

以上を代入し整理して，結局，運動方程式は次のようになる。

$$(\mathbf{r}_{\mathrm{AO'}}^T M_{\mathrm{A}}\mathbf{r}_{\mathrm{AO'}}+J_{\mathrm{A}})\dot{\omega}_{\mathrm{OA}}=\mathbf{r}_{\mathrm{AO'}}^T\mathbf{C}_{\mathrm{OA}}^T\mathbf{d}_{\mathrm{X}}M_{\mathrm{A}}g+\mathbf{r}_{\mathrm{AO'}}^T\mathbf{C}_{\mathrm{OA}}^T\boldsymbol{\chi}^T M_{\mathrm{A}}\ddot{\mathbf{r}}_{\mathrm{OO'}}(t) \tag{22.37}$$

この結果は，16.9 節の結果と同じである。

重力をポテンシャル関数で表すと次のように書ける。

$$U=\mathbf{d}_{\mathrm{Y}}^T\mathbf{R}_{\mathrm{OA}}M_{\mathrm{A}}g \tag{22.38}$$

式(22.29)を用いると次のようになる。

$$U=\mathbf{d}_{\mathrm{Y}}^T(\mathbf{r}_{\mathrm{OO'}}(t)-\mathbf{C}_{\mathrm{OA}}\mathbf{r}_{\mathrm{AO'}})M_{\mathrm{A}}g \tag{22.39}$$

この式と式(22.31)とから式(22.20)のラグランジアンを作り，次のラグランジュの運動方程式を利用しても，同じ結果が得られるはずである。

$$\frac{d}{dt}\left(\frac{\partial L}{\partial \omega_{\mathrm{OA}}}\right)^T-\left(\frac{\partial L}{\partial \theta_{\mathrm{OA}}}\right)^T=0 \tag{22.40}$$

この式も転置記号は不要である。

22.4　循環座標，変数変換による不変性，ラグランジアンの任意性

● 循環座標

ラグランジアンの中に，特定な一般化座標の時間微分は含まれているが，その一般化座標自体が含まれていない場合を考える。すなわち，$\mathbf{Q}$ を $\mathbf{Q}_1$ と $\mathbf{Q}_2$ に分割したとき，ラグランジアンが $\mathbf{Q}_1$ を含んでいないとする。

$$L=L(\mathbf{Q}_2,\ \dot{\mathbf{Q}}_1,\ \dot{\mathbf{Q}}_2,\ t) \tag{22.41}$$

さらに，ここでは，作用力 $\mathbf{f}^{\bar{\mathrm{U}}}$ が働いていない状況を考える。このとき，ラグランジュの運動方程式は次の二つの式になる。

$$\frac{d}{dt}\left(\frac{\partial L}{\partial \dot{\mathbf{Q}}_1}\right)^T=\mathbf{0} \tag{22.42}$$

$$\frac{d}{dt}\left(\frac{\partial L}{\partial \dot{\mathbf{Q}}_2}\right)^T-\left(\frac{\partial L}{\partial \mathbf{Q}_2}\right)^T=\mathbf{0} \tag{22.43}$$

式(22.42)は直ちに積分できる。

$$\left(\frac{\partial L}{\partial \dot{\mathbf{Q}}_1}\right)^T=\mathbf{const.} \tag{22.44}$$

すなわち，この式の左辺は**保存量**である。

この $\mathbf{Q}_1$ のように，一般化座標の中で，ラグランジアンにその時間微分だけが含まれているものを**循環座標**と呼ぶ。ラグランジアンを一般化座標の時間微分で偏微分したものは**一般化運動量**と呼ばれるが，ポテンシャル関数で考慮されない作用力 $\mathbf{f}^{\bar{\mathrm{U}}}$ が存在しない場合，循環座標に対応する一般化運動量は定数となる。これは，運動量保存の法則を一般化したものであり，保存量の発見は，運動を解明するための有用な手段である。

Quiz 22.3 ［Quiz 22.1］のラグランジアンには循環座標が含まれている。対応する保存量は何か。

● 変数変換による不変性

自由な 3 次元質点のニュートンの運動方程式は，デカルト座標で表した場合と局座標で表した場合とで，その形が変わるが，ラグランジュの運動方程式は，変数変換によって，その形が変わらない。これは，ラグランジュの運動方程式の特徴の一つである。

一般化座標 $\mathbf{Q}$ を用いて表されたラグランジュの運動方程式を，別の一般化座標 $\mathbf{Q}'$ で書き直すことを考える。まず，$\mathbf{Q}'$ によって $\mathbf{Q}$ は次のように表されるとする。

$$\mathbf{Q}=\mathbf{Q}(\mathbf{Q}', t) \tag{22.45}$$

このように，座標変換に時間依存性を持たせてもよい。さて，22.1 節の準備のところで式(13.2)から式(22.5)と(22.12)を導いたが，まったく同様の方法により，式(22.45)から次の関係を導くことができる。

$$\frac{\partial \dot{\mathbf{Q}}}{\partial \dot{\mathbf{Q}}'}=\frac{\partial \mathbf{Q}}{\partial \mathbf{Q}'} \tag{22.46}$$

$$\frac{d}{dt}\frac{\partial\dot{\mathbf{Q}}}{\partial\dot{\mathbf{Q}}'}=\frac{d}{dt}\frac{\partial\mathbf{Q}}{\partial\mathbf{Q}'}=\frac{\partial\dot{\mathbf{Q}}}{\partial\mathbf{Q}'} \tag{22.47}$$

式(22.23)のラグランジアンに式(22.45)の $\mathbf{Q}$ とその時間微分を代入すると次のようになる。

$$L(\mathbf{Q},\dot{\mathbf{Q}},t)=L\left(\mathbf{Q}(\mathbf{Q}',t),\frac{\partial\mathbf{Q}(\mathbf{Q}',t)}{\partial\mathbf{Q}'}\dot{\mathbf{Q}}'+\frac{\partial\mathbf{Q}(\mathbf{Q}',t)}{\partial t},t\right) \tag{22.48}$$

右辺は $\mathbf{Q}'$，$\dot{\mathbf{Q}}'$，t の関数になるが，その新しい関数形を L' と書くことにする。

$$L(\mathbf{Q},\dot{\mathbf{Q}},t)=L'(\mathbf{Q}',\dot{\mathbf{Q}}',t) \tag{22.49}$$

このとき，L' と $\mathbf{Q}'$ で作られるラグランジュの運動方程式の左辺は次のように変形できる。

$$\frac{d}{dt}\left(\frac{\partial L'}{\partial\dot{\mathbf{Q}}'}\right)^T-\left(\frac{\partial L'}{\partial\mathbf{Q}'}\right)^T=\frac{d}{dt}\left(\frac{\partial L}{\partial\dot{\mathbf{Q}}}\frac{\partial\dot{\mathbf{Q}}}{\partial\dot{\mathbf{Q}}'}\right)^T-\left(\frac{\partial L}{\partial\mathbf{Q}}\frac{\partial\mathbf{Q}}{\partial\mathbf{Q}'}+\frac{\partial L}{\partial\dot{\mathbf{Q}}}\frac{\partial\dot{\mathbf{Q}}}{\partial\mathbf{Q}'}\right)^T \tag{22.50}$$

右辺第一項の時間微分は，因子ごとの時間微分に直して次のように書ける。

$$\frac{d}{dt}\left(\frac{\partial L}{\partial\dot{\mathbf{Q}}}\frac{\partial\dot{\mathbf{Q}}}{\partial\dot{\mathbf{Q}}'}\right)^T=\left(\frac{\partial\dot{\mathbf{Q}}}{\partial\dot{\mathbf{Q}}'}\right)^T\frac{d}{dt}\left(\frac{\partial L}{\partial\dot{\mathbf{Q}}}\right)^T+\left\{\frac{d}{dt}\left(\frac{\partial\dot{\mathbf{Q}}}{\partial\dot{\mathbf{Q}}'}\right)^T\right\}\left(\frac{\partial L}{\partial\dot{\mathbf{Q}}}\right)^T \tag{22.51}$$

ここで，式(22.46)，(22.47)を用いると，この式は次のようになる。

$$\frac{d}{dt}\left(\frac{\partial L}{\partial\dot{\mathbf{Q}}}\frac{\partial\dot{\mathbf{Q}}}{\partial\dot{\mathbf{Q}}'}\right)^T=\left(\frac{\partial\mathbf{Q}}{\partial\mathbf{Q}'}\right)^T\frac{d}{dt}\left(\frac{\partial L}{\partial\dot{\mathbf{Q}}}\right)^T+\left(\frac{\partial\dot{\mathbf{Q}}}{\partial\mathbf{Q}'}\right)^T\left(\frac{\partial L}{\partial\dot{\mathbf{Q}}}\right)^T \tag{22.52}$$

式(22.50)の右辺第二項は，次のように書ける。

$$\left(\frac{\partial L}{\partial\mathbf{Q}}\frac{\partial\mathbf{Q}}{\partial\mathbf{Q}'}+\frac{\partial L}{\partial\dot{\mathbf{Q}}}\frac{\partial\dot{\mathbf{Q}}}{\partial\mathbf{Q}'}\right)^T=\left(\frac{\partial\mathbf{Q}}{\partial\mathbf{Q}'}\right)^T\left(\frac{\partial L}{\partial\mathbf{Q}}\right)^T+\left(\frac{\partial\dot{\mathbf{Q}}}{\partial\mathbf{Q}'}\right)^T\left(\frac{\partial L}{\partial\dot{\mathbf{Q}}}\right)^T \tag{22.53}$$

式(22.52)と(22.53)から，式(22.50)は次のようになる。

$$\frac{d}{dt}\left(\frac{\partial L'}{\partial\dot{\mathbf{Q}}'}\right)^T-\left(\frac{\partial L'}{\partial\mathbf{Q}'}\right)^T=\left(\frac{\partial\mathbf{Q}}{\partial\mathbf{Q}'}\right)^T\left\{\frac{d}{dt}\left(\frac{\partial L}{\partial\dot{\mathbf{Q}}}\right)^T-\left(\frac{\partial L}{\partial\mathbf{Q}}\right)^T\right\} \tag{22.54}$$

この式の右辺は，式(22.19)を用いると，次のように書ける。

$$\left(\frac{\partial\mathbf{Q}}{\partial\mathbf{Q}'}\right)^T\left\{\frac{d}{dt}\left(\frac{\partial L}{\partial\dot{\mathbf{Q}}}\right)^T-\left(\frac{\partial L}{\partial\mathbf{Q}}\right)^T\right\}=\left(\frac{\partial\mathbf{Q}}{\partial\mathbf{Q}'}\right)^T\mathbf{r}_{\mathrm{Q}}^{T}\mathbf{f}^{\bar{\mathrm{U}}}=\mathbf{r}_{\mathrm{Q}'}^{T}\mathbf{f}^{\bar{\mathrm{U}}} \tag{22.55}$$

結局，新しいラグランジュの運動方程式は次のようになる。

$$\frac{d}{dt}\left(\frac{\partial L'}{\partial\dot{\mathbf{Q}}'}\right)^T-\left(\frac{\partial L'}{\partial\mathbf{Q}'}\right)^{\mathrm{T}}=\mathbf{r}_{\mathrm{Q}'}^{T}\mathbf{f}^{\bar{\mathrm{U}}}=\mathbf{v}_{\dot{\mathrm{Q}}'}^{T}\mathbf{f}^{\bar{\mathrm{U}}} \tag{22.56}$$

右辺の二つの表現方法はどちらでも同じである。この結果を式(22.19)と対比すると，一般化座標が変わってもラグランジュの運動方程式は形を変えないことが分かる。

変数変換によって運動方程式の形が変わらなければ，変数変換は容易である。うまく変数変換することによって循環座標が見つかれば保存量が見つかるなどの利点がある。なお，ここで述べた座標変換は，$\mathbf{Q}$ の数に比べて $\mathbf{Q}'$ の数が多い場合でも成立する。ただし，数が増えてもそれらの運動方程式のすべてが独立なわけではない。

● ラグランジアンの任意性

ラグランジアンは，運動補エネルギーからポテンシャル関数を差し引いたスカラー関数として定義された。そして，ラグランジュの運動方程式は，特定なラグランジアンに対応して特定な系の運動方程式を作り出す。しかし，特定な運動方程式を作り出すラグランジアンが一つに決まっているわけではない。ここでは異なるラグランジアンから同じ運動方程式が導かれることを示す。その新しいラグランジアンは，運動補エネルギーからポテンシャル関数を差し引いた量と一致しなくても構わない。

ラグランジアン $L(\mathbf{Q}, \dot{\mathbf{Q}}, t)$ にスカラー関数 $W(\mathbf{Q}, t)$ の時間微分を加えたものを，新たなラグランジアン $L'(\mathbf{Q}, \dot{\mathbf{Q}}, t)$ とする。

$$L'(\mathbf{Q}, \dot{\mathbf{Q}}, t) = L(\mathbf{Q}, \dot{\mathbf{Q}}, t) + \frac{d}{dt}W(\mathbf{Q}, t) \tag{22.57}$$

この式は次のように書き直すことができる。

$$L'(\mathbf{Q}, \dot{\mathbf{Q}}, t) = L(\mathbf{Q}, \dot{\mathbf{Q}}, t) + \frac{\partial W}{\partial \mathbf{Q}}\dot{\mathbf{Q}} + \frac{\partial W}{\partial t} \tag{22.58}$$

この L' をラグランジュの運動方程式の左辺に代入すると，次のようになる。

$$\begin{aligned}\frac{d}{dt}\left(\frac{\partial L'}{\partial \dot{\mathbf{Q}}}\right)^T - \left(\frac{\partial L'}{\partial \mathbf{Q}}\right)^T &= \frac{d}{dt}\left(\frac{\partial L}{\partial \dot{\mathbf{Q}}} + \frac{\partial W}{\partial \mathbf{Q}}\right)^T \\ &\quad - \left\{\frac{\partial L}{\partial \mathbf{Q}} + \dot{\mathbf{Q}}^T \frac{\partial}{\partial \mathbf{Q}}\left(\frac{\partial W}{\partial \mathbf{Q}}\right)^T + \frac{\partial}{\partial \mathbf{Q}}\frac{\partial W}{\partial t}\right\}^T \end{aligned} \tag{22.59}$$

この式の，右辺第一項の中の W に関わる項は，次のように書き換えることができる。

$$\frac{d}{dt}\left(\frac{\partial W}{\partial \mathbf{Q}}\right)^T=\frac{\partial}{\partial \mathbf{Q}}\left(\frac{\partial W}{\partial \mathbf{Q}}\right)^T\dot{\mathbf{Q}}+\frac{\partial}{\partial t}\left(\frac{\partial W}{\partial \mathbf{Q}}\right)^T \tag{22.60}$$

この式と式(22.59)の右辺第二項を見比べると，Wを$\mathbf{Q}$とtのC^2-級の関数とすれば，Wに関わる項は同じであることが分かる。その結果，式(22.59)は次のようになる。

$$\frac{d}{dt}\left(\frac{\partial L'}{\partial \dot{\mathbf{Q}}}\right)^T-\left(\frac{\partial L'}{\partial \mathbf{Q}}\right)^T=\frac{d}{dt}\left(\frac{\partial L}{\partial \dot{\mathbf{Q}}}\right)^T-\left(\frac{\partial L}{\partial \mathbf{Q}}\right)^T \tag{22.61}$$

すなわち，式(22.57)の形のラグランジアンの場合，$W(\mathbf{Q}, t)$ は，運動方程式に影響を及ぼさない。

式(22.57)以外の形でも同一の運動方程式を導くラグランジアンの事例はある。しかし，ラグランジュの運動方程式の左辺の形をまったく同じにする二つのラグランジアンは，式(22.57)の関係にある。

ラグランジュの運動方程式が変数変換によって形を変えない性質と，式(22.57)のラグランジアンの任意性は，ハミルトンの正準運動方程式で，さらに発展する。ラグランジュの運動方程式は，一般化座標$\mathbf{Q}$による二階の微分方程式であるが，ハミルトンの正準運動方程式は，一般化座標$\mathbf{Q}$と一般化運動量$\boldsymbol{\Pi}$による一階の微分方程式である。そのような運動方程式では，$\mathbf{Q}$と$\boldsymbol{\Pi}$をまとめた変数変換が可能になる。そして，ハミルトンの正準運動方程式が形を変えないような変数変換が，正準変換と呼ばれるものである。

第23章 ハミルトンの原理を利用する方法

ダランベールの原理における仮想変位 $\delta\mathbf{r}$ は，時間を止めて，その瞬間における仮想の変位を考えているだけであり，時間の経過とは関係付けていない。ハミルトンの原理における $\delta\mathbf{r}$ は時間の関数であり，$\mathbf{r}(t)$ の変分と呼ばれるものである。ダランベールの原理では仮想的に位置を変化させると考えたが，ハミルトンの原理では仮想的に軌跡（時間に対する位置）を変化させると考える。$\delta\mathbf{r}(t)$ の与え方はすべての拘束条件を満たす範囲であり，また，考えている時間の両端では変化量をゼロとする。そのような変分は，その各瞬間を考えればダランベールの原理を満たすものであり，ハミルトンの原理はダランベールの原理を時間積分した形になっている。この原理は，**積分原理**とか，**変分原理**と呼ばれることもある（一方，ダランベールの原理は**微分原理**と呼ばれることがある）。

ハミルトンの原理を利用して運動方程式を構築する方法は，連続体を対象とする分野では，よく用いられる。集中定数系では，有限個の一般化座標を選ぶこと

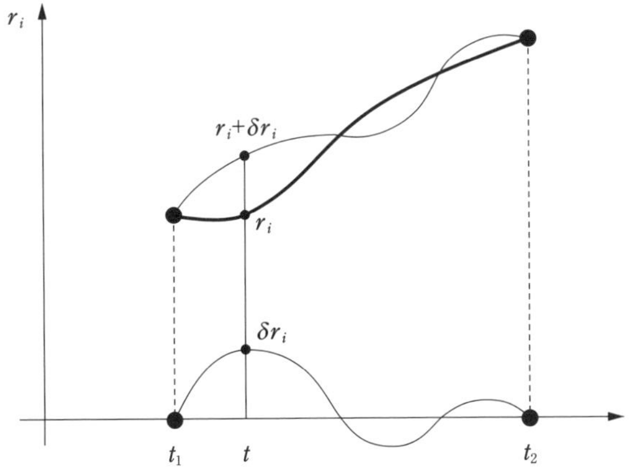

図 23.1 $r_i(t)$（$\mathbf{r}(t)$ の i 番目の成分）の変分 $\delta r_i(t)$
この図は，変分の概念の説明用で，実際には $\delta r_i(t)$ は微少量である。

から始めるのに対し，連続体は無限の自由度をもっていて，取り扱い方がかなり異なる。本書は，有限個の独立な一般化座標を持つ系を主対象に考えていて，その場合，ハミルトンの原理を利用する方法は，かえって手間が掛かる。しかし，ハミルトンの原理は，電気系や流体系なども含めた統一的な扱いができるなど，すぐれた面を持っている。さらに，量子力学への発展など基本的な重要さはいうまでもない。

23.1　ハミルトンの原理

● ハミルトンの原理の導出

ハミルトンの原理は形の上ではダランベールの原理を時間積分した形から導かれる。

$$\int_{t_1}^{t_2}\delta\mathbf{r}^T(\mathbf{f}-\dot{\mathbf{p}})\,dt=0 \tag{23.1}$$

この式の左辺は次のように変形できる。

$$\int_{t_1}^{t_2}\delta\mathbf{r}^T(\mathbf{f}-\dot{\mathbf{p}})\,dt=\int_{t_1}^{t_2}(\delta\mathbf{r}^T\mathbf{f}-\delta\mathbf{r}^T\dot{\mathbf{p}})\,dt \tag{23.2}$$

$$=\int_{t_1}^{t_2}\left(\delta\mathbf{r}^T\mathbf{f}-\frac{d}{dt}(\delta\mathbf{r}^T\mathbf{p})+\delta\mathbf{v}^T\mathbf{p}\right)dt \tag{23.3}$$

$$=\int_{t_1}^{t_2}(\delta\mathbf{r}^T\mathbf{f}+\delta T^*)\,dt-\delta\mathbf{r}^T\mathbf{p}\Big|_{t_1}^{t_2} \tag{23.4}$$

式(23.3)に移るとき，$\delta\mathbf{r}$ の時間微分を $\delta\mathbf{v}$ とした。$\delta\mathbf{r}$ と共に $\delta\mathbf{v}$ を考えられるのは，$\delta\mathbf{r}$ が時間の関数であるからで，これはダランベールの原理の仮想変位にはない考え方である。数学的には，変分の操作と時間微分の順序を入れ替えていると考えることもできる。式(23.4)への移行では，$\delta\mathbf{v}^T\mathbf{p}$ を δT^* とした。これは，14.6 節の式(14.63)の変分をとり，式(14.64)を利用すれば得られる関係である。

ここで，積分時間の両端での変分はゼロと定め，式(23.4)の第二項をゼロとする。その結果，**ハミルトンの原理**に到達する。

$$\int_{t_1}^{t_2}(\delta\mathbf{r}^T\mathbf{f}+\delta T^*)\,dt=0 \tag{23.5}$$

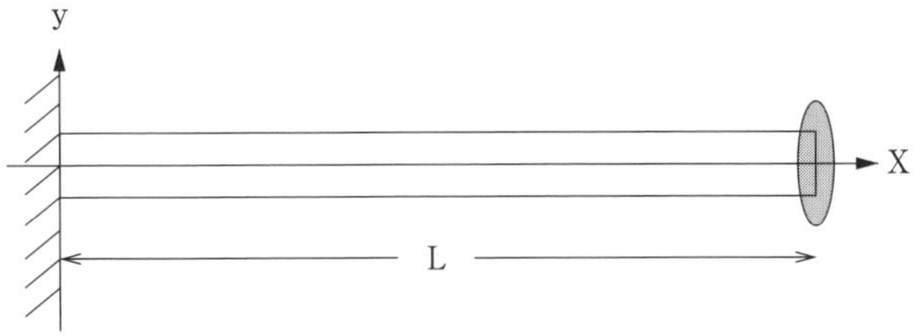

図23.2 分布定数系の例（自由端に集中慣性体を持つ片持ち梁の横振動モデル）

この式では，式(22.16)の場合と同様に，ポテンシャル関数から求まる力もすべて作用力として扱っている。そして，ハミルトンの原理の場合もラグランジアンLを用いた一般的な形を作ることができる。

$$\int_{t_1}^{t_2}(\delta \mathbf{r}^T \mathbf{f}^{\bar{U}} + \delta L)\,dt = 0 \tag{23.6}$$

作用力$\mathbf{f}$は$\mathbf{f}^{U}$と$\mathbf{f}^{\bar{U}}$に分けられ，$\mathbf{f}^{U}$はポテンシャル関数UとしてLの中に考慮される。$\mathbf{f}^{U}$，Uなどは，22.1項の式(22.17)，(22.18)に説明されているものと同じである。作用力には$\mathbf{f}^{\bar{U}}$だけが残される。ラグランジアンLは，運動補エネルギーT^*からポテンシャル関数Uを差し引いたものである。

$$L = T^* - U \qquad 【22.20】$$

ハミルトンの原理は次のとおりである。拘束条件を満たす範囲の任意の変分に対して，式(23.5)，あるいは(23.6)の左辺の積分は常にゼロになる。

ハミルトンの原理は分布定数系の運動方程式を立てる場合には役に立つが，集中定数系の場合は他の方法を用いるほうが簡単である。分布定数系の簡単な事例としては，図23.2に示すような片持ち梁があるが，本書では，その具体的な解説は省略する。ただし，この図を見て想像できるように，分布定数系の場合は運動補エネルギーと共にポテンシャル関数も連続的に分布していることが多く，式(23.5)より，式(23.6)の形がよく用いられる。

式(23.6)は，さらに次のように書き直すことができる。

$$\int_{t_1}^{t_2}\delta \mathbf{r}^T \mathbf{f}^{\bar{U}}\,dt + \delta\int_{t_1}^{t_2} L\,dt = 0 \tag{23.7}$$

第二項はラグランジアンの時間積分の変分であるが，ラグランジアンの時間積分

A は，**作用**（action），または，**作用積分**（action integral）と呼ばれている。

$$A=\int_{t_1}^{t_2} L dt \tag{23.8}$$

これを用いると，ハミルトンの原理は次のように書ける。

$$\int_{t_1}^{t_2} \delta \mathbf{r}^T \mathbf{f}^{\bar{U}} dt+\delta A=0 \tag{23.9}$$

作用力 $\mathbf{f}^{\bar{U}}$ がない場合は，「作用積分の変分がゼロになるように運動する」という，極めて簡単な表現の力学原理になる。

● ハミルトンの原理を利用して運動方程式を作る方法

ハミルトンの原理を利用して運動方程式を作る場合，まず，最初に，運動補エネルギーとポテンシャル関数を，適当な座標変数（従属なものを含む一般化座標）を用いて表し，その差をラグランジアンとする。次に，式(23.6)の括弧内の変分を計算し，独立な一般化座標の変分で表す。そのとき，ラグランジアンは独立な一般化座標の時間微分 $\dot{\mathbf{Q}}$ を含んでいるので，$\delta\dot{\mathbf{Q}}$ が出てくる。そこで，部分積分の公式を用いて $\delta\mathbf{Q}$ の関係に書き換える。$\delta\mathbf{r}$ も $\delta\mathbf{Q}$ で表すことができ，積分の内部は $\delta\mathbf{Q}$ で括り出すことができる。ここで，$\delta\mathbf{Q}$ が積分時間の両端でゼロになる仮定を用いるとともに，積分時間内では $\delta\mathbf{Q}$ の任意性を利用して運動方程式を求めることができる。

この過程で，部分積分の公式を用いて $\delta\dot{\mathbf{Q}}$ を $\delta\mathbf{Q}$ とするところと，$\delta\mathbf{Q}$ が積分時間の両端でゼロと仮定するところなどは，ダランベールの原理の積分形からハミルトンの原理を求める過程を逆に戻っているようなものである。ただし，運動方程式を取り出すために，独立な一般化座標で表現するようにし，その変分の任意性を利用する。

次節では，ハミルトンの原理を用いてラグランジュの運動方程式を導く。この過程は特定モデルの運動方程式を作る過程と同じであり，上記の説明の事例になっている。

23.2 ラグランジュの運動方程式の導出

● 一般化座標 Q が独立な場合

ラグランジュの運動方程式はハミルトンの原理から導くこともできる。まず，ラグランジアン L は，22.1 節に，一般化座標 $\mathbf{Q}$，その時間微分 $\dot{\mathbf{Q}}$，時間 t の関数として与えられている。

$$L=L(\mathbf{Q},\dot{\mathbf{Q}},t) \tag*{【22.23】}$$

この変分は次のように書ける。

$$\delta L=\frac{\partial L}{\partial \mathbf{Q}}\delta\mathbf{Q}+\frac{\partial L}{\partial \dot{\mathbf{Q}}}\delta\dot{\mathbf{Q}} \tag{23.10}$$

この時間積分は，部分積分の公式を用いて，次のようになる。

$$\begin{aligned}\int_{t_1}^{t_2}\delta L dt&=\int_{t_1}^{t_2}\left(\frac{\partial L}{\partial \mathbf{Q}}\delta\mathbf{Q}+\frac{\partial L}{\partial \dot{\mathbf{Q}}}\delta\dot{\mathbf{Q}}\right)dt\\&=\int_{t_1}^{t_2}\left(\frac{\partial L}{\partial \mathbf{Q}}-\frac{d}{dt}\frac{\partial L}{\partial \dot{\mathbf{Q}}}\right)\delta\mathbf{Q}dt+\left.\frac{\partial L}{\partial \dot{\mathbf{Q}}}\delta\mathbf{Q}\right|_{t_1}^{t_2}\end{aligned} \tag{23.11}$$

積分時間の両端で $\delta\mathbf{Q}$ はゼロである。したがって，この式は次のように書ける。

$$\int_{t_1}^{t_2}\delta L dt=\int_{t_1}^{t_2}\left(\frac{\partial L}{\partial \mathbf{Q}}-\frac{d}{dt}\frac{\partial L}{\partial \dot{\mathbf{Q}}}\right)\delta\mathbf{Q}dt=\int_{t_1}^{t_2}\delta\mathbf{Q}^T\left(\frac{\partial L}{\partial \mathbf{Q}}-\frac{d}{dt}\frac{\partial L}{\partial \dot{\mathbf{Q}}}\right)^T dt \tag{23.12}$$

質点系の位置 $\mathbf{r}$ は，$\mathbf{Q}$ と t の関数として 13.4 節に与えられている。

$$\mathbf{r}=\mathbf{r}(\mathbf{Q},t) \tag*{【13.2】}$$

この式の変分の関係から，作用力の項は次のようになる。

$$\delta\mathbf{r}^T\mathbf{f}^{\bar{\mathrm{U}}}=\delta\mathbf{Q}^T\mathbf{r}_Q^T\mathbf{f}^{\bar{\mathrm{U}}} \tag{23.13}$$

結局，ハミルトンの原理(23.6)は次のように書くことができる。

$$\int_{t_1}^{t_2}\delta\mathbf{Q}^T\left\{\mathbf{r}_Q^T\mathbf{f}^{\bar{\mathrm{U}}}+\left(\frac{\partial L}{\partial \mathbf{Q}}-\frac{d}{dt}\frac{\partial L}{\partial \dot{\mathbf{Q}}}\right)^T\right\}dt=0 \tag{23.14}$$

$\delta\mathbf{Q}$ は積分時間の範囲内で任意な時間関数であり，$\delta\mathbf{Q}$ をどのように変えてもこの積分がゼロになることから，ラグランジュの運動方程式が成立する。

$$\frac{d}{dt}\left(\frac{\partial L}{\partial \dot{\mathbf{Q}}}\right)^T-\left(\frac{\partial L}{\partial \mathbf{Q}}\right)^T=\mathbf{r}_{\mathrm{Q}}^T\mathbf{f}^{\bar{\mathrm{U}}} \qquad 【22.19】$$

● 一般化座標 Q にホロノミックな拘束がある場合

一般化座標 $\mathbf{Q}$ の間にホロノミックな拘束がある場合を考える。

$$\boldsymbol{\Psi}(\mathbf{Q}, t)=\mathbf{0} \qquad (23.15)$$

この式の変分は次のようになる。

$$\delta\boldsymbol{\Psi}=\boldsymbol{\Psi}_{\mathrm{Q}}\delta\mathbf{Q}=\mathbf{0} \qquad (23.16)$$

すべてが独立でない $\mathbf{Q}$ を用いてラグランジアン(22.23)が書かれているとする。その変分は式(23.10)である。その中に出てくる $\delta\mathbf{Q}$, $\delta\dot{\mathbf{Q}}$ も独立ではないが，積分時間の両端で，$\delta\mathbf{Q}$ はすべてゼロとしてよい。したがって，式(23.12)は成立する。式(13.2)も $\mathbf{Q}$ が独立でなくても差し支えない。その変分の関係にも変更の必要はなく，式(23.13)もそのまま成立する。結局，式(23.14)が成立する。しかし，$\delta\mathbf{Q}$ は独立ではないので，このままでは，式(23.14)から運動方程式を抽出するところがうまくゆかない。

そこで，拘束 $\boldsymbol{\Psi}$ の数と同数のラグランジュ未定乗数を縦に並べた列行列を $\boldsymbol{\Lambda}$ とし，その転置を式(23.16)の中央の表現に左から掛けて，式(23.10)の右辺に加える。ゼロを加えただけであるから，左辺は δL のままである。

$$\delta L=\frac{\partial L}{\partial \mathbf{Q}}\delta\mathbf{Q}+\frac{\partial L}{\partial \dot{\mathbf{Q}}}\delta\dot{\mathbf{Q}}+\boldsymbol{\Lambda}^T\boldsymbol{\Psi}_{\mathrm{Q}}\delta\mathbf{Q} \qquad (23.17)$$

以下，$\mathbf{Q}$ が独立だった場合と同じように進めると，式(23.14)に対応する式は次のようになる。

$$\int_{t_1}^{t_2}\delta\mathbf{Q}^T\left\{\mathbf{r}_{\mathrm{Q}}^T\mathbf{f}^{\bar{\mathrm{U}}}+\left(\frac{\partial L}{\partial \mathbf{Q}}-\frac{d}{dt}\frac{\partial L}{\partial \dot{\mathbf{Q}}}\right)^T+\boldsymbol{\Psi}_{\mathrm{Q}}^T\boldsymbol{\Lambda}\right\}dt=0 \qquad (23.18)$$

ここで，一般化座標 $\mathbf{Q}$ を独立な一般化座標 $\mathbf{Q}_{\mathrm{I}}$ と従属な一般化座標 $\mathbf{Q}_{\mathrm{D}}$ に分けると，この式は次のようになる。

$$\int_{t_1}^{t_2}\delta\mathbf{Q}_{\mathrm{I}}^T\left\{\mathbf{r}_{\mathrm{Q_I}}^T\mathbf{f}^{\bar{\mathrm{U}}}+\left(\frac{\partial L}{\partial \mathbf{Q}_{\mathrm{I}}}-\frac{d}{dt}\frac{\partial L}{\partial \dot{\mathbf{Q}}_{\mathrm{I}}}\right)^T+\boldsymbol{\Psi}_{\mathrm{Q_I}}^T\boldsymbol{\Lambda}\right\}dt$$

$$+\int_{t_1}^{t_2}\delta\mathbf{Q}_{\mathrm{D}}^T\left\{\mathbf{r}_{\mathrm{Q_D}}^T\mathbf{f}^{\bar{\mathrm{U}}}+\left(\frac{\partial L}{\partial \mathbf{Q}_{\mathrm{D}}}-\frac{d}{dt}\frac{\partial L}{\partial \dot{\mathbf{Q}}_{\mathrm{D}}}\right)^T+\boldsymbol{\Psi}_{\mathrm{Q_D}}^T\boldsymbol{\Lambda}\right\}dt=0$$

(23.19)

$\mathbf{Q}_\mathrm{D}$ の数は $\mathbf{\Psi}$ の数と同じである。そして，$\mathbf{Q}_\mathrm{I}$ と $\mathbf{Q}_\mathrm{D}$ の選択が適切なら，そして，$\mathbf{\Psi}$ がすべて独立だとすると，$\mathbf{\Psi}_{\mathrm{Q_D}}$ は正則になる。そこで，この式の左辺第二項の括弧内がゼロになるように，ラグランジュの未定乗数を決めることにする。$\mathbf{\Psi}_{\mathrm{Q_D}}^T$ は正則であるから，そのような計算は可能である。その結果，式(23.19)の左辺は第一項だけとなり，$\delta\mathbf{Q}_\mathrm{I}$ の任意性により，括弧内をゼロとすることができる。この結果は，式(23.18)で $\delta\mathbf{Q}$ のすべてを任意とした場合と同じ結論である。運動方程式は次のようになる。

$$\frac{d}{dt}\left(\frac{\partial L}{\partial\dot{\mathbf{Q}}}\right)^T-\left(\frac{\partial L}{\partial\mathbf{Q}}\right)^T=\mathbf{r}_\mathrm{Q}^T\mathbf{f}^{\bar{\mathrm{U}}}+\mathbf{\Psi}_\mathrm{Q}^T\mathbf{\Lambda} \tag{23.20}$$

この式の未知数は $\ddot{\mathbf{Q}}$ と $\mathbf{\Lambda}$ で，式の数より多い。式(23.15)の拘束条件と共に解くことが必要であり，微分代数型の問題となる。すなわち，3.7 節で述べた微分代数型の運動方程式と同様な扱い方をすると，式(23.15)を二回時間微分して加速度レベルの拘束条件とし，運動方程式(23.20)と連立させることになる。

以上はラグランジュの未定乗数法であるが，式(23.15)にラグランジュの未定乗数の転置を左から掛け，式(22.23)に加えたものを新たなラグランジアン L' とすれば，$\delta\mathbf{Q}$ を独立として扱うことができる。

$$L'=L(\mathbf{Q},\dot{\mathbf{Q}},t)+\mathbf{\Lambda}^T\mathbf{\Psi}(\mathbf{Q},t) \tag{23.21}$$

ただし，この式を用いることができるのは拘束条件がホロノミックな場合である。

● 一般化座標 Q にシンプルノンホロノミックな拘束がある場合

式(23.15)のホロノミックな拘束を時間微分すると次のようになる。

$$\dot{\mathbf{\Psi}}=\mathbf{\Phi}=\mathbf{\Psi}_\mathrm{Q}\dot{\mathbf{Q}}+\mathbf{\Psi}_t=\mathbf{0} \tag{23.22}$$

13.6 節でもそうしたように，速度レベルの拘束条件を $\mathbf{\Phi}$ と表している。この式は $\dot{\mathbf{Q}}$ の一次式であるから，次の関係がある。

$$\mathbf{\Psi}_\mathrm{Q}=\mathbf{\Phi}_{\dot{\mathrm{Q}}} \tag{23.23}$$

そして，式(23.22)を次のように書き直してもよい。

$$\mathbf{\Phi}=\mathbf{\Phi}_{\dot{\mathrm{Q}}}\dot{\mathbf{Q}}+\mathbf{\Phi}_{\bar{\dot{\mathrm{Q}}}}=\mathbf{0} \tag{23.24}$$

$\mathbf{\Phi}_{\bar{\dot{\mathrm{Q}}}}$ は，$\mathbf{\Phi}$ を $\dot{\mathbf{Q}}$ で偏微分した残りの項を意味している。

式(23.23)を用いると，ホロノミックな拘束を受ける場合のラグランジュの運動方程式(23.20)は次のように書くこともできる。

$$\frac{d}{dt}\left(\frac{\partial L}{\partial \dot{\mathbf{Q}}}\right)^T-\left(\frac{\partial L}{\partial \mathbf{Q}}\right)^T=\mathbf{r}_{\mathrm{Q}}^T\mathbf{f}^{\mathrm{U}}+\mathbf{\Phi}_{\mathrm{Q}}^T\mathbf{\Lambda} \tag{23.25}$$

独立だった一般化速度 $\mathbf{Q}$ が $\mathbf{\Psi}=\mathbf{0}$ の拘束を受けた場合に生じる拘束力は，$\mathbf{\Psi}_{\mathrm{Q}}^T\mathbf{\Lambda}$ であり，これは $\mathbf{\Psi}$ の時間微分 $\mathbf{\Phi}$ を用いて $\mathbf{\Phi}_{\dot{\mathrm{Q}}}^T\mathbf{\Lambda}$ と書くこともできる。式(23.25)右辺の第二項は，この拘束力である。この拘束力は，変分 $\delta\mathbf{Q}$ と直交する。

$$\mathbf{\Lambda}^T\mathbf{\Phi}_{\dot{\mathrm{Q}}}\delta\mathbf{Q}=0 \tag{23.26}$$

$\mathbf{Q}$ が $\mathbf{\Psi}=\mathbf{0}$ の拘束を受ける場合，変分 $\delta\mathbf{Q}$ の拘束は $\mathbf{\Psi}_{\mathrm{Q}}\delta\mathbf{Q}=\mathbf{0}$ となり，また，次のように書くこともできる。

$$\mathbf{\Phi}_{\dot{\mathrm{Q}}}\delta\mathbf{Q}=\mathbf{0} \tag{23.27}$$

式(23.26)は，この式に $\mathbf{\Lambda}$ の転置を左から掛けたものと説明することもできる。

シンプルノンホロノミックな拘束条件は，始めから，式(23.24)のような形に表される。そして，それを積分した位置レベルの拘束表現を持たないものである。そこで，この式(23.24)がシンプルノンホロノミックな拘束を既に含んでいるものとする。$\mathbf{\Phi}$ の数は $\mathbf{\Psi}$ の数より多くなっている。そのような場合でも，拘束力が $\mathbf{\Phi}_{\dot{\mathrm{Q}}}^T\mathbf{\Lambda}$ の形に表され，変分 $\delta\mathbf{Q}$ と直交する。すなわち式(23.26)は，シンプルノンホロノミックな場合にも成立する。変分の拘束も，式(23.27)の形で成立する。このようにシンプルノンホロノミックな拘束まで適用性を拡大して，式(23.26)を式(23.10)の右辺に加える。ゼロを加えただけであるから，左辺は $\delta \boldsymbol{L}$ のままである。

$$\delta L=\frac{\partial L}{\partial \mathbf{Q}}\delta\mathbf{Q}+\frac{\partial L}{\partial \dot{\mathbf{Q}}}\delta\dot{\mathbf{Q}}+\mathbf{\Lambda}^T\mathbf{\Phi}_{\dot{\mathrm{Q}}}\delta\mathbf{Q} \tag{23.28}$$

以下，ホロノミックな拘束の場合と同じように進めると，式(23.25)と同じ形に到達する。すなわち，式(23.25)はシンプルノンホロノミックな拘束も含む速度レベルの拘束を考慮したラグランジュの運動方程式である。

式(23.25)の未知数は，$\ddot{\mathbf{Q}}$ と $\mathbf{\Lambda}$ で，式の数より多い。$\mathbf{\Lambda}$ は式(23.24)の $\mathbf{\Phi}$ の数だけあるが，$\mathbf{\Phi}$ にはホロノミックなものとシンプルノンホロノミックなものが混在している。ホロノミックな拘束については式(23.15)のすべて，シンプルノンホロノミックな拘束については式(23.24)の中の該当するものが必要で，それらを連立させて解くことになる。

23.3 事例：舵付き帆掛け舟

シンプルノンホロノミックな拘束を持つ舵付き帆掛け舟（13.3節，13.6節参照）の運動方程式を，ラグランジュの運動方程式(23.25)を用いて求めてみよう。まず，運動補エネルギーは次のように書ける。

$$T^{*}=\frac{1}{2}\mathbf{V}_{\mathrm{OA}}^{T}M_{\mathrm{A}}\mathbf{V}_{\mathrm{OA}}+\frac{1}{2}J_{\mathrm{A}}\omega_{\mathrm{OA}}^{2}=\frac{1}{2}\mathbf{V}_{\mathrm{OA}}^{\prime T}M_{\mathrm{A}}\mathbf{V}_{\mathrm{OA}}^{\prime}+\frac{1}{2}J_{\mathrm{A}}\omega_{\mathrm{OA}}^{2} \tag{23.29}$$

従属なものを含んだ一般化座標を $\mathbf{Q}$ と書くと，運動方程式は次のように書ける。

$$\frac{d}{dt}\left(\frac{\partial T^{*}}{\partial\dot{\mathbf{Q}}}\right)^{T}-\left(\frac{\partial T^{*}}{\partial\mathbf{Q}}\right)^{T}=(\mathbf{V}_{\mathrm{OA}}^{\prime})_{\mathrm{Q}}^{T}\mathbf{F}_{\mathrm{OA}}^{\prime}+(\omega_{\mathrm{OA}})_{\mathrm{Q}}^{T}n_{\mathrm{A}}+\Phi_{\mathrm{Q}}^{T}\Lambda \tag{23.30}$$

Φ は舵の拘束であり，$\mathbf{F}_{\mathrm{OA}}^{\prime}$ と n_{A} は重心に等価換算された作用力，作用トルクとする。

ここで，$\mathbf{Q}$ を $\mathbf{R}_{\mathrm{OA}}$ と θ_{OA} とする。$\mathbf{R}_{\mathrm{OA}}$ は舟が浮かんでいる湖に固定した座標系Oから見た舟の重心Aの位置であり，θ_{OA} は舟に固定した座標系Aの座標系Oに対する回転角である。これらの時間微分 $\dot{\mathbf{Q}}$ は $\mathbf{V}_{\mathrm{OA}}$ と ω_{OA} である。まず，式(23.30)の $\mathbf{Q}$ と $\dot{\mathbf{Q}}$ を $\mathbf{R}_{\mathrm{OA}}$，$\mathbf{V}_{\mathrm{OA}}$ として，次の式が得られる。

$$M_{\mathrm{A}}\dot{\mathbf{V}}_{\mathrm{OA}}=\mathbf{C}_{\mathrm{OA}}\mathbf{F}_{\mathrm{OA}}^{\prime}+\Phi_{\mathrm{V_{OA}}}^{T}\Lambda \tag{23.31}$$

次に，$\mathbf{Q}$ と $\dot{\mathbf{Q}}$ を θ_{OA}，ω_{OA} とする。

$$J_{\mathrm{A}}\dot{\omega}_{\mathrm{OA}}=n_{\mathrm{A}}+\Phi_{\omega_{\mathrm{OA}}}^{T}\Lambda \tag{23.32}$$

舵の拘束は次のように書ける(13.6節)。

$$\Phi=\mathbf{d}_{\mathrm{Y}}^{T}\mathbf{V}_{\mathrm{OA}}^{\prime}+\mathbf{d}_{\mathrm{X}}^{T}\mathbf{r}_{\mathrm{AP}}\omega_{\mathrm{OA}}=V_{\mathrm{OAY}}^{\prime}+r_{\mathrm{APX}}\omega_{\mathrm{OA}}=0 \tag{23.33}$$

したがって，

$$\Phi_{\mathrm{V_{OA}}}=\mathbf{d}_{\mathrm{Y}}^{T}\mathbf{C}_{\mathrm{OA}}^{T} \tag{23.34}$$
(注)

$$\Phi_{\omega_{\mathrm{OA}}}=r_{\mathrm{APX}} \tag{23.35}$$

また，速度 $\mathbf{V}_{\mathrm{OA}}$ はダッシュの付く $\mathbf{V}_{\mathrm{OA}}^{\prime}$ に変えておく。

(注) この式の左辺は Φ を $\mathbf{V}_{\mathrm{OA}}$ で偏微分したものである。添え字が細文字になっていて偏微分結果もスカラーになると誤解が生じそうだが，行行列である。13章の式(13.8)の脚注参照。

$$\mathbf{V}_{\mathrm{OA}}=\mathbf{C}_{\mathrm{OA}}\mathbf{V}'_{\mathrm{OA}} \tag{23.36}$$

$$\dot{\mathbf{V}}_{\mathrm{OA}}=\mathbf{C}_{\mathrm{OA}}\dot{\mathbf{V}}'_{\mathrm{OA}}+\mathbf{C}_{\mathrm{OA}}\boldsymbol{\chi}\mathbf{V}'_{\mathrm{OA}}\omega_{\mathrm{OA}} \tag{23.37}$$

これらによって，式(23.31)，(23.32)は次のようになる。

$$M_{\mathrm{A}}\dot{\mathbf{V}}'_{\mathrm{OA}}+M_{\mathrm{A}}\boldsymbol{\chi}\mathbf{V}'_{\mathrm{OA}}\omega_{\mathrm{OA}}=\mathbf{F}'_{\mathrm{OA}}+\mathbf{d}_{\mathrm{Y}}\Lambda \tag{23.38}$$

$$J_{\mathrm{A}}\dot{\omega}_{\mathrm{OA}}=n_{\mathrm{A}}+r_{\mathrm{APX}}\Lambda \tag{23.39}$$

以上で，未定乗数を含んだ形の運動方程式が求まった。

これらから Λ を消去すればよい。まず，式(23.38)に $\mathbf{d}_{\mathrm{X}}^{T}$ を左から掛けると，この式から Λ を消去できる。

$$M_{\mathrm{A}}\dot{V}'_{\mathrm{OAX}}-M_{\mathrm{A}}V'_{\mathrm{OAY}}\omega_{\mathrm{OA}}=F'_{\mathrm{OAX}} \tag{23.40}$$

また，$\mathbf{d}_{\mathrm{Y}}^{T}$ を左から掛けると，Λ を取り出すことができる。

$$M_{\mathrm{A}}\dot{V}'_{\mathrm{OAY}}+M_{\mathrm{A}}V'_{\mathrm{OAX}}\omega_{\mathrm{OA}}=F'_{\mathrm{OAY}}+\Lambda \tag{23.41}$$

これら二式に，式(23.33)を用いて，次のように V'_{OAY} を消去する。

$$M_{\mathrm{A}}\dot{V}'_{\mathrm{OAX}}+M_{\mathrm{A}}r_{\mathrm{APX}}\omega_{\mathrm{OA}}^{2}=F'_{\mathrm{OAX}} \tag{23.42}$$

$$-M_{\mathrm{A}}r_{\mathrm{APX}}\dot{\omega}_{\mathrm{OA}}+M_{\mathrm{A}}V'_{\mathrm{OAX}}\omega_{\mathrm{OA}}=F'_{\mathrm{OAY}}+\Lambda \tag{23.43}$$

この Λ を式(23.39)に代入する。

$$(J_{\mathrm{A}}+M_{\mathrm{A}}r_{\mathrm{APX}}^{2})\dot{\omega}_{\mathrm{OA}}=r_{\mathrm{APX}}M_{\mathrm{A}}V'_{\mathrm{OAX}}\omega_{\mathrm{OA}}-r_{\mathrm{APX}}F'_{\mathrm{OAY}}+n_{\mathrm{A}} \tag{23.44}$$

結局，式(23.42)と(23.44)が，Λ を消去し，独立な一般化座標の V'_{OAX} と ω_{OA} で表された運動方程式である。これらは，16.4 節で求まった運動方程式(16.27)，(16.28)と同じである。

第 24 章 ハミルトンの正準運動方程式

ラグランジュの運動方程式は一般化座標の取り方によらず同じ形になる。また，ラグランジアンは運動補エネルギーからポテンシャル関数を引いた形で作られるが，このラグランジアン以外にも，同じ運動方程式を生み出す別のラグランジアンが存在する。このような興味深い性質は，ハミルトンの正準方程式やそこに出てくるハミルトニアンの場合に，さらに，顕著である。このような性質が，今後，いかに機械工学に浸透してゆくかは明確ではないが，物理学の世界で発展してきた成果を知るだけでも楽しいことである。最近は，マルチボディダイナミクスの研究にもハミルトンの正準方程式を利用したものが登場している。また，新しい非線系制御の方法への発展にも大きな楽しみがある。本章の説明にはマルチボディダイナミクスを思わせるものは含まれていないが，新しいものを創出するための素材の一つと考えてよい。

24.1 ハミルトンの正準方程式

ラグランジュの運動方程式とラグランジアンは，22.1 節に与えられた。

$$\frac{d}{dt}\left(\frac{\partial L}{\partial \dot{\mathbf{Q}}}\right)^T - \left(\frac{\partial L}{\partial \mathbf{Q}}\right)^T = \mathbf{v}_Q^T \mathbf{f}^{\bar{U}} = \mathbf{r}_Q^T \mathbf{f}^{\bar{U}} \qquad 【22.19】$$

$$L = T^* - U \qquad 【22.20】$$

ラグランジアンは一般化座標 $\mathbf{Q}$，その時間微分 $\dot{\mathbf{Q}}$，時間 t の関数である。

$$L = L(\mathbf{Q}, \dot{\mathbf{Q}}, t) \qquad 【22.23】$$

式(22.20)のラグランジアンを質点の速度 $\mathbf{v}$ で偏微分すると，ポテンシャル関数は速度レベルの変数を含んでいないので，運動補エネルギー T^* を $\mathbf{v}$ で偏微分することになり，質点の運動量 $\mathbf{p}$ が求まる。これに対し，ラグランジアンを一般化速度 $\dot{\mathbf{Q}}$ で偏微分したものが一般化運動量 $\boldsymbol{\Pi}$ である。

$$\boldsymbol{\Pi}=\left(\frac{\partial L}{\partial \dot{\mathbf{Q}}}\right)^T \tag{24.1}$$

一般化運動量には斜体の $\boldsymbol{\Pi}$ を用いて，14.3 節に出てきた剛体の角運動 $\mathbf{\Pi}$ と区別している。一般化運動量は，$\dot{\mathbf{Q}}$ の要素の数だけ求まり，それを縦に並べた列行列が $\boldsymbol{\Pi}$ である。ポテンシャル関数が $\mathbf{v}$，あるいは $\dot{\mathbf{Q}}$ に依存しない場合，この $\boldsymbol{\Pi}$ は，運動補エネルギー T^* の一般化速度 $\dot{\mathbf{Q}}$ による偏微分でもあり，さらに，次のように書ける。

$$\boldsymbol{\Pi}=\left(\frac{\partial L}{\partial \dot{\mathbf{Q}}}\right)^T=\left(\frac{\partial T^*}{\partial \dot{\mathbf{Q}}}\right)^T=\left(\frac{\partial T^*}{\partial \mathbf{v}}\frac{\partial \mathbf{v}}{\partial \dot{\mathbf{Q}}}\right)^T=\mathbf{v}_{\dot{Q}}^T\mathbf{p}=\mathbf{r}_Q^T\mathbf{p} \tag{24.2}$$

ただし，式(24.1)の一般化運動量の定義は，式(22.20)のラグランジアンに限定されてはいない。22.4 節に説明があるが，式(22.20)以外のラグランジアンがあり，そのときはこの式(24.2)が成立するとは限らない。

さて，式(24.1)で定義された $\boldsymbol{\Pi}$ は，$\mathbf{Q}$，$\dot{\mathbf{Q}}$，t の関数である。

$$\boldsymbol{\Pi}=\boldsymbol{\Pi}(\mathbf{Q}, \dot{\mathbf{Q}}, t) \tag{24.3}$$

ここで，式(22.23) で表された L の $\dot{\mathbf{Q}}$ に関するヘシアン行列がゼロでないとすれば，式(24.3)を $\dot{\mathbf{Q}}$ について解くことができる。

$$\dot{\mathbf{Q}}=\dot{\mathbf{Q}}(\mathbf{Q}, \boldsymbol{\Pi}, t) \tag{24.4}$$

この式を式(22.23)に代入すれば，ラグランジアンを $\mathbf{Q}$，$\boldsymbol{\Pi}$，t の関数とすることができる。

$$L=L(\mathbf{Q}, \dot{\mathbf{Q}}(\mathbf{Q}, \boldsymbol{\Pi}, t), t) \tag{24.5}$$

ただし，一旦このように表してしまうと，この L から $\dot{\mathbf{Q}}$ と $\boldsymbol{\Pi}$ の関係を，直接，求めることはできなくなる。

式(24.1)を用いると，式(22.23)の微分を次のように書くことができる。

$$dL=\frac{\partial L}{\partial \mathbf{Q}}d\mathbf{Q}+\boldsymbol{\Pi}^T d\dot{\mathbf{Q}}+\frac{\partial L}{\partial t}dt \tag{24.6}$$

ここで，次のような新しいスカラー関数を考える。

$$H=\boldsymbol{\Pi}^T\dot{\mathbf{Q}}-L \tag{24.7}$$

この斜体文字を用いた H は，一般化速度 $\mathbf{H}$ とはまったく別の量である。新しいスカラー関数 H は，式(24.3)を用いれば，$\mathbf{Q}$，$\dot{\mathbf{Q}}$，t の関数になり，式(24.4)を用いれば，$\mathbf{Q}$，$\boldsymbol{\Pi}$，t の関数である。そこで，この式の微分を作ってみる。

$$dH = \boldsymbol{\Pi}^T d\dot{\mathbf{Q}} + \dot{\mathbf{Q}}^T d\boldsymbol{\Pi} - dL \tag{24.8}$$

この式に式(24.6)を代入すると次のようになる。

$$dH = -\frac{\partial L}{\partial \mathbf{Q}} d\mathbf{Q} + \dot{\mathbf{Q}}^T d\boldsymbol{\Pi} - \frac{\partial L}{\partial t} dt \tag{24.9}$$

これは，H を $\mathbf{Q}$，$\boldsymbol{\Pi}$，t の関数と見なすのが自然であることを示している。

$$H = H(\mathbf{Q}, \boldsymbol{\Pi}, t) \tag{24.10}$$

式(24.7)は，式(24.4)を代入して，次のように表しておく。

$$H = \boldsymbol{\Pi}^T \dot{\mathbf{Q}}(\mathbf{Q}, \boldsymbol{\Pi}, t) - L(\mathbf{Q}, \dot{\mathbf{Q}}(\mathbf{Q}, \boldsymbol{\Pi}, t), t) \tag{24.11}$$

また，式(24.9)から，$\dot{\mathbf{Q}}$ が，H を $\boldsymbol{\Pi}$ で偏微分することによって求まることも分かる。

$$\dot{\mathbf{Q}} = \left(\frac{\partial H}{\partial \boldsymbol{\Pi}}\right)^T \tag{24.12}$$

さらに，H の $\mathbf{Q}$，t による偏微分と，L の $\mathbf{Q}$，t による偏微分との関係も得られる。

$$\frac{\partial H}{\partial \mathbf{Q}} = -\frac{\partial L}{\partial \mathbf{Q}} \tag{24.13}$$

$$\frac{\partial H}{\partial t} = -\frac{\partial L}{\partial t} \tag{24.14}$$

$\mathbf{Q}$，$\dot{\mathbf{Q}}$，t を変数とするスカラー関数 L が式(22.23)のように与えられ，式(24.1)の偏微分によって新しい変数 $\boldsymbol{\Pi}$ が $\mathbf{Q}$，$\dot{\mathbf{Q}}$，t の関数として得られたとき，式(24.7) の変換は，$\mathbf{Q}$，$\boldsymbol{\Pi}$，t を変数とする新しいスカラー関数 H（式(24.10)）を作り出し，式(24.12)の偏微分によって古い変数 $\dot{\mathbf{Q}}$ が $\mathbf{Q}$，$\boldsymbol{\Pi}$，t の関数として得られることになる。この変換は**ルジャンドル変換**で，H から L への変換もまったく同様な，可逆的な変換である。$\dot{\mathbf{Q}}$ や $\boldsymbol{\Pi}$ は変換の対象となっている変数で，**能動（active）変数**と呼ばれる。$\mathbf{Q}$ や t は変換の対象にはなっていない**受動（passive）変数**である。

スカラー関数 H は**ハミルトニアン**と呼ばれる。ラグランジアンを，$\dot{\mathbf{Q}}$ とその**共役変数** $\boldsymbol{\Pi}$ を能動変数としてルジャンドル変換したものが，ハミルトニアンということになる。式(22.20)のラグランジアンの場合，式(24.2)に示された関係，および，14.6 項の式(14.60)を用いると，質点系の速度 $\mathbf{v}$ と運動量 $\mathbf{p}$ を用いてハミルトニアンは次のように書ける。

$$H=\mathbf{p}^T(\mathbf{v}_{\dot{\mathrm{Q}}}\dot{\mathbf{Q}}-\mathbf{v})+T+U=T+U-\mathbf{p}^T\mathbf{v}_{\bar{\mathrm{Q}}} \tag{24.15}$$

時間依存拘束などに現れる項 $\mathbf{v}_{\bar{\mathrm{Q}}}$ を含まない場合，ハミルトニアンは運動エネルギーとポテンシャル関数の和になる。U に時間依存性がなければ，これは全エネルギーである。

ラグランジュの運動方程式(22.19)に，式(24.1)と(24.13)を代入すると，次の式が得られる。

$$\dot{\boldsymbol{\Pi}}=-\left(\frac{\partial H}{\partial \mathbf{Q}}\right)^T+\mathbf{r}_{\mathrm{Q}}^T\mathbf{f}^{\bar{\mathrm{U}}} \tag{24.16}$$

この式と式(24.12)をまとめると，運動方程式の新しい表現形式になっている。これをハミルトンの**正準運動方程式**と呼ぶ。また，$\boldsymbol{\Pi}$ と $\mathbf{Q}$ を**正準変数**と呼ぶ。ハミルトンの正準運動方程式は，正準変数に関する一階の微分方程式である。変数の数が増えたことにより時間微分を含まない変数変換の可能性が増大した。さらに，正準変数 $\boldsymbol{\Pi}$ と $\mathbf{Q}$ の間の対称性が変数変換の見通しをよいものにし，解の安定性も高める効果が期待できる。

24.2　修正されたハミルトンの原理

ハミルトンの原理は，23.1 節に与えられている。

$$\int_{t_1}^{t_2}(\delta\mathbf{r}^T\mathbf{f}^{\bar{\mathrm{U}}}+\delta L)\,dt=0 \qquad 【23.6】$$

式(23.13)を代入して，この原理を次のように書いてもよい。

$$\int_{t_1}^{t_2}(\delta\mathbf{Q}^T\mathbf{r}_{\mathrm{Q}}^T\mathbf{f}^{\bar{\mathrm{U}}}+\delta L)\,dt=0 \tag{24.17}$$

ハミルトニアン H が，一般化速度 $\mathbf{Q}$ と一般化運動量 $\boldsymbol{\Pi}$ と時間 t の関数として与えられているとする。式(24.7)からラグランジアン L は次のように与えられる。

$$L=\boldsymbol{\Pi}^T\dot{\mathbf{Q}}-H \tag{24.18}$$

H を $\mathbf{Q}$, $\boldsymbol{\Pi}$, t の関数のまま，この式を，式(24.17)に代入する。

$$\int_{t_1}^{t_2}\{\delta\mathbf{Q}^T\mathbf{r}_{\mathrm{Q}}^T\mathbf{f}^{\bar{\mathrm{U}}}+\delta(\boldsymbol{\Pi}^T\dot{\mathbf{Q}}-H(\mathbf{Q},\boldsymbol{\Pi},t))\}\,dt=0 \tag{24.19}$$

この式は次のように変形できる。

$$\int_{t_1}^{t_2}\left(\delta\mathbf{Q}^T\mathbf{r}_Q^T\mathbf{f}^{\bar{U}}+\boldsymbol{\Pi}^T\delta\dot{\mathbf{Q}}+\dot{\mathbf{Q}}^T\delta\boldsymbol{\Pi}-\frac{\partial H}{\partial\mathbf{Q}}\delta\mathbf{Q}-\frac{\partial H}{\partial\boldsymbol{\Pi}}\delta\boldsymbol{\Pi}\right)dt=0 \tag{24.20}$$

さらに，$\boldsymbol{\Pi}^T\delta\dot{\mathbf{Q}}$ の項に部分積分の公式を適用すると次のようになる。

$$\int_{t_1}^{t_2}\left(\delta\mathbf{Q}^T\mathbf{r}_Q^T\mathbf{f}^{\bar{U}}-\dot{\boldsymbol{\Pi}}^T\delta\mathbf{Q}+\dot{\mathbf{Q}}^T\delta\boldsymbol{\Pi}-\frac{\partial H}{\partial\mathbf{Q}}\delta\mathbf{Q}-\frac{\partial H}{\partial\boldsymbol{\Pi}}\delta\boldsymbol{\Pi}\right)dt+\boldsymbol{\Pi}^T\delta\mathbf{Q}\Big|_{t_1}^{t_2}=\mathbf{0} \tag{24.21}$$

ここで，積分時間の両端で $\delta\mathbf{Q}$ がゼロになることを利用するとともに，$\mathbf{Q}$，$\boldsymbol{\Pi}$ を独立な変数と見なして，積分時間の内部で $\delta\mathbf{Q}$ と $\delta\boldsymbol{\Pi}$ を任意に取る。その結果，正準方程式(24.12)と(24.16)が導かれる。

$$\dot{\mathbf{Q}}=\left(\frac{\partial H}{\partial\boldsymbol{\Pi}}\right)^T \qquad 【24.12】$$

$$\dot{\boldsymbol{\Pi}}=-\left(\frac{\partial H}{\partial\mathbf{Q}}\right)^T+\mathbf{r}_Q^T\mathbf{f}^{\bar{U}} \qquad 【24.16】$$

$\mathbf{Q}$，$\boldsymbol{\Pi}$ を独立な変数と見なして，式(24.19)は，**修正されたハミルトンの原理**と呼ばれる。これは，ハミルトニアンから，正準方程式を作り出すためのものである。

24.3 事例：時間の関数として支点を動かす剛体振子

時間の関数として支点を動かす剛体振子は22.3節でも扱ったが，同じモデルを正準方程式で表すことを考える。このモデルの運動補エネルギーは次のとおりである。

$$T^*=\frac{1}{2}\mathbf{V}_{OA}^TM_A\mathbf{V}_{OA}+\frac{1}{2}J_A\omega_{OA}^2 \qquad 【22.28】$$

このモデルは自由度1で，独立な一般化座標は θ_{OA} である。したがって，正準共役な運動量を π とすると，それは T^* を，θ_{OA} の時間微分，ω_{OA} で偏微分したものである。

$$\pi=\frac{\partial T^*}{\partial\omega_{OA}}=\mathbf{V}_{OA}^TM_A\frac{\partial\mathbf{V}_{OA}}{\partial\omega_{OA}}+J_A\omega_{OA} \tag{24.22}$$

$\mathbf{V}_{\mathrm{OA}}$ も，22.3 節に与えられている。

$$\mathbf{V}_{\mathrm{OA}}=\dot{\mathbf{r}}_{\mathrm{OO'}}(t)-\mathbf{C}_{\mathrm{OA}}\boldsymbol{\chi}\mathbf{r}_{\mathrm{AO'}}\omega_{\mathrm{OA}} \tag{【22.30】}$$

これを用いると π は，次のようになる。

$$\pi=-\mathbf{r}_{\mathrm{AO'}}^{T}\boldsymbol{\chi}^{T}\mathbf{C}_{\mathrm{OA}}^{T}M_{\mathrm{A}}\dot{\mathbf{r}}_{\mathrm{OO'}}(t)+(\mathbf{r}_{\mathrm{AO'}}^{T}M_{\mathrm{A}}\mathbf{r}_{\mathrm{AO'}}+J_{\mathrm{A}})\omega_{\mathrm{OA}} \tag{24.23}$$

したがって，$\dot{\theta}_{\mathrm{OA}}(=\omega_{\mathrm{OA}})$ を π と t の関数とすると，それは次のとおりである。

$$\dot{\theta}_{\mathrm{OA}}=\frac{\pi+\mathbf{r}_{\mathrm{AO'}}^{T}\boldsymbol{\chi}^{T}\mathbf{C}_{\mathrm{OA}}^{T}M_{\mathrm{A}}\dot{\mathbf{r}}_{\mathrm{OO'}}(t)}{\mathbf{r}_{\mathrm{AO'}}^{T}M_{\mathrm{A}}\mathbf{r}_{\mathrm{AO'}}+J_{\mathrm{A}}} \tag{24.24}$$

運動補エネルギー T^{*} をラグランジアン L とし，ハミルトニアン H を作ると次のようになる。

$$\begin{aligned}H&=\pi\omega_{\mathrm{OA}}-T^{*}\\&=-\frac{1}{2}\dot{\mathbf{r}}_{\mathrm{OO'}}^{T}(t)M_{\mathrm{A}}\dot{\mathbf{r}}_{\mathrm{OO'}}(t)+\frac{1}{2}\left\{\frac{(\pi+\mathbf{r}_{\mathrm{AO'}}^{T}\boldsymbol{\chi}^{T}\mathbf{C}_{\mathrm{OA}}^{T}M_{\mathrm{A}}\dot{\mathbf{r}}_{\mathrm{OO'}}(t))^{2}}{\mathbf{r}_{\mathrm{AO'}}^{T}M_{\mathrm{A}}\mathbf{r}_{\mathrm{AO'}}+J_{\mathrm{A}}}\right\}\end{aligned} \tag{24.25}$$

式(24.16)を利用すると次の式が得られる。

$$\dot{\pi}=\mathbf{r}_{\mathrm{Q}}^{T}\mathbf{f}^{\bar{\mathrm{U}}}+(\pi+\mathbf{r}_{\mathrm{AO'}}^{T}\boldsymbol{\chi}^{T}\mathbf{C}_{\mathrm{OA}}^{T}M_{\mathrm{A}}\dot{\mathbf{r}}_{\mathrm{OO'}}(t))\frac{\mathbf{r}_{\mathrm{AO'}}^{T}\mathbf{C}_{\mathrm{OA}}^{T}M_{\mathrm{A}}\dot{\mathbf{r}}_{\mathrm{OO'}}(t)}{\mathbf{r}_{\mathrm{AO'}}^{T}M_{\mathrm{A}}\mathbf{r}_{\mathrm{AO'}}+J_{\mathrm{A}}} \tag{24.26}$$

この式と式(24.24)が正準運動方程式である。この式の一般化力は次のように書ける。

$$\mathbf{r}_{\mathrm{Q}}^{T}\mathbf{f}^{\bar{\mathrm{U}}}=\mathbf{r}_{\mathrm{AO'}}^{T}\mathbf{C}_{\mathrm{OA}}^{T}\mathbf{d}_{\mathrm{X}}M_{\mathrm{A}}g \tag{24.27}$$

これを代入すると次のようになる。

$$\dot{\pi}=\mathbf{r}_{\mathrm{AO'}}^{T}\mathbf{C}_{\mathrm{OA}}^{T}\mathbf{d}_{\mathrm{X}}M_{\mathrm{A}}g+(\pi+\mathbf{r}_{\mathrm{AO'}}^{T}\boldsymbol{\chi}^{T}\mathbf{C}_{\mathrm{OA}}^{T}M_{\mathrm{A}}\dot{\mathbf{r}}_{\mathrm{OO'}}(t))\frac{\mathbf{r}_{\mathrm{AO'}}^{T}\mathbf{C}_{\mathrm{OA}}^{T}M_{\mathrm{A}}\dot{\mathbf{r}}_{\mathrm{OO'}}(t)}{\mathbf{r}_{\mathrm{AO'}}^{T}M_{\mathrm{A}}\mathbf{r}_{\mathrm{AO'}}+J_{\mathrm{A}}} \tag{24.28}$$

式(24.24)，(24.28)が，時間の関数として支点を動かす剛体振子の運動方程式であるが，これらから π を消去すれば，式(22.37)などと同じものであることが確認できる。しかし，この事例でわかるように，単純に正準運動方程式の形にするだけでは，かえって面倒なことになるだけである。正準運動方程式の長所を生かすために，この運動方程式の先にある考え方を学び，また，機械工学への適用方法を調べて，新たな工夫が必要である。

24.4 ハミルトニアンの任意性

これまで，運動補エネルギーからポテンシャル関数を差し引いてラグランジアンとし，そのルジャンドル変換としてハミルトニアンを作ってきた。すでに，ラグランジアンの任意性については触れたが，当然，同じ運動方程式を生み出すハミルトニアンも一つではないはずである。実際，次のハミルトニアン H' は，式(24.12)と(24.16)の正準運動方程式を作り出す。

$$H' = H(\mathbf{Q}, \boldsymbol{\Pi}, t) + \frac{dW'(\mathbf{Q}, \boldsymbol{\Pi}, t)}{dt} \tag{24.29}$$

この H' を修正されたハミルトンの原理に代入した場合，この W' の項の影響は，次の積分を調べることで明らかになる。

$$\int_{t_1}^{t_2} \delta\left(\frac{dW'(\mathbf{Q}, \boldsymbol{\Pi}, t)}{dt}\right) dt = \int_{t_1}^{t_2} \left(\frac{d}{dt}\delta W'(\mathbf{Q}, \boldsymbol{\Pi}, t)\right) dt \tag{24.30}$$

22.2 節のラグランジアンの任意性を示したところでは丁寧な説明を行ったが，一般的に，時間微分と変分の操作は交換できるので，ここでは，それを用いた。この積分は，結局，次のようになる。

$$\int_{t_1}^{t_2} \delta\left(\frac{dW'(\mathbf{Q}, \boldsymbol{\Pi}, t)}{dt}\right) dt = \frac{\partial W'}{\partial \mathbf{Q}}\delta\mathbf{Q}\bigg|_{t_1}^{t_2} + \frac{\partial W'}{\partial \boldsymbol{\Pi}}\delta\boldsymbol{\Pi}\bigg|_{t_1}^{t_2} \tag{24.31}$$

積分時間の両端で $\delta\mathbf{Q}$ はゼロという条件で，右辺第一項はゼロになる。ここで，新たに，積分時間の両端で $\delta\boldsymbol{\Pi}$ もゼロになると条件を設けることにする。こうすることにより，式(24.29)の W' の項は，正準運動方程式に影響をしないことになる。この新たな条件は，$\mathbf{Q}$ と $\boldsymbol{\Pi}$ の独立性と共役性をきれいに整えるだけではなく，ハミルトニアンの任意性を広げる働きをしている。

24.5 正準変換

22.4 節で，変数変換によるラグランジュの運動方程式の形の不変性が示された。その変数変換は一般化座標の変換であった。

$$\mathbf{Q} = \mathbf{Q}(\mathbf{Q}', t) \qquad 【22.45】$$

また，この変換によってラグランジアンの関数形は変化するが，関数の値は変化しない。

$$L(\mathbf{Q}, \dot{\mathbf{Q}}, t) = L'(\mathbf{Q}', \dot{\mathbf{Q}}', t) \qquad 【22.49】$$

この変換は本章で説明する正準変換に含まれるもので，**点変換**と呼ばれている。

正準変換は，ハミルトンの正準運動方程式の形が変化しない変数変換のことである。ハミルトンの正準運動方程式では，一般化座標 $\mathbf{Q}$ と一般化運動量 $\boldsymbol{\Pi}$ が独立な変数として使われていて，変数の変換は次のような形が考えられる。

$$\mathbf{Q} = \mathbf{Q}(\mathbf{Q}', \boldsymbol{\Pi}', t) \qquad (24.32)$$

$$\boldsymbol{\Pi} = \boldsymbol{\Pi}(\mathbf{Q}', \boldsymbol{\Pi}', t) \qquad (24.33)$$

この変換でハミルトニアンは H' になるとする。この変換は，一般化座標 $\mathbf{Q}$ と一般化運動量 $\boldsymbol{\Pi}$ をひとまとめにした広い範囲の変換を考えていることになるが，この形の変換が正準変換になるためには，修正されたハミルトンの原理において，変分を積分したものが等しく保たれる必要がある。そのためには，次の関係が成り立てばよい。

$$\boldsymbol{\Pi}^T \dot{\mathbf{Q}} - H(\mathbf{Q}, \boldsymbol{\Pi}, t) = \boldsymbol{\Pi}'^T \dot{\mathbf{Q}}' - H'(\mathbf{Q}', \boldsymbol{\Pi}', t) + \frac{dW''(\mathbf{Q}_S, \boldsymbol{\Pi}_S, \mathbf{Q}'_S, \boldsymbol{\Pi}'_S, t)}{dt} \qquad (24.34)$$

この式を満たす $\mathbf{Q}$ と $\boldsymbol{\Pi}$ の変換が正準変換である。ただし，W'' の変数 $\mathbf{Q}_S$，$\boldsymbol{\Pi}_S$，$\mathbf{Q}'_S$，$\boldsymbol{\Pi}'_S$ は，$\mathbf{Q}$，$\boldsymbol{\Pi}$，$\mathbf{Q}'$，$\boldsymbol{\Pi}'$ の中から適当に選択したものである。また，式(24.32)，(24.33)の変換を考えているのであるから，$\mathbf{Q}$，$\boldsymbol{\Pi}$，$\mathbf{Q}'$，$\boldsymbol{\Pi}'$ の中で独立な変数は，この中の半分だけである。

式(24.34)の W'' は，修正されたハミルトンの原理におけるハミルトニアンの任意性に基づくものであるが，変数の選択の仕方で正準変換の内容を決める働きをするので，**母関数**と呼ばれる。たとえば，W'' を次のようにしてみる。

$$W'' = \boldsymbol{\Pi}'^T \mathbf{Q} - \boldsymbol{\Pi}'^T \mathbf{Q}' \qquad (24.35)$$

この W'' により，式(24.34)は次のようになる。

$$\boldsymbol{\Pi}^T \dot{\mathbf{Q}} - H(\mathbf{Q}, \boldsymbol{\Pi}, t) = -H'(\mathbf{Q}', \boldsymbol{\Pi}', t) + \boldsymbol{\Pi}'^T \dot{\mathbf{Q}} + \mathbf{Q}^T \dot{\boldsymbol{\Pi}}' - \mathbf{Q}'^T \boldsymbol{\Pi}' \qquad (24.36)$$

$\dot{\mathbf{Q}}$，$\dot{\boldsymbol{\Pi}}'$ の係数と残りの項をそれぞれ比較して，次の変換が得られる。

$$\boldsymbol{\Pi}' = \boldsymbol{\Pi} \qquad (24.37)$$

$$\mathbf{Q}'=\mathbf{Q} \tag{24.38}$$

$$H'(\mathbf{Q}', \boldsymbol{\Pi}', t)=H(\mathbf{Q}, \boldsymbol{\Pi}, t) \tag{24.39}$$

すなわち，式(24.35)を母関数とするこの変換は**恒等変換**である。

今度は，W''を次のようにしてみる。

$$W''=\mathbf{Q}^T\mathbf{Q}' \tag{24.40}$$

式(24.34)は次のようになる。

$$\boldsymbol{\Pi}^T\dot{\mathbf{Q}}-H(\mathbf{Q}, \boldsymbol{\Pi}, t)=\boldsymbol{\Pi}'^T\dot{\mathbf{Q}}'-H'(\mathbf{Q}', \boldsymbol{\Pi}', t)+\mathbf{Q}^T\dot{\mathbf{Q}}'+\mathbf{Q}'^T\dot{\mathbf{Q}} \tag{24.41}$$

$\dot{\mathbf{Q}}$，$\dot{\mathbf{Q}}'$ の係数と残りの項をそれぞれ比較して，次の変換が得られる。

$$\mathbf{Q}'=\boldsymbol{\Pi} \tag{24.42}$$

$$\boldsymbol{\Pi}'=-\mathbf{Q} \tag{24.43}$$

$$H'(\mathbf{Q}', \boldsymbol{\Pi}', t)=H(\mathbf{Q}, \boldsymbol{\Pi}, t) \tag{24.44}$$

新しい変数の一般化座標は古い変数の一般化運動量に等しく，新しい変数の一般化運動量は古い変数の一般化座標の符号を反転したものに等しい。変換自体は簡単であるが，点変換には含まれない変換である。

もう一つ，εを無限小のパラメータとし，次の母関数を考える。

$$W''=\boldsymbol{\Pi}'^T\mathbf{Q}-\boldsymbol{\Pi}'^T\mathbf{Q}'+\varepsilon G(\mathbf{Q}, \boldsymbol{\Pi}) \tag{24.45}$$

式(24.34)は次のようになる。

$$\begin{aligned}\boldsymbol{\Pi}^T\dot{\mathbf{Q}}-H(\mathbf{Q}, \boldsymbol{\Pi}, t)=&-H'(\mathbf{Q}', \boldsymbol{\Pi}', t)+\boldsymbol{\Pi}'^T\dot{\mathbf{Q}}+\mathbf{Q}^T\dot{\boldsymbol{\Pi}}'-Q'^T\dot{\boldsymbol{\Pi}}'\\&+\varepsilon(G_{\mathrm{Q}}\dot{\mathbf{Q}}+G_{\Pi}\dot{\boldsymbol{\Pi}})\end{aligned} \tag{24.46}$$

まず，$\dot{\mathbf{Q}}$ の係数を比較する。

$$\boldsymbol{\Pi}'=\boldsymbol{\Pi}-\varepsilon G_{\mathrm{Q}}^T \tag{24.47}$$

$\boldsymbol{\Pi}$と$\boldsymbol{\Pi}'$の差は一次の無限小である。式(24.46)右辺の最後の括弧内の $G_{\Pi}\dot{\boldsymbol{\Pi}}$ は $G_{\Pi}\dot{\boldsymbol{\Pi}}'$ と考えても，差異は二次以上の無限小である。したがって，一次の無限小までを考えているので，次のようにして差し支えない。

$$\mathbf{Q}'=\mathbf{Q}+\varepsilon G_{\Pi}^T \tag{24.48}$$

ハミルトニアンの値に差異はない。

$$H'(\mathbf{Q}', \boldsymbol{\Pi}', t)=H(\mathbf{Q}, \boldsymbol{\Pi}, t) \tag{24.49}$$

式(24.47)，(24.48)の変換で，新しい変数と古い変数の差異は一次の無限小であり，**無限小変換**と呼ばれる。その具体的内容は関数 $G(\mathbf{Q}, \boldsymbol{\Pi})$ によって定まる。

以上は基礎的な事例である。さて，式(24.34)の W''には，変数の選択の仕方に四つの基本的なパターンがあるので，以下にそれを示す。

① $W''=W_1'''(\mathbf{Q},\mathbf{Q}',t)$ **の場合：**

式(24.32)は次のようになる。

$$\boldsymbol{\Pi}^T\dot{\mathbf{Q}}-H(\mathbf{Q},\boldsymbol{\Pi},t)=\boldsymbol{\Pi}'^T\dot{\mathbf{Q}}'-H'(\mathbf{Q}',\boldsymbol{\Pi}',t)+\frac{\partial W_1'''}{\partial \mathbf{Q}}\dot{\mathbf{Q}}+\frac{\partial W_1'''}{\partial \mathbf{Q}'}\dot{\mathbf{Q}}'+\frac{\partial W_1'''}{\partial t} \tag{24.50}$$

この式が恒等式になるためには次の関係が必要になる。

$$\boldsymbol{\Pi}^T=\frac{\partial W_1'''}{\partial \mathbf{Q}} \tag{24.51}$$

$$\boldsymbol{\Pi}'^T=-\frac{\partial W_1'''}{\partial \mathbf{Q}'} \tag{24.52}$$

$$H'(\mathbf{Q}',\boldsymbol{\Pi}',t)=H(\mathbf{Q},\boldsymbol{\Pi},t)+\frac{\partial W_1'''}{\partial t} \tag{24.53}$$

式(24.51)，(24.52)から，式(24.32)，(24.33)の変換を定めることができる。また，式(24.53)から，新しいハミルトニアンが定まる。②～④でも同様に考える。

② $W''=W_2'''(\mathbf{Q},\boldsymbol{\Pi}',t)-\mathbf{Q}'^T\boldsymbol{\Pi}'$ **の場合：**

式(24.32)は次のようになる。

$$\boldsymbol{\Pi}^T\dot{\mathbf{Q}}-H(\mathbf{Q},\boldsymbol{\Pi},t)=-\mathbf{Q}'^T\dot{\boldsymbol{\Pi}}'-H'(\mathbf{Q}',\boldsymbol{\Pi}',t)+\frac{\partial W_2'''}{\partial \mathbf{Q}}\dot{\mathbf{Q}}+\frac{\partial W_2'''}{\partial \boldsymbol{\Pi}'}\dot{\boldsymbol{\Pi}}'+\frac{\partial W_2'''}{\partial t} \tag{24.54}$$

この式が恒等式になるためには次の関係が必要になる。

$$\boldsymbol{\Pi}^T=\frac{\partial W_2'''}{\partial \mathbf{Q}} \tag{24.55}$$

$$\mathbf{Q}'^T=\frac{\partial W_2'''}{\partial \boldsymbol{\Pi}'} \tag{24.56}$$

$$H'(\mathbf{Q}',\boldsymbol{\Pi}',t)=H(\mathbf{Q},\boldsymbol{\Pi},t)+\frac{\partial W_2'''}{\partial t} \tag{24.57}$$

③ $W''=W_3'''(\boldsymbol{\Pi},\mathbf{Q}',t)+\mathbf{Q}^T\boldsymbol{\Pi}$ **の場合：**

式(24.32)は次のようになる。

$$\mathbf{Q}^T \dot{\boldsymbol{\Pi}} - H(\mathbf{Q}, \boldsymbol{\Pi}, t) = \boldsymbol{\Pi}'^T \dot{\mathbf{Q}}', -H'(\mathbf{Q}', \boldsymbol{\Pi}', t) + \frac{\partial W_3'''}{\partial \boldsymbol{\Pi}} \dot{\boldsymbol{\Pi}} + \frac{\partial W_3'''}{\partial \mathbf{Q}'} \dot{\mathbf{Q}}' + \frac{\partial W_3'''}{\partial t} \tag{24.58}$$

この式が恒等式になるためには次の関係が必要になる。

$$\mathbf{Q}^T = \frac{\partial W_3'''}{\partial \boldsymbol{\Pi}} \tag{24.59}$$

$$\boldsymbol{\Pi}'^T = -\frac{\partial W_3'''}{\partial \mathbf{Q}'} \tag{24.60}$$

$$H'(\mathbf{Q}', \boldsymbol{\Pi}', t) = H(\mathbf{Q}, \boldsymbol{\Pi}, t) + \frac{\partial W_3'''}{\partial t} \tag{24.61}$$

④ $W'' = W_4'''(\boldsymbol{\Pi}, \boldsymbol{\Pi}', t) + \mathbf{Q}^T \boldsymbol{\Pi} - \mathrm{Q}'^T \boldsymbol{\Pi}'$ の場合：

式(24.32)は次のようになる。

$$\mathbf{Q}^T \dot{\boldsymbol{\Pi}} - H(\mathbf{Q}, \boldsymbol{\Pi}, t) = \mathbf{Q}'^T \dot{\boldsymbol{\Pi}}' - H'(\mathbf{Q}', \boldsymbol{\Pi}', t) + \frac{\partial W_4'''}{\partial \boldsymbol{\Pi}} \dot{\boldsymbol{\Pi}} + \frac{\partial W_4'''}{\partial \boldsymbol{\Pi}'} \dot{\boldsymbol{\Pi}}' + \frac{\partial W_4'''}{\partial t} \tag{24.62}$$

この式が恒等式になるためには次の関係が必要になる。

$$\mathbf{Q}^T = \frac{\partial W_4'''}{\partial \boldsymbol{\Pi}} \tag{24.63}$$

$$\mathbf{Q}'^T = -\frac{\partial W_4'''}{\partial \boldsymbol{\Pi}'} \tag{24.64}$$

$$H'(\mathbf{Q}', \boldsymbol{\Pi}', t) = H(\mathbf{Q}, \boldsymbol{\Pi}, t) + \frac{\partial W_4'''}{\partial t} \tag{24.65}$$

以上①～④の $W_1'''(\mathbf{Q}, \mathbf{Q}'\ t)$，$W_2'''(\mathbf{Q}, \boldsymbol{\Pi}'\ t)$，$W_3'''(\boldsymbol{\Pi}, \mathbf{Q}'\ t)$，$W_4'''(\boldsymbol{\Pi}, \boldsymbol{\Pi}'\ t)$ も**母関数**と呼ばれる。これらの具体的な形で，変換の内容や新しいハミルトニアンが決まってくる。なお，ここに示した形は基本パターンであり，これらの混合になっている正準変換もある。

正準変換は，点変換に較べ，はるかに広い変換の可能性を提供している。さらに，時間 t を $\mathbf{Q}$ や $\boldsymbol{\Pi}$ と同じ独立な変数として扱うような考え方もある。そして，この理論は，さらに，**ハミルトン－ヤコビの理論**などへと発展してゆく。

24.6　事例：1 自由度バネ－マス系

線形な 1 自由度バネ－マス系の運動方程式は次のように書ける。

$$m\ddot{x}+kx=0 \tag{24.66}$$

ここでは，m は質量，k はバネ定数，x は変位を表すスカラーである。この系のラグランジアン L は次のように書ける。

$$L=\frac{1}{2}(m\dot{x}^2-kx^2) \tag{24.67}$$

この系の一般化座標 Q は x で，一般化運動量 Π は次のように求まる。

$$\Pi=\frac{\partial L}{\partial \dot{\mathrm{Q}}}=m\dot{x} \tag{24.68}$$

ハミルトニアン H は，次のように求まる。

$$H=\Pi^T\dot{\mathrm{Q}}-L=\Pi\dot{x}-\frac{1}{2}(m\dot{x}^2-kx^2)=\frac{1}{2m}(\Pi^2+mkx^2) \tag{24.69}$$

正準運動方程式は，次のようになる。

$$\dot{x}=\frac{1}{m}\Pi \tag{24.70}$$

$$\dot{\Pi}=-\frac{\partial H}{\partial x}=-kx \tag{24.71}$$

ここで，式(24.34)の W'' を次のようにして，正準変換を考える。

$$W''=\frac{\sqrt{mk}}{2}x^2\frac{\cos \mathrm{Q}'}{\sin \mathrm{Q}'} \tag{24.72}$$

この式の時間微分は次のようになる。

$$\frac{dW''}{dt}=\left(\sqrt{mk}\,x\frac{\cos \mathrm{Q}'}{\sin \mathrm{Q}'}\right)\dot{x}-\left(\frac{\sqrt{mk}}{2}x^2\frac{1}{\sin^2 \mathrm{Q}'}\right)\dot{\mathrm{Q}}' \tag{24.73}$$

式(24.34)から，次の三式を得る。

$$\Pi=\sqrt{mk}\,x\frac{\cos \mathrm{Q}'}{\sin \mathrm{Q}'} \tag{24.74}$$

$$\Pi'=\frac{\sqrt{mk}}{2}x^2\frac{1}{\sin^2 \mathrm{Q}'} \tag{24.75}$$

$$H(x, \Pi, t)=H'(\mathrm{Q}', \Pi', t) \tag{24.76}$$

最初の二式を整理すると，次のような正準変換が得られる。

$$\Pi=\sqrt{2\sqrt{mk}\,\Pi'}\cos \mathrm{Q}' \tag{24.77}$$

$$\mathrm{x}=\sqrt{\frac{2}{\sqrt{mk}}\Pi'}\sin \mathrm{Q}' \tag{24.78}$$

これらを式(24.69)に代入すると，変換後のハミルトニアン $H'(\mathrm{Q}', \Pi', t)$ が得られる。

$$H'=\sqrt{\frac{k}{m}}\Pi' \tag{24.79}$$

正準運動方程式は，次のようになる。

$$\dot{\mathrm{Q}}'=\sqrt{\frac{k}{m}} \tag{24.80}$$

$$\dot{\Pi}'=-\frac{\partial H'}{\partial \mathrm{Q}'}=0 \tag{24.81}$$

新しい変数の場合は簡単に積分できて，次のようになる。

$$\mathrm{Q}'=\sqrt{\frac{k}{m}}t+c_1 \tag{24.82}$$

$$\Pi'=c_2 \tag{24.83}$$

c_1，c_2 は積分定数である。式(24.79)のハミルトニアンには Q' が含まれていない。すなわち，Q' は循環座標であり，共役の Π' は，式(24.83)のように定数である。

Q' と Π' が求まったので，式(24.77)と(24.78)を用いて元の変数に戻すことができる。

$$\Pi=m\dot{x}=\sqrt{2\sqrt{mk}\,c_2}\cos\left(\sqrt{\frac{k}{m}}t+c_1\right) \tag{24.84}$$

$$x=\sqrt{\frac{2}{\sqrt{mk}}c_2}\sin\left(\sqrt{\frac{k}{m}}t+c_1\right) \tag{24.85}$$

これは確かに1自由度バネ－マス系（24.66)の運動である。式(24.77)，(24.78)の変換は**ポアンカレ変換**と呼ばれる。そして，このような便利な変換を見つける手段が**ハミルトン－ヤコビの方法**であるが，その方法については他の文献を参照されたい。

付録A 座標軸を表す幾何ベクトルとその応用

運動力学の基本的な量を認識し，理解するために，幾何ベクトル表現は便利で重要な手段である。一方，計算機を利用した数値計算には，代数ベクトル表現が必要である。この付録では両者の橋渡しをする数学的手段とその応用を説明する。この数学的手段には，座標系の座標軸を表す**基底幾何ベクトル**を用いる。本書ではこれを3×1列行列に並べて**基底列行列**にまとめ，コンパクトな道具にした。これは幾何ベクトルと代数ベクトルの橋渡し以外に，関係式の導出などにも用いられる。ここに説明する内容は，本文の感覚的な説明や結果だけの解説を数学的に裏打ちするものであり，明確な理解を得るために，この付録は重要である。

A1 座標軸を表す幾何ベクトル

A1.1 座標系の基底列行列

座標系OのX，Y，Z軸を表す単位長さの幾何ベクトル $\vec{e}_{\mathrm{OX}}$，$\vec{e}_{\mathrm{OY}}$，$\vec{e}_{\mathrm{OZ}}$ を**基底幾何ベクトル**と呼び，次のように3×1列行列にまとめて，$\mathbf{e}_{\mathrm{O}}$ とする（3.3節）。

$$\mathbf{e}_{\mathrm{O}}=\begin{bmatrix}\vec{e}_{\mathrm{OX}}\\ \vec{e}_{\mathrm{OY}}\\ \vec{e}_{\mathrm{OZ}}\end{bmatrix} \tag{A1.1}$$

$\mathbf{e}_{\mathrm{O}}$ を，**基底列行列**と呼ぶことにするが，これは，概念的には座標系Oそのものである。$\mathbf{e}_{\mathrm{O}}$ の添え字を変えて $\mathbf{e}_{\mathrm{A}}$ とすれば，座標系Aである。これらを，座標変換行列の定義や幾何ベクトルと代数ベクトルの変換，関係式の導出などに利用する。$\mathbf{e}$ は，座標系の基底幾何ベクトルとその列行列を表すための専用の記号とする。

この基底列行列にも外積オペレーターを作用させることができる。

$$\tilde{\mathbf{e}}_{\mathrm{O}}=\begin{bmatrix} 0 & -\vec{e}_{\mathrm{OZ}} & \vec{e}_{\mathrm{OY}} \\ \vec{e}_{\mathrm{OZ}} & 0 & -\vec{e}_{\mathrm{OX}} \\ -\vec{e}_{\mathrm{OY}} & \vec{e}_{\mathrm{OX}} & 0 \end{bmatrix} \tag{A1.2}$$

基底列行列は，様々な関係を簡潔に表現するために便利であるが，その演算操作にあたっては幾何ベクトルの演算操作規則と行列の演算操作規則の両方を満たす必要がある。

A1.2　幾何ベクトル表現と代数ベクトル表現の変換

基底列行列を用いて，幾何ベクトルから代数ベクトルを作る操作は次のように表現できる。

$$\mathbf{r}_{\mathrm{OP}}=\mathbf{e}_{\mathrm{O}}\cdot\vec{r}_{\mathrm{OP}} \tag{A1.3}$$

$$\mathbf{v}_{\mathrm{OP}}=\mathbf{e}_{\mathrm{O}}\cdot\vec{v}_{\mathrm{OP}} \tag{A1.4}$$

$$\mathbf{\Omega}_{\mathrm{OA}}=\mathbf{e}_{\mathrm{O}}\cdot\vec{\Omega}_{\mathrm{OA}} \tag{A1.5}$$

$$\mathbf{\Omega}'_{\mathrm{OA}}=\mathbf{e}_{\mathrm{A}}\cdot\vec{\Omega}_{\mathrm{OA}} \tag{A1.6}$$

$$\mathbf{f}_{\mathrm{OP}}=\mathbf{e}_{\mathrm{O}}\cdot\vec{f}_{\mathrm{P}} \tag{A1.7}$$

$$\mathbf{F}_{\mathrm{OA}}=\mathbf{e}_{\mathrm{O}}\cdot\vec{F}_{\mathrm{A}} \tag{A1.8}$$

$$\mathbf{F}'_{\mathrm{OA}}=\mathbf{e}_{\mathrm{A}}\cdot\vec{F}_{\mathrm{A}} \tag{A1.9}$$

$$\mathbf{N}_{\mathrm{OA}}=\mathbf{e}_{\mathrm{O}}\cdot\vec{N}_{\mathrm{A}} \tag{A1.10}$$

$$\mathbf{N}'_{\mathrm{OA}}=\mathbf{e}_{\mathrm{A}}\cdot\vec{N}_{\mathrm{A}} \tag{A1.11}$$

代数ベクトルには二つの添え字を並べているが，その中の左側の添え字に関係する座標系が用いられている場合はダッシュを付けず，右側の添え字に関係する座標系が用いられている場合は，ダッシュを付けることにしている。したがって，点Pが剛体A上の点で，剛体Aに座標系Aが固定されていれば，次のような代数ベクトルも考えられる。

$$\mathbf{r}'_{\mathrm{OP}}=\mathbf{e}_{\mathrm{A}}\cdot\vec{r}_{\mathrm{OP}} \tag{A1.12}$$

$$\mathbf{v}'_{\mathrm{OP}}=\mathbf{e}_{\mathrm{A}}\cdot\vec{v}_{\mathrm{OP}} \tag{A1.13}$$

$$\mathbf{f}'_{\mathrm{OP}}=\mathbf{e}_{\mathrm{A}}\cdot\vec{f}_{\mathrm{P}} \tag{A1.14}$$

式(A1.9)，(A1.11)，(A1.14)を見ると，$\mathbf{F}'_{\mathrm{OA}}$，$\mathbf{N}'_{\mathrm{OA}}$，$\mathbf{f}'_{\mathrm{OP}}$ の左側の添え字は無意味なことが分かる。これらは，「座標系Oではなく，座標系Aで表された…」と

読めばよく，また，O 以外の記号を用いてもよい。ただし，慣性座標系 O が用いられるか，剛体座標系が用いられるかのどちらかという考え方が，実用上，重要である。

代数ベクトルから幾何ベクトルを復元する操作は，角速度を例にとって，次のように書くことができる。

$$\vec{\Omega}_{\mathrm{OA}}=\mathbf{\Omega}_{\mathrm{OA}}^{T}\mathbf{e}_{\mathrm{O}}=\mathbf{e}_{\mathrm{O}}^{T}\mathbf{\Omega}_{\mathrm{OA}}=\mathbf{\Omega}_{\mathrm{OA}}'^{T}\mathbf{e}_{\mathrm{A}}=\mathbf{e}_{\mathrm{A}}^{T}\mathbf{\Omega}'_{\mathrm{OA}} \tag{A1.15}$$

式(A1.3)～(A1.14)の右辺は幾何ベクトルの内積であるから，積の記号に・（ドット）を用いている。一方，式(A1.15)に出てくる積は幾何ベクトルと実数の積であり，記号のない積になっている。本書では，・（ドット）は幾何ベクトルの内積，×（クロス）は幾何ベクトルの外積のみに用い，幾何ベクトルと実数，実数と実数の積には積の記号を用いないものとしている。

$\mathbf{\Omega}'_{\mathrm{OA}}$ は三つの成分を持った 3×1 列行列である。この行列から各成分を取り出すために，次のような 3×1 列行列が便利である。

$$\mathbf{D}_{\mathrm{X}}=\begin{bmatrix}1\\0\\0\end{bmatrix} \tag{A1.16}$$

$$\mathbf{D}_{\mathrm{Y}}=\begin{bmatrix}0\\1\\0\end{bmatrix} \tag{A1.17}$$

$$\mathbf{D}_{\mathrm{Z}}=\begin{bmatrix}0\\0\\1\end{bmatrix} \tag{A1.18}$$

たとえば，X 成分を取り出す操作は次のように書ける。

$$\Omega'_{\mathrm{OAX}}=\mathbf{D}_{\mathrm{X}}^{T}\mathbf{\Omega}'_{\mathrm{OA}} \tag{A1.19}$$

Y 成分，Z 成分も同様である。逆に，成分から代数ベクトルを構成する場合にも利用できる。

$$\mathbf{\Omega}'_{\mathrm{OA}}=\mathbf{D}_{\mathrm{X}}\Omega'_{\mathrm{OAX}}+\mathbf{D}_{\mathrm{Y}}\Omega'_{\mathrm{OAY}}+\mathbf{D}_{\mathrm{Z}}\Omega'_{\mathrm{OAZ}} \tag{A1.20}$$

なお，幾何ベクトルと代数ベクトルの考え方を混同し，時折，$\vec{e}_{\mathrm{OX}}$ と $\mathbf{D}_{\mathrm{X}}$ を同一視する誤りが見受けられるので，注意を喚起しておく。このような誤りに気づくために，たとえば，次の式を確認することが役立つかもしれない。

$$\vec{e}_{\mathrm{OX}}=\mathbf{D}_{\mathrm{X}}^{T}\mathbf{e}_{\mathrm{O}} \tag{A1.21}$$

$$\mathbf{D}_{\mathrm{Y}}=\mathbf{e}_{\mathrm{O}}\cdot\vec{e}_{\mathrm{OY}} \tag{A1.22}$$

$$\mathbf{e}_{\mathrm{O}}=\mathbf{D}_{\mathrm{X}}\vec{e}_{\mathrm{OX}}+\mathbf{D}_{\mathrm{Y}}\vec{e}_{\mathrm{OY}}+\mathbf{D}_{\mathrm{Z}}\vec{e}_{\mathrm{OZ}} \tag{A1.23}$$

A1.3 座標変換行列の定義

基底列行列を用いて座標変換行列の定義は次のように書ける。

$$\mathbf{C}_{\mathrm{AB}}=\mathbf{e}_{\mathrm{A}}\cdot\mathbf{e}_{\mathrm{B}}^{T} \tag{A1.24}$$

$\mathbf{e}_{\mathrm{A}}$，$\mathbf{e}_{\mathrm{B}}$ の要素は幾何ベクトルであるから，この式の右辺は幾何ベクトルの内積であり，・（ドット）が用いられている。

座標変換行列の定義として，次の表現が便利な場合もある。

$$\mathbf{e}_{\mathrm{A}}=\mathbf{C}_{\mathrm{AB}}\mathbf{e}_{\mathrm{B}} \tag{A1.25}$$

(A1.25) から (A1.24) を導くことは容易である。しかし，逆は，テンソルなどの知識が必要であり，簡単ではない。(A1.24) のほうが定義に似つかわしい形だが，(A1.25) を基礎に置くほうがよさそうである。

A1.4 座標系基底列行列の性質

基底列行列 $\mathbf{e}_{\mathrm{A}}$ には次のような性質がある。

$$\mathbf{e}_{\mathrm{A}}\cdot\mathbf{e}_{\mathrm{A}}^{T}=\mathbf{I}_{3} \tag{A1.26}$$

$$\mathbf{e}_{\mathrm{A}}\times\mathbf{e}_{\mathrm{A}}^{T}=-\tilde{\mathbf{e}}_{\mathrm{A}} \tag{A1.27}$$

式 (A1.26) は，3.3 節の式 (3.5) と同じである。式 (A1.27) は式 (3.6) と (A1.2) から得られる。

次に，(A1.25) と (A1.27) を用いる次の関係が得られる。

$$\tilde{\mathbf{e}}_{\mathrm{A}}=\mathbf{C}_{\mathrm{AB}}\tilde{\mathbf{e}}_{\mathrm{B}}\mathbf{C}_{\mathrm{AB}}^{T} \tag{A1.28}$$

この式を用いると，式 (6.17) を導くことができる。

A1.5 幾何ベクトル表現と代数ベクトル表現の変換事例

幾何ベクトル表現と代数ベクトル表現の変換事例として，8.1 節の式 (8.1) と

(8.2)の変換を考えてみる。

$$\vec{r}_{PR}=\vec{r}_{PQ}+\vec{r}_{QR} \qquad 【8.1】$$

$$\mathbf{r}_{PR}=\mathbf{r}_{PQ}+\mathbf{C}_{AB}\mathbf{r}_{QR} \qquad 【8.2】$$

まず，式(8.1)から(8.2)を作るには，式(8.1)の左から $\mathbf{e}_A\cdot$ (注) を掛ける。

$$\mathbf{e}_A\cdot\vec{r}_{PR}=\mathbf{e}_A\cdot\vec{r}_{PQ}+\mathbf{e}_A\cdot\vec{r}_{QR} \qquad (A1.29)$$

右辺第二項の $\mathbf{e}_A$ には，式(A1.25)を代入する。

$$\mathbf{e}_A\cdot\vec{r}_{PR}=\mathbf{e}_A\cdot\vec{r}_{PQ}+\mathbf{C}_{AB}\mathbf{e}_B\cdot\vec{r}_{QR} \qquad (A1.30)$$

この式の各項は直ちに，式(8.2)の対応する項になる。

式(8.2)から(8.1)を作るには，式(8.2)の左から $\mathbf{e}_A^T$ を掛ける。

$$\mathbf{e}_A^T\mathbf{r}_{PR}=\mathbf{e}_A^T\mathbf{r}_{PQ}+\mathbf{e}_A^T\mathbf{C}_{AB}\mathbf{r}_{QR} \qquad (A1.31)$$

ここでも式(A1.25)を代入すると，右辺第二項は次のようになる。

$$\mathbf{e}_A^T\mathbf{r}_{PR}=\mathbf{e}_A^T\mathbf{r}_{PQ}+\mathbf{e}_B^T\mathbf{C}_{AB}^T\mathbf{C}_{AB}\mathbf{r}_{QR}=\mathbf{e}_A^T\mathbf{r}_{PQ}+\mathbf{e}_B^T\mathbf{r}_{QR} \qquad (A1.32)$$

この式から直ちに式(8.1)が得られる。

A2　座標軸を表す幾何ベクトルの時間微分

A2.1　基底列行列の時間微分

剛体Bに固定された幾何ベクトル $\vec{b}$ を剛体Aから観察した時間微分について，第9章に次の基本的な式が示されている。

$$\frac{{}^{A}d\vec{b}}{dt}=\vec{\Omega}_{AB}\times\vec{b} \qquad 【9.1】$$

この式の成立は，まず，矢印 $\vec{b}$ の始点（矢のついていない端点）が，剛体Aから観察した剛体Bの**瞬間回転中心軸**上にある場合について確認することができる。その場合，この式の左辺と右辺はいずれも，剛体Aから見た矢印 $\vec{b}$ の終点（矢のついている端点）の速度であり，等号が成り立つ。$\vec{b}$ の始点が回転軸上にない場合は，回転軸上の適当な点から $\vec{b}$ の始点と終点に向かう二つの幾何ベク

(注) $\mathbf{e}_A$ の後・は意味がある。左から内積として掛けるという意味である。外積として掛ける場合は $\mathbf{e}_A\times$ となる。また右側から掛ける場合は，$\cdot\mathbf{e}_A$，$\times\mathbf{e}_A$ とする。

トルを考え，その二つの幾何ベクトルに関する同形の式の差を取ることで説明できる。

さて，剛体 B に固定された座標系 B の各座標軸 $\vec{e}_{Bi}(i=X, Y, Z)$ は，剛体 B に固定された幾何ベクトルである。したがって，これらについても，同じ関係が成り立ち，三つの座標軸をまとめて，基底列行列に関する次の式が得られる。

$$\frac{{}^{A}d\mathbf{e}_{B}}{dt}=-\mathbf{e}_{B}\times\vec{\Omega}_{AB} \tag{A2.1}$$

この式の右辺は $\vec{\Omega}_{AB}\times\mathbf{e}_{B}$ と書いてもよい。しかし，$\mathbf{e}_{B}$ は 3×1，$\vec{\Omega}_{AB}$ は単独要素であるから，行列の普通の積の形にしておいたほうが代入操作に対して安全である。積の順序の入れ替えは，幾何ベクトルの外積の場合は符号の反転を伴うので，負号がついている。(A2.1)の特殊な場合として，次の式が成立する。

$$\frac{{}^{A}d\mathbf{e}_{A}}{dt}=\mathbf{0} \tag{A2.2}$$

剛体に固定した幾何ベクトルをその剛体上から観察しても変化しないので，時間微分がゼロになるのは当然である。

A2.2　幾何ベクトル表現から代数ベクトル表現を求める事例

位置の時間微分と速度の関係は，幾何ベクトル表現と代数ベクトル表現で，式(4.5)と(4.2)に与えられている。

$$\frac{{}^{O}d\vec{r}_{OP}}{dt}=\vec{v}_{OP} \qquad【4.5】$$

$$\dot{\mathbf{r}}_{OP}=\mathbf{v}_{OP} \qquad【4.2】$$

幾何ベクトル表現(4.5)から代数ベクトル表現(4.2)を求めてみよう。まず，式(4.5)に $\vec{r}_{OP}=\mathbf{e}_{O}^{T}\mathbf{r}_{OP}$ と $\vec{v}_{OP}=\mathbf{e}_{O}^{T}\mathbf{v}_{OP}$ を代入する。そして，左辺を次のように変形する。

$$\frac{{}^{O}d\mathbf{e}_{O}^{T}\mathbf{r}_{OP}}{dt}=\mathbf{e}_{O}^{T}\frac{{}^{O}d\mathbf{r}_{OP}}{dt}=\mathbf{e}_{O}^{T}\frac{d\mathbf{r}_{OP}}{dt}=\mathbf{e}_{O}^{T}\dot{\mathbf{r}}_{OP} \tag{A2.3}$$

最初に変形は，式(A2.2)による。次の変更は代数ベクトルの時間微分がオブザーバーによらないことによる。この変形の後，右辺と左辺に $\mathbf{e}_{O}\cdot$ を左から掛けて式(A1.26)を用いれば，各座標軸の成分だけが取り出され，式(4.2)になる。

A2.3 座標変換行列（回転行列）の時間微分

式(A1.24)の時間微分を作る場合，右辺は幾何ベクトルの時間微分になるので，時間微分のオブザーバーが必要である。このような場合，オブザーバーは任意に一つ定めればよいので，剛体Aとする。その結果，$\mathbf{e}_{\mathrm{A}}$ は定数になるので，時間微分は次のようになる。

$$\dot{\mathbf{C}}_{\mathrm{AB}}=\mathbf{e}_{\mathrm{A}}\cdot\left(\frac{{}^{\mathrm{A}}d\mathbf{e}_{\mathrm{B}}}{dt}\right)^{T} \tag{A2.4}$$

このような式の変形時にも内積を示す・（ドット）を保持し続けることを忘れてはならない。右辺のカッコ内は，式(A2.1)を変形して，次のように書ける。

$$\frac{{}^{\mathrm{A}}d\mathbf{e}_{\mathrm{B}}}{dt}=-\mathbf{e}_{\mathrm{B}}\times\vec{\Omega}_{\mathrm{AB}}=-\mathbf{e}_{\mathrm{B}}\times\mathbf{e}_{\mathrm{B}}^{T}\,\mathbf{\Omega}'_{\mathrm{AB}}=\tilde{\mathbf{e}}_{\mathrm{B}}\,\mathbf{\Omega}'_{\mathrm{AB}}=-\tilde{\mathbf{\Omega}}'_{\mathrm{AB}}\mathbf{e}_{\mathrm{B}} \tag{A2.5}$$

最初の変形は式(A1.15)の最後の表現を利用し，幾何ベクトルを代数ベクトル表現に直している。2番目は(A1.27)を用い，最後の変形は外積の順序の入れ替えである。最後の結果を(A2.4)に代入して，さらに変形する。

$$\dot{\mathbf{C}}_{\mathrm{AB}}=\mathbf{e}_{\mathrm{A}}\cdot(-\tilde{\mathbf{\Omega}}'_{\mathrm{AB}}\mathbf{e}_{\mathrm{B}})^{T}=\mathbf{e}_{\mathrm{A}}\cdot\mathbf{e}_{\mathrm{B}}^{T}\,\tilde{\mathbf{\Omega}}'_{\mathrm{AB}} \tag{A2.6}$$

ここでの変形は，まず転置をはずし，式(5.7)を利用した。最後に式(A1.24)を代入して，次の重要な関係が得られる。

$$\dot{\mathbf{C}}_{\mathrm{AB}}=\mathbf{C}_{\mathrm{AB}}\tilde{\mathbf{\Omega}}'_{\mathrm{AB}} \tag{A2.7}$$

ダッシュの付かない $\mathbf{\Omega}_{\mathrm{AB}}$ を用いた関係も同様にして導くことができる。

付録B　3次元回転姿勢と角速度に関する補足

3次元の回転姿勢は特別に複雑である。第7章～第9章には回転姿勢を表す基本的な方法と，それに関わる関係式を説明した。しかし，関係式の中にはその導出が複雑過ぎるなどの理由で，本文中に含めないほうがよいと思われるものがあった。そのような関係式の導出をこの付録で補足する。

また，3次元の回転姿勢を表す方法で，本文には説明のなかった**ロドリゲスパラメータ**を追加する。この付録には，オイラーパラメータに関わる関係式について複数の方法で説明されているが，その中に，ロドリゲスパラメータを利用すると便利なものがある。また，2×2複素行列で回転姿勢を表す方法なども出てくるが，回転姿勢表現に関わる多様性は興味深い。角速度の三者の関係に関する説明も含まれている。

B1　Simple Rotation から回転行列を作る式

この節では，Simple Rotation（$\boldsymbol{\lambda}_{AB}$，$\phi_{AB}$）から回転行列 $\mathbf{C}_{AB}$ を作る式(7.3)の導き方を示す。

図 B1.1 は，$\vec{e}_{AX}$ を $\vec{\lambda}_{AB}$ まわりに ϕ_{AB} 回転させたときに $\vec{e}_{BX}$ に一致する様子を描いたものである。この図を見ながら次式の右辺の各項が表す幾何ベクトルを注意深く調べそれらの和を取ると，左辺の幾何ベクトルに一致することが分かる。

$$\vec{e}_{AX}=(\vec{e}_{BX}\cdot\vec{\lambda}_{AB})\vec{\lambda}_{AB}+\{\vec{e}_{BX}-(\vec{e}_{BX}\cdot\vec{\lambda}_{AB})\vec{\lambda}_{AB}\}\cos\phi_{AB}+\vec{e}_{BX}\times\vec{\lambda}_{AB}\sin\phi_{AB} \tag{B1.1}$$

同様の式が $\vec{e}_{AY}$，$\vec{e}_{AZ}$ についても成立するので，結局，三つをまとめた次の式が成立する。

$$\mathbf{e}_A=(\mathbf{e}_B\cdot\vec{\lambda}_{AB})\vec{\lambda}_{AB}+\{\mathbf{e}_B-(\mathbf{e}_B\cdot\vec{\lambda}_{AB})\vec{\lambda}_{AB}\}\cos\phi_{AB}+\mathbf{e}_B\times\vec{\lambda}_{AB}\sin\phi_{AB} \tag{B1.2}$$

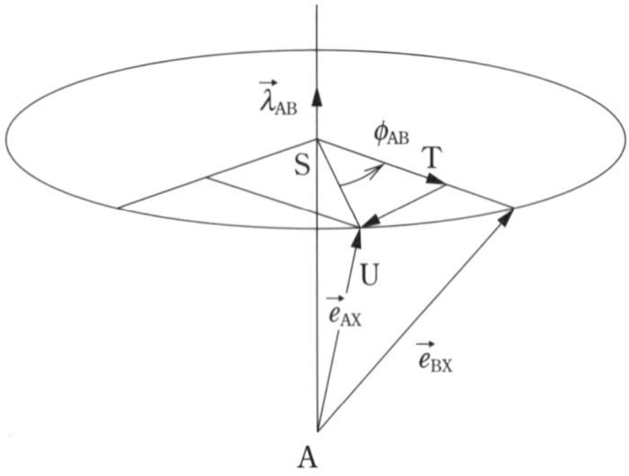

図 B1.1 $\vec{e}_{AX}$ を $\vec{\lambda}_{AB}$ まわりに ϕ_{AB} まわすと $\vec{e}_{BX}$ になる関係（$\vec{e}_{AX}=\vec{r}_{AS}+\vec{r}_{ST}+\vec{r}_{TU}$）

$\vec{\lambda}_{AB}$ は基底列行列 $\mathbf{e}_B$ と代数ベクトル $\boldsymbol{\lambda}_{AB}$ を用いて次のように表すことができる。

$$\vec{\lambda}_{AB}=\boldsymbol{\lambda}_{AB}^T\mathbf{e}_B=\mathbf{e}_B^T\boldsymbol{\lambda}_{AB} \tag{B1.3}$$

これを式(B1.2)に代入して，次のようになる。

$$\mathbf{e}_A=(\mathbf{e}_B\cdot\mathbf{e}_B^T\boldsymbol{\lambda}_{AB})\boldsymbol{\lambda}_{AB}^T\mathbf{e}_B+\{\mathbf{e}_B-(\mathbf{e}_B\cdot\mathbf{e}_B^T\boldsymbol{\lambda}_{AB})\boldsymbol{\lambda}_{AB}^T\mathbf{e}_B\}\cos\phi_{AB} \\ +\mathbf{e}_B\times\mathbf{e}_B^T\boldsymbol{\lambda}_{AB}\sin\phi_{AB} \tag{B1.4}$$

基底列行列 $\mathbf{e}_B$ とその転置 $\mathbf{e}_B^T$ の内積と外積は，次の置き換えを行う。

$$\mathbf{e}_B\cdot\mathbf{e}_B^T=\mathbf{I}_3 \tag{B1.5}$$

$$\mathbf{e}_B\times\mathbf{e}_B^T=-\tilde{\mathbf{e}}_B \tag{B1.6}$$

これにより，式(B1.4)は次のようになる。

$$\mathbf{e}_A=\boldsymbol{\lambda}_{AB}\boldsymbol{\lambda}_{AB}^T\mathbf{e}_B+(\mathbf{e}_B-\boldsymbol{\lambda}_{AB}\boldsymbol{\lambda}_{AB}^T\mathbf{e}_B)\cos\phi_{AB}-\tilde{\mathbf{e}}_B\boldsymbol{\lambda}_{AB}\sin\phi_{AB} \tag{B1.7}$$

この式は，さらに，次のように変形できる。

$$\mathbf{e}_A=\mathbf{e}_B\cos\phi_{AB}+\tilde{\boldsymbol{\lambda}}_{AB}\mathbf{e}_B\sin\phi_{AB}+\boldsymbol{\lambda}_{AB}\boldsymbol{\lambda}_{AB}^T\mathbf{e}_B(1-\cos\phi_{AB}) \tag{B1.8}$$

この式の両辺に，右側から $\cdot\mathbf{e}_B^T$ を掛けると次のようになる。

$$\mathbf{e}_A\cdot\mathbf{e}_B^T=\mathbf{e}_B\cdot\mathbf{e}_B^T\cos\phi_{AB}+\tilde{\boldsymbol{\lambda}}_{AB}\mathbf{e}_B\cdot\mathbf{e}_B^T\sin\phi_{AB}+\boldsymbol{\lambda}_{AB}\boldsymbol{\lambda}_{AB}^T\mathbf{e}_B\cdot\mathbf{e}_B^T(1-\cos\phi_{AB}) \tag{B1.9}$$

式(A1.24)と(B1.5)を用いると，$\boldsymbol{\lambda}_{AB}$ と ϕ_{AB} による回転行列の式に到達する。

$$\mathbf{C}_{AB}=\mathbf{I}_3\cos\phi_{AB}+\tilde{\boldsymbol{\lambda}}_{AB}\sin\phi_{AB}+\boldsymbol{\lambda}_{AB}\boldsymbol{\lambda}_{AB}^T(1-\cos\phi_{AB}) \tag{B1.10}$$

B2 ロドリゲスパラメータ

ロドリゲスパラメータは3自由度の回転姿勢を三つのスカラー変数で表現するものであり，特異性は避けられないが，オイラー角に比べて関係式（回転行列との関係，三者の関係，角速度との関係）が，オイラーパラメータと同程度に簡単である。座標系Aから見た座標系Bの回転姿勢を表すロドリゲスパラメータ $\boldsymbol{\rho}_{AB}$ は，Simple Rotationの $\boldsymbol{\lambda}_{AB}$ と ϕ_{AB} を用いて次のように定義される。

$$\boldsymbol{\rho}_{AB} \equiv \begin{bmatrix} \rho_{1AB} \\ \rho_{2AB} \\ \rho_{3AB} \end{bmatrix} \equiv \begin{bmatrix} \rho_1 \\ \rho_2 \\ \rho_3 \end{bmatrix}_{AB} = \begin{bmatrix} l_{AB} \tan\dfrac{\phi_{AB}}{2} \\ m_{AB} \tan\dfrac{\phi_{AB}}{2} \\ n_{AB} \tan\dfrac{\phi_{AB}}{2} \end{bmatrix} \tag{B2.1}$$

あるいは，

$$\boldsymbol{\rho}_{AB} = \boldsymbol{\lambda}_{AB} \tan\frac{\phi_{AB}}{2} \tag{B2.2}$$

オイラーパラメータとは次のように密接に関係している。

$$\boldsymbol{\rho}_{AB} = \frac{\boldsymbol{\varepsilon}_{AB}}{\varepsilon_{0AB}} \tag{B2.3}$$

また，オイラーパラメータと同様で，$-\boldsymbol{\rho}_{AB}$ も $\boldsymbol{\rho}_{AB}$ と同じ回転を表している。ロドリゲスパラメータから，回転行列を作る式は次のとおりである。

$$\mathbf{C}_{AB} = \frac{1}{1+\boldsymbol{\rho}_{AB}^T\boldsymbol{\rho}_{AB}}\{\mathbf{I}_3(1-\boldsymbol{\rho}_{AB}^T\boldsymbol{\rho}_{AB}) + 2\tilde{\boldsymbol{\rho}}_{AB} + 2\boldsymbol{\rho}_{AB}\boldsymbol{\rho}_{AB}^T\} \tag{B2.4}$$

$$= \frac{1}{1+\rho_{1AB}^2+\rho_{2AB}^2+\rho_{3AB}^2} \begin{bmatrix} 1+\rho_1^2-\rho_2^2-\rho_3^2 & 2(\rho_1\rho_2-\rho_3) & 2(\rho_3\rho_1+\rho_2) \\ 2(\rho_1\rho_2+\rho_3) & 1+\rho_2^2-\rho_3^2-\rho_1^2 & 2(\rho_2\rho_3-\rho_1) \\ 2(\rho_3\rho_1-\rho_2) & 2(\rho_2\rho_3+\rho_1) & 1+\rho_3^2-\rho_1^2-\rho_2^2 \end{bmatrix}_{AB} \tag{B2.5}$$

この式は式(7.17)と式(B2.3)を用いて導くことができる。

ロドリゲスパラメータの三者の関係は次のとおりである。

$$\boldsymbol{\rho}_{AC}=\frac{\boldsymbol{\rho}_{AB}+\boldsymbol{\rho}_{BC}+\tilde{\boldsymbol{\rho}}_{AB}\boldsymbol{\rho}_{BC}}{1-\boldsymbol{\rho}_{AB}^{T}\boldsymbol{\rho}_{BC}} \tag{B2.6}$$

この関係の導出もかなり面倒であるが，B5 節に説明がある。

角速度からロドリゲスパラメータの時間微分を求めるには次の関係を用いればよい。

$$\dot{\boldsymbol{\rho}}_{AB}=\frac{1}{2}(\mathbf{I}_3+\tilde{\boldsymbol{\rho}}_{AB}+\boldsymbol{\rho}_{AB}\boldsymbol{\rho}_{AB}^{T})\,\boldsymbol{\Omega}'_{AB} \tag{B2.7}$$

逆に，ロドリゲスパラメータの時間微分から角速度を求める場合は次の式による。

$$\boldsymbol{\Omega}'_{AB}=\frac{2(\mathbf{I}_3-\tilde{\boldsymbol{\rho}}_{AB})}{1+\boldsymbol{\rho}_{AB}^{T}\boldsymbol{\rho}_{AB}}\dot{\boldsymbol{\rho}}_{AB} \tag{B2.8}$$

ロドリゲスパラメータと角速度の関係は B9 節に説明されている。

ロドリゲスパラメータはオイラー角より特異性の制約が大きいが，回転行列や角速度の関係はオイラーパラメータと同程度に簡単であり，三つの変数で回転姿勢を表現できる点が長所である。

B3　2×2 複素行列による座標変換

この節では，まず，位置，速度，角速度などの 3×1 代数ベクトルを，その成分によって作られる 2×2 **エルミート行列**に表現し直す。同一の幾何ベクトルから作られた二つの代数ベクトル間には座標変換行列による変換関係があるが，対応する 2×2 エルミート行列間の座標変換は 2×2 **ユニタリー行列**によることが示される。そして，そのユニタリー行列は四つのパラメータで特徴付けられ，その四つのパラメータがオイラーパラメータである。

B3.1　3×1 代数ベクトルの 2×2 エルミート行列表現

剛体 A から見た剛体 B の角速度の代数ベクトルは，座標系 A と座標系 B で作ると，$\boldsymbol{\Omega}_{AB}$ と $\boldsymbol{\Omega}'_{AB}$ になる。座標系 B による表現から座標系 A による表現への座標変換は座標変換行列 $\mathbf{C}_{AB}$ による。

$$\boldsymbol{\Omega}_{AB} = \mathbf{C}_{AB}\boldsymbol{\Omega}'_{AB} \tag{B3.1}$$

ここで，$\boldsymbol{\Omega}_{AB}$ の三成分を用いて，次のような 2×2 複素行列 $\mathbf{P}_{AB}$ を考える。

$$\mathbf{P}_{AB} = \Omega_{ABX}\boldsymbol{\sigma}_1 + \Omega_{ABY}\boldsymbol{\sigma}_2 + \Omega_{ABZ}\boldsymbol{\sigma}_3 \tag{B3.2}$$

ここでは，$\mathbf{P}$ は運動量とは無関係である。$\boldsymbol{\sigma}_1$，$\boldsymbol{\sigma}_2$，$\boldsymbol{\sigma}_3$ は**Pauliのスピン行列**と呼ばれるもので，iを虚数単位として，次のとおりである。

$$\boldsymbol{\sigma}_1 = \begin{bmatrix} 0 & 1 \\ 1 & 0 \end{bmatrix} \tag{B3.3}$$

$$\boldsymbol{\sigma}_2 = \begin{bmatrix} 0 & -\mathrm{i} \\ \mathrm{i} & 0 \end{bmatrix} \tag{B3.4}$$

$$\boldsymbol{\sigma}_3 = \begin{bmatrix} 1 & 0 \\ 0 & -1 \end{bmatrix} \tag{B3.5}$$

これらの共役転置はもとの行列と同じになるので，これらは**エルミート行列**である。したがって，$\mathbf{P}_{AB}$ もエルミート行列になる。なお，複素行列の中のエルミート行列は，実行列の中の対称行列に対応するものである。

スピン行列の行列式はいずれも −1 である。

$$|\boldsymbol{\sigma}_1| = |\boldsymbol{\sigma}_2| = |\boldsymbol{\sigma}_3| = -1 \tag{B3.6}$$

また，二つを選んで積を作ると次のようになる。

$$\boldsymbol{\sigma}_1\boldsymbol{\sigma}_1 = \boldsymbol{\sigma}_2\boldsymbol{\sigma}_2 = \boldsymbol{\sigma}_3\boldsymbol{\sigma}_3 = \mathbf{I}_2 \tag{B3.7}$$

$$\boldsymbol{\sigma}_i\boldsymbol{\sigma}_j = \mathrm{i}\boldsymbol{\sigma}_k \tag{B3.8}$$

$$\boldsymbol{\sigma}_k\boldsymbol{\sigma}_j = -\mathrm{i}\boldsymbol{\sigma}_i \tag{B3.9}$$

ただし，式(B3.8)と(B3.9)の添え字の (i, j, k) は，(1, 2, 3)，(2, 3, 1)，(3, 1, 2) のいずれかである（ここでは，虚数単位の i と添え字の i を区別するため，虚数単位は立体文字にしている）。

$\mathbf{P}_{AB}$ の行列式は，次のように，$\boldsymbol{\Omega}_{AB}$ の長さの二乗に負号を付けたものになっている。

$$|\mathbf{P}_{AB}| = -(\Omega_{ABX}^2 + \Omega_{ABY}^2 + \Omega_{ABZ}^2) \tag{B3.10}$$

このことは，式(B3.2)の行列式を実際に計算してみれば容易に確認できる。

$\boldsymbol{\Omega}'_{AB}$ についても同様なエルミート行列 $\mathbf{P}'_{AB}$ を対応させることができる。

$$\mathbf{P}'_{AB} = \Omega'_{ABX}\boldsymbol{\sigma}_1 + \Omega'_{ABY}\boldsymbol{\sigma}_2 + \Omega'_{ABZ}\boldsymbol{\sigma}_3 \tag{B3.11}$$

$$|\mathbf{P}'_{AB}| = -(\Omega'^2_{ABX} + \Omega'^2_{ABY} + \Omega'^2_{ABZ}) \tag{B3.12}$$

$|\mathbf{P}_{AB}|$ と $|\mathbf{P}'_{AB}|$ は，同じ幾何ベクトルの長さの二乗に負号をつけたものであるから，等しい。そして，$\mathbf{P}_{AB}$ や $\mathbf{P}'_{AB}$ は，$\mathbf{\Omega}_{AB}$ や $\mathbf{\Omega}'_{AB}$ の代わりに角速度を表す表現方法の一つになっている。

ここまでは角速度を用いて説明してきたが，以上のエルミート行列による表現は，任意の 3×1 代数ベクトルに適用することができる。

B3.2　2×2 エルミート行列の座標変換

$\mathbf{\Omega}'_{AB}$ から $\mathbf{\Omega}_{AB}$ への変換(B3.1)に対応して，$\mathbf{P}'_{AB}$ から $\mathbf{P}_{AB}$ への変換を考える。それは，2×2 複素行列 $\mathbf{Q}_{AB}$ による次のような変換とする。

$$\mathbf{P}_{AB}=\mathbf{Q}_{AB}\mathbf{P}'_{AB}\mathbf{Q}^{*}_{AB} \tag{B3.13}$$

ここで，$\mathbf{Q}^{*}_{AB}$ の右肩の＊は共役転置を意味していて，この式による変換は**共役変換**と呼ばれている。

さて，式(B3.10)と(B3.12)から，$\mathbf{P}_{AB}$ と $\mathbf{P}'_{AB}$ の行列式の不変性がこの座標変換の条件として必要である。そのためには $\mathbf{Q}_{AB}$ が次の条件を満たせばよい。

$$\mathbf{Q}_{AB}\mathbf{Q}^{*}_{AB}=\mathbf{I}_2 \tag{B3.14}$$

この式を満たす複素行列 $\mathbf{Q}_{AB}$ は**ユニタリー行列**と呼ばれる。複素行列の中のユニタリー行列は，実行列の中の正規直交行列に対応するものである。$\mathbf{Q}_{AB}$ がユニタリー行列のとき，式(B3.13)は**ユニタリー変換**と呼ばれる。すなわち，ユニタリー行列による共役変換がユニタリー変換であり，これは実行列の正規直交変換に対応する。

ユニタリー行列 $\mathbf{Q}_{AB}$ の行列式は $+1$ か -1 になるが，$+1$ になるように条件を付け加える。そのような 2×2 ユニタリー行列は，二乗和が $+1$ になる四つの実数 ε_{0AB}，ε_{1AB}，ε_{2AB}，ε_{3AB} によって次のような形で表すことができる。

$$\mathbf{Q}_{AB}=\varepsilon_{0AB}\mathbf{I}_2-\mathrm{i}\varepsilon_{1AB}\boldsymbol{\sigma}_1-\mathrm{i}\varepsilon_{2AB}\boldsymbol{\sigma}_2-\mathrm{i}\varepsilon_{3AB}\boldsymbol{\sigma}_3 \tag{B3.15}$$

$$\varepsilon^2_{0AB}+\varepsilon^2_{1AB}+\varepsilon^2_{2AB}+\varepsilon^2_{3AB}=1 \tag{B3.16}$$

$\mathbf{Q}_{AB}$ の行列式が $+1$ になることは，$\mathbf{P}_{AB}$ の場合と同様に，容易に確かめることができる。また，$\mathbf{Q}_{AB}$ の共役転置行列は次のようになる。

$$\mathbf{Q}^{*}_{AB}=\varepsilon_{0AB}\mathbf{I}_2+\mathrm{i}\varepsilon_{1AB}\boldsymbol{\sigma}_1+\mathrm{i}\varepsilon_{2AB}\boldsymbol{\sigma}_2+\mathrm{i}\varepsilon_{3AB}\boldsymbol{\sigma}_3 \tag{B3.17}$$

$\mathbf{Q}_{AB}$ のユニタリー性の検証も容易である。

結局，二乗和が1の四つの実数 ε_{0AB}，ε_{1AB}，ε_{2AB}，ε_{3AB} が 2×2 ユニタリー変換を定めている。そして，このユニタリー変換は，正規直交行列による座標変換に対応するものであるから，座標変換行列 $\mathbf{C}_{AB}$ も四つの実数によって定まっているはずである。

また，座標変換行列 $\mathbf{C}_{AB}$ が座標系Aから見た座標系Bの回転姿勢表現の一つであることと同じ意味で，$\mathbf{Q}_{AB}$ も同じ回転姿勢表現の一つといえる。$\mathbf{Q}_{AB}$ を**ユニタリー回転行列**と呼んでもよいであろう。そして，四つの実数 ε_{0AB}，ε_{1AB}，ε_{2AB}，ε_{3AB} も同じ回転姿勢の表現形態の一つといえる。

B3.3　2×2 ユニタリー変換を定めている四つの実数と座標変換行列の関係

式(B3.13)による座標変換を調べるために，まず，Pauli のスピン行列の変換 $\mathbf{Q}_{AB}\boldsymbol{\sigma}_1\mathbf{Q}^*_{AB}$，$\mathbf{Q}_{AB}\boldsymbol{\sigma}_2\mathbf{Q}^*_{AB}$，$\mathbf{Q}_{AB}\boldsymbol{\sigma}_3\mathbf{Q}^*_{AB}$ を，式(B3.7)～(B3.9)を利用して，計算すると次のような結果が得られる。

$$\mathbf{Q}_{AB}\boldsymbol{\sigma}_1\mathbf{Q}^*_{AB}=(\varepsilon_0^2+\varepsilon_1^2-\varepsilon_2^2-\varepsilon_3^2)_{AB}\boldsymbol{\sigma}_1+2(\varepsilon_0\varepsilon_3+\varepsilon_1\varepsilon_2)_{AB}\boldsymbol{\sigma}_2 +2(-\varepsilon_0\varepsilon_2+\varepsilon_1\varepsilon_3)_{AB}\boldsymbol{\sigma}_3 \tag{B3.18}$$

$$\mathbf{Q}_{AB}\boldsymbol{\sigma}_2\mathbf{Q}^*_{AB}=2(-\varepsilon_0\varepsilon_3+\varepsilon_1\varepsilon_2)_{AB}\boldsymbol{\sigma}_1+(\varepsilon_0^2-\varepsilon_1^2+\varepsilon_2^2-\varepsilon_3^2)_{AB}\boldsymbol{\sigma}_2 +2(\varepsilon_0\varepsilon_1+\varepsilon_2\varepsilon_3)_{AB}\boldsymbol{\sigma}_3 \tag{B3.19}$$

$$\mathbf{Q}_{AB}\boldsymbol{\sigma}_3\mathbf{Q}^*_{AB}=2(\varepsilon_0\varepsilon_2+\varepsilon_1\varepsilon_3)_{AB}\boldsymbol{\sigma}_1+2(-\varepsilon_0\varepsilon_1+\varepsilon_2\varepsilon_3)_{AB}\boldsymbol{\sigma}_2 +(\varepsilon_0^2-\varepsilon_1^2-\varepsilon_2^2+\varepsilon_3^2)_{AB}\boldsymbol{\sigma}_3 \tag{B3.20}$$

なお，これらの式の右辺では四つの実数の，共通の添え字を括弧の外に括り出して示してある。

さて，式(B3.13)に式(B3.2)と(B3.11)を代入し，式(B3.18)～(B3.20)を利用して，$\boldsymbol{\sigma}_1$，$\boldsymbol{\sigma}_2$，$\boldsymbol{\sigma}_3$ の係数を比較することにより次の関係が得られる。

$$\begin{bmatrix}\Omega_{ABX}\\ \Omega_{ABY}\\ \Omega_{ABZ}\end{bmatrix}=\begin{bmatrix}\varepsilon_0^2+\varepsilon_1^2-\varepsilon_2^2-\varepsilon_3^2 & 2(-\varepsilon_0\varepsilon_3+\varepsilon_1\varepsilon_2) & 2(\varepsilon_0\varepsilon_2+\varepsilon_1\varepsilon_3)\\ 2(\varepsilon_0\varepsilon_3+\varepsilon_1\varepsilon_2) & \varepsilon_0^2-\varepsilon_1^2+\varepsilon_2^2-\varepsilon_3^2 & 2(-\varepsilon_0\varepsilon_1+\varepsilon_2\varepsilon_3)\\ 2(-\varepsilon_0\varepsilon_2+\varepsilon_1\varepsilon_3) & 2(\varepsilon_0\varepsilon_1+\varepsilon_2\varepsilon_3) & \varepsilon_0^2-\varepsilon_1^2-\varepsilon_2^2+\varepsilon_3^2\end{bmatrix}_{AB}\begin{bmatrix}\Omega'_{ABX}\\ \Omega'_{ABY}\\ \Omega'_{ABZ}\end{bmatrix} \tag{B3.21}$$

この結果と式(B3.1)を対比すると，$\mathbf{Q}_{AB}$ による式(B3.13)の座標変換が回転行列

$\mathbf{C}_{AB}$ による座標変換と同じ働きになっていて，$\mathbf{Q}_{AB}$ を特徴付けている四つの実数が，座標変換の働きを定めていることがわかる。座標変換と回転姿勢は表裏一体であるから，四つの実数は回転姿勢表現になっているともいえる。ここで得られた $\mathbf{C}_{AB}$ と四つの実数の関係は，7.4 節に示されているオイラーパラメータから回転行列を作る式と同じであり，オイラーパラメータは，$\mathbf{Q}_{AB}$ を特徴付けている四つの実数である。

B4　オイラーパラメータの三者の関係

前節に説明したユニタリー回転行列の三者の関係は容易に求まる。これを利用するとオイラーパラメータの三者の関係が得られる。

B4.1　2×2 ユニタリー回転行列の三者の関係

剛体 A から見た剛体 B の角速度の代数ベクトルを座標系 C で作り，$\mathbf{\Omega}_{AB}^{C}$ と表すことにする。この記号は，前項の延長として説明するために，ここだけで用いるものである。さて，座標系 C の表現から座標系 B の表現への座標変換は正規直交座標変換行列 $\mathbf{C}_{BC}$ による。

$$\mathbf{\Omega}'_{AB}=\mathbf{C}_{BC}\,\mathbf{\Omega}_{AB}^{C} \tag{B4.1}$$

また，座標系 C の表現から座標系 A の表現への座標変換は正規直交座標変換行列 $\mathbf{C}_{AC}$ によっている。

$$\mathbf{\Omega}_{AB}=\mathbf{C}_{AC}\,\mathbf{\Omega}_{AB}^{C} \tag{B4.2}$$

これらの式と式(B3.1)から正規直交座標変換行列，あるいは，正規直交回転行列の三者の関係が得られる。

$$\mathbf{C}_{AC}=\mathbf{C}_{AB}\mathbf{C}_{BC} \tag{B4.3}$$

一方，$\mathbf{\Omega}_{AB}^{C}$ に対応して $\mathbf{\Omega}_{AB}^{C}$ の成分から $\mathbf{P}_{AB}^{C}$ を作ることができる。

$$\mathbf{P}_{AB}^{C}=\Omega_{ABX}^{C}\boldsymbol{\sigma}_1+\Omega_{ABY}^{C}\boldsymbol{\sigma}_2+\Omega_{ABZ}^{C}\boldsymbol{\sigma}_3 \tag{B4.4}$$

ここで，$\mathbf{P}_{AB}^{C}$ から $\mathbf{P}'_{AB}$ への座標変換と $\mathbf{P}_{AB}^{C}$ から $\mathbf{P}_{AB}$ への座標変換はそれぞれ $\mathbf{Q}_{BC}$ と $\mathbf{Q}_{AC}$ による。

$$\mathbf{P}'_{AB}=\mathbf{Q}_{BC}\mathbf{P}_{AB}^{C}\mathbf{Q}_{BC}^{*} \tag{B4.5}$$

$$\mathbf{P}_{\mathrm{AB}}=\mathbf{Q}_{\mathrm{AC}}\mathbf{P}^{\mathrm{C}}_{\mathrm{AB}}\mathbf{Q}^{*}_{\mathrm{AC}} \tag{B4.6}$$

正規直交回転行列の場合と同様に，この二つの式と式(B3.13)から次の関係が得られる。

$$\mathbf{Q}_{\mathrm{AC}}=\mathbf{Q}_{\mathrm{AB}}\mathbf{Q}_{\mathrm{BC}} \tag{B4.7}$$

これは，ユニタリー座標変換行列，あるいは，ユニタリー回転行列の三者の関係である。

B4.2　オイラーパラメータの三者の関係

$\mathbf{Q}_{\mathrm{BC}}$ と $\mathbf{Q}_{\mathrm{AC}}$ は式(B3.15)と同様に次のように書ける。

$$\mathbf{Q}_{\mathrm{BC}}=\varepsilon_{0\mathrm{BC}}\mathbf{I}_2-\mathrm{i}\varepsilon_{1\mathrm{BC}}\boldsymbol{\sigma}_1-\mathrm{i}\varepsilon_{2\mathrm{BC}}\boldsymbol{\sigma}_2-\mathrm{i}\varepsilon_{3\mathrm{BC}}\boldsymbol{\sigma}_3 \tag{B4.8}$$

$$\mathbf{Q}_{\mathrm{AC}}=\varepsilon_{0\mathrm{AC}}\mathbf{I}_2-\mathrm{i}\varepsilon_{1\mathrm{AC}}\boldsymbol{\sigma}_1-\mathrm{i}\varepsilon_{2\mathrm{AC}}\boldsymbol{\sigma}_2-\mathrm{i}\varepsilon_{3\mathrm{AC}}\boldsymbol{\sigma}_3 \tag{B4.9}$$

式(B3.15)と(B4.8)を用いて式(B4.7)の右辺を計算し，式(B4.9)と対比して，$\mathbf{I}_2$，$\mathrm{i}\boldsymbol{\sigma}_1$，$\mathrm{i}\boldsymbol{\sigma}_2$，$\mathrm{i}\boldsymbol{\sigma}_3$ の係数を等置すると次の結果が得られる。

$$\begin{bmatrix}\varepsilon_0\\ \varepsilon_1\\ \varepsilon_2\\ \varepsilon_3\end{bmatrix}_{\mathrm{AC}}=\begin{bmatrix}\varepsilon_0 & -\varepsilon_1 & -\varepsilon_2 & -\varepsilon_3\\ \varepsilon_1 & +\varepsilon_0 & -\varepsilon_3 & +\varepsilon_2\\ \varepsilon_2 & +\varepsilon_3 & +\varepsilon_0 & -\varepsilon_1\\ \varepsilon_3 & -\varepsilon_2 & +\varepsilon_1 & +\varepsilon_0\end{bmatrix}_{\mathrm{AB}}\begin{bmatrix}\varepsilon_0\\ \varepsilon_1\\ \varepsilon_2\\ \varepsilon_3\end{bmatrix}_{\mathrm{BC}} \tag{B4.10}$$

この結果が式(8.7)である。

B5　ロドリゲスパラメータの三者の関係

この節ではロドリゲスパラメータの三者の関係を導く。この結果は，次節で，再びオイラーパラメータの三者の関係を導くために利用される。

B5.1　準備

座標系Aに対する座標系Bの単純回転を考えるとき，その回転軸を表す代数ベクトル $\boldsymbol{\lambda}_{\mathrm{AB}}$ と各座標系の基底列行列 $\mathbf{e}_{\mathrm{A}}$，$\mathbf{e}_{\mathrm{B}}$ との間には次のような関係がある。

$$\boldsymbol{\lambda}^{T}_{\mathrm{AB}}\mathbf{e}_{\mathrm{A}}=\boldsymbol{\lambda}^{T}_{\mathrm{AB}}\mathbf{e}_{\mathrm{B}} \tag{B5.1}$$

この式とオイラーパラメータ，ロドリゲスパラメータの定義から，次の関係も明らかである。

$$\boldsymbol{\varepsilon}_{AB}^{T}\mathbf{e}_{A}=\boldsymbol{\varepsilon}_{AB}^{T}\mathbf{e}_{B} \tag{B5.2}$$

$$\boldsymbol{\rho}_{AB}^{T}\mathbf{e}_{A}=\boldsymbol{\rho}_{AB}^{T}\mathbf{e}_{B} \tag{B5.3}$$

式(B5.2)は，ロドリゲスパラメータの三者の関係を求めるためには必要ないが，式(B5.3)と本質的に同じ関係であり，書いておいた。

ロドリゲスパラメータと回転行列の関係はB2節に与えられている。

$$\mathbf{C}_{AB}=\frac{1}{1+\boldsymbol{\rho}_{AB}^{T}\boldsymbol{\rho}_{AB}}\{\mathbf{I}_{3}(1-\boldsymbol{\rho}_{AB}^{T}\boldsymbol{\rho}_{AB})+2\tilde{\boldsymbol{\rho}}_{AB}+2\boldsymbol{\rho}_{AB}\boldsymbol{\rho}_{AB}^{T}\} \quad 【B2.4】$$

この式を利用すると次の関係を確認することができる。

$$(\mathbf{I}_{3}-\tilde{\boldsymbol{\rho}}_{AB})\mathbf{C}_{AB}=(\mathbf{I}_{3}+\tilde{\boldsymbol{\rho}}_{AB}) \tag{B5.4}$$

この関係から，次の式も容易に得られる。

$$(\mathbf{I}_{3}-\tilde{\boldsymbol{\rho}}_{AB})\mathbf{e}_{A}=(\mathbf{I}_{3}+\tilde{\boldsymbol{\rho}}_{AB})\mathbf{e}_{B} \tag{B5.5}$$

この式は次のように変形できる。

$$\mathbf{e}_{A}-\mathbf{e}_{B}=\tilde{\boldsymbol{\rho}}_{AB}(\mathbf{e}_{A}+\mathbf{e}_{B}) \tag{B5.6}$$

B5.2　三者の関係の導出

以上の準備のもとにロドリゲスパラメータの三者の関係を導くが，まず，座標系Bと座標系Cの間にも式(B5.3)，(B5.6)と同様の関係がある。

$$\boldsymbol{\rho}_{BC}^{T}\mathbf{e}_{B}=\boldsymbol{\rho}_{BC}^{T}\mathbf{e}_{C} \tag{B5.7}$$

$$\mathbf{e}_{B}-\mathbf{e}_{C}=\tilde{\boldsymbol{\rho}}_{BC}(\mathbf{e}_{B}+\mathbf{e}_{C}) \tag{B5.8}$$

さて，座標系Aと座標系Cの間にある同様の関係を作ればよいので，式(B5.6)と(B5.8)の和を作る。

$$\mathbf{e}_{A}-\mathbf{e}_{C}=\tilde{\boldsymbol{\rho}}_{AB}\mathbf{e}_{A}+\tilde{\boldsymbol{\rho}}_{BC}\mathbf{e}_{C}+(\tilde{\boldsymbol{\rho}}_{AB}+\tilde{\boldsymbol{\rho}}_{BC})\mathbf{e}_{B} \tag{B5.9}$$

右辺の $\mathbf{e}_{B}$ の項を取り除きたいので，式(B5.6)と(B5.8)の左辺から同じ項を作ることを考える。そのために，両式のそれぞれに外積オペレータを作用させ，変形して次式を作る。

$$\tilde{\mathbf{e}}_{A}-\tilde{\mathbf{e}}_{B}=(\mathbf{e}_{A}+\mathbf{e}_{B})\boldsymbol{\rho}_{AB}^{T}-\boldsymbol{\rho}_{AB}(\mathbf{e}_{A}^{T}+\mathbf{e}_{B}^{T}) \tag{B5.10}$$

$$\tilde{\mathbf{e}}_{B}-\tilde{\mathbf{e}}_{C}=(\mathbf{e}_{B}+\mathbf{e}_{C})\boldsymbol{\rho}_{BC}^{T}-\boldsymbol{\rho}_{BC}(\mathbf{e}_{B}^{T}+\mathbf{e}_{C}^{T}) \tag{B5.11}$$

式(B5.10)に右から $\boldsymbol{\rho}_{BC}$ を掛け，式(B5.11)に右から $\boldsymbol{\rho}_{AB}$ を掛けて，外積の順序の入れ換え，両式の引き算を行えば目指す $\mathbf{e}_B$ の項を作ることができる。両式の右辺第一項の $\mathbf{e}_B$ はこの操作で消去できる。右辺第二項の $\mathbf{e}_B$ は $\boldsymbol{\rho}_{BC}$ と $\boldsymbol{\rho}_{AB}$ を右から掛けるので，式(B5.3)と(B5.7)を利用して $\mathbf{e}_C$ と $\mathbf{e}_A$ に変えることができる。以上の操作から，目指す $\mathbf{e}_B$ の項は次のように求まる。

$$\begin{aligned}(\tilde{\boldsymbol{\rho}}_{BC}+\tilde{\boldsymbol{\rho}}_{AB})\mathbf{e}_B=&\tilde{\boldsymbol{\rho}}_{BC}\mathbf{e}_A+\tilde{\boldsymbol{\rho}}_{AB}\mathbf{e}_C+(\mathbf{e}_A-\mathbf{e}_C)\boldsymbol{\rho}_{AB}^T\boldsymbol{\rho}_{BC}\\&+(\boldsymbol{\rho}_{BC}\boldsymbol{\rho}_{AB}^T-\boldsymbol{\rho}_{AB}\boldsymbol{\rho}_{AB}^T)(\mathbf{e}_A+\mathbf{e}_C)\end{aligned} \tag{B5.12}$$

この結果を式(B5.9)に代入し，整理すると，次の関係が得られる。

$$(\mathbf{e}_A-\mathbf{e}_C)=\frac{\tilde{\boldsymbol{\rho}}_{AB}+\tilde{\boldsymbol{\rho}}_{BC}+\boldsymbol{\rho}_{BC}\boldsymbol{\rho}_{AB}^T-\boldsymbol{\rho}_{AB}\boldsymbol{\rho}_{BC}^T}{1-\boldsymbol{\rho}_{AB}^T\boldsymbol{\rho}_{BC}}(\mathbf{e}_A+\mathbf{e}_C) \tag{B5.13}$$

式(B5.13)は，式(B5.6)，または，(B5.8)と同じ形であり，座標系Aと座標系Cの関係であるから，右辺の分数になっている部分は $\tilde{\boldsymbol{\rho}}_{AC}$ に等しい。

$$\tilde{\boldsymbol{\rho}}_{AC}=\frac{\tilde{\boldsymbol{\rho}}_{AB}+\tilde{\boldsymbol{\rho}}_{BC}+\boldsymbol{\rho}_{BC}\boldsymbol{\rho}_{AB}^T-\boldsymbol{\rho}_{AB}\boldsymbol{\rho}_{BC}^T}{1-\boldsymbol{\rho}_{AB}^T\boldsymbol{\rho}_{BC}} \tag{B5.14}$$

そして，これは式(B2.6)の両辺に外積オペレータを作用させた形になっている。

$$\boldsymbol{\rho}_{AC}=\frac{\boldsymbol{\rho}_{AB}+\boldsymbol{\rho}_{BC}+\tilde{\boldsymbol{\rho}}_{AB}\boldsymbol{\rho}_{BC}}{1-\boldsymbol{\rho}_{AB}^T\boldsymbol{\rho}_{BC}} \qquad \text{【B2.6】}$$

B6 再び，オイラーパラメータの三者の関係について

式(B2.6)から，オイラーパラメーターの三者の関係を求めることもできる。まず，ロドリゲスパラメータとオイラーパラメータの間には次の関係がある。

$$\boldsymbol{\rho}_{AB}=\frac{\boldsymbol{\varepsilon}_{AB}}{\varepsilon_{0AB}} \qquad \text{【B2.3】}$$

この関係，および，$\boldsymbol{\rho}_{AC}$ と $\boldsymbol{\rho}_{BC}$ に関する同様の関係を式(B2.6)に代入して，整理すると次のようになる。

$$\frac{\boldsymbol{\varepsilon}_{AC}}{\varepsilon_{0AC}}=\frac{\boldsymbol{\varepsilon}_{AB}\varepsilon_{0BC}+\boldsymbol{\varepsilon}_{BC}\varepsilon_{0AB}+\tilde{\boldsymbol{\varepsilon}}_{AB}\boldsymbol{\varepsilon}_{BC}}{\varepsilon_{0AB}\varepsilon_{0BC}-\boldsymbol{\varepsilon}_{AB}^T\boldsymbol{\varepsilon}_{BC}} \tag{B6.1}$$

この式の転置を作り，左辺と右辺別々に元の式の左から掛けて，右辺は次のように整理する。

$$\frac{\boldsymbol{\varepsilon}_{AC}^T\boldsymbol{\varepsilon}_{AC}}{\varepsilon_{0AC}^2}=\frac{1-(\varepsilon_{0AB}\varepsilon_{0BC}-\boldsymbol{\varepsilon}_{AB}^T\boldsymbol{\varepsilon}_{BC})^2}{(\varepsilon_{0AB}\varepsilon_{0BC}-\boldsymbol{\varepsilon}_{AB}^T\boldsymbol{\varepsilon}_{BC})^2} \tag{B6.2}$$

左辺の分子の $\boldsymbol{\varepsilon}_{AC}^T\boldsymbol{\varepsilon}_{AC}$ を $1-\varepsilon_{0AC}^2$ に置き換え分母を払うと，次の関係が得られる。

$$\varepsilon_{0AC}^2=(\varepsilon_{0AB}\varepsilon_{0BC}-\boldsymbol{\varepsilon}_{AB}^T\boldsymbol{\varepsilon}_{BC})^2 \tag{B6.3}$$

この式から ε_{0AC} を定めることができる。このとき，(ε_{0AC}，$\boldsymbol{\varepsilon}_{AC}$) も ($-\varepsilon_{0AC}$，$-\boldsymbol{\varepsilon}_{AC}$) も同じ回転姿勢を表すことから，次のように符号を選んでよい。

$$\varepsilon_{0AC}=\varepsilon_{0AB}\varepsilon_{0BC}-\boldsymbol{\varepsilon}_{AB}^T\boldsymbol{\varepsilon}_{BC} \tag{B6.4}$$

この結果と式(B6.1)から，$\boldsymbol{\varepsilon}_{AC}$ を求める式も得られる。

$$\boldsymbol{\varepsilon}_{AC}=\boldsymbol{\varepsilon}_{AB}\varepsilon_{0BC}+\boldsymbol{\varepsilon}_{BC}\varepsilon_{0AB}+\tilde{\boldsymbol{\varepsilon}}_{AB}\boldsymbol{\varepsilon}_{BC} \tag{B6.5}$$

これら二つの式をまとめると次のように書ける。

$$\begin{bmatrix}\varepsilon_{0AC}\\ \boldsymbol{\varepsilon}_{AC}\end{bmatrix}=\begin{bmatrix}\varepsilon_{0AB} & -\boldsymbol{\varepsilon}_{AB}^T\\ \boldsymbol{\varepsilon}_{AB} & \varepsilon_{0AB}\mathbf{I}_3+\tilde{\boldsymbol{\varepsilon}}_{AB}\end{bmatrix}\begin{bmatrix}\varepsilon_{0BC}\\ \boldsymbol{\varepsilon}_{BC}\end{bmatrix} \tag{B6.6}$$

この結果は式(B4.10)と同じであり，また，式(8.10)の $\mathbf{S}_{AB}$ を利用して次のように表現することもできる。

$$\mathbf{E}_{AC}=[\mathbf{E}_{AB}\quad \mathbf{S}_{AB}^T]\mathbf{E}_{BC} \tag{B6.7}$$

B7　三度，オイラーパラメータの三者の関係について

オイラーパラメータの三者の関係を，複素数を利用した共役変換を用いたり，ロドリゲスパラメータを経由したりして導いてきた。ここでは，第7章に与えたオイラーパラメータの定義とその性質をもとに，直接，三者の関係を説明する。

B7.1　準備

式(8.10)に $\mathbf{S}_{AB}$ が与えられている。

$$\mathbf{S}_{AB}=[-\boldsymbol{\varepsilon}_{AB}\quad -\tilde{\boldsymbol{\varepsilon}}_{AB}+\varepsilon_{0AB}\mathbf{I}_3] \quad【8.10】$$

ここではさらに，類似の形の $\mathbf{G}_{AB}$ を準備する。

$$\mathbf{G}_{AB}=[-\boldsymbol{\varepsilon}_{AB}\quad \tilde{\boldsymbol{\varepsilon}}_{AB}+\varepsilon_{0AB}\mathbf{I}_3] \tag{B7.1}$$

これらを用いると，回転行列は次のように表される。

$$\mathbf{C}_{AB}=\mathbf{G}_{AB}\mathbf{S}_{AB}^T \tag{B7.2}$$

$\mathbf{G}_{AB}$，$\mathbf{S}_{AB}$について次のような関係が成立する。

$$\mathbf{G}_{AB}\mathbf{E}_{AB}=\mathbf{S}_{AB}\mathbf{E}_{AB}=\mathbf{0} \tag{B7.3}$$

$$\mathbf{G}_{AB}\mathbf{G}_{AB}^T=\mathbf{S}_{AB}\mathbf{S}_{AB}^T=\mathbf{I}_3 \tag{B7.4}$$

$$\mathbf{G}_{AB}^T\mathbf{G}_{AB}=\mathbf{S}_{AB}^T\mathbf{S}_{AB}=\mathbf{I}_4-\mathbf{E}_{AB}\mathbf{E}_{AB}^T \tag{B7.5}$$

また，次の関係が役立つこともある。

$$\mathbf{G}_{AB}\mathbf{E}_{CD}=-\mathbf{G}_{CD}\mathbf{E}_{AB} \tag{B7.6}$$

$$\mathbf{S}_{AB}\mathbf{E}_{CD}=-\mathbf{S}_{CD}\mathbf{E}_{AB} \tag{B7.7}$$

以上の関係式は，式(8.10)，(B7.1)などを直接代入して確認することができる。

B7.2　三者の関係

ここで示したい三者の関係は次の式である。

$$\mathbf{E}_{AC}=\mathbf{Z}_{AB}\mathbf{E}_{BC}=[\mathbf{E}_{AB}\quad \mathbf{S}_{AB}^T]\mathbf{E}_{BC} \tag{B7.8}$$

$\mathbf{Z}_{AB}$の逆行列が$\mathbf{Z}_{AB}^T$になることは容易に確認できるので，この式を次のように書き換えることができる。

$$\mathbf{E}_{BC}=\begin{bmatrix}\mathbf{E}_{AB}^T\\ \mathbf{S}_{AB}\end{bmatrix}\mathbf{E}_{AC}=\begin{bmatrix}\mathbf{E}_{AB}^T\mathbf{E}_{AC}\\ \mathbf{S}_{AB}\mathbf{E}_{AC}\end{bmatrix} \tag{B7.9}$$

そこで，次の式が示せればよい。

$$\varepsilon_{0BC}=\mathbf{E}_{AB}^T\mathbf{E}_{AC} \tag{B7.10}$$

$$\boldsymbol{\varepsilon}_{BC}=\mathbf{S}_{AB}\mathbf{E}_{AC} \tag{B7.11}$$

まず，$\mathbf{C}_{BC}$をε_{0BC}と$\boldsymbol{\varepsilon}_{BC}$で表し，トレースを計算すると，次のように$4\varepsilon_{0BC}^2-1$となることが示せる。

$$\begin{aligned}\mathrm{trace}(\mathbf{C}_{BC})&=\mathrm{trace}\{\mathbf{I}_3(\varepsilon_{0BC}^2-\boldsymbol{\varepsilon}_{BC}^T\boldsymbol{\varepsilon}_{BC})+2\tilde{\boldsymbol{\varepsilon}}_{BC}\varepsilon_{0BC}+2\boldsymbol{\varepsilon}_{BC}\boldsymbol{\varepsilon}_{BC}^T\}\\&=\mathrm{trace}\{\mathbf{I}_3(\varepsilon_{0BC}^2-\boldsymbol{\varepsilon}_{BC}^T\boldsymbol{\varepsilon}_{BC})\}+\mathrm{trace}(2\tilde{\boldsymbol{\varepsilon}}_{BC}\varepsilon_{0BC})+\mathrm{trace}(2\boldsymbol{\varepsilon}_{BC}\boldsymbol{\varepsilon}_{BC}^T)\\&=3(\varepsilon_{0BC}^2-\boldsymbol{\varepsilon}_{BC}^T\boldsymbol{\varepsilon}_{BC})+0+2\boldsymbol{\varepsilon}_{BC}^T\boldsymbol{\varepsilon}_{BC}\\&=4\varepsilon_{0BC}^2-1\end{aligned} \tag{B7.12}$$

このトレースの計算には，1.8節の式(1.53)が用いられている。続いて，$\mathbf{C}_{BC}$を$\mathbf{C}_{AB}^T\mathbf{C}_{AC}$として，そのトレースを計算する。まず，その中の$\mathbf{C}_{AC}$を$\varepsilon_{0AC}$と$\boldsymbol{\varepsilon}_{AC}$で表す。次いで，式(1.53)を用い，$\mathbf{C}_{AB}$を$\varepsilon_{0AB}$と$\boldsymbol{\varepsilon}_{AB}$で表して，整理しながら，trace$(\mathbf{C}_{BC})$の計算を進める。その結果，トレースの値は$4(\boldsymbol{\varepsilon}_{AB}^T\boldsymbol{\varepsilon}_{AC}+\varepsilon_{0AB}\varepsilon_{0AC})^2-1$

になるが，これは $4(\mathbf{E}_{AB}^T\mathbf{E}_{AC})^2-1$ に等しい。

$$
\begin{aligned}
\mathrm{trace}(\mathbf{C}_{BC}) &= \mathrm{trace}(\mathbf{C}_{AB}^T\mathbf{C}_{AC}) \\
&= \mathrm{trace}\{\mathbf{C}_{AB}^T(\varepsilon_{0AC}^2-\boldsymbol{\varepsilon}_{AC}^T\boldsymbol{\varepsilon}_{AC})+2\mathbf{C}_{AB}^T\tilde{\boldsymbol{\varepsilon}}_{AC}\varepsilon_{0AC}+2\mathbf{C}_{AB}^T\boldsymbol{\varepsilon}_{AC}\boldsymbol{\varepsilon}_{AC}^T\} \\
&= (\varepsilon_{0AC}^2-\boldsymbol{\varepsilon}_{AC}^T\boldsymbol{\varepsilon}_{AC})\mathrm{trace}(\mathbf{C}_{AB}^T)+\varepsilon_{0AC}\,\mathrm{trace}(2\mathbf{C}_{AB}^T\tilde{\boldsymbol{\varepsilon}}_{AC}) \\
&\quad +\mathrm{trace}(2\mathbf{C}_{AB}^T\boldsymbol{\varepsilon}_{AC}\boldsymbol{\varepsilon}_{AC}^T) \\
&= (\varepsilon_{0AC}^2-\boldsymbol{\varepsilon}_{AC}^T\boldsymbol{\varepsilon}_{AC})\mathrm{trace}\{\mathbf{I}_3(\varepsilon_{0AB}^2-\boldsymbol{\varepsilon}_{AB}^T\boldsymbol{\varepsilon}_{AB})-2\tilde{\boldsymbol{\varepsilon}}_{AB}\varepsilon_{0AB}+2\boldsymbol{\varepsilon}_{AB}\boldsymbol{\varepsilon}_{AB}^T\} \\
&\quad +\varepsilon_{0AC}\,\mathrm{trace}[2\{\mathbf{I}_3(\varepsilon_{0AB}^2-\boldsymbol{\varepsilon}_{AB}^T\boldsymbol{\varepsilon}_{AB})-2\tilde{\boldsymbol{\varepsilon}}_{AB}\varepsilon_{0AB}+2\boldsymbol{\varepsilon}_{AB}\boldsymbol{\varepsilon}_{AB}^T\}\tilde{\boldsymbol{\varepsilon}}_{AC}] \\
&\quad +2\boldsymbol{\varepsilon}_{AC}^T\{\mathbf{I}_3(\varepsilon_{0AB}^2-\boldsymbol{\varepsilon}_{AB}^T\boldsymbol{\varepsilon}_{AB})-2\tilde{\boldsymbol{\varepsilon}}_{AB}\varepsilon_{0AB}+2\boldsymbol{\varepsilon}_{AB}\boldsymbol{\varepsilon}_{AB}^T\}\boldsymbol{\varepsilon}_{AC} \\
&= 4(\boldsymbol{\varepsilon}_{AB}^T\boldsymbol{\varepsilon}_{AC}+\varepsilon_{0AB}\varepsilon_{0AC})^2-1=4(\mathbf{E}_{AB}^T\mathbf{E}_{AC})^2-1
\end{aligned}
\tag{B7.13}
$$

以上から，ε_{0BC} の符号はどちらを選んでもよいので，式(B7.10)が示された。

続いて，$\mathbf{C}_{BC}\boldsymbol{\varepsilon}_{BC}=\boldsymbol{\varepsilon}_{BC}$ と同じ関係が，$\mathbf{S}_{AB}\mathbf{E}_{AC}$ について成立することを示すことができる。それには，式(B7.2)～(B7.7)を利用して，次のように式の変形を進めればよい。

$$
\begin{aligned}
\mathbf{C}_{BC}\mathbf{S}_{AB}\mathbf{E}_{AC} &= \mathbf{C}_{AB}^T\mathbf{C}_{AC}\mathbf{S}_{AB}\mathbf{E}_{AC}=-\mathbf{C}_{AB}^T\mathbf{C}_{AC}\mathbf{S}_{AC}\mathbf{E}_{AB} \\
&= -\mathbf{C}_{AB}^T\mathbf{G}_{AC}\mathbf{S}_{AC}^T\mathbf{S}_{AC}\mathbf{E}_{AB}=-\mathbf{C}_{AB}^T\mathbf{G}_{AC}(\mathbf{I}_4-\mathbf{E}_{AC}\mathbf{E}_{AC}^T)\mathbf{E}_{AB} \\
&= -\mathbf{C}_{AB}^T\mathbf{G}_{AC}\mathbf{E}_{AB}=\mathbf{C}_{AB}^T\mathbf{G}_{AB}\mathbf{E}_{AC}=\mathbf{S}_{AB}\mathbf{G}_{AB}^T\mathbf{G}_{AB}\mathbf{E}_{AC} \\
&= \mathbf{S}_{AB}(\mathbf{I}_4-\mathbf{E}_{AB}\mathbf{E}_{AB}^T)\mathbf{E}_{AC}=\mathbf{S}_{AB}\mathbf{E}_{AC}
\end{aligned}
\tag{B7.14}
$$

最後に，$\varepsilon_{0BC}^2+\boldsymbol{\varepsilon}_{BC}^T\boldsymbol{\varepsilon}_{BC}=1$ の関係が $\mathbf{E}_{AB}^T\mathbf{E}_{AC}$ と $\mathbf{S}_{AB}\mathbf{E}_{AC}$ について成立すれば，式(B7.10)，(B7.11)の確認は十分である。

$$
(\mathbf{E}_{AB}^T\mathbf{E}_{AC})^2+\mathbf{E}_{AC}^T\mathbf{S}_{AB}^T\mathbf{S}_{AB}\mathbf{E}_{AC}=(\mathbf{E}_{AB}^T\mathbf{E}_{AC})^2+\mathbf{E}_{AC}^T(\mathbf{I}_4-\mathbf{E}_{AB}\mathbf{E}_{AB}^T)\mathbf{E}_{AC}=1
\tag{B7.15}
$$

B8 角速度の三者の関係

回転行列の三者の関係は式(8.6)に与えられている。これを，式(9.2)を用いて時間微分すると，次のようになる。

$$
\mathbf{C}_{0B}\tilde{\boldsymbol{\Omega}}'_{0B}=\mathbf{C}_{0A}\tilde{\boldsymbol{\Omega}}'_{0A}\mathbf{C}_{AB}+\mathbf{C}_{0A}\mathbf{C}_{AB}\tilde{\boldsymbol{\Omega}}'_{AB}
\tag{B8.1}
$$

この式に，$\mathbf{C}_{0B}^T$ を左から掛けると次のようになる。

$$
\tilde{\boldsymbol{\Omega}}'_{0B}=\mathbf{C}_{AB}^T\tilde{\boldsymbol{\Omega}}'_{0A}\mathbf{C}_{AB}+\tilde{\boldsymbol{\Omega}}'_{AB}
\tag{B8.2}
$$

式(6.18)を用い，外積オペレータを外すと，代数ベクトルで表した三者の関係になる。

$$\mathbf{\Omega}'_{OB}=\mathbf{C}^T_{AB}\,\mathbf{\Omega}'_{OA}+\mathbf{\Omega}'_{AB} \tag{B8.3}$$

この式に $\mathbf{e}^T_B$ を左から掛ける。

$$\mathbf{e}^T_B\,\mathbf{\Omega}'_{OB}=\mathbf{e}^T_B\,\mathbf{C}^T_{AB}\,\mathbf{\Omega}'_{OA}+\mathbf{e}^T_B\,\mathbf{\Omega}'_{AB} \tag{B8.4}$$

右辺第一項の $\mathbf{e}^T_B\mathbf{C}^T_{AB}$ は，式(A1.25)を用いて $\mathbf{e}^T_A$ に置き換えることができ，これにより，幾何ベクトル表現による三者の関係が得られる。

$$\vec{\Omega}_{OB}=\vec{\Omega}_{OA}+\vec{\Omega}_{AB} \tag{B8.5}$$

B9　オイラーパラメータ，ロドリゲスパラメータの時間微分と角速度の関係

B9.1　微小回転による一次近似

回転行列の三者の関係は次のように書ける。

$$\mathbf{C}_{AC}=\mathbf{C}_{AB}\mathbf{C}_{BC} \tag{B9.1}$$

$\mathbf{C}_{BC}$ は，Simple Rotation を用いると，次のとおりである。

$$\mathbf{C}_{BC}=\mathbf{I}_3\cos\phi_{BC}+\tilde{\boldsymbol{\lambda}}_{BC}\sin\phi_{BC}+\boldsymbol{\lambda}_{BC}\boldsymbol{\lambda}^T_{BC}(1-\cos\phi_{BC}) \tag{B9.2}$$

ここで，座標系Bから座標系Cへの回転が微少なものとする。これは ϕ_{BC} が微少ということである。$\boldsymbol{\lambda}_{BC}$ は Simple Rotation の軸を表す単位長さのもので，微少回転の間に大きく変わることはない。ϕ_{BC} が微少であることを明示するために $\Delta\phi_{BC}$ と書くことにして，その一次のオーダーまでの近似を取ると式(B9.2)は次のようになる。

$$\mathbf{C}_{BC}=\mathbf{I}_3+\tilde{\boldsymbol{\lambda}}_{BC}\Delta\phi_{BC} \tag{B9.3}$$

ここで，オイラーパラメータ，ロドリゲスパラメータについての，微少回転（$\boldsymbol{\lambda}_{BC}$，$\Delta\phi_{BC}$）に対応する一次近似は次のようになる。

$$\mathbf{E}_{BC}=\begin{bmatrix}\varepsilon_{0BC}\\ \boldsymbol{\varepsilon}_{BC}\end{bmatrix}=\begin{bmatrix}1\\ \boldsymbol{\lambda}_{BC}\dfrac{\Delta\phi_{BC}}{2}\end{bmatrix} \tag{B9.4}$$

$$\boldsymbol{\rho}_{BC}=\boldsymbol{\lambda}_{BC}\frac{\Delta\phi_{BC}}{2} \tag{B9.5}$$

これらはオイラーパラメータ，ロドリゲスパラメータの定義から一次近似したものであり，また，$\boldsymbol{\varepsilon}_{BC}$ と $\boldsymbol{\rho}_{BC}$ は同じになる。

B9.2　回転行列の時間微分と角速度の関係

さて，座標系 A から見た座標系 B の角速度 $\vec{\Omega}_{AB}$ を考える。これは，そのときの座標系 B が微少時間 Δt の間に微少角 $\Delta\phi_{BC}$ だけ回転して座標系 C になろうとする動きと考えることができ，この間，$\vec{\lambda}_{BC}$ はほぼ一定になっている。この $\vec{\lambda}_{BC}$ は瞬間回転中心軸 $\vec{\mu}_{AB}$ としてよく，一次近似で次の関係が成立する（$\vec{\lambda}_{BC}$ と $\vec{\mu}_{AB}$ の添え字に注意）。

$$\vec{\lambda}_{BC}\Delta\phi_{BC}=\vec{\mu}_{AB}\Delta\phi_{BC}=\vec{\Omega}_{AB}\Delta t \tag{B9.6}$$

この式を，代数ベクトルで次のように書きかえることができる。

$$\boldsymbol{\lambda}_{BC}\Delta\phi_{BC}=\boldsymbol{\Omega}'_{AB}\Delta t \tag{B9.7}$$

これを式(B9.3)に代入する。

$$\mathbf{C}_{BC}=\mathbf{I}_3+\tilde{\boldsymbol{\Omega}}'_{AB}\Delta t \tag{B9.8}$$

$\mathbf{C}_{AB}$ の時間微分は次のように書ける。

$$\dot{\mathbf{C}}_{AB}=\lim_{\Delta t\to 0}\frac{\mathbf{C}_{AC}-\mathbf{C}_{AB}}{\Delta t} \tag{B9.9}$$

式(B9.8)を式(B9.1)に代入し，それを式(B9.9)に代入して整理すると，結局，次のようになる。

$$\dot{\mathbf{C}}_{AB}=\mathbf{C}_{AB}\tilde{\boldsymbol{\Omega}}'_{AB} \tag{B9.10}$$

この関係は A2.3 項で導かれた関係と一致している。

B9.3　オイラーパラメータとロドリゲスパラメータの時間微分と角速度の関係

次に，式(B9.7)を式(B9.4)に代入すると次のようになる。

$$\mathbf{E}_{BC}=\begin{bmatrix}\varepsilon_{0BC}\\ \boldsymbol{\varepsilon}_{BC}\end{bmatrix}=\begin{bmatrix}1\\ \boldsymbol{\Omega}'_{AB}\dfrac{\Delta t}{2}\end{bmatrix} \tag{B9.11}$$

$\mathbf{E}_{\mathrm{AB}}$ の時間微分は次のように書ける。

$$\dot{\mathbf{E}}_{\mathrm{AB}}=\lim_{\Delta t\to 0}\frac{\mathbf{E}_{\mathrm{AC}}-\mathbf{E}_{\mathrm{AB}}}{\Delta t} \tag{B9.12}$$

式(B9.11)を式(B6.7)に代入し，それを式(B9.12)に代入して整理すると，次の関係が得られる。

$$\dot{\mathbf{E}}_{\mathrm{AB}}=\frac{1}{2}\mathbf{S}_{\mathrm{AB}}^{T}\,\boldsymbol{\Omega}'_{\mathrm{AB}} \tag{B9.13}$$

$\varepsilon_{0\mathrm{AB}}$ と $\boldsymbol{\varepsilon}_{\mathrm{AB}}$ の時間微分にわけて次のように書くこともできる。

$$\dot{\varepsilon}_{0\mathrm{AB}}=-\frac{1}{2}\boldsymbol{\varepsilon}_{\mathrm{AB}}^{T}\,\boldsymbol{\Omega}'_{\mathrm{AB}} \tag{B9.14}$$

$$\dot{\boldsymbol{\varepsilon}}_{\mathrm{AB}}=\frac{1}{2}(\varepsilon_{0\mathrm{AB}}\mathbf{I}_3+\tilde{\boldsymbol{\varepsilon}}_{\mathrm{AB}})\,\boldsymbol{\Omega}'_{\mathrm{AB}} \tag{B9.15}$$

式(B2.3)を時間微分し，式(B9.14)，(B9.15)を代入して整理すると，次の関係が得られる。

$$\dot{\boldsymbol{\rho}}_{\mathrm{AB}}=\frac{1}{2}(\mathbf{I}_3+\tilde{\boldsymbol{\rho}}_{\mathrm{AB}}+\boldsymbol{\rho}_{\mathrm{AB}}\boldsymbol{\rho}_{\mathrm{AB}}^{T})\,\boldsymbol{\Omega}'_{\mathrm{AB}} \tag{B9.16}$$

式(8.10)から $\mathbf{S}_{\mathrm{AB}}$ に関する次の関係を示すことができる。

$$\mathbf{S}_{\mathrm{AB}}\mathbf{S}_{\mathrm{AB}}^{T}=\mathbf{I}_3 \tag{B9.17}$$

この式と式(B9.13)を用いると，オイラーパラメータの時間微分から角速度を作る式が得られる。

$$\boldsymbol{\Omega}'_{\mathrm{AB}}=2\mathbf{S}_{\mathrm{AB}}\dot{\mathbf{E}}_{\mathrm{AB}} \tag{B9.18}$$

また，式(B9.16)の両辺に左から $(\mathbf{I}_3-\tilde{\boldsymbol{\rho}}_{\mathrm{AB}})$ を掛けて変形してゆくと，ロドリゲスパラメータの時間微分から角速度を求める式が得られる。

$$\boldsymbol{\Omega}'_{\mathrm{AB}}=\frac{2(\mathbf{I}_3-\tilde{\boldsymbol{\rho}}_{\mathrm{AB}})}{1+\boldsymbol{\rho}_{\mathrm{AB}}^{T}\boldsymbol{\rho}_{\mathrm{AB}}}\dot{\boldsymbol{\rho}}_{\mathrm{AB}} \tag{B9.19}$$

B10　再び，オイラーパラメータの時間微分と角速度の関係

B7.1 に $\mathbf{S}_{\mathrm{AB}}$ と類似な $\mathbf{G}_{\mathrm{AB}}$ を与え，それらの基本的な関係式(B7.2)～(B7.7)を与えた。ここでは，さらに，$\dot{\mathbf{G}}_{\mathrm{AB}}$ と $\dot{\mathbf{S}}_{\mathrm{AB}}$ が関わる基本的な関係式で，式(B7.2)

～(B7.7)を時間微分すれば簡単に得られるもの以外を追加しておく。

$$\dot{\mathbf{G}}_{\mathrm{AB}}\dot{\mathbf{E}}_{\mathrm{AB}}=\dot{\mathbf{S}}_{\mathrm{AB}}\dot{\mathbf{E}}_{\mathrm{AB}}=\mathbf{0} \tag{B10.1}$$

$$\dot{\mathbf{G}}_{\mathrm{AB}}\mathbf{S}_{\mathrm{AB}}^{T}=\mathbf{G}_{\mathrm{AB}}\dot{\mathbf{S}}_{\mathrm{AB}}^{T} \tag{B10.2}$$

$$\widetilde{\mathbf{G}_{\mathrm{AB}}\dot{\mathbf{E}}_{\mathrm{AB}}}=-\mathbf{G}_{\mathrm{AB}}\dot{\mathbf{G}}_{\mathrm{AB}}^{T}=\dot{\mathbf{G}}_{\mathrm{AB}}\mathbf{G}_{\mathrm{AB}}^{T} \tag{B10.3}$$

$$\widetilde{\mathbf{S}_{\mathrm{AB}}\dot{\mathbf{E}}_{\mathrm{AB}}}=\mathbf{S}_{\mathrm{AB}}\dot{\mathbf{S}}_{\mathrm{AB}}^{T}=-\dot{\mathbf{S}}_{\mathrm{AB}}\mathbf{S}_{\mathrm{AB}}^{T} \tag{B10.4}$$

これらの確認も，式(B7.2)～(B7.7)の場合と同様に，式(8.10)，(B7.1)の時間微分などを直接代入して得られる。

さて，式(9.2)から，次の式が得られる。

$$\tilde{\boldsymbol{\Omega}}'_{\mathrm{AB}}=\mathbf{C}_{\mathrm{AB}}^{T}\dot{\mathbf{C}}_{\mathrm{AB}} \tag{B10.5}$$

この式に式(B7.2)を代入し，上記の基礎的関係式を用いると次のように変形できる。

$$\begin{aligned}\tilde{\boldsymbol{\Omega}}'_{\mathrm{AB}}&=\mathbf{C}_{\mathrm{AB}}^{T}\dot{\mathbf{C}}_{\mathrm{AB}}=\mathbf{S}_{\mathrm{AB}}\mathbf{G}_{\mathrm{AB}}^{T}(\dot{\mathbf{G}}_{\mathrm{AB}}\mathbf{S}_{\mathrm{AB}}^{T}+\mathbf{G}_{\mathrm{AB}}\dot{\mathbf{S}}_{\mathrm{AB}}^{T})=2\mathbf{S}_{\mathrm{AB}}\mathbf{G}_{\mathrm{AB}}^{T}\mathbf{G}_{\mathrm{AB}}\dot{\mathbf{S}}_{\mathrm{AB}}^{T}\\&=2\mathbf{S}_{\mathrm{AB}}(\mathbf{I}_4-\mathbf{E}_{\mathrm{AB}}\mathbf{E}_{\mathrm{AB}}^{T})\dot{\mathbf{S}}_{\mathrm{AB}}^{T}=2\mathbf{S}_{\mathrm{AB}}\dot{\mathbf{S}}_{\mathrm{AB}}^{T}=2\widetilde{\mathbf{S}_{\mathrm{AB}}\dot{\mathbf{E}}_{\mathrm{AB}}}\end{aligned} \tag{B10.6}$$

この結果から，外積オペレータをはずして，次の関係を得る。

$$\boldsymbol{\Omega}'_{\mathrm{AB}}=2\mathbf{S}_{\mathrm{AB}}\dot{\mathbf{E}}_{\mathrm{AB}} \tag{B10.7}$$

この式から次の式を得るのは容易であろう。

$$\dot{\mathbf{E}}_{\mathrm{AB}}=\frac{1}{2}\mathbf{S}_{\mathrm{AB}}^{T}\boldsymbol{\Omega}'_{\mathrm{AB}} \tag{B10.8}$$

式(B10.1)を利用すると式(B10.7)を時間微分して，次の式が得られる。

$$\dot{\boldsymbol{\Omega}}'_{\mathrm{AB}}=2\mathbf{S}_{\mathrm{AB}}\ddot{\mathbf{E}}_{\mathrm{AB}} \tag{B10.9}$$

しかし，式(B10.8)の時間微分は，少し複雑になってしまう。

B11　微小回転

B9で，$\boldsymbol{\lambda}_{\mathrm{BC}}$軸まわりに微小角$\Delta\phi_{\mathrm{BC}}$だけ回転した場合の回転行列，オイラーパラメータ，ロドリゲスパラメータが，微小角の一次近似の範囲で(B9.3)～(B9.5)になることを説明した。もし，座標系Aから座標系Bの回転も微小回転だとすると，同様に次のように書ける。

$$\mathbf{C}_{\mathrm{AB}}=\mathbf{I}_3+\tilde{\boldsymbol{\lambda}}_{\mathrm{AB}}\Delta\phi_{\mathrm{AB}} \tag{B11.1}$$

$$\mathbf{E}_{AB}=\begin{bmatrix}\varepsilon_{0AB}\\ \boldsymbol{\varepsilon}_{AB}\end{bmatrix}=\begin{bmatrix}1\\ \boldsymbol{\lambda}_{AB}\dfrac{\Delta\phi_{AB}}{2}\end{bmatrix} \tag{B11.2}$$

$$\boldsymbol{\rho}_{AB}=\boldsymbol{\lambda}_{AB}\frac{\Delta\phi_{AB}}{2} \tag{B11.3}$$

合成のための三者の関係(8.6)，(8.7)，(B2.6)に，(B9.3)～(B9.5)と(B11.1)～(B11.3)を代入し，二つの回転を合成した $\mathbf{C}_{AC}$，$\mathbf{E}_{AC}$，$\boldsymbol{\rho}_{AC}$ も微小角の一次近似で表すと次のようになる。

$$\mathbf{C}_{AC}=\mathbf{I}_3+\tilde{\boldsymbol{\lambda}}_{AB}\Delta\phi_{AB}+\tilde{\boldsymbol{\lambda}}_{BC}\Delta\phi_{BC} \tag{B11.4}$$

$$\mathbf{E}_{AC}=\begin{bmatrix}1\\ \boldsymbol{\lambda}_{AB}\dfrac{\Delta\phi_{AB}}{2}+\boldsymbol{\lambda}_{BC}\dfrac{\Delta\phi_{BC}}{2}\end{bmatrix} \tag{B11.5}$$

$$\boldsymbol{\rho}_{AC}=\boldsymbol{\lambda}_{AB}\frac{\Delta\phi_{AB}}{2}+\boldsymbol{\lambda}_{BC}\frac{\Delta\phi_{BC}}{2} \tag{B11.6}$$

いずれの回転表現を用いても，二つの微小回転の和は3×1列行列（あるいは，それに外積オペレータを働かせた交代行列）の和で定まる量になっている。すなわち，それぞれの微小回転は3×1列行列 $\boldsymbol{\lambda}_{AB}\Delta\phi_{AB}$，または，$\boldsymbol{\lambda}_{BC}\Delta\phi_{BC}$ で表すことができ，二つの回転の合成はそれらの単純な和で作ることができる。回転の順序も無関係である。

3次元の回転姿勢，および，その合成の複雑さに対して，微小回転の場合は単純である。角速度は単位時間当たりの回転変化であるが，微小時間当たりの回転変化は微小回転であるから，微小回転と角速度は同じような性質を持つ。微小回転は，角速度と同様に幾何ベクトル $\vec{\lambda}_{AB}\Delta\phi_{AB}$ で表現することができる。

付録 C　オイラーパラメータの拘束安定化法

この付録では，数値積分時に，オイラーパラメータの二乗和を 1 に維持するための拘束安定化方法について説明する。この方法は 9.6 節で用いたものである。

オイラーパラメータの拘束条件は式(7.16)に与えられている。

$$\Psi=\frac{1}{2}(\mathbf{E}_{0A}^T\mathbf{E}_{0A}-1)=0 \tag{C.1}$$

これを時間微分して得られた速度レベルの拘束条件は式(9.15)である。

$$\Phi=\mathbf{E}_{0A}^T\dot{\mathbf{E}}_{0A}=0 \tag{C.2}$$

本書では，$\mathbf{\Psi}=\mathbf{0}$ を位置レベルの拘束を表す一般的な形としており，これを時間微分した速度レベルの拘束は，$\mathbf{\Phi}=\mathbf{0}$ と表すことにしている（13.6 項参照）。ただし，ここでは拘束の数が一つであるから，$\Psi=0$，$\Phi=0$ となっている。式(C.2)の $\dot{\mathbf{E}}_{0A}$ は，角速度 $\mathbf{\Omega}'_{0A}$ から次式によって計算される（式(9.12)）。

$$\dot{\mathbf{E}}_{0A}=\frac{1}{2}\mathbf{S}_{0A}^T\mathbf{\Omega}'_{0A} \tag{C.3}$$

$\mathbf{S}_{0A}$ は，式(8.10)によって作られる。

$$\mathbf{S}_{0A}=[-\boldsymbol{\varepsilon}_{0A}\quad -\tilde{\boldsymbol{\varepsilon}}_{0A}+\varepsilon_{00A}\mathbf{I}_3]=\begin{bmatrix}-\varepsilon_1 & \varepsilon_0 & \varepsilon_3 & -\varepsilon_2\\ -\varepsilon_2 & -\varepsilon_3 & \varepsilon_0 & \varepsilon_1\\ -\varepsilon_3 & \varepsilon_2 & -\varepsilon_1 & \varepsilon_0\end{bmatrix}_{0A} \tag{C.4}$$

$\mathbf{E}_{0A}$ から $\mathbf{S}_{0A}$ をこの式によって作る場合，$\mathbf{E}_{0A}$ が誤差を含んでいて式(C.1)を満たさない場合も，$\mathbf{S}_{0A}$ は次の式を満たしている。

$$\mathbf{S}_{0A}\mathbf{E}_{0A}=\mathbf{0} \tag{C.5}$$

したがって，$\dot{\mathbf{E}}_{0A}$ が(C.3)から作られる場合は，速度レベルの拘束式(C.2)は常に成立する。結局，$\mathbf{E}_{0A}$ の誤差は $\dot{\mathbf{E}}_{0A}$ の数値積分時に生じ，誤差の累積が式(C.1)を満たさなくすることだけが問題となる。

オイラーパラメータの安定化を考える場合，Baumgarte の方法は妥当だろうか。オイラーパラメータの安定化のために微分代数型の式を作ったり，解いたりするのは重過ぎるのではないだろうか。位置レベルの拘束誤差だけが問題である場合，加速度レベルの拘束と連立させる方法ではなく，速度レベルまでの関係で安定化を計るほうが合理的である。そこで，Baumgarteの方法と類似の考え方で式(C.3)と拘束の安定化を組み合わせ，次の形の微分代数方程式を考えてみる。

$$\begin{bmatrix} \mathbf{I}_4 & \Phi_{\dot{\mathbf{E}}_{OA}}^T \\ \Phi_{\dot{\mathbf{E}}_{OA}} & 0 \end{bmatrix} \begin{bmatrix} \dot{\mathbf{E}}_{OA} \\ \Lambda \end{bmatrix} = \begin{bmatrix} \dfrac{1}{2}\mathbf{S}_{OA}^T \Omega'_{OA} \\ -\dfrac{1}{\tau}\Psi \end{bmatrix} \quad (C.6)$$

τ は，拘束条件の安定化の時定数と考えればよい。式(C.1)，(C.2)を用いると，この式は次のようになる。

$$\begin{bmatrix} \mathbf{I}_4 & \mathbf{E}_{OA} \\ \mathbf{E}_{OA}^T & 0 \end{bmatrix} \begin{bmatrix} \dot{\mathbf{E}}_{OA} \\ \Lambda \end{bmatrix} = \begin{bmatrix} \dfrac{1}{2}\mathbf{S}_{OA}^T \Omega'_{OA} \\ -\dfrac{1}{2\tau}(\mathbf{E}_{OA}^T \mathbf{E}_{OA} - 1) \end{bmatrix} \quad (C.7)$$

この式は次の二つの式に分けられる。

$$\dot{\mathbf{E}}_{OA} = \dfrac{1}{2}\mathbf{S}_{OA}^T \Omega'_{OA} - \mathbf{E}_{OA}\Lambda \quad (C.8)$$

$$\mathbf{E}_{OA}^T \dot{\mathbf{E}}_{OA} = -\dfrac{1}{2\tau}(\mathbf{E}_{OA}^T \mathbf{E}_{OA} - 1) \quad (C.9)$$

式(C.8)を(C.9)に代入し，式(C.5)を用いて整理すると，Λ を次のように求めることができる。

$$\Lambda = \dfrac{1}{2\tau}\left(1 - \dfrac{1}{\mathbf{E}_{OA}^T \mathbf{E}_{OA}}\right) \quad (C.10)$$

Λ は，式(C.1)が満たされている場合はゼロになり，二乗和が1より大きいと正に，1より小さいと負の値になる。Λ は式(C.1)の満足度の指標である。式(C.8)は，Λ がゼロなら，式(C.3)と同じであり，Λ が正のときは $\mathbf{E}_{OA}$ に比例した割合で $\dot{\mathbf{E}}_{OA}$ の値が小さめ（$\mathbf{E}_{OA}$ の増加を抑える方向）になるように働き，Λ が負のときは $\dot{\mathbf{E}}_{OA}$ の値が大きめ（$\mathbf{E}_{OA}$ の増加を促進する方向）になるように働く。

式(C.10)を式(C.8)に代入すると，次の式が得られる。

$$\dot{\mathbf{E}}_{OA} = \dfrac{1}{2}\mathbf{S}_{OA}^T \Omega'_{OA} - \dfrac{1}{2\tau}\mathbf{E}_{OA}\left(1 - \dfrac{1}{\mathbf{E}_{OA}^T \mathbf{E}_{OA}}\right) \quad (C.11)$$

この式が，拘束の安定化を図りながら，角速度 $\mathbf{\Omega}'_{0\mathrm{A}}$ からオイラーパラメータの時間微分 $\dot{\mathbf{E}}_{0\mathrm{A}}$ を求める式である。τ に適当な値を選んで，式(C.3)の代わりにこの式を用いればよいため，利便性に飛んでいる。安定性も容易に得られることが期待でき，実際，これまでの筆者の経験では上手く働いている。ただし，まだ十分な経験を積んだ方法とはいえないので，式(C.1)が維持されているかどうかを監視しながら用いることが望ましい。また，高い精度を必要とする計算の場合は，数値的な減衰作用などにも注意すべきであろう。

付録 D 動力学的に加速度を求めるための漸化的方法

この付録は第 21 章の補足で，動力学的に加速度を求めるための漸化式（動力学漸化式）を導く。二つの方法を説明しているが，一番目の方法は，説明も長く，細々していて面倒である。二番目の方法は，一番目の方法に比べると簡潔だが，一つ一つの式変形の意味やねらいが見えず難解である。

なお，この付録では，$\boldsymbol{V}'_{0j}$，$\boldsymbol{F}'_{0j}$ を $\boldsymbol{V}'_j$，$\boldsymbol{F}'_j$ と書いて簡略に表現している。その他の記号は第 21 章のものを引き継いでいる。

D1 動力学漸化式の作り方 — その 1

D1.1 $\boldsymbol{k}$ 部分ブロック行列

系を構成している剛体の総数を n とする。$\boldsymbol{V}'$，$\boldsymbol{F}'$，$\mathbf{H}$，$\mathbf{U}$，$\boldsymbol{\Sigma}$ は，n 個のブロックからなる列行列であり，個々のブロックは各剛体に対応していて，剛体の番号順に並んでいる。ここで，それぞれについて，最初の k 個のブロックだけからなる列行列を作り，$\boldsymbol{V}'_{\underline{\{k\}}}$，$\boldsymbol{F}'_{\underline{\{k\}}}$，$\mathbf{H}_{\underline{\{k\}}}$，$\mathbf{U}_{\underline{\{k\}}}$，$\boldsymbol{\Sigma}_{\underline{\{k\}}}$ とする。

$$\boldsymbol{V}'_{\underline{\{k\}}}=\begin{bmatrix}\boldsymbol{V}'_1\\ \vdots\\ \boldsymbol{V}'_k\end{bmatrix} \tag{D1.1}$$

$$\boldsymbol{F}'_{\underline{\{k\}}}=\begin{bmatrix}\boldsymbol{F}'_1\\ \vdots\\ \boldsymbol{F}'_k\end{bmatrix} \tag{D1.2}$$

$$\mathbf{H}_{\underline{\{k\}}}=\begin{bmatrix}\mathbf{H}_1\\ \vdots\\ \mathbf{H}_k\end{bmatrix} \tag{D1.3}$$

$$\mathbf{U}_{\underline{\{k\}}}=\begin{bmatrix}\mathbf{U}_1\\ \vdots\\ \mathbf{U}_k\end{bmatrix} \tag{D1.4}$$

$$\boldsymbol{\Sigma}_{\underline{\{k\}}}=\begin{bmatrix}\boldsymbol{\Sigma}_1\\ \vdots\\ \boldsymbol{\Sigma}_k\end{bmatrix} \tag{D1.5}$$

$\boldsymbol{M}'$，$\mathbf{D}$，$\mathbf{L}$ は，$n\times n$ ブロック行列で，ブロック行の番号もブロック列の番号も剛体の番号に対応している。それぞれについて，最初の k 個のブロック行と最初の k 個のブロック列が交差する部分からなる，$k\times k$ ブロック行列を作り，$\boldsymbol{M}'_{\underline{\{k\}}}$，$\mathbf{D}_{\underline{\{k\}}}$，$\mathbf{L}_{\underline{\{k\}}}$ とする。

$$\boldsymbol{M}'_{\underline{\{k\}}}=\begin{bmatrix}\boldsymbol{M}'_1 & & \mathbf{0}\\ & \ddots & \\ \mathbf{0} & & \boldsymbol{M}'_k\end{bmatrix} \tag{D1.6}$$

$$\mathbf{D}_{\underline{\{k\}}}=\begin{bmatrix}\mathbf{D}_1 & & \mathbf{0}\\ & \ddots & \\ \mathbf{0} & & \mathbf{D}_k\end{bmatrix} \tag{D1.7}$$

$$\mathbf{L}_{\underline{\{k\}}}=\begin{bmatrix}\mathbf{0} & & \mathbf{0}\\ & \ddots & \\ & \mathbf{L}_k & \mathbf{0}\end{bmatrix} \tag{D1.8}$$

$\boldsymbol{M}'_{\underline{\{k\}}}$ と $\mathbf{D}_{\underline{\{k\}}}$ はブロック対角行列である。$\mathbf{L}_{\underline{\{k\}}}$ の対角ブロックと上三角部分のブロックはすべてゼロである。k 以下の番号を持つ剛体に対応する $\mathbf{L}_j$ が j 番目のブロック行に配置されている。ただし，慣性空間を親とする剛体に対応する $\mathbf{L}_1$ などは存在しない。

$\boldsymbol{V}'_{\underline{\{k\}}}$，$\boldsymbol{F}'_{\underline{\{k\}}}$，$\mathbf{H}_{\underline{\{k\}}}$，$\mathbf{U}_{\underline{\{k\}}}$，$\boldsymbol{\Sigma}_{\underline{\{k\}}}$，$\boldsymbol{M}'_{\underline{\{k\}}}$，$\mathbf{D}_{\underline{\{k\}}}$，$\mathbf{L}_{\underline{\{k\}}}$ を k 部分ブロック行列と呼ぶことにする。この記号を用いると，$\boldsymbol{V}'$，$\boldsymbol{M}'$，$\boldsymbol{F}'$，$\mathbf{L}$，$\mathbf{D}$，$\mathbf{U}$，$\mathbf{H}$，$\boldsymbol{\Sigma}$ は，$\boldsymbol{V}'_{\underline{\{n\}}}$，$\boldsymbol{M}'_{\underline{\{n\}}}$，$\boldsymbol{F}'_{\underline{\{n\}}}$，$\mathbf{L}_{\underline{\{n\}}}$，$\mathbf{D}_{\underline{\{n\}}}$，$\mathbf{U}_{\underline{\{n\}}}$，$\mathbf{H}_{\underline{\{n\}}}$，$\boldsymbol{\Sigma}_{\underline{\{n\}}}$ と同じであるから，加速度漸化式(21.23)，部分速度漸化式(21.25)，運動方程式(21.30)は次のように書ける。

$$\dot{\boldsymbol{V}}'_{\underline{\{n\}}}=\mathbf{L}_{\underline{\{n\}}}\dot{\boldsymbol{V}}'_{\underline{\{n\}}}+\mathbf{D}_{\underline{\{n\}}}\dot{\mathbf{H}}_{\underline{\{n\}}}+\boldsymbol{\Sigma}_{\underline{\{n\}}} \tag{D1.9}$$

$$(\boldsymbol{V}'_{\underline{\{n\}}})_{\mathrm{H}_{\underline{\{n\}}}}=\mathbf{L}_{\underline{\{n\}}}(\boldsymbol{V}'_{\underline{\{n\}}})_{\mathrm{H}_{\underline{\{n\}}}}+\mathbf{D}_{\underline{\{n\}}} \tag{D1.10}$$

$$(\boldsymbol{V}'_{\underline{\{n\}}})_{\mathrm{H}_{\underline{\{n\}}}}^{T}(\boldsymbol{F}'_{\underline{\{n\}}}-\boldsymbol{M}'_{\underline{\{n\}}}\dot{\boldsymbol{V}}'_{\underline{\{n\}}})=\mathbf{0} \tag{D1.11}$$

D1.2　加速度漸化式，部分速度漸化式，運動方程式の分割

$\boldsymbol{V}'_{\underline{\{k\}}}$，$\boldsymbol{F}'_{\underline{\{k\}}}$，$\mathbf{H}_{\underline{\{k\}}}$，$\mathbf{U}_{\underline{\{k\}}}$，$\boldsymbol{\Sigma}_{\underline{\{k\}}}$ は，k 個のブロック行列からなっているが，これを最初の $k-1$ 個のブロック行列と k 番目のブロックに分けて表示することを考える。たとえば，$\boldsymbol{V}'_{\underline{\{k\}}}$ は，$\boldsymbol{V}'_{\underline{\{k-1\}}}$ と $\boldsymbol{V}'_k$ を縦に並べたものと同じである。$\boldsymbol{M}'_{\underline{\{k\}}}$，$\mathbf{D}_{\underline{\{k\}}}$，$\mathbf{L}_{\underline{\{k\}}}$ は $k\times k$ のブロック行列であるが，そのブロック行とブロック列を最初の $k-1$ 個と k 番目に分けて，大きく四つのブロックに分けて表示することにする。その場合 $\boldsymbol{M}'_{\underline{\{k\}}}$ と $\mathbf{D}_{\underline{\{k\}}}$ は単純であるが，$\mathbf{L}_{\underline{\{k\}}}$ は次のように表すことにする。

$$\mathbf{L}_{\underline{\{k\}}}=\begin{bmatrix}\mathbf{L}_{\underline{\{k-1\}}} & \mathbf{0}\\ \mathbf{L}_{-k-} & \mathbf{0}\end{bmatrix} \tag{D1.12}$$

四つの大きなブロックのうち，左上の $(k-1)\times(k-1)$ ブロックは $(k-1)$ 部分ブロック行列 $\mathrm{L}_{\underline{\{k-1\}}}$ である。右上の $(k-1)\times 1$ ブロックは上三角ブロックに含まれていて，右下の 1×1 ブロックは対角ブロック上にあり，これらはゼロになる。左下の $1\times(k-1)$ ブロックには $\mathbf{L}_k$ が存在すれば，それが含まれていて，それ以外はゼロである。この左下部分を $\mathbf{L}_{-k-}$ と書くことにした。

以上の表現方法を用いて，まず，加速度漸化式(D1.9)を分割表示すると次のようになる。

$$\begin{bmatrix}\dot{\boldsymbol{V}}'_{\underline{\{n-1\}}}\\ \dot{\boldsymbol{V}}'_n\end{bmatrix}=\begin{bmatrix}\mathbf{L}_{\underline{\{n-1\}}} & \mathbf{0}\\ \mathbf{L}_{-n-} & \mathbf{0}\end{bmatrix}\begin{bmatrix}\dot{\boldsymbol{V}}'_{\underline{\{n-1\}}}\\ \dot{\boldsymbol{V}}'_n\end{bmatrix}+\begin{bmatrix}\mathbf{D}_{\underline{\{n-1\}}} & \mathbf{0}\\ \mathbf{0} & \mathbf{D}_n\end{bmatrix}\begin{bmatrix}\dot{\mathbf{H}}_{\underline{\{n-1\}}}\\ \dot{\mathbf{H}}_n\end{bmatrix}+\begin{bmatrix}\boldsymbol{\Sigma}_{\underline{\{n-1\}}}\\ \boldsymbol{\Sigma}_n\end{bmatrix} \tag{D1.13}$$

次に，部分速度漸化式(D1.10)の分割表示を考える。この場合，部分速度は $\boldsymbol{V}'_{\underline{\{n\}}}$ を $\mathbf{H}_{\underline{\{n\}}}$ で偏微分したものであるから，両方の分割を考慮して，次のようになる。

$$\begin{aligned}&\begin{bmatrix}(\boldsymbol{V}'_{\underline{\{n-1\}}})_{\mathrm{H}_{\underline{\{n-1\}}}} & (\boldsymbol{V}'_{\underline{\{n-1\}}})_{\mathrm{H}_n}\\ (\boldsymbol{V}'_n)_{\mathrm{H}_{\underline{\{n-1\}}}} & (\boldsymbol{V}'_n)_{\mathrm{H}_n}\end{bmatrix}\\ &=\begin{bmatrix}\mathbf{L}_{\underline{\{n-1\}}} & \mathbf{0}\\ \mathbf{L}_{-n-} & \mathbf{0}\end{bmatrix}\begin{bmatrix}(\boldsymbol{V}'_{\underline{\{n-1\}}})_{\mathrm{H}_{\underline{\{n-1\}}}} & (\boldsymbol{V}'_{\underline{\{n-1\}}})_{\mathrm{H}_n}\\ (\boldsymbol{V}'_n)_{\mathrm{H}_{\underline{\{n-1\}}}} & (\boldsymbol{V}'_n)_{\mathrm{H}_n}\end{bmatrix}+\begin{bmatrix}\mathbf{D}_{\underline{\{n-1\}}} & \mathbf{0}\\ \mathbf{0} & \mathbf{D}_n\end{bmatrix}\end{aligned} \tag{D1.14}$$

$\boldsymbol{V}'_n$ は $\mathbf{H}_n$ に依存しているが，$\boldsymbol{V}'_{\underline{\{n-1\}}}$ は $\mathbf{H}_n$ に依存していないので，四つある部分速度のうち，$\boldsymbol{V}'_{\underline{\{n-1\}}}$ を $\mathbf{H}_n$ で偏微分したものはゼロになる。したがって，この式は次のようになる。

$$\begin{bmatrix} (\boldsymbol{V}'_{\underline{\{n-1\}}})_{\mathrm{H}_{\underline{\{n-1\}}}} & \mathbf{0} \\ (\boldsymbol{V}'_n)_{\mathrm{H}_{\underline{\{n-1\}}}} & (\boldsymbol{V}'_n)_{\mathrm{H}_n} \end{bmatrix} = \begin{bmatrix} \mathbf{L}_{\underline{\{n-1\}}} & \mathbf{0} \\ \mathbf{L}_{-n-} & \mathbf{0} \end{bmatrix} \begin{bmatrix} (\boldsymbol{V}'_{\underline{\{n-1\}}})_{\mathrm{H}_{\underline{\{n-1\}}}} & \mathbf{0} \\ (\boldsymbol{V}'_n)_{\mathrm{H}_{\underline{\{n-1\}}}} & (\boldsymbol{V}'_n)_{\mathrm{H}_n} \end{bmatrix} + \begin{bmatrix} \mathbf{D}_{\underline{\{n-1\}}} & \mathbf{0} \\ \mathbf{0} & \mathbf{D}_n \end{bmatrix} \tag{D1.15}$$

同様に，$\boldsymbol{V}'_{\underline{\{n-1\}}}$ を $\mathbf{H}_n$ で偏微分したものがゼロになることを考慮して，運動方程式(D1.11)は次のように分割表示される。

$$\begin{bmatrix} (\boldsymbol{V}'_{\underline{\{n-1\}}})^T_{\mathrm{H}_{\underline{\{n-1\}}}} & (\boldsymbol{V}'_n)^T_{\mathrm{H}_{\underline{\{n-1\}}}} \\ \mathbf{0} & (\boldsymbol{V}'_n)^T_{\mathrm{H}_n} \end{bmatrix} \begin{bmatrix} \boldsymbol{F}'_{\underline{\{n-1\}}} - \boldsymbol{M}'_{\underline{\{n-1\}}} \dot{\boldsymbol{V}}'_{\underline{\{n-1\}}} \\ \boldsymbol{F}'_n - \boldsymbol{M}'_n \dot{\boldsymbol{V}}'_n \end{bmatrix} = \mathbf{0} \tag{D1.16}$$

加速度漸化式(D1.13)は，次の二つの式に分けられる。

$$\dot{\boldsymbol{V}}'_{\underline{\{n-1\}}} = \mathbf{L}_{\underline{\{n-1\}}} \dot{\boldsymbol{V}}'_{\underline{\{n-1\}}} + \mathbf{D}_{\underline{\{n-1\}}} \dot{\mathbf{H}}_{\underline{\{n-1\}}} + \boldsymbol{\Sigma}_{\underline{\{n-1\}}} \tag{D1.17}$$

$$\dot{\boldsymbol{V}}'_n = \mathbf{L}_{-n-} \dot{\boldsymbol{V}}'_{\underline{\{n-1\}}} + \mathbf{D}_n \dot{\mathbf{H}}_n + \boldsymbol{\Sigma}_n \tag{D1.18}$$

部分速度漸化式(D1.15)からは，次の三つの関係が得られる。

$$(\boldsymbol{V}'_{\underline{\{n-1\}}})_{\mathrm{H}_{\underline{\{n-1\}}}} = \mathbf{L}_{\underline{\{n-1\}}} (\boldsymbol{V}'_{\underline{\{n-1\}}})_{\mathrm{H}_{\underline{\{n-1\}}}} + \mathbf{D}_{\underline{\{n-1\}}} \tag{D1.19}$$

$$(\boldsymbol{V}'_n)_{\mathrm{H}_{\underline{\{n-1\}}}} = \mathbf{L}_{-n-} (\boldsymbol{V}'_{\underline{\{n-1\}}})_{\mathrm{H}_{\underline{\{n-1\}}}} \tag{D1.20}$$

$$(\boldsymbol{V}'_n)_{\mathrm{H}_n} = \mathbf{D}_n \tag{D1.21}$$

運動方程式(D1.16)は，次の二つの式になる。

$$(\boldsymbol{V}'_{\underline{\{n-1\}}})^T_{\mathrm{H}_{\underline{\{n-1\}}}} (\boldsymbol{F}'_{\underline{\{n-1\}}} - \boldsymbol{M}'_{\underline{\{n-1\}}} \dot{\boldsymbol{V}}'_{\underline{\{n-1\}}}) + (\boldsymbol{V}'_n)^T_{\mathrm{H}_{\underline{\{n-1\}}}} (\boldsymbol{F}'_n - \boldsymbol{M}'_n \dot{\boldsymbol{V}}'_n) = \mathbf{0} \tag{D1.22}$$

$$(\boldsymbol{V}'_n)^T_{\mathrm{H}_n} (\boldsymbol{F}'_n - \boldsymbol{M}'_n \dot{\boldsymbol{V}}'_n) = \mathbf{0} \tag{D1.23}$$

式(D1.17)と(D1.19)は，式(D1.9)と(D1.10)の添え字 n を，すべて，$n-1$ に置き換えたものになっている。

D1.3　漸化計算の第一段階

式(D1.20)，(D1.21)を式(D1.22)，(D1.23)に代入すると，二つに分割された運動方程式は，それぞれ，次のようになる。

$$(\boldsymbol{V}'_{\underline{\{n-1\}}})^T_{\mathrm{H}_{\underline{\{n-1\}}}} (\boldsymbol{F}'_{\underline{\{n-1\}}} - \boldsymbol{M}'_{\underline{\{n-1\}}} \dot{\boldsymbol{V}}'_{\underline{\{n-1\}}}) + (\boldsymbol{V}'_{\underline{\{n-1\}}})^T_{\mathrm{H}_{\underline{\{n-1\}}}} \mathbf{L}^T_{-n-} (\boldsymbol{F}'_n - \boldsymbol{M}'_n \dot{\boldsymbol{V}}'_n) = \mathbf{0} \tag{D1.24}$$

$$\mathbf{D}^T_n (\boldsymbol{F}'_n - \boldsymbol{M}'_n \dot{\boldsymbol{V}}'_n) = \mathbf{0} \tag{D1.25}$$

式(D1.18)を運動方程式(D1.25)に代入して整理すると，次の式が得られる。

$$\mathbf{D}_n^T\{(\boldsymbol{F}'_n-\boldsymbol{M}'_n\boldsymbol{\Sigma}_n)-\boldsymbol{M}'_n\mathbf{L}_{-n-}\dot{\boldsymbol{V}}'_{\underline{\{n-1\}}}\}-\mathbf{D}_n^T\boldsymbol{M}'_n\mathbf{D}_n\dot{\mathbf{H}}_n=\mathbf{0} \tag{D1.26}$$

$\mathbf{D}_n^T\boldsymbol{M}'_n\mathbf{D}_n$ は正則としてよいので，この式は $\dot{\mathbf{H}}_n$ について解くことができる。

$$\dot{\mathbf{H}}_n=(\mathbf{D}_n^T\boldsymbol{M}'_n\mathbf{D}_n)^{-1}\mathbf{D}_n^T\{(\boldsymbol{F}'_n-\boldsymbol{M}'_n\boldsymbol{\Sigma}_n)-\boldsymbol{M}'_n\mathbf{L}_{-n-}\dot{\boldsymbol{V}}'_{\underline{\{n-1\}}}\} \tag{D1.27}$$

これを式(D1.18)に代入して整理すると，次のようになる。

$$\begin{aligned}\dot{\boldsymbol{V}}'_n=&\{\mathrm{I}_{\|n\|}-\mathbf{D}_n(\mathbf{D}_n^T\boldsymbol{M}'_n\mathbf{D}_n)^{-1}\mathbf{D}_n^T\boldsymbol{M}'_n\}\mathbf{L}_{-n-}\dot{\boldsymbol{V}}'_{\underline{\{n-1\}}}\\&+\mathbf{D}_n(\mathbf{D}_n^T\boldsymbol{M}'_n\mathbf{D}_n)^{-1}\mathbf{D}_n^T(\boldsymbol{F}'_n-\boldsymbol{M}'_n\boldsymbol{\Sigma}_n)+\boldsymbol{\Sigma}_n\end{aligned} \tag{D1.28}$$

$\mathbf{I}_{\|n\|}$ は $\boldsymbol{M}'_n$ と同じ大きさの単位行列とする。$\mathbf{I}_{\|n\|}$ をこのように定めたが，特殊拘束結合を含まない系の場合は，6×6 の単位行列 $\mathbf{I}_6$ である。

さて，この式を運動方程式(D1.24)に代入し，整理すると次の式が得られる。

$$\begin{aligned}&-(\boldsymbol{V}'_{\underline{\{n-1\}}})^T_{\mathrm{H}_{\underline{\{n-1\}}}}[\boldsymbol{M}'_{\underline{\{n-1\}}}+\mathbf{L}^T_{-n-}\{\mathbf{I}_{\|n\|}-\boldsymbol{M}'_n\mathbf{D}_n(\mathbf{D}_n^T\boldsymbol{M}'_n\mathbf{D}_n)^{-1}\mathbf{D}_n^T\}\boldsymbol{M}'_n\mathbf{L}_{-n-}]\\&\dot{\boldsymbol{V}}'_{\underline{\{n-1\}}}+(\boldsymbol{V}'_{\underline{\{n-1\}}})^T_{\mathrm{H}_{\underline{\{n-1\}}}}[\boldsymbol{F}'_{\underline{\{n-1\}}}+\mathbf{L}^T_{-n-}\{\mathbf{I}_{\|n\|}-\boldsymbol{M}'_n\mathbf{D}_n(\mathbf{D}_n^T\boldsymbol{M}'_n\mathbf{D}_n)^{-1}\mathbf{D}_n^T\}\\&(\boldsymbol{F}'_n-\boldsymbol{M}'_n\boldsymbol{\Sigma}_n)]=\mathbf{0}\end{aligned} \tag{D1.29}$$

ここで，次の置き換えを行う。

$$\mathbf{W}_{\underline{\{n-1\}}}=\boldsymbol{M}'_{\underline{\{n-1\}}}+\mathbf{L}^T_{-n-}(\mathbf{I}_{\|n\|}-\boldsymbol{M}'_n\mathbf{D}_n(\mathbf{D}_n^T\boldsymbol{M}'_n\mathbf{D}_n)^{-1}\mathbf{D}_n^T)\boldsymbol{M}'_n\mathbf{L}_{-n-} \tag{D1.30}$$

$$\mathbf{Z}_{\underline{\{n-1\}}}=\boldsymbol{F}'_{\underline{\{n-1\}}}+\mathbf{L}^T_{-n-}(\mathbf{I}_{\|n\|}-\boldsymbol{M}'_n\mathbf{D}_n(\mathbf{D}_n^T\boldsymbol{M}'_n\mathbf{D}_n)^{-1}\mathbf{D}_n^T)(\boldsymbol{F}'_n-\boldsymbol{M}'_n\boldsymbol{\Sigma}_n) \tag{D1.31}$$

その結果，式(D1.29)の運動方程式は次のように書ける。

$$(\boldsymbol{V}_{\underline{\{n-1\}}})^T_{\mathrm{H}_{\underline{\{n-1\}}}}(\mathbf{Z}_{\underline{\{n-1\}}}-\mathbf{W}_{\underline{\{n-1\}}}\dot{\boldsymbol{V}}_{\underline{\{n-1\}}})=\mathbf{0} \tag{D1.32}$$

式(D1.30)の $\mathbf{W}_{\underline{\{n-1\}}}$ は $\boldsymbol{M}'_{\underline{\{n-1\}}}$ と同じ大きさで，対称なブロック対角行列である。添え字 n の各量から計算され，$\mathbf{L}^T_{-n-}$ と $\mathbf{L}_{-n-}$ の働きによって，$\boldsymbol{M}'_{\underline{\{n-1\}}}$ の中の，剛体 n の親剛体の番号に対応する対角ブロックに計算結果が足し込まれ，$\mathbf{W}_{\underline{\{n-1\}}}$ となっている。式(D1.31)の $\mathbf{Z}_{\underline{\{n-1\}}}$ は $\boldsymbol{F}'_{\underline{\{n-1\}}}$ と同じ大きさの列行列で，添え字 n の各量から計算され，$\mathbf{L}^T_{-n-}$ の働きによって，$\boldsymbol{F}'_{\underline{\{n-1\}}}$ の中の剛体 n の親剛体の番号に対応するブロックに計算結果が足しこまれ，$\mathbf{Z}_{\underline{\{n-1\}}}$ となっている。

D1.4　第一段階の仕上げ

ここまでの結果は，サイズ n の系からサイズ $n-1$ の系への縮小が得られたことである。サイズ n の系は，全 n 個の拘束結合に対応する一般化速度 $\mathbf{H}_{\underline{\{n\}}}$ と，全 n 個の剛体の重心速度と角速度を含んだ速度レベル変数 $\boldsymbol{V}'_{\underline{\{n\}}}$ が関わる運動方程式(D1.11)，それらの変数による部分速度の漸化式(D1.10)，加速度の漸化式(D1.9)で代表される。サイズ $n-1$ の系は，$n-1$ 番目までの拘束結合に対応する一般化速度 $\mathbf{H}_{\underline{\{n-1\}}}$ と，$n-1$ 番目までの剛体の重心速度と角速度を含んだ速度レベル変数 $\boldsymbol{V}'_{\underline{\{n-1\}}}$ が関わる運動方程式(D1.32)，それらの変数による部分速度の漸化式(D1.19)，加速度の漸化式(D1.17)で代表される。

加速度の漸化式と部分速度の漸化式は，与えられた $\mathbf{L}$ と $\mathbf{D}$ を用いて，サイズ n の系からサイズ $n-1$ の系への縮小が成立しているが，運動方程式には工夫が必要である。その工夫とは，事前に $\mathbf{W}_{\underline{\{n\}}}$ と $\mathbf{Z}_{\underline{\{n\}}}$ を次のように作っておくことである。

$$\mathbf{W}_{\underline{\{n\}}} \Leftarrow \boldsymbol{M}'_{\underline{\{n\}}} \tag{D1.33}$$

$$\mathbf{Z}_{\underline{\{n\}}} \Leftarrow \boldsymbol{F}'_{\underline{\{n\}}} \tag{D1.34}$$

$\Leftarrow$ は右辺を左辺に代入することを示す。これにより，サイズ n の系の運動方程式は次のように書ける。

$$(\boldsymbol{V}'_{\underline{\{n\}}})^{T}_{\mathrm{H}_{\underline{\{n\}}}}(\mathbf{Z}_{\underline{\{n\}}} - \mathbf{W}_{\underline{\{n\}}}\dot{\boldsymbol{V}}'_{\underline{\{n\}}}) = \mathbf{0} \tag{D1.35}$$

この式と式(D1.32)を対比すれば，サイズ n の系からサイズ $n-1$ の系への縮小は，運動方程式でも成立していることが分かる。

この縮小を実現している漸化計算の第一段階は，式(D1.30)，(D1.31)であるが，式(D1.33)，(D1.34)の置き換えに対応して，次のような計算になる。

$$\mathbf{W}_{\underline{\{n-1\}}} \Leftarrow \mathbf{W}_{\underline{\{n-1\}}} + \mathbf{L}^{T}_{-n-}\{\mathrm{I}_{\|n\|} - \mathbf{W}_n\mathbf{D}_n(\mathbf{D}_n^T\mathbf{W}_n\mathbf{D}_n)^{-1}\mathbf{D}_n^T\}\mathbf{W}_n\mathbf{L}_{-n-} \tag{D1.36}$$

$$\mathbf{Z}_{\underline{\{n-1\}}} \Leftarrow \mathbf{Z}_{\underline{\{n-1\}}} + \mathbf{L}^{T}_{-n-}\{\mathrm{I}_{\|n\|} - \mathbf{W}_n\mathbf{D}_n(\mathbf{D}_n^T\mathbf{W}_n\mathbf{D}_n)^{-1}\mathbf{D}_n^T\}(\mathbf{Z}_n - \mathbf{W}_n\boldsymbol{\Sigma}_n) \tag{D1.37}$$

また，式(D1.27)も，次のようになる。

$$\dot{\mathbf{H}}_n \Leftarrow (\mathbf{D}_n^T\mathbf{W}_n\mathbf{D}_n)^{-1}\mathbf{D}_n^T\{(\mathbf{Z}_n - \mathbf{W}_n\boldsymbol{\Sigma}_n) - \mathbf{W}_n\mathbf{L}_{-n-}\dot{\boldsymbol{V}}'_{\underline{\{n-1\}}}\} \tag{D1.38}$$

この式は，式(D1.18)と共に，$\dot{\boldsymbol{V}}'_{\underline{\{n-1\}}}$ がわかった段階で，$\dot{\mathbf{H}}_n$ と $\dot{\boldsymbol{V}}'_n$ を計算するために使われる。

D1.5 漸化計算の第二段階以降

サイズ k の系の加速度漸化式，部分速度漸化式，運動方程式が，次のように与えられているとする。

$$\dot{\boldsymbol{V}}'_{\underline{\{k\}}}=\mathbf{L}_{\underline{\{k\}}}\dot{\boldsymbol{V}}'_{\underline{\{k\}}}+\mathbf{D}_{\underline{\{k\}}}\dot{\mathbf{H}}_{\underline{\{k\}}}+\boldsymbol{\Sigma}_{\underline{\{k\}}} \tag{D1.39}$$

$$(\boldsymbol{V}'_{\underline{\{k\}}})_{\mathrm{H}_{\underline{\{k\}}}}=\mathbf{L}_{\underline{\{k\}}}(\boldsymbol{V}'_{\underline{\{k\}}})_{\mathrm{H}_{\underline{\{k\}}}}+\mathbf{D}_{\underline{\{k\}}} \tag{D1.40}$$

$$(\boldsymbol{V}'_{\underline{\{k\}}})^{T}_{\mathrm{H}_{\underline{\{k\}}}}(\mathbf{Z}_{\underline{\{k\}}}-\mathbf{W}_{\underline{\{k\}}}\dot{\boldsymbol{V}}'_{\underline{\{k\}}})=\mathbf{0} \tag{D1.41}$$

サイズ k の系は，k 番目までの拘束結合に対応する一般化速度 $\mathbf{H}_{\underline{\{k\}}}$ と，k 番目までの剛体の重心速度と角速度を含んだ速度レベル変数 $\boldsymbol{V}'_{\underline{\{k\}}}$ が関わる系である。この系から，サイズ n の系からサイズ $n-1$ の系への縮小と同じ手順で，サイズ $k-1$ の系を作ることができる。

まず，$\mathbf{W}_k$ と $\mathbf{W}_{\underline{\{k-1\}}}$ から，新たな $\mathbf{W}_{\underline{\{k-1\}}}$ を計算する手順が次のとおり求まる。

$$\mathbf{W}_{\underline{\{k-1\}}}\Leftarrow\mathbf{W}_{\underline{\{k-1\}}}+\mathbf{L}^{T}_{-k-}\{\mathbf{I}_{\|k\|}-\mathbf{W}_k\mathbf{D}_k(\mathbf{D}_k^{T}\mathbf{W}_k\mathbf{D}_k)^{-1}\mathbf{D}_k^{T}\}\mathbf{W}_k\mathbf{L}_{-k-} \tag{D1.42}$$

同様に，$\mathbf{Z}_k$ と $\mathbf{Z}_{\underline{\{k-1\}}}$ から，新たな $\mathbf{Z}_{\underline{\{k-1\}}}$ を計算する手順は次のとおりである。

$$\mathbf{Z}_{\underline{\{k-1\}}}\Leftarrow\mathbf{Z}_{\underline{\{k-1\}}}+\mathbf{L}^{T}_{-k-}\{\mathbf{I}_{\|k\|}-\mathbf{W}_k\mathbf{D}_k(\mathbf{D}_k^{T}\mathbf{W}_k\mathbf{D}_k)^{-1}\mathbf{D}_k^{T}\}(\mathbf{Z}_k-\mathbf{W}_k\boldsymbol{\Sigma}_k) \tag{D1.43}$$

また，$\dot{\boldsymbol{V}}'_{\underline{\{k-1\}}}$ から，$\dot{\mathbf{H}}_k$ と $\dot{\boldsymbol{V}}'_k$ を求める式は次のようになる。

$$\dot{\mathbf{H}}_k\Leftarrow(\mathbf{D}_k^{T}\mathbf{W}_k\mathbf{D}_k)^{-1}\mathbf{D}_k^{T}\{(\mathbf{Z}_k-\mathbf{W}_k\boldsymbol{\Sigma}_k)-\mathbf{W}_k\mathbf{L}_{-k-}\dot{\boldsymbol{V}}'_{\underline{\{k-1\}}}\} \tag{D1.44}$$

$$\dot{\boldsymbol{V}}'_k=\mathbf{L}_{-k-}\dot{\boldsymbol{V}}'_{\underline{\{k-1\}}}+\mathbf{D}_k\dot{\mathbf{H}}_k+\boldsymbol{\Sigma}_k \tag{D1.45}$$

そして，サイズ $k-1$ の系の加速度漸化式，部分速度漸化式，運動方程式は次のようになる。

$$\dot{\boldsymbol{V}}'_{\underline{\{k-1\}}}=\mathbf{L}_{\underline{\{k-1\}}}\dot{\boldsymbol{V}}'_{\underline{\{k-1\}}}+\mathbf{D}_{\underline{\{k-1\}}}\dot{\mathbf{H}}_{\underline{\{k-1\}}}+\boldsymbol{\Sigma}_{\underline{\{k-1\}}} \tag{D1.46}$$

$$(\boldsymbol{V}'_{\underline{\{k-1\}}})_{\mathrm{H}_{\underline{\{k-1\}}}}=\mathbf{L}_{\underline{\{k-1\}}}(\boldsymbol{V}'_{\underline{\{k-1\}}})_{\mathrm{H}_{\underline{\{k-1\}}}}+\mathbf{D}_{\underline{\{k-1\}}} \tag{D1.47}$$

$$(\boldsymbol{V}'_{\underline{\{k-1\}}})^{T}_{\mathrm{H}_{\underline{\{k-1\}}}}(\mathbf{Z}_{\underline{\{k-1\}}}-\mathbf{W}_{\underline{\{k-1\}}}\dot{\boldsymbol{V}}'_{\underline{\{k-1\}}})=\mathbf{0} \tag{D1.48}$$

$\mathbf{I}_{\|k\|}$ は $\boldsymbol{M}'_k$ や $\mathbf{W}_k$ と同じ大きさの単位行列とするが，特殊拘束結合を含まない系では $\mathbf{I}_6$ である。

D1.6　漸化計算の全貌

第二段階以降も得られたので，漸化計算全体をまとめて把握することができる。速度レベルまでの順方向の漸化計算で，式(21.18)の $\boldsymbol{V}'$ と式(21.24)の $\boldsymbol{\Sigma}$ までを求めたあと，$\mathbf{W}_k$ と $\mathbf{Z}_k$ を求めることになるが，その事前準備として次の代入を行う。

$$\mathbf{W} \Leftarrow \boldsymbol{M}' \tag{D1.49}$$

$$\mathbf{Z} \Leftarrow \boldsymbol{F}' \tag{D1.50}$$

その後，次式による逆方向の漸化計算により，すべての $\mathbf{W}_k$ と $\mathbf{Z}_k$ を求める。

$$\mathbf{W}_i \Leftarrow \mathbf{W}_i + \mathbf{L}_j^T \{\mathbf{I}_{|j|} - \mathbf{W}_j \mathbf{D}_j (\mathbf{D}_j^T \mathbf{W}_j \mathbf{D}_j)^{-1} \mathbf{D}_j^T\} \mathbf{W}_j \mathbf{L}_j \quad (j=n, \cdots, 2, 1) \tag{D1.51}$$

$$\mathbf{Z}_i \Leftarrow \mathbf{Z}_i + \mathbf{L}_j^T \{\mathbf{I}_{|j|} - \mathbf{W}_j \mathbf{D}_j (\mathbf{D}_j^T \mathbf{W}_j \mathbf{D}_j)^{-1} \mathbf{D}_j^T\} (\mathbf{Z}_j - \mathbf{W}_j \mathbf{\Sigma}_j) \quad (j=n, \cdots, 2, 1) \tag{D1.52}$$

この式の添え字は，剛体 j の親が剛体 i であるとしている。順動力学計算が目指しているのは $\dot{\mathbf{H}}_k$ であるが，これを求めるために次の二つの漸化式を組み合わせ，$\dot{\boldsymbol{V}}_k'$ と共に，順方向に解く。

$$\dot{\mathbf{H}} = -(\mathbf{D}^T \mathbf{W} \mathbf{D})^{-1} \mathbf{D}^T (\mathbf{W} \mathbf{L} \dot{\boldsymbol{V}}' + \mathbf{W} \mathbf{\Sigma} - \mathbf{Z}) \tag{D1.53}$$

$$\dot{\boldsymbol{V}}' = \mathbf{L} \dot{\boldsymbol{V}}' + \mathbf{D} \dot{\mathbf{H}} + \mathbf{\Sigma} \tag{D1.54}$$

以上ですべての $\dot{\mathbf{H}}_k$ が求まるので積分計算の時間を進めることができるが，その前に拘束力を求める必要があれば，逆方向の漸化計算を追加することになる。

式(D1.49)～(D1.52)は，$\Leftarrow$ を用いた代入計算の形で，事前準備と分離した表現になっているが，これらは，次の漸化式の計算手順である。

$$\mathbf{W} = \boldsymbol{M}' + \mathbf{L}^T \{\mathbf{I} - \mathbf{W} \mathbf{D} (\mathbf{D}^T \mathbf{W} \mathbf{D})^{-1} \mathbf{D}^T\} \mathbf{W} \mathbf{L} \tag{D1.55}$$

$$\mathbf{Z} = \boldsymbol{F}' + \mathbf{L}^T \{\mathbf{I} - \mathbf{W} \mathbf{D} (\mathbf{D}^T \mathbf{W} \mathbf{D})^{-1} \mathbf{D}^T) (\mathbf{Z} - \mathbf{W} \mathbf{\Sigma}) \tag{D1.56}$$

この式の漸化計算を分離して事前準備を先に行うことにより，分岐のある木構造の計算を画一的に行うことができる。

ここでは Order-N 計算を実現する漸化計算の構造を示しているが，細かい計算時間の節約方法には触れていない。実際の計算では，たとえば，式(D1.51)の計算の中で $(\mathbf{D}_k^T \mathbf{W}_k \mathbf{D}_k)^{-1}$ が求まったあと，その結果を保存しておいて，式(D1.52)，(D1.53)ではそれを利用するべきである。個々の式の中で行う計算の順序なども工夫できる部分があるはずである。

D2　動力学漸化式の作り方 — その 2

前項で，動力学的に加速度を求めるための漸化式が得られたが，別の方法で同じ漸化式を導いてみよう。速度レベル変数の漸化式，その時間微分，ケイン型の運動方程式は次のように与えられている。

$$\boldsymbol{V}' = \mathbf{L}\boldsymbol{V}' + \mathbf{DH} + \mathbf{U} \quad 【21.18】$$

$$\dot{\boldsymbol{V}}' = \mathbf{L}\dot{\boldsymbol{V}}' + \mathbf{D}\dot{\mathbf{H}} + \boldsymbol{\Sigma} \quad 【21.23】$$

$$\boldsymbol{V}_{\mathrm{H}}'^{T}(\boldsymbol{F}' - \boldsymbol{M}'\dot{\boldsymbol{V}}') = \mathbf{0} \quad 【21.30】$$

式(21.18)は漸化計算のための表現だが，この式は次のように変形できる。

$$\boldsymbol{V}' = (\mathbf{I} - \mathbf{L})^{-1}\mathbf{DH} + (\mathbf{I} - \mathbf{L})^{-1}\mathbf{U} \quad (D2.1)$$

この式の $\mathbf{H}$ の係数はケインの部分速度である。

$$\boldsymbol{V}_{\mathrm{H}}' = (\mathbf{I} - \mathbf{L})^{-1}\mathbf{D} \quad (D2.2)$$

したがって，運動方程式は次のように書ける。

$$\mathbf{D}^{T}(\mathbf{I} - \mathbf{L})^{-T}(\boldsymbol{F}' - \boldsymbol{M}'\dot{\boldsymbol{V}}') = \mathbf{0} \quad (D2.3)$$

第二因子右肩の $^{-T}$ は，逆行列の転置，あるいは，転置の逆行列を意味する。この運動方程式の第二因子と第三因子の積を Q とおく。

$$\mathbf{Q} = (\mathbf{I} - \mathbf{L})^{-T}(\boldsymbol{F}' - \boldsymbol{M}'\dot{\boldsymbol{V}}') \quad (D2.4)$$

ここでは，$\mathbf{Q}$ は一般化座標とは無関係である。運動方程式は次のようになる。

$$\mathbf{D}^{T}\mathbf{Q} = \mathbf{0} \quad (D2.5)$$

式(D2.4)は次のように書き換えられる。

$$\mathbf{Q} = \mathbf{L}^{T}\mathbf{Q} + \boldsymbol{F}' - \boldsymbol{M}'\dot{\boldsymbol{V}}' \quad (D2.6)$$

ここで，新たな行列変数 $\mathbf{W}$ と $\mathbf{Z}$ を準備する。$\mathbf{W}$ は，$\boldsymbol{M}'$ と同じような，対称なブロック対角行列である。$\boldsymbol{M}'$ の各ブロック $\boldsymbol{M}_k'$ は，特殊拘束結合がない場合は一つの剛体に対応していて，式(21.26)にあるように ${}^{3}\mathbf{M}_k$ と $\mathbf{J}_{0k}'$ から構成されている。${}^{3}\mathbf{M}_k$ は 3×3 スカラー行列，$\mathbf{J}_{0k}'$ は 3×3 対称行列であり，$\boldsymbol{M}_k'$ は 6×6 の大きさになる。$\mathbf{W}$ の k 番目の対角ブロック $\mathbf{W}_k$ の大きさは $\boldsymbol{M}_k'$ と同じで，対称行列であるが，内部の構造まで一致しているわけではなく，二つの 3×3 のブロックからなるブロック対角行列になっているわけでもない。6×6 の全要素が値を持つことになる。$\mathbf{Z}$ は，$\boldsymbol{F}'$ と同じブロック構造の列行列である。さて，この $\mathbf{W}$ と $\mathbf{Z}$ によって，$\mathbf{Q}$ が次のように表されると仮定する。

$$\mathbf{Q} = \mathbf{Z} - \mathbf{W}\dot{\boldsymbol{V}}' \quad (D2.7)$$

この式に，式(21.23)を代入する。

$$\mathbf{Q} = \mathbf{Z} - \mathbf{WL}\dot{\boldsymbol{V}}' - \mathbf{WD}\dot{\mathbf{H}} - \mathbf{W}\boldsymbol{\Sigma} \quad (D2.8)$$

さらに，これを式(D2.5)に代入する。

$$\mathbf{D}^T\mathbf{Z}-\mathbf{D}^T\mathbf{W}\mathbf{L}\dot{\boldsymbol{V}}'-\mathbf{D}^T\mathbf{W}\mathbf{D}\dot{\mathbf{H}}-\mathbf{D}^T\mathbf{W}\boldsymbol{\Sigma}=\mathbf{0} \tag{D2.9}$$

$\mathbf{D}$ と $\mathbf{W}$ はブロック対角行列であるため，左辺第三項の $\dot{\mathbf{H}}$ の係数 $\mathbf{D}^T\mathbf{W}\mathbf{D}$ も，ブロック対角行列になる。$\mathbf{H}_k$ の数を $\#(\mathbf{H}_k)$ と書くことにすると，$\mathbf{D}_k^T\mathbf{W}_k\mathbf{D}_k$ は $\#(\mathbf{H}_k)\times\#(\mathbf{H}_k)$ の大きさの対称行列で，逆行列が存在し，$\dot{\mathbf{H}}_k$ について解けるものとする。式(D2.9)から，次の式が得られる。

$$\dot{\mathbf{H}}=(\mathbf{D}^T\mathbf{W}\mathbf{D})^{-1}\mathbf{D}^T(\mathbf{Z}-\mathbf{W}\mathbf{L}\dot{\boldsymbol{V}}'-\mathbf{W}\boldsymbol{\Sigma}) \tag{D2.10}$$

これを式(D2.8)に代入する。

$$\mathbf{Q}=\mathbf{Z}-\mathbf{W}\mathbf{L}\dot{\boldsymbol{V}}'-\mathbf{W}\mathbf{D}(\mathbf{D}^T\mathbf{W}\mathbf{D})^{-1}\mathbf{D}^T(\mathbf{Z}-\mathbf{W}\mathbf{L}\dot{\boldsymbol{V}}'-\mathbf{W}\boldsymbol{\Sigma})-\mathbf{W}\boldsymbol{\Sigma} \tag{D2.11}$$

さらに，この式を式(D2.6)に代入し，整理すると，次のようになる。

$$\begin{aligned}\mathbf{Q}=&\boldsymbol{F}'+\mathbf{L}^T\{\mathbf{I}-\mathbf{W}\mathbf{D}(\mathbf{D}^T\mathbf{W}\mathbf{D})^{-1}\mathbf{D}^T\}(\mathbf{Z}-\mathbf{W}\boldsymbol{\Sigma})\\&-[\boldsymbol{M}'+\mathbf{L}^T\{\mathbf{I}-\mathbf{W}\mathbf{D}(\mathbf{D}^T\mathbf{W}\mathbf{D})^{-1}\mathbf{D}^T\}\mathbf{W}\mathbf{L}]\dot{\boldsymbol{V}}'\end{aligned} \tag{D2.12}$$

この式と式(D2.7)を対比し，$\dot{\boldsymbol{V}}'$ の係数と残りの項を等置すると，次の関係が得られる。

$$\mathbf{W}=\boldsymbol{M}'+\mathbf{L}^T\{\mathbf{I}-\mathbf{W}\mathbf{D}(\mathbf{D}^T\mathbf{W}\mathbf{D})^{-1}\mathbf{D}^T\}\mathbf{W}\mathbf{L} \tag{D2.13}$$

$$\mathbf{Z}=\boldsymbol{F}'+\mathbf{L}^T\{\mathbf{I}-\mathbf{W}\mathbf{D}(\mathbf{D}^T\mathbf{W}\mathbf{D})^{-1}\mathbf{D}^T\}(\mathbf{Z}-\mathbf{W}\boldsymbol{\Sigma}) \tag{D2.14}$$

この二式は，式(D1.55)，(D1.56)と同じである。途中の式(D2.10)は，式(D1.53)と一致している。

式(D2.13)は $\mathbf{W}$ の対称性やブロック対角行列の構造を変化させない。$\mathbf{W}$，$\mathbf{D}$，$\boldsymbol{M}'$ がブロック対角になっていること，そして，$\mathbf{L}$ の構造を考えると，この式が式(D1.51)に表したような漸化構造を持っていることがわかる。

D3 漸化計算に関する補足

D3.1 特殊拘束結合を含む系

特殊拘束結合を含む場合も，これまでに導いた漸化計算の形態はそのまま適用できる。ただ，ブロックの考え方を修正する必要がある。拘束結合 j が特殊拘束結合の場合，親剛体 i はひとつだが，子剛体 j は複数で，j は子剛体のグループである。その剛体の個数を n_j とすると，$\boldsymbol{V}_j'$ は $6n_j\times 1$ の列行列ということになる。また，$\mathbf{L}_j$ は $6n_j \times 6$，$\mathbf{D}_j$ は $6n_j \times \#(\mathbf{H}_j)$，$\boldsymbol{M}'_j$ と $\mathbf{W}_j$ は $6n_j \times 6n_j$ である。この部分に関する計算では，グループの中の剛体の数に対応した大きさの行列を扱うことになり，その分，計算時間にも影響が出る。しかし，グループに含まれる剛体の数に上限を考え，その上限が系全体の剛体の数より十分小さければ，グループレベルで考えて，系全体として Order-N の性質を維持していると見なすことが可能である。

子剛体 j は複数あるので，剛体ごとに番号付けるとすると，j_1，j_2，…ということになる。その中の一つ，たとえば，j_1 が親となって，子 k を持つとする。この k が剛体一個とすると，$\mathbf{L}_k$ は形式的には $6 \times 6n_j$ の大きさになる。すなわち，剛体 k の親は剛体 j_1 であっても，形式的には剛体グループ j を親とする。そのように考えると，拘束結合は剛体グループ間の結合と考えることができ，剛体グループが木構造を形成していて，これまで述べてきた漸化計算は剛体グループ単位で考え直せばよいことになる。そして，特定な剛体グループが剛体一個のこともあり，複数のこともある。各剛体グループ中の剛体の数に対応して各行列のブロックの大きさは，画一的ではなくなる。

D3.2 漸化計算用の速度レベル変数と一般化速度について

21.3 節に述べたように，$\boldsymbol{V}'_{0j}$ のかわりに $\boldsymbol{V}''_{0j}$ を用いても，漸化的方法の定式化は同型になる。

$$\mathbf{W}' = \boldsymbol{M}' + \mathbf{L}'^T \{\mathbf{I} - \mathbf{W}'\mathbf{D}'(\mathbf{D}'^T\mathbf{W}'\mathbf{D}')^{-1}\mathbf{D}'^T\}\mathbf{W}'\mathbf{L}' \tag{D3.1}$$

$$\mathbf{Z}' = \boldsymbol{F}'' + \mathbf{L}'^T \{\mathbf{I} - \mathbf{W}'\mathbf{D}'(\mathbf{D}'^T\mathbf{W}'\mathbf{D}')^{-1}\mathbf{D}'^T\}(\mathbf{Z}' - \mathbf{W}'\boldsymbol{\Sigma}') \tag{D3.2}$$

$$\dot{\mathbf{H}} = -(\mathbf{D}'^T\mathbf{W}'\mathbf{D}')^{-1}\mathbf{D}'^T(\mathbf{W}'\mathbf{L}'\dot{\boldsymbol{V}}'' + \mathbf{W}'\boldsymbol{\Sigma}' - \mathbf{Z}') \tag{D3.3}$$

$$\dot{\boldsymbol{V}}'' = \mathbf{L}'\dot{\boldsymbol{V}}'' + \mathbf{D}'\dot{\mathbf{H}} + \boldsymbol{\Sigma}' \tag{D3.4}$$

21.2 節にボールジョイントの事例を説明し，重心速度と角速度の関係を式 (21.16)，(21.17) に示した。この二つの式をまとめると次のようになる。

$$\begin{bmatrix} \mathbf{V}_{0j} \\ \boldsymbol{\Omega}'_{0j} \end{bmatrix} = \begin{bmatrix} \mathbf{I}_3 & -\mathbf{C}_{0i}(\tilde{\mathbf{r}}_{iP} - \mathbf{C}_{ij}\tilde{\mathbf{r}}_{jQ}\mathbf{C}_{ij}^T) \\ \mathbf{0} & \mathbf{C}_{ij}^T \end{bmatrix} \begin{bmatrix} \mathbf{V}_{0i} \\ \boldsymbol{\Omega}'_{0i} \end{bmatrix} + \begin{bmatrix} \mathbf{C}_{0i}\mathbf{C}_{ij}\tilde{\mathbf{r}}_{jQ} \\ \mathbf{I}_3 \end{bmatrix} \boldsymbol{\Omega}'_{ij} \tag{D3.5}$$

同じ関係を，重心速度も剛体固定の座標系で表した $\mathbf{V}'_{0j}$ と，$\boldsymbol{\Omega}'_{0j}$ を用いると，次のようになる。

$$\begin{bmatrix}\mathbf{V}'_{0j}\\ \mathbf{\Omega}'_{0j}\end{bmatrix}=\begin{bmatrix}\mathbf{C}_{ij}^T & -\mathbf{C}_{ij}^T(\tilde{\mathbf{r}}_{iP}-\mathbf{C}_{ij}\tilde{\mathbf{r}}_{jQ}\mathbf{C}_{ij}^T)\\ \mathbf{0} & \mathbf{C}_{ij}^T\end{bmatrix}\begin{bmatrix}\mathbf{V}'_{0i}\\ \mathbf{\Omega}'_{0i}\end{bmatrix}+\begin{bmatrix}\tilde{\mathbf{r}}_{jQ}\\ \mathbf{I}_3\end{bmatrix}\mathbf{\Omega}'_{ij} \tag{D3.6}$$

$\mathbf{L}'_j$ も $\mathbf{D}'_j\mathbf{H}_j$ も，剛体 j と剛体 i の相対的な位置関係で決まる量だけで表されている。

$\dot{\mathbf{V}}'_{0j}$ と $\dot{\mathbf{V}}''_{0j}$ のいずれを用いる場合でも，独立な一般化速度 $\mathbf{H}_j$ には相対的な量を考えることが多い。漸化的方法を，相対速度による方法と呼ぶことがあるほど，相対的な量で表すことが当たり前だと思われている。ボールジョイントの事例で上記の二つの式では，$\mathbf{\Omega}'_{ij}$ を $\mathbf{H}_j$ とした。しかし，同じボールジョイントの場合，一般化速度に $\mathbf{\Omega}'_{0j}$ を用いることもできる。次式はその場合の $\mathbf{L}_j$ と $\mathbf{D}_j$ を示している。

$$\begin{bmatrix}\mathbf{V}_{0j}\\ \mathbf{\Omega}'_{0j}\end{bmatrix}=\begin{bmatrix}\mathbf{I}_3 & -\mathbf{C}_{0i}\tilde{\mathbf{r}}_{iP}\\ \mathbf{0} & \mathbf{0}\end{bmatrix}\begin{bmatrix}\mathbf{V}_{0i}\\ \mathbf{\Omega}'_{0i}\end{bmatrix}+\begin{bmatrix}\mathbf{C}_{0j}\tilde{\mathbf{r}}_{jQ}\\ \mathbf{I}_3\end{bmatrix}\mathbf{\Omega}'_{0j} \tag{D3.7}$$

このような $\mathbf{H}_j$，$\mathbf{L}_j$，$\mathbf{D}_j$ を用いても，計算上で不都合なことが起きることはなく，相対座標が絶対に必要というわけではない。

付録 E　作用力の事例

剛体上の各点には作用力や作用トルクが働く。これらを等価換算して合計すると重心に働く作用力と作用トルクに置き換えることができる。第Ⅳ部では運動方程式を立てるための各種の方法が説明されていて，その中に作用力と作用トルクが出てくる。等価換算されたものを用いる説明が多いが，そうでないものもある。しかし，いずれにしても作用力と作用トルクの具体的な内容は，実際上，運動方程式の立て方とは無関係である。唯一，ラグランジアンを用いる方法だけは，作用力が保存力か否かによって異なった扱い方をする。それでも，実際の機械を扱うほとんどの場合，ラグランジアンは，単に，運動補エネルギーだけで十分である。バネ力のような保存力もダンパーなどの他の非保存力と共に単なる作用力として扱えばよく，ラグランジアンに組み込む利点は，あまり見当たらない(分布定数系を対象としてハミルトンの原理などを用いる場合は別である)。作用力と作用トルクの具体的な内容は，運動方程式を立てる前に関係式に含めてもよく，あるいは，後で補うことも可能である。本書の主な狙いは運動方程式を立てる方法であるから，作用力や作用トルクの多様な側面を広く見渡したり深く掘り下げることはしていない。しかし，実際問題では作用力や作用トルクを適切に表現できなければ運動方程式は完成しない。実際に順動力学の数値シミュレーションを行なうとき，案外面倒なのが作用力である。そこで，この付録では，いくつかの事例を取り上げて，特に，3 次元問題で生じる戸惑いなどを軽減し，応用力を高めるための助けとしたい。

作用力，作用トルクとは，位置レベル変数，速度レベル変数，時間の関数として表されるものである。一定力もその特殊な場合で作用力である。位置レベル変数とは，作用点の位置，あるいは，剛体の代表点（たとえば重心）位置と回転姿勢であり，速度レベル変数とは，作用点の速度，あるいは，剛体の代表点（たとえば重心）速度と角速度である。すなわち，質点系では次のような一般的な表現が可能である。

$$\mathbf{f}=\mathbf{f}(\mathbf{r}, \mathbf{v}, t) \tag{E.1}$$

また，剛体系では回転姿勢を **C** で代表させて，次のように書くことができる。

$$\mathbf{F}=\mathbf{F}(\mathbf{R}, \mathbf{C}, \mathbf{V}, \mathbf{\Omega}', t) \tag{E.2}$$

$$\mathbf{N}'=\mathbf{N}'(\mathbf{R}, \mathbf{C}, \mathbf{V}, \mathbf{\Omega}', t) \tag{E.3}$$

C は実際には **Θ** か **E** になるであろう。また，位置や速度などは一般化座標 **Q** や一般化速度 **H** の関数であるから，**F** や **N′** も **Q** と **H** と t の関数ともいえる。いずれにしても重要なことは，作用力や作用トルクが，加速度や角加速度には依存していないことである。バネ力はバネの両端点の位置によって決まる。ダンピング力はダンパーの両端点の位置と速度で定まる。時間の関数として作用力を変化させるようなモデルを考えることもできる。また，摩擦力は相対的な滑り速度によると考えることができる。重力，電磁気力も位置と速度と時間以外には依存しない。流体から受ける力には様々なモデルが用いられるが，位置と速度と時間に依存する性質は変わらない。

E1　重力

13.3 項の図 13.3 は接触点で滑らない転動円盤である。この円盤には空気力のようなものは働いていないとし，接触点においても，回転運動に伴う抵抗力などを考えないものとする。そのとき接触点に拘束力は働くが，作用力は働かない。円盤に働く唯一の作用力は重力だけになる。

重力の加速度を g とすると，重力は，座標系 O で表して $-\mathbf{D}_Z M_A g$ となる。このモデルでは **Z** 軸が鉛直上方を向いているので，$\mathbf{D}_Z$ を用い，負号をつけてある。M_A は円盤の質量で，この重力は重心に作用する。

接触点で滑ることなどが許され，すべりに伴う抵抗が働くとすると，それも作用力になる。複数の作用力は共に運動に影響する。それぞれの作用力を重心位置へ等価換算し，それらの和を取ることは，作用力を一つにまとめる方法である。

E2　バネとダンパーの力

3 次元空間に剛体 A，B があり，A 上の点 P と B 上の点 Q の間に線形バネが作用しているとする。バネの自然長は b，バネ定数は k である。バネ力の大きさは二点間の長さで決まり，方向は点 P，Q を結ぶ線上である。バネが自然長に比べて伸びていれば二点を近づける方向の力になり，縮んでいれば二点を遠ざける方向の力になるとする。二点が一致するほどバネが縮むことはないとして，点 P，Q に働く力は次のように表すことができる。

$$\mathbf{f}_{\mathrm{OP}}=\frac{\mathbf{C}_{\mathrm{OA}}\mathbf{r}_{\mathrm{PQ}}}{\sqrt{\mathbf{r}_{\mathrm{PQ}}^{T}\mathbf{r}_{\mathrm{PQ}}}}k\left(\sqrt{\mathbf{r}_{\mathrm{PQ}}^{T}\mathbf{r}_{\mathrm{PQ}}}-b\right) \tag{E.4}$$

$$\mathbf{f}_{\mathrm{OQ}}=\frac{-\mathbf{C}_{\mathrm{OA}}\mathbf{r}_{\mathrm{PQ}}}{\sqrt{\mathbf{r}_{\mathrm{PQ}}^{T}\mathbf{r}_{\mathrm{PQ}}}}k\left(\sqrt{\mathbf{r}_{\mathrm{PQ}}^{T}\mathbf{r}_{\mathrm{PQ}}}-b\right) \tag{E.5}$$

$\sqrt{\mathbf{r}_{\mathrm{PQ}}^{T}\mathbf{r}_{\mathrm{PQ}}}$ は二点間の長さで，$\mathbf{r}_{\mathrm{PQ}}$ は P から Q に向かう矢印を座標系 A で表した代数ベクトルであり，$\mathbf{C}_{\mathrm{OA}}$ は $\mathbf{r}_{\mathrm{PQ}}$ を座標系 O に座標変換している。二点が一致するほどバネが縮むことはないとすれば $\sqrt{\mathbf{r}_{\mathrm{PQ}}^{T}\mathbf{r}_{\mathrm{PQ}}}$ は常に正の値であり，分母がゼロになることはない。なお，これらの式は $\mathbf{r}_{\mathrm{PQ}}$ が求まっていることを前提に作られているが，$\mathbf{r}_{\mathrm{PQ}}$ は $\mathbf{r}_{\mathrm{OP}}$，$\mathbf{r}_{\mathrm{OQ}}$，$\mathbf{C}_{\mathrm{OA}}$ から容易に作ることができる。また，この式は 1 次元のバネの式に比べると複雑になっている。多くの場合，機械に組み込まれているバネの作用方向は定まっているので，バネの式はもっと簡単になるが，上の式は，点 P，Q が 3 次元空間の任意の方向に動くような場合にも適用できるものである。3 次元問題を考えることは不慣れなうちは面倒ではあるが，上記の式のように，力の作用の仕組みを適確に把握した上で，それを素直に表現すれば済む話である（読者は上記の点 P に働く力を，独力でこの式を見ずに作り出すことができるであろうか）。

順動力学解析では位置と速度と時間が定まっている状態で，力を計算するような計算手順が必要になる。そのような場合，バネ力 $\mathbf{f}_{\mathrm{OP}}$ や $\mathbf{f}_{\mathrm{OQ}}$ を一つの式にまとめる必要はなく，その計算手順が示されていればよい。たとえば，次のような説明は，上記のバネの計算手順である。まず，バネの長さ $\sqrt{\mathbf{r}_{\mathrm{PQ}}^{T}\mathbf{r}_{\mathrm{PQ}}}$ が計算され，自然長を引いてバネ定数を掛けるとバネ力が求まる。一方，$\mathbf{C}_{\mathrm{OA}}\mathbf{r}_{\mathrm{PQ}}$ に $\sqrt{\mathbf{r}_{\mathrm{PQ}}^{T}\mathbf{r}_{\mathrm{PQ}}}$ の逆数を掛ければ，バネ力の方向が正規化された形で定まる。その方向にバネ力

を働かせれば $\mathbf{f}_{\mathrm{OP}}$ になる。$\mathbf{f}_{\mathrm{OQ}}$ は $\mathbf{f}_{\mathrm{OP}}$ の符号を反転して求めることができる。このような計算手順は，上記の $\mathbf{f}_{\mathrm{OP}}$ と $\mathbf{f}_{\mathrm{OQ}}$ の式をいくつかの式に分割して順次計算することと同じである。

同じ二点 P，Q 間に線形のダンパーも働いているとしよう。ダンピング係数を c とする。ダンパーによる力の方向もバネ力の働く方向と同じとすると，バネ力も含めた力は次のようになる。

$$\mathbf{f}_{\mathrm{OP}}=\frac{\mathbf{C}_{\mathrm{OA}}\mathbf{r}_{\mathrm{PQ}}}{\sqrt{\mathbf{r}_{\mathrm{PQ}}^{T}\mathbf{r}_{\mathrm{PQ}}}}\left\{k\left(\sqrt{\mathbf{r}_{\mathrm{PQ}}^{T}\mathbf{r}_{\mathrm{PQ}}}-b\right)+c\frac{\mathbf{r}_{\mathrm{PQ}}^{T}\mathbf{v}_{\mathrm{PQ}}}{\sqrt{\mathbf{r}_{\mathrm{PQ}}^{T}\mathbf{r}_{\mathrm{PQ}}}}\right\} \tag{E.6}$$

$$\mathbf{f}_{\mathrm{OQ}}=\frac{-\mathbf{C}_{\mathrm{OA}}\mathbf{r}_{\mathrm{PQ}}}{\sqrt{\mathbf{r}_{\mathrm{PQ}}^{T}\mathbf{r}_{\mathrm{PQ}}}}\left\{k\left(\sqrt{\mathbf{r}_{\mathrm{PQ}}^{T}\mathbf{r}_{\mathrm{PQ}}}-b\right)+c\frac{\mathbf{r}_{\mathrm{PQ}}^{T}\mathbf{v}_{\mathrm{PQ}}}{\sqrt{\mathbf{r}_{\mathrm{PQ}}^{T}\mathbf{r}_{\mathrm{PQ}}}}\right\} \tag{E.7}$$

二点 P，Q の位置からダンピング力の作用方向が定まり，相対速度の作用方向成分がダンピング力の大きさと正負を決めている。力を定めるルールが明確なら，それを数式や計算手順で表現することは難しいことではない。

E3　力による加振（時間依存力）

バネやダンパーは機械を構成する要素の代表的なものといえるが，これらは剛体間を結合する要素である。バネやダンパー自体の質量を無視して扱うことが多く，そのような場合，これらの要素は力要素と呼ばれる。力要素としてのバネやダンパーのモデルは，取りつけ点の位置や速度と取り付け点に作用する力の関係である。別の力要素として，時間に依存した力を特定な点に作用させるようなものが考えられる。たとえば，点 P にそのような力が作用するとし，その方向は座標系 O の Y 軸の方向とする。力が時間と共に正弦波状に変動する場合，そのモデルは次のように表すことができる。

$$\mathbf{f}_{\mathrm{OP}}=\mathbf{D}_{\mathrm{Y}}a_0\sin(\omega_0 t+\phi_0) \tag{E.8}$$

a_0，ω_0，ϕ_0 はスカラー定数と考えている。なお，この加振は力の加振であり，したがって力要素である。正弦波状に点の位置を動かす場合は，その点に拘束を加えていることになり，全く別の扱いになる。また，$\mathbf{f}_{\mathrm{OP}}$ の反力は空間に働くので系全体のモデルのなかには現れないが，このような場合も含めて一般に，作用力には必ず反作用がある。

E4　乗用車やオートバイなどのタイヤに働く力

乗用車や自動二輪車のタイヤと路面の相互作用を考える。ただし，ここでは，路面は平面に限定し，車輪とタイヤを一体で考えて厚さのない円盤とする。

乗用車や自動二輪車の運動方程式は剛体振子やコマなどに比べれば複雑だが，タイヤと路面の相互作用を除けば，複数の剛体が数種類のジョイントや力要素で結合されていると考えられる場合が多く，その限りではモデル規模が大きいだけである。しかし，タイヤと路面の相互作用は少し異質である。物の接触を扱う問題を**接触問題**と呼ぶが，タイヤと路面の相互作用は接触問題である。接触問題では，接触部分の形状が複雑になると簡単ではなくなる。そこで，ここでは，形状の複雑さを避けて，平面と厚さのない円盤に限定する。それでも，接触問題は複雑である。路面の凹凸を考えたり，タイヤの形状（断面形状など）を考えることは，さらに応用力を必要とする課題である。

平面と転動円盤の接触モデルにはいくつかの異なる考え方がある。それは接触モデルの中に拘束を考えるか否か，また，どの方向の拘束を考えるかということである。その方向とは路面に垂直な方向，円盤の転動方向，円盤の横すべり方向の三つである。拘束がある場合，その方向の接触力は拘束力になる。拘束がなければ作用力である。ここではすべての方向に拘束のないモデルを考えるが，方向別に拘束がある場合にも参考になるはずである。なお，タイヤと路面の相互作用では，上記の並進三方向以外の回転運動に関する拘束は，通常，ないとして差し支えない。

座標系OのZ軸が鉛直上方を向いていて，転動する路面をX-Y平面とする。このとき，路面に垂直な方向は$\vec{e}_{OZ}$であり，座標系Oで表した代数ベクトル表現では式(9.11)に出てくる$\mathbf{D}_Z$となる。転動円盤をAとし，座標系AはY軸が円盤面に垂直になるように円の中心に固定されているとする。円盤の転動方向は路面と円盤面の交線に沿う方向で，座標系AのY軸が左に向くような向きとする。この方向を座標系Oで表して$\mathbf{D}_{OXX}$と書くことにする。この方向は$\vec{e}_{AY}$と$\vec{e}_{OZ}$との外積から求めることができる。この外積は座標系Oで表すと

$-\tilde{\mathbf{D}}_Z\mathbf{C}_{OA}\mathbf{D}_Y$となるが，これは長さが単位長さになっていないので，正規化して$\mathbf{D}_{OXX}$とする。

$$\mathbf{D}_{OXX}=\frac{-\tilde{\mathbf{D}}_Z\mathbf{C}_{OA}\mathbf{D}_Y}{\sqrt{\mathbf{D}_Y^T\mathbf{C}_{OA}^T\tilde{\mathbf{D}}_Z^T\tilde{\mathbf{D}}_Z\mathbf{C}_{OA}\mathbf{D}_Y}} \tag{E.9}$$

転動円盤が完全に倒れて円盤面が路面と平行にならない限り，この式の分母はゼロになることはない。次に円盤の横すべりの方向を座標系 O で表して$\mathbf{D}_{OYY}$と表すことにする。これは鉛直方向$\mathbf{D}_Z$と$\mathbf{D}_{OXX}$との外積である。

$$\mathbf{D}_{OYY}=\tilde{\mathbf{D}}_Z\mathbf{D}_{OXX} \tag{E.10}$$

$\mathbf{D}_{OXX}$と$\mathbf{D}_Z$はすでに直交しているので正規化の手続きは必要ない。

次に，円盤 A の最下点を P とし，P から A に向かう単位長さの幾何ベクトルを座標系 O で表して$\mathbf{D}_{OZZZ}$とする。

$$\mathbf{D}_{OZZZ}=\tilde{\mathbf{D}}_{OXX}\mathbf{C}_{OA}\mathbf{D}_Y \tag{E.11}$$

これは，円盤の面内で最も$\vec{e}_{OZ}$に近い単位長さの幾何ベクトルを座標系 O で表現したものである。$\mathbf{D}_{OXX}$とは直交しているが，$\mathbf{D}_{OYY}$とは直交していないので，これらとは添え字の付け方を変えてある。円盤上の点 P の位置$\mathbf{r}_{AP}$は，円盤の半径をbとして，次のように求まる。

$$\mathbf{r}_{AP}=-\mathbf{C}_{OA}^T\mathbf{D}_{OZZZ}b \tag{E.12}$$

座標系 O から見た点 P の位置$\mathbf{r}_{OP}$は，ここで求まった$\mathbf{r}_{AP}$と円盤の中心点$\mathbf{R}_{OA}$から次のように計算できる。

$$\mathbf{r}_{OP}=\mathbf{R}_{OA}+\mathbf{C}_{OA}\mathbf{r}_{AP}=\mathbf{R}_{OA}-\mathbf{D}_{OZZZ}b \tag{E.13}$$

点 P は最下点であるから，円盤の回転運動に伴って円盤上を動くことになる。以上の二式を時間微分することで$\mathbf{v}_{AP}$や$\mathbf{v}_{OP}$を求めることもできるが，これらは，最下点の円盤上での速度と，路面上での速度である。これらの時間微分には，式(E.9)の時間微分が関係してくるので多少面倒であるが，ここでは求める必要はない。さて，点 P が常に X–Y 平面上にあるとすると，これは拘束である。このとき，点 P は円盤と路面の**接触点**になっている。このような拘束がない場合，最下点 P は路面との接触の判定に利用することができる。$\mathbf{r}_{OP}$の Z 成分r_{OPZ}が負の値を持っていると，点 P は路面に潜り込んでいることになり，この成分が正のときは，円盤は空中に浮いていることになる。

次に，接触点 P に対して，**瞬間接触点**と呼ぶ別の点 Q を考えよう。この点は考えている瞬間，点Pに一致しているが，円盤上に固定されている仮想の点である。したがって，$\mathbf{r}_{AQ}$ の値は $\mathbf{r}_{AP}$ に等しいが，$\mathbf{r}_{AQ}$ は定数として扱われ，$\mathbf{v}_{AQ}$ はゼロである。$\mathbf{r}_{OQ}$ も式(13.61)と同様に作ることができるが，当然，$\mathbf{r}_{OP}$ と同じ値である。

$$\mathbf{r}_{OQ}=\mathbf{R}_{OA}+\mathbf{C}_{OA}\mathbf{r}_{AQ} \tag{E.14}$$

この式を時間微分して点Qの速度を調べると，$\mathbf{r}_{AQ}$ が定数であるため，$\mathbf{r}_{OP}$ の時間微分とは異なったものになる。

$$\mathbf{v}_{OQ}=\mathbf{V}_{OA}-\mathbf{C}_{OA}\tilde{\mathbf{r}}_{AQ}\boldsymbol{\Omega}'_{OA} \tag{E.15}$$

点Qは円盤上の固定点であるから，この点がX-Y平面に接触している場合，$\mathbf{v}_{OQ}$ のX-Y平面に沿う成分は円盤と路面が滑っている速度になる。接触点が潜っている場合は滑りの意味があいまいになるが，少なくとも潜りが浅い場合は近似的に滑り速度とすることができる。また，最下点が潜っているとき，瞬間接触点を最下点より少し上方に取るような考え方もできる。たとえば，最下点と円盤中心を結ぶ線がX-Y平面と交わる点でもよい。

さて，いよいよ作用力を考えよう。まず，接触点が潜っているとき，$|r_{OPZ}|$ に適当な大きさのバネ定数 k を掛けた鉛直上向きの力を点Pまたは点Qに働かせると，円盤が路面に深く潜り込まないようにできる。バネだけでは円盤の挙動が振動的になる場合，v_{OPZ} に適当な大きさのダンピング係数 c を掛けたダンピング力を加えることは実際的な処置としてよく行われる。このような線形的なバネとダンピングが車のタイヤの特性として不充分な場合は，非線型特性も考慮した適切なモデル化を目指すべきだが，線形モデルでも原始的なタイヤの支持力は実現できる。なお，r_{OPZ} が正の場合はタイヤ支持力をゼロとするほうが実際的である。バネとダンピングの特性はこれだけでも非線型であるが，こうすることによって，タイヤが路面から浮き上がれるため，四輪車の転倒などを扱うことができるようになる。以上を考慮すると，点Qに加わる鉛直方向の力は次のように書くことができる。

$$f_{OQZ}=\{\mathrm{sign}(r_{OPZ})0.5-0.5\}(kr_{OPZ}+cv_{OPZ}) \tag{E.16}$$

右辺の最初の因子は $|r_{OQZ}|$ が正のときはゼロになり，負のときに -1 になるもので，sign は符号を拾い出す働きである。なお，このモデルでは，有限の速度で円盤が落下してきて接触状態に入ったとき，ダンピング力がゼロから有限の値に

急変する。このようなことが数値計算上の不具合につながる恐れがある場合は適切な処置が必要である。たとえば，ダンピング力を深さにも依存させるようにする方法などがある。

滑りによる作用力を考えよう。滑りの方向は転動方向と横滑りの方向とがある。もし，滑らないような拘束を設ければ作用力の代わりに拘束力が働くことになり，しかも，この拘束は方向別に選択することが可能である。ただし，ここでは拘束は考えずに，滑りに伴う摩擦力の表現を求めることにする。タイヤの場合，転動方向と横滑り方向とで特性を別々に捕らえることも多く，その場合には $\mathbf{D}_{\mathrm{OXX}}$ と $\mathbf{D}_{\mathrm{OYY}}$ を活用することになる。しかし，ここでは簡単に，滑りと反対方向にクーロン摩擦的な力が働くとし，方向による特性の違いはないものとする。クーロン摩擦的な力とは面に垂直な力に一定の摩擦係数 μ を掛けたもので，垂直な力はすでに計算した f_{OQZ} である。ただし，そのままでは滑りがゼロの状態は不安定になる。静止状態を含む車両のモデルではこの不安定性は望ましくないので，滑りがゼロの付近では滑りに比例した抵抗力を持つとし，その比例定数 c_0 を大きな値にすることでクーロン摩擦に近い特性を実現する。なお，このような目的の c_0 は，大きすぎると数値計算上，不安定になったり，計算時間の悪化に繋がる。計算時間と望ましい特性とのトレードオフ関係を注意深く扱わなければならない。さて，$\mathbf{v}_{\mathrm{OQ}}$ の X-Y 平面内成分の大きさは $\sqrt{v_{\mathrm{OQX}}^2+v_{\mathrm{OQY}}^2}$ である。この値で v_{OQX}，v_{OQY} を割れば，滑り方向 l_{SLIP}，m_{SLIP} を求めることができる。$\sqrt{v_{\mathrm{OQX}}^2+v_{\mathrm{OQY}}^2}$ がゼロで割り算が成立しないときは l_{SLIP}，m_{SLIP} をゼロとしておく。以上の準備をもとに，摩擦力は次のように計算される。

$$l_{\mathrm{SLIP}}=\frac{v_{\mathrm{OQX}}}{\sqrt{v_{\mathrm{OQX}}^2+v_{\mathrm{OQY}}^2}},\ \text{ただし}\quad \sqrt{v_{\mathrm{OQX}}^2+v_{\mathrm{OQY}}^2}=0\ \text{のとき，}\ l_{\mathrm{SLIP}}=0 \tag{E.17}$$

$$m_{\mathrm{SLIP}}=\frac{v_{\mathrm{OQY}}}{\sqrt{v_{\mathrm{OQX}}^2+v_{\mathrm{OQY}}^2}},\ \text{ただし，}\sqrt{v_{\mathrm{OQX}}^2+v_{\mathrm{OQY}}^2}=0\ \text{のとき，}\ m_{\mathrm{SLIP}}=0 \tag{E.18}$$

$$\mathbf{f}_{\mathrm{OQ}}=-(\mathbf{D}_{\mathrm{X}}l_{\mathrm{SLIP}}+\mathbf{D}_{\mathrm{Y}}m_{\mathrm{SLIP}})\,min(\mu f_{\mathrm{OQZ}},\ c_0\sqrt{v_{\mathrm{OQX}}^2+v_{\mathrm{OQY}}^2}) \tag{E.19}$$

この摩擦力は転動方向と横滑り方向を区別せずに，滑り方向と反対向きに摩擦的な力が働くとしている。このような単純なモデルを用いても，通常の走行挙動は実現できる。なお，方向を限定して拘束する場合は残りの方向の摩擦力だけを考えればよい。

ここまで摩擦力によるモデル化を考えてきたが，操縦安定性などの検討には，タイヤの横力を横滑り角との関係で把握するコーナリング特性が用いられることが一般的である。乗用車などの通常走行では，横滑り角にコーナリングパワーを乗じてコーナリング力とする。また，自動二輪車などでは，横滑り角とともにタイヤの傾き角にも依存するコーナリング力を考える。これらの特性はタイヤ試験機を用いて計測することができる。一方，駆動力やブレーキ力は転動方向の摩擦力のような形で考えることも多い。

横力と転動方向力はいずれもタイヤと路面の接触によって生じるものであるから，両者をまとめる考え方にも合理性がある。さまざまなタイヤとタイヤ力のモデルが検討されている。実際のタイヤはゴムの変形を伴っていて，接触部も点ではなく面になっている。その面を代表する意味で点を考える場合でも，その位置は多少転動方向に寄っているなど，ゴムの変形状況は複雑である。詳細は専門の文献を参照されたい。

実際のタイヤには横幅があり，この横幅を含めてモデル化することが必要な場合もある。平面を走行しているときでも，自動二輪車のように傾き角が大きくなる場合，横力特性への影響だけではなく，接触点や瞬間接触点の決め方にも横幅を考慮する必要性が高まる。たとえば，タイヤをドーナツ状の形と考え，ドーナツの断面を円と仮定すれば，実際に近い接触点や瞬間接触点を考えることができるようになる。乗用車でも，たとえば石畳の路面を走る場合に路面から受けるさまざまな力を検討するために，横幅やタイヤ形状が重要になってくる。

付録F　運動方程式の線形化

順動力学の数値シミュレーションには，普通，運動方程式と，随伴させる運動学関係式が必要である。随伴させる運動学関係式とは，一般化座標の時間微分と一般化速度の関係式である。この両者が揃って，系の動的な特性が定まる。これらは，一般化座標と一般化速度に関する非線形な微分方程式を構成しているが，これらを線形化して，固有値解析などを行う場合も，両者が揃っていることが必要である。線形化は，振動問題や制御問題に結び付けてゆくための重要な手段である。この付録では，標準型の運動方程式と随伴させる運動学関係式を対象に，線形化の方法を説明する。一般化座標 $\mathbf{Q}$ や一般化速度 $\mathbf{S}$ に拘束がある場合についても，簡単な補足がある。

F1　線形化ポイント

まず，標準型の運動方程式に限定して考える。

$$\mathbf{m}^{\mathrm{S}}\dot{\mathbf{S}}=\mathbf{f}^{\mathrm{S}} \tag{F.1}$$

随伴させる運動学関係式は次のような形であるとする。

$$\dot{\mathbf{Q}}=\mathbf{A}\mathbf{S}+\mathbf{B} \tag{F.2}$$

$\mathbf{m}^{\mathrm{S}}$ と $\mathbf{A}$ と $\mathbf{B}$ は，一般に，$\mathbf{Q}$ と t の関数，$\mathbf{f}^{\mathrm{S}}$ は $\mathbf{Q}$ と $\mathbf{S}$ と t の関数になっているはずである。しかし，対象になっている系が制御対象の場合，制御系からの入力 $\mathbf{u}$ は未定のままになっている場合があるので，それらは $\mathbf{u}$ のまま扱えばよい。入力 $\mathbf{u}$ に対して，$\dot{\mathbf{u}}$ や $\ddot{\mathbf{u}}$ が含まれることもあるが，ここでは $\mathbf{u}$ だけが含まれる簡単な場合に限定し，$\mathbf{f}^{\mathrm{S}}$ が $\mathbf{Q}$ と $\mathbf{S}$ と $\mathbf{u}$ と t の関数になっているとする。固有値解析の場合は $\mathbf{u}$ を定数としておけばよい。

$$\mathbf{m}^{\mathrm{S}}(\mathbf{Q},\,t)\dot{\mathbf{S}}=\mathbf{f}^{\mathrm{S}}(\mathbf{Q},\,\mathbf{S},\,\mathbf{u},\,t) \tag{F.3}$$

$$\dot{\mathbf{Q}}=\mathbf{A}(\mathbf{Q},\,t)\mathbf{S}+\mathbf{B}(\mathbf{Q},\,t) \tag{F.4}$$

線形化は，線形化ポイントのまわりの微小変化に注目して行われる。線形化ポイントは，多くの場合，平衡点（平衡状態）である。あるいは，定常状態と呼ばれる状態からの微小変化を考えることもある。しかし，もっと一般には，運動方程式と補足された運動学関係式を満たす一般化座標 $\mathbf{Q}$，一般化速度 $\mathbf{S}$，一般化座標の時間微分 $\dot{\mathbf{Q}}$，一般化速度の時間微分 $\dot{\mathbf{S}}$，入力 $\mathbf{u}$ の組を線形化ポイントとすることができる。線形化ポイントを $\mathbf{Q}_\mathrm{o}$，$\mathbf{S}_\mathrm{o}$，$\dot{\mathbf{Q}}_\mathrm{o}$，$\dot{\mathbf{S}}_\mathrm{o}$，$\mathbf{u}_\mathrm{o}$ と表すことにする。平衡状態と定常状態では，通常，$\dot{\mathbf{S}}_\mathrm{o}$ はゼロである。さらに平衡状態では $\mathbf{S}_\mathrm{o}$ も，そして $\dot{\mathbf{Q}}_\mathrm{o}$ もゼロである。定常状態では，$\mathbf{S}_\mathrm{o}$ と $\dot{\mathbf{Q}}_\mathrm{o}$ の一部の値がゼロ以外の値を持つと考えられる。

線形化ポイントは，線形化の目的に応じて決めればよいが，式(F.3)，(F.4)を満たすものでなければならない。

$$\mathbf{m}^\mathrm{S}(\mathbf{Q}_\mathrm{o}, t)\dot{\mathbf{S}}_\mathrm{o} = \mathbf{f}^\mathrm{S}(\mathbf{Q}_\mathrm{o}, \mathbf{S}_\mathrm{o}, \mathbf{u}_\mathrm{o}, t) \tag{F.5}$$

$$\dot{\mathbf{Q}}_\mathrm{o} = \mathbf{A}(\mathbf{Q}_\mathrm{o}, t)\mathbf{S}_\mathrm{o} + \mathbf{B}(\mathbf{Q}_\mathrm{o}, t) \tag{F.6}$$

たとえば，$\mathbf{B}=\mathbf{0}$ の系を考え，線形化ポイントとして定常状態を選んで，$\dot{\mathbf{S}}_\mathrm{o}$，$\dot{\mathbf{Q}}_\mathrm{o}$，$\mathbf{S}_\mathrm{o}$ をゼロとする。その場合，$\mathbf{Q}_\mathrm{o}$ は $\mathbf{f}^\mathrm{S}(\mathbf{Q}_\mathrm{o}, \mathbf{0}, \mathbf{u}_\mathrm{o}, t)=0$ を満たすことが必要である。なお，時間 t は，線形化を考えている時点の時間をそのまま用いて，定数として扱えばよい。

$\mathbf{m}^\mathrm{S}(\mathbf{Q}_\mathrm{o}, t)$，$\mathbf{f}^\mathrm{S}(\mathbf{Q}_\mathrm{o}, \mathbf{S}_\mathrm{o}, \mathbf{u}_\mathrm{o}, t)$，$\mathbf{A}(\mathbf{Q}_\mathrm{o}, t)$，$\mathbf{B}(\mathbf{Q}_\mathrm{o}, t)$ を簡略に $\mathbf{m}^\mathrm{S}_\mathrm{o}$，$\mathbf{f}^\mathrm{S}_\mathrm{o}$，$\mathbf{A}_\mathrm{o}$，$\mathbf{B}_\mathrm{o}$ と表すことにすると，(F.5)，(F.6)は次のように書ける。

$$\mathbf{m}^\mathrm{S}_\mathrm{o}\dot{\mathbf{S}}_\mathrm{o} = \mathbf{f}^\mathrm{S}_\mathrm{o} \tag{F.7}$$

$$\dot{\mathbf{Q}}_\mathrm{o} = \mathbf{A}_\mathrm{o}\mathbf{S}_\mathrm{o} + \mathbf{B}_\mathrm{o} \tag{F.8}$$

これらは，(F.1)，(F.2)に線形化ポイントを示す添え字 $_\mathrm{o}$ を付け加えた形になっている。

線形化ポイントを求めるためには，線形化の目的に応じて，$\mathbf{Q}_\mathrm{o}$，$\mathbf{S}_\mathrm{o}$，$\dot{\mathbf{Q}}_\mathrm{o}$，$\dot{\mathbf{S}}_\mathrm{o}$，$\mathbf{u}_\mathrm{o}$ の中の一定数のものを最初に定める。残りは上記の式を満足するように定めることになる。この残りの変数は，式(F.7)と(F.8)の式の総数であり，それ以外の変数を最初に定めておく。式(F.7)と(F.8)を満たす解は，手計算で求められる場合が多い。手計算で求められないような場合は，ニュートンラフソン法や，それ以外の手段が必要になり，目的に応じて工夫が必要である。

F2　線形化の方法

次に，線形化ポイントまわりの微小な変動 $\Delta\mathbf{Q}$，$\Delta\mathbf{S}$，$\Delta\dot{\mathbf{Q}}$，$\Delta\dot{\mathbf{S}}$，$\Delta\mathbf{u}$ を考える。なお，系への微小入力に対する応答を考える場合は $\Delta\mathbf{u}$ を用いるが，固有値解析では $\Delta\mathbf{u}$ はゼロとしておけばよい。この変動の結果，$\mathbf{Q}$，$\mathbf{S}$，$\dot{\mathbf{Q}}$，$\dot{\mathbf{S}}$，$\mathbf{u}$ は次のようになる。

$$\mathbf{Q}=\mathbf{Q}_\text{o}+\Delta\mathbf{Q} \tag{F.9}$$

$$\mathbf{S}=\mathbf{S}_\text{o}+\Delta\mathbf{S} \tag{F.10}$$

$$\dot{\mathbf{Q}}=\dot{\mathbf{Q}}_\text{o}+\Delta\dot{\mathbf{Q}} \tag{F.11}$$

$$\dot{\mathbf{S}}=\dot{\mathbf{S}}_\text{o}+\Delta\dot{\mathbf{S}} \tag{F.12}$$

$$\mathbf{u}=\mathbf{u}_\text{o}+\Delta\mathbf{u} \tag{F.13}$$

これらも，式(F.3)，(F.4)を満たさなければならないので，次の式が成り立つ。

$$\mathbf{m}^\text{S}(\mathbf{Q}_\text{o}+\Delta\mathbf{Q},t)(\dot{\mathbf{S}}_\text{o}+\Delta\dot{\mathbf{S}})=\mathbf{f}^\text{S}(\mathbf{Q}_\text{o}+\Delta\mathbf{Q},\mathbf{S}_\text{o}+\Delta\mathbf{S},\mathbf{u}_\text{o}+\Delta\mathbf{u},t) \tag{F.14}$$

$$\dot{\mathbf{Q}}_\text{o}+\Delta\dot{\mathbf{Q}}=\mathbf{A}(\mathbf{Q}_\text{o}+\Delta\mathbf{Q},t)(\mathbf{S}_\text{o}+\Delta\mathbf{S})+\mathbf{B}(\mathbf{Q}_\text{o}+\Delta\mathbf{Q},t) \tag{F.15}$$

この二式を，Δ の付く量が微小量であることを利用して一次近似すると，定数項と微小項に分けることができる。

$$\begin{aligned}&\mathbf{m}^\text{S}(\mathbf{Q}_\text{o},t)\dot{\mathbf{S}}_\text{o}+\mathbf{m}^\text{S}(\mathbf{Q}_\text{o},t)\Delta\dot{\mathbf{S}}+\Delta(\mathbf{m}^\text{S}(\mathbf{Q},t)\dot{\mathbf{S}}_\text{o})\\&\quad=\mathbf{f}^\text{S}(\mathbf{Q}_\text{o},\mathbf{S}_\text{o},\mathbf{u}_\text{o},t)+\Delta\mathbf{f}^\text{S}(\mathbf{Q},\mathbf{S},\mathbf{u},t)\end{aligned} \tag{F.16}$$

$$\begin{aligned}&\dot{\mathbf{Q}}_\text{o}+\Delta\dot{\mathbf{Q}}=\mathbf{A}(\mathbf{Q}_\text{o},t)\mathbf{S}_\text{o}+\mathbf{A}(\mathbf{Q}_\text{o},t)\Delta\mathbf{S}+\Delta(\mathbf{A}(\mathbf{Q},t)\mathbf{S}_\text{o})\\&\quad+\mathbf{B}(\mathbf{Q}_\text{o},t)+\Delta\mathbf{B}(\mathbf{Q},t)\end{aligned} \tag{F.17}$$

ここで Δ は，式(F.9)～(F.13)の微小量以外にも用いられている。その場合の Δ は，対象となる関数の微小変化量を表している。式(F.9)～(F.13)に用いられたものも含めた Δ の意味は，$\mathbf{Q}$，$\mathbf{S}$，$\dot{\mathbf{Q}}$，$\dot{\mathbf{S}}$，$\mathbf{u}$ の関数 $\mathbf{F}$ に作用する次のようなオペレータと解釈することができる。

$$\Delta\mathbf{F}=\left.\frac{\partial\mathbf{F}}{\partial\mathbf{Q}}\right|_\text{o}\Delta\mathbf{Q}+\left.\frac{\partial\mathbf{F}}{\partial\mathbf{S}}\right|_\text{o}\Delta\mathbf{S}+\left.\frac{\partial\mathbf{F}}{\partial\dot{\mathbf{Q}}}\right|_\text{o}\Delta\dot{\mathbf{Q}}+\left.\frac{\partial\mathbf{F}}{\partial\dot{\mathbf{S}}}\right|_\text{o}\Delta\dot{\mathbf{S}}+\left.\frac{\partial\mathbf{F}}{\partial\mathbf{u}}\right|_\text{o}\Delta\mathbf{u} \tag{F.18}$$

式(F.16)，(F.17)から，それぞれ式(F.5)，(F.6)を差し引くと，次のように微小量だけの式が得られる。

$$\mathbf{m}^\text{S}(\mathbf{Q}_\text{o},t)\Delta\dot{\mathbf{S}}+\Delta(\mathbf{m}^\text{S}(\mathbf{Q},t)\dot{\mathbf{S}}_\text{o})=\Delta\mathbf{f}^\text{S}(\mathbf{Q},\mathbf{S},\mathbf{u},t) \tag{F.19}$$

$$\Delta\dot{\mathbf{Q}}=\mathbf{A}(\mathbf{Q}_\text{o},t)\Delta\mathbf{S}+\Delta(\mathbf{A}(\mathbf{Q},t)\mathbf{S}_\text{o})+\Delta\mathbf{B}(\mathbf{Q},t) \tag{F.20}$$

これらは，次のように簡略に書くことができる。

$$\mathbf{m}_o^S \Delta\dot{\mathbf{S}} + \Delta(\mathbf{m}^S\dot{\mathbf{S}}_o) = \Delta\mathbf{f}^S \tag{F.21}$$

$$\Delta\dot{\mathbf{Q}} = \mathbf{A}_o \Delta\mathbf{S} + \Delta(\mathbf{A}\mathbf{S}_o) + \Delta\mathbf{B} \tag{F.22}$$

これらは，式(F.1)，(F.2)から機械的に作ることができる。まず，(F.1)，(F.2)の各項にΔを働かせる。

$$\Delta(\mathbf{m}^S\dot{\mathbf{S}}) = \Delta\mathbf{f}^S \tag{F.23}$$

$$\Delta\dot{\mathbf{Q}} = \Delta(\mathbf{A}\mathbf{S}) + \Delta\mathbf{B} \tag{F.24}$$

そして，複数の因子からなっている項は，その数だけの項にわかれ，その各項には一つの因子だけが微小量になるようにして残りの因子は線形化ポイントの添え字 $_o$ を付けて定数因子とする。ただし，微小量の因子の右側にある定数因子は微小量因子とまとめて，その積全体の微小量になるようにしておく。微小量の因子の左側にある定数因子は微小量の外に出して単なる係数としておけばよい。この説明は，(F.23)，(F.24)と(F.21)，(F.22)を見比べれば分かるはずである。

さて，式(F.21)，(F.22)に戻ろう。$\mathbf{m}^S$ と $\mathbf{A}$ と $\mathbf{B}$ は $\mathbf{Q}$ だけに依存していて，$\mathbf{f}^S$ は $\mathbf{Q}$ と $\mathbf{S}$ と $\mathbf{u}$ に依存している。このことから，$\Delta(\mathbf{m}^S\dot{\mathbf{S}}_o)$，$\Delta\mathbf{f}^S$，$\Delta(\mathbf{A}\mathbf{S}_o)$，$\Delta\mathbf{B}$ は，次のように $\Delta\mathbf{Q}$，$\Delta\mathbf{S}$，$\Delta\mathbf{u}$ で表すことができる。

$$\Delta(\mathbf{m}^S\dot{\mathbf{S}}_o) = \left.\frac{\partial \mathbf{m}^S\dot{\mathbf{S}}_o}{\partial \mathbf{Q}}\right|_o \Delta\mathbf{Q} \tag{F.25}$$

$$\Delta\mathbf{f}^S = \left.\frac{\partial \mathbf{f}^S}{\partial \mathbf{Q}}\right|_o \Delta\mathbf{Q} + \left.\frac{\partial \mathbf{f}^S}{\partial \mathbf{S}}\right|_o \Delta\mathbf{S} + \left.\frac{\partial \mathbf{f}^S}{\partial \mathbf{u}}\right|_o \Delta\mathbf{u} \tag{F.26}$$

$$\Delta(\mathbf{A}\mathbf{S}_o) = \left.\frac{\partial \mathbf{A}\mathbf{S}_o}{\partial \mathbf{Q}}\right|_o \Delta\mathbf{Q} \tag{F.27}$$

$$\Delta\mathbf{B} = \left.\frac{\partial \mathbf{B}}{\partial \mathbf{Q}}\right|_o \Delta\mathbf{Q} \tag{F.28}$$

式(F.25)と(F.27)で偏微分の対象に $\dot{\mathbf{S}}_o$ と $\mathbf{S}_o$ が含まれているが，これらは偏微分の対象を列行列にするために必要である。このことは明確に理解しておきたい。

線形化の目的が制御系の状態方程式の作成であれば，式(F.21)，(F.22)と(F.25)～(F.28)を用いて次のようになる。

$$\begin{bmatrix}\Delta\dot{\mathbf{Q}}\\ \Delta\dot{\mathbf{S}}\end{bmatrix}=\begin{bmatrix}\left(\left.\dfrac{\partial\mathbf{AS}_{\mathrm{o}}}{\partial\mathbf{Q}}\right|_{\mathrm{o}}+\left.\dfrac{\partial\mathbf{B}}{\partial\mathbf{Q}}\right|_{\mathrm{o}}\right) & \mathbf{A}_{\mathrm{o}}\\ (\mathbf{m}_{\mathrm{o}}^{\mathrm{S}})^{-1}\left(\left.\dfrac{\partial\mathbf{f}^{\mathrm{S}}}{\partial\mathbf{Q}}\right|_{\mathrm{o}}-\left.\dfrac{\partial\mathbf{m}^{\mathrm{S}}\dot{\mathbf{S}}_{\mathrm{o}}}{\partial\mathbf{Q}}\right|_{\mathrm{o}}\right) & (\mathbf{m}_{\mathrm{o}}^{\mathrm{S}})^{-1}\left.\dfrac{\partial\mathbf{f}^{\mathrm{S}}}{\partial\mathbf{Q}}\right|_{\mathrm{o}}\end{bmatrix}\begin{bmatrix}\Delta\mathbf{Q}\\ \Delta\mathbf{S}\end{bmatrix}+\begin{bmatrix}\mathbf{0}\\ (\mathbf{m}_{\mathrm{o}}^{\mathrm{S}})^{-1}\left.\dfrac{\partial\mathbf{f}^{\mathrm{S}}}{\partial\mathbf{u}}\right|_{\mathrm{o}}\end{bmatrix}\Delta\mathbf{u} \tag{F.29}$$

系の固有値だけが必要な場合は $\Delta\mathbf{u}$ の項は無視すればよい。

たとえば，$\mathbf{f}^{\mathrm{S}}$ が複雑で，そのまま偏微分することが容易でない場合を考える。その場合，もし，$\mathbf{f}^{\mathrm{S}}$ が複雑な構造を持っていて分解可能なときは，偏微分を行なう前にこれまでと同様の手法で分解したほうがよい。たとえば $\mathbf{B}$ のように，しばしばゼロのものがあるが，その場合は偏微分するまでもなくその項の計算を省くことができる。$\mathbf{f}^{\mathrm{S}}$ の分解を進めると，簡単に除去できる項が増えて，結果的に作業が楽になる場合が多い。最後に残ったものだけを偏微分することになるが，多くの場合，それは単に係数を取り出すだけの簡単な作業になる。最後の偏微分処理が複雑になるものがあるとすれば，それは計算過程が複雑な作用力であろう。$\mathbf{m}^{\mathrm{S}}$，$\mathbf{f}^{\mathrm{S}}$ が拘束条件追加法で作られる場合，それを利用した分解が可能であり，次項に説明する。

一方，数式処理を用いると，上記の分解や偏微分操作などの中間処理を計算機に任せることができ，作業が簡単になる可能性がある。

F3　拘束条件追加法の利用

多くの場合，$\mathbf{m}^{\mathrm{S}}(\mathbf{Q}, t)$ と $\mathbf{f}^{\mathrm{S}}(\mathbf{Q}, \mathbf{S}, \mathbf{u}, t)$ は複雑で，式(F.25)または(F.26)を具体化する作業は意外と面倒なことがある。そのような場合，拘束条件追加法が役立つことがある。拘束条件追加法では $\mathbf{m}^{\mathrm{S}}$ と $\mathbf{f}^{\mathrm{S}}$ は次のように計算される。

$$\mathbf{m}^{\mathrm{S}}=\mathbf{H}_{\mathrm{S}}^{T}\mathbf{m}^{\mathrm{H}}\mathbf{H}_{\mathrm{S}} \tag{F.30}$$

$$\mathbf{f}^{\mathrm{S}}=\mathbf{H}_{\mathrm{S}}^{T}\left\{\mathbf{f}^{\mathrm{H}}-\mathbf{m}^{\mathrm{H}}\left(\frac{d\mathbf{H}_{\mathrm{S}}}{dt}\mathbf{S}+\frac{d\mathbf{H}_{\bar{\mathrm{S}}}}{dt}\right)\right\} \tag{F.31}$$

ここで，右辺の $\mathbf{m}^{\mathrm{H}}$ は $\mathbf{Q}$ と t の関数になっていると考えてよい。拘束追加前の一般化座標で表されていたとしても，それらを$\mathbf{Q}$で表し直すことは可能なはずである。同様に，$\mathbf{f}^{\mathrm{H}}$は$\mathbf{Q}$と$\mathbf{S}$と$\mathbf{u}$とtの関数，$\mathbf{H}_{\mathrm{S}}$と$\mathbf{H}_{\bar{\mathrm{S}}}$は$\mathbf{Q}$と$t$の関数になっているとする。当然，線形化ポイントの値は満足していなければならない。

$$\mathbf{m}_{\mathrm{o}}^{\mathrm{S}}=\mathbf{H}_{\mathrm{So}}^{T}\mathbf{m}_{\mathrm{o}}^{\mathrm{H}}\mathbf{H}_{\mathrm{So}} \tag{F.32}$$

$$\mathbf{f}_{\mathrm{o}}^{\mathrm{S}}=\mathbf{H}_{\mathrm{So}}^{T}\left[\mathbf{f}_{\mathrm{o}}^{\mathrm{H}}-\mathbf{m}_{\mathrm{o}}^{\mathrm{H}}\left\{\left(\frac{d\mathbf{H}_{\mathrm{S}}}{dt}\right)_{\mathrm{o}}\mathbf{S}_{\mathrm{o}}+\left(\frac{d\mathbf{H}_{\bar{\mathrm{S}}}}{dt}\right)_{\mathrm{o}}\right\}\right] \tag{F.33}$$

式(F.30)と(F.31)を用いて，式(F.21)の左辺第二項と右辺を作り直すと次のようになる。

$$\Delta(\mathbf{m}^{\mathrm{S}}\dot{\mathbf{S}}_{\mathrm{o}})=\mathbf{H}_{\mathrm{So}}^{T}\mathbf{m}_{\mathrm{o}}^{\mathrm{H}}\Delta(\mathbf{H}_{\mathrm{S}}\dot{\mathbf{S}}_{\mathrm{o}})+\mathbf{H}_{\mathrm{So}}^{T}\Delta(\mathbf{m}^{\mathrm{H}}\mathbf{H}_{\mathrm{So}}\dot{\mathbf{S}}_{\mathrm{o}})+\Delta(\mathbf{H}_{\mathrm{S}}^{T}\mathbf{m}_{\mathrm{o}}^{\mathrm{H}}\mathbf{H}_{\mathrm{So}}\dot{\mathbf{S}}_{\mathrm{o}}) \tag{F.34}$$

$$\begin{aligned}\Delta\mathbf{f}^{\mathrm{S}}=&\Delta\left[\mathbf{H}_{\mathrm{S}}^{T}\left[\mathbf{f}_{\mathrm{o}}^{\mathrm{H}}-\mathbf{m}_{\mathrm{o}}^{\mathrm{H}}\left\{\left(\frac{d\mathbf{H}_{\mathrm{S}}}{dt}\right)_{\mathrm{o}}\mathbf{S}_{\mathrm{o}}+\left(\frac{d\mathbf{H}_{\bar{\mathrm{S}}}}{dt}\right)_{\mathrm{o}}\right\}\right]\right]\\&+\mathbf{H}_{\mathrm{So}}^{T}(\Delta\mathbf{f}^{\mathrm{H}})-\mathbf{H}_{\mathrm{So}}^{T}\left[\Delta\left[\mathbf{m}^{\mathrm{H}}\left\{\left(\frac{d\mathbf{H}_{\mathrm{S}}}{dt}\right)_{\mathrm{o}}\mathbf{S}_{\mathrm{o}}+\left(\frac{d\mathbf{H}_{\bar{\mathrm{S}}}}{dt}\right)_{\mathrm{o}}\right\}\right]\right]\\&-\mathbf{H}_{\mathrm{So}}^{T}\mathbf{m}_{\mathrm{o}}^{\mathrm{H}}\left\{\Delta\left(\frac{d\mathbf{H}_{\mathrm{S}}}{dt}\mathbf{S}_{\mathrm{o}}\right)+\left(\frac{d\mathbf{H}_{\mathrm{S}}}{dt}\right)_{\mathrm{o}}\Delta\mathbf{S}+\Delta\left(\frac{d\mathbf{H}_{\bar{\mathrm{S}}}}{dt}\right)\right\}\end{aligned} \tag{F.35}$$

$\mathbf{H}_{\mathrm{S}}$の時間微分，$\mathbf{H}_{\mathrm{S}}$，$\mathbf{H}_{\mathrm{S}}^{T}$，$\mathbf{m}^{\mathrm{H}}$には，右側から添え字$_{\mathrm{o}}$の付いた定数列行列が掛かっていて列行列になっている。そして，この式に含まれるすべての列行列の偏微分が得られればよいことになる。偏微分はΔの付く項ごとに個別に計算することができる。その計算は，式(F.25)～(F.28)の要領で行なえばよい。その前に定数列行列を計算して，その中のゼロ要素に対応する計算不要なものを取り除く。また，さらに分解できるものは分解を進めることで，項の数は増加するが，個々の偏微分はかなり簡単になるはずである。

F4 線形化の事例

剛体振子の平衡点を線形化ポイントとして，線形化を考えてみよう。この事例では，$\mathbf{Q}$はθ_{OA}，$\mathbf{S}$はω_{OA}で，線形化ポイントは，$\mathbf{Q}_{\mathrm{o}}=\theta_{\mathrm{OAo}}=0$，$\mathbf{S}_{\mathrm{o}}=\omega_{\mathrm{OAo}}=0$，$\dot{\mathbf{Q}}_{\mathrm{o}}=\dot{\theta}_{\mathrm{OAo}}=0$，$\dot{\mathbf{S}}_{\mathrm{o}}=\dot{\omega}_{\mathrm{OAo}}=0$である。簡単なモデルであるから，16.2節で得られ

た運動方程式(16.14)を直接用いれば十分だが，ここでは，運動方程式を拘束条件追加法で作るものとし，線形化もその手順を利用した形で進めて，複雑な系の場合に備えることにする。拘束前の $\mathbf{H}$，$\mathbf{m}^{\mathrm{H}}$，$\mathbf{f}^{\mathrm{H}}$ は次のように書ける。

$$\mathbf{H}=\begin{bmatrix}\mathbf{V}_{\mathrm{OA}}\\ \omega_{\mathrm{OA}}\end{bmatrix} \tag{F.36}$$

$$\mathbf{m}^{\mathrm{H}}=\begin{bmatrix}{}^{2}\mathbf{M}_{\mathrm{A}} & \mathbf{0}\\ \mathbf{0} & J_{\mathrm{A}}\end{bmatrix} \tag{F.37}$$

$$\mathbf{f}^{\mathrm{H}}=\begin{bmatrix}-\mathbf{d}_{\mathrm{Y}}M_{\mathrm{A}}g\\ 0\end{bmatrix} \tag{F.38}$$

ω_{OA} と $\mathbf{V}_{\mathrm{OA}}$ との関係は 16.2 節の式(16.8)を一回時間微分すれば求まるが，16.9 節の式(16.33)で $\dot{\mathbf{r}}_{\mathrm{OO'}}(t)$ をゼロとした式が簡潔である。

$$\mathbf{V}_{\mathrm{OA}}=-\mathbf{C}_{\mathrm{OA}}\boldsymbol{\chi}\mathbf{r}_{\mathrm{AO'}}\omega_{\mathrm{OA}} \tag{F.39}$$

これにより，$\mathbf{H}_{\mathrm{S}}$ は次のように求まる。

$$\mathbf{H}_{\mathrm{S}}=\begin{bmatrix}-\mathbf{C}_{\mathrm{OA}}\boldsymbol{\chi}\mathbf{r}_{\mathrm{AO'}}\\ 1\end{bmatrix} \tag{F.40}$$

この時間微分は次のようになる。

$$\frac{d\mathbf{H}_{\mathrm{S}}}{dt}=\begin{bmatrix}\mathbf{C}_{\mathrm{OA}}\mathbf{r}_{\mathrm{AO'}}\omega_{\mathrm{OA}}\\ 0\end{bmatrix} \tag{F.41}$$

$\mathbf{H}_{\bar{\mathrm{S}}}$ とその時間微分はゼロである。

さて，線形化された関係は式(F.21)と(F.22)であるが，剛体振子の場合は $\dot{\mathbf{S}}_{\mathrm{o}}=0$，$\mathbf{S}_{\mathrm{o}}=0$，$\mathbf{A}=1$，$\mathbf{B}=0$ であるから，次のようになる。

$$\mathbf{m}_{\mathrm{o}}^{\mathrm{S}}\Delta\dot{\mathbf{S}}=\Delta\mathbf{f}^{\mathrm{S}} \tag{F.42}$$

$$\Delta\dot{\mathbf{Q}}=\Delta\mathbf{S} \tag{F.43}$$

$\mathbf{m}_{\mathrm{o}}^{\mathrm{S}}$ は式(F.32)で求めればよい。式(F.37)の $\mathbf{m}^{\mathrm{H}}$ は定数であるから，そのまま $\mathbf{m}_{\mathrm{o}}^{\mathrm{H}}$ である。式(F.40)の $\mathbf{H}_{\mathrm{S}}$ で $\mathbf{C}_{\mathrm{OA}}$ を $\mathbf{I}_3$ としたものが，$\mathbf{H}_{\mathrm{So}}$ である。$\mathbf{r}_{\mathrm{AO'}}$ が $\mathbf{d}_{\mathrm{Y}}b$ に等しいことを利用すれば，さらに簡単になる。

$$\mathbf{m}_{\mathrm{o}}^{\mathrm{S}}=\mathbf{H}_{\mathrm{So}}^{T}\boldsymbol{m}_{\mathrm{o}}^{\mathrm{H}}\mathbf{H}_{\mathrm{So}}=\mathbf{r}_{\mathrm{AO'}}^{T}M_{\mathrm{A}}\mathbf{r}_{\mathrm{AO'}}+J_{\mathrm{A}}=M_{\mathrm{A}}b^{2}+J_{\mathrm{A}} \tag{F.44}$$

$\Delta\mathbf{f}^{\mathrm{S}}$ は，式(F.35)から求めることになる。$\mathbf{m}^{\mathrm{H}}$，$\mathbf{f}^{\mathrm{H}}$ が定数であること，$\mathbf{S}_{\mathrm{o}}=0$，$\mathbf{H}_{\bar{\mathrm{S}}}$ の時間微分がゼロであることを利用すると，式(F.35)は次のようになる。

$$\Delta\mathbf{f}^{\mathrm{S}}=\Delta(\mathbf{H}_{\mathrm{S}}^{T}\mathbf{f}_{\mathrm{O}}^{\mathrm{H}})-\mathbf{H}_{\mathrm{SO}}^{T}\mathbf{m}_{\mathrm{O}}^{\mathrm{H}}\left(\frac{d\mathbf{H}_{\mathrm{S}}}{dt}\right)_{\mathrm{O}}\Delta\mathbf{S} \tag{F.45}$$

式(F.41)から，線形化ポイントにおける $\mathbf{H}_{\mathrm{S}}$ の時間微分の値はゼロになるので，式(F.45)の右辺第二項はゼロになる。式(F.38)は，常に定数であるから $\mathbf{f}_{\mathrm{O}}^{\mathrm{H}}$ となり，これと式(F.40)を用いると，$\Delta\mathbf{f}^{\mathrm{S}}$ は次のようになる。

$$\Delta\mathbf{f}^{\mathrm{S}}=\Delta(\mathbf{r}_{\mathrm{AO'}}^{T}\boldsymbol{\chi}^{T}\mathbf{C}_{0\mathrm{A}}^{T}\mathbf{d}_{\mathrm{Y}}M_{\mathrm{A}}g) \tag{F.46}$$

右辺の $\mathbf{C}_{0\mathrm{A}}^{T}$ 以外は定数で，$\mathbf{C}_{0\mathrm{A}}^{T}$ だけが $\theta_{0\mathrm{A}}$ の関数である。この右辺は次のようになる。

$$\Delta\mathbf{f}^{\mathrm{S}}=\boldsymbol{r}_{\mathrm{AO'}}^{T}\boldsymbol{\chi}^{T}\frac{\partial(\mathbf{C}_{0\mathrm{A}}^{T}\mathbf{d}_{\mathrm{Y}}M_{\mathrm{A}}g)}{\partial\mathbf{Q}}\Delta\mathbf{Q}=\boldsymbol{r}_{\mathrm{AO'}}^{T}\boldsymbol{\chi}^{T}\frac{\partial(\dot{\mathbf{C}}_{0\mathrm{A}}^{T}\mathbf{d}_{\mathrm{Y}}M_{\mathrm{A}}g)}{\partial\dot{\mathbf{Q}}}\Delta\mathbf{Q} \tag{F.47}$$

$$=\mathbf{r}_{\mathrm{AO'}}^{T}\boldsymbol{\chi}^{T}\frac{\partial(\boldsymbol{\chi}^{T}\mathbf{C}_{0\mathrm{A}}^{T}\mathbf{d}_{\mathrm{Y}}M_{\mathrm{A}}g\omega_{0\mathrm{A}})}{\partial\dot{\theta}_{0\mathrm{A}}}\Delta\theta_{0\mathrm{A}}=-b\mathbf{d}_{\mathrm{Y}}^{T}\mathbf{C}_{0\mathrm{A}}^{T}\mathbf{d}_{\mathrm{Y}}M_{\mathrm{A}}g\Delta\theta_{0\mathrm{A}} \tag{F.48}$$

この場合は $\mathbf{Q}$ がスカラーであるから，式(F.47)の中ほどの形から $\mathbf{C}_{0\mathrm{A}}^{T}$ だけを偏微分することもできるが，$\mathbf{Q}$ が列行列の場合は，ここに示したように $\mathbf{C}_{0\mathrm{A}}^{T}\mathbf{d}_{\mathrm{Y}}M_{\mathrm{A}}g$ を偏微分する形が必要である（$M_{\mathrm{A}}g$ はスカラーであるから，外に出してもよい）。そして，この場合，偏微分の変数と関数をともに時間微分してから偏微分操作をすることができる。なお，(F.48)の最後に，$\mathbf{r}_{\mathrm{AO'}}=\mathbf{d}_{\mathrm{Y}}b$ を用いた。

平衡点では，$\mathbf{C}_{0\mathrm{A}}^{T}$ は単位行列になる。結局，線形化された運動方程式は次のようになる。

$$(M_{\mathrm{A}}b^{2}+J_{\mathrm{A}})\Delta\dot{\omega}_{0\mathrm{A}}=-bM_{\mathrm{A}}g\Delta\theta_{0\mathrm{A}} \tag{F.49}$$

この式と式(F.43)（$\dot{\theta}_{0\mathrm{A}}=\omega_{0\mathrm{A}}$）と合わせて，固有値を求めることは簡単である。

F5　一般化座標，一般化速度に拘束がある場合

一般化座標，一般化速度に拘束がある場合，運動方程式には拘束力（ラグランジュの未定乗数）が加わり，拘束条件も連立させて解を求める形になる。拘束がホロノミックなものだけの場合は次のように書ける。

$$\mathbf{m}^{\mathrm{S}}\dot{\mathbf{S}}+\boldsymbol{\Phi}_{\mathrm{S}}^{T}\boldsymbol{\Lambda}=\mathbf{f}^{\mathrm{S}} \tag{F.50}$$

$$\dot{\mathbf{Q}}=\mathbf{AS}+\mathbf{B} \tag{F.51}$$

$$\mathbf{\Psi}=\mathbf{\Psi}(\mathbf{Q}, t)=\mathbf{0} \tag{F.52}$$

$\mathbf{\Psi}=\mathbf{0}$ は位置レベルの拘束式で，$\mathbf{\Psi}$ は $\mathbf{Q}$ と t の関数である。位置レベルの拘束条件(F.52)を二回時間微分して速度レベルと加速度レベルの拘束条件を求めておく。

$$\mathbf{\Phi}=\mathbf{\Phi}_{\mathrm{S}}\mathbf{S}+\mathbf{\Phi}_{\bar{\mathrm{S}}}=\mathbf{0} \tag{F.53}$$

$$\dot{\mathbf{\Phi}}=\mathbf{\Phi}_{\mathrm{S}}\dot{\mathbf{S}}+\dot{\mathbf{\Phi}}^{\mathrm{R}}=\mathbf{0} \tag{F.54}$$

ここで，式(F.53)，(F.54)に，シンプルノンホロノミックな拘束も追加されているものとして，以下の議論がシンプルノンホロノミックな系にも適用できるように考えておく。すなわち，$\mathbf{\Phi}$ の数は，$\mathbf{\Psi}$ よりシンプルノンホロノミックな拘束の数だけ多い。$\mathbf{\Phi}_{\mathrm{S}}$ は $\mathbf{\Phi}$ の $\mathbf{S}$ による偏微分係数，$\dot{\mathbf{\Phi}}^{\mathrm{R}}$ は $\dot{\mathbf{\Phi}}$ のなかで $\dot{\mathbf{S}}$ の項を除く残りの項である。$\mathbf{\Phi}_{\mathrm{S}}$ と $\mathbf{\Phi}_{\bar{\mathrm{S}}}$ は $\mathbf{Q}$ と t の関数，$\dot{\mathbf{\Phi}}^{\mathrm{R}}$ は $\mathbf{Q}$ と $\mathbf{S}$ と t の関数である。また，式(F.50)の $\mathbf{\Lambda}$ は $\mathbf{\Phi}$ の数だけの成分を持つラグランジュの未定乗数である。

まず，線形化ポイントは，以上の式を満たすように定めなければならない。

$$\mathbf{m}_{\mathrm{o}}^{\mathrm{S}}\dot{\mathbf{S}}_{\mathrm{o}}+\mathbf{\Phi}_{\mathrm{So}}^{T}\mathbf{\Lambda}_{\mathrm{o}}=\mathbf{f}_{\mathrm{o}}^{\mathrm{S}} \tag{F.55}$$

$$\dot{\mathbf{Q}}_{\mathrm{o}}=\mathbf{A}_{\mathrm{o}}\mathbf{S}_{\mathrm{o}}+\mathbf{B}_{\mathrm{o}} \tag{F.56}$$

$$\mathbf{\Psi}_{\mathrm{o}}=\mathbf{\Psi}(\mathbf{Q}_{\mathrm{o}}, t)=\mathbf{0} \tag{F.57}$$

$$\mathbf{\Phi}_{\mathrm{o}}=\mathbf{\Phi}_{\mathrm{So}}\mathbf{S}_{\mathrm{o}}+\mathbf{\Phi}_{\bar{\mathrm{S}}\mathrm{o}}=\mathbf{\Phi}_{\mathrm{S}}(\mathbf{Q}_{\mathrm{o}}, t)\mathbf{S}_{\mathrm{o}}+\mathbf{\Phi}_{\bar{\mathrm{S}}}(\mathbf{Q}_{\mathrm{o}}, t)=\mathbf{0} \tag{F.58}$$

$$\dot{\mathbf{\Phi}}_{\mathrm{o}}=\mathbf{\Phi}_{\mathrm{So}}\dot{\mathbf{S}}_{\mathrm{o}}+\dot{\mathbf{\Phi}}_{\mathrm{o}}^{\mathrm{R}}=\mathbf{\Phi}_{\mathrm{S}}(\mathbf{Q}_{\mathrm{o}}, t)\dot{\mathbf{S}}_{\mathrm{o}}+\dot{\mathbf{\Phi}}^{\mathrm{R}}(\mathbf{Q}_{\mathrm{o}}, \mathbf{S}_{\mathrm{o}}, t)=\mathbf{0} \tag{F.59}$$

系の幾何学的自由度と運動学的自由度の和を DDoF と書くことにすると，これらの式の数は，$\mathbf{Q}_{\mathrm{o}}$，$\mathbf{S}_{\mathrm{o}}$，$\dot{\mathbf{Q}}_{\mathrm{o}}$，$\dot{\mathbf{S}}_{\mathrm{o}}$，$\mathbf{\Lambda}_{\mathrm{o}}$ の総数より，DDoF だけ少ない。次に，式(F.50)～(F.54)に Δ を作用させる。

$$\mathbf{m}_{\mathrm{o}}^{\mathrm{S}}\Delta\dot{\mathbf{S}}+\Delta(\mathbf{m}^{\mathrm{S}}\dot{\mathbf{S}}_{\mathrm{o}})+\mathbf{\Phi}_{\mathrm{So}}^{T}\Delta\mathbf{\Lambda}+\Delta(\mathbf{\Phi}_{\mathrm{S}}^{T}\mathbf{\Lambda}_{\mathrm{o}})=\Delta\mathbf{f}^{\mathrm{S}} \tag{F.60}$$

$$\Delta\dot{\mathbf{Q}}=\mathbf{A}_{\mathrm{o}}\Delta\mathbf{S}+\Delta(\mathbf{AS}_{\mathrm{o}})+\Delta\mathbf{B} \tag{F.61}$$

$$\Delta\mathbf{\Psi}=\mathbf{0} \tag{F.62}$$

$$\mathbf{\Phi}_{\mathrm{So}}\Delta\mathbf{S}+\Delta(\mathbf{\Phi}_{\mathrm{S}}\mathbf{S}_{\mathrm{o}})+\Delta\mathbf{\Phi}_{\bar{\mathrm{S}}}=\mathbf{0} \tag{F.63}$$

$$\mathbf{\Phi}_{\mathrm{So}}\Delta\dot{\mathbf{S}}+\Delta(\mathbf{\Phi}_{\mathrm{S}}\dot{\mathbf{S}}_{\mathrm{o}})+\Delta\dot{\mathbf{\Phi}}^{\mathrm{R}}=\mathbf{0} \tag{F.64}$$

この場合の Δ は，式(F.18)の $\mathbf{F}$ が $\mathbf{\Lambda}$ にも依存しているとして，次のような作用素と考えている。

$$\Delta\mathbf{F}=\left.\frac{\partial\mathbf{F}}{\partial\mathbf{Q}}\right|_{\mathrm{o}}\Delta\mathbf{Q}+\left.\frac{\partial\mathbf{F}}{\partial\mathbf{S}}\right|_{\mathrm{o}}\Delta\mathbf{S}+\left.\frac{\partial\mathbf{F}}{\partial\dot{\mathbf{Q}}}\right|_{\mathrm{o}}\Delta\dot{\mathbf{Q}}+\left.\frac{\partial\mathbf{F}}{\partial\dot{\mathbf{S}}}\right|_{\mathrm{o}}\Delta\dot{\mathbf{S}}+\left.\frac{\partial\mathbf{F}}{\partial\mathbf{u}}\right|_{\mathrm{o}}\Delta\mathbf{u}+\left.\frac{\partial\mathbf{F}}{\partial\boldsymbol{\Lambda}}\right|_{\mathrm{o}}\Delta\boldsymbol{\Lambda} \tag{F.65}$$

この偏微分によって，式(F.60)～(F.64)は $\Delta\mathbf{Q}$，$\Delta\mathbf{S}$，$\Delta\dot{\mathbf{Q}}$，$\Delta\dot{\mathbf{S}}$，$\Delta\mathbf{u}$，$\Delta\boldsymbol{\Lambda}$ に関する線形の関係式になる。自由な変数の数は DDoF である。

以上の線形化された関係が得られれば，線形応答特性や固有値を調べることができる。系への微小入力に対する応答を考える場合は，出力変数を定めて $\Delta\mathbf{u}$ に対する関係に書き換えればよい。固有値を求める場合は，$\Delta\mathbf{Q}$ と $\Delta\mathbf{S}$ のなかの独立な $\Delta\mathbf{Q}_{\mathrm{I}}$ と $\Delta\mathbf{S}_{\mathrm{I}}$ と，$\Delta\dot{\mathbf{Q}}$，$\Delta\dot{\mathbf{S}}$ のなかの対応する $\Delta\dot{\mathbf{Q}}_{\mathrm{I}}$，$\Delta\dot{\mathbf{S}}_{\mathrm{I}}$ を選んで，それらの間の関係に書き換え，固有値計算をする。

F6 順動力学の計算手順を利用する方法

線形化は，$\mathbf{Q}$，$\mathbf{S}$ などによる偏微分を求めて計算するため，モデルの規模が大きくなると，意外なほど大きな作業が必要になる。これまでに述べた方法は，系全体の立場からトップダウン的に作業を進めるため，全体の計算構造を分解する作業が先行する。そのため，係数行列に直接関わる部分の偏微分作業の見通しを得難く，少し規模が大きくなると，案外，困難に陥り易い。その点を改善するため，順動力学の計算手順を利用して，偏微分の作業を能率よく進める別の方法を考える。なお，ここでは，標準型の運動方程式について説明する。

順動力学の計算手順は，$\mathbf{Q}$，$\mathbf{S}$，t から，$\dot{\mathbf{Q}}$，$\dot{\mathbf{S}}$ を求めるものである。制御入力 $\mathbf{u}$ は，t の関数と考えておけばよい。途中，多数の中間変数が使われる。それらを，$\mathbf{y}$，$\mathbf{x}$ などとする。制御出力は中間変数とは限らないが，同じ位置付けに考えておけばよい。

線形化された系を，同じ構造に当てはめて考えることができる。すなわち，線形化された系は，$\Delta\mathbf{Q}$，$\Delta\mathbf{S}$ から，$\Delta\dot{\mathbf{Q}}$，$\Delta\dot{\mathbf{S}}$ を求める計算手順になっていて，$\Delta\mathbf{u}$ を制御入力とし，制御出力を含む中間変数に $\Delta\mathbf{y}$，$\Delta\mathbf{x}$ などがある。t は線形化を考えている瞬間の時間で，定数と考えればよく，Δ のつく量は，$\mathbf{Q}_{\mathrm{o}}$，$\mathbf{S}_{\mathrm{o}}$，$\dot{\mathbf{Q}}_{\mathrm{o}}$，$\dot{\mathbf{S}}_{\mathrm{o}}$，$\mathbf{u}_{\mathrm{o}}$，$\mathbf{y}_{\mathrm{o}}$，$\mathbf{x}_{\mathrm{o}}$ などで表される線形化ポイントまわりの微少量である。そのような，線形化された系の順動力学計算手順が得られれば，次に説明するように，

線形特性の把握が可能になる。

線形化された順動力学計算手順は，$\Delta\mathbf{Q}$，$\Delta\mathbf{S}$，$\Delta\mathbf{u}$ を入力とし，$\Delta\dot{\mathbf{Q}}$，$\Delta\dot{\mathbf{S}}$，$\Delta\mathbf{y}$，$\Delta\mathbf{x}$ などが出力である。線形化された制御対象の状態方程式は，$\Delta\mathbf{Q}$，$\Delta\mathbf{S}$ から $\Delta\dot{\mathbf{Q}}$，$\Delta\dot{\mathbf{S}}$ を計算する係数行列と，$\Delta\mathbf{u}$ から $\Delta\dot{\mathbf{Q}}$，$\Delta\dot{\mathbf{S}}$ を計算する係数行列に特性が凝縮されている。$\Delta\mathbf{Q}$，$\Delta\mathbf{S}$ から $\Delta\dot{\mathbf{Q}}$，$\Delta\dot{\mathbf{S}}$ を計算する係数行列が求まれば，固有値解析ができる。同様に，$\Delta\mathbf{u}$ から $\Delta\mathbf{y}$，$\Delta\mathbf{x}$ などを計算する係数行列が求まれば，線形化された制御対象の入出力関係を調べることができる。

線形化された順動力学計算手順から，係数行列を取り出す手段は，分かりやすい。$\Delta\mathbf{Q}$，$\Delta\mathbf{S}$ から $\Delta\dot{\mathbf{Q}}$，$\Delta\dot{\mathbf{S}}$ を計算する係数行列の場合を例にとって，次のようになる。$\Delta\mathbf{Q}$ と $\Delta\mathbf{S}$ の全要素を順に並べ，その i 番目のものを 1 として残りをゼロとする。この入力に対する計算出力 $\Delta\dot{\mathbf{Q}}$ と $\Delta\dot{\mathbf{S}}$ を求めれば，それが係数行列の第 i 列である。i を 1 から n（独立変数の数）まで順に計算すれば，係数行列全体が得られる。ただし，その作業の前に，線形化ポイントを求め，そのポイントにおけるすべての中間変数の値を求めておく必要がある。線形化ポイントの決め方は，これまでの方法と同じである。中間変数の線形化ポイントに対応する値 $\mathbf{y}_o$，$\mathbf{x}_o$ などの計算は，順動力学の計算手順を利用して求める。

さて，線形化された順動力学計算手順の作成が，この項の最後の課題である。その方法の考え方は単純で，線形化前の順動力学の計算手順に従い，すべての中間変数の，$\mathbf{Q}$，$\mathbf{S}$，$\mathbf{u}$，および，中間変数による偏微分係数を求めればよい。中間変数 $\mathbf{y}$ が $\mathbf{Q}$，$\mathbf{S}$，$\mathbf{u}$ に依存しているとして，$\Delta\mathbf{y}$ は次のように書ける。

$$\Delta\mathbf{y}=\left.\frac{\partial\mathbf{y}}{\partial\mathbf{Q}}\right|_o\Delta\mathbf{Q}+\left.\frac{\partial\mathbf{y}}{\partial\mathbf{S}}\right|_o\Delta\mathbf{S}+\left.\frac{\partial\mathbf{y}}{\partial\mathbf{u}}\right|_o\Delta\mathbf{u} \tag{F.66}$$

この式の係数行列を計算し，それを用いて $\Delta\mathbf{y}$ を求めるようにする。実際には，$\mathbf{y}$ が，$\mathbf{Q}$，$\mathbf{S}$，$\mathbf{u}$ の一部分だけに依存していることが多いが，関わっている変数に対応する偏微分係数だけでよい。残りは計算するまでもなくゼロである。

中間変数 $\mathbf{y}$ が列行列の場合は，このままでよいが，幅のある行列の場合は，列行列による偏微分が行えない。そのような場合は，順動力学の計算手順をうまく整理しなおすことで解決できる場合も多い。特に，その計算部分の前後の計算だけを変更することで解決できれば簡単である。しかし，そのような計算手順の変更が容易でない場合は，偏微分する列行列を，スカラーレベルに分解する方法がある。スカラー変数による偏微分なら，偏微分される行列に幅があっても実行可能である。

多くの中間変数は，それ以前に出てくる中間変数の関数になっていることが多い。そのような場合は，以前に求めてある中間変数の値を利用すればよい。中間変数 $\mathbf{x}$ が，$\mathbf{Q}$，$\mathbf{S}$，$\mathbf{u}$ 以外に，$\mathbf{y}$ にも依存しているとすると，$\Delta\mathbf{x}$ は次のようになる。

$$\Delta\mathbf{x}=\left.\frac{\partial\mathbf{x}}{\partial\mathbf{Q}}\right|_{\mathrm{o}}\Delta\mathbf{Q}+\left.\frac{\partial\mathbf{x}}{\partial\mathbf{S}}\right|_{\mathrm{o}}\Delta\mathbf{S}+\left.\frac{\partial\mathbf{x}}{\partial\mathbf{u}}\right|_{\mathrm{o}}\Delta\mathbf{u}+\left.\frac{\partial\mathbf{x}}{\partial\mathbf{y}}\right|_{\mathrm{o}}\Delta\mathbf{y} \tag{F.67}$$

$\Delta\mathbf{y}$ は，既に求まっているので，$\mathbf{x}$ の，$\mathbf{Q}$，$\mathbf{S}$，$\mathbf{u}$，$\mathbf{y}$ による偏微分を求め，$\Delta\mathbf{x}$ を計算できる。前の計算結果を利用するので，順動力学計算の各ステップの線形化作業は，各ステップの複雑さだけを反映したものになる。多くの中間変数はそれ以前の中間変数だけに依存していることが多く，順動力学の計算ステップが細かく分解されていれば，線形化は容易になる。

以上のような作業を順動力学の計算手順に沿って行うことは，比較的，見通しのよいものになる。本質的な偏微分の操作を減らすものではないが，見通しの悪さから来る不安，混乱，無駄を省けるはずである。

付録G　基本事項のまとめ

この付録には，第Ⅱ部，第Ⅲ部，第Ⅳ部にでてくる基本項目を並べた。各項目には，表が付いているものと，単に，項目だけのものがある。この付録のねらいは知識の整理である。ここにでてくる項目と，表中の記号や関係式を見て，その内容を初学者や友人に説明できるようになっていただきたい。

各項目には，おおよそ対応する英語を付けておいた。言葉は使われる状況に応じた変化が必要なことも多く，また，類似の概念を表す表現は複数ある。初学者が英語に悩む気持ちは良く分かるが，筆者の英語力も中途半端であり，あくまで参考程度と考えていただきたい。

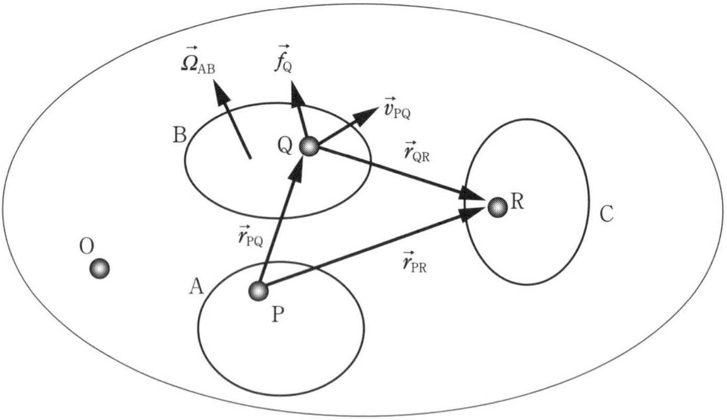

図G.1　位置，速度，角速度，力を表す幾何ベクトル（P，Q，Rは，剛体A，B，C上の点）
［position, velocity, angular velocity, force］

Ⅱ-1　運動学［kinematics］

Ⅱ-2　運動学的物理量

	点	広がりのある物体
位置レベル変数	位置	回転姿勢
速度レベル変数	速度	角速度
⋮	⋮	⋮

Ⅱ-3　オブザーバー（運動学的物理量は必ずオブザーバーを伴う）［observer］

Ⅱ-4　幾何ベクトル表現（矢印による表現）と代数ベクトル表現（行列表現）［geometric vector, algebraic vector］

	位置	角速度	速度	回転姿勢
幾何ベクトル表現	$\vec{r}_{\mathrm{PQ}}$	$\vec{\Omega}_{\mathrm{AB}}$	$\vec{v}_{\mathrm{PQ}}$	——
代数ベクトル表現	$\mathbf{r}_{\mathrm{PQ}}$，$\mathbf{r}'_{\mathrm{PQ}}$	$\mathbf{\Omega}_{\mathrm{AB}}$，$\mathbf{\Omega}'_{\mathrm{AB}}$	$\mathbf{v}_{\mathrm{PQ}}$，$\mathbf{v}'_{\mathrm{PQ}}$	$\mathbf{C}_{\mathrm{AB}}$，$\mathbf{E}_{\mathrm{AB}}$ など

位置，角速度，速度の代数ベクトル表現の例：

$$\mathbf{r}_{\mathrm{PQ}}=\begin{bmatrix} r_{\mathrm{PQX}} \\ r_{\mathrm{PQY}} \\ r_{\mathrm{PQZ}} \end{bmatrix},\quad \mathbf{v}_{\mathrm{PQ}}=\begin{bmatrix} v_{\mathrm{PQX}} \\ v_{\mathrm{PQY}} \\ v_{\mathrm{PQZ}} \end{bmatrix},\quad \mathbf{\Omega}'_{\mathrm{AB}}=\begin{bmatrix} \Omega'_{\mathrm{ABX}} \\ \Omega'_{\mathrm{ABY}} \\ \Omega'_{\mathrm{ABZ}} \end{bmatrix}$$

便利な定数 $\mathbf{D}_{\mathrm{X}}$，$\mathbf{D}_{\mathrm{Y}}$，$\mathbf{D}_{\mathrm{Z}}$ の使用例：

$$v_{\mathrm{PQX}}=\mathbf{D}_{\mathrm{X}}^{T}\mathbf{v}_{\mathrm{PQ}},\quad \mathbf{v}_{\mathrm{PQ}}=\mathbf{D}_{\mathrm{X}}v_{\mathrm{PQX}}+\mathbf{D}_{\mathrm{Y}}v_{\mathrm{PQY}}+\mathbf{D}_{\mathrm{Z}}v_{\mathrm{PQZ}}$$

II-5 ダッシュが付く代数ベクトルとダッシュが付かない代数ベクトル（位置，角速度，速度）[primed algebraic vector, unprimed algebraic vector]

幾何ベクトル	$\vec{r}_{PO}$	$\vec{v}_{PQ}$	$\vec{\Omega}_{AB}$
座標系 A との組み合わせ	$\mathbf{r}_{PQ}$	$\mathbf{v}_{PQ}$	$\boldsymbol{\Omega}_{AB}$
座標系 B との組み合わせ	$\mathbf{r}'_{PQ}$	$\mathbf{v}'_{PQ}$	$\boldsymbol{\Omega}'_{AB}$

（点 P，Q は，それぞれ剛体 A，B 上の点）

II-6 3 次元回転姿勢の表現方法 [spatial orientation, three dimensional orientation]

Simple Rotation	回転行列 (注1)	オイラー角	オイラーパラメータ
$\boldsymbol{\lambda}_{AB}=\begin{bmatrix} l \\ m \\ n \end{bmatrix}_{AB}$ ϕ_{AB}	$\mathbf{C}_{AB}=\begin{bmatrix} C_{XX} & C_{XY} & C_{XZ} \\ C_{YX} & C_{YY} & C_{YZ} \\ C_{ZX} & C_{ZY} & C_{ZZ} \end{bmatrix}_{AB}$	$\boldsymbol{\Theta}_{AB}=\begin{bmatrix} \theta_1 \\ \theta_2 \\ \theta_3 \end{bmatrix}_{AB}$	$\mathbf{E}_{AB}=\begin{bmatrix} \varepsilon_0 \\ \varepsilon_1 \\ \varepsilon_2 \\ \varepsilon_3 \end{bmatrix}_{AB} \equiv \begin{bmatrix} \varepsilon_0 \\ \boldsymbol{\varepsilon} \end{bmatrix}_{AB}$

（注 1）Simple Rotation から回転行列：

$$\mathbf{C}_{AB}=\mathbf{I}_3 \cos\phi_{AB}+\tilde{\boldsymbol{\lambda}}_{AB}\sin\phi_{AB}+\boldsymbol{\lambda}_{AB}\boldsymbol{\lambda}_{AB}^T(1-\cos\phi_{AB})$$

各軸まわりの回転に対応する回転行列関数：$\mathbf{C}_X(\theta)$，$\mathbf{C}_Y(\theta)$，$\mathbf{C}_Z(\theta)$

狭義のオイラー角から回転行列：$\mathbf{C}_{AB}=\mathbf{C}_Z(\theta_1)\mathbf{C}_X(\theta_2)\mathbf{C}_Z(\theta_3)$

オイラーパラメータから回転行列：

$$\mathbf{C}_{AB}=\mathbf{I}_3(\varepsilon_{0AB}^2-\boldsymbol{\varepsilon}_{AB}^T\boldsymbol{\varepsilon}_{AB})+2\tilde{\boldsymbol{\varepsilon}}_{AB}\varepsilon_{0AB}+2\boldsymbol{\varepsilon}_{AB}\boldsymbol{\varepsilon}_{AB}^T$$

II-7 三者の関係 (注2) [relation between three（筆者の造語）]

位置	角速度	速度	回転姿勢
$\vec{r}_{PR}=\vec{r}_{PQ}+\vec{r}_{QR}$	$\vec{\Omega}_{AC}=\vec{\Omega}_{AB}+\vec{\Omega}_{BC}$	$\vec{v}_{PR}=\vec{v}_{PQ}+\vec{v}_{QR}+\vec{\Omega}_{AB}\times\vec{r}_{QR}$	——
$\mathbf{r}_{PR}=\mathbf{r}_{PQ}+\mathbf{C}_{AB}\mathbf{r}_{QR}$	$\boldsymbol{\Omega}'_{AC}=\mathbf{C}_{BC}^T\boldsymbol{\Omega}'_{AB}+\boldsymbol{\Omega}'_{BC}$	$\mathbf{v}_{PR}=\mathbf{v}_{PQ}+\mathbf{C}_{AB}\mathbf{v}_{QR}-\mathbf{C}_{AB}\tilde{\mathbf{r}}_{QR}\boldsymbol{\Omega}'_{AB}$	$\mathbf{C}_{AC}=\mathbf{C}_{AB}\mathbf{C}_{BC}$ $\mathbf{E}_{AC}=\mathbf{Z}_{AB}\mathbf{E}_{BC}$

（注 2）剛体の重心（代表点）速度と角速度をまとめた三者の関係：

$$\begin{bmatrix} \mathbf{V}_{AC} \\ \boldsymbol{\Omega}'_{AC} \end{bmatrix}=\begin{bmatrix} \mathbf{I}_3 & -\mathbf{C}_{AB}\tilde{\mathbf{R}}_{BC} \\ \mathbf{0} & \mathbf{C}_{BC}^T \end{bmatrix}\begin{bmatrix} \mathbf{V}_{AB} \\ \boldsymbol{\Omega}'_{AB} \end{bmatrix}+\begin{bmatrix} \mathbf{C}_{AB} & \mathbf{0} \\ \mathbf{0} & \mathbf{I}_3 \end{bmatrix}\begin{bmatrix} \mathbf{V}_{BC} \\ \boldsymbol{\Omega}'_{BC} \end{bmatrix}$$

並進運動もダッシュの付いた変数を用いた場合，

$$\begin{bmatrix}\mathbf{V}'_{\mathrm{AC}}\\ \mathbf{\Omega}'_{\mathrm{AC}}\end{bmatrix}=\begin{bmatrix}\mathbf{C}^T_{\mathrm{BC}} & -\mathbf{C}^T_{\mathrm{BC}}\tilde{\mathbf{R}}_{\mathrm{BC}}\\ \mathbf{0} & \mathbf{C}^T_{\mathrm{BC}}\end{bmatrix}\begin{bmatrix}\mathbf{V}'_{\mathrm{AB}}\\ \mathbf{\Omega}'_{\mathrm{AB}}\end{bmatrix}+\begin{bmatrix}\mathbf{V}'_{\mathrm{BC}}\\ \mathbf{\Omega}'_{\mathrm{BC}}\end{bmatrix}$$

（この関係を $\boldsymbol{V}''_{\mathrm{AC}}=\boldsymbol{\Gamma}^T_{\mathrm{BC}}\boldsymbol{V}''_{\mathrm{AB}}+\boldsymbol{V}''_{\mathrm{BC}}$ と表す。）

Ⅱ-8 時間微分の関係［differentiation with respect to time, time differentiation］

	位置と速度	回転姿勢と角速度
幾何ベクトル表現	$\dfrac{{}^{\mathrm{A}}d\vec{r}_{\mathrm{PQ}}}{dt}=\vec{v}_{\mathrm{PQ}}$（注3）	——
代表ベクトル表現	$\dot{\mathbf{r}}_{\mathrm{PQ}}=\mathbf{v}_{\mathrm{PQ}}$（注5）	$\dot{\mathbf{C}}_{\mathrm{AB}}=\mathbf{C}_{\mathrm{AB}}\tilde{\mathbf{\Omega}}'_{\mathrm{AB}}$（注4） $\dot{\mathbf{E}}_{\mathrm{AB}}=\dfrac{1}{2}\mathbf{S}^T_{\mathrm{AB}}\mathbf{\Omega}'_{\mathrm{AB}}$

（注3）幾何ベクトルの時間微分には，時間微分のオブザーバーを必要とする。

（注4）ダッシュの付かない $\mathbf{\Omega}_{\mathrm{AB}}$ を用いると，$\dot{\mathbf{C}}_{\mathrm{AB}}=\tilde{\mathbf{\Omega}}_{\mathrm{AB}}\mathbf{C}_{\mathrm{AB}}$
2次元代数ベクトル表現の回転行列（座標変換行列）の場合は，

$$\dot{\mathbf{C}}_{\mathrm{AB}}=\mathbf{C}_{\mathrm{AB}}\boldsymbol{\chi}\omega_{\mathrm{AB}} \quad ただし，\boldsymbol{\chi}=\begin{bmatrix}0 & -1\\ 1 & 0\end{bmatrix}$$

（注5）ダッシュが付く $\mathbf{r}'_{\mathrm{PQ}}$，$\mathbf{v}'_{\mathrm{PQ}}$ を用いると，$\dot{\mathbf{r}}'_{\mathrm{PQ}}=\mathbf{v}'_{\mathrm{PQ}}+\tilde{\mathbf{r}}'_{\mathrm{PQ}}\mathbf{\Omega}'_{\mathrm{AB}}$

Ⅲ-1　動力学［dynamics］

Ⅲ-2　ダッシュが付く代数ベクトルとダッシュが付かない代数ベクトル（力，トルク）

幾何ベクトル（添え字が一つ）	$\vec{f}_{\mathrm{Q}}$	$\vec{n}_{\mathrm{Q}}$
座標系Oとの組み合わせ	$\mathbf{f}_{\mathrm{OQ}}$	$\mathbf{n}_{\mathrm{OQ}}$
座標系Aとの組み合わせ	$\mathbf{f}_{\mathrm{AQ}}$	$\mathbf{n}_{\mathrm{AQ}}$
座標系Bとの組み合わせ	$\mathbf{f}'_{\mathrm{OQ}}$	$\mathbf{n}'_{\mathrm{OQ}}$

（点Qは剛体B上の点）

Ⅲ-3　力とトルクの等価換算［equipollent force and torque］

3次元代数ベクトル表現	2次元代数ベクトル表現
$\mathbf{F}_{\mathrm{OA}}=\mathbf{f}_{\mathrm{OP}}$ $\mathbf{N}'_{\mathrm{OA}}=\mathbf{n}'_{\mathrm{OP}}+\tilde{\mathbf{r}}_{\mathrm{AP}}\mathbf{C}^{T}_{\mathrm{OA}}\mathbf{f}_{\mathrm{OP}}$	$\mathbf{F}_{\mathrm{OA}}=\mathbf{f}_{\mathrm{OP}}$ $N_{\mathrm{A}}=n_{\mathrm{P}}+\mathbf{r}^{T}_{\mathrm{AP}}\boldsymbol{\chi}^{T}\mathbf{C}^{T}_{\mathrm{OA}}\mathbf{f}_{\mathrm{OP}}$

（点Pは剛体A上の点）

Ⅲ-4　自由な質点と，自由な剛体の運動方程式［point mass（または，mass particle), rigid body］

自由な質点	自由な剛体（3次元）（注6）	自由な剛体（2次元）
$m_{\mathrm{P}}\dot{\mathbf{v}}_{\mathrm{OP}}=\mathbf{f}_{\mathrm{OP}}$	$M_{\mathrm{A}}\dot{\mathbf{V}}_{\mathrm{OA}}=\mathbf{F}_{\mathrm{OA}}$（注8） $\mathbf{J}'_{\mathrm{OA}}\dot{\boldsymbol{\Omega}}'_{\mathrm{OA}}+\tilde{\boldsymbol{\Omega}}'_{\mathrm{OA}}\mathbf{J}'_{\mathrm{OA}}\boldsymbol{\Omega}'_{\mathrm{OA}}=\mathbf{N}'_{\mathrm{OA}}$（注7）	$M_{\mathrm{A}}\dot{\mathbf{V}}_{\mathrm{OA}}=\mathbf{F}_{\mathrm{OA}}$（注9） $J_{\mathrm{A}}\dot{\omega}_{\mathrm{OA}}=n_{\mathrm{A}}$

（注6）剛体の運動方程式は，三質点剛体の運動方程式として求めることができる。

（注7）三質点剛体の慣性行列：$\mathbf{J}'_{\mathrm{OA}}=\tilde{\mathbf{r}}^{T}_{\mathrm{A1}}m_1\tilde{\mathbf{r}}_{\mathrm{A1}}+\tilde{\mathbf{r}}^{T}_{\mathrm{A2}}m_2\tilde{\mathbf{r}}_{\mathrm{A2}}+\tilde{\mathbf{r}}^{T}_{\mathrm{A3}}m_3\tilde{\mathbf{r}}_{\mathrm{A3}}$

慣性行列の座標変換：$\mathbf{J}_{\mathrm{OA}}=\mathbf{C}_{\mathrm{OA}}\mathbf{J}'_{\mathrm{OA}}\mathbf{C}^{T}_{\mathrm{OA}}$，${}^{\mathrm{A}}\mathbf{J}'_{\mathrm{OA}_1}=\mathbf{C}_{\mathrm{A}_1\mathrm{A}}\mathbf{J}'_{\mathrm{OA}}\mathbf{C}^{T}_{\mathrm{A}_1\mathrm{A}}$

平行軸の定理（点Gを重心とする）：

$$\mathbf{J}'_{\mathrm{OA}}={}^{\mathrm{A}}\mathbf{J}'_{\mathrm{OA}}={}^{\mathrm{G}}\mathbf{J}'_{\mathrm{OA}}+\tilde{\mathbf{r}}^{T}_{\mathrm{AG}}M_{\mathrm{A}}\tilde{\mathbf{r}}_{\mathrm{AG}},\quad {}^{\mathrm{P}}\mathbf{J}'_{\mathrm{OA}}={}^{\mathrm{G}}\mathbf{J}'_{\mathrm{OA}}+\tilde{\mathbf{r}}^{T}_{\mathrm{GP}}M_{\mathrm{A}}\tilde{\mathbf{r}}_{\mathrm{GP}}$$

（注8）並進運動もダッシュの付いた変数を用いると，運動方程式は次のようになる。

$$\begin{bmatrix} {}^{3}\mathbf{M}_{\mathrm{A}} & \mathbf{0} \\ \mathbf{0} & \mathbf{J}'_{0\mathrm{A}} \end{bmatrix} \begin{bmatrix} \dot{\mathbf{V}}'_{0\mathrm{A}} \\ \dot{\boldsymbol{\Omega}}'_{0\mathrm{A}} \end{bmatrix} = \begin{bmatrix} \mathbf{F}'_{0\mathrm{A}} \\ \mathbf{N}'_{0\mathrm{A}} \end{bmatrix} - \begin{bmatrix} \tilde{\boldsymbol{\Omega}}'_{0\mathrm{A}} & \mathbf{0} \\ \mathbf{0} & \tilde{\boldsymbol{\Omega}}'_{0\mathrm{A}} \end{bmatrix} \begin{bmatrix} {}^{3}\mathbf{M}_{\mathrm{A}} & \mathbf{0} \\ \mathbf{0} & \mathbf{J}'_{0\mathrm{A}} \end{bmatrix} \begin{bmatrix} \mathbf{V}'_{0\mathrm{A}} \\ \boldsymbol{\Omega}'_{0\mathrm{A}} \end{bmatrix}$$

（この関係を $\boldsymbol{M}'_{\mathrm{A}} \dot{\boldsymbol{V}}''_{0\mathrm{A}} = \boldsymbol{F}''_{0\mathrm{A}} - \tilde{\boldsymbol{\Omega}}''_{0\mathrm{A}} \boldsymbol{M}'_{\mathrm{A}} \boldsymbol{V}''_{0\mathrm{A}}$ と表す。）

（注9）2次元剛体のダッシュの付く変数による表現：

$$M_{\mathrm{A}} \dot{\mathbf{V}}'_{0\mathrm{A}} + M_{\mathrm{A}} \boldsymbol{\chi} \mathbf{V}'_{0\mathrm{A}} \omega_{0\mathrm{A}} = \mathbf{F}'_{0\mathrm{A}}$$

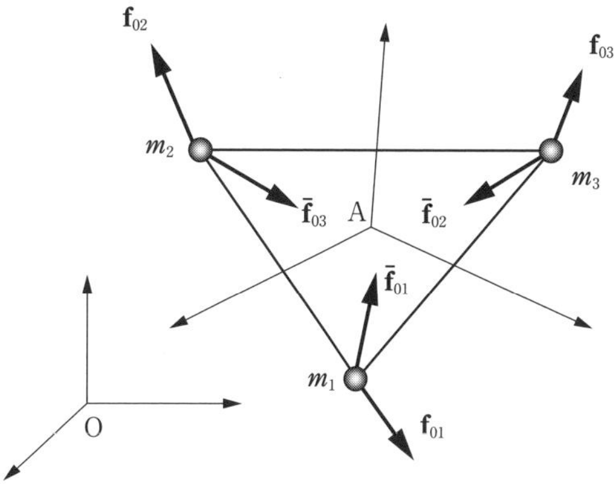

図G.2　三つの質点からなる系に働く力

Ⅲ-5　幾何学的自由度，運動学的自由度［geometric degree of freedom, kinematic degree of freedom（筆者の造話）］

Ⅲ-6　一般化座標（独立な一般化座標），一般化速度（独立な一般化速度）［generalized coordinate, generalized velocity］

Ⅲ-7　ホロノミック拘束（幾何学的拘束），シンプルノンホロノミック拘束（運動学的拘束）［holonomic constraint, simple nonholonomic constraint］

Ⅲ-8　位置レベル拘束（ホロノミック拘束）と速度レベル拘束（ホロノミック拘束＋シンプルノンホロノミック拘束）の標準形(注11)

[position level constraint, velocity level constraint]

	位置レベル拘束	速度レベル拘束
質点系(注10)	$\mathbf{\Psi}=\mathbf{\Psi}(\mathbf{r}, t)=\mathbf{0}$	$\mathbf{\Phi}\equiv\dot{\mathbf{\Psi}}=\mathbf{\Phi}_{\mathrm{v}}\mathbf{v}+\mathbf{\Phi}_{\bar{\mathrm{v}}}=\mathbf{0}$
3 次元剛体系(注10)	$\mathbf{\Psi}=\mathbf{\Psi}(\mathbf{R}, \mathbf{\Theta}, t)=\mathbf{0}$, または，$\mathbf{\Psi}=\mathbf{\Psi}(\mathbf{R}, \mathbf{E}, t)=\mathbf{0}$	$\mathbf{\Phi}\equiv\dot{\mathbf{\Psi}}=\mathbf{\Phi}_{\mathrm{V}}\mathbf{V}+\mathbf{\Phi}_{\Omega'}\mathbf{\Omega}'+\mathbf{\Phi}_{\overline{\mathrm{V}\Omega'}}=\mathbf{0}$
Q，**H** の拘束	$\mathbf{\Psi}=\mathbf{\Psi}(\mathbf{Q}, t)=\mathbf{0}$	$\mathbf{\Phi}\equiv\dot{\mathbf{\Psi}}=\mathbf{\Phi}_{\mathrm{H}}\mathbf{H}+\mathbf{\Phi}_{\bar{\mathrm{H}}}=\mathbf{0}$

（注 10）剛体系は質点系の特別な場合である。

（注 11）質点と剛体に関する添え字のない変数は，複数の質点または剛体に番号を付け，その順に対応する変数を並べたものである。列行列の変数は縦に，横幅のある変数は対角的に，並べるものとする。(12.3 節，12.4 節参照)

Ⅲ-9　拘束力 [constraint force]

独立な拘束力

Ⅲ-10　ホロノミックな系，シンプルノンホロノミックな系

[holonomic system, simple nonholonomic system]

Ⅲ-11　拘束質点系と拘束剛体系の，拘束力を含む運動方程式(注11)

[constrained point mass system, constrained rigid body system]

拘束質点系(注10)	拘束剛体系(注10)
$\mathbf{m}\dot{\mathbf{v}}=\mathbf{f}+\bar{\mathbf{f}}$	$\mathbf{M}\dot{\mathbf{V}}=\mathbf{F}+\bar{\mathbf{F}}$ $\mathbf{J}'\dot{\mathbf{\Omega}}'+\tilde{\mathbf{\Omega}}'\mathbf{J}'\mathbf{\Omega}'=\mathbf{N}'+\bar{\mathbf{N}}'$

Ⅲ-12　運動量，角運動量 [momentum, angular momentum]

運動量保存の法則，角運動量保存の法則 [conservation law of momentum]，運動量原理 [momentum principle]

Ⅲ-13　運動補エネルギー T^*，運動エネルギー T，ポテンシャル関数 U [kinetic co-energy, kinetic energy, potential function]

Ⅳ-1　運動方程式［equation of motion］

Ⅳ-2　運動方程式の作り方[注11]

	質点系[注10]	3次元剛体系[注10]
拘束力消去法	$\mathbf{m}\dot{\mathbf{v}}=\mathbf{f}+\bar{\mathbf{f}}$	$\mathbf{M}\dot{\mathbf{V}}=\mathbf{F}+\bar{\mathbf{F}}$ $\mathbf{J}'\dot{\boldsymbol{\Omega}}'+\tilde{\boldsymbol{\Omega}}'\mathbf{J}'\boldsymbol{\Omega}'=\mathbf{N}'+\bar{\mathbf{N}}'$
ダランベールの原理	$\delta\mathbf{r}^T(\mathbf{f}-\mathbf{m}\dot{\mathbf{v}})=\mathbf{0}$	$\delta\mathbf{R}^T(\mathbf{F}-\mathbf{M}\dot{\mathbf{V}})+\delta\boldsymbol{\Xi}'^T(\mathbf{N}'-\mathbf{J}'\dot{\boldsymbol{\Omega}}'-\tilde{\boldsymbol{\Omega}}'\mathbf{J}'\boldsymbol{\Omega}')=\mathbf{0}$
仮想パワーの原理	$\hat{\mathbf{v}}^T(\mathbf{f}-\mathbf{m}\dot{\mathbf{v}})=\mathbf{0}$	$\hat{\mathbf{V}}^T(\mathbf{F}-\mathbf{M}\hat{\mathbf{V}})+\hat{\boldsymbol{\Omega}}'^T(\mathbf{N}'-\mathbf{J}'\dot{\boldsymbol{\Omega}}'-\tilde{\boldsymbol{\Omega}}'\mathbf{J}'\boldsymbol{\Omega}')=\mathbf{0}$
ケイン型の運動方程式	$\mathbf{v}_H^T(\mathbf{f}-\mathbf{m}\dot{\mathbf{v}})=\mathbf{0}$	$\mathbf{V}_H^T(\mathbf{F}-\mathbf{M}\dot{\mathbf{V}})+\boldsymbol{\Omega}'^T_H(\mathbf{N}'-\mathbf{J}'\dot{\boldsymbol{\Omega}}'-\tilde{\boldsymbol{\Omega}}'\mathbf{J}'\boldsymbol{\Omega}')=\mathbf{0}$
拘束条件追加法	$\mathbf{m}^S=\mathbf{H}_S^T\mathbf{m}^H\mathbf{H}_S$ $\mathbf{f}^S=\mathbf{H}_S^T\left\{\mathbf{f}^H-\mathbf{m}^H\left(\frac{d\mathbf{H}_S}{dt}\mathbf{S}+\frac{d\mathbf{H}_{\bar{S}}}{dt}\right)\right\}$ $\mathbf{m}^S\dot{\mathbf{S}}=\mathbf{f}^S$	
微分代数型運動方程式	$\begin{bmatrix}\mathbf{m} & \boldsymbol{\Phi}_V^T \\ \boldsymbol{\Phi}_V & 0\end{bmatrix}\begin{bmatrix}\dot{\mathbf{v}} \\ \boldsymbol{\Lambda}\end{bmatrix}=\begin{bmatrix}\mathbf{f} \\ -\dot{\boldsymbol{\Phi}}^R\end{bmatrix}$	$\begin{bmatrix}\mathbf{M} & \mathbf{0} & \boldsymbol{\Phi}_V^T \\ \mathbf{0} & \mathbf{J}' & \boldsymbol{\Phi}_{\Omega'}^T \\ \boldsymbol{\Phi}_V & \boldsymbol{\Phi}_{\Omega'} & \mathbf{0}\end{bmatrix}\begin{bmatrix}\dot{\mathbf{V}} \\ \dot{\boldsymbol{\Omega}}' \\ \boldsymbol{\Lambda}\end{bmatrix}=\begin{bmatrix}\mathbf{F} \\ \mathbf{N}'-\tilde{\boldsymbol{\Omega}}'\mathbf{J}'\boldsymbol{\Omega}' \\ -\dot{\boldsymbol{\Phi}}^R\end{bmatrix}$
漸化型運動方程式	――	$\boldsymbol{V}'=\mathbf{L}\boldsymbol{V}'+\mathbf{D}\mathbf{H}+\mathbf{U}$ $\mathbf{W}=\boldsymbol{M}'+\mathbf{L}^T\{\mathbf{I}-\mathbf{W}\mathbf{D}(\mathbf{D}^T\mathbf{W}\mathbf{D})^{-1}\mathbf{D}^T\}\mathbf{W}\mathbf{L}$ $\mathbf{Z}=\boldsymbol{F}'+\mathbf{L}^T\{\mathbf{I}-\mathbf{W}\mathbf{D}(\mathbf{D}^T\mathbf{W}\mathbf{D})^{-1}\mathbf{D}^T\}(\mathbf{Z}-\mathbf{W}\boldsymbol{\Sigma})$ $\dot{\mathbf{H}}=-(\mathbf{D}^T\mathbf{W}\mathbf{D})^{-1}\mathbf{D}^T(\mathbf{W}\mathbf{L}\dot{\boldsymbol{V}}'+\mathbf{W}\boldsymbol{\Sigma}-\mathbf{Z})$ $\dot{\boldsymbol{V}}'=\mathbf{L}\dot{\boldsymbol{V}}'+\mathbf{D}\dot{\mathbf{H}}+\boldsymbol{\Sigma}$
ラグランジュの運動方程式	$\frac{d}{dt}\left(\frac{\partial T^*}{\partial\dot{\mathbf{Q}}}\right)^T-\left(\frac{\partial T^*}{\partial\mathbf{Q}}\right)^T=\mathbf{r}_Q^T\mathbf{f}=\mathbf{v}_{\dot{Q}}^T\mathbf{f}$ $\frac{d}{dt}\left(\frac{\partial L}{\partial\dot{\mathbf{Q}}}\right)^T-\left(\frac{\partial L}{\partial\mathbf{Q}}\right)^T=\mathbf{r}_Q^T\mathbf{f}^{\bar{U}}=\mathbf{v}_{\dot{Q}}^T\mathbf{f}^{\bar{U}}$ $\frac{d}{dt}\left(\frac{\partial L}{\partial\dot{\mathbf{Q}}}\right)^T-\left(\frac{\partial L}{\partial\mathbf{Q}}\right)^T=\mathbf{r}_Q^T\mathbf{f}^{\bar{U}}+\boldsymbol{\Phi}_Q^T\boldsymbol{\Lambda}=\mathbf{v}_{\dot{Q}}^T\mathbf{f}^{\bar{U}}+\boldsymbol{\Phi}_{\dot{Q}}^T\boldsymbol{\Lambda}$	
ハミルトンの原理	$\int_1^2(\delta\mathbf{r}^T\mathbf{f}^{\bar{U}}+\delta\boldsymbol{L})\,dt=\mathbf{0}$	
ハミルトンの正準方程式	$\dot{\mathbf{Q}}=\left(\frac{\partial\boldsymbol{H}}{\partial\boldsymbol{\Pi}}\right)^T$ $\dot{\boldsymbol{\Pi}}=-\left(\frac{\partial\boldsymbol{H}}{\partial\mathbf{Q}}\right)^T+\mathbf{r}_Q^T\mathbf{f}^{\bar{U}}$	

この表の（注）はⅢ-8項の（注）と共通である。

参考文献

● マルチボディダイナミクス関連

1. Haug, E.J., (1989), Computer Aided Kinematics and Dynamics of Mechanical Systems/Volume. 1 Basic Methods, Ally and Bacon.
2. 松井邦人，樫村幸辰，井浦雅司訳，(1996)，コンピュータを利用した機構解析の基礎，大河出版.
3. Shabana, A.A., (2001), Computational Dynamics, 2nd Edition, John Wiley & Sons.
4. Shabana, A.A., (2005), Dynamics of Multibody Systems, 3rd Edition, Cambridge.
5. Nikravesh, P.E., (1988), Computer-Aided Analysis of Mechanical Systems, Prentice-Hall.
6. Huston, R.L., (1990), Multibody Dynamics, Butterworth-Heinemann.
7. Roberson, R.E. and Schwartassek, R., (1988), Dynamics of Multibody Systems, Springer-Verlag.
8. Schiehlen, W., (1990), Mutibody Systems Handbook, Springer-Verlag.
9. García de Jalón, J. and Bayo, E., (1994), Kinematic and Dynamic Simulation of Mutibody Systems The Real-Time Challenge, Springer-Verlag.
10. Amirouche, F.M.L., (1992), Computational Methods in Multibody Dynamics, Prentice-Hall.
11. Eich-Soellner, E. and Führer, C., (1998), Numerical Methods in Multibody Dynamics, Stuttgart, Teubner.
12. Pereira. M.F.O.S. and Ambrosio, J.A.C., (1994), Computer-Aided Analysis of Rigid and Flexible Mechanical Systems, Kluwer Academic Publishers.
13. Pfeiffer, F. and Glocker, C., (1996), Mutibody Dynamics with Unilateral

Contacts, John Wiley & Sons.
14. Moon, F.C., (1998), Applied Dynamics : With Applications to Multibody and Mechatronic Systems, John Wiley & Sons.

● 速度変換法，DAE 数値計算方法関連の論文から

15. Jerkovsky, W., 1978, "The Structure of Multibody Dynamics Equations," Journal of Guidance and Control, Vol. 1, No. 3, pp. 173-182.
16. Kim, S.S., and Vanderploeg, M.J., 1986, "A General and Efficient Method for Dynamics Analysis of Mechanical Systems Using Velocity Transformations," ASME Journal of Mechanisms, Transmissions, and Automation in Design, Vol. 108, pp. 176-182.
17. Wehage, R.A., and Haug, E.J., 1981, "Generalized Coordinate Partitioning for Dimension Reduction in Analysis of Constrained Dynamic System" ASME Journal of Mechanical Design, Vol. 14, No. 5-6, pp. 247-255.
18. Singh, R.P., and Linkins, P.W., 1985, "Singular value Decomposition for Constrained Dynamic Systems," ASME Journal of Applied Mechanics, Vol. 52, No. 4, pp. 943-948.
19. Kim, S.S., and Vanderploeg, M.J., 1984, A State Space Formulation for Multibody Dynamic Systems Subject to Control, Technical Report 84-20, CCAD, University of Iowa.
20. Kim, S.S., and Vanderploeg, M.J., 1986, "QR Decomposition for State Space Representation of Constrained Mechanical Dynamic Systems," ASME Journal of Mechanisms, Transmissions, and Automation in Design, Vol. 108, pp. 183-188.

● その他，力学関連

21. Crandall, S.H., Karnopp, D.C. and Pridmore-Brown, D.C., (1968), Dynamics of Mechanical and Electromechanical Systems, McGraw-Hill.

22. Kane, T.R., and Levinson, D.A., (1985), Dynamics : Theory and Applications, McGraw-Hill.
23. Kane, T.R., Likins, P.W. and Levinson, D.A., (1983), Spacecraft Dynamics, McGraw-Hill.
24. Lanczos, C., (1970), The Variational Principles of Mechanics, 4th edition, University of Toronto Press.
25. 高橋康 監訳，一柳正和 訳，(1992)，Cornelius Lanczos，解析力学と変分原理，日刊工業新聞社.
26. Goldstein, H., (1980), Classical Mechanics, 2nd Edition, Addison-Wesley Publishing Co. Inc.
27. 瀬川富士，矢野忠，江沢康生 訳，(1983)，ゴールドスタイン：新版 古典力学(上)，吉岡書店.
28. 瀬川富士，矢野忠，江沢康生 訳，(1983)，ゴールドスタイン：新版 古典力学(下)，吉岡書店.
29. 山内恭彦，(1959)，一般力学，岩波書店.
30. 原島鮮，(1985)，力学，三訂版，裳華房.
31. 大貫義郎，(1987)，解析力学，岩波書店.
32. 高橋康，(2000)，量子力学を学ぶための解析力学入門，増補第二版，講談社.

付録 CD-ROM について

● 収録内容

付録 CD-ROM には，次の 2 種類が収録されている。

① シミュレーション動画（序章で紹介したもの）

② MATLAB のプログラム

● シミュレーション動画（序章で紹介したもの）

動画は全部で以下の 11 個ある。

動画一覧

	項目	ファイル名
①	ブルドーザー	bulldozer
②	パワーショベル	power_shovel
③	ホイールローダー	wheel_loader
④	逆立ちゴマ	sakadachi_koma
⑤	達磨落し（失敗）	daruma_otoshi_1
⑥	達磨落し（成功）	daruma_otoshi_2
⑦	自動二輪車	jidounirin
⑧	弾性車両 1	dansha_1
⑨	弾性車両 2	dansha_2
⑩	歩く自動販売機	walking_vending_machine
⑪	ジャイロ椅子の体験	gyro_chair

● MATLAB のプログラム

収録されている MATLAB の M ファイルは，全部で 12 個あり，それぞれ独立の順動力学シミュレーションプログラムである。

これらのプログラムは，MATLAB の 2007b と 2009a で動作確認済みである。

プログラム一覧

	ファイル名		ファイル名
①	houbutsu_1.m	②	koma_120.m
③	koma_140.m	④	koma_145.m
⑤	koma_20.m	⑥	koma_45.m
⑦	nirinsha_1.m	⑧	sanjufuriko_1.m
⑨	gyro_chair_1.m	⑩	koma_1045.m
⑪	suspension_10.m	⑫	sanjufuriko_30.m

● 著作権

本 CD-ROM に収録されている動画・プログラムは，筆者による著作物か，許諾を得て転載しているものである。個人的な使用目的での改変は認めますが，オリジナルファイルおよび改変されたファイルの再配布は禁止致します。

● 使用上の注意

本 CD-ROM の利用によるいかなる損害に対しても作者および出版社は責任を負いません。

あとがき

日本機械学会の研究会活動の中で，日本のマルチボディダイナミクスの状況から教育問題が重要だと感じ始めたのは，1995年頃だったと思う。筆者自身，今よりはるかに知識がおぼろげだった時代である。その後，知識を整理し，不足を補う機会が続いた。

2000年度に，日本大学大学院理工学研究科で機械力学特別講義IIを始めたことが，次の大きな前進である。「はじめから3次元」，「さまざまな運動方程式の作り方」を意識して，講義内容を決め，50ページ程のテキストを作成して，単位認定を伴う大学（大学院）での初めての講義をずいぶん緊張しながら始めた。以来，日本大学での講義はずっと続いており，5年ぐらいの間にテキストは400ページ以上に膨らんだ。この講義が本書の最大の母体である。この講義は背戸一登先生のご尽力で実現した。

2001年度からは，千葉大学工学部で解析力学IIを学部の2年生（後期）に話す機会を頂いた。筆者が組み立てた内容は，学部の2，3年生から教えたら面白いと感じ始めていたので，内容の多さと戦いながら，そして，半年では少し無理があると思いながら，ずいぶん頑張った。日本大学とほぼ共通のテキストを用いたが，テキストの充実には，ここでの経験も大きい。この講義は野波健蔵先生のご尽力で実現した。この間，野波研究室で4日間連続の集中講義をさせていただいたことも忘れ得ない。

山梨大学でも2日間の集中講義の機会を，数年にわたって沢登健先生から頂いた。以上の講義経験は筆者にとってすばらしい体験であり，最も学んだのは学生より筆者であったと思う。

その後，2003年11月に，運動と振動の制御シンポジウム（MOVIC2003）のチュートリアル講師の機会を頂き，2005年3月に日本機械学会の講習会「運動方程式の立て方七変化」が実現した。これらは，千葉大学西村秀和先生のご尽力による。また，日本大学渡辺亨先生にも，ご支援いただいた。筆者が気に入ったこの講習会のタイトルも渡辺先生のアイディアで，2006年1月にも同じタイトルの講習会を開いた。機械学会の講習会は，2日間を頂くことができたが，それでも内容を絞り込まなければならない。テキストも，学生向けのものを流用するのでは量が多すぎる。思い切って，2日間用として話しやすい形に構成し直し，新たなものを作成した。練習問題などは，ほとんど割愛し，新たにMATLABのプログラムで順動力学の事例を作って添付するようにした。

本書は，この機械学会講習会用テキストをベースに，技術上，および，教育上重要と考えられることを，補充したものである。教科書としての側面も意識して，練習問題的なものもある程度挿入し，一方で，実用的な技術の習得にも役立つように，かなりレベルの高いことも重要と感じたことは取り上げた。かなり充実した内容になったという思いと，少なくとも部分的にはうまく説明できているという思いはあるが，ところどころ難解な説明になっていたり，整理が不十分になってしまった部分があるのは筆者の力不足である。もっと時間を掛ければ，まだまだ改善できそうであるが，今は，むしろ読者からのご批判を浴びながら，先を考えてゆくことが重要だと考えるようになった。この拙い記述によって読者の方々にどの程度の事柄をお伝えできるのか，これまでの講義などの経験とは違った形であるだけに，新たな緊張を感じている。

上記の先生方には，心よりお礼申し上げます。序章に用いた千葉大学と日本大学での研究事例の図も快く提供していただいた。上記以外に，東京大学の須田義大先生からも，興味深い研究事例の図を提供頂いた。

東京大学の杉山博之特任助手には，速度変換法や微分代数型運動方程式の解法などに関連してアドバイスを頂いた（本書の表現はすべて筆者の責任で書いている）。杉山博之氏は，本格的なマルチボディダイナミクスを学んだ貴重な人材であり，彼と交流できたのは筆者にとって幸運であった。

いくつかの図を小松技法 vol. 33 no. 120 の筆者等による記事から引用した。また，添付のCD-ROMに収録されている建設機械のアニメーションも，上記の記事の著者等によって実用化したDSSという汎用ソフトを用いて作成したものである。パワーショベルのシミュレーションを実施し，そのアニメーションを作ったのは金山登氏，ホイールローダの仕事をしたのは宮田圭介氏（現，静岡文化芸術大学）である。小松製作所の関係者には掲載を快諾いただいたことも含め，お礼申し上げます。

弾性車両，歩く自動販売機，ジャイロ椅子の図とアニメーションは日本大学の学生（相根隆人君，足立和仁君，田中喬君，山崎雅典君）の作品である。自動二輪車の動画は，千葉大学の学生（朱紹鵬さん，岩松俊介君）による。講義と研究活動で出会った他の学生諸君からも，いろいろなヒントを頂いた。

サイバネットシステム株式会社の剣持智之氏，長田瑶子氏，福井仁氏からはMATLAB関係の技術に関してアドバイスを頂き，また，便宜を図っていただいた。

東京電機大学出版局の植村八潮氏，吉田拓歩氏には，様々な形で応援いただき，また，ご苦労頂いた。筆者は，初めての出版という体験を，気持ちよく，張り切って，進めることができた。

以上の方々，および，ここに書ききれなかった関係者に，心から御礼申し上げます。

2006年11月　田島　洋

索　引

さ

た

な

は

【著者紹介】

田島　洋（たじま・ひろし）

学歴　東京大学大学院工学系研究科機械工学専攻修士課程修了（1970年）
職歴　株式会社小松製作所
現在　東京大学生産技術研究所研究員
日本大学大学院理工学研究科非常勤講師
名古屋大学大学院工学研究科非常勤講師
日本機械学会技術相談委員会技術アドバイザー
博士（工学）

マルチボディダイナミクスの基礎　3次元運動方程式の立て方

2006年11月20日　第1版1刷発行　　ISBN 978-4-501-41620-1 C3053
2019年 7 月20日　第1版4刷発行

著　者　田島　洋

発行所　学校法人 東京電機大学　〒120-8551　東京都足立区千住旭町5番
東京電機大学出版局　Tel. 03-5284-5386（営業）03-5284-5385（編集）
Fax. 03-5284-5387　振替口座 00160-5-71715
https://www.tdupress.jp/

印刷：三美印刷(株)　　製本：渡辺製本(株)　　装丁：鎌田正志
落丁・乱丁本はお取り替えいたします。　Printed in Japan